資訊與網路安全概論

Introduction to Information and Network Security

第六版

進入區塊鏈世界

黃明祥、林詠章

著

國家圖書館出版品預行編目資料

資訊與網路安全概論：進入區塊鏈世界／黃明祥、林詠章著.
-- 六版. -- 臺北市：麥格羅希爾, 2017.09
面；　公分. -- (資訊科學叢書; CI022)
ISBN 978-986-341-359-2　(平裝)
1.資訊安全　2.電腦網路　3.電子貨幣
312.76　　　　　　　　　　　　　　　106011656

資訊科學叢書 CI022

資訊與網路安全概論：進入區塊鏈世界 第六版

作　　　者	黃明祥　林詠章
教科書編輯	李協芳
企劃編輯	陳佩狄
業務行銷	李本鈞　陳佩狄
業務副理	黃永傑
出　版　者	美商麥格羅希爾國際股份有限公司台灣分公司
地　　　址	台北市 10044 中正區博愛路 53 號 7 樓
讀者服務	E-mail: tw_edu_service@mheducation.com
	TEL: (02) 2383-6000　　FAX: (02) 2388-8822
法律顧問	惇安法律事務所盧偉銘律師、蔡嘉政律師
總經銷(台灣)	臺灣東華書局股份有限公司
地　　　址	10045 台北市重慶南路一段 147 號 3 樓
	TEL: (02) 2311-4027　　FAX: (02) 2311-6615
	郵撥帳號：00064813
網　　　站	http://www.tunghua.com.tw
門　　　市	10045 台北市重慶南路一段 147 號 1 樓　TEL: (02) 2371-9320
出版日期	2017 年 9 月（六版一刷）

Traditional Chinese Copyright © 2017 by McGraw-Hill International Enterprises, LLC., Taiwan Branch. All rights reserved.

ISBN：978-986-341-359-2

※著作權所有，侵害必究。如有缺頁破損、裝訂錯誤，請寄回退換

尊重智慧財產權！

本著作受銷售地著作權法令暨國際著作權公約之保護，如有非法重製行為，將依法追究一切相關法律責任。

六版序

隨著高速網路及行動通訊技術提升，各階層利用行動載具及電腦來傳遞、存取及處理資訊已是必然的趨勢。雖然利用行動載具進行網路服務更是到處可見，但是要如何使在網路中傳遞及儲存於電腦系統之機密資料免於遭受未經授權人員之竊取、篡改、偽造、破壞等不法行為之威脅，如何確保網路服務之安全，則是資訊時代的學子應具備基本資訊素養。

資訊與網路安全之重要性引發作者撰寫本書之動機。坊間雖然有許多資訊與網路安全的教科書，但內容不是過於理論，就是太艱深。本書目標是希望達到易讀、易學、易懂及內容廣泛，盡可能介紹所有有關資訊與網路安全之議題，讓初學者對此能有基本的認識。

本書將資訊系統中有關資訊安全之議題，以環境觀點、使用者觀點、系統觀點、資料觀點、管理者觀點及法律觀點等六個不同層次觀點，來考慮資訊安全架構。範圍包括實體安全、使用者辨識、存取控制、密碼學、管理控制及法律制裁等六大主題。

全書共有十八章，前四章先介紹資訊安全基本概念及電腦作業系統安全；接著，第五章至第七章是密碼學的部分，第十七章介紹資料庫安全，這些章節主要是針對資料安全之處理。第十章到第十四章介紹網路安全，包括網路通訊協定安全、網路系統安全、無線網路安全、行動通訊安全，以及網路服務安全。第八、九、十五、十六章則介紹各種資訊應用之安全，包括認證中心、多媒體安全、電子商務安全及區塊鏈技術。由於沒有百分之百的安全，因此最後一章介紹發生安全事件時該如何因應，同時介紹目前政府一直要推動的資訊安全管理標準 (ISO 27001)。

本書適合大專院校或研究所資訊相關科系（資訊管理、資訊工程、資訊科學等）、電子電機相關科系（電子工程、電機工程、電子物理等）、管理科學相關科系（流通管理、企業管理、工業管理等）及數學相關科系，可當作資訊安全、網路安全、電子商務、密碼學及資訊安全實習之教材。本書可以依學生程度規劃一至二學期的授課。另外，本書也以完全不懂資訊安全之讀者為對象，因此也很適合自修或參考。

基於環保與節省成本，本書摒除書附光碟，改以架設輔助教學網站 (http://ins.isrc.tw)，做為讀者與作者互動的平台。該網站除了提供加解密相關程式及教學投影片外，也盡可能將本書限於篇幅未付梓之相關題材附加在網站中。其他任何最新資訊將隨時動態更新。

本書具有下列特色：

1. 內容盡可能包含所有資訊安全與網路安全之相關議題。

2. 提供資訊安全實習教材。

3. 文字力求淺顯易懂。

4. 盡量舉例說明。

5. 提供教學投影片輔助教學。

6. 有輔助密碼系統程式設計。

7. 架設輔助教學網站做為讀者與作者互動的平台。

　　本版本特別感謝邱榮輝、陳澤雄、楊政穎教授給予很多文字上修飾及寶貴內容之建議。本書之出版也要特別感謝廖子淳、單芳儀、謝孟璆、徐煜翔、吳昊如及陳建勳同學花很多時間在美編及網頁設計上。另外，也要感謝麥格羅希爾台灣分公司 Patty 的協助，才能如期出版。最後，特別要感謝很多位讀者給予本書許多的建議。

　　本書第六版除了根據數位教授、學者、專家及讀者之建議修改外，也增加了很多單元，除了更新各章節內容外，將原版本第六章新一代密碼系統合併到第五章祕密金鑰密碼系統，另新增第 15.8 節行動支付，詳細介紹今年剛引進台灣 Apple Pay 及 Android Pay。另外隨著區塊鏈技術的發展，使得許多不同領域之相關應用都能夠建立在區塊鏈上，例如在金融業中，我們可以利用區塊鏈去中心化的特性，來建立一個不需要第三方信任中心的加密電子貨幣系統及其他商業應用，對此本版本新增第十六章區塊鏈技術，期望讀者可以熟讀本書以開發及應用區塊鏈技術於各領域，創造台灣新科技軟實力。

　　本書之撰寫及校閱雖力求完美，疏漏之處在所難免，歡迎上網 (http://ins.isrc.tw) 或電郵（mshwang@asia.edu.tw 或 iclin@nchu.edu.tw）指正。

黃明祥、林詠章
2017 年 6 月

目錄

第一章 資訊與網路安全簡介　　1

1.1　前言 2
1.2　資訊安全的威脅 3
1.3　資訊安全的基本需求 5
1.4　資訊安全的範疇 8
1.5　資訊系統的安全分析 10
1.6　安全的資訊系統架構 12
1.7　法律觀點 16
1.8　習題 18

第二章 資訊中心管理與實體安全　　19

2.1　前言 20
2.2　人力資源的安全管理 21
　　2.2.1　軟體開發組 21
　　2.2.2　系統管理組 22
　　2.2.3　技術支援組 23
　　2.2.4　推廣教育組 23
　　2.2.5　資訊安全管理組 23
　　2.2.6　稽核小組 24
2.3　空間環境資源的安全管理 24
2.4　硬體設備資源的安全管理 27
　　2.4.1　電腦系統故障 27

資訊與網路安全概論

    2.4.2 網路斷線與網路的品質監測 28
- 2.5 軟體設備資源的安全管理 31
  - 2.5.1 軟體程式的安全管理 31
  - 2.5.2 資料的備份 32
  - 2.5.3 敏感媒體的處理 36
- 2.6 侵入者 37
- 2.7 電腦實體安全的評分與建議 38
- 2.8 習題 40
- 2.9 專題 41
- 2.10 實習單元 42

第三章 使用者身分識別   **43**

- 3.1 前言 44
- 3.2 身分鑑別類型 45
  - 3.2.1 證件驗證 45
  - 3.2.2 生物特性驗證 47
  - 3.2.3 通行密碼驗證 48
- 3.3 身分鑑別流程 49
- 3.4 通行密碼的安全威脅 51
- 3.5 通行密碼管理 52
- 3.6 各種通行密碼技術 54
  - 3.6.1 直接儲存法 55
  - 3.6.2 單向函數法 57
  - 3.6.3 通行密碼加密法 58
  - 3.6.4 通行密碼加鹽法 60
  - 3.6.5 時戳法 61
  - 3.6.6 亂數法 62
- 3.7 Kerberos 身分鑑別系統 63
- 3.8 習題 68
- 3.9 專題 69
- 3.10 實習單元 70

第四章 作業系統安全　　　71

- 4.1 前言 72
- 4.2 電腦作業系統的安全威脅 73
- 4.3 電腦病毒 73
  - 4.3.1 電腦病毒的類型 74
  - 4.3.2 電腦中毒的症狀 77
  - 4.3.3 電腦病毒的生命週期 78
  - 4.3.4 病毒碼的原理 78
  - 4.3.5 預防電腦病毒的方法 80
- 4.4 軟體方面的安全漏洞 81
  - 4.4.1 溢位攻擊 81
  - 4.4.2 競爭條件 81
  - 4.4.3 亂數值的預測 81
- 4.5 作業系統的安全政策 82
- 4.6 作業系統的安全模式 84
  - 4.6.1 任意性安全模式 84
  - 4.6.2 強制性安全模式 86
  - 4.6.3 以角色為基礎的安全模式 92
- 4.7 存取控制方法 95
  - 4.7.1 存取矩陣法 95
  - 4.7.2 串列法 96
  - 4.7.3 群組法 97
- 4.8 Linux 系統的安全管理機制 99
- 4.9 習題 103
- 4.10 專題 105
- 4.11 實習單元 105

第五章 祕密金鑰密碼系統　　　107

- 5.1 前言 108

5.2 密碼學基本概念 108
　　5.2.1 基本的加解密系統概念 108
　　5.2.2 密碼系統的安全性程度 110
　　5.2.3 密碼系統的分類 112
5.3 古代密碼系統 113
　　5.3.1 簡單替代法 113
　　5.3.2 多字母替代法 114
　　5.3.3 多圖替代法 114
　　5.3.4 古代密碼系統之破解法 115
5.4 近代密碼系統 116
5.5 三重 DES 密碼系統 117
5.6 新一代密碼系統 119
　　5.6.1 AES 簡介 119
　　5.6.2 AES 的加密演算法 121
　　5.6.3 AES 的解密演算法 130
5.7 祕密金鑰密碼系統的加密模式 134
　　5.7.1 ECB 加密模式 134
　　5.7.2 CBC 加密模式 135
　　5.7.3 CFB 加密模式 136
　　5.7.4 OFB 加密模式 138
5.8 習題 139
5.9 專題 141
5.10 實習單元 141

第六章 公開金鑰密碼系統　　143

6.1 公開金鑰的基本概念 144
　　6.1.1 公開金鑰加解密基本概念 145
　　6.1.2 數位簽章的基本概念 146
6.2 RSA 公開金鑰密碼機制 147
　　6.2.1 RSA 的加解密機制 148

	6.2.2	RSA 的數位簽章機制 150
	6.2.3	RSA 密碼機制的安全性 151

6.3 ElGamal 的公開金鑰密碼系統 153
    6.3.1 ElGamal 的加解密機制 154
    6.3.2 ElGamal 的數位簽章機制 155
    6.3.3 ElGamal 密碼機制的安全性 156

6.4 其他公開金鑰密碼系統 158
    6.4.1 橢圓曲線密碼系統 158
    6.4.2 量子密碼學 158

6.5 混合式的加密機制 159
    6.5.1 數位信封 159
    6.5.2 Diffie-Hellman 的金鑰協議與交換機制 161

6.6 機密分享 164

6.7 密碼系統的評估 167

6.8 習題 169

6.9 專題 170

6.10 實習單元 171

第七章 訊息鑑別   **173**

7.1 前言 174

7.2 單向雜湊函數 174

7.3 文件訊息的完整性驗證 176

7.4 MD5 單向雜湊函數 177

7.5 SHA 單向雜湊函數 183

7.6 文件訊息的來源驗證 188
    7.6.1 祕密金鑰密碼系統的訊息鑑別機制 189
    7.6.2 公開金鑰密碼系統的訊息鑑別機制 190
    7.6.3 金鑰相依單向雜湊函數的訊息鑑別機制 191

7.7 訊息鑑別碼 192
    7.7.1 CBC-MAC 192

　　　　7.7.2　單向雜湊函數 MAC 194
　7.8　習題 195
　7.9　專題 195
　7.10　實習單元 196

第八章　金鑰管理及認證中心　　　　　　　　　197

　8.1　前言 198
　8.2　認證中心 200
　8.3　數位憑證的標準格式 201
　8.4　認證中心的作業流程 202
　　　　8.4.1　數位憑證的申請 203
　　　　8.4.2　數位憑證的產生與使用 204
　　　　8.4.3　數位憑證的註銷 207
　8.5　數位憑證的使用 209
　　　　8.5.1　加解密及簽章的使用 209
　　　　8.5.2　網路使用者的身分認證 210
　8.6　數位憑證的種類 212
　8.7　交互認證 212
　8.8　自然人憑證簡介 215
　8.9　習題 218
　8.10　專題 219
　8.11　實習單元 220

第九章　多媒體安全　　　　　　　　　　　　　　221

　9.1　前言 222
　9.2　影像及 MPEG 的基本概念 223
　　　　9.2.1　影像的基本概念 223
　　　　9.2.2　影像解析度 224
　　　　9.2.3　影像壓縮 224
　　　　9.2.4　視訊影片 MPEG 的基本概念 227

9.3 多媒體資料的加密機制 229
9.4 資訊隱藏 231
    9.4.1 資訊隱藏基本特性 231
    9.4.2 LSB 藏入法 233
    9.4.3 離散餘弦藏入法 234
    9.4.4 小波轉換藏入法 235
    9.4.5 視訊與聲音藏入法 236
9.5 數位浮水印技術 237
9.6 數位版權管理 242
    9.6.1 數位內容 242
    9.6.2 數位版權管理的架構 243
    9.6.3 DVD 的防盜拷技術 244
9.7 視覺密碼學 246
9.8 習題 250
9.9 專題 251
9.10 實習單元 251

第十章 網路通訊協定安全　　253

10.1 前言 254
10.2 TCP/IP 通訊協定 254
    10.2.1 應用層 255
    10.2.2 傳輸層 255
    10.2.3 網路層 256
    10.2.4 資料連結層 257
    10.2.5 封包的傳遞與拆裝 257
10.3 應用層的網路安全通訊協定 260
    10.3.1 PGP 安全電子郵件系統 261
    10.3.2 PGP 協定的郵件傳遞流程 262
10.4 傳輸層的網路安全通訊協定 265
    10.4.1 SSL 安全傳輸協定 265

10.4.2 TLS 傳輸層安全協定 271
10.5 網路層的網路安全通訊協定 272
10.5.1 IPSec 簡介 272
10.5.2 IPSec 之確認性標頭協定 273
10.5.3 IPSec 之安全資料封裝協定 274
10.5.4 IPSec 之金鑰管理機制 276
10.6 習題 278
10.7 專題 279
10.8 實習單元 279

第十一章 網路系統安全　　281

11.1 前言 282
11.2 網路的安全威脅 283
11.3 網路攻擊 286
11.3.1 網頁掛馬 289
11.3.2 釣魚網站 289
11.3.3 殭屍網路 291
11.3.4 OpenSSL 心臟出血漏洞 292
11.3.5 阻斷服務攻擊 294
11.4 防火牆 296
11.4.1 防火牆的安全策略 296
11.4.2 防火牆的種類 297
11.4.3 防火牆的架構 301
11.5 入侵偵測系統 303
11.5.1 入侵偵測系統的功能 303
11.5.2 異常行為入侵偵測 305
11.5.3 錯誤行為入侵偵測 306
11.5.4 入侵偵測系統的架構 306
11.6 入侵防禦系統 308
11.6.1 入侵防禦系統的功能 308

11.6.2　入侵防禦系統的類型 309

11.7　習題 310

11.8　專題 311

11.9　實習單元 311

第十二章　無線網路安全　　313

12.1　前言 314

12.2　無線區域網路 IEEE 802.11 及其安全機制 314

　　12.2.1　IEEE 802.11 連接模式 315

　　12.2.2　IEEE 802.11 的安全機制 316

12.3　藍芽無線通訊系統及其安全機制 318

　　12.3.1　藍芽無線通訊系統的簡介 318

　　12.3.2　藍芽安全簡介 320

　　12.3.3　藍芽無線通訊系統的安全機制 320

12.4　RFID 安全機制 323

　　12.4.1　RFID 系統簡介 323

　　12.4.2　RFID 資料傳遞安全 324

　　12.4.3　RFID 的隱私權保護 325

12.5　NFC 近場通訊及其安全機制 327

　　12.5.1　NFC 通訊協定 328

　　12.5.2　NFC 運作模式 333

　　12.5.3　NFC 的安全問題 334

12.6　無線感測網路及其安全機制 336

　　12.6.1　無線感測網路簡介 336

　　12.6.2　無線感測網路的安全問題 340

　　12.6.3　無線感測網路的安全機制 344

12.7　習題 345

12.8　實習單元 345

第十三章 行動通信安全　　347

13.1 前言 348
13.2 GSM 行動通信系統及其安全機制 349
13.2.1 GSM 行動通信系統的系統架構 349
13.2.2 GSM 系統的通訊過程 351
13.2.3 GSM 行動通信系統的安全機制 354
13.3 第三代行動通信系統及其安全機制 358
13.3.1 第三代行動通信系統的基本架構 358
13.3.2 第三代行動系統的安全機制 359
13.4 車載通訊環境及其安全機制 364
13.4.1 車載通訊系統的基本架構 365
13.4.2 車載通訊系統可能遭受的安全攻擊 365
13.4.3 車載通訊系統所需滿足的安全需求 367
13.5 習題 368

第十四章 網路服務安全　　369

14.1 前言 370
14.2 點對點網路安全 371
14.2.1 P2P 應用服務 371
14.2.2 P2P 網路傳輸架構的分類 373
14.2.3 Chord 查詢協定 377
14.2.4 P2P 網路安全威脅 380
14.2.5 P2P 網路安全機制 382
14.3 雲端運算服務安全 383
14.3.1 雲端運算簡介 384
14.3.2 雲端服務 386
14.3.3 雲端運算服務的安全隱憂 389
14.4 物聯網安全 393
14.4.1 物聯網的架構 393

        14.4.2 物聯網的應用 394
        14.4.3 物聯網的安全問題 396
    14.5 習題 397

第十五章 電子商務安全　　**399**

    15.1 前言 400
    15.2 網路交易的安全機制 401
    15.3 電子付款機制 405
    15.4 電子現金 407
    15.5 電子支票 409
    15.6 線上信用卡付款 412
    15.7 第三方支付服務 418
    15.8 行動支付 420
        15.8.1 Google 電子錢包與 Android Pay 421
        15.8.2 Apple Pay 422
        15.8.3 支付寶與微信支付 423
    15.9 電子競標 424
        15.9.1 公開標單的電子競標系統 425
        15.9.2 密封標單的電子競標系統 428
    15.10 習題 431
    15.11 專題 432
    15.12 實習單元 432

第十六章 區塊鏈技術　　**435**

    16.1 前言 436
    16.2 區塊鏈簡介 437
        16.2.1 區塊鏈的運作方式 437
        16.2.2 利用 Merkle 樹縮短交易訊息 440
        16.2.3 區塊鏈的共識機制 441
        16.2.4 區塊鏈的種類 444

- 16.2.5 區塊鏈的特性 444
- 16.3 比特幣 446
  - 16.3.1 比特幣的地址及錢包 447
  - 16.3.2 比特幣的交易過程 447
  - 16.3.3 比特幣的挖礦程序 449
  - 16.3.4 比特幣的特性 450
- 16.4 乙太坊與智能合約 451
  - 16.4.1 乙太幣 452
  - 16.4.2 智能合約的撰寫 453
  - 16.4.3 智能合約的運作 454
  - 16.4.4 智能合約的佈署及其執行費用 457
- 16.5 區塊鏈的應用 458
- 16.6 區塊鏈與智能合約的安全議題 464
  - 16.6.1 區塊鏈的安全性議題 464
  - 16.6.2 智能合約的問題 468
- 16.7 習題 469
- 16.8 專題 470
- 16.9 實習單元 471

第十七章 資料庫安全　　**473**

- 17.1 前言 474
  - 17.1.1 資料庫與資料表簡介 475
  - 17.1.2 結構化查詢語言 476
- 17.2 資料庫管理系統的安全威脅 477
  - 17.2.1 資料庫安全的威脅 478
  - 17.2.2 資料庫推論 479
  - 17.2.3 資料庫聚合 480
- 17.3 統計資料庫安全 481
  - 17.3.1 統計資料庫安全的威脅 481
  - 17.3.2 推理問題的解決方法 483

17.3.3　近似查詢法 484
　17.4　任意性資料庫的安全 486
　　　17.4.1　任意性資料庫安全概論 486
　　　17.4.2　存取控制政策 488
　　　17.4.3　存取模式 489
　　　17.4.4　關聯基表與視窗表 491
　　　17.4.5　安全性控制 494
　17.5　多層式資料庫 495
　　　17.5.1　多層式資料表 495
　　　17.5.2　資料多重性問題 497
　17.6　資訊隱碼攻擊 501
　17.7　習題 503
　17.8　專題 504

第十八章　資訊安全管理　　505

　18.1　前言 506
　18.2　可信賴的系統 507
　18.3　資訊技術安全評估共同準則 511
　18.4　資訊安全管理系統要求事項 – ISO/IEC 27001 519
　　　18.4.1　ISO27000 系列的沿革 520
　　　18.4.2　資訊安全管理系統的管理模式 521
　　　18.4.3　資訊安全管理系統的建置 522
　18.5　稽核控制 532
　18.6　習題 533
　18.7　專題 534

附錄 A　ASCII 表　　535

索引　　536

1 資訊與網路安全簡介

An Overview of Information and Network Security

資訊與網路安全簡介
An Overview of Information and Network Security

1.1 前言

隨著資訊科技的蓬勃發展；網路應用的日漸普及，電腦及網路科技已廣泛地應用在我們日常生活中，不僅企業利用電腦網路來改善工作效率、擴大電子商務之服務層面以提升競爭力，個人也利用電腦網路來傳遞郵件、進行資料檢索、線上購物、線上競標及隨選視訊等服務。資訊科技不但為人類帶來便利的生活，也顛覆企業的傳統思維，更帶動電子商務的蓬勃發展。我們在享受這些科技帶來的便利之餘，卻常常忽略了這些科技背後所潛在的安全問題。一旦安全方面出現問題，往往會造成企業莫大的損失以及個人使用上的不便。因此，在發展管理資訊及電子商務系統的同時，必須先做好電腦系統與網路安全。

高速網路技術提升及網路服務的普及，促使各階層利用網路來傳遞、存取及處理資訊等雲端運算 (Cloud Computing) 服務。但是，要如何保護在網路中傳遞及儲存於電腦系統或雲端伺服器 (Cloud Server) 之機密資料，免於遭受未經授權人員之竊取、竄改、偽造及破壞等不法行為之威脅，則是雲端服務時代當務之急。

機密資料相當重要，若不加以有效保護，可能會危及個人權益、公司競爭力乃至危害國家安全。例如，醫院病歷資料若遭破壞或竄改，可能導致醫療判斷錯誤；軍事資訊若遭洩漏或竄改，將大大影響國家安全，資訊安全之重要性可見一斑。

資訊安全通常注重三類資料：一是機密資料 (Confidential Data)，

二是敏感資料 (Sensitive Data)，三為正確資料 (Integrity Data)。機密及敏感資料只允許經授權的人存取，禁止非經授權者存取或閱讀。一般所謂的機密資料，是指軍事、情報及有關國家安全之資料統稱。而敏感資料是指政府、機構及企業等具敏感性之資料。正確資料則是保護該資料之正確性及有效性，禁止該資料被破壞、偽造及篡改。若無特別指定，本書將以機密資料統稱上述三類資料。

1.2 資訊安全的威脅

自從美國康乃爾大學學生莫里斯 (Robert Tappan Morris) 於 1988 年施放網路蠕蟲 (Worm)，造成網際網路近 6000 部電腦當機，電腦使用者才開始警覺到資訊安全的問題，爾後各種資訊安全事件層出不窮。

資訊安全的目的即在保護各企業及機關單位所有資訊系統之資源，包括：

1). 防止未經授權者得到有價值的資訊。

2). 防止未經授權者偷竊或拷貝軟體。

3). 避免電腦資源（例如，印表機、磁碟機、記憶體及中央處理機等）被盜用。

4). 避免電腦設備受到災害的侵襲。

所有影響資訊安全而導致不能妥善保護資訊系統之資源，都是資訊安全的威脅，必須加以防範。一般將威脅資訊安全分類如下：

1). 天然或人為：
天然的安全威脅起因於天然災害，導致資訊本身或存取管道遭到破壞。一般常見的災害，包括颱風、地震、水災及火災等，這些皆會對資訊系統造成直接性的破壞。在傳送資料的過程中，可能因為打雷、閃電，而造成傳輸時的干擾與資料改變等問題。其他災害所造成資料之破壞程度不一，例如 2001 年初時，汐止東方科學園區大火導致多數廠商的資料遭受毀損；同年 9 月，因納莉颱

風所帶來的豪雨侵襲，嚴重積水造成許多地下機房的主機設備毀損，儲存在設備內的重要資料都受到侵蝕破壞。

人為的安全威脅則是起因於人為的因素，導致系統的安全受到威脅及攻擊。例如，管理人員的疏失或是系統人員的蓄意破壞。

2). 蓄意或無意：

蓄意的安全威脅是指駭客企圖破解資訊系統之安全，其目的是想從中獲取不當的利益。使用者利用一些專業知識或智慧自我挑戰，不斷地向電腦系統安全上的漏洞進行探測摸索。有些人是為了測驗本身的功力，而後才轉為非法存取電腦資源，不幸地這些行為已觸犯法律。有些人則是惡意地竊取電腦的服務，奪取重要機密或破壞資料。

在資訊安全威脅中，最不易防範的就屬蓄意的安全威脅。因為這牽扯到人的因素，變異最大，就算再精良的電腦設備，也無法預估攻擊者的思考模式與行為。因此，這方面的安全威脅最難以克服。在此項破壞中，包含許多目前大多數人所熟知的破壞行為，如電腦病毒、駭客及其他電腦犯罪等。

無意的安全威脅則是導因於系統管理不良或系統管理員的疏忽，導致系統出現安全上的漏洞。例如，架設電子商務網站時，為了使外界的使用者可以瀏覽網頁，而把網頁檔案權限開放為唯讀，如果系統管理員不小心將目錄或檔案的權限開放成所有人都可以讀寫，那麼此網站將很容易被入侵。又如架設 NT 或 MS SQL 伺服器 (Server) 時，很多系統管理員會忘記更改預設的超級使用者密碼（註：NT 及 MS SQL 之超級使用者 ID 及通行密碼均為 Administrator），使得駭客輕易地就可以取得系統的控制權。許多安全問題是在正常的操作行為下無意間發生的，這些可能危及系統安全的缺失，大部分是由於使用者的訓練不足及疏忽所引起。

3). 主動或被動：

駭客又可分為主動攻擊與被動攻擊。在雙方傳輸的過程中，竊取資訊或是在他人的電腦中植入木馬程式，直接取得電腦中的資源及機密文件，不讓傳輸者發覺他的存在，這些均屬於被動攻擊。主動攻擊則是利用大量封包傳送，癱瘓受害者的電腦或伺服器；或是篡改傳送中封包資料；或是傳送假的訊息給另一個具有利益

關係的受害者，造成其財務或精神上的損失。

被動的安全威脅行為並不會更改資訊系統的資料，駭客的主要目的是要窺探機密資料，以獲取不當利益或僅得知別人隱私。相反地，主動的安全威脅行為則會破壞或篡改資訊系統之資料，讓使用者無法正常得到資料，或得到的是篡改過的資料。

4). 實體或邏輯：

實體的安全威脅，對象為實際存在之硬體設備；邏輯的安全威脅，對象則為資訊系統上之資料。典型的實體安全威脅是歹徒直接侵入電腦機房，以鐵鎚或其他方式破壞電腦設備，使其不能正常運轉。第二章將介紹實體安全，以避免這類型的安全威脅。

另外，電腦硬體經過長期使用，會造成硬體物理性的彈性疲乏及損壞。若無適當的保養，容易導致運算錯誤，造成決策失誤。軟體所產生的錯誤很容易從模擬結果得知，但硬體產生的問題則不易偵測出來。其他儲存硬體損毀則會發生重要資料遺失等問題。關鍵性的硬體設備（如軍事上的飛彈導航系統）所造成的傷害，遠比未使用資訊科技來得大。因此，平常做好保養以及確保實體安全，都是系統管理員必須重視的課題。

1.3 資訊安全的基本需求

資訊網路的便捷性及多功能性，不論是企業抑或公家機關，對資訊安全需求，隨著網路的快速發展愈來愈受到重視。重要的資訊內容紛紛加強其安全性，以符合不斷變化的環境。但是「道高一尺，魔高一丈」，對於資訊安全，總是有不同的威脅存在；對於每一項防護，總是會再出現另一種的威脅，這是安全與威脅的拉鋸戰，互相制衡。以下將針對安全上的需求與威脅做簡單的介紹。

資訊安全的目的，即在防止影響資訊安全的威脅。根據 ISO 27001 資訊安全管理系統 (Information Security Management System, ISMS)的規範，系統必須對其機密性 (Confidentiality)、完整性 (Integrity) 及可用性 (Availability) 作適當的風險管理，這三個基本需求取其第一英文字母簡稱 CIA，其意義簡述如下。

1). 機密性：
機密性資料內容不能被未經授權者所竊知，僅能由被授權者存取，以確保資訊的機密，並防止機密資訊洩漏給未經授權的使用者。這裡所謂的存取包括讀出、瀏覽及列印。另外「資料是否存在於系統」也是一項很重要資訊，必須加以保密，不得直接或間接被不法人士所知悉。

為確保資料傳輸的隱私，可透過資料加密的程序達到此目標。如果國防安全政策亦或是企業的行銷策略等忽略此需求的重要性，都將造成極為嚴重的後果。國家安全遭受威脅，人民生活將陷入恐慌；而在企業行銷，將可能受到同業阻礙，或是對手利用竊取所得的資訊，率先搶得市場。因此，透過對資料隱私的保護，可以避免上述問題的產生。

2). 完整性：
資料內容僅能被合法授權者更改，不能被未經授權者篡改或偽造。這裡的「更改」包括新增 (Creating)、更正 (Changing)、更新 (Updating) 及刪除 (Deleting) 等。資料完整性必須確保資料傳輸時不會遭受篡改。

在系統設計、分析及規劃時，必須考慮資料輸入錯誤、使用者使用不當或蓄意破壞資料、傳送失敗及系統處理錯誤的可能性，以減少資料產生錯誤的情況發生。因此，系統在設計之初即必須將這些可能的問題一併列入考量，不但要檢驗資料格式是否合理且有效，更需要保證資料正確且可用。

另外，第六章將介紹數位簽章，可用來確保資料傳輸過程中不會被駭客篡改及偽造，以確保資料之完整性。

3). 可用性：
確保資訊系統運作過程的有效性，以防止惡意行為導致資訊系統被毀壞 (Destroy) 或延遲使用 (Prolong)。另外，資料內容和資料格式均不能被破壞，導致系統無法正常運轉；系統必須提供有效及正確的資料給合法使用者正常存取處理。

除了上述的機密性、完整性及可用性外，系統視其應用的範疇可能還需要以下特性來滿足其對資訊安全的要求。

1). 鑑別性 (Authentication)：

鑑別性包括身分鑑別 (Entity Authentication) 及資料（或訊息）來源鑑別 (Data or Message Authentication)。訊息來源鑑別是要能確認資料訊息之傳輸來源，以避免惡意的傳送者假冒原始傳送者傳送不安全的訊息內容。一般均利用數位簽章或資料加密等方式，來解決訊息的來源鑑別問題。

對於使用者身分的識別而言，系統必須快速且正確地驗證身分。為了預防暴力攻擊者（參考第三章說明）的惡意侵犯，對於使用者身分鑑別的時效性比起訊息驗證要來得嚴謹。

根據使用者之身分，可進一步執行存取控制，以限制使用者之執行權限。為了保護接收者的權益或系統安全，不論是訊息或使用者身分的識別，皆必須有很完善的識別機制。

2). 不可否認性 (Non-Repudiation)：

在資訊安全需求中，對於傳送方或接收方，皆不能否認曾進行資料傳輸、接收及交易等行為，意即傳送方不得否認曾傳送某筆資料，而接收方亦無法辯稱未曾接收到某訊息資料。例如，消費者不能否認曾在某電子商務網站進行交易，商家亦不能否認收到消費者的交易及貨款資訊。

一般可利用第六章所介紹的數位簽章及公開金鑰基礎架構（Public Key Infrastructure, PKI）對使用者身分及訊息來源做身分鑑別及資料來源鑑別，並可再與使用者在系統上的活動進行連結，以達權責歸屬及不可否認性。

3). 存取控制 (Access Control)：

資訊系統內每位使用者依其服務等級，而有不同之使用權限。服務等級愈高者，其權限愈大；相反地，服務等級愈小者，其權限愈小。因此，電腦系統之超級使用者 (Super User) 擁有最高的系統權限，偶爾使用之訪客 (Guest) 權限則最低，僅能使用簡單的基本服務，如使用 BBS 或是瀏覽產品資訊。

存取控制主要是根據系統之授權策略，對使用者做授權驗證，以確認是否為合法授權者，防止未經授權者存取電腦系統及網路資源。使用者一旦經過身分鑑別而確認為本系統之合法使用者後，就可以使用本系統所提供之服務或資源。並非所有合法使用者均

可以享用系統的所有服務，必須依使用者是否被授權而定，例如張三豐得到授權可以使用印表機，也就是確認張三豐此人為合法使用者後，就可以使用印表機這項資源。

本書的「合法使用者」是指通過身分鑑別後之使用者，而「合法授權者」是指經過系統授權可以存取某些電腦資源之「合法使用者」。有關存取控制方法將在第四章介紹。

4). 稽核 (Audit)：

資訊系統不可能達到絕對安全，也就是百分之百的安全。任何資訊安全的產品，其廠商絕對不敢向客戶保證安裝該產品後，客戶的資訊系統就可以百分之百地高枕無憂，不用再擔心駭客入侵。駭客的入侵手法千奇百怪，現在的安全並不保證明天也安全。因此，我們必須藉由稽核紀錄 (Audit Log) 來追蹤非法使用者，一旦發生入侵攻擊事件，除了可以順利地回復系統 (Recovery) 外，也可以盡快找到發生事件之原因，進而提出偵測此類入侵的方法，以防止系統再一次被入侵。

資訊安全必須發展各種保護方法，以滿足以上的特性，這些方法將在第二章後陸續介紹。

1.4 資訊安全的範疇

資訊安全的領域相當廣泛，所有可以達到第 1.3 節所述資訊安全的基本需求，以確保資訊系統正常運作及確保機密資料之機密性與完整性的機制都是資訊安全的範疇。管理資訊系統（Management Information System, MIS）的一般架構如圖 1.1 所示，包含管理資訊系統、電腦作業系統以及資料庫管理系統。

大部分的管理資訊系統皆會透過資料庫管理系統維護資料。早期的管理資訊系統與資料庫系統是在同一台電腦，稱為單機版資訊系統。現在由於機關、企業之規模龐大且分散各地，資訊系統已由原先單機版系統擴展為主從式 (Client-Server) 或三層式 (3-Tier) 架構，資料庫不需要與管理資訊系統位在同一台主機。反之，可以分散在不同主機系統上，透過區域網路或網際網路存取分散在各地的資料。因此，

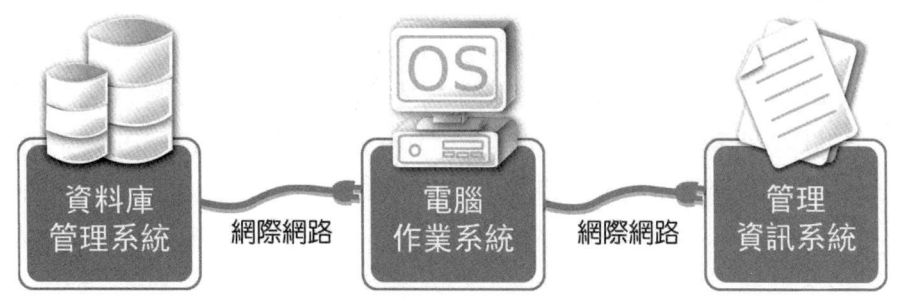

圖1.1: 管理資訊系統的一般架構

要設計一個安全的管理資訊系統，除了包括資料庫安全、作業系統安全及管理資訊系統安全，還必須涵蓋網路安全。

圖 1.1 中的管理資訊系統，可以是會計管理資訊系統、人事管理資訊系統、財務管理系統、決策支援管理系統或者電子商務系統等。以電子商務系統為例，它牽涉到資料庫管理系統、電腦作業系統、電子商務應用系統以及網際網路等。因此，就電子商務系統的安全而言，其資訊安全範疇應包含資料庫安全、作業系統安全、電子商務安全及網路安全。

資料庫安全主要在確保資料庫內資料不能被未經授權者所存取或推導出機密資料。作業系統安全包括了存取控制及使用者驗證機制等防護措施。電子商務安全需保障交易內容的隱私，並確保付款機制的安全。網路安全則泛指資訊在公開的網路上傳送所需的安全防護。

資訊安全範疇除了包含資料庫安全、作業系統安全、管理資訊系統安全及網路安全外，還必須考慮到整體架構之操作環境的安全問題，包括系統的所有使用者、操作介面、後端處理程式以及資料庫等四個模組。

1). 使用者：

系統的使用者可能是組織中的員工或顧客。若為組織內員工，必須訓練其操作系統的能力。若與系統安全性有關之員工，必須以契約限制其使用各種可能攜出的儲存體，例如隨身碟、磁片及光碟等。組織中對外網路與內部網路必須有嚴謹的區隔，預防員工透過各種方式洩漏機密資訊。目前企業或是公家單位都是以安全的教育訓練，建立道德觀及簽訂契約，並訂出違約的懲處，以確保組織的權益。

2). 操作介面：

另一個與使用者有著密切關係的系統元件，則是使用者的操作環境（介面）。若以網路連接後端處理程式，則以網頁方式呈現，做為與處理程式連接之前端介面，亦即利用 ASP、JSP、PHP 等網頁程式語言產生固定的資料輸入格式，並利用各種 script 檢驗輸入的資料值是否符合所需的資料格式。例如，金額就不能輸入文字或身分證格式等資料。對於不同等級的使用者，必須提供不同的頁面。例如，透過 ID 與通行密碼 (Password) 的識別，來決定是管理者亦或是一般使用者，而給予不同的操作介面，以避免攻擊者進入管理介面而有更高的權限破壞系統。

3). 後端處理程式：

整個系統架構的核心則是處理程序，也就是我們所謂的後端處理程式。它是負責處理回應使用者所要求的服務，若使用者要取得資料庫中的資料，也必須透過此系統元件存取。後端處理程式可說是系統中之靈魂，因此必須確保來源端的正確性。大部分的作法是規範不同權限的使用者須有不同的處理方式。若為一般使用者，則不能接觸原始程式碼，也沒有權限修改程式內容。

4). 資料庫：

資料庫負責保存重要資料與一般資料。依據不同需求，有不同的資料格式與儲存方式，若使用者欲存取資料庫中的資料，則利用後端處理程式做為橋樑，適時給予使用者正確的資料。

1.5 資訊系統的安全分析

由於不斷出現新的攻擊方法及安全漏洞，系統管理者很難再根據過去系統運作的經驗準則，做為未來系統運作的永久保證，因此建置一個安全的資訊系統更加不易（註：本書所說「資訊系統」泛指電腦作業系統、資料庫管理系統及其他管理資訊系統）。一般而言，建構或開發一個安全的管理資訊系統或電子商務系統，須有下列的安全分析及策略，以因應突發的安全問題。

1). 弱點分析 (Vulnerability Analysis)：

對整個系統架構進行瞭解及測試，包括系統架設哪些硬體（例

如，路由器 (Router)、橋接器 (Bridge)、閘道器 (Gateway) 及防火牆 (Firewall) 等〕、使用哪一種作業系統（例如，Linux、Windows 及 Novell Network）、使用哪些通訊協定（例如，TCP/IP、Ethernet 及 ISDN 等）、安裝哪些應用軟體（例如，FTP、WWW 及薪資管理資訊系統等）、哪些人會使用本系統、授權哪些權限給使用者等。管理者瞭解這些資訊後，進而分析系統的弱點在哪裡、哪些人可能會進行攻擊、目的為何，以及要攻擊哪些地方。

此外，目前已有許多系統安全管理工具，系統管理者可利用這些工具協助測試系統是否安全，並偵測系統的弱點所在。利用人工方法測試網路的安全與否，很難完全兼顧各個層面；若使用安全管理工具來幫助偵測系統的弱點，可以提供管理者相關資訊、幫助管理者找出系統最易遭受攻擊的地方，進而加強安全防護。

2). 威脅分析 (Threat Analysis)：
瞭解系統的弱點之後，進而要分析系統可能遭受的安全威脅及攻擊。常見入侵並危及系統安全的方式，包含利用電子郵件、由 Telnet 遠端登入、施放電腦病毒、試圖得到具有高存取權限的帳號、刪除或移動檔案等。有關電腦網路安全相關威脅及事件，請參考美國電腦網路危機處理暨協調中心 (Computer Emergency Response Team/Coordination Center)(http://www.cert.org/) 及臺灣電腦網路危機處理暨協調中心 (TWCERT/CC) (http://www.cert.org.tw/)。系統管理員應隨時上網瀏覽最新駭客入侵資訊，以防止電腦系統與網路安全危機的發生。

3). 對策分析 (Countermeasure Analysis)：
針對上述弱點及所面臨的安全威脅，研擬安全策略及所需的安全機制。例如，存取控制、使用者認證、加密及數位簽章等，這些技術將會在第二章以後陸續介紹。除此之外，對所研擬之安全對策也要做成本效益分析。

4). 風險分析 (Risk Analysis)：
評估及分析系統的風險，對於部分重要資料必須採取進一步的防護。例如，定期做備份及回復處理等，在系統發生安全問題時可確保重要資料的正確性，降低問題發生時所帶來的風險及損失。

因安全漏洞所造成的損失分為有形損失及無形損失。有形損失包

括硬體與軟體設備、人力成本、雜支成本及其他因工作延宕所造成之損失。無形損失則是指公司形象受到影響，其損失費用無從計算。通常投資在資訊安全之費用，應小於系統發生安全漏洞後所造成之損失，但要大於其損失的十分之一。例如，若預估之系統發生安全事件，所造成之損失為 1,000 萬元，那麼所投資之成本就應在 100 萬與 1,000 萬元之間。

以上四種安全分析之關係，如圖 1.2 所示。我們要先瞭解本身系統之環境及安全弱點，進而分析系統潛在的安全威脅及攻擊，再討論系統所需的安全需求及相關的資訊安全技術，並研擬安全對策。最後評估系統風險，並制訂意外事故之標準作業處理。

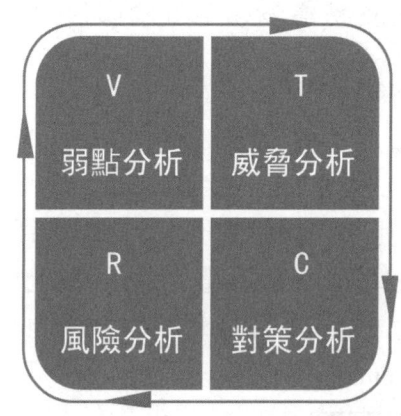

圖 1.2: 資訊系統的四種安全分析

1.6 安全的資訊系統架構

從資訊安全角度來看，我們將電腦系統的架構分成六大層：外圍層 (Environment Layer)、外部層 (External Layer)、中心層 (Central Layer)、內部層 (Internal Layer)、分析層 (Analysis Layer) 以及法律層 (Law Layer)，如圖 1.3 所示。

外圍層牽涉到有關電腦系統外圍的周邊環境因素。外部層是使用者與系統間的介面層次，所牽涉到的是個別使用者所能操作的系統。每位使用者所關注或授予的權力不盡相同，因此外部層依使用者性質分成許多不同介面。中心層是內部層與外部層的溝通橋樑，代表整個

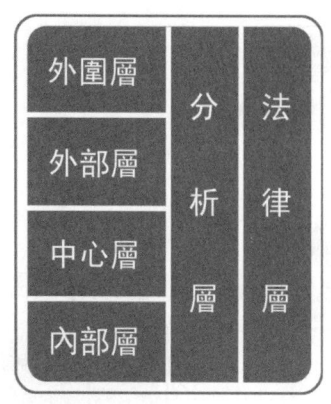

圖 1.3: 電腦系統的架構之六個安全性層次

系統的安全核心。內部層牽涉到資料實際儲存及管理的方式。分析層牽涉到系統之管理與安全威脅的分析。法律層則是牽涉到資訊安全相關的法律條文。

相對於上述電腦系統架構，我們進一步以不同的觀點將此六個安全性層次表示成圖 1.4，即環境觀點 (Environment View)、使用者觀點 (User View)、系統觀點 (System View)、資料觀點 (Data View)、管理者觀點 (Administrator View) 以及法律觀點 (Law View) 等六個不同層次來考慮資訊安全架構。

對應於圖 1.4 的六個層次電腦安全性架構，圖 1.5 列出相關的資訊安全領域及其技術。

資訊安全技術分成實體安全 (Physical Security)、身分鑑別 (User Authentication)、存取控制 (Access Control)、密碼學 (Cryptography)、管理控制 (Management Control)，以及法律制裁等六大類。

外圍層以實體安全技術為主軸，實體安全是電腦系統安全重要的一環，各機關的資訊中心安全防護措施不盡相同，平時電腦機房人員與主管應定期做各種狀況的處理演練及預防，並隨時檢討改進安全上的措施。一旦資訊中心有安全上的缺失而發生災害，不管是人為或天然的，其損害將難以補救，故「預防重於補救」是資訊中心重要的守則。第二章將進一步介紹資訊中心管理及實體安全。

外部層以使用者身分鑑別技術為主軸，以確實驗明合法使用者之身分，通常這類技術有通行密碼技術、IC 識別卡、指紋識別，以及手寫簽名技術，第三章將進一步介紹這些技術。

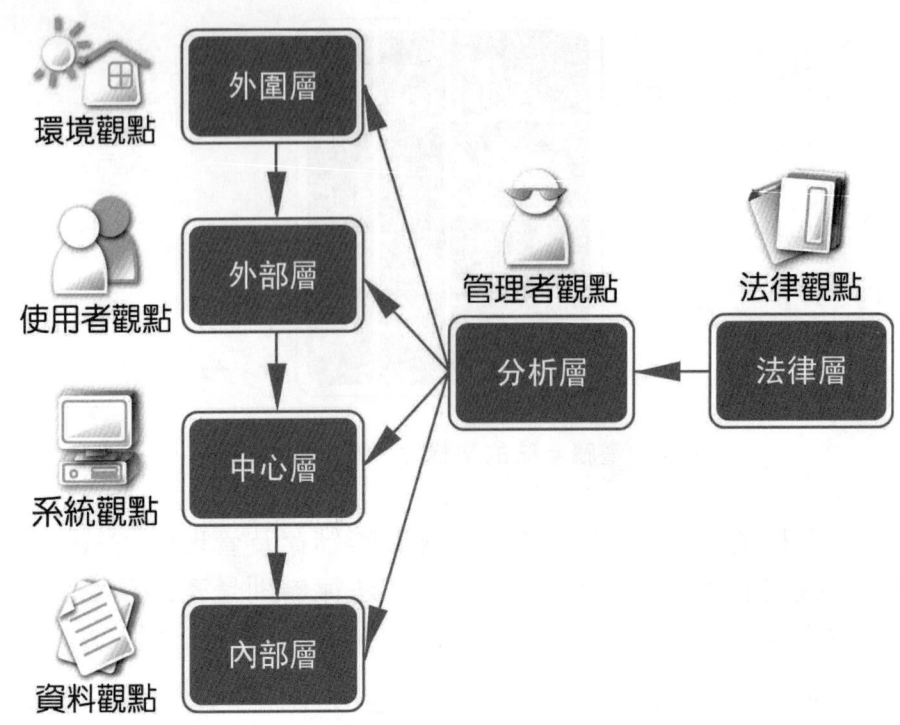

圖 1.4: 以不同的觀點來看電腦系統之六個安全性層次

中心層以任意性存取控制及多層性存取控制二類為主軸。早期資訊安全大多著重在任意性存取控制，但此種控制方式並不能有效控制資訊流向 (Information Flow) 及顆粒性 (Granularity) 問題。所謂資訊流向問題，簡言之，就是系統很難掌握資訊流向，一旦某資訊擁有者將部分或全部權力授予他（她）人後，就很難再控制此資訊，因為此資訊之權力很可能再轉遞予第三者。至於顆粒性方面，任意性存取控制方法是將一檔案當作存取控制基本單位。基本上，系統應該允許使用者存取到資料內某一基元 (Atomic) 資料，此類控制方式稱為強制性存取控制或多層性存取控制，第四章將進一步介紹這些技術。

內部層是以密碼學技術為主軸，相關的技術包括祕密金鑰加解密技術、公開金鑰加解密技術、數位簽章技術、金鑰管理、祕密安全會議、通訊安全、網路安全、電子商務交易安全、安全電子投票系統，以及訊息確認技術等等，第五章以後將分別進一步介紹這些技術。

前面所述四層均屬於加強型安全性技術，分析層則屬於預防型及補償型安全性技術。積極而言，是要找出可能影響安全威脅之要因，以預防系統安全受到威脅，主要技術包括電腦病毒、祕密通道 (Covert

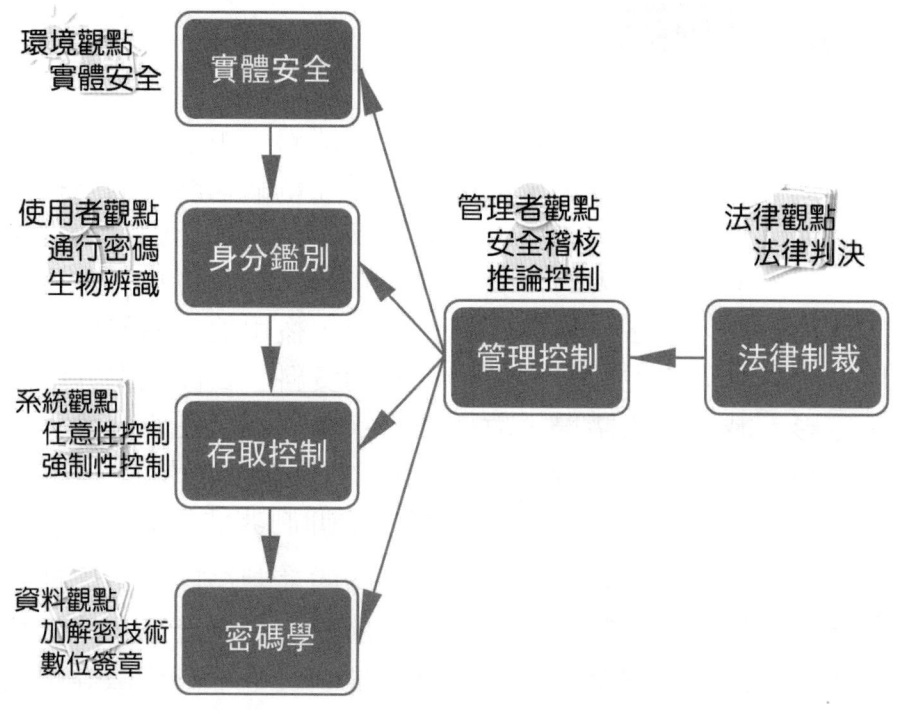

圖 1.5: 六個安全性層次之資訊安全技術

Channel)、推論 (Inference) 等等。消極而言，當系統受到駭客入侵或破壞後，作事後追蹤及補償，主要有安全稽核 (Audit Control) 技術。

　　當一位使用者欲操作電腦系統，電腦系統須先識別該使用者是否為合法用戶，若確認無誤則允許進入，否則拒絕進入系統存取資料。當此使用者進入系統後欲存取某資料內容時，系統會判斷其存取權及機密等級，以決定是否准許該使用者存取該資源。雖然該合法使用者可以存取檔案資料，但在分散式或網路環境下，該機密資料很容易被竊取，因此該資料在傳遞前尚需加密以確保資料安全。

　　雖然經過前面層層保護可以加強資料安全，但道高一尺魔高一丈，現在認為安全並不保證未來就可以高枕無憂。為求萬無一失及防患於未然，我們需要將各種存取事件記錄下來，以備系統安全出問題時可以追查前因及後果，使損害減到最少。最後，在技術面及管理面都沒有辦法防範入侵事件下，只好使用最後的手段：法律制裁，以收嚇阻之效。

1.7 法律觀點

電腦系統的安全架構除了要有外圍層、外部層、中心層、內部層及分析層外，還需要相關的法律來約束使用者在電腦網路這個虛擬世界上的行為。隨著電腦網路的發達，愈來愈多的行為或活動都透過電腦網路來進行，雖然帶來極大的便利，但水可載舟亦可覆舟，電腦網路也成了不法人士進行非法勾當的管道。例如，盜用他人的帳號密碼、竊取信用卡資料、蒐集並販賣個人線上購物資料、公開提供非經授權的音樂、電影下載、網路賭場、散佈謠言或恐怖消息造成社會不安，或是影響股票行情等等。因此，電腦系統除了要有相關的防護措施之外，還需要相關的法律配合，才能有效地抑制非法行為的發生。

近幾年來，世界各國為因應電腦網路的蓬勃發展，不斷地修訂相關法律使其能符合資訊時代的需求，目前和資訊安全相關的法律計有隱私權法、資訊空間安全法、智慧財產權法及電子商務法等四大類，茲簡介如下：

1). 隱私權法（或《個人資訊保護法》）：
聯合國之世界人權宣言第 12 條中對隱私權做了以下規範：「任何人的私生活、家庭、住宅與通信不得任意干涉，他的尊嚴與名譽不得加以攻擊。所有人均有權享受法律保護，以免受到不法干涉與侵害。」在電腦網路中隱私權也同樣需要受到保護，我們把它稱之為「資訊隱私權」(Information Privacy)，其中包含了使用不同媒介與他人溝通且不受他人監聽的通訊隱私權 (Communications Privacy)，以及個人資料不應被他人以自動化方式蒐集或處理的資料隱私權 (Data Privacy)。此外，若個人被他人蒐集及處理，個人對這些資料與其使用方式應擁有相當程度的控制權。基於這樣的概念，美國國會從 1970 年代起便開始著手資訊隱私權的相關立法工作，其他先進國家也都有相關的法律訂定，確保個人資料能被合法及合理的使用。

2). 資訊空間安全法：
電腦及網際網路所形成的空間，我們稱之為「資訊空間」(Information Space)，或是一般所稱的「網際空間」(Cyberspace)，資訊空間安全是在確保由電腦及網路所形成空間內的資料、人身及財產安

全。例如，資料在處理或傳遞過程中需防止遭到竊取或篡改、個人身分需防止被假冒、個人的帳號需防止被盜用，以及密碼需防止被破解等。有了完備的資訊空間安全法律規範，才能對無故輸入他人帳號密碼、破解使用電腦的保護措施，或干擾他人電腦使用等行為作約束。

3). 智慧財產權法：
美國前總統林肯曾對智慧財產權的保護制度說過一句名言：「為天才之火添加利益之油」(Pouring Oil of Benefits on the Flame of Genius)。這裡的天才之火指的是創新的研發，而利益之油指的是研發人員能在智慧財產權制度的保護下獲得合理的報酬，唯有如此才能有熊熊大火，科技也才能不斷地創新進步，如今在美國專利局門口的石壁上可以看到這句話，對智慧財產權保護制度作了一個極佳的闡述。電腦網路發達之後，所衍生出來的數位產品 (Digital Product) 更加琳瑯滿目，舉凡電子書、網路小說、音樂、電影及圖像應有盡有，這些數位產品在網路環境中更容易被複製並散播。為了提供一個較佳的創作環境，數位產品的智慧財產權保護目前都是世界各國非常關注的議題。

4). 電子商務法：
網路的興起，使得交易模式破除了過去地域及時間的限制，並朝向互動化的方式邁進，網路上的電子交易涵蓋了買賣契約的訂立、電子付款及金融交易等，而這些網路上所訂立的契約及交易行為是否具法律效力，就需有相關的法律規範。例如，電子契約上的簽名問題，現實世界可透過簽名或身分證明等方式來辨識簽約者的身分，而網路交易中契約雙方當事人可能素未謀面，身分辨識就更加重要，以免發生契約當事人事後否認，或者被冒名與詐欺的問題，因此除了電子簽章的技術外，也需要訂立電子簽章法來賦予電子簽章的法律地位，促進電子商務的發展。

此外，除了法律規範，我們建議政府訂定資訊網路倫理準則及設立網路警察，一方面教育宣導資訊倫理，加強國人資訊安全法治觀念；一方面培訓檢警之資訊安全能力，發覺隱藏網路中之駭客。

進階參考資料

對資訊相關法律有興趣的讀者也可至「全球法律資訊網」(Global Legal Information Network, GLIN)，去查詢世界各國的法律、規章及司法判決等。此外，教育部顧問室資通安全聯盟委託中興大學財經法律系編撰「資訊安全法律」教材，亦是很好的參考資料。其他參考資料限於篇幅無法一一列出，請讀者自行到本書輔助教學網站 (http://ins.isrc.tw/) 瀏覽參考。

1.8 習題

1. 通常影響資訊安全的威脅有哪些？請簡述說明。

2. 資訊安全有哪些基本需求？請簡述說明。

3. 何謂機密性、完整性及可用性（有效性）？請舉例說明。

4. 何謂弱點分析、威脅分析、對策分析及風險分析？這四種方法之間的關係為何？

5. 資訊安全的範疇有哪些？請簡述說明。

6. 請說明電腦系統的架構之六個安全性層次。

7. 請分別以電腦系統六個安全層次的觀點來建構一安全的電腦系統架構。

8. 請說明六個安全性層次的資訊安全技術。

9. 請以使用者觀點、系統觀點及資料觀點分別來闡述資訊系統中所使用的安全技術有哪些，並說明這些安全技術能滿足資訊系統的哪些安全需求（2010年資訊處理類科高考二級試題）。

10. 請說明在任意性存取控制技術中所衍生出來的資訊流向及顆粒性問題。

2 資訊中心管理與實體安全

Information Center Management & Physical Security

資訊中心管理與實體安全
Information Center Management & Physical Security

2.1 前言

資訊中心的主要任務就是提供高品質的服務，以輔助各單位能妥善利用電腦設備，有效率地協助工作推展。為了達到此任務，一般資訊中心除了具有高水準之人力資源服務團隊外，還要有軟硬體設備、預算以及空間環境等資源。本章將僅著重資訊中心在資訊安全方面的管理，對資訊中心其他管理有興趣的讀者請參考其他文件資料。至於「資訊安全管理系統」國際標準 (ISO/IEC 17799)，將留待第十八章再做介紹。

實體安全 (Physical Security) 是資訊中心安全管理重要的一環，亦是電腦系統的基本外在安全需求。基於人力、經濟，以及其他因素的考量，各機關的資訊中心之安全防護措施不盡相同。

實體安全的重要任務就是保護資訊系統外在的環境安全。各行各業仰賴電腦日深，不容許片刻當機。此外，歹徒（或入侵者）並不需要有特殊專業資訊能力，即可輕易破壞電腦軟硬體設備。實體安全的重要性可想而知。

典型的實體安全措施為防護、門禁管制，以及防止直接的入侵或破壞攻擊。雖然有些資訊廠商已發展出可提高電腦安全性的產品，但大部分安全上的缺失是由人為所造成，如何避免因人為之疏忽而造成資訊系統安全上的威脅，亦是實體安全探討的重點。

2.2 人力資源的安全管理

每個企業及機關單位之資訊中心組織雖不盡相同，但大體而言，資訊中心組織架構如圖 2.1 所示。

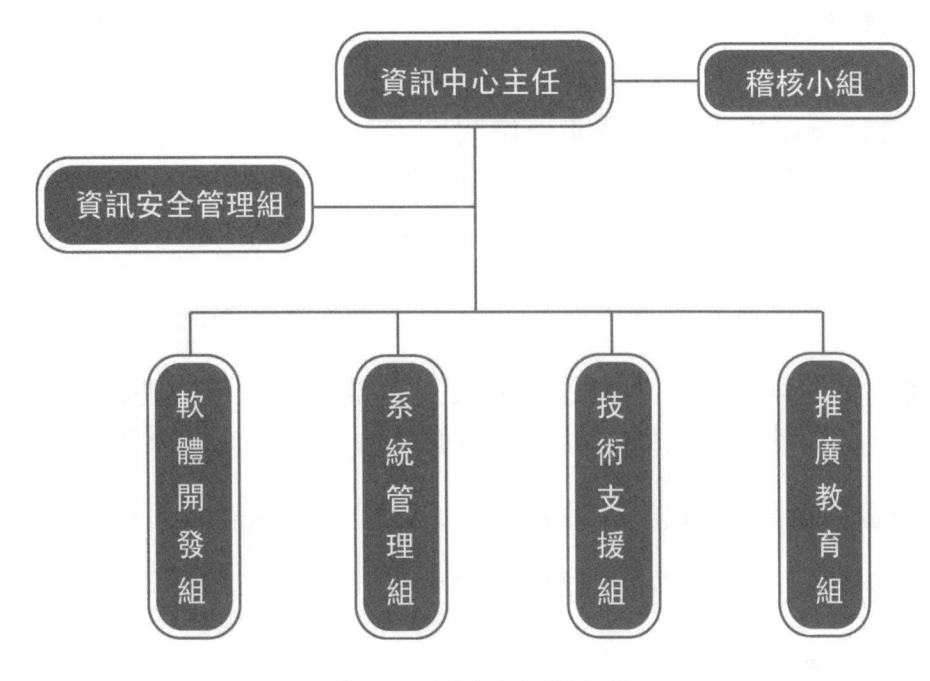

圖 2.1: 資訊中心組織架構

除了資訊中心主任外，下設五組：軟體開發組、系統管理組、技術支援組、推廣教育組，以及資訊安全管理組。另外，還有一組是由跨單位相關人員所組成之稽核小組。

2.2.1 軟體開發組

軟體開發組亦稱為系統發展組，主要任務就是開發管理資訊系統 (Management Information Systems, MIS)，以輔助各單位工作之進行。由於一般管理資訊系統都相當複雜，因此軟體開發組必須以專案管理的方法以及系統分析與設計的技巧，來規劃、分析、設計、進而發展 MIS。尤其要特別注意資料庫設計，一定要有實體關聯模式 (ER Model) 幫助瞭解資料表 (Table) 之間的關聯性，以避免資料重複及不一致的現象。

完成資訊系統之開發後，務必馬上撰寫文件，包括軟體設計文件、程式說明書、安裝手冊以及操作說明書。一般程式設計師最厭倦寫文件，但為了往後系統維護及安全稽核，身為主管必須嚴格要求，否則一旦原始程式設計人員離職，要再維護及稽核此系統將更為困難。當上述之文件已撰寫完畢，除了主管審查外，建議再請其他沒有參與此專案之相關人員閱讀並操作，以確保文件之可讀性及正確性。

軟體開發組的主要成員為系統分析師及程式設計師。程式設計師是否在設計程式的同時偷開一扇暗門 (Trapdoor)，以方便日後透過此程式潛入系統從事非法行為，是一個值得關切的問題。以下為軟體開發組在安全管理上須注意之事項：

1). 稽核人員審核系統分析與設計文件是否有安全漏洞？

2). 程式完成開發後，需由稽核人員逐一審查原始程式碼是否與系統分析和設計文件一致，以及是否有不相干的程式碼或暗門程式。

3). 由稽核人員與程式設計師共同將原始程式碼編譯成可執行檔。

4). 稽核人員必須定期稽核程式是否被篡改。

2.2.2 系統管理組

系統管理組的主要任務就是讓電腦設備及系統能有效率地正常運轉。應用系統與資料庫系統是否經常發生執行效能低落的問題？遇到這些問題時，該如何解決？系統效能不佳的原因，常牽涉到硬體、資料庫設計架構、系統組態以及網路。如何以最經濟、最快速的方式來提升系統效能，就是系統管理組的主要任務。

因此，系統管理師必須隨時監控目前的使用情形。使用者存取之速度是否過慢？若系統當掉 (Crash) 是否能在第一時間修復？另外，網路是否正常、是否過慢、負載過重？這些都必須加以注意。除此之外，系統管理組尚有一些安全上的問題需要注意：

1). 使用者申請使用權限之註冊，須謹慎查核其身分。使用者離職時，必須將其使用權限註銷，這也是為什麼機關單位離職之作業流程中，有一道關卡必須經由資訊中心主任簽署之原因。資訊中

心主任會要求中心成員將該離職員工之資料先備份 (Backup) 保存，再註銷其使用者帳號。

2). 隨時監視控制台 (Console)，檢視是否有不明身分使用者企圖登入本系統。

3). 定期檢查系統稽核檔 (Log File) 是否有異常狀況。

4). 定期檢查網路線是否在安全管線內（沒有漏出）。

5). 確認是否定期備份資料、備份資料是否放置於安全的地方，以及是否加以管制。

2.2.3 技術支援組

技術支援組之主要任務就是解決使用者使用電腦設備之相關問題，包括修復個人電腦。現在網路很普及，使用者在叫修或請求技術支援組服務時，除了以傳真、電話叫修或填紙張申請服務表格外，也可利用網路及資訊系統叫修服務。現在很多單位均已提供網路請修服務資訊系統 (Web-based MIS)，除了省去接電話或紙張公文流程過慢之缺失外，也可以進一步做統計及管理分析用途。

維護工程師或技術員在修護電腦過程中，有時需要使用者之帳號及通行密碼，一旦修護完畢，應即刻更改通行密碼，以釐清責任。

2.2.4 推廣教育組

推廣教育組的主要任務就是推展資訊教育，讓相關單位所有員工均能善用資訊中心的設備資源。除了電腦專業及網路能力訓練外，應再加強智慧財產權、電腦病毒之防患，以及其他資訊安全之觀念。

2.2.5 資訊安全管理組

依據 ISO27001 安全管理標準，成立資訊安全管理組，其任務就是負責整個資訊系統之安全管理。我們將在最後一章介紹 ISO27001 標準。

2.2.6 稽核小組

稽核小組的主要任務就是稽核資訊中心設備與系統是否有安全上漏洞,以及資訊中心人員是否有安全上的疏忽或監守自盜等情形。稽核小組通常不是資訊中心的專屬單位,而是由其他非資訊中心單位人員兼任,以避免球員兼裁判與人情上之壓力。

2.3 空間環境資源的安全管理

建立安全無虞且正常運轉的電腦使用環境,是資訊部門的主要任務之一。一般而言,導致電腦系統不能正常使用之原因,除了網路斷線及電腦系統故障外,電腦機房環境不良、停電、機房位置規劃不當、火災、雷擊、地震以及水災等都是主要因素。資訊部門管理者對這些影響實體安全因素,應加以瞭解並予以排除,否則徒增使用者之怨言。天然災害當然是無法避免的,但可事先完善規劃來降低天災所造成的災害。以下就電腦機房(尤其是重要電腦)之空間環境資源的安全管理做說明。

1. 電腦機房環境不良:
   機房環境不良會導致電腦系統故障。這裡所謂的機房環境除了有形的環境衛生外,無形的溫度、溼度及落塵更為重要。

   (a) 溫度:
   電腦系統對於溫度非常敏感,溫度過高會使電腦不正常工作,也會傷害到儲存媒體。一般來說,大型電腦系統比小型電腦系統更易產生高溫,因此電腦機房均需安裝具定溫功能之空調系統,以將電腦機房之溫度維持在攝氏 20 至 25 度間。

   (b) 溼度:
   潮濕環境往往造成電路板快速腐蝕、磁碟機讀寫頭刮傷磁碟片,以及儲存媒體發霉破壞資料。若長期不使用電腦設備,環境濕度又很高,電路板將很快腐蝕掉。因此,一般使用者之個人電腦應定期開機,讓電流可以流經電路板每一條電路。如此,將產生熱量以抑制高濕度。雖然冷氣機具有除濕功能,但效果不如除濕機好,因此大型電腦的機房都會購置

數台除濕機分裝各角落。一般電腦機房之濕度應維持在 40% 至 60% 之間。

(c) 落塵：

磁碟機讀寫頭在讀寫磁碟片資料時，會極接近磁碟片，其接近程度比一根細頭髮還要近。因此，在電腦機房裡，即使使用者掉一根頭髮，都可能導致讀寫頭刮傷整個磁碟片。灰塵也是讀寫頭的殺手，一旦灰塵飄落在讀寫頭或磁碟片，在每分鐘 7,200 轉之高速轉動下，讀寫頭將快速刮傷磁碟片。一般電腦機房四面門窗除了要緊密，而且需掛上窗簾，以減少灰塵及日曬。另外，還要購置空氣清淨機，以防落塵飄散電腦機房。幸運的是，現在磁碟機都是密閉式，落塵的問題不大。目前防止落塵主要是在防止灰塵覆蓋電路板，使用電子零件不易散熱，導致減短零件使用壽命。

2). 停電：

電腦需要穩定的電源，若遇到停電或電力系統故障，電腦就會立刻停止運作，那麼暫存在記憶體 (RAM) 的資料將因而消失。磁碟機的讀寫頭在讀寫中途被迫退回起始點，由於瞬間快速退回，有時會對電腦硬碟造成很大的傷害。因此，一旦停電時應立即由另外一套電源即時供應。現在的電腦機房大多設置不斷電供應系統 (UPS)，以應付停電時的處理，在停電後又能繼續供電數小時，在這數小時內應有足夠的時間做好停電後的處理。

另外，電力的品質不良也會導致電腦異常，電力線的電壓位準在上下 10% 內波動是常有的現象，但有時電力線的電壓位準會超過 10% 的上下限。當啟動空調系統（或大型的馬達）時，都會使電燈泡瞬間閃爍，這乃是因為電力線的瞬時大電流所造成。幸運地，目前已有穩壓設備可以解決上述問題。

3). 機房位置規劃不當：

電腦機房位置應遠離受電磁場干擾的地方，電腦機房所設置的地方，其周圍環境不應該有電視台、行動基地台、廣播電台及電力公司之變電所等具高電磁波場所。

機房內更要避免鋪設地毯，除了容易藏污納垢外，也會產生靜電，而影響電腦正常作業。另外，網路線或數據線絕對要避免與

電源線並列或置放在同一管線內。電源線通電後會產生電磁場，將干擾傳送 0 與 1 數位資料之網路線或數據線信號，偶爾會造成電腦系統莫名的當機，或其他設備電源切換之干擾。

4). 火災：

火比水更難解決，因為反應時間較少。數分鐘已足夠做安全的處置以及搬移部分設施，但要在短時間搬移大量備份資料之磁碟或磁帶是有困難的，所以平時應在磁碟或磁帶貼上有顏色的標籤，以標示重要程度，如此將有助於緊急搬運時的有效性。幸運的是，隨著行動硬碟之容量愈來愈大，價格愈來愈便宜，此問題已逐漸不重要。另外，有些單位實施異地備份或者透過雲端服務，更可以完全避免因火災造成資料之毀損。

水並非電腦機房防火的物質，事實上在電腦機房設置儲水室，反而會造成更多破壞。一旦感應器偵測到（或故障誤判）火災事件而啟動自動噴水，將會使電腦機房淹水，進而毀損磁性介質（如磁碟片、磁帶）及電腦相關設備。目前許多電腦機房都使用二氧化碳滅火器或自動噴氣系統來抑制火災擴散。但隔絕氧氣對人體健康有影響，所以使用這些防護裝置時，人員必須儘速離開。平時有完善的計畫及加強模擬的演練，一旦發生火災，才能有效率地救災及迅速地搬離重要資料。

5). 雷擊：

雷擊會產生超強電流，若不引導到地表，很容易發生火災及燒毀設備。世界各地每年都會發生上百次森林火災，絕大部分均起因於閃電雷擊。一般高樓大廈建築時都會設計及安置避雷系統，以避免被閃電雷擊。

另外，電腦的電源線是三線式（三個插孔之插座），分別是火線、空線及接地線。接地線的用途即是在保護電腦設備，避免因閃電雷擊所產生超強電流，而燒毀電腦設備及電器用品。

6). 地震：

亞洲及太平洋地區都處於地震帶，每年各國都有大小規模不一的地震。根據統計，每三十年臺灣就會發生一次大地震。自從 1995 年日本阪神大地震、1999 年臺灣集集大地震、2004 年南亞大地震、2008 年四川大地震、2010 年海地強震、2011 年紐西蘭基督

城、日本福島 8.8 級強震引發大海嘯、2015 年尼泊爾、阿富汗、馬來西亞、及智利均發生死傷慘重大地震，這些均造成當地居民數千人乃至數十萬人之死亡，各國幾乎聞震色變。位處高地震群帶之地區，對於電腦機房及設備之防震能力，應格外重視。

7). 水災：

水災可能是由下雨、潮汐或水管破裂等因素所造成，不管何種方式皆可能造成重大災害。水災會帶來泥沙及岩層。發生水災通常都有充裕的時間執行正常關機程序，若緊急關機則會遺失正在執行中的資料，而機械裝置可能會被泥沙及岩層所破壞。硬體設備可以重新置換，但儲存在磁性物質上的資料及程式則將永久消失。因此，資訊中心工作人員必須在最短的時間將重要的資料搬至離地面更高的地方，磁碟或磁帶加裝防護殼並放置於腰及眼之間的位置。將資訊中心建於高於地面（三樓以上）可解決洪水導致的水位上升問題。

2.4 硬體設備資源的安全管理

為了提供使用者優良的服務品質，資訊中心首先要建構安全無虞且正常運轉的電腦設備與系統。如何保護電腦主機、周邊設備及相關設備（如空調、穩壓、除溼、不斷電、防塵等）之正常作業，一直是硬體設備資源的重要安全管理工作。一般而言，導致電腦硬體設備與系統不能正常使用有網路斷線、不正常使用或電腦系統故障等主要原因。

2.4.1 電腦系統故障

任何設備都會故障，只是發生的頻率不同。資訊部門除了平時做好電腦及環境維護以減少電腦系統故障外，也應該要有電腦系統故障的緊急應變措施，務必在最短時間內使電腦系統正常運作。「預防重於保養、保養重於修理」，因此平時資訊中心應做好預防與保養的工作，以減少硬體設備之故障率，延長硬體設備的壽命。

萬一很不幸地發生災害而導致電腦毀壞，一切作業因此停擺，將可能造成莫大的損失。因此，許多電腦廠商皆有備援的電腦系統，

並能在 24 小時內移送至發生災害的地點，或者直接從生產線運送而來。但這些新搬來的機器設備若只有作業系統，而沒有資訊應用系統及資料，這些機器設備還是無用武之地。因此，必須在最短時間內，將所有應用軟體及資料安裝完成，以恢復電腦正常的運轉。

假如某機構單位仰賴電腦程度很高，不能忍受超過數小時的當機，則當初規劃電腦設備時就必須考慮採用容錯系統 (Fault Tolerance)，亦即有兩套系統同時運轉，一旦有一套系統發生故障時，將啟動另外一套系統，使進行的作業不會中斷。值得注意的是，除了系統有兩套外，資料儲存亦需存放兩套不同設備，否則若僅儲存一套資料於某儲存媒體設備，一旦該設備故障，即使有兩套電腦系統也無濟於事。不過，容錯系統價格不便宜，必須考慮其經濟效率。

2.4.2 網路斷線與網路的品質監測

電腦通訊網路必須藉著適當的傳輸媒體來建立。例如，使用撥接式數據電路、公眾分封交換網路、光纖網路以及無線通信（如 Wi-Fi）等媒體。這些傳輸媒體之實體防護較難達成。

為了避免電路在傳輸途中遭人破壞且竊聽資料，線路應深埋地底，甚至可以在管線佈置完竣之後，於兩端安裝密封壓力顯示裝置，如果壓力出現變化，則可追蹤此管線是否遭人毀損。當然這種作法必須付出成本代價。另外，無線電傳輸的價錢雖較為便宜，但較容易遭人竊聽而不易察覺。基於安全考慮，若使用無線通信，需有額外的保密措施。

現在每一台電腦幾乎都連上網路，使用者也幾乎每天都需要透過網路來瀏覽網站資訊、接收或發送電子郵件、加入網路聊天及下載一些軟體。試想使用者正在使用網路時，網路突然斷線或有雜訊，將對使用者帶來不好的感受，並對資訊部門產生不良印象。因此，如何維持網路暢通是資訊部門最基本的任務之一。這裡所謂的網路暢通，包括網路正常連線沒有斷線、網路正常流通沒有阻塞以及網路正常傳輸沒有雜訊。資訊部門規劃網路的最高指導原則，就是要確保網路暢通。即使已建構好網路，資訊部門還是要定期監視每一節點之網路流量狀況（可使用網路分析儀），做為調整企業網路之規劃佈置。

網路的品質一直是使用者對資訊部門服務品質的一項重要指標。

資訊部門除了可以使用網路分析儀來規劃及監視網路品質外，另外還有一種更簡便的方法可以測試網路品質，亦即使用網路所提供的「ping」公用程式。例如，資通安全中心網域中有一台網路位址為 140.120.19.29 的電腦，想要測試資通安全中心 (isrc.nchu.edu.tw) 及教育部 (www.moe.gov.tw) 的電腦主機間的網路品質（資通安全中心的 IP 位址為 140.120.1.20，教育部的 IP 位址為 140.111.34.60），那麼使用者可以在 140.120.19.29 的電腦執行 ping 之指令，其測試過程如圖 2.2 所示，測試結果顯示如下：

> > ping isrc.nchu.edu.tw [Enter]
> Pinging isrc.nchu.edu.tw [140.120.1.20] with 32 bytes of data:
> Reply from 140.120.1.20: bytes=32 time<1ms TTL=242
> Reply from 140.120.1.20: bytes=32 time<1ms TTL=242
> Reply from 140.120.1.20: bytes=32 time<1ms TTL=242
> Reply from 140.120.1.20: bytes=32 time<1ms TTL=242

上例 ping 是以 32 位元組 (Bytes) 資料做測試，並重複四次測試，從 140.120.19.29 之電腦傳送 32 位元組到資通安全中心網站(www.nchu.edu.tw) 之主機，收到後再回應給 140.120.19.29 之電腦，其傳輸時間均低於 1 毫秒 (ms)，表示 140.120.19.29 之電腦與資通安全中心主機之間的網路連線維持正常品質。上例之回應訊息中之「TTL」為尚可再經過之網站個數 (Time To Live)，每經過一個網站轉接，TTL 個數就遞減 1，TTL 之初始值為 255，因此由 140.120.19.29 之電腦到資通安全中心 (isrc.nchu.edu.tw) 之電腦主機，總共經過 14 個 (255-242+1=14) 網站。

接著，使用者繼續在 140.120.19.29 的電腦執行 ping 的指令，測試到教育部的網路狀況（參見圖 2.2），測試結果顯示如下：

> > ping www.moe.gov.tw [Enter]
> Pinging www.edu.tw [140.111.34.60] with 32 bytes of data:
> Request timed out
> Request timed out
> Request timed out
> Request timed out

在上一個例子，從 140.120.19.29 之電腦傳送 32 位元組資料到教育部網站 (www.edu.tw) 之主機，但一直沒有收到教育部主機之回應。Request

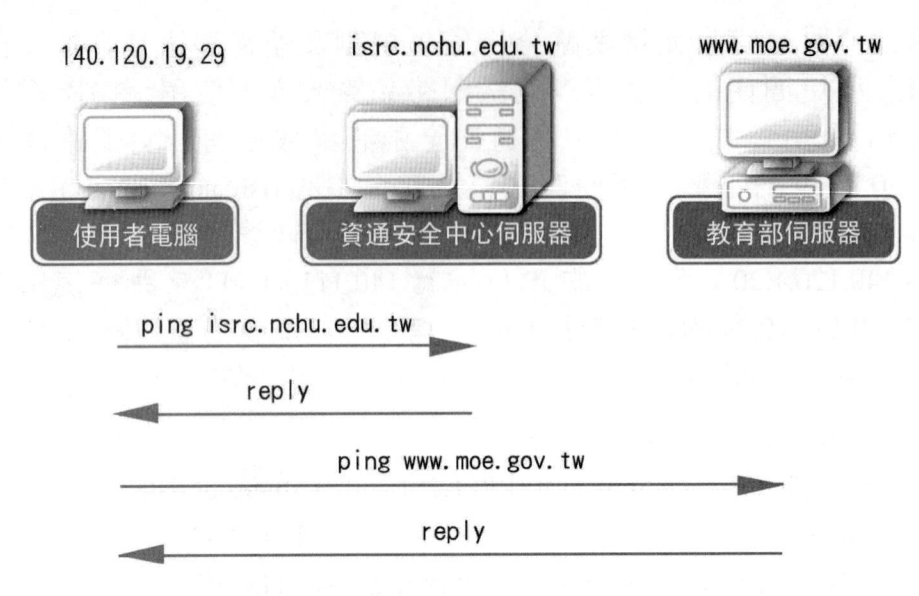

圖 2.2: 使用 ping 測試網路品質

timed out 表示網路無法在合理時間回應，也就是 140.120.19.29 之電腦與教育部主機之間連線有問題。由於之前已測試 140.120.19.29 之電腦與資通安全中心主機之間的網路連線正常，因此我們可以推論網路連線問題出在資通安全中心主機與教育部主機之間。當 ping 之網路位址不存在時，則回應錯誤訊息，如下：

> ping www.nchu.com.jp [Enter]
Bad IP address www.nchu.com.jp

ping 指令還有其他常用選項 (Option) 功能，如：

> ping -t isrc.nchu.edu.tw [Enter]

表示會一直送資料測試，直到使用者中斷此動作（同時按 Ctrl 及 C 鍵），才會停止測試。此功能通常用在長時間監測。

> ping -n 10 isrc.nchu.edu.tw [Enter]

表示會做十次測試，一般不指定時僅做四次測試。

> ping -l 64 isrc.nchu.edu.tw [Enter]

表示每次以 64 位元組資料做測試，一般不指定時為 32 位元組。

> ping -i 10 isrc.nchu.edu.tw [Enter]

表示此測試僅能通過 10 個網站，若超過 10 個網站尚未到達，則停止

此次測試，一般不指定時為 255。

　　前面測試 140.120.19.29 之電腦到資通安全中心 (isrc.nchu.edu.tw) 之電腦主機，總共經過 14 個網站，因此，下列 ping 指令會有不能抵達到 isrc.nchu.edu.tw 之訊息。

　　> ping -i 4 isrc.nchu.edu.tw [Enter]
　　Pinging isrc.nchu.edu.tw [140.120.1.20] with 32 bytes of data:
　　Reply from 140.128.250.254: TTL expired in transit

　　> ping -w 1000 isrc.nchu.edu.tw [Enter]

表示此測試等待對方網址回應時間為 1,000 毫秒，若超過 1,000 毫秒尚未回應，則顯示下列訊息：

　　Request timed out

表示兩個網站間之傳輸時間已超過預定的 1,000 毫秒，可能的原因有下列三種：

1). 兩個網站間的路徑或網站目前正處於堵塞或故障狀況。

2). 對方網站目前是關機或故障狀況。

3). 對方網站目前忙碌。

2.5　軟體設備資源的安全管理

這裡所謂的軟體設備資源，包括作業系統 (Operating System)、公用程式 (Utility) 或工具 (Tool)、管理資訊應用系統，以及使用者資料。因此，軟體設備資源之安全管理包括上述之安全管理。

2.5.1　軟體程式的安全管理

對於作業系統安全管理，資訊中心必須隨時注意記憶體的使用情況。記憶體是否被非法使用或藏入病毒程式，或其他系統資源是否被非法盜用等都需加以預防。

公用程式或工具提供使用者更方便地使用電腦系統,而有些公用程式或工具可以直接或間接存取系統資源。資訊中心對於系統提供哪些公用程式或工具,以及有哪些權限必須加以瞭解,並做妥善之安全管理。

管理資訊應用系統的使用對象是誰必須要明確界定,以免有人誤用此系統,造成資料外洩或資料不一致之現象。

2.5.2 資料的備份

資料也可視為是企業、組織的一項重要資產。對許多企業、組織而言,資料不但具有價值且經常需要被妥善地保護。因此,為了防止資料遭到外洩或篡改,因應的策略將採用第五及六章所介紹的密碼技術。本節重點將放在如何妥善保存資料,以降低資料毀損或遺失的風險。

電腦系統的資料一直在變更,為了防止資料因為硬體或病毒等因素造成資料的毀損或遺失,我們必須做好完善的資料備份(Backup)措施,使儲存的資料盡量保持在最新的版本。

所謂資料備份就是複製全部或部分檔案,萬一系統毀損或檔案遺失,可再重新灌錄檔案,使系統盡可能地回復到損壞時的狀態。因此,確實做好資料備份可以大幅減輕因資料毀損所造成的損失。資料備份的範圍依資料的擁有者,可以大致區分為企業組織的資料備份及個人的資料備份。以下便針對這兩種備份型態來分別說明。

企業組織的資料備份

企業組織的資料備份是指企業或組織針對其資訊系統所產生的資料來做備份。由於這些資料的內容可能是顧客的基本資料、會計資料或是交易資料,為企業相當重要且具有價值的資訊,因此一般企業的資訊系統均會定期備份這些資料,以防資料毀損或遺失。

企業資料備份的策略依資料備份的頻率來區分,可以分為日備份(Daily Backup)、週備份(Weekly Backup)、月備份(Monthly Backup)、隔月備份(Bimonthly Backup)、季備份(Quarterly Backup)或年備份(Yearly Backup)等等。顧名思義,日備份就是每天對企業內部的資料做備

份；週備份是每週做一次備份；月備份是每個月進行一次備份；季備份是每季進行一次備份；而年備份則是每年進行一次備份。就這幾種備份的策略來說，日備份的可靠度最佳，因為在最差的狀況下，最多只會遺漏掉一天的資料，但一般來說企業所需備份的資料量均相當龐大，若每天做一次備份所需花費的時間與費用也會相當可觀。企業資料備份的策略依資料備份的重要性可區分為以下三種：

1). 完整備份 (Completely Backup)：

完整備份是將電腦系統所有檔案（包括資料、應用系統程式、作業系統及系統程式等），不管這些檔案是否有被標記「已備份」，均要完整地複製至儲存媒體上。完成備份後，再將這些檔案之存檔屬性標記為「已備份」（註：每個檔案都佔一位元 (Bit) 之存檔屬性，以標記此檔案是否已備份，新建立或更新過的檔案，其存檔屬性都會被標記為「未備份」）。

完整備份的優點是只需一份儲存媒體來備份所有檔案。缺點則由於資料量很大，並不適合每天都做完整備份，通常間隔一段較長的時間才做完整備份。但如此一來，遺失檔案資料之風險將隨之增加。例如，若每星期一進行完全備份，每個月需做四次完全備份，假如很不幸地，某星期日發生硬碟毀損，則之前近一星期之資料檔案將會遺失。

2). 選擇式備份 (Selective Backup) 或差異備份 (Different Backup)：

有別於完整備份將資料完整地複製一份，差異備份只在第一次備份時做完整性備份，之後要備份時只把從上次完整備份到目前有改變的檔案（新增及更新）進行資料備份。值得注意的是，差異備份後並不清除存檔屬性，亦即還是保留新增或更新之「未備份」屬性，以便下次做差異備份時，此檔案還是會再被重複備份。例如，在每月 1 日進行完全備份，其他日期進行差異備份，如果在當月 20 日硬碟檔案毀損，則系統管理員只需要還原每月 1 日所做的完全的備份和 19 日的差異備份。只有當天 20 日的資料檔案遺失。

這種備份只有某些有更改過的檔案才必須做備份，所以這一類型的備份方式可以縮短備份的時間，但需要兩份儲存媒體空間，一份用來保管完整備份檔案，另外一份則用來儲存差異備份資料，

新的差異備份資料會把以前備份的舊資料覆蓋掉，因此只用同一儲存媒體即可。但是，這種備份方式的缺點是復原檔案時間會比完整備份來得慢些。

3). 增量備份 (Incremental Backup)：
增量備份只在第一次備份時做完整性備份，之後要備份時，只把從上次備份到目前有改變的檔案（新增及更新）進行資料備份。有別於差異備份，增量備份後將清除存檔屬性，亦即將此新增或更新檔案之存檔屬性更改為「已備份」屬性，所以下次再做增量備份時，此檔案並不會再被重複備份（除非此檔案在上次增量備份後，此檔案內容又有被新增或更新）。

這種備份只有某些有更改過的檔案才必須做備份，所以這一類型的備份方式比差異備份還要縮短備份的時間，但需要兩份以上儲存媒體空間，一份用來保管完整備份檔案，其他則用來儲存每日之增量備份資料，例如在每月 1 日進行完全備份，其他日期進行增量備份時，則需要 29 份（設每月 30 天）儲存媒體來儲存增量備份資料。如果在當月 20 日硬碟檔案毀損，則系統管理員需要還原每月 1 日所做的完全備份和 2 日至 19 日的所有增量備份之儲存媒體，依序復原。因此，復原檔案時間也會比差異備份來得慢。但跟差異備份一樣，只有當天 20 日的資料檔案遺失。增量備份另外一個缺點是可靠度較差，一旦某一次增量備份（設當月 6 日）的儲存媒體毀損或遺漏，系統將只能回復到當月 5 日以前之檔案資料，6 日至 20 日的檔案資料都將遺失。

企業資料備份的策略依資料備份的儲存地點來區分，可以分為同地備份 (Local Backup) 及異地備份 (Remote Backup)。顧名思義，同地備份就是所備份的儲存媒體與原資料儲存體是在同一地點；相反的，異地備份就是所備份的儲存媒體與原資料儲存體是在不同地點，一般至少相隔 30 公里。

另外需注意，儲存備份資料的位置應遠離電腦機房，假如災害發生毀壞備份的資料，則備份等於白做，重要的電腦機房應該在遠處設置一個儲存備份資料的倉庫，最好在不同棟大樓或至少需有數百公尺之間隔，如此災害發生時可避免波及到備份資料。再者，若上述的備份方式無法將資料完全回復，也無法讓損壞的系統盡快地復原以繼續

服務使用者。一種稱為異地備援(Disaster Recovery)的概念於焉產生。

異地備援是希望當資訊系統的原所在地發生災難,而造成系統無法復原的損壞後,可以在最短的可接受時間內,讓異地備援系統能部分或完全地回復原系統所能提供的服務,將災難對使用者的影響降至最低。為了滿足此一概念,異地備援有以下兩個重要的特性。

1). 異地存放:
為了避免災難造成原設備及備援設備同時損壞,所以備援設備必須放置在離原設備一安全間距以上(至少30公里)才有意義。例如,以臺灣為例,原設備可以放置在台北,而備援設備可以放置在台中,如此一來就算發生地震,也很難同時損壞這兩個地區的設備。

2). 同步傳輸:
由於原設備與備援設備是異地存放,所以兩者之間的資料傳輸必須透過專線或高速網路來進行。除此之外,我們也希望系統盡可能地回復到原系統損壞時的時間點。因此,在做資料的備份傳輸時必須做到同步傳輸,也就是讓所回復的資料與原資料的落差愈小愈好。

建置一個異地備援機制除了需異地建置儲存設備及伺服器外,還需要有專線連接兩端,需要負擔相當昂貴的費用,因此早期都只有大企業及政府機關建置異地備援。但自2009年雲端服務概念出現後,其雲端技術越加成熟,很多大企業已經開始建構自己企業之私有雲(Private Cloud Server),以做為異地備援及資源集中管理。中小企業則考慮加入Google公共雲(Public Cloud Server)或Apple iCloud,以大大節省其異地備援費用。

個人的資料備份

由於網路的普及,使得電腦病毒有了絕佳的傳染途徑,再加上個人用戶對病毒的防護措施做得並不嚴謹,因此個人資料遭到電腦病毒破壞的新聞也時有所聞。為了確保資料的安全性,個人資料備份的觀念愈來愈受到重視。個人資料備份是指針對個人重要的資料來進行備份,相較於企業的備份資料,個人的備份資料相對來說要少了許多。

另一方面,隨著光碟、隨身碟、行動碟、及燒錄設備的價格日益低廉,其使用率與普及率愈來愈高,使得行動碟、隨身碟、及光碟非常適合用來做為個人資料備份的儲存媒介。因此,在備份個人資料時,我們多半會採用完整備份的策略,將所需備份的資料存放在行動碟或光碟等儲存媒介上。至於執行備份的頻率則是視個人需要而異,可以是日備份、週備份或月備份等等。

上述的個人備份方式在自己的辦公室或主機前或許適合,但若出差在外,所需要的資料若要隨時攜帶將會非常不方便,而且資料要備份時也需要燒錄設備或儲存媒介。倘若我們可以提供使用者一個網路儲存設備,讓使用者可以透過網路存取個人資料,若有資料要備份也可以直接透過網路做異地備份或是使用雲端服務(如 Google、Amazon、Yahoo 雲端服務),將可有效解決個人資料備份的問題。

例如,公共雲端服務 (Public Cloud Service) 就是提供給使用者一個網路儲存空間來儲存個人資料,使用者只要透過網路便可以存取個人資料,相當便利。此外,公共雲端服務通常還提供電子郵件、桌面軟體(文書處理、簡報、試算表)、手機簡訊、即時訊息等服務,若結合無線通訊技術,以後不論我們在哪裡,都可以透過筆記型電腦、PDA、智慧型手機等行動裝置隨時存取所需的資料,並處理公司或個人事務。

在個人資料備份的安全考量方面,若所備份的資料是具有機密性的,那麼儲存備份資料的儲存媒體(如光碟、行動碟及隨身碟等)就必須做好妥善的安全控管。

網路儲存機制同樣也需要安全的控管機制。例如,當使用者透過網路存取個人資料時,系統必須先驗證該使用者的身分,資料在網路上傳輸也需要經過加密以避免遭有心人士竊取。若系統能做好相關的安全措施,則網路儲存機制也可做為個人資料備份的良好解決方案。

2.5.3 敏感媒體的處理

有很多重要資料均儲存在各種媒體(如隨身碟、磁碟、光碟、行動碟或報表紙)上,一旦這些媒體因故(如報表紙未列印完整)要丟棄時,必須先將媒體上的資料銷毀,否則會有洩漏機密之疑慮。銷毀各種媒體常用的設備如下:

1). 碎紙機：

碎紙機的使用由來已久，政府機構銀行以及其他需要處理大量機密資料機關行號，一定要有碎紙機以便將印有機密資料之廢紙銷毀。有些碎紙機也可用來粉碎磁片、磁帶等媒體。

2). 磁性資料的清除：

當我們下 ERASE 或 DELETE 命令時只是改變目錄的指標 (Pointer) 而已，機密的資料內容仍然留在磁碟上並未實際清除，只要稍加分析目錄的結構便可恢復原狀。將磁碟重寫 (Overwrite) 多次才可確保永久清除此磁性媒體內的機密資料。

3). 消磁物體：

磁性物質會破壞磁場，進而破壞磁碟或其他磁性儲存媒體。要消除磁性媒體內機密資料，消磁是最快的方法。

至於隨身碟 (USB) 及行動碟大都是使用快閃記憶體 (Flash Memory)，可以在操作中被多次重覆讀或寫的記憶體。正常的情況，藉由多次重寫可以消除殘留在快閃記憶體內資料，但假如隨身碟或行動碟已經損壞了，沒辦法正常重寫時，丟棄前應先以鐵鎚擊碎破壞。

2.6 侵入者

除了前面所談人力資源、空間環境資源、硬體設備資源及軟體設備資源的安全管理外，還必須要有人員進出機房之管理。一般非法侵入者 (Intruder) 主要有下列三種目的：竊盜機器或資料、破壞機器及閱讀機密資料。

要隱密地偷竊整座大型電腦是不容易的，要找一個買主銷贓也是問題，另外安排地點設置機器亦需要特殊的援助。但是筆記型電腦、平板電腦、列印機密紀錄的報表、磁碟、隨身碟、及光碟則是比較容易被帶走的。這些媒體一旦被成功竊盜，可能要經過一段很長時間才會被發現。

最簡單防止偷竊的方法是將電腦機房門窗鎖好，這種方法雖好但也會降低合法使用者使用，對於偷竊者打破門窗或敲開門鎖亦無法防止。有效的防止偷竊的四個方法分別是：固定設備、加鎖、監視錄

影，以及警鈴，這些方法都是防止電腦機房的東西被偷竊。對於極為重要的設備或媒體，則可以在這些設備裝貼無線電發射器或 RFID（無線射頻識別系統），一旦偷竊者搬離這些物品，檢測器將會偵測出，並使警鈴作響，以便迅速捉到偷竊者。

一旦非法使用者未經許可進入電腦機房，要破壞機器及閱讀機密資料將輕而易舉，因此如何做好電腦機房之門禁管制是很重要的。最早期的門禁管制是派駐一位進行 24 小時輪值守衛的人員。這位守衛必須認識所有進出人員，或是確實查驗識別證，但是職員可能忘記攜帶或遺失識別證，離職或假造識別證皆會造成管理上的問題，除非守衛紀錄所有進出人員，否則當問題發生時將無法知道哪一個人是侵入者。

許多的資訊中心使用電子識別卡（或 RFID），以防止守衛之疏忽，這些識別卡可以方便地紀錄何時何人進入電腦機房。萬一遺失識別卡亦可註銷之，或者結合識別卡與通行密碼，即使遺失識別卡，不知道通行密碼也就沒辦法入侵機房。我們將在下一章介紹各種識別證件方法。

2.7 電腦實體安全的評分與建議

資訊中心所在之建築物的防護設施是否完善？場所是否合乎理想？資訊中心之安全管理是否完備？這些都是實體安全的範圍。下面列出一些電腦實體安全的評分與建議：

1). 建築物場所位置方面：

- 電腦設備位置是否遠離發電廠、變電所、廣播電（視）台或電信基地台等？
- 電腦設備位置是否不易淹水？
- 位置及其電腦設備是否防盜、防災、防震、避雷、防塵、防高溫、防濕、防鼠、具備空調、抗磁、有門禁管制？

2). 行政管理方面：

- 對進出主機機房人員之管制方式及身分的限制方式。

- 在廠商進行維護時陪伴人員之身分確認。
- 對於持有「超級使用者」(Superuser) 通行密碼之人員管理方式。
- 資訊中心人員有意見時，反應管道是否順暢？
- 資訊中心人員離職時的處理程序。
- 中心人員的職務代理人員制度。
- 對系統維護之措施。
- 對資源之保險措施是否有明確制度？

3). 系統管理及軟體安全方面：

- 作業系統是否派專人管理？
- 系統備份多久執行一次？
- 對於電腦病毒如何處理？

4). 電腦操作及資料安全方面：

- 電腦設備操作訓練及資訊安全相關課程。
- 電腦設備操作程序是否有說明文件？
- 操作人員、值班人員的安排方式。
- 檔案、磁碟、隨身碟、光碟、行動碟的報銷與銷售管制。
- 電腦系統各設備及通信設備的檢查測試。
- 對於使用之資源資訊的各級分類情形。

另外，政府為強化各機關之資訊安全管理能力，以建立安全及可信賴的電子化政府，特訂定「行政院所屬各機關資訊安全管理要點」做為各級資訊中心在做資訊安全管理時的參考依據。下列簡要列出此要點的一些實施成效評估事項。

1). 資訊安全政策訂定。

2). 資訊安全權責分工。

3). 人員管理及資訊安全教育訓練。

4). 電腦系統安全管理。

5). 網路安全管理。

6). 系統存取控制管理。

7). 系統發展及維護安全管理。

8). 資訊資產安全管理。

9). 實體及環境安全管理。

10). 業務永續運作計畫管理。

11). 其他資訊安全管理事項。

除此之外，行政院亦擬訂資通安全外部稽核表，此表內容將所有資通安全有關之人員、應用系統、硬體設備、網路設備、及環境設備等相關設施，均納入稽核範疇，稽核項目分為風險評鑑及管理、資訊安全政策、組織安全、資產分類、人員安全、實體與環境安全、通訊與作業管理、存取控制、系統開發及維護、營運持續管理、及符合性等計十一大項。依據此表各機關可以自行評定是否符合資訊安全之規範，此稽核結果亦可幫助各單位瞭解資訊安全的弱點及威脅，進而改善其資訊安全管理。對此稽核表有興趣之讀者可以參閱本書輔助教學網站 (http://ins.isrc.tw/)。

進階參考資料

本章有關實體安全，有興趣的讀者可再進一步研讀 James Arlin Cooper 所著 Computer & Communications Security（McGraw-Hill 出版）。其他參考資料限於篇幅無法一一列出，請讀者自行到本書輔助教學網站 (http://ins.isrc.tw/) 瀏覽參考。

2.8 習題

1. 試舉五項影響實體安全種類。

2. 試舉電腦機房內可以改善實體安全的三項設備。

3. 何謂異地備援？其優缺點為何？

4. 使用容錯系統可以避免因電腦當機而影響作業，這對於停電是否有用？請說明。

5. 資訊中心組織架構中包含哪些機關單位？其中每個單位的主要任務為何？

6. 電腦資料是企業的重要的資產，故企業都會將資料做定期備份處理，試問有哪幾種不同型態的資料備份策略？請以同地及異地備援解釋之，並說明其優缺點（2010年資訊處理類科高考二級試題）。

7. 若有一台電腦想要測試與臺灣大學(www.ntu.edu.tw)之電腦主機間的網路品質，應下何種指令？

2.9 專題

1. 請用 ping、Tracer 軟體或網路分析儀來監測網路品質，寫出所有的過程，並對此實驗結果說明你的看法。

2. 假設你是某家銀行的資訊部門主管，銀行中每日的交易資料均很重要且數量龐大，請研擬一套適合此銀行的資訊備份策略，並解釋擬訂這些策略的理由。

3. 電腦機房發生火災時，應如何處理？請研擬一標準作業程序(SOP)。

4. 請就企業或機關單位之個案，討論資料備份之策略：

    (a) 請先瞭解企業或機關單位之規模（人力、投資額）、資訊化程度、每天交易資料量、所有檔案資料量。

    (b) 已知空白 CD 一片 8 元、容量 800MB、複製檔案每秒 10KB。

    (c) 已知 2T 行動碟單價 6000 元、複製檔案每秒 20KB。

    (d) 請就你的策略，分析人力、成本、風險時間。

2.10 實習單元

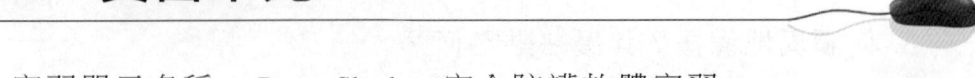

1. 實習單元名稱：PowerShadow 安全防護軟體實習。

2. 實習單元目的：
   在本單元中請讀者練習安裝 PowerShadow 之安全防護軟體，並在 PowerShadow 的虛擬安全模式下嘗試軟體的測試，或打開有病毒的檔案或郵件，PowerShadow。 Master 就像是電腦安裝雙系統，能在不影響原系統情況下，使用原系統所有之功能且保護實體系統之安全。

3. 系統環境：
   Windows 2000 專業版、Windows XP 家用版、Windows XP 專業版、Windows 2003 伺服器。
   PowerShadow Master 2.6 Beta 版本。

4. 系統需求：

處理器	Pentium 133 MHz 以上
記憶體	128MB
硬碟空間	程式檔需 20MB 系統分區需要 256 MB 或以上

5. 實習過程：

   - 免費之 PowerShadow 試用軟體請至下列網址下載：
     http://www.shadownow.com/index.html。

   - 完整的實習過程範例放置於本書輔助教學網站，有興趣的讀者可參考該網站 (http://ins.isrc.tw/)。

3 使用者身分識別

User Authentications

使用者身分識別
User Authentications

3.1 前言

使用者身分鑑別主要是要識別某人是否為合法的系統使用者,這裡的系統可以是作業系統、資料庫管理系統或者是任何其他應用管理資訊系統。基本上,使用者身分鑑別分為兩部分:使用者身分 (Identity) 及鑑別 (Authentication)。不但要能夠唯一識別使用者身分,而且必須要有方法來預防歹徒冒充別人的身分;也就是說,要有精確方法來鑑定使用者所表明之身分是否為合法使用者,這相當重要。一旦歹徒冒充成別人而成功地騙過系統,那麼該歹徒就可在系統裡胡作非為。一旦行跡敗露,歹徒亦可全身而退,因為系統裡所紀錄的非法行為全是以被冒充者的身分所為。

金融卡通常是提款機判斷使用者身分之憑證,因此必須妥善加以保管。金融卡一旦遺失、失竊或者是被偽造,非法使用者就可以到提款機盜領,造成存款人損失。又如歹徒偷取汽車後,再以此贓車做為作案工具,事發後,雖然該作案汽車之牌照號碼被目擊者所抄錄,但警方循線找到的卻是汽車失主。失主不但損失財物,還得忙於澄清。因此,使用者身分鑑別是件相當重要的工作,若未做好使用者身分鑑別,所有嚴密的安全措施將無濟於事。因此,我們可以說:使用者身分鑑別是使用者安全工作的第一道防線。

使用者身分鑑別技術琳瑯滿目,較常見的包括通行密碼、指紋識別、IC 卡及手寫辨識等。其中,以通行密碼做為使用者身分鑑別系

統是目前最經濟、可行且廣為接受使用的方法。本章將介紹各種使用者身分鑑別方法。

3.2 身分鑑別類型

基本上有三大使用者身分鑑別類型，分別為證件驗證(Something Held)、生物特性驗證(Something Embodied)及通行密碼驗證(Something Known)。

3.2.1 證件驗證

要確認一個人的身分，最簡單的方法就是直接檢驗證件。圖書館管理員不可能認識所有學生，有學生來借書時，管理員必須從學生證上之相片來辨識，確定該學生為其本人。又如古代皇帝授權欽差大人巡撫地方，為預防歹徒冒充欽差大人在民間招搖撞騙，皇帝頒贈一把尚方寶劍，當作信物。在真實環境裡，有很多類似這樣的證件可用來檢驗使用者身分，例如國民身分證、護照、員工識別證及駕照等等。這些貼有相片識別證，很容易由人的相貌來辨識，但是若由電腦來檢驗則較為困難。因此，為了能讓電腦或機器來做驗證身分的工作，這些證件必須做一些修改。常見電腦用的證件有條碼卡、磁卡、IC 卡、智慧卡及 RFID（無線射頻辨識技術）等。

1). 條碼卡 (Bar Code)：
   有一維條碼及二維條碼兩種，如圖 3.1 所示。

圖 3.1: (a) 一維條碼與 (b) 二維條碼範例

將使用者的相關資訊以黑白相間及不同粗細的線表示。一維條碼最常見於圖書館內之圖書、超商之銷售商品、及工廠倉庫之庫存品等等。由於二維條碼可存資料量比一維條碼多出許多，因此常用來儲存商品詳細資料及員工基本資料。例如，員工代號、姓名、單位、職位、地址、出生年月日、及血型等等。另外，亦可用在健保卡上，節省病人就醫時需填寫一大堆的瑣碎個人資料。

2). 磁卡：
以磁場信號來表示資訊內容，例如早期的電話卡、停車卡、及信用卡。磁卡易受陽光曝曬變形及電磁場之影響，可靠性較低，但其優點為成本較低。

3). IC 卡：
傳統 IC 卡稱為 IC 記憶卡，是由一個或數個積體電路所組成，具有記憶功能。由於積體電路小型化、耐震、耐熱技術不斷提升，更可能將積體電路置入如身分正大小的卡片上。例如金融卡。

IC 卡與目前所使用磁卡的最大差異，除了記憶容量及安全性高之外，資料還可重寫於 IC 卡。因此，IC 卡可以離線方式來進行交易，資料可以暫存於商店的讀卡機及 IC 卡，交易作業可以不受通訊設備的限制，以節省通訊成本，例如金融卡、及 7-ELEVEN 所推出之 icash 卡。

4). 智慧卡 (Smart Card)：
智慧卡的好處除了體積小方便攜帶外，還具有少量的記憶體及運算處理的能力。因此，可藉由智慧卡來做一些簡單的加密運算及儲存較長的個人通行密碼或祕密金鑰等資訊，以加強個人驗證的安全性。智慧卡與 IC 卡最大的差別是早期的 IC 卡僅僅是記憶體，只輔助記憶個人機密資訊，智慧卡則如同一部缺少螢幕及鍵盤的迷你型電腦。

以持有的證件來識別使用者，最大的缺點是一旦證件遺失，使用者將有被冒用的可能。例如，遺失信用卡之後果，可能在下個月會收到鉅額帳單。問題的癥結點在於電腦或機器，是認證不認人。

3.2.2 生物特性驗證

以生物特性 (Biometrics) 來識別使用者之身分，主要是根據下列兩個特性：生理結構唯一性及行為差異性。人的生理結構有些具有唯一性，例如每個人的指紋 (Finger Print)、手形 (Hand Shape)、眼紋 (Retina Print)、及臉型等等均不相同。每數億人才有可能發現近似相同的指紋及眼紋，換言之，找到相同的指紋及眼紋其機率為數億分之一，幾近於零，因此指紋及眼紋常被用來做使用者身分鑑別。指紋更是目前最常被警方用來做為破案的依據。手形包括每一根手指之寬度及長度，要找到相同的手形其機率也是微乎其微。根據臉型差異來識別使用者的身分，並不是以臉的輪廓（如鵝子臉、大餅臉、瓜子臉）差異來判斷，而是以二眼、鼻子、及嘴巴之間距離來識別使用者。

行為差異性主要是人的一些不同行為習慣，例如每個人因為音頻、音律、及音量等等不盡相同，因此有各自獨特的聲音 (Voice)。又如每個人寫字力道、字型、及字體等等不盡相同，因此每個人都有獨特的筆跡 (handwriting)。另外，每個人敲打鍵盤的速度及力道皆有所差異，而且使用滑鼠之習慣亦不盡相同，這些都是每個人行為之差異性。

利用人的生理結構之唯一特性或行為差異性來設計使用者身分鑑別系統，均可確實識別使用者之真實身分。以生物特性來識別使用者的缺點是檢驗的硬體設備通常都很昂貴；另外，需要花費較長的時間才能完成驗證；除此之外，還有一個最大的缺點是沒有辦法百分之百精確地辨識。例如，人的聲音可能會因感冒而與平時不同；筆跡可能會因情緒高低及手臂生理狀態而有所不同。

廠商已發展出許多以生物特徵來驗證使用者身分之設備，如何選購好的設備？以下四項評估準則可供參考：

1). 錯誤接受率 (False Accept Rate)：不合法使用者卻被此設備驗證為是合法使用者之錯誤比率。

2). 錯誤拒絕率 (False Reject Rate)：真正合法使用者卻被驗證誤認為是不合法使用者之比率。

3). 活體驗證功能 (Live & Die Verify)：此設備是否有能力辨識活的生理

結構。若無此功能，歹徒可能先取得某人之指紋，再偽造手指，如此就可矇騙過關。

4). 驗證時間 (Verify Time)：亦即從使用者登入 (Login) 到系統驗證出結果所需的時間。驗證時間過長將影響使用效率。

3.2.3 通行密碼驗證

利用通行密碼 (Password) 來驗證使用者身分是一個常見的方法。系統需維護一個儲存所有經授權使用者的 ID 及通行密碼檔案，當使用者登入時，系統便到此檔案核對使用者通行密碼，以確認使用者是否經過授權。如果這個通行密碼檔案未經保護，則使用者通行密碼很容易會被取得及篡改。因此，對此通行密碼檔案 (Password File) 做適當的保護是必要的，常見的保護方法有加密（如 Unix 系統）及對此檔案做存取控制等兩種方式。

加密方法的保護措施是利用密碼技術，如單向雜湊函數 (One-Way Hash Function) 等（參考第五章），對使用者通行密碼進行加密，這些加密過的密碼檔稱為驗證檔案 (Verification File)。歹徒要從這些加密過的通行密碼來取得正確的使用者通行密碼並不容易。

當使用者登入系統時，系統會先對使用者送出的通行密碼進行加密，然後再與儲存在驗證檔案中所對應的訊息核對，如果正確，則系統便確認此使用者為系統所授權的合法使用者。

存取控制的保護方式是對此通行密碼檔案進行存取管制，限制其他人對此檔案的存取權限，只有少數管理者可以對此檔案進行存取、修改，藉以防止其他使用者藉由竊取他人通行密碼而從事不法行為或進行惡意的破壞。

然而，通行密碼檔案的使用並不是一個完善的方法，一旦此通行密碼檔案遭破解或破壞，將造成系統無法正確地對使用者進行驗證，因此現今有許多研究便主張系統不需儲存任何使用者通行密碼就可以對使用者身分進行驗證，如此一來，便可解決以上的問題。

利用通行密碼來進行使用者驗證雖然簡單，但使用者通常為了方便記憶不會選擇太長的通行密碼，而且多與本身的相關資訊有關，如

生日、電話等，因此通行密碼很容易被猜中，為了防止這種猜測攻擊，必須慎選通行密碼，並加強通行密碼的管理。

一般使用者身分鑑別系統會同時使用 IC 卡及通行密碼技術，以防範單獨使用一種方式而遇到通行密碼易被猜測到，及 IC 卡遺失被冒用的問題。

3.3 身分鑑別流程

以使用者的觀點來看，使用者的身分鑑別是資訊安全中一項重要的技術，是防止入侵者的第一道防線。通常系統需先驗證使用者的身分及權限後，才允許使用者存取資料及使用系統資源，以避免非法使用者入侵。常見的使用者識別技術有通行密碼驗證 (Password Verification) 及智慧卡 (Smart Card)。使用者身分鑑別系統有兩個重要觀念：

1). 識別身分 (Personal Identification)
系統必須能夠唯一識別每一位合法使用者。

2). 鑑別身分 (Authentication)
系統必須不含糊地驗證使用者所宣稱之身分。

例如，品硯自稱為合法使用者，系統先檢查使用者名單中是否有位叫品硯的人，此動作即為識別身分。確認本系統的確有位品硯之合法使用者後，系統會進一步要求出示品硯之身分證明，以證明此位使用者的確是品硯本人，此動作稱為鑑別身分。我們以圖 3.2 來簡要說明使用者身分鑑別之概念。

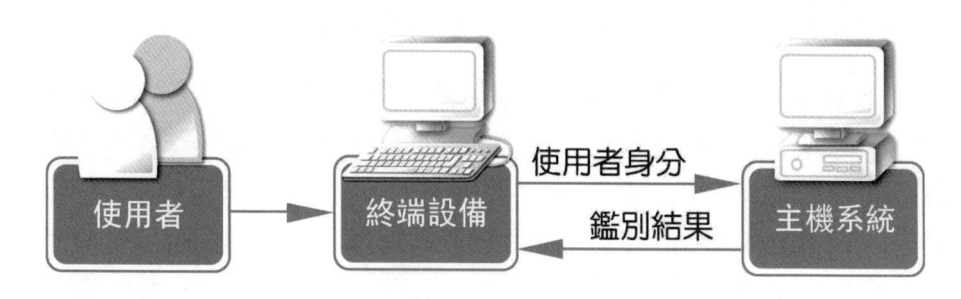

圖 3.2: 使用者身分鑑別簡圖

圖中有三個單元：使用者、終端設備、及主機系統。終端設備接收使用者之資訊，向主機系統表明身分，主機系統鑑定所接收到的使用者資訊，以判別是否為合法使用者，並將此判別結果回覆給使用者終端設備。

不管是採用證件驗證、生物特性驗證或是通行密碼驗證。一般而言，使用者身分鑑別系統分為註冊、進入系統、及識別身分等三階段。為了方便說明起見，以下以通行密碼技術為例來說明此三階段。

1). 註冊階段：
任何使用者要使用系統之資源時，首先必須先向系統管理員申請帳號，管理員審核使用者之基本資格條件後，給予通行密碼。將使用者身分識別碼及通行密碼分配給使用者個人保管，系統並將這些資訊儲存在圖 3.2 中的「主機系統」，以便日後驗證身分。

2). 進入系統階段：
每位使用者進入系統時，必須出示身分，並經由圖 3.2 中的「終端設備」輸入通行密碼。

3). 識別身分階段：
主機系統驗證使用者身分及通行密碼是否為合法使用者。

當某使用者要存取系統資源時，必須先登入 (Login) 到系統，才可以存取權限內資源。通常登入時須檢查使用者的識別碼或名稱 (User ID 或 User Name) 及通行密碼 (Password)。一旦登入成功後，就可以合法使用系統資源，一直到登出 (Logout) 系統為止。這段期間，系統不會再要求使用者輸入使用者識別碼及通行密碼。

但是有些安全性要求較高的系統，除了第一次登入要求做驗證外，進入系統後還會定時或不定時要求輸入通行密碼，再一次對使用者做合法身分鑑別。這種作法主要是預防使用者沒有登出系統就離開終端機（例如因內急暫離座位），讓第三者有機可乘。不過這種方式也帶給使用者相當大的困擾，因為必須重複輸入通行密碼，而中斷目前思考及作業。

3.4 通行密碼的安全威脅

常見通行密碼之安全威脅有字典攻擊法 (Dictionary Attack)、猜測攻擊法 (Guessing Attack)、窮舉攻擊法 (Exhaustive Search Attack)、重送攻擊法 (Replaying Attack)，及行騙法 (Spoofing)。

1). 字典攻擊法

以字典中之單字來測試使用者之通行密碼，一般常見單字有兩萬個，測試一組單字僅需 1 毫秒，因此以字典攻擊法 20 秒內即可得知使用者的通行密碼（假設其通行密碼為字典中之單字）。

2). 猜測攻擊法

以使用者個人相關之資料（如生日）來猜測使用者之通行密碼，使用者所選擇與個人資料相關之通行密碼，除了生日外，常見的尚有親朋好友姓名（如女朋友）、身分證號碼、居住地、電話號碼、紀念日（如結婚紀念日）、喜好之事物（如打網球）等等。

3). 窮舉攻擊法或暴力攻擊 (Brute-Force Attack)

用最笨的方法，將所有可能之通行密碼一一測試，因此若使用者所選之通行密碼過短，很快就會被測出。例如，若通行密碼的長度只有一位字，則只有 36 種可能（26 個字母及 10 個阿拉伯數字）。若通行密碼的長度有兩位，則有 1,296 種 (36×36) 可能，以此類推。通行密碼的長度愈長，被猜測到之可能性就愈低。

4). 重送攻擊法

即使使用者在傳送通行密碼前已先加密處理，駭客雖然不知道使用者真正的通行密碼，但只要把攔截到的資訊重新輸入到主機系統，還是會通過驗證，這種攻擊稱為重送攻擊 (Replay Attack)。

5). 行騙法

在現實生活中，常聽聞金光黨行騙的新聞，金光黨常假扮各式各樣的人，再編一些故事引人同情或起貪念，一些人因此上當、被騙了錢財。在電腦環境裡，一些駭客偽造軟體來行騙 (Spoofing) 使用者，以獲取機密資訊。例如，駭客模擬主機系統之登入 (Login) 畫面及其處理步驟，在畫面上顯示：

請輸入

Username:

Password:

一般使用者誤以為是原主機系統要求之訊息，就一五一十地將使用者識別碼 (User ID) 及通行密碼 (Password) 鍵入，駭客騙取到該使用者之通行密碼後，在螢幕上顯示「登入錯誤」訊息，並退出此行騙程式，將電腦控制權交還給主機系統。使用者看到螢幕上「登入錯誤」訊息，會誤認為自己剛才鍵錯通行密碼而重新輸入，一點也不會懷疑是駭客所為。所謂電腦行騙 (Spoofing) 即是冒充系統所產生之訊息，以騙取使用者之祕密資訊。

另外一則行騙案例：有一空殼電子商務網站，網站陳列許多高級商品。該網站宣稱為慶祝開幕週年，特舉辦優惠特價，只要在網站上留下 email，使用者就可以用信用卡以兩折的折扣購買網站陳列之所有商品。一般使用者不疑有詐，就將自己 email 及信用卡卡號登錄到此電子商務網站，網站騙取這些 email 及信用卡卡號後，便到各家商店消費，可想而知，下個月你將收到發卡銀行所寄送的鉅額帳單。網站行騙者又可以將你的 email 賣給廣告公司，你就會時常收到大量垃圾廣告電子郵件。

3.5 通行密碼管理

每當使用者登入電腦時，一定要先輸入使用者識別名稱及通行密碼。由於通行密碼是個人身分之通行憑證，極為重要。因此，系統及使用者必須保密通行密碼，以避免洩漏及被竄改。為了確保通行密碼的安全，在鍵入 (Key in) 通行密碼時，終端機並不會顯示通行密碼。正確地管理通行密碼對系統安全相當重要，各種廠牌之電腦系統有不同種類的通行密碼，大部分系統使用者只需輸入一組通行密碼。為了提供一個更安全的環境，有些系統則需要提供兩組以上的通行密碼。

至於系統如何儲存這些通行密碼呢？通行密碼應絕對保密而且專屬一個人所有，假如把通行密碼儲存在一個系統表中，有可能被有心者窺視而得知所有的通行密碼。所以一般電腦系統都會利用本身的加密演算法將通行密碼加密，如此一來入侵者便很難破解通行密碼。

當一個通行密碼使用的時間過久，電腦系統會發出警告通知使用

者改變通行密碼。若使用者不理會這些警告，過了一段時間系統會強迫使用者改變通行密碼。

一般產生通行密碼有以下兩種方式：使用者自選之通行密碼(User-Generated Passwords) 及電腦隨機產生之通行密碼 (Computer-Generated Passwords)。為了方便記憶，使用者常常選擇字典中單字或與個人相關之資料（如生日）當作自己的通行密碼，這種通行密碼很容易受到字典及猜測攻擊。

電腦隨機產生之通行密碼較沒有規則性，因此比較不容易猜測，但相對地使用者不容易記憶，使用者常會將通行密碼寫在筆記本或其他地方，造成安全上之漏洞。為了保護通行密碼不被輕易推導出，使用者必須遵循下列的原則來選擇及保管：

1). 選擇一個不易猜中且長度合理的通行密碼，通常至少要有 8 個字母，合理長度為 8 至 12 個字母。

2). 避免使用字典中的單字當作通行密碼，並最好在通行密碼中摻雜一些數字及分辨大小寫。

3). 勿將通行密碼寫在筆記本及其他任何地方。

4). 避免選擇單字、個人相關特性資料及鍵盤排列。

5). 避免多台主機系統共用相同通行密碼。

使用通行密碼時需注意下列事項：

1). 切勿將通行密碼交給他人使用。若因某特定原因須將通行密碼給他人使用，之後應立即更改通行密碼。

2). 每次登入時，先檢查系統訊息。例如，上次登入時間，以檢查是否有人冒用你身分進入此系統。

3). 嚴禁與其他使用者共用同一通行密碼。

4). 當你離開或暫時離開終端機時，一定要登出系統，否則會讓有心人有機可乘。

通行密碼有其生命週期 (Life time)，若使用者一直不更改通行密碼，駭客就更容易且快速猜測到通行密碼。為了安全起見，使用者應定期更改其通行密碼：

1). 時常改變你的通行密碼，每兩個月至三個月改變一次。

2). 如有任何的理由懷疑通行密碼已被他人知道，應該立刻進行更改。

3). 因臨時性任務申請之通行密碼，一旦任務結束後，使用者帳號應予以刪除（並備份該使用者檔案資料）。

4). 離職員工之帳號應予以刪除或停止使用。

通行密碼是使用者身分識別系統的命脈，沒有良好的通行密碼管理，再好的使用者身分識別系統亦將無濟於事。

3.6 各種通行密碼技術

良好的通行密碼系統，必須要有補救人為疏忽的能力。以下為設計通行密碼系統之一般需求：

1). 系統要訂定錯誤次數（如三次），使用者登入三次不成功後，應禁止其再登入。

2). 若同時有兩人以相同使用者身分登入時，必須予以禁止或警告。

3). 系統要有強迫使用者定期更改通行密碼的功能，並檢示通行密碼是否合理。例如，是否為字典單字？通行密碼是否過短？與先前的通行密碼是否重複？

4). 使用者輸入完所有資料（使用者識別名稱及通行密碼）後，才開始驗證其身分。若鍵入使用者識別名稱而尚未鍵入通行密碼，系統即予驗證，這將提供駭客確認系統是否有此合法使用者，如此駭客只要再測試通行密碼即可。避免系統之合法使用者曝光，可增加駭客猜測通行密碼的困難度。同樣道理，使用者識別名稱及通行密碼不符時，系統應呈現「識別名稱及通行密碼不正確」，但不能告訴使用者是那一項錯誤。

5). 需顯示上次登入之日期時間。

6). 所有登入之動作均需紀錄 (Log)，以做為日後稽核用。

至於設計通行密碼系統之技術需求，除了技術要求簡單外，應能抵抗第 3.4 節所介紹的各種安全性攻擊。這一節我們將介紹各種通行密碼技術，從最簡單的直接儲存法到更安全的時戳法。

3.6.1 直接儲存法

直接儲存法是將使用者識別名稱及通行密碼對照表，直接儲存在檔案，如表格 3.1 所示。

表格 3.1: 直接儲存通行密碼表

使用者識別名稱 (ID_i)	通行密碼 (PW_i)
黃品潔	is231765
林逸喬	Insecde
⋮	⋮
邱瓊儀	unno4321

當新進使用者向系統管理員申請註冊時，系統將新使用者之識別名稱及通行密碼加入表格 3.1 中。使用者更改通行密碼時，則將表格中之通行密碼更新。圖 3.3 為以直接儲存通行密碼法之使用者身分鑑別流程圖。

當使用者要求登入系統時，系統會請使用者輸入識別名稱 ID_i 及通行密碼 PW'_i，使用者輸入完後，系統開始執行鑑別，如下步驟：

步驟一： 計數器先設定為零。此計數器累計使用者輸入識別名稱及通行密碼錯誤次數。

步驟二： 判斷使用者輸入之識別名稱格式是否正確。例如，特殊符號或空格視為不合格之使用者識別名稱。又如學校電算中心通常給學生之使用者帳號格式為「sxxx」，第一個字母為 s 後面 xxx

資訊與網路安全概論

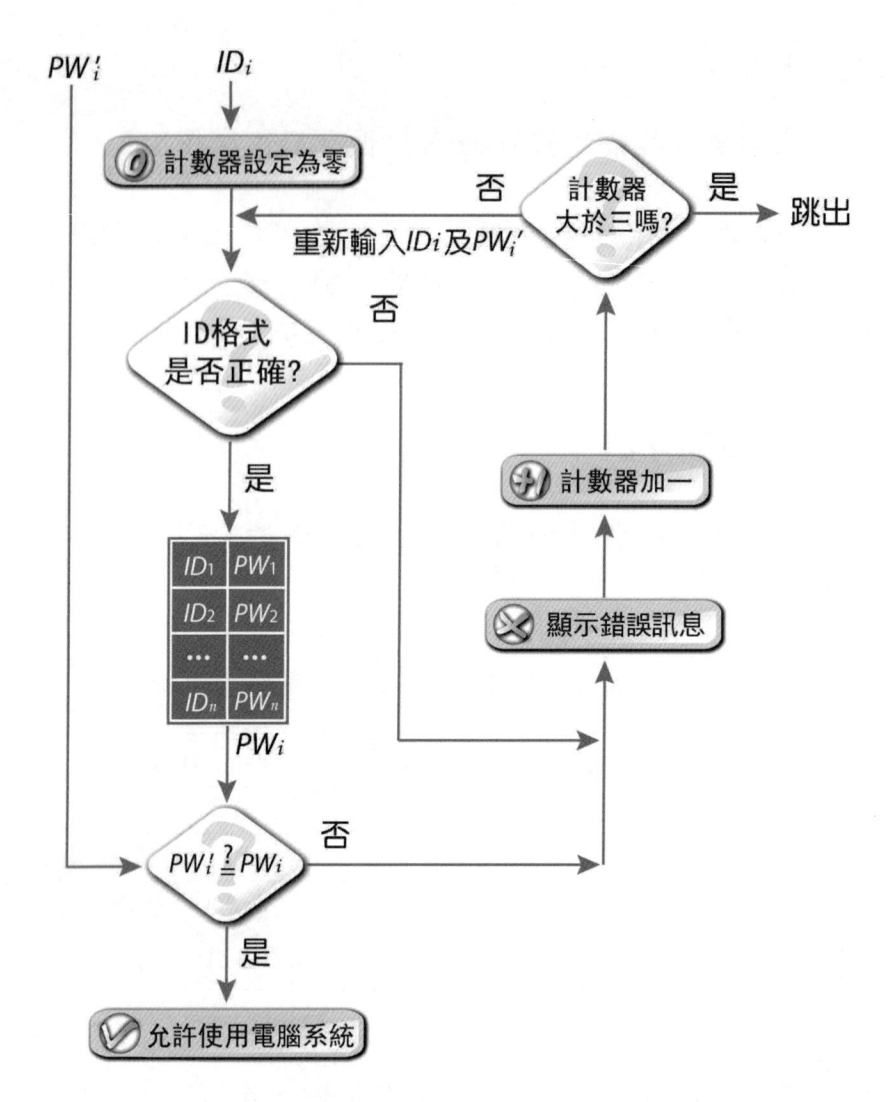

圖 3.3: 以直接儲存通行密碼法之使用者身分鑑別流程圖

為學號。這種格式有兩個功能：一為方便管理，只要看到使用者帳號第一字母為 s 就知道此為學生身分。二為系統要驗證使用者身分時，只要檢查第一個字母不是本系統之格式，就不需要到通行密碼表存取及驗證，加快驗證速度。

步驟三： 若判斷使用者識別名稱格式正確後，系統從通行密碼表（表格 3.1）找出識別名稱之相對通行密碼 PW_i。

步驟四： 將此 PW_i 與使用者輸入之通行密碼 PW_i' 做比對，若相等則確定此使用者為合法使用者，否則就是不合法使用者。

步驟五： 在步驟二及步驟四中，若判定為不合法使用者，系統顯示

「使用者識別名稱或通行密碼不正確」之錯誤訊息,並將計數器累增一次。

步驟六: 判斷計數器是否已超過三次,若尚未超過,則請使用者重新輸入識別碼及通行密碼,否則強迫使用者跳離本系統。

3.6.2 單向函數法

直接儲存通行密碼法最大的優點是簡單、容易設計,但其缺點則是使用者的通行密碼不易保護,不肖系統管理員可以直接存取表格 3.1 的通行密碼對照表,以販賣或冒充使用者帳號密碼,獲取不法利益。為了避免系統管理員得知使用者的通行密碼,可採用單向函數法。所謂單向函數是指有一函數 F,若給予 X,則很快就可計算出 $Y = F(X)$,但若僅知道 Y,則很難導出 X,這種函數即稱為單向函數 (One-way Function)。例如,函數 $Y = 3X^2 + 5X + 2$,若給予 $X = 1$,馬上就可以算出 $Y = 10$,若給予 $X = 2$,馬上算出 $Y = 24$。但反過來,若知道 $Y = 24$,就不容易馬上算出 $X = 2$(當然本例還是不難算出 X,所以本例不是單向函數),我們將在第七章再進一步說明單向函數。

單向函數法為將使用者通行密碼 PW_i,經單向函數 $F(\cdot)$ 計算後,得到 $Y_i = F(PW_i)$,並儲存 Y_i,如表格 3.2 所示。

表格 3.2: 單向函數通行密碼表

使用者識別名稱 (ID_i)	單向函數通行密碼 Y_i ($= F(PW_i)$)
黃品潔	$F(is231765)$
林逸喬	$F(Insecde)$
⋮	⋮
邱瓊儀	$F(unno4321)$

如此,系統管理員就不會看到使用者的通行密碼,他雖知道 Y_i,但根據單向函數的定義,很難推導出使用者的通行密碼 PW_i。圖 3.4 為以單向函數法之使用者識別流程圖。

基本上,與上節直接儲存通行密碼法之使用者識別流程圖相類似,差別僅在於:

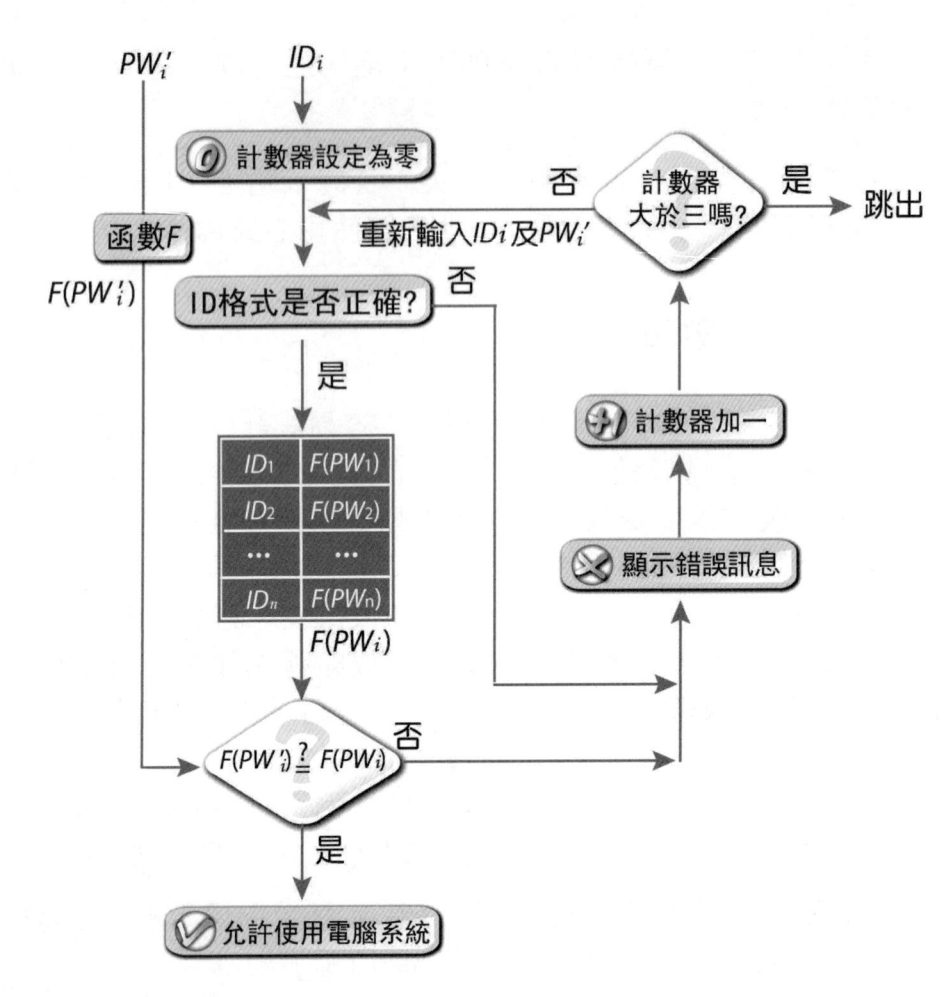

圖 3.4: 以單向函數法之使用者身分鑑別流程圖

1). 對照表中通行密碼已經經過單向函數混淆。

2). 使用者鍵入之通行密碼會再經單向函數模組做計算及混淆。

3). 再將此計算後的數值與對照表做比對驗證。

此單向函數模組可以放在用戶端 (Client) 或是伺服器 (Server) 端。

3.6.3 通行密碼加密法

單向函數法雖然可免除系統管理員竊知使用者的通行密碼，但此通行密碼表還是需要加以保護，否則網路駭客直接在表格 3.2 中插入一筆資料（如阿呆，F(abcdef)），下次此駭客就可用阿呆的身分及其通行

密碼 abcdef 進入系統。追究其因，主要是單向函數為一個已知的公開函數。

為了改進上述之缺點，可將單向函數改為加密法 (Encryption)，如表格 3.3 所示。

表格 3.3: 通行密碼加密法對照表

使用者識別名稱 (ID_i)	單向函數通行密碼 $C_i\ (= E_k(PW_i))$
黃品潔	$E_k(is231765)$
林逸喬	$E_k(Insecde)$
⋮	⋮
邱瓊儀	$E_k(unno4321)$

其中，$C_i = E_k(PW_i)$ 表示將通行密碼 PW_i 以參數 k 做加密 $E(\cdot)$ 處理。加密的目的是要把通行密碼轉變成亂碼，使得雖知道此亂碼但不能得知原本通行密碼。雖然單向函數也是將通行密碼轉變成亂碼，但單向函數不能還原為原本通行密碼，但加密法可以透過原本加密之參數 k 再解密得到通行密碼。有關加密技術將在第五章介紹。這裡 k 稱為祕密金鑰，是隱藏在系統內部，只有製造商才知道，一般系統管理員並不知道。因此，沒有人（包括系統管理員）可以從 C_i 推導出 PW_i（除非知道 k），也沒有人可以偷偷於表格 3.3 中新增一位使用者。

現行 UNIX 系統即是採用通行密碼加密法，其中密碼系統採用 DES 加密法。每位使用者均可在 UNIX 系統查看使用者的通行密碼，由於已經加密處理，使用者（包括系統管理員）並不知道其他使用者之原始通行密碼。以下說明使用者如何查看 UNIX 系統之通行密碼，假設主機系統為 mis.nchu.edu.tw，首先遠端登入該主機 (telnet mis.nchu.edu.tw)，再輸入使用者名稱（設 s9414613）與密碼，成功登入後，再鍵入

> **cat /etc/passwd** [Enter]
s9414613:x:2374:503::/home/s9414613:/bin/bash

其中，x 代表使用者 s9414613 之通行密碼，此一通行密碼已經過加密

處理。換言之，任何登入成功之使用者都可以獲取此一密碼表，但因通行密碼已經過加密，駭客無從知道使用者之通行密碼。

使用者通行密碼應定期或不定期更新。在 UNIX 系統更改通行密碼之步驟如下，假設主機系統為 isrc.nchu.edu.tw，原舊有通行密碼為「sd123456」，欲更改為新的通行密碼為「h1w3ankg」，首先遠端登入該主機，再輸入使用者名稱與密碼，成功登入後，再鍵入

>**passwd** [Enter]
Enter login password: **sd123456** [Enter]
New password: **h1w3ankg** [Enter]
Re-enter new password: **h1w3ankg** [Enter]

更改新的通行密碼之前，系統會先要求使用者鍵入舊的通行密碼，以確認使用者身分。為了確保使用者鍵入的新通行密碼無誤，系統會要求使用者重新鍵入新通行密碼。

3.6.4 通行密碼加鹽法

通行密碼加密法雖然可避免通行密碼對照表被竊取，導致使用者之通行密碼曝光，但假如很湊巧地兩位使用者所選的通行密碼一樣時，使用加密法將使得兩位通行密碼加密後之亂碼相同。因此，雖然沒有系統的祕密金鑰 k，雙方還是可以知道彼此對方之通行密碼。同理，駭客可以隨機任選通行密碼並向系統註冊，得到帳號及通行密碼加密後之亂碼，再從系統找出是否有相同的通行密碼。

為了避免使用者隨機選擇（或選字典中的單字）通行密碼，而被駭客以上述手法猜測或字典攻擊法破解，可在通行密碼加上鹽巴 (Salt)，使通行密碼不再是個有意義的單字。例如，表格 3.4 中，E_k(information%$) 中 information 為使用者所選擇的通行密碼，%$ 為系統隨機產生的鹽巴，兩者合起來就不是字典中的單字，因此駭客不能以字典攻擊法來破解。另外，即使兩位使用者所選的通行密碼一樣時，使用加鹽法將使得兩位通行密碼加密後之亂碼不再相同。因此，雙方並不知道彼此的通行密碼是一樣的。

表格 3.4: 通行密碼加鹽法對照表

使用者識別名稱 (ID_i)	單向函數通行密碼 ($E_k(PW_i)$)
黃品潔	$E_k(is231765\ \&\%)$
林逸喬	$E_k(information\ \%\$)$
⋮	⋮
邱瓊儀	$E_k(unno4321\ \#\%)$

3.6.5 時戳法

為了避免在網路上直接傳送通行密碼，一般會先在用戶端將通行密碼做加密處理後（如 $E_k(PW_i)$），再傳送到主機系統，如此可以避免將通行密碼直接暴露在用戶端到伺服器端之網路上，以達到保護通行密碼之目的。但如此做是否就可確保主機系統不會被盜用？答案是否定的，駭客雖然不知道使用者的通行密碼，但知道重新輸入使用者之前所傳送的 $E_k(PW_i)$ 給主機系統，而會通過驗證，這種攻擊稱為重送攻擊 (Replay Attack)。

當使用者每次均使用相同的通行密碼，由於系統是認資料不認人，因此很容易讓駭客攔截舊有資料做重送攻擊。若使用者每次通行密碼都不一樣，或者通行密碼只使用一次就丟棄不用，這種通行密碼稱為一次性通行密碼 (One-time Password)。

一次性通行密碼可以避免重送攻擊。有很多方法可以做到一次性通行密碼。最簡單的作法是每位使用者記下 1 萬個通行密碼，當然系統端也要儲存此 1 萬個通行密碼。每次使用者從此 1 萬個通行密碼中隨選一組，用完即丟棄，系統也從對照表將此通行密碼刪除，避免被駭客重複使用。這種方法十分簡單，但要使用者記下 1 萬個通行密碼是不可能的。假設此系統有 1,000 位使用者，每位使用者要儲存 1 萬個通行密碼，總計要儲存 1,000 萬個通行密碼於系統之通行密碼表，也是不可行的。

實務上，有兩種方法可以避免上述重送攻擊：時戳法 (Time-stamp) 及亂數法 (Nonce) 通行密碼識別系統。本節先介紹時戳法，亂數法將在下一節介紹。

1). 用戶端發出「請求連線」訊息給主機系統。

2). 主機系統回覆「請輸入使用者識別名稱及通行密碼」。

3). 使用者輸入識別名稱及通行密碼後，連同用戶端電腦目前時間：「使用者識別名稱、通行密碼、及目前通信時戳（設為 2017 年 09 月 28 日 13:59:45）」，以密文型式傳送給主機系統。

4). 主機系統收到後，先做解密動作，得到原本使用者識別名稱、通行密碼、及通信時戳（設為 2017 年 09 月 28 日 13:59:45）。接著計算目前系統時間與通信時戳之差值，是否在合理範圍內（例如，一分鐘）。若是，再進一步比對使用者識別名稱及通行密碼；否則，表示此次要求登入動作有可能為駭客攔截到上次之通關訊息，所做的重送攻擊。

使用時戳法有一個嚴重的問題，用戶端及伺服器主機系統之時間必須一樣（同步），若誤差太大將導致合法使用者也會被誤判為非法使用者。另外，如何設定目前系統時間與通信時戳之合理差值（上述以一分鐘為例），也是一門學問。若設定太短，一旦網路擁塞而延誤接收時間，也會被誤判為非法使用者。若設定太長，又讓駭客有機會做重送攻擊。

3.6.6 亂數法

亂數法 (Nonce) 通行密碼識別系統之步驟如下：

1). 用戶端發出「請求連線」訊息給主機系統。

2). 主機系統回覆一亂數值 r，並請使用者輸入「使用者識別名稱及通行密碼」。

3). 使用者輸入識別名稱及通行密碼後，連同收到的亂數值 r，將「使用者識別名稱、通行密碼、及亂數值 r」一起以密文的形式傳送給主機系統。

4). 主機系統收到後，先做解密動作，得到原本使用者識別名稱、通行密碼、及亂數值 r。接著驗證此亂數值 r 是否與先前所傳送的相

同。若是，再進一步比對使用者識別名稱及通行密碼。否則，表示此次要求登入動作有可能被駭客攔截到上次的通關訊息，而進行重送攻擊。

亂數法可以避免前節時戳法之系統時間同步問題。但系統需要有一個亂數產生器，並且每次產生的亂數值必須不同。否則，還是會有重送攻擊之威脅。

3.7 Kerberos 身分鑑別系統

網路的普及使得現在的使用者不僅能夠使用本地端電腦所提供的服務，也能透過網路使用遠端電腦所提供的服務。每部主機在提供服務之前，都必須先驗證使用者的身分以做為是否提供服務的依據。假如，使用者需要取得 100 台網路伺服器之服務，那麼他需要申請 100 組不同的帳號及通行密碼，100 組帳號可以是相同，但通行密碼應該不一樣，否則當中一台伺服器之系統管理員，可以從其系統資料庫獲得該使用者之帳號及通行密碼，進而到其他伺服器，冒充該使用者。但是，若每部伺服器都有其不同的帳號及通行密碼，該使用者需記憶 100 組帳號及通行密碼，這是不可行的。最好的方法是使用者只記憶一組帳號及通行密碼，但又不會讓其中的伺服器之系統管理員可以獲得使用者帳號及通行密碼，這就是單一簽入 (Single Sign-on) 概念，Kerberos 身分鑑別系統為其最具代表的單一簽入。

Kerberos 身分鑑別系統是由美國麻省理工學院 (Massachusetts Institute of Technology, MIT) 負責的「Athena」專案所發展出來 [註：Athena（雅典娜）為希臘女神，為智慧、技藝與勇氣的象徵]。這是一套分散式的身分鑑別系統，能夠在用戶端以及伺服器端間提供身分鑑別的服務，同時也能達到機密性 (Confidentiality) 與完整性 (Integerity) 的需求。

當用戶端跟伺服器端請求服務時，用戶端利用一連串經過加密的訊息來證明自己的身分。也就是說在 Kerberos 身分鑑別系統當中，用戶端跟伺服器端之間共同擁有一把密鑰，這把密鑰是由各個用戶端與伺服器端協議產生的，除了各個用戶端與伺服器端外，外界無從得知這把密鑰的內容。由於 Kerberos 系統在加密與解密時均採用相同的密鑰，因此是採用資料加密標準 (Data Encryption Standard, DES)（參閱第

五章）做為加密系統。如此一來，在不知道密鑰的情況下或是密文遭到篡改，將密文還原的結果將是一連串沒有意義的資料，而根據封包內容所得的檢查碼(Checksum)也無法與資料符合。透過這樣的方式，Kerberos 就能夠達到訊息的機密性與完整性之要求。

$$Ticket_{CS} = E_{K_S}[ID_C, AD_C, ID_S]$$

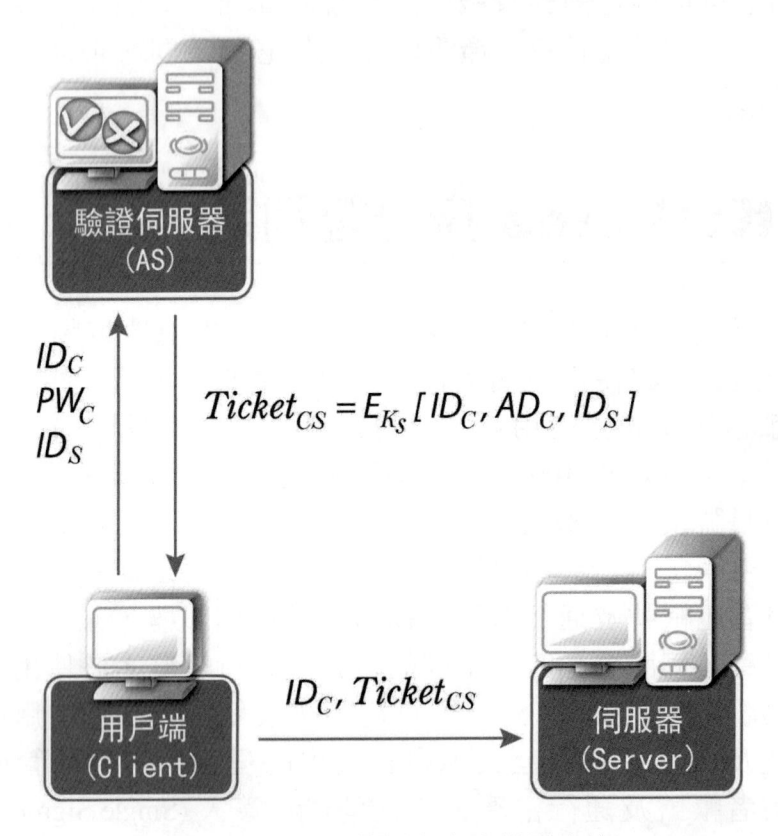

圖 3.5: Kerberos 使用者身分鑑別系統

在 Kerberos 系統中，當有一用戶端要求使用某一伺服器端的服務時，必須先跟該伺服器進行身分的確認。為了能夠順利地進行身分鑑別的程序，用戶端必須透過驗證伺服器（Authentication Server, AS）取得通行票(Ticket)，讓伺服器端能夠對提出要求的用戶端進行身分的驗證。因此，該通行票可以視為用戶端能否使用該伺服器之服務的憑證。一個簡單的 Kerberos 使用者身分鑑別系統，如圖 3.5 所示。

其步驟如下：

1). 用戶端祕密傳送自己的識別碼 (ID_C)、通行密碼 (PW_C) 及申請服務之伺服器識別碼 ID_S 給 AS。

2). 驗證伺服器 (AS) 驗證此用戶端之合法身分後，產生一通行票 ($Ticket_{CS}$)，並祕密傳送給用戶端。此通行票為用戶端 (C) 使用伺服器 (S) 之服務的憑證。此處 $Ticket_{CS} = E_{K_S}[ID_C, AD_C, ID_S]$，其中 $E_{K_S}[\cdot]$ 為用伺服器 (S) 的密鑰 (K_S) 對 [·] 內資料做加密；AD_C 為用戶端的網路位址。

3). 當該用戶端欲向伺服器端要求提供服務時，即可出示用戶端識別碼 ID_C 及通行票 $Ticket_{CS}$。由於此通行票是以伺服器之密鑰加密而成，因此伺服器可將此通行票解密得出 $[ID_C, AD_C, ID_S]$，再驗證 ID_C 是否為此用戶端的識別碼；用戶端的識別碼的網路位址是否為 AD_C；以及 ID_S 是否為自己（伺服器）的識別碼。若全部吻合，伺服器則可提供服務給此用戶端使用者。否則，拒絕提供服務。

上述簡單的 Kerberos 使用者身分鑑別系統可以在開放的網路上驗證使用者身分，但有兩個缺點：

1). 用戶端傳送給 AS 之通行密碼是以明文（未經加密處理）方式傳送，若遭截取其安全堪慮。

2). 通行票僅能使用在一伺服器，當要到不同的伺服器（如印表機伺服器、Mail 伺服器）要求提供服務時，則需重新向 AS 申請新的通行票，這對使用者而言不具透通性 (Transparent)。（這裡的透通性是指使用者不能因為所使用的伺服器不同，而影響其操作方式）

為了解決以上的安全疑慮及透通性問題，新的 Kerberos 系統中另外加入了一個通行票授權伺服器（Ticket-Granting Server, TGS），該伺服器主要是協助 AS 發送通行票的工作。驗證流程如圖 3.6 所示。其步驟如下：

1). 用戶端傳送自己的識別碼 (ID_C) 以及申請通行票的授權伺服器 (ID_{TGS})。

2). 驗證伺服器 (AS) 產生通行票授權伺服器之通行票 ($Ticket_{TGS}$)，並以用戶端 (C) 的密鑰加密 ($E_{K_C}[Ticket_{TGS}]$)。這裡 $Ticket_{TGS} = E_{K_{TGS}}[ID_C, AD_C, ID_{TGS}, TS_{TGS}, LT_{TGS}]$，其中 K_{TGS} 為通行票授權伺

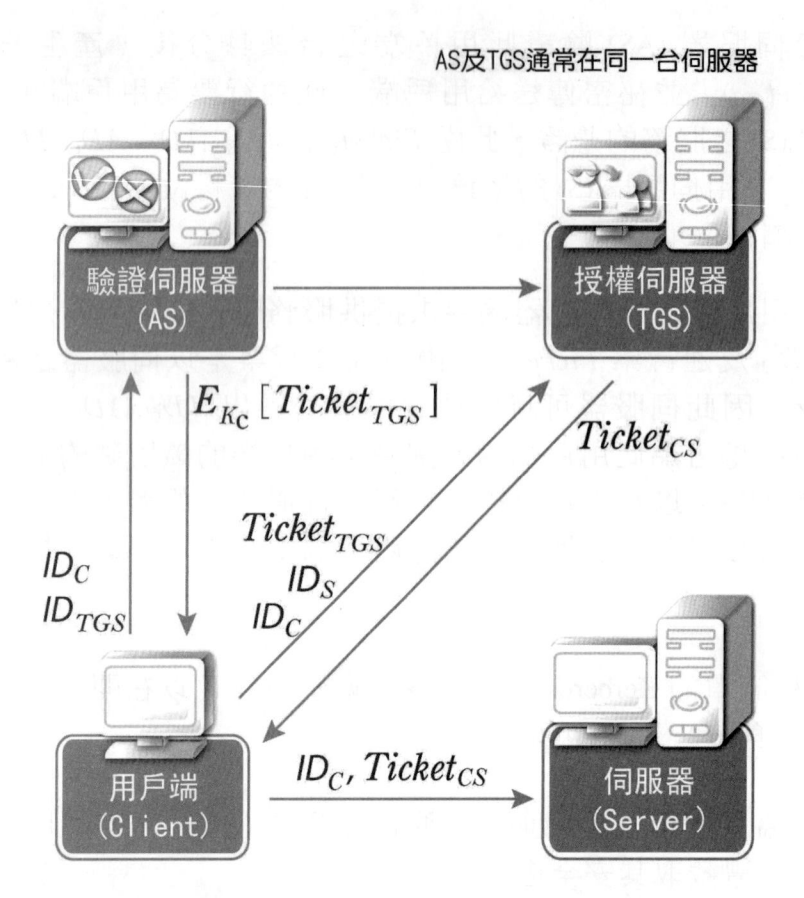

圖 3.6: 更安全的 Kerberos 使用者身分鑑別系統

服器之密鑰；TS_{TGS} 為產生此通行票之時戳 (Time Stamp)； LT_{TGS} 為此通行票之有效期限 (Lift Time)。

3). 每當用戶端欲向某伺服器要求提供服務時，需先向 TGS 申請使用伺服器服務之通行票 $Ticket_{CS}$。用戶端出示識別碼 ID_C、伺服器的識別碼 ID_S、及通行票 $Ticket_{TGS}$。由於此通行票是以 TGS 之密鑰加密而成，因此 TGS 可將此通行票解密得出 $[ID_C, AD_C, ID_{TGS}, TS_{TGS}, LT_{TGS}]$，再驗證 ID_C 是否為此用戶端的識別碼；用戶端的識別碼的網路位址是否為 AD_C；ID_{TGS} 是否為自己（通行票授權伺服器）的識別碼；以及檢查目前的時間是否為此通行票之有效期限內（介於 TS_{TGS} 與 LT_{TGS}）。若全部吻合，TGS 則產生伺服器之通行票 ($Ticket_{CS}$)，這裡 $Ticket_{CS} = E_{K_S}[ID_C, AD_C, ID_S, TS_{CS}, LT_{CS}]$，其中 K_S 為伺服器之密鑰；TS_{CS} 為產生此通行票之時戳；LT_{CS} 為此通行票之有效期限。

4). TGS 將此通行票 ($Ticket_{CS}$) 傳送給此用戶端使用者。

5). 一旦用戶端使用者欲向此伺服器要求提供服務時,即可出示用戶端識別碼 ID_C 及通行票 $Ticket_{CS}$。由於此通行票是以伺服器之密鑰 K_S 加密而成,因此伺服器可將此通行票解密得出 $[ID_C, AD_C, ID_S, TS_{CS}, LT_{CS}]$,再驗證 ID_C、AD_C、ID_S 是否正確;以及目前的時間是否為此通行票之有效期限內(介於 TS_{CS} 與 LT_{CS})。若全部吻合,伺服器則可提供服務給此用戶端使用者,否則拒絕提供服務。

若通行票授權伺服器之通行票有效期限已至,用戶端使用者需重新執行上述步驟一及步驟二,重新申請通行票 $Ticket_{TGS}$。用戶端使用者若到不同之伺服器請求服務時,只要在通行票授權伺服器之通行票有效期限以內,即可重複執行上述步驟三及步驟四申請,並取得各個伺服器之通行票 $Ticket_{CS}$。

邏輯上,通行票授權伺服器 (TGS) 與驗證伺服器 (AS) 應是有區隔的,但是實際上 TGS 通常是跟 AS 均建立在同一部主機上並且存取同樣的資料庫。由於網路環境的實現,使用者所能獲得的服務已不再侷限於本地端的主機,而能夠將觸角延伸到地球的每一端。如何能在使用者與遠端服務提供者間提供一安全機制,使其讓遠端的服務提供者來檢驗特定使用者的合法性,一直是個重大的議題。透過 Kerberos 身分鑑別系統,能夠在使用者與服務提供者兩方間建立起安全的管道,並且能夠對所通訊的對象進行身分鑑別。但是由於 Kerberos 身分鑑別系統是一套以中央集中式的管理方式,因此對系統內的驗證伺服器與通行票授權伺服器的安全保護將更形重要。

前述之 Kerberos 使用者身分鑑別系統為第四版。為了加強安全性,目前 Ketberos 已發展到第五版,有興趣的讀者請參考 RFC 1510 標準。

進階參考資料

使用者身分鑑別技術一直是研究的重點,有興趣的讀者可再進一步研讀相關期刊 *International Journal of Network Security* (http://ijns.

jalaxy.com.tw) 及 *Computers & Security* (http://ees.elsevier.com/cose/)。其他參考資料限於篇幅無法一一列出，請讀者自行到本書輔助教學網站 (http://ins.isrc.tw/) 瀏覽參考。

3.8 習題

1. 說明使用者身分鑑別之重要性。

2. 使用者在使用通行密碼時應注意哪些事項？

3. 解釋為何使用者識別名稱 (User Identification) 通常不需要保密。

4. 說明使用者身分鑑別的處理流程。

5. 有些電腦系統可能要求輸入兩組以上不同通行密碼，所有通行密碼比對無誤後，才允許使用者操作電腦。請問這種方式有何優缺點？你認為幾組通行密碼才適當，為什麼？

6. 直接儲存通行密碼法有何優缺點？

7. 單向函數法和直接儲存通行密碼法之識別系統主要差別為何？

8. 識別使用者身分有哪三種類型？請舉例說明。

9. Kerberos 使用者身分鑑別系統在開放的網路上驗證使用者身分時，有哪些缺點？如何解決？

10. 請說明如何評估一個生物特徵驗證機制的優劣。

11. 通行密碼 (Password) 有哪些安全威脅？請簡述。

12. 請繪出單程函數 (One-way function) 通行密碼識別系統流程圖，並請簡述說明之。

13. 有一位 Mr. Trouble，他擁有全世界 119 套電腦的合法使用權，每一套系統都有一組通行密碼，對於該如何選擇及記憶這 119 組通行密碼相當困擾。若全部選擇相同通行密碼，一旦某一不肖系統管理員透過某種手段取得他在此系統之通行密碼，則此不肖

系統管理員就可偽裝成他盜用其他系統。請各位想辦法替他排解此困擾。

14. 若你是資訊中心主管，請設計一個新使用者註冊表格，並寫明注意事項。

15. 請探討一個通行密碼驗證系統可能遭受哪些安全上的攻擊。

16. 任舉一通行密碼 (Password) 方法來驗證使用者身分，此方法必須能抵擋重送攻擊，而且主機系統不需要借助通行密碼表來驗證使用者身分。

17. 人事資訊系統可讓人事部門的行政人員透過身分鑑別機制進入系統做人事資料的維護及管理，人事資料中有部分資料如薪資與考績資料屬敏感性資料，必須確保其機密性，若你是此部門的行政人員，請就此業務內容闡述你的資訊安全風險處理策略為何（2010 年資訊處理類科高考二級試題）。

3.9 專題

1. 寫一個程式設計一通行密碼系統，功能規格需求如下：

    (a) 新使用者申請使用電腦系統註冊時，將其個人基本資料及所選通行密碼輸入到通行密碼表，並儲存之。

    (b) 登入時，顯示「請輸入使用者識別名稱：」及「請輸入通行密碼：」，使用者輸入資料後，從通行密碼表判斷此使用者是否為合法使用者。

    (c) 此系統需能讓使用者自行更改通行密碼。

2. 寫一個偷取別人之通行密碼的程式，可採用窮舉法 (Exhaustive) 或其他方法。

3. 個案討論：請研擬及規劃企業之出差勤管理資訊系統。

    (a) 請先說明企業之規模（含人力、投資額）及出差勤管理制度（含是否有彈性上下班制度、加班、及出差費等等）。

(b) 請盡可能列出所規劃出差勤管理資訊系統之功能。

(c) 此系統如何跟其他管理資訊系統整合？

(d) 請就你的規劃，分析其設備、人力、成本、及其風險。

(e) 請自行預估所規劃之設備費用及其他未盡事宜。

3.10 實習單元

1. 實習單元名稱：使用者驗證練習。

2. 實習單元目的：
本單元教導如何設定使用者認證機制，透過實際的操作讓讀者瞭解使用者認證機制常見的攻擊及漏洞。

3. 系統環境：網頁瀏覽器。

4. 實習過程：
完整的實習過程範例及教學用的 DES 加密系統放置於本書輔助教學網站，有興趣的讀者可參考該網站 (http://ins.isrc.tw/)。

4 作業系統安全

Operating System Security

作業系統安全
Operating System Security

4.1 前言

使用者通過通行密碼的安全檢查後進入電腦系統，若系統內的資料可以任由使用者存取讀寫而不加以管制，則系統內其他使用者的資料將毫無保障。就單一使用者之個人電腦而言，此安全性問題或許還不嚴重，但對於多使用者 (Multi-user) 之電腦，如何保護系統內合法使用者之資料及系統資源，將是作業系統必須解決的問題。

簡言之，作業系統安全就是管理使用者權力，依其職位的高低及所負擔工作的重要性，加以適當的限制，使其能在授權的範圍內獲得適當的電腦資源，不致於做出超越權限的不法事情。

為了保護資訊不被未經授權的使用者盜用或破壞，可以用存取控制 (Access Control) 的策略及機制來達到資訊保護的目的。存取控制是資訊安全系統中相當重要的一環。存取控制是一種資源 (Resource) 保護系統技術，存取控制可確保所有資源的存取是經過授權的。作業系統安全的主要目的，就是運用一套安全策略 (Security Policy) 讓每位合法使用者在系統允許的範圍內存取系統資源。

根據不同安全性需求，我們可以制訂安全性政策以滿足安全性需求。有了安全性政策，必須要有安全性控制模式及其存取控制方法 (Mechanism)，以實現上述之安全性政策。作業系統之安全性政策是描述使用者所能存取之種類及權限，為了達到此政策，必須要有相對安全性方法加以實現。以下各節將就作業系統的安全性政策、存取控制模式及其方法依序介紹。

4.2 電腦作業系統的安全威脅

電腦系統安全方面所面臨的威脅大致有下列四種：

1). 非法使用者的入侵及存取：
入侵者藉由破解通行密碼 (Password) 或竊取合法使用者的登入 (Login) 資料，進而存取、篡改或破壞系統內的重要資料。甚至，假冒合法使用者身分進行不法活動。這類的攻擊方式多半是使用者採用有安全問題的用戶端程式，或通行密碼在傳輸時未經保護所造成。

2). 合法使用者蓄意的破壞及洩密：
經授權的合法使用者利用存取權限之便，將所獲悉機密資料洩漏出去，以謀取不法利益。甚至離職員工在離職前蓄意破壞系統或故意留下暗門，以便離職後再悄悄潛入系統。上述這些情況均會造成系統安全上的漏洞。

3). 惡意的軟體：
惡意軟體也是危害資訊系統安全的來源，包括電腦病毒 (Computer Viruses)、特洛伊木馬 (Trojan Horses)、電腦蟲 (Computer Worms) 及暗門程式 (Trapdoor) 等等，都是藉由軟體來達到攻擊的目的。由於網際網路的蓬勃發展，檔案在網路上傳送相當便利，這些惡意程式可以藉由電子郵件、遠端執行及其他遠端登入 (Remote Login) 等方法來傳播。由於擴散迅速加上防治不易，一旦發作常造成嚴重的損失。

4). 伺服器程式攻擊 (Server Attack)：
伺服器程式因撰寫時的疏忽或設定錯誤，讓攻擊者有機可乘。例如，程式設計師在撰寫程式時，未周詳考慮安全問題或使用有安全漏洞的函式，導致駭客針對這些漏洞進行攻擊。

4.3 電腦病毒

電腦病毒自出現以來一直為電腦用戶所困擾，也每每造成使用者莫大的損失。病毒所造成的破壞，輕則開個小玩笑，降低電腦效能，重則

會造成電腦當機、資料損毀等嚴重的結果。電腦病毒也可能用在軍事行動上，例如 1991 年美國對伊拉克展開軍事攻擊，美國就曾成功地利用病毒滲入敵方的電腦系統，進而癱瘓指揮中心。

4.3.1 電腦病毒的類型

電腦病毒是一種可直接執行或間接執行的檔案，可能是一個程式，也可能是一個片段的程式碼。電腦病毒常會以不同的型態存在，以躲過掃毒程式的偵測。現今流行的病毒大致可以分成下列幾類：

- 啟動磁區型病毒 (BOOT)
  早期電腦需透過磁碟片啟動開機，因此電腦病毒就以感染此開機磁片為目標，只要以此中毒磁片開機的電腦，將被感染病毒，進而繼續傳播病毒於其他未中毒之開機磁片，所以這種啟動磁區型病毒又稱為開機型病毒。也就是在磁片的啟動磁區 (Boot Sector) 或硬碟分割表 (Partition Table) 中施放病毒。一旦使用被感染的磁碟開機，病毒程式就取得使用權，進而控制整個系統讀寫的動作，這類病毒因為可以取得整個系統的使用權，因此所造成的損害通常相當嚴重，一次很可能就會毀掉整個硬碟。幸運的是，目前的電腦已不需要透過磁碟片啟動開機。

- 可執行檔病毒
  使用可執行檔來散播病毒之軟體亦稱為檔案型病毒，主要是寄宿於可執行檔案中，例如 *.COM 或 *.EXE 的執行檔中。使用者一旦中毒之後，只要再執行其他程式，病毒就會再把自己複製到其他可執行程式之中，進而不斷地擴散。更恐怖的是一個檔案不只會中一種病毒，有時一個檔案會中很多種病毒。值得注意的是，純文字檔案（如 txt 格式）並不會被傳染病毒。

  可執行檔病毒依傳染方式的不同，又可區分為「常駐型」及「非常駐型」兩種。

  1). 常駐型病毒 (Memory Resident Virus)
      常駐型病毒會在執行受感染的程式之後常駐於記憶體內，每當執行其他新程式時，病毒會先判斷該程式是否已感染，

如果尚未被感染則進行寄宿，感染該程式，達到傳播的目的。

2). 非常駐型病毒 (Non-memory Resident Virus)
非常駐型病毒之感染原理是一旦使用者執行帶有此類型病毒的可執行檔時，病毒就會到磁碟中找出未受感染的檔案並加以感染。感染檔案的數量是由病毒程式設計師控制。

- 巨集型病毒 (Macro Virus)
巨集型病毒是利用軟體本身所提供的巨集功能而開發出來的病毒，大部分是指微軟的 WORD、EXCEL 或 ACCESS 的資料檔案所夾帶的巨集程式。巨集原本是設計來輔助使用者編輯 WORD 或 EXCEL 的工具，允許使用者自行設計，以便能夠一次執行一連串的指令或動作。但因為巨集有自動執行的功能，所以部分有心人士利用此特性來編寫病毒程式，造成對系統的傷害，破壞使用者的資料等等。

巨集型病毒主要是由 WordBasic 所撰寫，是一種跨平台的病毒，只要支援巨集軟體的作業系統都有可能中毒。巨集型病毒散播的方式主要是透過 NORMAL.DOT 來達到複製的目的，一般在開啟中毒的檔案之後，病毒會先複製到 NORMAL.DOT 中，再伺機感染其他的檔案。

- 電腦寄生蟲 (Worm)
電腦寄生蟲最大的特徵是會快速地自行繁衍，並以指數方式無限制地成長，藉以消耗 CPU 時間及癱瘓系統。電腦寄生蟲藉由不斷複製、傳播電腦寄生蟲程式以阻斷正常可提供的服務，但並不會破壞系統。最近，如 Code Red、Morris 及 Nimda 等著名電腦寄生蟲程式的攻擊方式多半是先尋找軟體的漏洞，再針對這些安全上的漏洞來建立連線並擴散電腦寄生蟲。

- 特洛依木馬 (Trojan Horse)
有一則「木馬藏兵計」故事。相傳古希臘時代有位希臘王，他為了要報復奪妻之恨而揮兵攻打特洛依城，苦攻多時一直無法攻下，希臘王苦思對策，於是想到所謂「木馬藏兵計」：希臘王就要軍隊撤退來佯裝戰敗，而留下一些糧食及一隻內藏伏兵之大木馬，特洛依軍隊誤以為自己已防禦成功，並擊退希臘軍

隊，於是打開城門並搬回希臘軍隊留下的糧食及那隻內藏伏兵之大木馬，做為晚上慶功宴之戰利品。

就在特洛依士兵酒酣耳熱、昏昏欲睡之際，希臘軍隊悄悄返回，並在特洛依城門外等候。此時，木馬內希臘士兵偷偷溜出，並打開特洛依城門，使希臘軍隊輕易制服特洛依軍隊，並攻下特洛依城。後來的人就稱這隻木馬為特洛依木馬。表面上，這隻木馬沒有安全上之顧慮。事實上，一旦時機成熟，潛藏其內之伏兵就會出來破壞。當初特洛依軍隊搬回大木馬前，若能先檢視大木馬內部時，特洛依城也就不會淪陷。

同樣的道理，特洛依木馬所帶來的資訊安全威脅，是指表面上正常、能執行的軟體程式，實際上卻內藏一個會暗中破壞或盜取系統資源的惡意小程式。例如，我們常用微軟之 WORD 軟體編輯文件，假設 WORD 軟體被內藏會複製文件內容的特洛依木馬小程式，此小程式平時不會有危害安全上的動作，但是當使用者編輯文件完畢要儲存檔案時，小程式就會被啟動執行，而祕密地將使用者所編輯的文件傳送出去。換言之，特洛伊木馬是利用一般性的程式做掩護，入侵者將惡意的指令藏於普通程式以達特定的目的。特洛依木馬與電腦病毒及電腦蟲最大差別是它不會複製。

- 邏輯炸彈 (Logic Bomb)

邏輯炸彈為特洛依木馬的一種，一旦條件吻合就引爆（執行）特洛依木馬內偷藏之程式碼。邏輯炸彈，常被離職的員工拿來當作報復的工具。某位員工預定於五月一日離職，為了報復公司，離開公司前在電腦系統內埋下一顆刪除所有檔案的邏輯炸彈程式碼，並設定於六月一日引爆。事後，因該名員工已離職，並沒有電腦系統的帳號及權限，因此不會被懷疑其所為。

另外，邏輯炸彈也常被用在商業行為上。例如，我們常在網站下載試用軟體，試用期間一個月。一旦試用期滿，該軟體將自動啟動視窗，詢問是否要購買。除非回答「購買」，否則該軟體將啟動內含之邏輯炸彈自動銷毀，下次就不能再使用此試用軟體。

- 暗門 (Trapdoor)

有一位富商擔心財物遭竊，特別請工人加裝安全門窗，以防歹徒入侵豪宅。這位工人安裝安全門窗時，看到此住宅裝潢得很豪華，突然起了歹念，在施工時偷偷在不起眼的倉庫內偷裝一道沒有與保全系統連線的小門窗。由於富商很少到倉庫，再加上有物品遮住此小門窗，因此沒有人發現異狀。到了晚上就寢時，富商鎖上安全門窗並啟動保全系統，以為可安心入眠，殊不知那位工人就從偷裝的小門窗潛入，竊取貴重物品。那扇偷裝的小門窗就稱為暗門。

在電腦環境裡，暗門程式是指程式設計人員故意在程式中留下安全漏洞或祕密，除了此程式設計人員外，沒有人知道此祕密及安全漏洞，正式文件也沒有記載，待該程式設計人員使用此程式後，便可利用此漏洞進行未經授權存取。

- 薩拉米香腸 (Salami)
  將許許多多不起眼的小碎肉組合起來就可製作出令人垂涎的薩拉米香腸。同樣的道理，將許多存款戶之利息零頭扣除，一般客戶不會察覺到。但是將這些利息零頭總數加起來，則是一筆可觀的數目。薩拉米香腸軟體，就是利用這種不注意細微東西的心態、以及積少成多的道理而發展（註：實際生活上，薩拉米香腸是一種歐洲人非常喜歡的義大利蒜味香腸）。

4.3.2 電腦中毒的症狀

當你的電腦系統發生下列狀況時，你的電腦可能已經中毒了。

1). 原本執行正常的程式或檔案，現在卻無法正常執行，或者是系統無緣無故發生當機的次數愈來愈多。

2). 電腦的執行速度或資料讀取的速度突然變慢。

3). 上網連線的速度變慢或者根本無法連線。

4). 電腦使用中出現無聊的對話方塊或是動畫音樂，而且無法關閉。

5). 硬碟中的檔案被刪除或變更，甚至整個硬碟被重新格式化。

6). 不斷收到奇怪主題的電子郵件，而且數量急遽增加。

4.3.3 電腦病毒的生命週期

宇宙萬物均有其生命週期,病毒也不例外,從感染到孕育出病菌、潛伏或寄居人體及生物體內、病菌發作導致身體虛弱、最後以醫藥或培養體內好菌與病菌對抗,進而消滅病菌。同樣的道理,電腦病毒也有下列生命週期:

1). 創造期
   病毒製作者日以繼夜地研發病毒,這段期間稱為創造期。

2). 孕育期
   將此病毒藏在檔案或資料中,並將這些含有電腦病毒的檔案或資料透過電子郵件傳送,或放在一些容易散播的地方,例如 BBS 站、FTP 站、或者網頁等。這段等待擴散的期間稱為孕育期。

3). 潛伏期
   在潛伏期中,一旦含有電腦病毒的檔案被傳送,病毒即可潛入電腦的系統或記憶體中,並不斷地繁殖與傳染。一個病毒的潛伏期越長,此病毒所感染的地方就愈多。一旦病毒發作,所造成的傷害更大,往往會令人措手不及。例如,世界知名的米開朗基羅病毒,在每年三月六日發作前,有整整一年的潛伏期。

4). 發病期
   病毒就像是一顆定時炸彈,一旦所有條件都形成之後,病毒就開始執行破壞的動作。例如,有些病毒會在某些特定日發病,有些則是有自己的計數器,利用這個裝置來決定發病的時間。

5). 根除期
   當大部分的使用者都安裝了最新防毒軟體,而且大部分人所安裝的防毒軟體均能夠偵測及控制這些病毒,那麼這些病毒就有可能被連根撲滅。直到今日,尚未有人敢宣稱某一個病毒完全絕跡,但確實有些病毒已經很明顯受到抑制。

4.3.4 病毒碼的原理

安裝掃毒軟體是目前預防電腦中毒最普遍的作法,但掃毒軟體究竟是如何偵測出電腦病毒呢?其實就是靠所謂的病毒碼。病毒碼到底是什

麼東西呢？可以把病毒碼想像成是一病毒的特徵，就如同是病毒的指紋一般，可用來偵測病毒並辨別出是哪一種病毒。

首先，我們先來瞭解如何辨別一個檔案是否中毒。假設一個檔案在執行前其檔案大小為 10K，但執行後檔案大小變為 11K，那麼這個檔案可能就是中毒了，而多出來的 1K 可能就是病毒程式，其概念如圖 4.1 所示。

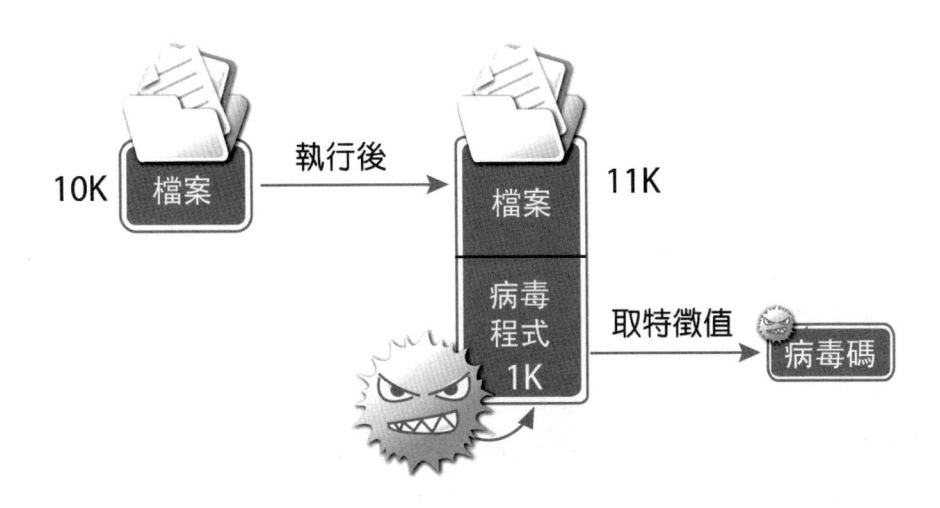

圖 4.1: 病毒碼的擷取

現有的病毒可能有成千上萬種，若我們直接拿病毒程式來當作該病毒的病毒碼，那麼成千上萬種病毒所組成的病毒碼資料庫將非常可觀。為了解決這個問題，一般製作掃毒軟體的公司會刻意讓數部被隔離的電腦中毒，然後盡可能地從中發現新病毒。當發現新病毒後，先加以分析，然後從其病毒程式中擷取一小段獨一無二且足以代表此病毒的程式碼來當作病毒碼。如此一來，不但可以降低病毒碼資料庫的大小，也可以加快病毒搜尋的速度。

當執行掃毒程式時，就將所有的檔案與病毒碼資料庫做比對，若某檔案內容與一病毒碼比對後的結果吻合，就表示該檔案已經中毒，必須將該檔案加以清除或隔離，以避免病毒發作或擴散。但掃毒軟體並非萬能，雖然掃毒軟體可以有效地偵測到已知的電腦病毒，但是無法偵測到未知的新病毒以及變種病毒。

由於接觸電腦的使用者愈來愈多，因此病毒的種類及型態不斷地改變，時時刻刻都可能有新病毒產生，所以光是安裝防毒軟體仍然不夠，還要經常更新病毒碼，否則再厲害的防毒軟體也無用武之地。

4.3.5 預防電腦病毒的方法

要預防電腦病毒的感染,可朝下列數個方向進行:

1). 安裝防毒軟體
 安裝防毒軟體是預防電腦病毒最有效方法之一,防毒軟體的作法是根據病毒碼來檢查進出電腦的檔案是否異常,一旦發現病毒,防毒程式會對此含有病毒的程式進行隔離。

2). 定期更新病毒碼
 防毒軟體主要是依據病毒碼來偵測病毒,但電腦病毒千變萬化且不斷地更新,因此使用者也必須不斷地更新病毒碼,以有效地偵測出最新型態的病毒。使用者在選購防毒軟體時,也要考慮該軟體廠商提供病毒碼的時效與便利性。

3). 不任意執行電子郵件夾帶的檔案
 收到電子郵件時,不要冒然執行附加檔,應該先將附加的檔案儲存,確定沒有病毒後再開啟。由於電子郵件已廣泛地使用,使得電子郵件成為電腦病毒最佳的傳染及擴散媒介,應格外小心。

4). 盡量使用硬碟開機
 除非有特殊需要,盡量不要使用磁片或抽取式的儲存裝置來開機。因為這些裝置都是病毒製造者放置病毒最佳的媒介,也就是遭病毒感染的機率也比較高。一旦使用含有病毒儲存裝置來開機,會使得電腦中所有的檔案都被病毒感染。

5). 不隨意執行包含巨集的檔案
 WORD、EXCEL 及 ACCESS 都是我們日常生活中常用到的應用軟體,也因此最容易忽略其可能感染巨集型病毒。在開啟這類軟體的檔案時,要先進行掃毒,確認沒有感染巨集型病毒後再開啟,才能避免感染。

6). 不下載或使用來路不明的檔案
 要偵測出電腦病毒是很困難的,利用防毒軟體也只能偵測出目前已被發覺的病毒,但最根本的方法還是不要隨意使用來路不明的程式。唯有使用合法可靠的軟體,才能避免惡意程式的攻擊。

4.4 軟體方面的安全漏洞

軟體常常會因為撰寫者的不小心讓攻擊者有機可乘，常見的軟體安全漏洞大致有溢位攻擊、競爭條件及亂數值的預測等。

4.4.1 溢位攻擊

溢位(Overflow)是一種常見的軟體漏洞，通常系統會有一塊暫存區，用來保留一些程式執行時所需的資訊，如區域變數值或下一個要執行的程式碼位址。若編譯程式沒有對記憶體空間的使用進行限制及檢查，可能造成所使用的資料量超出暫存區所保留的區塊，使得某些暫存器內的資料被覆蓋掉。因而某些暫存器內的安全機制也可能就因此被覆蓋掉，造成軟體的安全漏洞。例如，我們常用的C語言，其編譯器就沒有對使用的變數做範圍檢查，若程式設計師未考慮到暫存區溢位的問題，就有可能出現安全上的漏洞。

4.4.2 競爭條件

在多工的環境下，可能會發生多個執行程式同時競爭一個資源的情況，這種情況發生時就可能出現安全上的漏洞。例如，A和B兩個程式需要對同一個檔案進行修改，A和B兩個程式都會將此相同檔案讀入記憶體中，修改後再將記憶體內容複製回檔案。當程式A將檔案讀入記憶體並且進行修改的時候，若程式B執行並且獲得讀寫許可權，並回存所修改檔案。一旦程式A完成修改，並將記憶體中的內容複製回檔案，則原有程式B所修改的資料都將被覆蓋。這種攻擊通常攻擊者必須獲得正確的執行順序，來獲得暫時的權限。

4.4.2 亂數值的預測

在開發系統安全機制時，經常會使用到亂數值(Random Number)，為了達到安全的要求，這些被選定的亂數值必須是不可預知的。但許多程式設計師常誤用可預知的亂數產生器來產生亂數，讓攻擊者有機會獲得足夠的資訊來破解密碼或通過認證。例如，C語言中的 $random()$ 函

式是利用亂數產生器 (Pseudo-random Number Generator) 來產生亂數值，其結果是可預知的。若程式撰寫者誤用這個函式來產生亂數，可能會造成安全上的漏洞。

4.5 作業系統的安全政策

安全政策是作業系統安全最高指導原則，要確保作業系統安全必須要有一套完整安全控制政策，才得以發展作業系統安全性技術及方法。

電腦作業系統安全政策可以分成四大類：安全性管理政策、存取控制政策、控制資料流向政策及執行安全性控制政策。

1). 安全性管理政策

實際作業系統很龐大而且複雜，為了方便地使用及有效管理，作業系統會因不同需求而有不同管理方式，因此在安全性管理政策亦會有所差異。例如，集中式及分散式系統之安全管理政策是不盡相同的，集中式系統是由單一安全管制系統來做安全管制；在分散式架構下，則是將安全管理分散到各區域系統各自管理。

2). 存取控制政策

存取控制政策一直是作業系統安全的核心，主要討論某些人對某些資源（如檔案）具有哪些存取權，說明如下：

(a) 需要才給之存取權限安全政策 (Need-To-Know Policy)

給予使用者最適當或最小滿足其存取權限。例如，當某一使用者僅對「職員資料」檔案有「唯讀」權限，則系統僅給予該使用者讀取職員資料檔案的權限，其他如寫、更新等等則予以拒絕。

(b) 最大分享安全政策 (Maximized Sharing)

這種方式與「需要才給」政策正好相反，絕大部分資源均可存取，僅將少數重要機密資源加以保護。例如，我們可以存取一般人基本資料，但對於少數情報人員資料，則必須加以保護。不同於「需要才給」政策，此政策將被管制資源或使用者一一列舉出來（就像是黑名單），只要在黑名單內就禁止存取，其他則允許存取。

(c) 開放式系統及封閉式系統之安全政策

開放式系統（如 Internet）其內資源大都可以存取，除非另有明文禁止。封閉式系統（如 Intranet）則剛好相反，絕大部分資源禁止被存取使用，除非有特例而獲得許可。基本上，封閉式系統所考慮的是安全性需求，而開放式則以使用方便性為考量。

(d) 存取權限種類 (Access Type) 及其關係安全政策

一般而言，存取種類有「可讀」、「可寫」、「可執行」、「可刪除」及「可列印」等等，安全政策必須要有能力決定存取權限種類及其關係。例如，當張三豐對某一檔案擁有「可寫」存取權限時，是否意謂著他也可以有「可讀」、「可執行」權限，諸如此類都是安全政策必須加以界定的。

3). 控制資料流向政策

張三豐一旦具有存取某資源或資料檔案的權限後，是否被允許將該存取權轉送給其他人，或者是將該資料檔案的存取權限授權給其他人使用，這種安全政策就是所謂控制資料流向政策。下一節將會介紹任意性 (Discretionary) 及強制性 (Mandatory) 存取控制模式。任意性存取控制模式能任意存取權限授權給其他人，卻容易導致授權浮濫而難以掌控管理。

另一種則是由軍方積極主導推動之強制性存取控制模式，嚴格禁止將存取權限授權給其他人。此模式將資料及使用者分成不同機密安全等級，因此也稱為多層性存取控制 (Multilevel Access Control)。根據貝爾及拉帕杜拉 (Bell-Lapadual) 安全策略，只有在使用者安全等級大於或等於資料之安全等級才被允許讀取。但使用者在寫入資料時，該資料之安全等級則必須高於使用者。

4). 執行安全性控制政策

可以分成兩類：預防式 (Preventive) 及偵測式 (Detective)。預防式安全政策是盡可能制訂安全的控制政策，以避免發生漏洞。至於偵測式安全政策，則在發生危害安全事件後做緊急危機應變政策。此政策將所有相關存取動作紀錄下來，一旦發生安全性威脅時，再予以追查並補救其災害。

電腦系統是一些作業處理及物件的集合體。每一項作業處理及物

件均有一個獨一無二的名稱以茲區別，也都有不同的運作：CPU 只能用來執行程式工作；記憶體區段可用於讀取或寫入資料；磁帶機除了能夠讀及寫資料外尚可倒轉；資料檔案可被建立、開啟、讀、寫、關閉及刪除資料；而程式檔案可以讀、寫及執行。安全的作業系統就是在管理使用者與各類資源（作業處理及物件）之存取關係。

4.6 作業系統的安全模式

前述惡意軟體及電腦病毒之威脅，均起因於沒有對電腦系統內資源做妥善之保護，導致記憶體被病毒佔住寄居、可執行或巨集檔案被篡改及偷藏病毒，這些病毒潛伏在記憶體伺機而動。因此，只要能確保作業系統的安全，對資源做妥善之保護，將可免除惡意軟體之威脅。

一般而言，作業系統的安全模式可分為任意性安全模式（Discretionary Access Control, DAC）、強制性安全模式（Mandatory Access Control, MAC）及以角色為基礎的安全模式（Role-based Access Control, RBAC）三種類型，以下分別介紹。

4.6.1 任意性安全模式

任意性安全政策就是使用者對自己所擁有的檔案及其他周邊設備資源，可自行決定是否提供或授權其他人來存取，其存取的權限可分為讀、寫及執行等三種。任意性的存取控制模式，如圖 4.2 所示。

張三與李四均可使用掃描器(Scanner)之資源，李四也可以授權王五使用掃描器之資源。

任意性的存取控制模式有三個基本元素：主件 (Subject)、物件 (Object) 及存取類型 (Access Type) 或稱存取權 (Access Right)：

- 主件 S 具有處理能力之主動性元件，例如處理器、執行程式及使用者。

- 物件 O 是不具有處理能力之被動性元件，例如記憶體、磁碟、檔案及印表機等等。

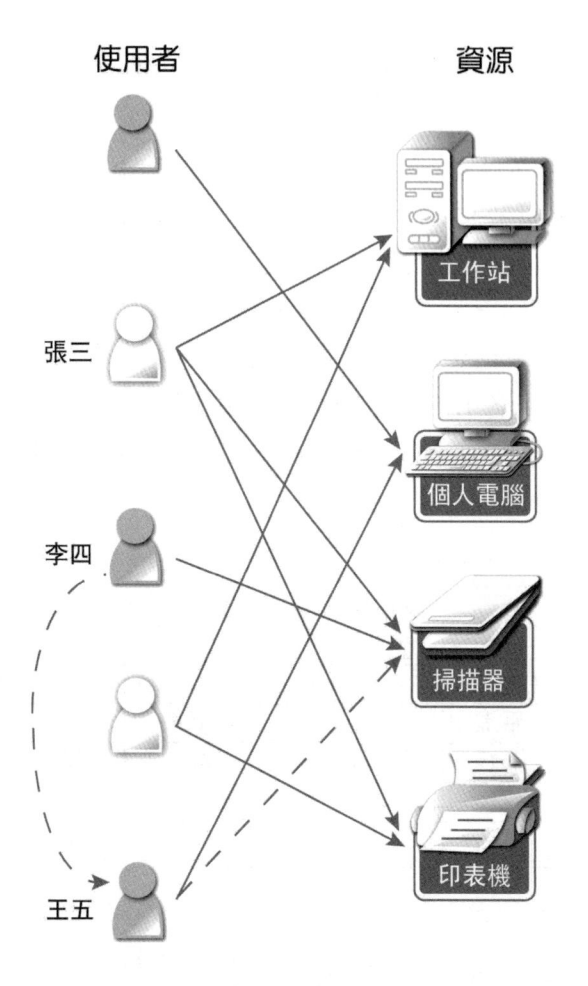

圖 4.2: 任意性的存取控制模式

- 存取類型 A 或存取權是主件對物件的一種存取權。例如，某使用者對某一檔案可能具有可讀、可寫、可刪除或可執行之存取權。另外，許多存取控制併入一個重要的觀念：擁有權 (Ownership)，也就是物件的擁有者可對其物件增加或刪減使用的權力。有時某一使用者必須要將自己的存取權限授予 (Grant) 他人。例如，一位主管可將存取資源權限授權予秘書，請其代為處理。職務代理期間，被代理人必須授權代理人相關存取資源的權限。因此，有些作業系統還有「授權」之存取權，以標示授權者 (Authorizer) 是否可允許將對此物件的權限轉遞給其他人。

將這些主件對物件之存取類型，以三維存取法則 (Access Rule) 之

函數 F 表示如下：

$$F: S \times O \times A \Longrightarrow (True, False)$$

設 $F(s,o,a) = True$，其中 $s \in S$，$o \in O$，$a \in A$，表示主件 s 對物件 o 具有 a 存取權。反之，設 $F(s,o,a) = False$，表示主件 s 對物件 o 不具有 a 存取權。將上述所有 F 儲存在一個系統檔，就成為如表格 4.1 之存取法則（註：這裡是假設採取「需要才給」之存取權限安全政策），以列舉方式來表示其存取權。品潔 對人事資料檔具有可讀取權限，亦即表格 4.1 存在一「$F($品潔，人事資料檔，可讀取$)$ = 是」法則。但由於「$F($張良，人事資料檔，可列印$)$ = 是」法則，所以張良可以列印人事資料檔。

表格 4.1: 存取法則範例

主件 (S)	物件 (O)	存取權 (A)	是或否
品潔	人事資料檔	可讀取	是
耀婷	顧客資料檔	可寫入	是
品碩	成本分析檔	可執行	是
張良	人事資料檔	可列印	是

把這些存取法則融入作業系統，就可做為使用者（主件）是否可存取檔案（物件）之判斷依據。圖 4.3 為存取控制之處理架構圖。

當 品碩 提出存取（執行）成本分析檔時，作業系統至存取法則（系統檔）查詢是否有（品碩，成本分析檔，可執行）。若有，則接受 品碩 執行成本分析檔，否則拒絕 品碩 執行成本分析檔。

4.6.2 強制性安全模式

強制性安全政策通常用於對資料安全有強烈要求的系統，例如軍事系統，將資料及使用者分成不同安全機密等級，並由系統統一決定資源存取的策略。令系統中的每個主件（例如使用者、程式等）都有一個使用者存取等級，稱為許可證 (Clearance)；系統內的每種物件（例如檔案、記憶體等）都有一個機密等級，稱為等級分類 (Classification)。

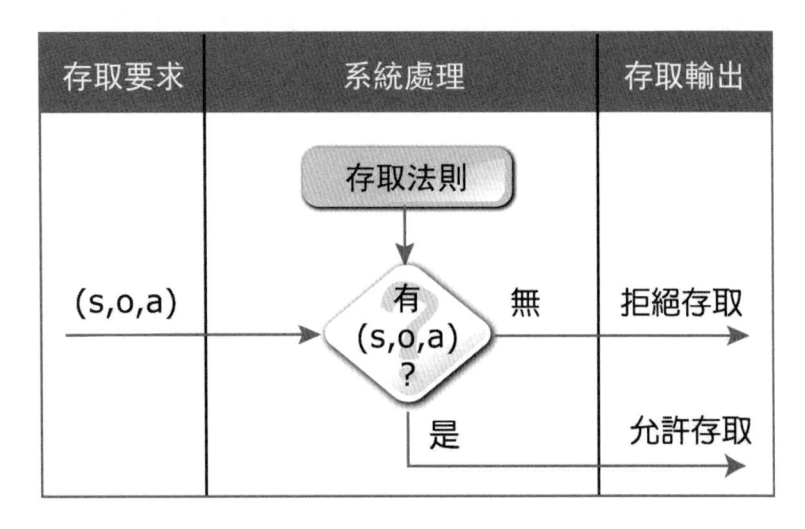

圖 4.3: 存取控制處理

為了方便說明，我們將主件的許可證與物件的等級分類統稱為安全等級 (Security Class)。

在強制性安全政策中，所有主件及被存取物件均被強制冠上一敏感標籤 (Sensitivity Labels)，以標示其安全等級及安全種類 (Category)。典型的民間企業將安全等級分為：限制 (Restricted)、擁有 (Proprietary)、敏感 (Sensitive) 及公開 (Public) 四級。軍事單位則將安全等級分為：極機密 (Top-Secret)、機密 (Secret)、密 (Confidential) 及一般 (Unclassified) 四級，如表格 4.2 所示。

表格 4.2: 強制性安全等級

軍事單位	民間企業
極機密	限制
機密	擁有
密	敏感
一般	公開

系統中所有主件及物件均給予一個安全等級。安全等級的關係是一種完全順序階級 (Totally-Ordered Hierarchy)，亦即「極機密＞機密＞密＞一般」。具有「極機密」等級的使用者權限大於「機密」等級使用者，具有「機密」等級的使用者權限大於「密」等級使用者。同樣地，具有「密」等級的使用者權限大於「一般」等級使用者。由

於這些安全等級形成階層關係,因此強制性安全政策也稱為多層式 (Multilevel) 安全政策。強制性的存取控制機制,如圖 4.4 所示。

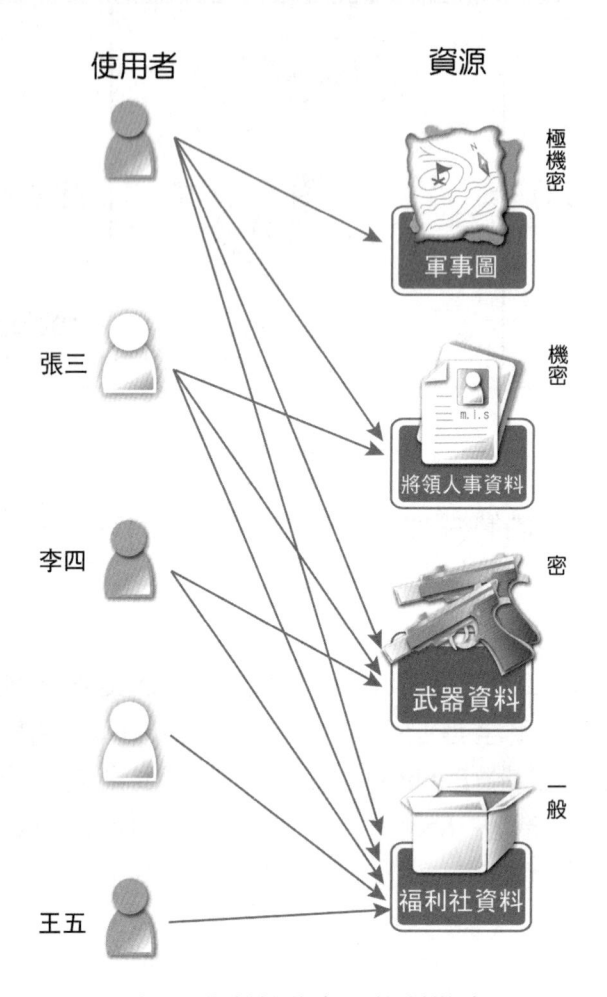

圖 4.4: 強制性的存取控制模式

張三具有「機密」等級,因此可以存取軍事將領人事資料、武器資料及福利社資料。至於王五則為「一般」等級使用者,因此僅能存取福利社資料。

安全種類則是定義主件及物件的隸屬關係,一般安全種類是以單位部門或計畫別來分組。典型的民間企業將安全種類分為:企劃部、研發部、生產部或業務部;軍事單位則依空軍、海軍、陸軍或國防部當作其安全種類,如表格 4.3 所示。

系統中所有主件及物件可以給予一個或多個安全種類。例如,張三可以同時隸屬於企劃部及業務部。強制性安全政策要求

表格 4.3: 強制性安全種類

軍事單位	民間企業
空軍	企劃部
海軍	研發部
陸軍	生產部
國防部	業務部

每位使用者僅能存取所隸屬部門之物件。因此，張三可以存取企劃部及業務部之檔案，但不允許存取研發部之資料。安全種類是一種包含(Include) 關係而不是階層關係。

所有主件及物件均是由一安全等級及安全種類組成之敏感標籤。以數學式子表示如下：

$$敏感標籤 = 安全等級 \times P（安全種類）$$

其中，P（安全種類）代表安全種類之部分集合，「×」為卡迪西乘積 (Cartesian Product)。就軍事單位而言，安全等級、安全種類及敏感標籤彙整如下：

$$安全等級 = \{極機密、機密、密、一般\}$$
$$安全種類 = \{空軍、海軍、陸軍、國防部\}$$
$$P(安全種類) = \{\phi、\{空軍\}、\{海軍\}、\{陸軍\}、\{國防部\}、$$
$$\{空軍,海軍\}、\{空軍,陸軍\}、\cdots、$$
$$\{空軍,海軍,陸軍,國防部\}\}$$

下列都是正確的敏感標籤：{（極機密,{空軍}）、（極機密,{空軍,海軍}）、（機密,{空軍}）、（密,{空軍}）、（密,{空軍,陸軍}）、（密,{空軍,海軍}）、（一般,{空軍}）等。這種敏感標籤形成所謂的部分順序階級 (Partially-Ordered Hierarchy)，圖 4.5 為一例子。C_1 等級最高，C_2 等級高於 C_4 及 C_5，C_2 與 C_3 互不隸屬。

因此，一主件要存取某一物件時，除了需具備安全等級外，還要比較安全種類。需要符合兩者條件，才獲准對此物件之存取。

貝爾及拉帕杜拉 (Bell & Lapadula) 安全模式是由美國空軍贊助 MITRE 公司所發展出來，主要落實強制性安全政策。強制性安全政

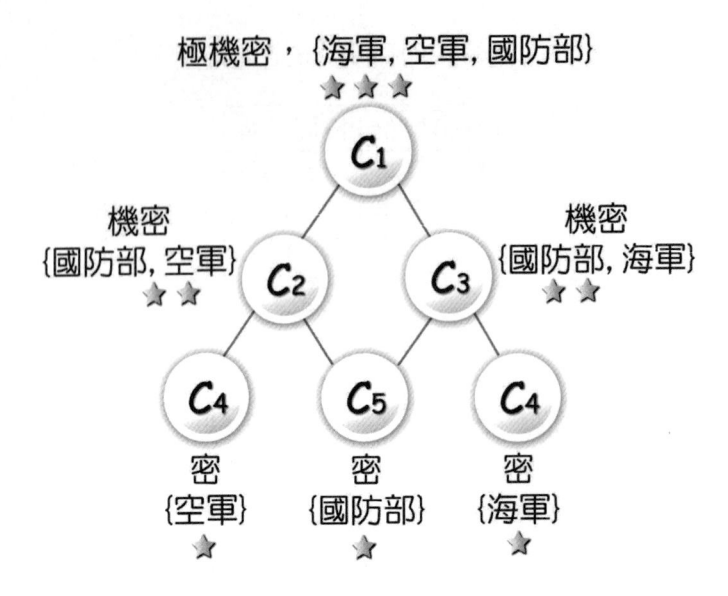

圖 4.5: 部分順序階級範例

策是指由系統統一決定資源存取策略。首先系統管理者對系統中所有資源依其安全特性分成不同的機密等級，再將使用者分為不同的層級並授予不同的存取權限。存取控制軟體將資料依其安全層次加以分隔，根據存取清單 (Access Lists) 及存取法則 (Access Rules)，只有符合的使用者才能存取特定的資料。

強制性或多層式存取控制 (Multilevel Access Control)，除了具有與上節所述任意性存取控制之相同功能外，還解決了任意性存取控制的資訊流向問題。由於任意性存取控制不能有效控制資訊流向，使得多層式存取控制顯得更加重要，而深獲軍方之喜愛。

先前，我們強調多層式存取控制可以有效控制資訊流向，主要是依據貝爾及拉帕杜拉所提出的兩條法則：

1). 簡易安全法則 (Simple Security Property)：
一個主件要讀取某一物件時，只有此主件之安全等級高於或相等於此物件之安全等級，才可獲准。此法則也稱為「禁止往上讀」(No Read Up)，如圖 4.6 所示。

2). 星星安全法則 (*-Property)：
一個主件要寫入某一物件時，只有此主件之安全等級低於或相等於此物件之安全等級時，才可獲准。此法則也稱為「禁止往下

寫」(No Write Down)，如圖 4.6 所示。

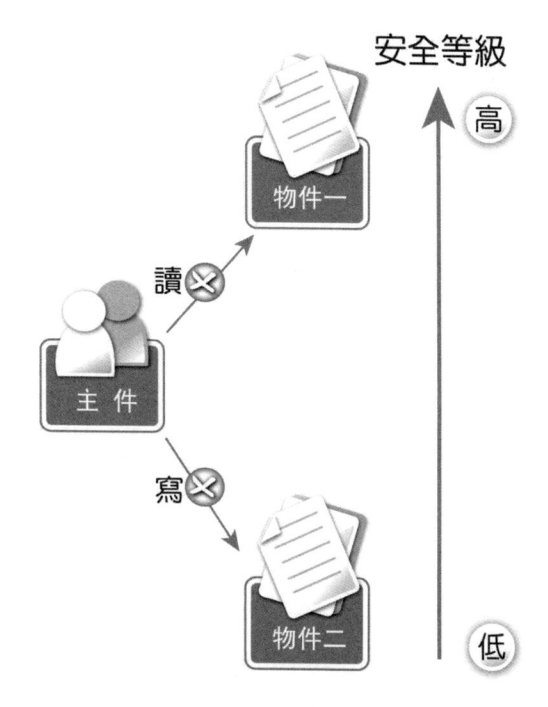

圖 4.6: 貝爾及拉帕杜拉安全模式

這兩條規則在保證低層次的主件不能讀取高層次的物件，即「禁止往上讀」；高層次的主件也不可以寫入低層次的物件，即「禁止往下寫」。「禁止往上讀」可避免職位低的人讀取職位高的人資料，以防止低安全等級的使用者讀取高安全等級的資料。「禁止往下寫」則避免職位（安全等級）高的人將資料寫入低保密等級，使得低保密等級的人可得到高保密等級的資料，或防止高安全等級的使用者洩漏高安全等級資料機密給低安全等級使用者。因此，解決了任意性安全政策中資訊流向控制的問題。

目前已有許多系統採用這種模式，如 SEAVIEW 安全模式的內部層 (Inner Layer) 採用強制式保密政策，且使用符合美國國防部 (Department of Defense, DoD) 所定保密等級 A1 的中央參考監控器 (Reference Monitor)。所謂中央參考監控器是把系統中有關保密的指令集合在一起，並且成為一個可信賴計算核心模組（Trusted Computing Base, TCB）。

4.6.3 以角色為基礎的安全模式

上述的任意性及強制性存取控制安全策略皆可以用來避免非授權者進入系統做非法存取，例如 UNIX 系統便是沿用這樣的機制至今。但這些機制並不適合目前分工細密且複雜的組織模式，例如一個人在不同的場合可能具有不同的角色。同樣地，一個角色也可能由許多不同的人來扮演。因此，為了簡化管理者的管理程序及因應更複雜的組織結構，近年來出現一種根據使用者角色的存取控制安全模式（Role-based Access Control, RBAC）被提出，此一安全模式的最大特色就是並不以人為授權的單位，而是以角色為授權的依據。

RBAC 模式裡的基本元件主要包含使用者 (Users)、角色 (Roles) 及授權 (Permissions)。在此安全模式中，每一個人可能同時被授予多個角色，每一個角色依據其工作的權責也可能由多個人來擔任，並且授予每一個角色用來完成其任務所需的權限。例如，學校組織中可以概略區分為行政主管（如校長、院長、系主任等）、老師、學生及行政人員等四種不同的角色。不同的角色對學校資源會有不同的存取權限，學校組織裡的每一個成員也都會被授予這四種角色中的某一個，某些人也可能同時扮演兩種以上的角色，例如可同時具有老師及行政主管兩種角色。

RBAC 模式主要就是來闡述（使用者－角色）、（角色－授權）及（角色－角色）之間的關係，其架構如圖 4.7 所示。

<u>張三</u>與<u>李四</u>分別為企劃部與研發部的經理（角色），經理之角色在本系統享有使用個人電腦、掃描器及印表機之權力。另外<u>張三</u>還擔任總經理（角色），總經理之角色在本系統享有使用工作站及掃描器之權限。此外，RBAC 模式依照其功能還可區分為四種不同的層次，其關係圖如圖 4.8 所示。

每個角色之階層化角色 (Role Hierarchies) 與限制條件 (Constrains) 之關係，如表格 4.4 所示。其中 RBAC0 為 RBAC 最基本的模式，此系統僅需滿足最小特權及授權分工這兩項特性即可。以下介紹這兩項基本特性。

1). 最小特權 (Least Privilege)

當組織新增一角色時，就應該擬訂授予此角色的權限。最小特

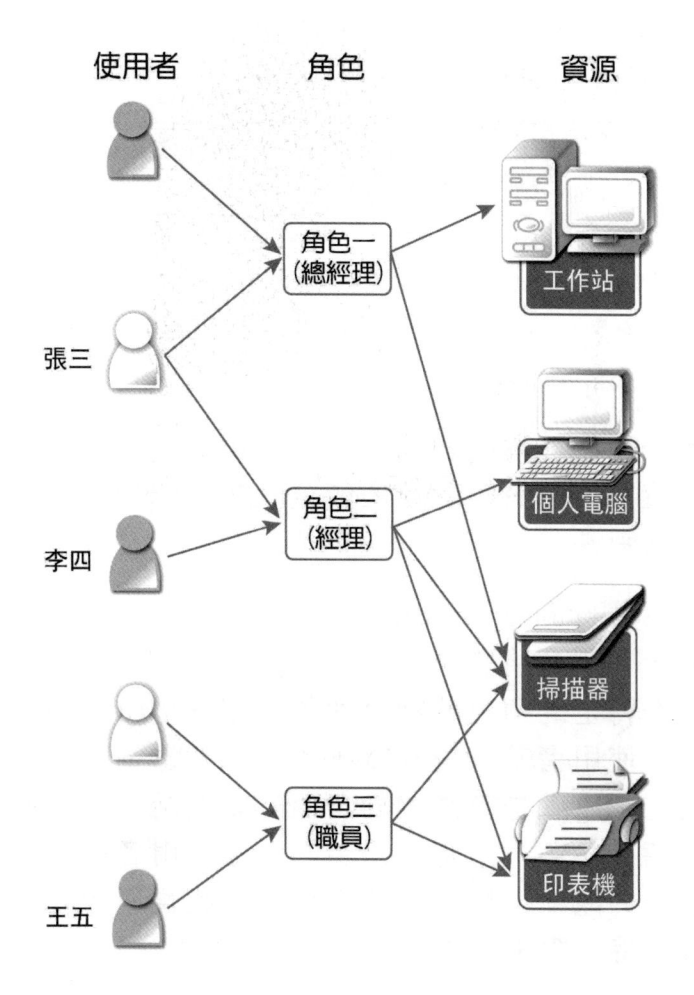

圖 4.7: 以角色為基礎的存取控制模式

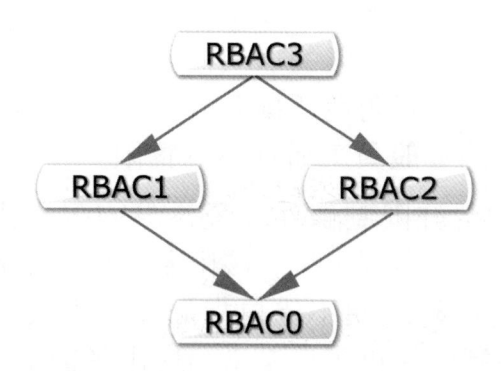

圖 4.8: RBAC 模式之關係圖

權的意思是說,當一角色所需完成的任務被定義出來之後,管理者只需授予此一角色能夠完成此一任務所需的存取權限即可,不

表格 4.4: RBAC 模式關係圖之階層化角色與限制條件

	階層化角色	限制條件
RBAC0	無	無
RBAC1	有	無
RBAC2	無	有
RBAC3	有	有

需要給予多餘的特權。如此一來，使用者可以用最小的特權去登入系統，避免使用者的疏忽造成存取物件的損壞及降低入侵者可能對系統的威脅。

2). 授權分工 (Separation of Duties)

在組織中，我們會將許多任務拆解成許多個子任務 (Subtasks)，再指派給某一特定的角色分別來執行，這就是所謂的分工。然而，我們在授予使用者某一角色時，還必須考量到某些分工的角色是相互衝突的，也就是有衝突的角色不能由同一個人擔任。例如，稽核與被稽核角色，不應該是由同一位使用者擔任。角色衝突的情況在現今的組織架構中十分常見，因此管理者在做使用者角色的授權分工時，應避免類似的角色衝突發生。

再往上一層就是所謂的 RBAC1 及 RBAC2，這兩層都包含 RBAC0，但各自獨立且各有各的特點。RBAC1 包含階層化角色的概念，也就是角色之間可以相互繼承權限的層次概念，使得位在組織較上層的角色自然地就可以擁有下層角色所擁有的權限。舉例來說，一個部門的經理就能擁有該部門一般員工所擁有的權限。

RBAC2 則增加些許限制條件，最常見的限制條件就是用來達到一個組織的授權分工。舉例來說，該限制條件可以是規定當一使用者扮演某一特定的角色時，便不能再指派另一個具有衝突的角色給此人。另外，此一限制條件也可以是當一使用者被指派某一角色時，必須已經屬於某一角色才可成立。

最後，最上層的 RBAC3 則是最複雜的 RABC 模式，同時涵蓋階層化角色及限制條件這兩種概念，因此也同時包含 RBAC1 和 RBAC2 這兩種模式。

使用 RBAC 最大的好處是管理者可以將用戶及其所授予的權限分開，如此一來使用者的授權機制及物件的權限劃分便可以分開處理，系統管理者也可以透過角色的授予來完成使用者的授權操作。此技術可以大幅地簡化系統管理的程序，因此非常適合複雜的大型系統。

4.7　存取控制方法

如何實作前面的存取控制模式，需要存取控制的方法。現行作業系統都是利用存取控制來保護系統資源（或資料檔案），如圖 4.9 所示。

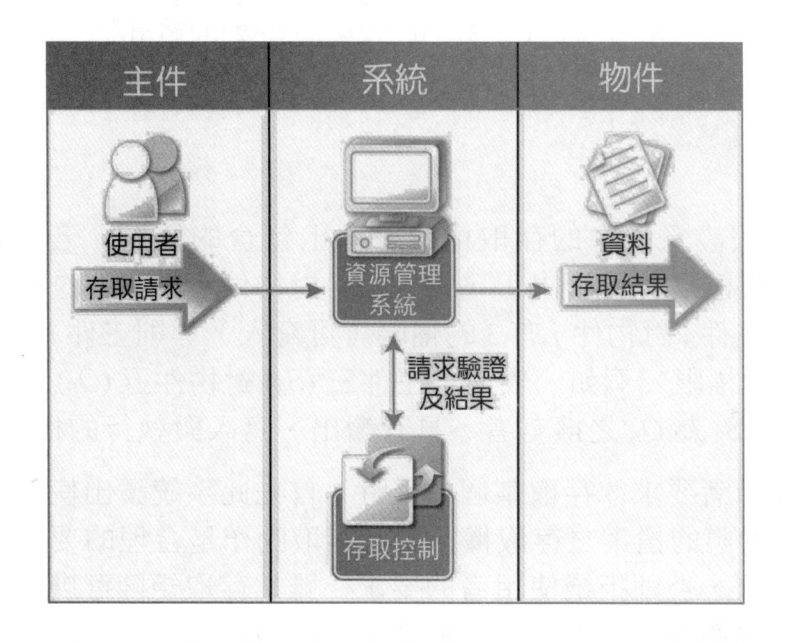

圖 4.9: 存取控制之系統結構

系統接收到使用者對物件之存取請求時，資源管理系統將此主件、物件及存取權轉送到存取控制模組，要求作存取控制之驗證，並回覆結果。常見的存取控制之驗證方法有存取矩陣法、串列法及群組法三類。

4.7.1　存取矩陣法

將所有主件對物件之存取類型以矩陣表示，為一種最直接且簡單的表示方法。存取矩陣是一個二維的矩陣，各個主件排在列 (Row)，被保

護的物件排在行 (Column)，而矩陣內的每一個元素則代表一個主件對於一個物件的存取權關係。

表格 4.5 為一個包含四個主件及五個物件的簡易存取矩陣範例。主件三 (S_3) 允許寫入資料到物件一 (O_2)，但對於物件一及物件四 (O_1, O_4) 則只能執行，這種矩陣稱為存取矩陣 (Access Matrix)。

表格 4.5: 簡易存取矩陣範例

主件	O_1	O_2	O_3	O_4	O_5
S_1	4	4	0	1	0
S_2	2	1	3	0	2
S_3	1	3	4	1	4
S_4	2	1	0	4	3

0：無存取權
1：可執行
2：可讀出
3：可寫入
4：擁有者

我們假設系統中的存取權具有向上包含的性質。若主件 i 對物件 j 有 2 的權限（可讀出），則主件 i 對物件 j 亦有 1 的權限（可執行）。若主件 i 對物件 j 有 3 的權限（可寫入），則主件 i 對物件 j 亦有 1 與 2 的權限。例如，表格中主件三 (S_3) 對物件五 (O_5) 的存取權為 4，即表示 S_3 為 O_5 之擁有者，具有讀出、寫入與執行的權限。

當使用者要求欲存取某個檔案時，首先此系統讀出使用者在存取矩陣中所對應的檔案之存取權。若此存取動作是合理的要求，則執行此存取要求，否則拒絕使用者的要求。雖然存取矩陣可以很簡單地表示主件與物件間的存取關係，但這種存取矩陣很稀疏，亦即矩陣之元素大多為零。若直接儲存將花費龐大的空間來儲存整個存取矩陣是很不經濟的。為了克服這項缺點，許多串列法因而產生。

4.7.2 串列法

串列法有存取串列法 (Access List) 及能力串列法 (Capability List) 二種。存取串列法又稱為授權串列法 (Authorization List)；在存取矩陣中，每行均以串列 (List) 來建立，每個存取串列就代表一項物件。顯然地，此方法可以將矩陣中的空元素省略掉，解決了稀疏矩陣的問題。串列的第 i 個元素包含兩個部分，一個是主件的名稱，另一個是存取權

(Right)。因此，每個元素包含一組有序對 [主件 , 存取權]，每一組有序對皆定義一個可存取該物件的主件，而各個主件皆對應著一組非空集合的存取權。不同於存取串列法，能力串列法每個存取串列代表一項主件，每個串列包含兩個部分，一個是物件的名稱，另一個是存取權。因此，每個元素包含一組有序對 [物件 , 存取權]。

圖 4.10 是對表格 4.5 之存取矩陣利用存取串列法所表示的結果。

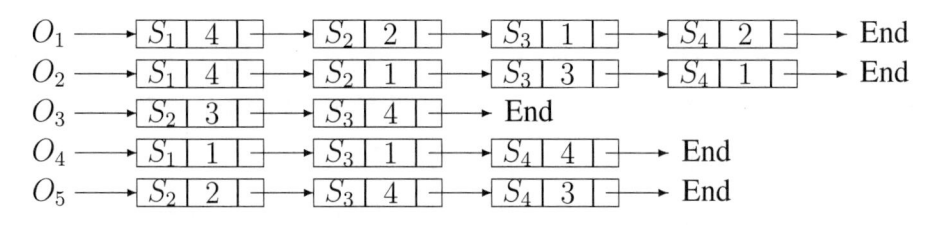

$O_1 \rightarrow \boxed{S_1 \mid 4} \rightarrow \boxed{S_2 \mid 2} \rightarrow \boxed{S_3 \mid 1} \rightarrow \boxed{S_4 \mid 2} \rightarrow$ End
$O_2 \rightarrow \boxed{S_1 \mid 4} \rightarrow \boxed{S_2 \mid 1} \rightarrow \boxed{S_3 \mid 3} \rightarrow \boxed{S_4 \mid 1} \rightarrow$ End
$O_3 \rightarrow \boxed{S_2 \mid 3} \rightarrow \boxed{S_3 \mid 4} \rightarrow$ End
$O_4 \rightarrow \boxed{S_1 \mid 1} \rightarrow \boxed{S_3 \mid 1} \rightarrow \boxed{S_4 \mid 4} \rightarrow$ End
$O_5 \rightarrow \boxed{S_2 \mid 2} \rightarrow \boxed{S_3 \mid 4} \rightarrow \boxed{S_4 \mid 3} \rightarrow$ End

圖 4.10: 存取串列法

使用者對某一檔案提出某種型態的存取要求時，作業系統就到此串列去查。如果找到了，表示該使用者可以對此檔案做這種型態的存取；反之則違反檔案保護措施的要求，拒絕這項存取要求。由於作業系統必須花費很多時間去搜尋存取串列，因此存取串列法較沒有效率。

此法雖然節省不少儲存空間，但是缺點在於授權 (Propagation)、撤銷 (Revocation) 權限及決定存取權時必須做線性搜尋 (Linear Search)，非常費時。

4.7.3 群組法

群組法是依檔案（物件）擁有者與其他使用者之群組關係，所設計之存取控制。UNIX 作業系統之存取控制即為此類。UNIX 作業系統將檔案之存取使用者分成三類型：擁有者 (Owner)、擁有者所屬群組 (Group) 及系統內其他不相關的使用者。UNIX 作業系統有三類存取權：讀出 (r)、寫入 (w) 及執行 (x)。每一檔案都有一串標籤以說明此三類型使用者分別對此檔案之存取權限，如表格 4.6 所示。

表格中 Jenny 為檔案 test.txt 的擁有者，此檔案建立（或更改）於 2011 年 2 月 21 日下午 2 點 20 分，檔案大小為 12321 位元組。Jenny 對

表格 4.6: UNIX 作業系統存取控制範例

存取權			擁有者	群組	大小	產生日期	檔名
擁有者	同群組	其他					
rwx	r-x	--x	Jenny	RD	12321	2011/02/21 14:20	test.txt
rwx	rwx	r-x	Jason	CS	12531	2011/02/22 15:32	is.txt
rwx	r-x	r-x	Candy	RD	14211	2011/02/20 10:43	lkk.txt

此檔案具有讀出 (r)、寫入 (w) 及執行 (x) 之存取權，跟 Jenny 同屬群組 (RD) 之所有使用者則對 test.txt 此檔案具有讀出 (r) 及執行 (x) 之存取權，其他使用者則僅具執行 (x) 之存取權。

當 Jason 想要讀取 test.txt 檔案時，因 test.txt 之擁有者為 Jenny、且 Jason 與 Jenny 不屬於同單位（群組），所以 Jason 要讀取 test.txt 檔案時，系統將 Jason 歸類為其他類型使用者，其權限只有「執行 (x)」。因此，當 Jason 要讀取 test.txt 檔案時，系統將拒絕此存取動作。

另外，若 Candy 想要讀取 test.txt 檔案，因 Candy 與 Jenny 屬於同一 RD 單位（群組），也就具有「讀出 (r)、執行 (x)」test.txt 之權限。因此，系統將接受此存取動作。

當某位使用者想在 UNIX 系統建置網頁，首先使用者必須先在 UNIX 系統建立自己的帳戶名稱 (Username)，假設使用者名稱為 mshwang，然後使用者用 Telnet 進入主機系統，並在 UNIX 提示下執行指令、新增或更改網頁目錄 (public_html) 及網頁檔案的存取：

> cd [enter]

> cd .. [enter]

> chmod 711 mshwang [enter]

> cd [enter]

> mkdir public_html [enter]

> chmod 711 public_html [enter]

> cd public_html [enter]

輸入或傳入網站首頁檔案 index.html 到 public_html 目錄區

> chmod 644 index.html [enter]

其中，chmod 711 public_html 是更改目錄 (public_html) 之權限為擁有者 (mshwang) 能夠「讀出 (r)、寫入 (w)、執行 (x)」，其他使用者及同群組使用者都僅能「執行 (x)」。目錄必須設定為「執行 (x)」存取權，其他類型的使用者才可以瀏覽此目錄內之檔案。另外，chmod 644 index.html 是更改檔案 (index.html) 之權限為擁有者 (mshwang) 具有「讀出 (r)、寫入 (w)」權限，其他使用者及同群組使用者都僅能「讀出 (r)」。網站首頁檔案 index.html 必須設定為「讀出 (r)」存取權，其他類型的使用者才可以瀏覽首頁。

4.8 Linux 系統的安全管理機制

Linux 系統的安全管理機制是由一個 Linux-PAM 模組 (Linux 嵌入式鑑別模組；Pluggable Authentication Modules for Linux) 來負責，其特色是系統管理者可針對不同的應用程式設定不同的驗證程序，且應用程式不需重新編譯就可套用，因此不管何種應用程式都可透過呼叫引用 PAM 來進行驗證，並將驗證的結果回報。

Linux-PAM 的運作流程如圖 4.11 所示，系統管理者可事先依照資安政策在應用程式 (X) 所對應的設定檔中寫入一連串的驗證程序，當應用程式 (X) 要透過 Linux-PAM 介面來處理驗證的工作時，Linux-PAM 會讀取應用程式 (X) 所對應的設定檔的內容，並依據設定檔內的描述進行驗證工作，當應用程式驗證成功後，便對使用者提供服務。此外，Linux-PAM 包含四種驗證類別 (Type)，分別為：

1). 鑑別 (Authentication)：
這個類別的主要功能是確認使用者的合法性，讓應用程式提示使用者輸入通行密碼，以確認使用者身分，也可以透過憑證驗證來設定群組成員的關係或其優先權。

2). 帳戶 (Account)：
這個類別的主要功能是進行授權 (Authorization)，常用來檢驗使用

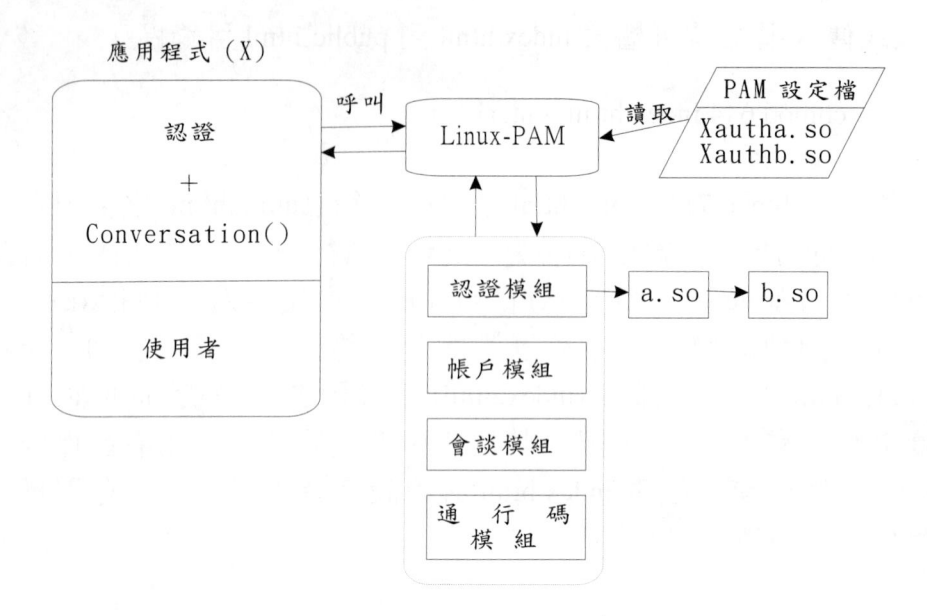

```
                    應用程式（X）
                ┌─────────────────┐
                │      認證        │  呼叫      ┌──────────┐  讀取    ┌─────────────┐
                │       +         │ ────→     │ Linux-PAM │ ←────   │ PAM 設定檔   │
                │  Conversation() │ ←────     │          │          │  Xautha.so  │
                │                 │           └──────────┘          │  Xauthb.so  │
                │     使用者      │                │                └─────────────┘
                └─────────────────┘                │
                                            ┌──────────┐  ┌──────┐  ┌──────┐
                                            │ 認證模組 │→│ a.so │→│ b.so │
                                            └──────────┘  └──────┘  └──────┘
                                            ┌──────────┐
                                            │ 帳戶模組 │
                                            └──────────┘
                                            ┌──────────┐
                                            │ 會談模組 │
                                            └──────────┘
                                            ┌──────────┐
                                            │ 通 行 碼 │
                                            │  模  組  │
                                            └──────────┘
```

圖 4.11: Linux-PAM 的運作流程

者是否具有正確的使用權限。例如：管理使用者對某個服務的使用時間、系統資源的分配（最多可以有多少個使用者程序同時執行）及限制用戶來源（root 用戶只能從控制台登入）等。

3). 會談 (Session)：
這個類別的主要功能是管理使用者在這次登入期間所賦予的環境設定。例如，log 的紀錄、掛上某些檔案系統、交換資料的訊息或是監視目錄等。

4). 通行密碼 (Password)：
這個類別主要功能是提供使用者更改驗證資料的方式，例如修改或變更通行密碼。

系統管理者還可針對不同的需求將這四種驗證類別合併使用，而驗證後的反應動作又可分為以下四種控制旗標 (Control Flag)：

1). 必須的 (Required)
假設有一個模組驗證失敗，後續的驗證流程還是會繼續進行，等到所有模組都執行完畢時，PAM 才會傳回錯誤訊息。

2). 必要條件 (Requisite)

一旦有一個模組驗證失敗，PAM 馬上傳回一個錯誤訊息，並把控制權交還給應用程式，不再執行後續的驗證工作。

3). 充分條件 (Sufficient)
如果該模組驗證成功，PAM 就立即傳回驗證成功訊息，並終止後續的驗證程序，把控制權交還給應用程式，即使後面堆疊的模組使用「必須的」或者「必要條件」控制符號，也不再執行。如果模組驗證失敗，後續的驗證程序則還是會繼續進行。

4). 非必須的 (Optional)
即使該模組驗證失敗，此模式仍提供使用者所需的服務。

由於 PAM 的設定檔決定了應用程式的驗證程序，因此設定檔的保存非常重要。Linux 系統中提供兩種設定檔的存放方式：第一種方式是將所有管理功能交由單一設定檔 (pam.conf) 所指定的模組來完成；另一種方式是在 /etc/pam.d/ 目錄下存放每一個應用程式所對應的設定檔，每一個應用程式要執行認證時均要到此目錄讀取所對應的設定檔。第二種設定檔存放方式較第一種存放方式的好處為：

1). 減少設定錯誤的機率。

2). 易於維護。

3). 可以透過使用不同設定檔連接系統的認證機制。

4). 可加快對於設定檔的解析。

5). 可針對某個設定檔設定不同的存取權限。

6). 更易於軟體的管理。

此外，若 PAM 設定檔有任何錯誤發生時，將導致部分或整個系統無法登入。更嚴重的是若設定檔（/etc/pam.d/* 或 /etc/pam.conf）被整個刪除，則系統將全部被鎖住，因此加強對設定檔的控管也是相當重要的。

底下我們列舉了幾個常用到的 PAM 驗證模組，並舉例說明其設定方式。

- 系統資源控管

　系統的資源如 CPU 時間、記憶體及磁碟空間都是有限的，因此系統管理者必須避免某些程序因佔用太多系統資源而造成系統無法正常運作。Linux-PAM 提供一個名為 pam_limit 的資源控制模組來控管使用者在系統中的資源使用率。例如，系統管理者可以限制每個系統中的使用者一次只能執行 10 個程序，而且所佔用的記憶體大小不能超過 15MB，設定方式如下：

　1). /etc/security/limits.conf

　2). * hard nproc 10

　3). * hard rss 15000

　4). /etc/pam.d/login

　5). session required /lib/security/pam_limits.so

其中第一行表示這個模組的設定檔是置於 /etc/security/limits.conf 這個目錄下，第二行是限制使用者一次只能執行 10 個程序，第三行是設定所佔用的記憶體大小不能超過 15MB。而第五行是一個驗證程序，其中第一個欄位 "session" 為其驗證類別，第二個欄位 "required" 為其控制旗標，第三個欄位 "/lib/security/pam_limits.so" 是 PAM 模組及模組參數。

- 通行密碼強度檢測

　在網路的環境中，通行密碼是用來識別使用者身分最方便的作法，但使用者往往為了容易記憶，而選擇較短或重複字元的通行密碼，使得系統可能出現安全上的漏洞。有鑑於此，系統管理者基於安全的考量便希望使用者能選擇較牢靠穩固的通行密碼。Linux-PAM 也提供一個檢測通行密碼強度的 pam_cracklib 模組，可以用來規範使用者所選擇通行密碼的最小長度、通行密碼中可以包含的數字或特殊符號的最大數目，以及新舊通行密碼所能重複字元的最大個數。例如，若系統管理者希望使用者所選擇的通行密碼：1). 長度最少要六個字元以上；2). 通行密碼中的特殊字元若少於兩個時，最小通行密碼長度需再增加一個字元；3). 新舊通行密碼中重複的字元不得超過三個字元，其設定的方式如下：

1). /etc/pam.d/passwd

2). password required /lib/security/pam_cracklib.so difok=3 minlen=6 ocredit=2

- 限制使用者登入的來源及時間
  系統管理者為了減少系統遭到入侵的機會，常會限制使用者必須在特定的時間或是特定的位置才允許登入。通常任何在規範外的登入行為都將被視為一種入侵行為。Linux-PAM 也提供一個名為 pam_time 的模組來提供這樣的服務，其設定檔是放置在 /etc/security/pam.conf 中。例如，若系統管理者希望所有使用者只能在星期一的晚上 6 點到 11 點間登入系統，其設定方式如下：

  1). 先將 pam_time 模組加到 login 的設定檔中。
  login account required pam_time.so

  2). 再來設定 /etc/pam.conf 的內容。
  login; *; Mo1800-2300

Linux-PAM 可視為是一個應用程式介面 (Application Programming Interface, API)，可以讓程式設計師或系統管理者更方便、彈性的來處理驗證問題。對 Linux 系統有興趣的讀者，可以針對此點進行進一步的研究。。

進階參考資料

本章有關存取控制策略，有興趣的讀者可再進一步研讀教育部顧問室資通安全聯盟委託臺灣大學電機系編撰「系統安全」教材。相關防毒軟體及其網址及其他參考資料限於篇幅無法一一列出，請讀者自行到本書輔助教學網站 (http://ins.isrc.tw/) 瀏覽參考。

4.9 習題

1. 電腦系統在安全方面所面臨的威脅有哪些？

2. 請問現今流行的病毒,大致可分為哪幾類?

3. 何謂巨集型病毒?

4. 何謂特洛依木馬?何謂暗門 (Trapdoor)?

5. 請簡述防毒軟體如何偵測出電腦病毒。

6. 若要判斷一台電腦是否中毒,可以從什麼情況得知?

7. 作業系統的安全模式分為哪些?並簡述之。

8. 試問有哪些方法可以預防電腦病毒的感染?如何預防?

9. 請將下列存取矩陣分別以存取串列法 (Access-list) 及能力串列法 (Capability-list) 表示。

	F1	F2	F3	F4	F5
U1	可讀出	—	擁有者	可寫入	—
U2	—	可讀出	可執行	—	可讀出
U3	可執行	—	可寫入	—	可讀出
U4	可讀出	可寫入	—	可執行	擁有者

10. 模擬作業系統設計一存取控制程式,以建立使用者及其權限。

11. 在貝爾及拉帕杜拉 (Bell & Lapadual) 模式下,試想一個洩密方式,高使用權者可以洩密給低使用權者。

12. 同一間公司若有兩套安全等級不同之系統,如何識別這兩者之間的關係?

13. 何謂任意性安全政策?何謂強制性安全政策?請舉例說明。

14. 何謂貝爾及拉帕杜拉 (Bell & Lapadula) 安全模式?

15. 何謂使用者角色存取控制安全模式」(Role-based Assess Control, RBAC)?請舉一實例說明。

16. 請簡述安全作業系統之三種架構及其優缺點。

17. Linux-PAM 包含哪些模組?這些模組的主要功能為何?

18. 在 Unix 系統中將存取權分為讀出、寫入與可執行三類，試討論此存取控制方式的缺點，並提出可能的改進方法。

4.10 專題

1. 寫一程式模擬設計一個存取控制系統，功能規格需求如下：

    - 使用者可新增及刪除檔案。
    - 檔案擁有者可授權（及取消）其存取權限予他人。
    - 某使用者存取某檔案時，請判斷並顯示「接受」或「拒絕」訊息。
    - 此系統要能顯示目前系統內檔案之狀態（擁有者、權限等）。

2. 規劃一個電子商務網站存取權限及存取控制系統。

4.11 實習單元

1. 實習單元名稱：
   Windows XP、VISTA、Linux 及 Solaris 作業系統之使用者鑑別及存取控制機制。

2. 實習單元目的：
   使用者身分鑑別機制可識別使用者是否為合法的使用者，以避免侵入者利用其他使用者的身分資料入侵電腦進而破壞內部資料。透過存取控制可自行決定新使用者的權限，也可針對不同的檔案建立不同的使用者存取權限，以確保私密檔案不被任意讀取或篡改。在此單元，請讀者嘗試在各種作業系統中練習使用者之管理及其存取控制之設定。

3. 系統環境：
   Windows XP Professional、Microsoft Vista Ultimate、Fedora Core 6 及 Sun Open Solaris 10 等作業系統。

4. 系統需求：

硬體	作業系統	
	Windows XP Professional	Microsoft Vista Ultimate
處理器	233-MHz 以上	1 GHz 32 位元 (x86) 或 1 GHz 64 位元 (x64)
記憶體	128 MB 以上	1 GB
硬碟空間	1.5 GB 以上	15 GB 以上
光碟機	CD-ROM 或 DVD-ROM	DVD 光碟機
顯示器	Super VGA 顯示器	支援 Windows Aero 的圖形卡

硬體	作業系統	
	Fedora Core 6	Sun Open Solaris 10
處理器	Pentium II 400 MHz 以上	200 MHz 以上
記憶體	256 MB 以上	128 MB 以上
硬碟空間	視安裝套件數量而定	6.8 GB 以上

5. 實習過程：

完整的實習過程範例放置於本書輔助教學網站，有興趣的讀者可參考該網站 (http://ins.isrc.tw/)。

5 祕密金鑰密碼系統

Secret Key Cryptosystems

祕密金鑰密碼系統
Secret Key Cryptosystems

5.1 前言

雖然可以透過第四章所提之存取控制來管控非法使用者存取電腦裡的資料，但是磁碟或隨身碟一旦被竊走，歹徒還是可以從中讀出資料，並加以分析解讀，最後機密資料還是會洩漏出去。另外，透過網路來傳遞機密資訊，很容易就被攔截竊取。因此，對於機密資料存入於磁碟、備援儲存媒體或傳遞網路前，應先加密成密文，使一般未經授權人員不能得知其內容。

一般個人電腦 (PC) 沒有存取控制的功能，所以研究人員若將未發表的研究成果資料儲存在個人電腦，很容易被同事竊用。業務人員將客戶資料儲存在個人電腦，則很容易被商業間諜竊取。因此，儲存在個人電腦之重要資料應做加密處理。

5.2 密碼學基本概念

5.2.1 基本的加解密系統概念

基本的加解密系統如圖 5.1 所示。將機密文件資料以祕密金鑰 (Secret Key) 加密 (Encrypte) 成一些看不懂之亂碼，也就是所謂的密文 (Ciphertext)，密文可再經由此相同祕密金鑰解密 (Decryption) 成明文（Cleartext 或 Plaintext）。圖中所謂明文是指未經加密處理之原始文件或機密訊

息，明文需要被保護或保密。將明文做加密處理後，就成了一堆無意義的文字，稱為密文。密文可以透過網路傳遞，不用擔心被駭客攔截，得知其原本機密訊息。

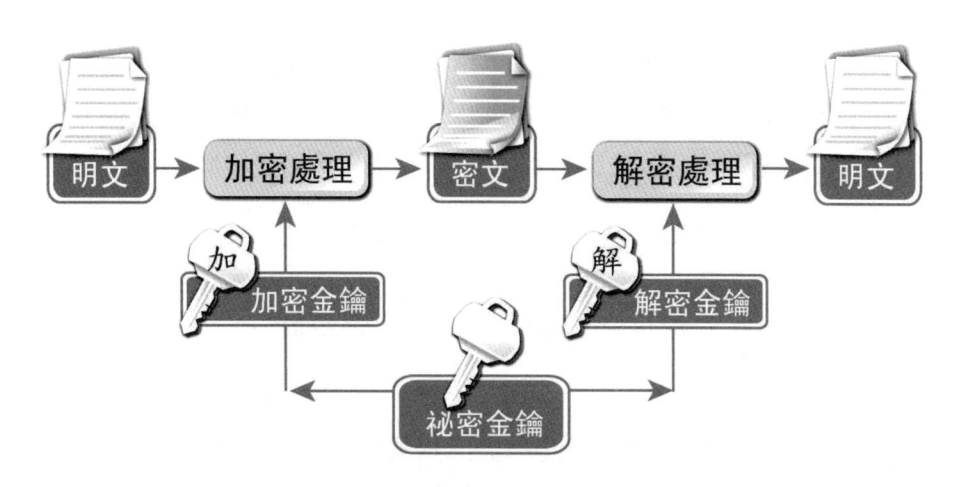

圖 5.1: 基本的加解密系統

加密與解密處理均為一演算法。加密及解密演算法均有兩個輸入 (Input) 參數及一個輸出 (Output) 參數。加密演算法的兩個輸入參數分別為明文及加密金鑰，輸出參數為密文。解密演算法的兩個輸入參數分別為密文及解密金鑰，輸出參數為明文。加密金鑰與解密金鑰可以是同一把，也可以不相同。將有意義的明文轉換成無意義的密文，此一過程稱為加密處理；解密處理則是將無意義之密文再還原成原本之明文。

習慣上，資訊安全相關教科書都以 E 來代表加密演算法；以 D 來代表解密演算法；以 C 來代表密文；以 M 來代表明文；以 K 來代表金鑰。除非另外說明，本書也將採用相同符號。另外，可以將密文 C 表示為 $E_K(M)$。同樣地，可以將明文 M 表示為 $D_K(C)$，加密公式如下：

$$C = E_K(M)$$

上述 $E_K(M)$ 表示將明文 M 以金鑰 K 做加密處理。同樣地，

$D_K(C)$ 表示將密文 C 以金鑰 K 做解密處理。解密公式如下:

$$D_K(C) = D_K(E_K(M)) = M$$

明文 M 經加密後,必須要有能力再解密還原成原來的明文。密碼系統有一個重要觀念:加解密方法或演算法一般都要公開,使用者僅保存祕密金鑰,其理由有三:

1). 一般電腦之加解密方法為一個程式或是一套密碼設備,不易記憶及保管。而祕密金鑰通常都很短,長度為 128 至 1024 位元,儲存在輔助記憶卡(隨身碟、IC 卡)較不佔空間,因此較方便保管或記在腦中。

2). 即使未公開加解密方法,也難保其安全。有心人士還是可以潛入居住地盜用電腦,竊取此加解密方法。

3). 若加解密方法或設備沒有公開,每位使用者勢必都要有各自的加解密方法,那麼相容性就有問題。例如,<u>張三豐要傳送一份機密文件(經加密)給李四娘</u>。<u>李四娘雖然有張三豐</u>的加密金鑰,但她沒有<u>張三豐</u>加密之設備或程式,<u>李四娘還是無法解出明文</u>。顯然,加解密方法若不公開,勢必限制密碼之使用。

5.2.2 密碼系統的安全性程度

密碼分析 (Cryptanalysis) 為破解密碼之技術。未經授權或非法者從公開之資訊或管道中企圖分析出部分或全部之機密資訊,我們稱此為密碼分析。一套安全的密碼系統必須能抵擋各種密碼分析。

密碼系統之安全程度分為無條件安全 (Unconditionally Secure) 及計算安全 (Computationally Secure) 兩種。非法使用者不管截獲多少個密文,用盡各種方法還是沒有足夠資訊可以導出明文之機密資料,此稱為無條件安全密碼系統。一次性密碼系統 (One-Time Pad) 是一種典型的無條件安全密碼系統,其加解密的過程如下:

$$c = k \oplus m$$
$$m = k \oplus c$$

其中，m、c、及 k 分別代表明文、密文、及祕密金鑰。$\oplus$ 為互斥或 (Exclusive-or) 運算，兩個相同的位元值經 $\oplus$ 運算為 0（如 $0 \oplus 0 = 0$、$1 \oplus 1 = 0$），反之兩個不相同的位元值經 $\oplus$ 運算為 1（如 $0 \oplus 1 = 1$、$1 \oplus 0 = 1$）。

假設明文 $m = 01010011$ 及祕密金鑰 $k = 00111000$，得到密文 c 為

$$\begin{aligned} c &= k \oplus m \\ &= 00111000 \oplus 01010011 \\ &= 01101011 \end{aligned}$$

一旦接收到上述密文 c，使用相同祕密金鑰 $k = 00111000$，則可以解密得到明文 m 為：

$$\begin{aligned} m &= k \oplus c \\ &= 00111000 \oplus 01101011 \\ &= 01010011 \end{aligned}$$

這種密碼系統的特色是加解密金鑰使用一次即丟，儘管破密者截獲密文，但沒有祕密金鑰，要猜出每一位元之機率為二分之一（非 0 即 1），所以要解開機密資料相當不容易。

這種加密系統雖然可以達到無條件安全且加解密速度相當快，但由於祕密金鑰僅能使用一次，因此通訊雙方必須先擁有一份與明文長度相同或大於明文長度的祕密金鑰。這一點非常不實用，因為要如何獲得與明文長度相等或更長的祕密金鑰便是一大難題，實作上也有其困難。因此，現有商用密碼系統均不是無條件安全的。大部分的資訊安全公司都退而求其次，設計出具計算安全的密碼系統。

所謂計算安全是指以目前或未來預測之科技、在合理之資源設備下，要破解密碼系統需要一段相當長的時間（例如數百年）。這種具計算安全的密碼系統之設計理念為破解密碼系統的成本大於機密資料的價值。非法使用者雖可破解密碼系統，但所花費之成本遠高於所獲取的機密資料，對破解者而言，此破解毫無意義。另外，破解此類密碼系統需要一段相當長的時間，等到破解獲取機密資料時，該機密資料已不具價值。大多數的機密資料僅在當下具有價值，而需加以保密，但往往事過境遷後此筆資料已不再具有保密價值。

5.2.3 密碼系統的分類

密碼系統依其加解密金鑰之異同可分為兩類，一類為採用祕密金鑰 (Secret Key)，稱為祕密金鑰密碼系統 (Secret-Key Cryptosystems)。加密與解密所用之金鑰均為同一把，此祕密金鑰必須加以保密不能洩露出去，否則該系統之安全堪慮，DES 及 AES 為其主要代表。由於加密與解密金鑰為相同的金鑰，因此也稱為對稱式密碼系統 (Symmetric Cryptosystems)。加密與解密所用之金鑰為同一把且只有一把，因此也稱為單金鑰密碼系統 (One-Key Cryptosystems)。

另外一類為採用公開金鑰，稱為公開金鑰密碼系統 (Public-Key Cryptosystems)，加密與解密所用之金鑰並不相同。這是由 MIT 三位教授 Rivest、Shamir、及 Adleman 於 1978 年發展出的 RSA 密碼系統。加密金鑰稱為公開金鑰 (Public Key)，解密金鑰稱為私密金鑰 (Private Key)。由於加密金鑰與解密金鑰為不相同的金鑰，因此也稱為非對稱式密碼系統 (Asymmetric Cryptosystems)。加密與解密金鑰為兩把不同的金鑰，因此也稱為雙金鑰密碼系統 (Two-Keys Cryptosystems)。本章及下一章先介紹對稱式密碼系統，第七章再介紹非對稱式密碼系統。

密碼系統依其每次處理（加解密）資料量分成串流 (Stream) 及區塊 (Block) 密碼系統。每次加解密以位元 (Bit) 或位元組 (Byte) 為處理單元，稱為串流密碼系統，RC4 以及第 5.2.2 節所介紹的一次性密碼系統均為此類型的密碼系統；若每次加解密以區塊（數個位元）為處理單元，則稱為區塊密碼系統。例如 DES 密碼系統每次取出明文 64 位元做處理，加密後產生 64 位元密文。因此，DES 系統是以 64 位元為單位的區塊密碼系統。IDEA 密碼系統每次則取出明文 128 位元做處理，加密後產生 128 位元密文，因此 IDEA 系統是以 128 位元為單位的區塊密碼系統。

密碼系統依其加解密之資料格式分成文字 (Text) 及多媒體 (Multimedia) 密碼系統。由於多媒體或影像 (Image) 檔案資料量相當龐大，若直接套用一般文字密碼系統（如 DES 或 RSA）做加解密，顯然沒有效率。再者，一般多媒體之壓縮格式可容許失真，大部分的多媒體密碼系統都是利用此特性來發展。有關多媒體密碼系統將在第十章介紹。

5.3 古代密碼系統

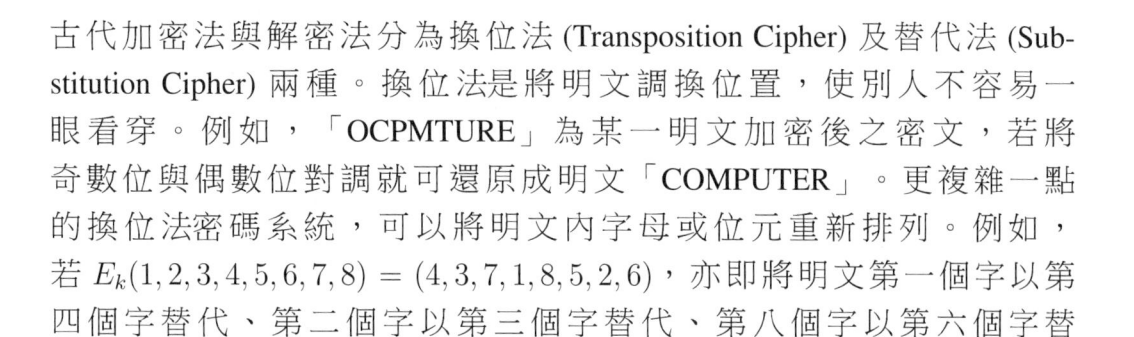

古代加密法與解密法分為換位法 (Transposition Cipher) 及替代法 (Substitution Cipher) 兩種。換位法是將明文調換位置，使別人不容易一眼看穿。例如，「OCPMTURE」為某一明文加密後之密文，若將奇數位與偶數位對調就可還原成明文「COMPUTER」。更複雜一點的換位法密碼系統，可以將明文內字母或位元重新排列。例如，若 $E_k(1,2,3,4,5,6,7,8) = (4,3,7,1,8,5,2,6)$，亦即將明文第一個字以第四個字替代、第二個字以第三個字替代、第八個字以第六個字替代等等，以此類推。將明文「COMPUTER」以此密碼系統加密後為「PMECRUOT」。顯然，若用窮舉法破解此系統，平均花費的時間為 $n!/2 = 8!/2 = 20160$。n 值愈大，其階乘 $n!$ 將呈指數增加，利用窮舉法破解（見第 5.3.4 節）需要花更多時間。

替代法則是以其他文字取代明文中的每一個字。例如，明文「A」以「B」替代，「B」以「C」替代，「C」以「D」替代，以此類推，最後「Z」以「A」替代。明文「COMPUTER」經此替代法後，其密文為「DPNQVUFS」。另一種古代所使用的替代法稱為凱薩密碼系統 (Caesar Cipher)，此密碼系統是將英文字母之排序向後移三位來替代。例如，「A」以「D」替代，「B」以「E」替代，「C」以「F」替代，以此類推，到最後「X」以「A」替代，「Y」以「B」替代，「Z」以「C」替代。以數學式表示為 $E(x) = (x+k) \bmod n$，其中 x 為字母之序號（A 為 0、B 為 1、C 為 2、$\cdots$、Z 為 25），$k=3$ 為移動之位置字數，$n=26$ 為字母集大小，mod 為餘數之函數（如 $5 \bmod 3 = 2$）。因此，若明文為「COMPUTER」，經凱薩密碼系統加密後，其密文為「FRPSXWHU」。

古代替代法密碼系統有下列六種類型：簡單替代法 (Simple Substitution)、多字母替代法 (Polyalphabetic Substitution) 及多圖替代法 (Polygram Substitution)。

5.3.1 簡單替代法

每一明文字母均由另一字母來取代。例如，若 $M = \{A, B, \cdots, Z\}$，由明文字母轉成密文字母之對應關係如下：

明文 (M)	A	B	C	D	E	F	G	H	I	J	K	L	M
⇓	↓	↓	↓	↓	↓	↓	↓	↓	↓	↓	↓	↓	↓
密文 (C)	G	E	D	C	A	K	M	F	L	N	H	R	I
明文 (M)	N	O	P	Q	R	S	T	U	V	W	X	Y	Z
⇓	↓	↓	↓	↓	↓	↓	↓	↓	↓	↓	↓	↓	↓
密文 (C)	V	X	J	B	W	Q	R	S	P	T	U	Z	O

那麼，明文 $M = COMPUTER$ 會加密成 $E_k(M) = DXIJSRAW$。前述凱薩密碼系統亦為此簡單替代法的一種。

5.3.2 多字母替代法

最常見的多字母替代法 (Polyalphabetic Subsititution) 為 Vigenere 加密法，以數學式表示為 $E_K(M) = (M + K_i) \bmod n$。例如，將 $COMPUTER$ 加密，其金鑰 $K = LOVE$，加密如下：

$$M = COMPUTER$$
$$K = LOVELOVE$$
$$E_k(M) = NCHTFHZV$$

本例中金鑰 K =LOVE，表示第一字母移位 11 (L)，第二字母移位 14 (O)，第三字母移位 21 (V)，第四字母移位 4 (E)。明文第一字母為 C（其序號為 2）加上其金鑰第一字母 L（其序號為 11）得到 13，此序號之字母 N 就是此明文第一字母為 C 之密文。同理，明文第二字母為 O（其序號為 14）加上其金鑰第二字母 O（其序號為 14）得到 28，超過英文字母總數 26，因此取除以 26 之餘數為 2，此序號之字母 C 就是此明文第二字母 O 之密文，其餘類推。

5.3.3 多圖替代法

前述替代法均是在一時間將某一字母加密，但多圖替代法 (Polygram Substitution) 的基本觀念是將一組字母一起加密，如此可使破密者更加困難。常見 Playfair 密碼法即為一例，其基本規則是將明文之每一對字母 (m_1, m_2) 一起加密成密文字母 (c_1, c_2)。規則如下：

1). 若 m_1 和 m_2 在同一列，則 c_1 和 c_2 分別為其右邊之字母，其中最後（右）一行之字母的右邊為第一行之字母。

2). 若 m_1 和 m_2 在同一行，則 c_1 和 c_2 分別為其下方字母，其中最下一列之字母的下方為第一列之字母。

3). 若 m_1 和 m_2 不在同一行也不在同一列，則 c_1 和 c_2 為與 m_1 和 m_2 相對應方形邊角位置的字母，其中 c_1 與 m_1 同一行，c_2 與 m_2 同一行。

4). 若 $m_1 = m_2$，則將一空字母（設為 x）加在 m_1 及 m_2 之間，而不成為連續相同字母。

5). 若明文之字串長度為奇數，則在尾端加一空字串 x。

表格 5.1 為一 Playfair 加密法金鑰表範例。假設明文 M= CO MP UT ER，則經過表格 5.1 對應後，其密文為 C = OD HT MU HG。其中 CO 在同一列（第二列），依照第一條規則，密文為其右邊之字母（C 右一位為 O，O 右一位為 D），亦即 OD。第二組 MP 形成對角線，依照第三條規則，密文為其相對應之方形邊角，亦即 HT。第三組 UT 在同一列（第四列），依照第一條規則其密文為其右邊之字母（U 右一位為 M，T 右一位為 U），亦即 MU。

表格 5.1: Playfair 加密法金鑰表

H	A	R	P	S
I	C	O	D	B
E	F	G	K	L
M	N	Q	T	U
V	W	X	Y	Z

5.3.4 古代密碼系統之破解法

常見古代密碼系統之破解法 (Cryptanalysis) 有窮舉法 (Brute-Force Attack) 及統計攻擊法 (Statistics Attack) 兩種。窮舉法的攻擊策略很簡單，就是將所有可能的情況均嘗試一次，直到找出正確的解密方式。以

簡單替代法為例，其加密方式是將明文的每一個字母用其他字母來代替，其加解密的演算法是一對一的對應關係函數，若其對應的範圍為 26 個英文字母，則共有 26!（即 $26 \times 25 \times 24 \times \cdots \times 2 \times 1$）種可能的對應關係。若破密者用窮舉法來破解此密碼系統，最多只需嘗試 26! 次，就可以解密出正確的明文。

古代沒有電腦，因此要嘗試 26! 次破解，可能需要花相當長的時間。但以目前的電腦運算能力來看，以窮舉法要破解這類型的密碼系統並不困難。要防止窮舉法的攻擊，就要盡可能地使明文與密文的關係錯綜複雜，讓窮舉法的攻擊無法得逞。

統計攻擊法的破密策略是利用一些統計資料來協助破解密碼。例如，從統計資料我們可以明顯發現 { A, E, I, O, U } 比 { Q, X, Z } 出現的頻率高出許多。因此，若我們發現用簡單替代法加密所產生的密文中，某些字母出現的頻率較高，或者某些字母出現的頻率較低，就可以猜測這些字母是對應到某些特定的明文字母。

若要防止統計攻擊法的威脅，要盡可能地將明文擴散 (Diffusion) 到不同的密文上。例如，出現頻率較高的字母如 { E, O, U } 可分配較多的對應編碼來供加密者替換；相對地，出現頻率較低的字母就分配較少的對應編碼，如此一來密文中每個編碼出現的頻率都差不多，破密者無法從密文中統計出有用的資訊來協助其破解密碼。

5.4 近代密碼系統

古代保密技術並不能保證系統的安全，而且應用上也受到相當大之限制。例如中文系統就很難用換位法達到保密效果，試想將「今天我不回家」之明文換位成「回不天家我今」之密文，該密文一看就可重組成明文，而不需藉由其他工具來破解。主要原因是一個中文字相當於英文一個單字，此單字是由很多英文字母所組成，將不同單字之字母互相換位置尚可混淆，不容易被重組破解，中文字則不然。

將每個中文字用其他字替代，其所含金鑰對照表將會相當龐大（每一中文字就有一字母與其對應），而英文系統只是將 26 個字母做對應即可。因此，在中文系統使用替代法是相當不符合效率，保密效果也不好。

要解決上述問題，加密單位必須以「位元」(Bit) 為處理單位，才能兼顧到中文系統之應用。美國資料加密標準（Data Encryption Standard, DES）密碼技術就是一種可以將 64 位元合成一區塊之區塊加密法。

美國資料加密標準之前身為 IBM 於 1974 年所發展之 Lucifer 加密系統，後來由於美國國家標準局（National Standards Bureau, NSB）有鑑於科學和工業需要，而著手研擬發展「資料加密標準」，其基本想法是：若此單一加密方法標準可被採用，則該系統亦可在全美政府部門使用，亦即不需要每個部門都有自己的一套保密方法，只要相同系統但以不同祕密金鑰來做保密即可。

於是，NSB 對外公開徵求。IBM 根據 NSB 之需求。將現有 Lucifer 改為 DES 系統，並向 NSB 提出申請，1976 年 NSB 乃正式宣告 IBM 公司發展出來的 DES 為美國國家資料加密標準。但美國官方宣告 DES 之祕密金鑰長度僅需 56 位元，而放棄更安全之 Lucifer 原 128 位元祕密金鑰，此一直為後人懷疑其動機。標準制定後，許多廠商便開始投入研發與製造符合其標準之加密器與解密器。

隨後，國際標準組織（International Standards Organization, ISO）亦接受 DES 為國際標準，並且每五年重新檢討 DES 之安全性。雖然祕密金鑰長度過短引發一些爭議，全世界各密碼專家學者也一直嘗試破解 DES。但往後三十幾年，DES 一直是商業及金融機構常用加密的系統。近幾年，電腦硬體發展太快，要破解 56 位元祕密金鑰 DES 已非難事，因此目前大多已採用 3DES (Triple DES) 架構來擴展祕密金鑰長度到 168 位元。

由於 DES 系統已經使用 30 多年，安全性一直受到質疑，於是近代密碼學就把重心轉到新一代密碼系統 AES。限於篇幅，本書就不介紹 DES 密碼系統演算法。有興趣的讀者可到本書的輔助教學網站下載。

5.5 三重 DES 密碼系統

DES 密碼系統之金鑰只有 56 位元，安全性已不足以應付目前計算機之運算速度。雖然早期要破解 DES 密碼系統或許要花上數十年，但目前只要用數台超級大電腦就可以在數天內破解。然而目前 DES

依然是目前商業及金融單位使用最多的系統。為了在現有環境下能夠繼續使用 DES 又要兼顧其安全性，美國國家標準技術局（National Institute of Standard and Technology, NIST）自 1999 年就提出未來將改用三重 DES 密碼系統（Triple-DES 或 3DES）來取代現有的 DES 加密方式。Triple-DES 顧名思義就是將三個 DES 串接起來使用，使祕密金鑰長度由原先 56 的位元擴增到 168 位元，明文及密文區塊仍為 64 位元，如圖 5.2 所示，因而可以大大地增強安全性。

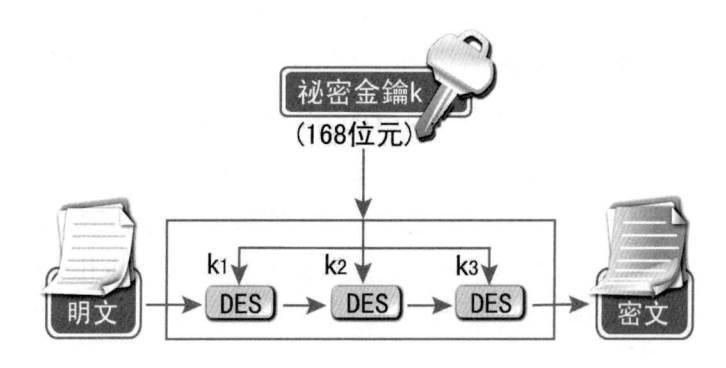

圖 5.2: 3DES 加密架構

換言之，3DES 是將 64 位元之明文區塊以三個 56 位元金鑰分別在三個 DES 系統做加密處理後，產生 64 位元的密文區塊。就目前電腦運算速度而言，使用 112 位元金鑰長度其實已足夠安全，因此金鑰長度有 112 及 168 位元兩種可供選擇。另外，在 3DES 第二個 DES 可以用加密處理，也可以選擇解密處理。因此，一般使用 3DES 有下列四種使用方式：

1). EEE3：用三把不同祕密金鑰（即金鑰長度為 168 位元），以加密－加密－加密依序處理產生密文。

2). EDE3：用三把不同祕密金鑰，以加密－解密－加密依序處理產生密文。

3). EEE2：用兩把不同祕密金鑰（即金鑰長度為 112 位元），任選兩把 DES 金鑰設為相同（例如，第一把及第二把 DES 金鑰相同，但與第三把不同），並以加密－加密－加密依序處理產生密文。

4). EDE2：用兩把不同祕密金鑰（即金鑰長度為 112 位元），第一把與第三把 DES 金鑰相同，但與第二把不同，並以加密－解密－加

密依序處理產生密文，如圖 5.3 所示。

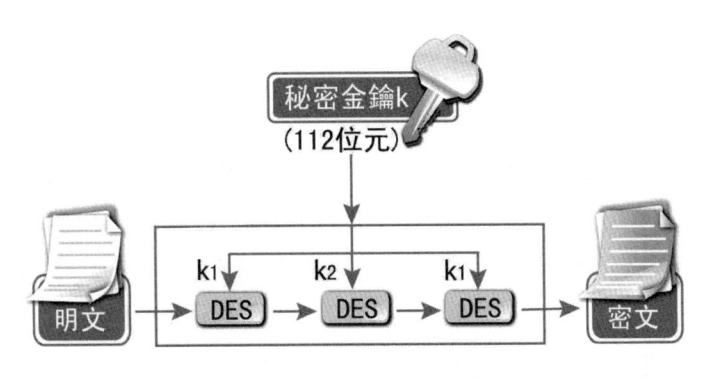

圖 5.3: 3DES — EDE2

在 EDE2 方式中，設定第一把與第三把 DES 金鑰相同，但與第二把不同，主要原因是若將 EDE2 內第一把與第二把設為相同，或第二把與第三把設為相同，那麼 EDE2 所產生之密文區塊就如同單一 DES 系統。

一般 3DES 是以 EDE3 及 EDE2 兩種較常用，而不用 EEE3 或 EEE2，主要是考慮到與現行單一 DES 系統相容。若將 3DES 內三把祕密金鑰均設為相同，則 EDE3 或 EDE2 所產生之密文區塊就如同單一 DES 系統。因此若已知有一密文是以前用單一 DES 系統加密而成，那麼此一密文亦可經由此 EDE3 或 EDE2 解密還原成原本的明文區塊，EEE3 或 EEE2 則沒有辦法與單一 DES 系統相容。

如先前所述，就目前電腦運算速度而言，使用 112 位元金鑰長度已足夠安全，那為何不採用 2DES？主要原因是 2DES 已被證實並不安全，因此不建議採用。

5.6 新一代密碼系統

5.6.1 AES 簡介

現有 DES 密碼系統所使用之金鑰長度過短（僅有 56 位元），其安全性已遭受質疑。雖然將 DES 串連成 3DES，可以將加密金鑰的長度由原來的 56 位元增長至 112 位元，但在執行上需要比 DES 多執行三倍

的時間做加解密處理。此外，3DES 的加解密區塊長度和 DES 一樣都還是使用 64 位元的區塊，從效率及安全的角度來看，其區塊長度都有增加的必要。

隨著電腦科技的發展，在可預見的未來 3DES 的加密演算法也勢必被淘汰。為了因應未來的需求，美國國家標準技術局乃自 1997 年 1 月 2 日開始著手計劃公開徵求新一代加密標準（Advanced Encryption Standard, AES），並於同年 4 月 15 日舉辦 AES 研討會，以研討制訂 AES 之功能需求。經過五個月之彙整及研究，NIST 於同年 9 月 12 日正式公佈 AES 之功能規格標準需求。這項需求除了安全強度不得低於 3DES 及其效能必須大幅提升之外，尚須滿足下列需求：

1). AES 為祕密金鑰（對稱性）密碼系統。

2). AES 必須公開，沒有專利的限制，可以自由使用。獲選之廠商或發明人不得要求權利金。

3). AES 為區塊加密器 (Block Cipher)，其最小資料區塊長度為 128 位元。

4). AES 金鑰長度必須是可變動的，並支援 128、192 或 256 位元之金鑰長度。

5). 可以由硬體及軟體來實作。

NIST 向全世界各密碼專家學者及廠商公開徵求符合以上規格標準之 AES 演算法。1998 年 8 月 20 日 NIST 舉行第一屆 AES 會議，會中宣佈並介紹 15 種獲 AES 初選之演算法，詳參表格 5.2。

之後，各密碼學者無不卯足全力研究及分析此 15 種初選 AES 之安全性、效率及相容性，並於 1999 年 3 月 22 日第二屆 AES 會議中提出報告。NIST 依據各分析報告於 1999 年 8 月 20 日公佈 MARS、RC6、Rijndael、Serpent、及 Twofish 等 5 種演算法可進入第二回合決選。

NIST 於 2000 年 4 月 13 日再舉行第三屆 AES 會議，對 5 種決選 AES 演算法進行分析。歷經三年九個月的時間，終於在 2000 年 10 月 2 日正式宣佈由比利時密碼學專家 Joan Daemen 及 Vincent Rijmen 兩位博士所設計之 Rijndael（發音為 Rain Doll）獲選為 AES 演算法。其餘四

表格 5.2: 15 個 AES 初選演算法及申請人或單位

演算法名稱	申請人（單位）
CAST-256	Entrust Technologies, Inc.
CRYPTON	Future System, Inc.
DEAL	Richard Outerbridge and Lars Knudsen
DFC	Centre National pour la Recherche Scientifique - Ecole Normale Superieure
E2	NTT - Nippon Telegraph and Telephone Corp.
FROG	TecApro Internacional S. A.
HPC	Rich Schroeppel
LOKI97	Lawrie Brown, Josef Pieprzyk, and Jennifer Seberry
MAGENTA	Deutsche Telekom AG
MARS	IBM Corp.
RC6	RSA Laboratories
RIJNDAEL	Joan Daemen and Vincent Rijmen
SAFER+	Cylink Corp.
SERPENT	Ross Anderson, Eli Biham, and Lars Knudsen
TWOFISH	Bruce Schneier, et al.

種演算法雖沒有獲選為 AES，但並不表示這些演算法是不安全的。這些方法還是有其應用，尤其是 MARS 及 RC6，分別由著名 IBM 及 RSA 實驗室所提出，未來還是會受到重視。

5.6.2 AES 的加密演算法

AES (Rijndael) 加密演算法的流程如圖 5.4 所示，共要執行 $N_r + 1$ 回合，其中包含有一個初始運算、$N_r - 1$ 個回合運算，以及一個最終回合運算 (Final Round)。

AES 的加密過程中，主要會用到四個函數來做運算，分別為：(1) 回合金鑰加密 (AddRoundKey)；(2) 位元組取代轉換 (ByteSub)；(3) 移列轉換 (ShitRow)；以及 (4) 混行轉換 (MixColumn)。茲先將這四個函數的作用做一說明。

B: ByteSub(State)
S: ShiftRow(State)
M: MixColumn(State)
A: AddRoundKey(State, RoundKey)

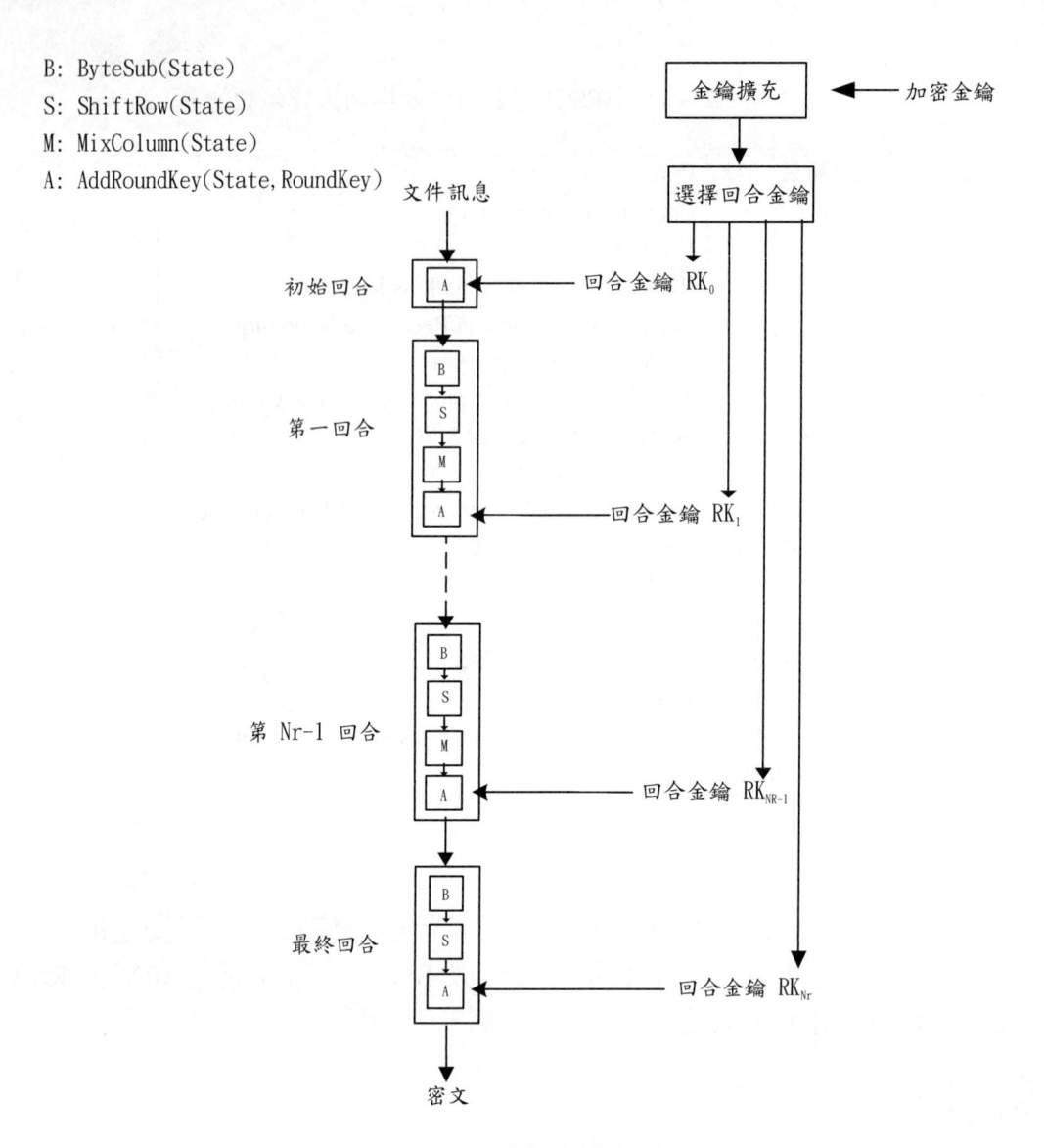

圖 5.4: AES 的加密流程圖

回合金鑰加密函數

回合金鑰加密函數 AddRoundKey(state, RoundKey) 是將 state 的狀態值與回合金鑰 (Round Key) 做 XOR 運算，概念如下所示：

$$\begin{bmatrix} s_{0,0} & s_{0,1} & s_{0,2} & s_{0,3} \\ s_{1,0} & s_{1,1} & s_{1,2} & s_{1,3} \\ s_{2,0} & s_{2,1} & s_{2,2} & s_{2,3} \\ s_{3,0} & s_{3,1} & s_{3,2} & s_{3,3} \end{bmatrix} \oplus \begin{bmatrix} k_{0,0} & k_{0,1} & k_{0,2} & k_{0,3} \\ k_{1,0} & k_{1,1} & k_{1,2} & k_{1,3} \\ k_{2,0} & k_{2,1} & k_{2,2} & k_{2,3} \\ k_{3,0} & k_{3,1} & k_{3,2} & k_{3,3} \end{bmatrix} = \begin{bmatrix} s'_{0,0} & s'_{0,1} & s'_{0,2} & s'_{0,3} \\ s'_{1,0} & s'_{1,1} & s'_{1,2} & s'_{1,3} \\ s'_{2,0} & s'_{2,1} & s'_{2,2} & s'_{2,3} \\ s'_{3,0} & s'_{3,1} & s'_{3,2} & s'_{3,3} \end{bmatrix}$$

其中，s 為狀態值矩陣，k 為回合金鑰，且 $s_{i,j} \oplus k_{i,j} = s'_{i,j}$。

位元組取代轉換函數

位元組取代轉換函數 (ByteSub) 是以非線性的位元組替換運算，主要是查詢 S-Box 表格 5.3 找出位元取代轉換值。

表格 5.3: AES 之 S-Box

	0	1	2	3	4	5	6	7	8	9	A	B	C	D	E	F
0	63	7C	77	7B	F2	6B	6F	C5	30	01	67	2B	FE	D7	AB	76
1	CA	82	C9	7D	FA	59	47	F0	AD	D4	A2	AF	9C	A4	72	C0
2	B7	FD	93	26	36	3F	F7	CC	34	A5	E5	F1	71	D8	31	15
3	04	C7	23	C3	18	96	05	9A	07	12	80	E2	EB	27	B2	75
4	09	83	2C	1A	1B	6E	5A	A0	52	3B	D6	B3	29	E3	2F	84
5	53	D1	00	ED	20	FC	B1	5B	6A	CB	BE	39	4A	4C	58	CF
6	DD	EF	AA	FB	43	4D	33	85	45	F9	02	7F	50	3C	9F	A8
7	51	A3	40	8F	92	9D	38	F5	BC	B6	DA	21	10	FF	F3	D2
8	CD	0C	13	EC	5F	97	44	17	C4	A7	7E	3D	64	5D	19	73
9	60	81	4F	DC	22	2A	90	88	46	EE	B8	14	DE	5E	0B	DB
A	E0	32	3A	0A	49	06	24	5C	C2	D3	AC	62	91	95	E4	79
B	E7	C8	37	6D	8D	D5	4E	A9	6C	56	F4	EA	65	7A	AE	08
C	BA	78	25	2E	1C	A6	B4	C6	E8	DD	74	1F	4B	BD	8B	8A
D	70	3E	B5	66	48	03	F6	0E	61	35	57	B9	86	C1	1D	9E
E	E1	F8	98	11	69	D9	8E	94	9B	1E	87	E9	CE	55	28	DF
F	8C	A1	89	0D	BF	E6	42	68	41	99	2D	0F	B0	54	BB	16

AES 中的 S-Box 表格可視為一個 16 × 16 的二維矩陣，矩陣內紀錄 8 位元的數值，且須為可逆。S-Box 的組成方式如下：

1). 首先，依據 S-Box 中的座標位置，依序置入相對應的位元組。例如，以 16 進位表示法，S-Box 第一列就依序放置 {00}, {01}, ⋯, {0F}，第二列放置 {10}, {11}, ⋯, {1F}，依此類推。

2). 於 S-Box 中的每一個位元組 x，我們先求其對應在有限體 $GF(2^8)$ 中的乘法反元素 x^{-1}，使得 x 與 x^{-1} 在 $GF(2^8)$ 之乘積為 1。

3). 將所算出來的乘法反元素 x^{-1}，轉換成 2 進位表示法 $(x_0, x_1, x_2, x_3,$

$x_4, x_5, x_6, x_7)$,其中 x_i 值為 0 或 1,再將之代入下列轉換矩陣中:

$$\begin{bmatrix} y_0 \\ y_1 \\ y_2 \\ y_3 \\ y_4 \\ y_5 \\ y_6 \\ y_7 \end{bmatrix} = \begin{bmatrix} 1 & 0 & 0 & 0 & 1 & 1 & 1 & 1 \\ 1 & 1 & 0 & 0 & 0 & 1 & 1 & 1 \\ 1 & 1 & 1 & 0 & 0 & 0 & 1 & 1 \\ 1 & 1 & 1 & 1 & 0 & 0 & 0 & 1 \\ 1 & 1 & 1 & 1 & 1 & 0 & 0 & 0 \\ 0 & 1 & 1 & 1 & 1 & 1 & 0 & 0 \\ 0 & 0 & 1 & 1 & 1 & 1 & 1 & 0 \\ 0 & 0 & 0 & 1 & 1 & 1 & 1 & 1 \end{bmatrix} \begin{bmatrix} x_0 \\ x_1 \\ x_2 \\ x_3 \\ x_4 \\ x_5 \\ x_6 \\ x_7 \end{bmatrix} \oplus \begin{bmatrix} 1 \\ 1 \\ 0 \\ 0 \\ 0 \\ 1 \\ 1 \\ 0 \end{bmatrix}$$

最後,所得到的值 $(y_0, y_1, y_2, y_3, y_4, y_5, y_6, y_7)$ 就是 S-Box 中相對應位置內的值。在此我們要特別強調其乘法與一般的矩陣乘法不同。一般的矩陣乘法是由乘積矩陣的每一整列與的每一整行元素的乘積加總而成,而這裡是由乘積矩陣的每一整列與每一整行元素的乘積,再取 XOR 的值。

底下我們舉一簡單的例子來說明 S-Box 內的值如何產生。請考慮 S-Box 中 (9,5) 這個座標位置,其相對應的位元組以 16 進位表示法可表示為 $x = \{95\}_{16}$,接著算出在 $GF(2^8)$ 中 x 的乘法反元素為 $x^{-1} = 8A$,驗證如下:

$$\begin{aligned} & x \times x^{-1} \\ =\ & 95_{16} \times 8A_{16} \\ =\ & (10010101_2 \times 10001010_2) \\ =\ & (x^7 + x^4 + x^2 + 1) \times (x^7 + x^3 + x) \bmod (x^8 + x^4 + x^3 + x + 1) \\ =\ & x^{14} + x^{11} + x^{10} + x^9 + x^8 + x \bmod (x^8 + x^4 + x^3 + x + 1) \\ =\ & [(x^6 + x^3 + 1)(x^8 + x^4 + x^3 + x + 1) + 1] \bmod (x^8 + x^4 + x^3 + x + 1) \\ =\ & 1 \end{aligned}$$

將乘法反元素為 $x^{-1} = 8A$ 轉換成 2 進位表示法為 $(10001010)_2$,代入轉換矩陣可得:

$$\begin{bmatrix} 1 & 0 & 0 & 0 & 1 & 1 & 1 & 1 \\ 1 & 1 & 0 & 0 & 0 & 1 & 1 & 1 \\ 1 & 1 & 1 & 0 & 0 & 0 & 1 & 1 \\ 1 & 1 & 1 & 1 & 0 & 0 & 0 & 1 \\ 1 & 1 & 1 & 1 & 1 & 0 & 0 & 0 \\ 0 & 1 & 1 & 1 & 1 & 1 & 0 & 0 \\ 0 & 0 & 1 & 1 & 1 & 1 & 1 & 0 \\ 0 & 0 & 0 & 1 & 1 & 1 & 1 & 1 \end{bmatrix} \begin{bmatrix} 0 \\ 1 \\ 0 \\ 1 \\ 0 \\ 0 \\ 0 \\ 1 \end{bmatrix} \oplus \begin{bmatrix} 1 \\ 1 \\ 0 \\ 0 \\ 0 \\ 1 \\ 1 \\ 0 \end{bmatrix} = \begin{bmatrix} 1 \\ 0 \\ 0 \\ 1 \\ 0 \\ 1 \\ 1 \\ 0 \end{bmatrix} \oplus \begin{bmatrix} 1 \\ 1 \\ 0 \\ 0 \\ 0 \\ 1 \\ 1 \\ 0 \end{bmatrix} = \begin{bmatrix} 0 \\ 1 \\ 0 \\ 1 \\ 0 \\ 1 \\ 0 \\ 0 \end{bmatrix}$$

最後得到的結果為 $(00101010)_2 = \{2A_{16}\}$。依照這個流程，我們可以建立出表格 5.3 之 S-Box。發展 AES 密碼系統時，可以不用自己重寫程式，而將 S-Box 表格 5.3 寫進程式，再以查表方式取得轉換值即可。這裡之所以要介紹如何產生 S-Box 表格，主要原因在於 S-Box 是密碼系統的安全核心。若原始密碼系統發明人不公開 S-Box 的產生方式，會讓人懷疑是否有暗藏暗門。由於 IBM 沒有公佈 DES 所使用之 S-Box 產生過程，因此一直有密碼學者懷疑是否不需要祕密金鑰也可以解出密文。

有了 S-Box，ByteSub 便可以針對狀態值內的資料做轉換。以 16 進位數值 $\{D6\}$ 為例，S-Box 中第 D 列第 6 行所對應值 $\{F6\}$ 便為 $\{D6\}$ 轉換過的值。$\{A7\}$ 經 S-Box 轉換為 $\{5C\}$；$\{C6\}$ 經 S-Box 轉換為 $\{B4\}$；$\{32\}$ 經 S-Box 轉換為 $\{23\}$；其他轉換範例，請參考圖 5.5。

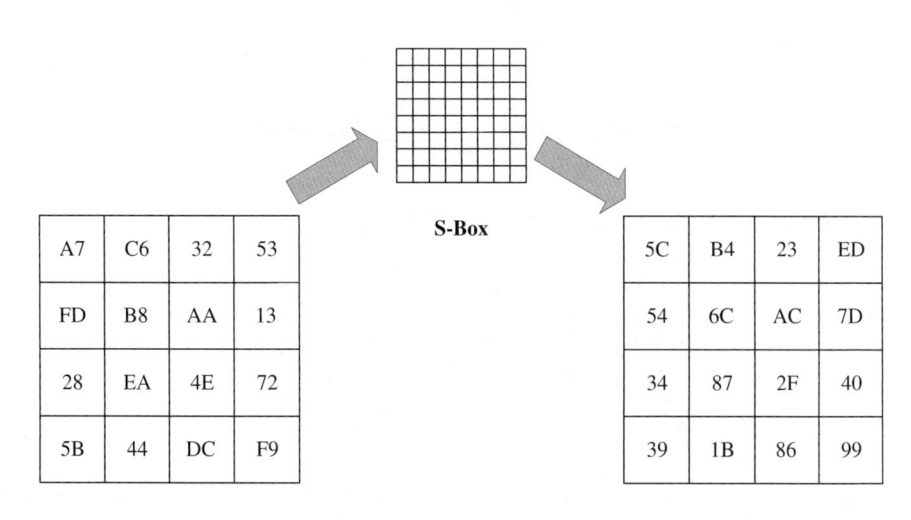

A7	C6	32	53
FD	B8	AA	13
28	EA	4E	72
5B	44	DC	F9

S-Box

5C	B4	23	ED
54	6C	AC	7D
34	87	2F	40
39	1B	86	99

圖 5.5: 位元組取代轉換

移列轉換函數

移列轉換函數 (ShiftRow) 主要是將狀態值中的列向左做一循環位移 (Cyclically Shift)，其位移規則如下：狀態值中的第一列不動，第二列向左旋轉 1 位元組，第三列向左旋轉 2 位元組，依此類推。此程序的一個簡單範例如圖 5.6 所示。

A4	9F	28	...	...	...
85	D6	45	...	...	...
94	60	AB	...	...	...
36	00	C7	...	...	...

→

A4	9F	28	...	...	...
D6	45	...	...	...	85
AB	...	...	...	94	60
...	...	...	36	00	C7

圖 5.6: 移列轉換

其中，第一列 $A49F28\cdots$ 經轉換後，其值維持不變；第二列經轉換後，其值由 $85D645\cdots$ 轉換為 $D645\cdots 85$，依此類推。

混行轉換函數

混行轉換函數 (MixColumn) 主要是針對狀態值的每一行列個別處理，每一行的值可想像成一個在 $GF(2^8)$ 中的多項式，並乘上一個固定多項式 $c(x)$。若發生溢位，則再模餘 $x^4 + 1$，此固定多項式表示如下：

$$c(x) = \{03\}x^3 + \{01\}x^2 + \{01\}x + \{02\}$$

此行轉換的過程可以用矩陣表示如下：

$$\begin{bmatrix} b_0 \\ b_1 \\ b_2 \\ b_3 \end{bmatrix} = \begin{bmatrix} 02 & 03 & 01 & 01 \\ 01 & 02 & 03 & 01 \\ 01 & 01 & 02 & 03 \\ 03 & 01 & 01 & 02 \end{bmatrix} \begin{bmatrix} a_0 \\ a_1 \\ a_2 \\ a_3 \end{bmatrix}$$

其中，$\{a_0, a_1, a_2, a_3\}$ 代表狀態值中某一行的值，$\{b_0, b_1, b_2, b_3\}$ 為此行經

過轉換後的值，其關係如下：

$$b_0 = \{02\}a_0 \oplus \{03\}a_1 \oplus \{01\}a_2 \oplus \{01\}a_3$$
$$b_1 = \{01\}a_0 \oplus \{02\}a_1 \oplus \{03\}a_2 \oplus \{01\}a_3$$
$$b_2 = \{01\}a_0 \oplus \{01\}a_1 \oplus \{02\}a_2 \oplus \{03\}a_3$$
$$b_3 = \{03\}a_0 \oplus \{01\}a_1 \oplus \{01\}a_2 \oplus \{02\}a_3$$

此混行轉換的概念如圖 5.7 所示。

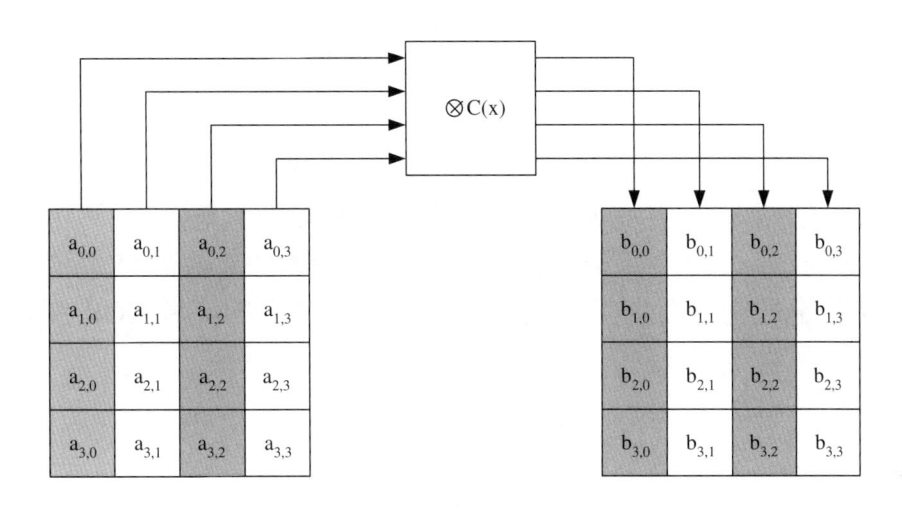

圖 5.7: 混行轉換

此轉換可用下列的矩陣乘法來表示：

$$\begin{bmatrix} 02 & 03 & 01 & 01 \\ 01 & 02 & 03 & 01 \\ 01 & 01 & 02 & 03 \\ 03 & 01 & 01 & 02 \end{bmatrix} \times \begin{bmatrix} s_{0,0} & s_{0,1} & s_{0,2} & s_{0,3} \\ s_{1,0} & s_{1,1} & s_{1,2} & s_{1,3} \\ s_{2,0} & s_{2,1} & s_{2,2} & s_{2,3} \\ s_{3,0} & s_{3,1} & s_{3,2} & s_{3,3} \end{bmatrix} = \begin{bmatrix} s'_{0,0} & s'_{0,1} & s'_{0,2} & s'_{0,3} \\ s'_{1,0} & s'_{1,1} & s'_{1,2} & s'_{1,3} \\ s'_{2,0} & s'_{2,1} & s'_{2,2} & s'_{2,3} \\ s'_{3,0} & s'_{3,1} & s'_{3,2} & s'_{3,3} \end{bmatrix}$$

其中最左邊的矩陣稱為正向轉換矩陣，運算的結果值為

$$s'_{0,j} = (02 \times s_{0,j}) \oplus (03 \times s_{1,j}) \oplus (01 \times s_{2,j}) \oplus (01 \times s_{3,j})$$
$$s'_{1,j} = (01 \times s_{0,j}) \oplus (02 \times s_{1,j}) \oplus (03 \times s_{2,j}) \oplus (01 \times s_{3,j})$$
$$s'_{2,j} = (01 \times s_{0,j}) \oplus (01 \times s_{1,j}) \oplus (02 \times s_{2,j}) \oplus (03 \times s_{3,j})$$
$$s'_{3,j} = (03 \times s_{0,j}) \oplus (01 \times s_{1,j}) \oplus (01 \times s_{2,j}) \oplus (02 \times s_{3,j})$$

這裡所用到的乘法 ($\times$) 及加法 ($\oplus$) 均為 $GF(2^8)$ 內的乘法及加法運算。

加密流程

AES 的加密流程是由一個初始的回合金鑰加密、$N_r - 1$ 個回合的運算及一個最終回合運算所組成。為了讓讀者能更瞭解 AES 的加密過程，接著會利用一個實際的範例做輔助說明。假設所要加密的文件訊息為 $(D4\ 9F\ 42\ BC\ 01\ F2\ D4\ DB\ BC\ 0F\ D1\ 2F\ 0C\ FD\ 02\ 40)_{16}$，故初始的狀態值矩陣內容為：

$$\begin{bmatrix} D4 & 01 & BC & 0C \\ 9F & F2 & 0F & FD \\ 42 & D4 & D1 & 02 \\ BC & DB & 2F & 40 \end{bmatrix}$$

步驟一：

初始階段先將要加密的文件訊息轉換成一狀態值矩陣，再將狀態值矩陣與回合金鑰 RK_0 經由回合金鑰加密函數來做運算，回合金鑰加密函數其實就是將狀態值矩陣與 RK_0 做 XOR 運算。例如，假設 RK_0 為

$$\begin{bmatrix} FA & CB & 20 & 40 \\ 5C & 11 & 8D & B8 \\ 00 & F0 & 6C & 9D \\ 6A & DA & BE & 05 \end{bmatrix}$$

那麼狀態值矩陣與回合金鑰 RK_0 透過回合金鑰加密函數 (AddRoundKey) 的運算過程為：

$$\begin{bmatrix} D4 & 01 & BC & 0C \\ 9F & F2 & 0F & FD \\ 42 & D4 & D1 & 02 \\ BC & DB & 2F & 40 \end{bmatrix} \oplus \begin{bmatrix} FA & CB & 20 & 40 \\ 5C & 11 & 8D & B8 \\ 00 & F0 & 6C & 9D \\ 6A & DA & BE & 05 \end{bmatrix} = \begin{bmatrix} 2E & CA & 9c & 4C \\ C3 & E3 & 82 & 45 \\ 42 & 24 & BD & 9F \\ D6 & 01 & 91 & 45 \end{bmatrix}$$

步驟二：

將狀態值矩陣的內容做為 ByteSub 函數的輸入項。ByteSub 函數是一種簡單的查表替代方法，藉由行與列的索引，找出 S-Box 中所對應的位元組，再用此位元組替換掉原來的位元組。例如，數值 $(2E)$，參照到 S-Box 中第二列第 E 行的值 (31)，因此就用 31 來

取代 2E。以下為狀態值矩陣經過 ByteSub 函數轉換之後所得到的結果。

$$\begin{bmatrix} 2E & CA & 9c & 4C \\ C3 & E3 & 82 & 45 \\ 42 & 24 & BD & 9F \\ D6 & 01 & 91 & 45 \end{bmatrix} \Rightarrow ByteSub \Rightarrow \begin{bmatrix} 31 & 74 & DE & 29 \\ 2E & 11 & 13 & 6E \\ 2C & 36 & 7A & DB \\ D0 & 7C & 81 & 6E \end{bmatrix}$$

步驟三：

將上一步驟所得到的結果再經過 ShiftRow 函數的轉換。ShiftRow 的轉換是將狀態值中的位元組向左做循環列位移轉換，其位移規則為狀態值中的第一列維持不變，第二列向左循環位移一個位元組，依此類推。狀態值矩陣的內容做完 ShiftRow 函數的轉換後，其值轉換為：

$$\begin{bmatrix} 31 & 74 & DE & 29 \\ 2E & 11 & 13 & 6E \\ 2C & 36 & 7A & DB \\ D0 & 7C & 81 & 6E \end{bmatrix} \Rightarrow ShiftRow \Rightarrow \begin{bmatrix} 31 & 74 & DE & 29 \\ 11 & 13 & 6E & 2E \\ 7A & DB & 2C & 36 \\ 6E & D0 & 7C & 81 \end{bmatrix}$$

步驟四：

將上一步驟轉換後的結果做為 MixColumn 的輸入項，以下為 MixColumn 函數的運算過程：

$$\begin{bmatrix} 02 & 03 & 01 & 01 \\ 01 & 02 & 03 & 01 \\ 01 & 01 & 02 & 03 \\ 03 & 01 & 01 & 02 \end{bmatrix} \times \begin{bmatrix} 31 & 74 & DE & 29 \\ 11 & 13 & 6E & 2E \\ 7A & DB & 2C & 36 \\ 6E & D0 & 7C & 81 \end{bmatrix} = \begin{bmatrix} 45 & F3 & 66 & E4 \\ D6 & F4 & A1 & EF \\ 45 & 0A & EC & C3 \\ 97 & AE & F3 & EA \end{bmatrix}$$

我們來看看如何得到 $S'_{0,0}$ 的值：

$$(\{02\} \times \{31\}) \oplus (\{03\} \times \{11\}) \oplus (\{01\} \times \{7A\}) \oplus (\{01\} \times \{6E\})$$
$$= (01100010) \oplus (00110011) \oplus (01111010) \oplus (01101110)$$
$$= (01000101)$$
$$= \{45\}$$

步驟五：

將步驟四所得到的結果與相對應的回合金鑰，再執行一次 AddRoundKey 函數的運算。反覆執行步驟二至步驟五，共執行 ($N_r - 1$) 回合。

步驟六：

連續執行 $N_r - 1$ 回合完畢後，所得到的狀態值矩陣值，最後再執行步驟二的 ByteSub 轉換及步驟三的 ShiftRow 轉換，所得到的結果再與最終回合的回合金鑰 RK_{N_r} 執行步驟五的 AddRoundKey 函數運算，最後狀態值矩陣的內容就是密文。

5.6.3 AES 的解密演算法

AES 的解密演算法流程如圖 5.8 所示，同樣要執行 $N_r + 1$ 個回合。AES 的解密過程與加密過程相似，主要用到四個函數運算，分別為：(1) 回合金鑰加密 (Add Round Key)；(2) 反位元組取代轉換 (InvByteSub Transformation)；(3) 反移列轉換 (InvShiftRow Transformation)，以及 (4) 反混行轉換 (InvMixColumn Transformation)。

因為回合金鑰加密函數是將 state 的狀態值與回合金鑰做 XOR 運算，而 XOR 運算本身就是一個可逆的運算，所以此函數的正向運算和逆向運算相同。其餘三個函數分別為位元組取代轉換、移列轉換、及混行轉換的反函數。以下先將這三個反函數做說明。

反位元組取代轉換函數

當我們要解密時，如何將轉換過的值回復成原來的值呢？這時就需要反位元組取代轉換 (InvByteSub)，亦即需要一個 Inverse S-Box 來協助。Inverse S-Box 的組成與 S-Box 類似，不同的地方是其轉換矩陣與 S-Box 不同，因為 Inverse S-Box 是 S-Box 的反運算，所以其轉換矩陣為：

$$\begin{bmatrix} x_0 \\ x_1 \\ x_2 \\ x_3 \\ x_4 \\ x_5 \\ x_6 \\ x_7 \end{bmatrix} = \begin{bmatrix} 0 & 0 & 1 & 0 & 0 & 1 & 0 & 1 \\ 1 & 0 & 0 & 1 & 0 & 0 & 1 & 0 \\ 0 & 1 & 0 & 0 & 1 & 0 & 0 & 1 \\ 1 & 0 & 1 & 0 & 0 & 1 & 0 & 0 \\ 0 & 1 & 0 & 1 & 0 & 0 & 1 & 0 \\ 0 & 0 & 1 & 0 & 1 & 0 & 0 & 1 \\ 1 & 0 & 0 & 1 & 0 & 1 & 0 & 0 \\ 0 & 1 & 0 & 0 & 1 & 0 & 1 & 0 \end{bmatrix} \begin{bmatrix} y_0 \\ y_1 \\ y_2 \\ y_3 \\ y_4 \\ y_5 \\ y_6 \\ y_7 \end{bmatrix} \oplus \begin{bmatrix} 1 \\ 0 \\ 1 \\ 0 \\ 0 \\ 0 \\ 0 \\ 0 \end{bmatrix}$$

所得到的 Inverse S-Box 如表格 5.4 所示。當輸入的值為 {95} 時，我們可以從 S-Box 的 (9, 5) 座標中找到其對應值 {2A}。相反地，從 Inverse S-Box 的 (2, A) 座標中，我們可以發現其對應值為 {95}。

IB: InvByteSub(State)
IS: InvShiftRow(State)
IM: InvMixColumn(State)
A: AddRoundKey(State, RoundKey)

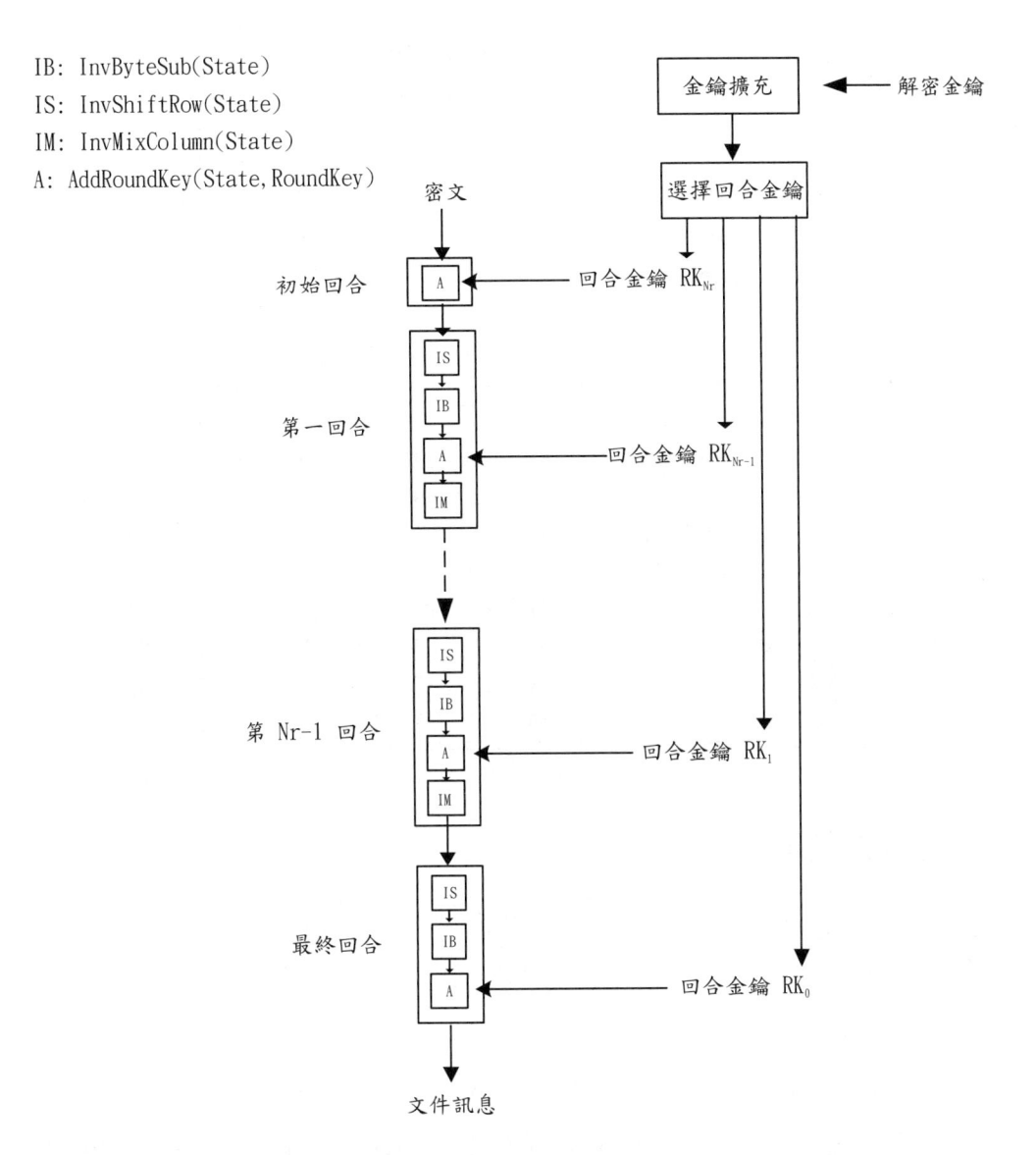

圖 5.8: AES 解密流程圖

反移列轉換函數

反移列轉換 (InvShiftRow) 的移位規則與 ShiftRow 相反，狀態值中第一列保持不變，第二列向右做 1 個位元組的旋轉位移，第三列向右做 2 個位元組的旋轉位移，第四列向右做 3 個位元組的旋轉位移，其餘依此類推。

表格 5.4: Inverse S-Box

	0	1	2	3	4	5	6	7	8	9	A	B	C	D	E	F
0	52	09	6A	D5	30	36	A5	38	BF	40	A3	9E	81	F3	D7	FB
1	7C	E3	39	82	9B	2F	FF	87	34	8E	43	44	C4	DE	E9	CB
2	54	7B	94	32	A6	C2	23	3D	EE	4C	95	0B	42	FA	C3	4E
3	08	2E	A1	66	28	D9	24	B2	76	5B	A2	49	6D	8B	D1	25
4	72	F8	F6	64	86	68	98	16	D4	A4	5C	CC	5D	65	B6	92
5	6C	70	48	50	FD	ED	B9	DA	5E	15	46	57	A7	8D	9D	84
6	90	D8	AB	00	8C	BC	D3	0A	F7	E4	58	05	B8	B3	45	06
7	D0	2C	1E	8F	CA	3F	0F	02	C1	AF	BD	03	01	13	8A	6B
8	3A	91	11	41	4F	67	DC	EA	97	F2	CF	CE	F0	B4	E6	73
9	96	AC	74	22	E7	AD	35	85	E2	F9	37	E8	1C	75	DF	6E
A	47	F1	1A	71	1D	29	C5	89	6F	B7	62	0E	AA	18	BE	1B
B	FC	56	3E	4B	C6	D2	79	20	9A	DB	C0	FE	78	CD	5A	F4
C	1F	DD	A8	33	88	07	C7	31	B1	12	10	59	27	80	EC	5F
D	60	51	7F	A9	19	B5	4A	0D	2D	E5	7A	9F	93	C9	9C	EF
E	A0	E0	3B	4D	AE	2A	F5	B0	C8	EB	BB	3C	83	53	99	61
F	17	2B	04	7E	BA	77	D6	26	E1	69	14	63	55	21	0C	7D

反混行轉換函數

反混行轉換 (InvMixColumn) 的主要概念是希望再乘上一個多項式 $d(x)$，使得 $c(x) \otimes d(x) = \{01\}$，藉此讓轉換過的每一行 (Column) 的值，能回復到轉換前的狀態。因此，若要使

$$(\{03\}x^3 + \{01\}x^2 + \{01\}x + \{02\}) \otimes d(x) = \{01\}$$

成立，可以算出 $d(x) = \{0B\}x^3 + \{0D\}x^2 + \{09\}x + \{0E\}$。因此，InvMix-Column 函數的轉換可由下列矩陣相乘來表示：

$$\begin{bmatrix} 0E & 0B & 0D & 09 \\ 09 & 0E & 0B & 0D \\ 0D & 09 & 0E & 0B \\ 0B & 0D & 09 & 0E \end{bmatrix} \times \begin{bmatrix} s_{0,0} & s_{0,1} & s_{0,2} & s_{0,3} \\ s_{1,0} & s_{1,1} & s_{1,2} & s_{1,3} \\ s_{2,0} & s_{2,1} & s_{2,2} & s_{2,3} \\ s_{3,0} & s_{3,1} & s_{3,2} & s_{3,3} \end{bmatrix} = \begin{bmatrix} s'_{0,0} & s'_{0,1} & s'_{0,2} & s'_{0,3} \\ s'_{1,0} & s'_{1,1} & s'_{1,2} & s'_{1,3} \\ s'_{2,0} & s'_{2,1} & s'_{2,2} & s'_{2,3} \\ s'_{3,0} & s'_{3,1} & s'_{3,2} & s'_{3,3} \end{bmatrix}$$

解密流程

Rijndael 的解密流程，其實就是其加密流程的反向，同樣是由一個初始的回合金鑰加密 (AddRoundKey)、$N_r - 1$ 個回合的運算、及一個最終

回合運算 (Final Round) 所組成。詳細步驟敘述如下：

步驟一：

初始階段要先將密文轉換成一狀態值矩陣，再將狀態值矩陣與回合金鑰 RK_{N_r}，經由回合金鑰加密函數 (AddRoundKey) 運算。

步驟二：

將狀態值矩陣的結果經過 InvShiftRow 函數的轉換，InvShiftRow 的轉換是將狀態值中的位元組向右做循環移列轉換，其轉換規則為狀態值中的第一列維持不變，第二列向左循環位移 1 個位元組，依此類推。

步驟三：

將步驟二所產生的結果再經由 InvByteSub 函數轉換。InvByteSub 函數與 ByteSub 函數，同樣是簡單的查表替代方法，採用 16 × 16 的位元組矩陣，稱為反向 S-Box (Inverse S-Box)。藉由行與列的索引，可找出反向 S-box 中所對應的位元組，再用此位元組替換原來的位元組。

步驟四：

將步驟三所得到的結果，與回合金鑰再執行一次 AddRoundKey 的轉換。

步驟五：

將上一步驟轉換後的結果再經由 InvMixColumn 函數轉換，其轉換方式就是將狀態值矩陣與單位矩陣

$$\begin{bmatrix} 0E & 0B & 0D & 09 \\ 09 & 0E & 0B & 0D \\ 0D & 09 & 0E & 0B \\ 0B & 0D & 09 & 0E \end{bmatrix}$$

做矩陣相乘。

步驟六：

重複執行步驟二至五 ($N_r - 1$) 回合後，將其結果再執行一次步驟二的 InvShiftRow 的轉換及步驟三的 InvByteSub 轉換，所得到的結果與初始回合的回合金鑰 RK_0 執行一次 AddRoundKey 的轉換，最後的輸出就是我們要的文件訊息。

5.7 祕密金鑰密碼系統的加密模式

由於 DES 密碼系統之明文為 64 位元，若文件資料長度不足 64 位元時，則必須填補額外的資料到 64 位元（一般填補「空白」其 ASCII 為 32）。若文件資料長度超過 64 位元，則必須將此文件以 64 位元為區塊單位加以切割成數個區塊 (Block)，最後再將不足的區塊填滿。例如，若一份機密文件資料長度為 150 位元，若要以 DES 密碼系統來加密，則必須先將此文件切割成兩個 64 位元區塊及一個 22 位元區塊，因為最後一區塊不足 64 位元，因此需額外補上 42 位元。接著，就可以將此三個 64 位元區塊依序以 DES 演算法加密。

執行一次 DES 可加密一個 64 位元明文區塊，因此文件資料有三個 64 之明文區塊，就必須執行三次 DES 加密。至於如何將數個明文區塊做 DES 加密，在 FIPS PUB 81 及 ANSI X3.106 兩份標準文件中，制訂四種加密模式：ECB、CBC、CFB 及 OFB。這些加密模式也適用其他祕密金鑰密碼系統，以下各小節是以 DES 密碼系統為例做說明。

5.7.1 ECB 加密模式

ECB (Electronic Code Book) 模式之加密及解密流程，如圖 5.9 所示。在 ECB 加密模式下，每個明文區塊依序獨立加密，產出各自獨立之密文。由於每個區塊各自獨立加解密。因此，ECB 加密模式可平行處理，以加快加解密速度。若電腦系統有 10 個 CPU，那麼此 10 個 CPU 就可以同時來做加解密，比單一 CPU 作業提高 10 倍速度。

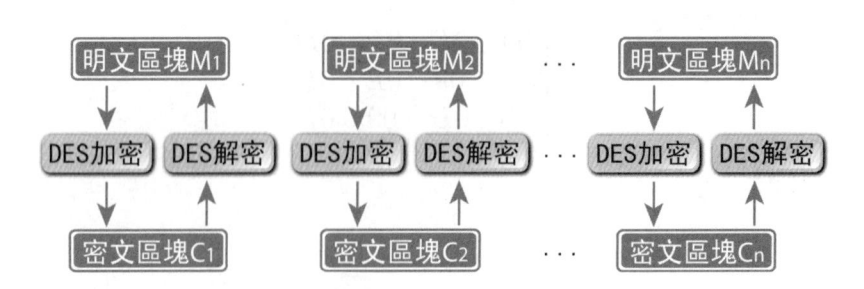

圖 5.9: ECB 加密模式

但 ECB 加密模式有一個很大的缺點，相同的明文區塊經加密後會產生相同的密文。因此相同的明文區塊若出現在文件資料中多次，一

旦此密文區塊被解密或破解，而得知其明文區塊，那麼該機密文件將有部分資料會被解密。另外，若密文內容被剪貼或替換，接收者不容易發現此錯誤。例如，明文為「林總經理昨晚殺了三名竊賊」，其密文為 $C1 = DES$（林總經理），$C2 = DES$（昨晚殺了），$C3 = DES$（三名竊賊）。若將密文 $C1$ 及 $C3$ 順序對調，則對方解密後變成「三名竊賊昨晚殺了林總經理」，與原意不同。

5.7.2 CBC 加密模式

CBC (Cipher Block Chaining) 模式之加密流程如圖 5.10 所示。第一塊明文區塊先跟系統初始向量 (Initial Vector, IV) 做一次 XOR 運算。此 IV 之長度依所使用之祕密金鑰密碼系統而定，若採用 DES，則由於 DES 一次加密區塊為 64 位元，因此 IV 就必須設計成一 64 位元的初始向量。做完 XOR 運算後，將結果當作 DES 之明文輸入，產出第一個密文區塊。接著將此第一個密文區塊與第二區塊明文做 XOR 運算，再將結果當作 DES 之明文輸入，產出第二個密文區塊。以此類推，直到所有明文區塊全部做過加密處理為止。

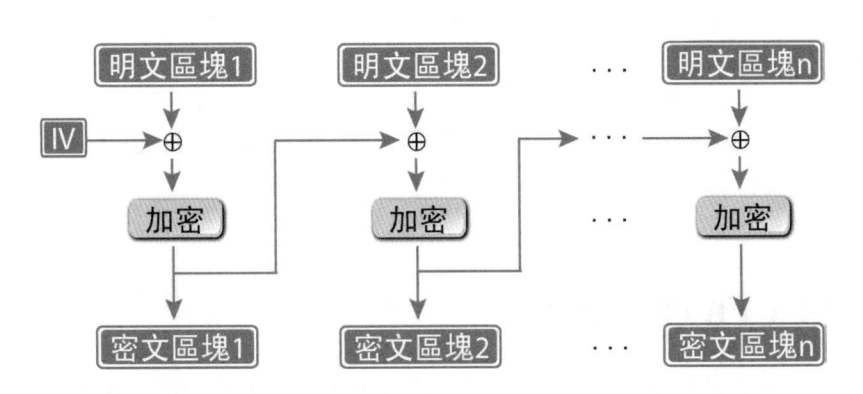

圖 5.10: CBC 模式—加密處理

CBC 模式之解密流程，如圖 5.11 所示。第一塊密文區塊直接使用 DES 解密，再將其結果與初始向量做 XOR 運算，得到原本之第一塊明文區塊。同樣地，第二塊密文區塊使用 DES 解密，再將其結果與第一塊密文區塊做 XOR 運算，就可以得到原本之第二塊明文區塊。其餘類推，直到所有密文區塊全部做過解密處理為止。

在 CBC 加密模式下，每一個明文區塊加密之前必須與前一個區塊的密文先做一次 XOR 運算，如此即使有相同明文區塊，也會產生

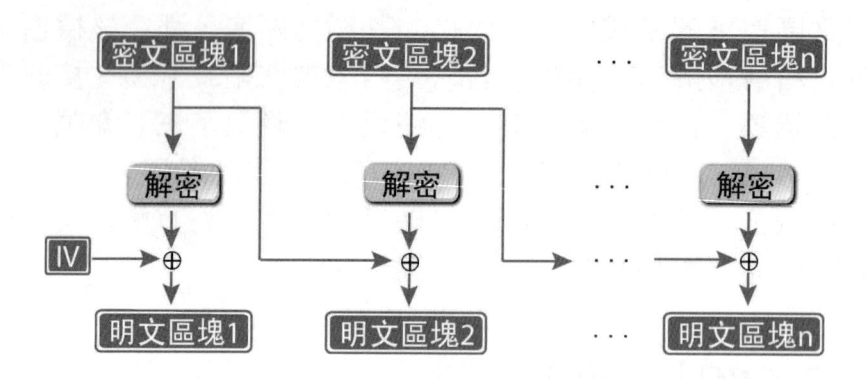

圖 5.11: CBC 模式—解密處理

不同的密文區塊。因此，CBC 沒有 ECB 相同明文區塊產生相同密文區塊之缺點。

假如某一密文區塊被替換或遭篡改，那麼其後密文區塊將無法解密出原來之明文區塊。因此，可以解決 ECB 無法偵測出被剪貼或替換之缺點。但從某一角度來看，這也是 CBC 加密模式缺點。若第一個密文區塊因傳輸過程中有雜訊干擾到數個位元資料，則此區塊將無法被正確解密還原回明文，第二個及其後之密文區塊也會跟著無法正確解密，必須要求發送端重新傳送。若在 ECB 加密模式，則只需要求發送一個密文區塊即可。

另外，CBC 加密模式不能利用平行處理方式來加快加密速度，至於解密速度則可以利用平行處理方式來加快速度。

5.7.3 CFB 加密模式

CFB (Cipher Feed Back) 模式之加密流程如圖 5.12 所示。先將初始向量做 DES 加密，並將其 IV 之密文與第一塊明文區塊做 XOR 運算，產出第一個密文區塊。將第一個密文區塊做 DES 加密，並將此結果與第二塊明文區塊做 XOR 運算，產出第二個密文區塊。其餘類推，直到所有明文區塊全部做過加密處理為止。

CFB 模式之解密流程，如圖 5.13 所示。將初始向量做 DES 加密，並將其 IV 之密文與第一塊密文區塊做 XOR 運算，產出第一個明文區塊。將第一個密文區塊做 DES 加密，並將此結果與第二塊密文區塊做 XOR 運算，產出第二個明文區塊。其餘類推，直到所有密文區塊

全部做過解密處理為止。

在 CFB 模式下，每一明文區塊與之前之密文區塊做 XOR 運算後成為此區塊之密文區塊；因此，如同 CBC 加密模式，相同明文區塊不會產生相同的密文區塊。另外，CFB 模式加密及解密過程均不能利用平行處理來加快處理速度。但若某一密文區塊遭受破壞，CFB 模式只會影響目前之區塊及下一區塊，要求發送端重送兩個密文區塊即可。

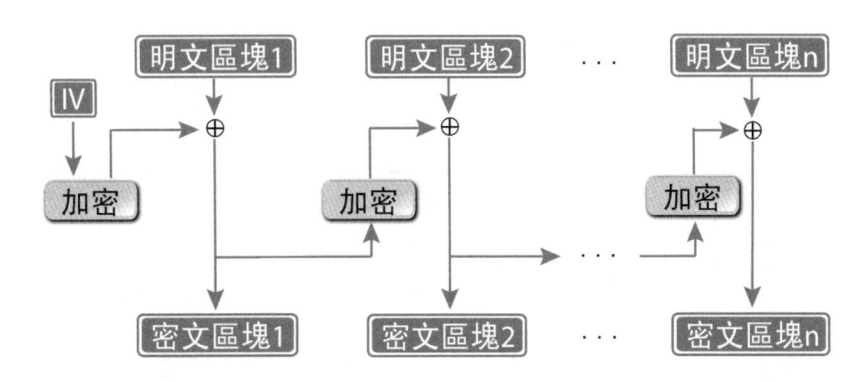

圖 5.12: CFB 模式—加密處理過程

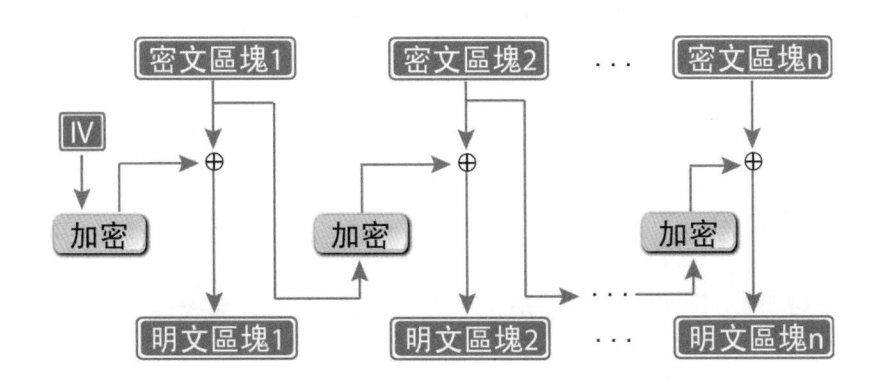

圖 5.13: CFB 模式—解密處理過程

除此之外，CFB 模式還有一個優點，也就是可以將 DES 以 64 位元為固定區塊加密法，設計成以低於 64 位元之變動區塊加密法。亦即每次加密區塊可以是 50 位元、32 位元或其他任意低於 64 位元之區塊。例如，想要將明文區塊改成 5 位元，則只要將 DES 加密為 64 位

元密文取最右 5 位元,再與明文區塊做 XOR,即可產生 5 位元密文區塊。這是 ECB 及 CBC 所無法做到的。

5.7.4 OFB 加密模式

OFB (Output Feed Back) 模式之加密流程如圖 5.14 所示。先將初始向量做 DES 加密,並將其 IV 之密文 (S_0) 與第一塊明文區塊做 XOR 運算,產出第一個密文區塊。同時,將將此 IV 之密文 (S_0) 再做一次 DES 加密得到 S_1,將 S_1 與第二塊明文區塊做 XOR 運算,產出第二個密文區塊。其餘類推,直到所有明文區塊全部做過加密處理為止。

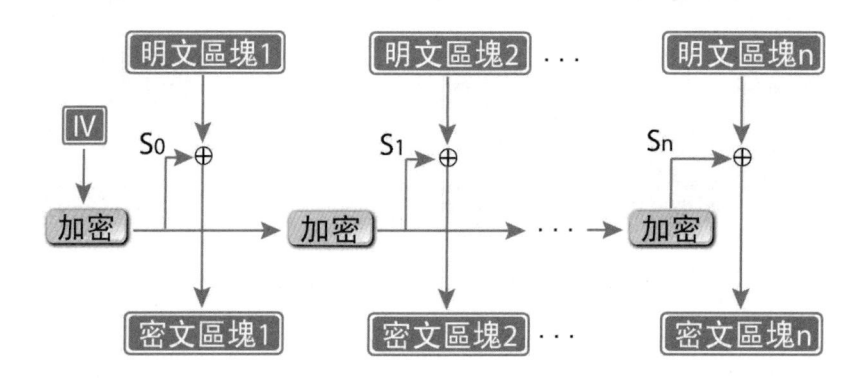

圖 5.14: OFB 模式—加密處理過程

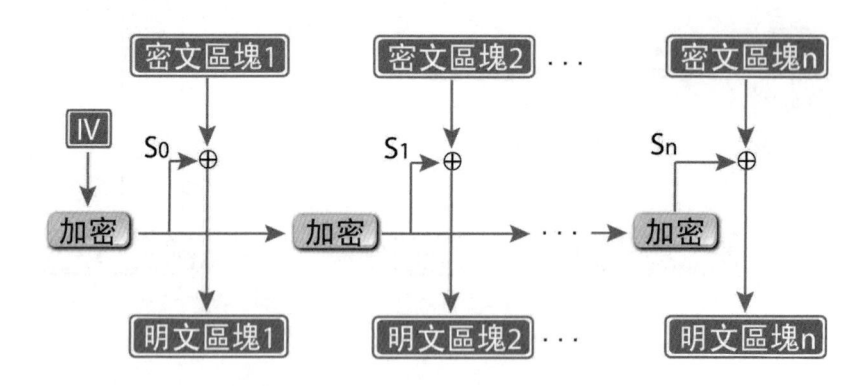

圖 5.15: OFB 模式—解密處理過程

OFB 模式之解密流程如圖 5.15 所示。將初始向量做 DES 加密得到 S_0,將 S_0 與第一塊密文區塊做 XOR 運算,產出第一個明文區塊。

同時,將此 IV 之密文 (S_0) 再做一次 DES 加密得到 S_1,將 S_1 與第二塊密文區塊做 XOR 運算,產出第二個明文區塊。其餘類推,直到所有密文區塊全部做過解密處理為止。

OFB 模式與 CFB 很類似,唯一的差別是每一密文區塊不受前面之明文區塊所影響。如同 ECB 模式,每一密文區塊都是獨立的。因此若有某一密文區塊傳輸過程中遺失或損壞,將不會影響密文區塊之解密動作。

進階參考資料

本章有關 AES 的部分主要參考美國國家標準技術局 (NIST) 之網站:http://csrc.nist.gov/encryption/aes/。Rijndael 密碼系統參考 Rijndael 計畫書:J. Daemen and V. Rijmen, *Rijndael, The Advanced Encryption Standard*, Dr. Dobb's Journal, vol. 26, no. 3, pp. 137–139, 2001 及 J. Daemen and V. Rijmen, *AES Proposal: Rijndael*, National Institution Standard Technology, USA, March 1999。其他參考資料限於篇幅無法一一列出,請讀者自行到本書輔助教學網站 (http://ins.isrc.tw/) 瀏覽參考。

5.8 習題

1. 試述如何評估一套資料保密技術的優劣。

2. 密碼系統之安全性程度分為哪兩種?試說明之。

3. 何謂密文攻擊、已知明文攻擊、選擇明文攻擊、選擇密文攻擊?請舉例說明。

4. 請寫出 DES 密碼系統之金鑰、明文及密文長度。

5. 為何在 3DES 中,前兩個(或後兩個)DES 之祕密金鑰一定要不相同?

6. 一般 3DES 有哪四種使用方式?試說明之。

7. 介紹並設計下列密碼系統：DEAL、CRYPTON、CAST-256、DFC、LOKI97、MAGENTA、E2、FROG、SAFER+、TWOFISH、HPC、SERPENT。

8. 請列舉出 DES 與 AES 的差異。

9. 請說明為什麼要用 AES 來取代 DES。

10. 試描述 AES 的加密程序。

11. 請分別探討 ECB、CBC、CFB、OFB 加密模式的優缺點。

12. 四種 DES 加密模式中，適用在衛星通訊（有雜訊）是哪種加密模式？請簡述。

13. 試比較公開金鑰密碼系統與祕密金鑰密碼系統的差異。

14. 請解釋何謂無條件安全 (Unconditionally Secure) 及計算安全 (Computationally Secure)。

15. 請解釋何謂對稱式密碼系統。

16. 請解釋何謂三重 DES 密碼系統。

17. 張三豐想要傳送一份祕密文件給李四娘，但是張三豐沒有李四娘的祕密金鑰（對稱式密碼系統），請問如何達成任務？請任舉數種方法並簡述之。

18. 有一密碼系統其加解密過程如下：

$$C_i = K \oplus M_i$$
$$M_i = K \oplus C_i$$

其中，M_i 及 C_i 分別代表第 i 個明文及密文，K 代表祕密金鑰。以上 M_i、C_i、及 K 之長度均相同，請問此系統是否具無條件安全？試解釋之。

19. 將明文 M = LINGTUNG 以 Playfair 密碼系統加密後密文為何？金鑰表如下：

H	A	R	P	S
I	C	G	K	L
E	M	O	D	B
N	Q	T	U	F
W	Y	Z	X	V

20. 介紹並設計 IDEA 密碼系統。

21. 早在西元前五世紀,斯巴達人利用一種簡單的換位法加密技術來傳遞軍情。斯巴達人使用的工具十分簡單,加密者將訊息書寫於一類似皮帶的長條皮革上,乍看之下是一段毫無意義的訊息,信差將其繫於腰上傳送給前線的戰士,解密者則利用一特定直徑的木棒來做解密。試說明此加密及解密的過程,以及其為何可達到保密的目的。

5.9 專題

1. 開發 DES 密碼系統之程式。

2. 設計 AES 密碼系統之程式。

3. 請利用 DES 密碼系統,開發一 CBC 加密模式。

4. 請利用 DES 密碼系統,開發一 OFB 加密模式。

5.10 實習單元

1. 實習單元名稱: AES(或 DES)密碼系統練習。

2. 實習單元目的:
本單元以讓讀者熟悉及 AES(或 DES)加密系統為目標,透過 AES(或 DES)加密系統的練習及操作,讓讀者體驗 AES(或 DES)的加密及解密過程,進而瞭解 AES(或 DES)設計的概念。

3. 系統需求:網頁瀏覽器。

4. 實習過程：

   完整的實習過程範例及教學用的 AES（或 DES）加密系統放置於本書輔助教學網站，有興趣的讀者可參考該網站(http://ins.isrc.tw/)。

6 公開金鑰密碼系統

Public-Key Cryptosystems

公開金鑰密碼系統
Public-Key Cryptosystems

6.1 公開金鑰的基本概念

祕密金鑰密碼系統是以祕密金鑰 (Secret Key) 為主體。傳送方利用此金鑰對所要傳送的訊息進行加密，接收方收到密文後，利用同一把金鑰對此密文進行解密。此類祕密金鑰密碼系統有一潛在問題：在通訊的過程中，通訊雙方需先協議一把相同的祕密金鑰。然而，通訊雙方要如何去協議及傳遞這一把不為他人所知的祕密金鑰呢？透過電話來協議此一祕密金鑰並不可行，因為電話很可能會被竊聽。透過郵件來協議及傳遞金鑰也有同樣的顧慮。因此，如何有效且安全地來協議，並傳遞這把共同的祕密金鑰，是祕密金鑰密碼系統所必須解決的問題。

此外，金鑰的管理問題也使祕密金鑰密碼系統的使用者感到十分頭痛。當春嬌要跟志明進行祕密通訊時，由於雙方之前已協議出一把共同的祕密金鑰 K_{AB}，因此通訊時，春嬌就可用祕密金鑰 K_{AB} 透過加密演算法 E 來對訊息 M 做加密來得到密文 $C = E_{K_{AB}}(M)$。志明收到密文後，就用同一把祕密金鑰 K_{AB} 透過解密演算法 D 來對密文進行解密。

若春嬌也要與張三豐進行祕密通訊，雙方都要握有一把共同的祕密金鑰 K_{AC}；若要再與李四娘通訊，春嬌與李四娘也要共同握有一把祕密金鑰 K_{AD}。依此類推，若春嬌要與一萬個人做祕密通訊，那麼春嬌就必須握有一萬把祕密金鑰。如此一來，將造成春嬌在金鑰管理上極大的負擔。為了改善對稱性密碼系統的這些問題，於是便產生公開金鑰密碼系統 (Public-Key Cryptosystems)。

6.1.1 公開金鑰加解密基本概念

公開金鑰密碼系統的基本概念是每個人均有兩把金鑰。一把公開給所有的人知道，稱為公開金鑰 (Public Key)，也稱為加密金鑰 (Enciphering Key)。另一把則自己隱密保管，稱為私密金鑰 (Private Key)，也稱為解密金鑰 (Deciphering Key)。值得注意的是，為了與對稱式密碼系統的祕密金鑰 (Secret Key) 有所區隔，公開金鑰密碼系統的解密金鑰通常稱為私密金鑰 (Private Key)。

公開金鑰就好比電話簿，每個人均有一支電話號碼，並將此號碼公開刊登於電話簿中，當有人要打電話給某人時，就撥打此公開電話號碼。同樣地，當有人要傳送祕密訊息給你時，就到公開目錄區 (Public Domain) 查出你的公開金鑰，再以此公開金鑰對祕密訊息做加密處理。

當春嬌要傳送一祕密訊息給志明時，春嬌以志明的公開金鑰 e_B 透過公開金鑰的加密演算法 E，對要傳送的祕密訊息 M 進行加密處理，得到密文為 $C = E_{e_B}(M)$。志明收到密文 (Ciphertext) 後，以自己的私密金鑰 d_B 透過解密演算法對此密文進行解密，可得到明文 $M = D_{d_B}(C)$，其流程如圖 6.1 所示。

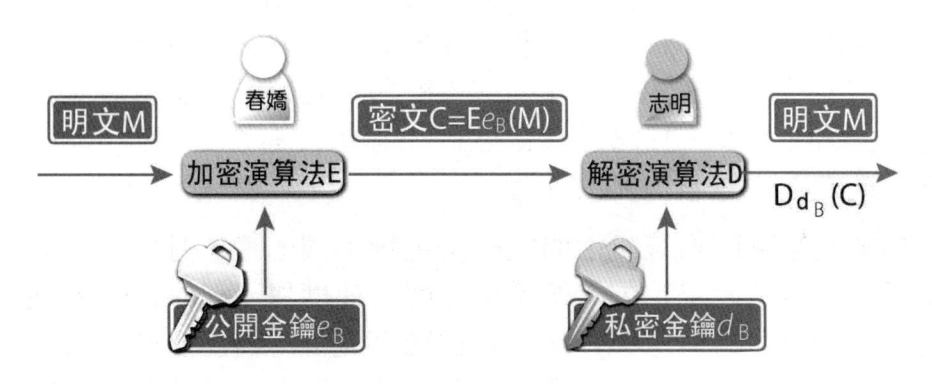

圖 6.1: 公開金鑰加解密簡圖

不同於對稱式密碼系統，公開金鑰密碼系統是利用一把公開金鑰（加密金鑰）來做加密，用其所對應的另一把私密金鑰來做解密。由於其加解密使用不同的金鑰，因此又稱為非對稱式密碼系統 (Asymmetric Cryptosystem)。因使用兩把金鑰做加解密，有時也稱為雙金鑰密碼系統 (Two-Key Cryptosystems)。

6.1.2 數位簽章的基本概念

公開金鑰密碼系統除了可以用來加密,以確保訊息的保密性外,也提供鑑別性、完整性及不可否認性等數位簽章的功能:

1). 保密性:確保資料的安全保密。

2). 鑑別性 (Authentication):可鑑別通信雙方的身分、文件來源的合法性,而非經他人偽造。

3). 完整性 (Integrity):可確保文件內容在網路的傳輸過程中正確無誤。

4). 不可否認性 (Non-repudiation):傳送者事後無法否認曾經傳送過資料、簽章者事後無法否認自己曾簽署過此文件。

正因為數位簽章具有上述後三項特性,所以廣泛用在各種公文文書及電子商務的應用上。

公開金鑰的數位簽章機制正好與其加密機制相反。假設春嬌要簽署一份文件 M 給志明,春嬌就用自己的私密金鑰 d_A 透過簽章演算法 D 來對訊息 M 做簽章,可得到訊息 M 的簽章為 $S = D_{d_A}(M)$。

當志明收到訊息 M 及數位簽章 S 後,便可以用春嬌的公開金鑰 e_A 透過簽章驗證演算法 E,來對訊息 M 的簽章做驗證,其驗證的方式是判斷 $E_{e_A}(S)$ 是否與訊息 M 相同。若相同,則志明可以相信此訊息確實是由春嬌所簽署,且訊息在傳遞的過程中沒有遭到篡改。圖 6.2 為公開金鑰的數位簽章機制之流程。

祕密金鑰密碼系統所用的加解密金鑰為同一把,且由傳送方與接收方兩端共同祕密持有,其優點是加解密速度快,缺點則是存在金鑰傳送及金鑰管理的問題。公開金鑰密碼系統所用的加解密金鑰並不相同,加密金鑰可以公開;而解密金鑰則需由使用者妥善保管,因此沒有金鑰管理的問題。另外,公開金鑰密碼系統運算較複雜,安全性較高,但是加解密速度也較慢。一般來說,祕密金鑰密碼系統的加解密速度大約比公開金鑰的密碼系統快了 1,000 倍。此外,公開金鑰的密碼系統具有數位簽章的功能,這是祕密金鑰密碼系統所沒有的。

公開金鑰密碼機制最早是由史丹佛大學的教授 Diffie 及 Hellman 於 1976 年提出,當時震驚全球密碼學界,為密碼學開啟一個新的里程

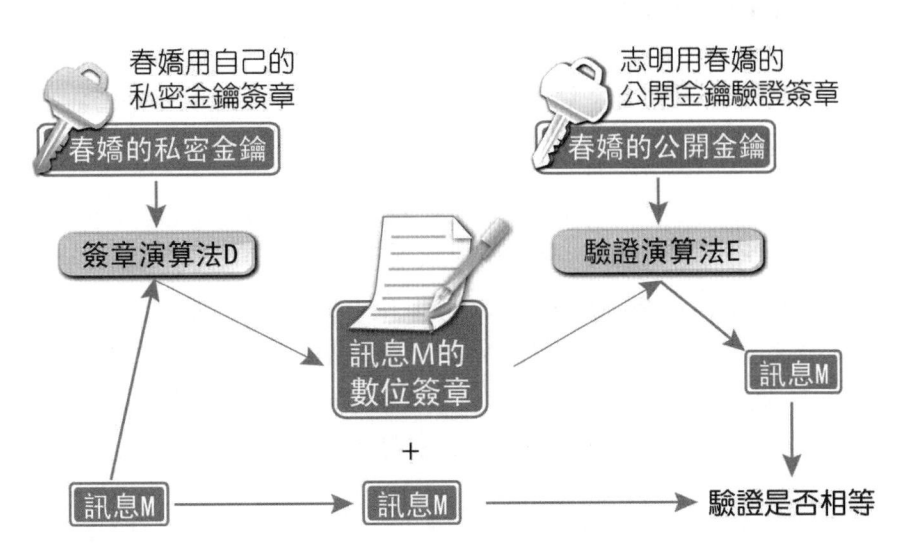

圖 6.2: 數位簽章的基本概念

碑。由於當時只提出公開金鑰密碼觀念,並沒有提出具體的公開金鑰密碼機制,因此全球密碼學家無不卯足全力研發。

在 1977 年,Merkle 及 Hellman 提出全世界第一套公開金鑰密碼系統,稱為迷袋式 (Knapsack) 公開金鑰密碼系統。可惜,隔年(1978 年)該系統就被證明是不安全的。1978 年是密碼學界非常重要的一年,被公認為最安全的 RSA 公開金鑰密碼系統終於問世,直到今日已縱橫三十多年。這段期間全世界密碼學菁英無不想盡各種方法破解,但到目前為止,RSA 還是被公認是很安全的密碼系統。

6.2 RSA 公開金鑰密碼機制

1978 年由美國麻省理工學院的 Ron Rivest、Adi Shamir 及 Len Adleman 三位教授發展出一套無須傳送金鑰的保密系統,這種方法充分利用公開金鑰的觀念,也就是將機密訊息用接收方的公開金鑰來加密,而接收方可以用自己才知道的私密金鑰來解密。這個演算法的命名是取這三位發明者姓氏的第一個英文字母,這也就是至今廣為使用的 RSA 公開金鑰密碼系統。

6.2.1 RSA 的加解密機制

RSA 的加解密系統可以分為三個部分說明：第一部分為使用者金鑰的產生；第二部分為加密演算法；第三部分為解密演算法。

在使用者金鑰的產生部分，首先此系統的每一個使用者將自行選擇一組公開金鑰，然後向全天下的人公告，使得所有要傳送機密資料給他的人都能藉此公開金鑰將資料加密，但只有他使用自己的私密金鑰才能解開此密文。以下是 RSA 金鑰產生的過程。

1). 首先找出兩個大質數 p 及 q，兩者均至少為 100 位的十進位數。

2). 計算 $N = p \times q$ 及 $\phi(N) = (p-1)(q-1)$，其中 $\phi(N)$ 為尤拉函數 (Euler's Totient Function)，為小於 N 的整數中與 N 互質的整數個數。例如，只有 1 及 5 這兩個數與 6 互質，所以 $\phi(6) = 2$。另外，$\phi(5) = 4$，所有比 5 小的整數 $\{1, 2, 3, 4\}$ 都與 5 互質。

3). 找出任意一個與 $\phi(N)$ 互質的數 e，此 (e, N) 可做為該使用者的公開金鑰。

4). 計算出該使用者的私密金鑰 d，使得 $e \times d \bmod \phi(N) = 1$，也就是在模 $\phi(N)$ 的情況下，使得 e 和 d 互為乘法反元素，其中 d 稱為使用者的私密金鑰，必須絕對保密（註：本書以 mod 為模數符號，所謂模數是指除法之餘數。例如，$5 \bmod 3 = 2$）。

產生這些使用者的公開金鑰及私密金鑰之後，我們就可以開始來進行訊息的加解密。在 RSA 的密碼系統裡，每次要加密或解密的訊息區塊其值是介於 0 和 $(N-1)$ 之間。若明文及密文大於這個區塊，則先將其分為數個區段，使每個區段均落於 0 至 $(N-1)$ 的範圍內。實務上，N 至少為 512 位元，此時明文則以 512 位元為一區塊加密處理單元。若 N 為 1024 位元，此時明文則以 1024 位元為單元。N 取愈大，RSA 安全性愈高，但加解密需花愈長的時間。

現在假設要對訊息 M 做加密，其中 $0 \leq M \leq (N-1)$，RSA 加密演算法為：

$$C = E_e(M) = M^e \bmod N$$

其中 C 為加密後所得到的密文。若要對密文 C 進行解密則只需計算

$$M = D_d(C) = C^d \bmod N$$

我們可以證明對某一特定範圍內的所有 M，其加密與解密的函數恰為反函數，也就是 $M = D(E(M))$。要證明 RSA 的正確性，我們必須先瞭解尤拉定理 (Euler's Theorem)。尤拉定理告訴我們一個有趣的數學現象，當 M 與 N 互質時，$M^{\phi(N)} \bmod N = 1$ 恆成立。例如，3 跟 5 互質，根據尤拉定理，我們可以得到 $3^{\phi(5)} \bmod 5 = 3^4 \bmod 5 = 1$。

此外，在 RSA 的機制中，因為 $e \times d \bmod \phi(N) = 1$，因此 $e \times d = (a \times \phi(N)) + 1$，其中 a 為整數。因此，我們可以得到：

$$\begin{aligned} D(C) &= D(M^e \bmod N) \\ &= (M^e)^d \bmod N \\ &= M^{(e \times d)} \bmod N \\ &= M^{a \times \phi(N)+1} \bmod N \\ &= (M^{\phi(N)})^a \times M \bmod N \\ &= M \end{aligned}$$

根據尤拉定理，我們知道 $M^{\phi(N)} \bmod N = 1$，因此上式可推論 $D(C) = 1^a \times M \bmod N = M$。以下舉一例子來說明 RSA 的加解密演算機制：

1). 接收方首先選擇兩個質數，$p = 3$ 與 $q = 11$，此時 $N = p \times q = 33$，$\phi(N) = (p-1)(q-1) = 20$。

2). 找出一個與 $\phi(N)$ 互質的數 e，令 $e = 3$。

3). 計算一個滿足 $e \times d \bmod \phi(N) = 1$，可得到 $d = 7$。

4). 接收方公告自己的公開金鑰 $(e, N) = (3, 33)$，並保存祕密金鑰 $d = 7$。

5). 傳送方欲送一段訊息「COMPUTER」予接收方時，首先將「COMPUTER」以數字替代，本例設為 19（一般先將字母轉成 ASCII 碼，再由左而右取出 512 位元當作明文區塊做加密處理），該訊息利

用加密函數:

$$C = M^e \bmod N$$
$$= 19^3 \bmod 33$$
$$= 28$$

最後,得到密文為 28。

6). 一旦收到密文,接收方利用自己的私密金鑰 ($d = 7$) 解密:

$$M = C^d \bmod N$$
$$= 28^7 \bmod 33$$
$$= 19$$

解出明文 $M = 19$。

6.2.2 RSA 的數位簽章機制

RSA 的密碼系統可同時用來做數位簽章,茲將 RSA 的數位簽章機制描述如下。

假設春嬌簽署一份訊息給志明,春嬌利用其私密金鑰 d_A 對所要傳送的訊息 M 做簽章,得到此訊息 M 的數位簽章 S:

$$S = M^{d_A} \bmod N$$

然後將訊息 M 連同簽章 S 一起傳送給志明,志明收到後利用春嬌的公開金鑰 (e_A, N) 來做驗證,驗證方法為:

$$M \stackrel{?}{=} S^{e_A} \bmod N$$

若驗證正確,則志明確信訊息為春嬌所送出,而且能確信訊息內容的完整性。因為,此數位簽章 S 只能由春嬌的私密金鑰來正確產生,沒有春嬌的私密金鑰,別人無法偽造出春嬌的正確簽章。既然別人無法偽造出春嬌的正確簽章,春嬌也就沒有理由否認曾簽署此訊息。

6.2.3 RSA 密碼機制的安全性

我們知道 RSA 演算法中,其加解密函數互為反函數,那麼為什麼 RSA 演算法是安全的呢?回顧 RSA 的演算法,我們知道使用者公開的資訊只有公開金鑰 (e, N),那麼有沒有辦法從 (e, N) 中求得 d,使得 $e \times d \mod \phi(N) = 1$。若可以從 (e, N) 來獲得 d,則 RSA 就不安全了。要求得 d,其實就是要算出 e 在模 $\phi(N)$ 下的乘法反元素 $d = e^{-1} \mod \phi(N)$。因此,如何求得某數在某模數系下的乘法反元素,就成了 RSA 密碼系統中的關鍵問題。

假設 $(x = a^{-1} \mod N)$ 為 a 在模 N 下的乘法反元素,也就是 $(x \times a \mod N = 1)$。要解 x 有一個先決條件,就是 a 與 N 必須互質。若 a 與 N 互質,那麼 $(x = a^{-1} \mod N)$ 就有唯一解;若 a 與 N 不互質,則 $(x = a^{-1} \mod N)$ 無解。例如,5 模 14 的乘法反元素為 3,但 2 模 14 的乘法反元素則不存在。這也就是為何在 RSA 密碼系統中,使用者所選擇的公開金鑰 e 必須與 $\phi(N)$ 互質。一般來說,有兩種方法可以用來解乘法反元素的問題 (Modular Inverse Problem)。

第一種方法是利用尤拉定理。根據尤拉定理 $a^{\phi(N)} \mod N = 1$,其中 a 與 N 互質,所以我們可知 $a \times a^{\phi(N)-1} \mod N = 1$,眼尖的讀者不難發現 a 模 N 的乘法反元素 $x = a^{\phi(N)-1} \mod N$。但在 RSA 密碼系統中,卻無法利用這個方法求得私密金鑰 d:

$$e \times e^{\phi(\phi(N))-1} \mod \phi(N) = 1$$

令 $d = e^{\phi(\phi(N))-1} \mod \phi(N)$。駭客雖然知道 N,但不知道 $\phi(N)$,因此駭客沒辦法導出使用者的私密金鑰。另一方面,即使合法使用者知道 $\phi(N)$ 的值,要得到 $\phi(\phi(N))$ 的值還是有點難度。

另一種方法為擴展歐幾里德演算法 (Extended Euclidean Algorithm),為歐幾里德演算法的延伸。歐幾里德演算法是求解最大公因數最著名的方法之一,其方法說明如下。假設欲求 a 與 N 之最大公因數

$\gcd(a, N)$，首先令 $r_0 = N$、$r_1 = a$（設 $N > a$），然後可以求得：

$$r_0 = r_1 g_1 + r_2$$
$$r_1 = r_2 g_2 + r_3$$
$$\vdots$$
$$r_{j-2} = r_{j-1} g_{j-1} + r_j$$
$$\vdots$$
$$r_{m-3} = r_{m-2} g_{m-2} + r_{m-1} \tag{6.1}$$
$$r_{m-2} = r_{m-1} g_{m-1} + r_m \tag{6.2}$$
$$r_{m-1} = r_m g_m$$

一直到 $r_{m+1} = 0$ 就停止，最後求得的 r_m 就是 a 與 N 的最大公因數，這個方法又稱為輾轉相除法。例如，求 $\gcd(a, N) = \gcd(155, 496)$ 如下：

$$496 = 155 \times 3 + 31 \quad (r_0 = 496, r_1 = 155, g_1 = 3, r_2 = 31)$$
$$155 = 31 \times 5 \quad\quad\quad (r_1 = 155, r_2 = 31, g_2 = 5, r_3 = 0)$$

所以 $\gcd(155, 496) = 31$。

如何利用擴展歐幾里德演算法來求乘法反元素呢？因為計算 $d = e^{-1} \bmod N$ 的首要條件就是 e 與 N 必須互質，因此 $r_m = \gcd(e, N) = 1$，從公式 (6.1) 及公式 (6.2) 得到：

$$r_m = r_{m-2} - r_{m-1} g_{m-1}$$
$$= r_{m-2} - (r_{m-3} - r_{m-2} g_{m-2}) g_{m-1}$$
$$= (1 + g_{m-1} g_{m-2}) r_{m-2} - g_{m-1} r_{m-3}$$

依此類推，最後一定可以求得兩個整數 d 與 t，使得 $r_m = dr_1 + tr_0$，也就是 $de + tN = 1$。其中的整數 d 其實就是我們要求的乘法反元素 $d = e^{-1} \bmod N$，因為

$$1 = de + tN \bmod N$$
$$= de \bmod N$$

在 RSA 密碼系統中，因為使用者知道 $\phi(N)$，故可以利用擴展歐幾里德演算法來求得其私密金鑰 $d = e^{-1} \bmod \phi(N)$。但是其他人只知

道 N，並不知道 $\phi(N)$，故無法從公開金鑰 (e,N) 求得私密金鑰 d。但是若他們有辦法將 N 分解成兩個大質數 p 跟 q，那麼就可以求得 $\phi(N) = (p-1)(q-1)$。一旦 $\phi(N)$ 被求得，私密金鑰 d 將很容易被得知，RSA 密碼系統也就不安全了。

所幸，要因數分解 N 是很困難的。根據 Rivest 等人的記載，要分解一個 200 位的十進位數約需 40 億年的計算，而分解一個 500 位數則約 10^{25} 年。這兩種估計均是以最佳演算法，而且每個指令執行的平均時間為 1 微秒計算，即使電腦速度往後每十年就增加數倍，但這樣的計算仍約需數百年的時間才能製造出真正可分解 500 位數的電腦。一旦有人宣稱可以在很短的時間（如一年內）將一個 512 位元之大數因數分解出兩個很大質數的乘積，那麼 512 位元的 RSA 密碼系統也不再安全。因此我們常說 RSA 密碼系統的安全是植基於因數分解的困難度。

雖然，目前 512 位元的 RSA 密碼系統還算安全，但未來幾年恐有被破解之虞，因此實務上皆採用 1024 位元的 RSA 密碼系統。

6.3 ElGamal 的公開金鑰密碼系統

1985 年，ElGamal 發展出一種植基於解離散對數困難度的公開密碼系統，其與 RSA 密碼系統的最大差異是 RSA 密碼系統中相同明文會產生相同密文，但 ElGamal 密碼系統中相同明文會產生不同密文。也就是說，這次使用 ElGamal 密碼系統對某份訊息做加密所產生之密文，當下次使用同樣的 ElGamal 密碼系統（相同密鑰、加密演算法）對相同的明文訊息再做加密處理，所產生之密文會與上次不相同，而且每次都不同。反觀 RSA 密碼系統，只要是相同的明文訊息、相同的密鑰以及相同的 RSA 加密演算法，不管執行幾次、不管什麼時候、在什麼地方做加密處理，每次所得到的密文都是相同的。

相同明文會對應到不同密文有什麼好處？底下我們舉一個例子來做說明。假設一份機密文件經過 20 年後，因已不具機密性而被解密公開。若採用相同明文產生相同密文的加密方式，有心者便可得知某些密文所對應的機密訊息為何，並以此已知密文與所對應的機密訊息，試圖解讀其他尚未公開之密文。例如，若知道「國家安全

局」所對應的密文為「nakalu」,那麼尚未解密的文件中只要發現有「nakalu」,就可以知道其表示的明文為「國家安全局」。獲得愈多明文與密文的對應關係,也就得到愈多的破解密碼資訊。若相同明文能對應到不同的密文,就不會發生類似的情況。

6.3.1 ElGamal 的加解密機制

ElGamal 密碼系統一樣可以分為三個部分來進行,分別是金鑰的產生、加密演算法及解密演算法。假設現在張三豐要傳送一份機密訊息給李四娘,那麼李四娘首先要產生一對公開金鑰及私密金鑰,李四娘金鑰的產生過程如下:

1). 首先李四娘選擇一個大質數 P,以及與 P 互質的原根 g(原根將於第 6.3.3 節中介紹)。

2). 李四娘隨機選取一把私密金鑰 x,並計算其公開金鑰 y,其中 $y = g^x \bmod P$。

3). 李四娘的私密金鑰為 x,並公告其公開金鑰為 (y, P, g)。

當金鑰產生後,張三豐就可將要傳送的訊息 M,以該公開金鑰加密後傳送給李四娘,其加密方法為:

1). 張三豐隨機產生一個亂數 r,其中 $r \in Z_P$,也就是 r 為小於 P 的整數。

2). 張三豐計算

$$b = g^r \bmod P$$
$$c = M \times y^r \bmod P$$

3). 最後張三豐將密文 b 及 c 一起傳送給李四娘。

李四娘收到密文 (b, c) 後,便用其私密金鑰 x 來對密文進行解密,解密的方法為:

$$M = c \times (b^x)^{-1} \bmod P$$

我們推導上式來證明經過 ElGamal 密碼系統加密後,可以解密出原本之機密訊息:

$$\begin{aligned}
& c \times (b^x)^{-1} \bmod P \\
=\ & My^r \times ((g^r)^x)^{-1} \bmod P \\
=\ & Mg^{xr} \times g^{-xr} \bmod P \\
=\ & M
\end{aligned}$$

我們一直強調,使用同樣的 ElGamal 密碼系統(相同密鑰及加密演算法)對相同的明文訊息做加密處理,每次所產生之密文皆不同。主要關鍵在於每次使用 ElGamal 密碼系統,都會隨機產生一個不同的亂數 r,因此即使是相同的密鑰、相同的明文訊息,每次所產生之密文都會不同。除非選擇相同的隨機亂數值 r,所產生之密文才有可能相同。但由於亂數值也是很大的數,因此隨機產生相同的亂數值,其機率相當微小。

既然 ElGamal 密碼系統具有相同明文會產生不同密文之優點,為什麼到現在還是較常使用 RSA 密碼系統呢?主要原因是 ElGamal 密碼系統所產生之密文長度為明文的兩倍。加密一個 512 位元的明文 M,使用 ElGamal 密碼系統將產生密文 (b, c),其中 b 及 c 長度均為 512 位元,密文總長度為 1024 位元,是明文長度的兩倍。RSA 密碼系統則沒有此缺點,其所產生之密文長度與明文長度相同。

6.3.2 ElGamal 的數位簽章機制

ElGamal 的公開金鑰密碼系統也可以拿來做數位簽章,若張三豐的私密金鑰為 x,公開金鑰為 (y, P),而且符合 $y = g^x \bmod P$。張三豐利用其私密金鑰對一份文件 M 做簽章,其簽署過程如下:

1). 張三豐先選一數 k,並使得 $\gcd(k, P-1) = 1$。

2). 計算 $r = g^k \bmod P$。

3). 求出 s,使得 s 符合下式:

$$\begin{aligned}
M &= xr + ks \bmod (P-1) \\
\text{或}\quad s &= k^{-1}(M - xr) \bmod (P-1)
\end{aligned}$$

其中，x 為張三豐的私密金鑰。注意，上式是模 $(P-1)$ 不是 P。

4). 最後，張三豐傳送 (M, r, s) 給驗證者李四娘做數位簽章驗證。

李四娘收到 (M, r, s) 後，便可利用張三豐的公開金鑰來驗證其數位簽章正確與否，李四娘只需驗證

$$g^M \stackrel{?}{=} y^r r^s \bmod P$$

上式若相等，則李四娘可以相信此訊息確實為張三豐所簽署，而且訊息內容未經篡改。接著我們來推導及證明上式（其中會用到 $y = g^x \bmod P$）：

$$\begin{aligned} & y^r r^s \bmod P \\ =\ & (g^x)^r (g^k)^s \bmod P \\ =\ & g^{xr} (g^k)^{k^{-1}(M-xr)} \bmod P \\ =\ & g^{xr} g^{k(k^{-1}(M-xr))} \bmod P \\ =\ & g^{xr} g^{M-xr} \bmod P \\ =\ & g^M \bmod P \end{aligned}$$

6.3.3 ElGamal 密碼機制的安全性

ElGamal 的密碼機制中，若想要從使用者的公開金鑰 (y, P) 來求得其私密金鑰 x 是否可行呢？

我們先來看看下面這個簡單的數學問題。假設 g 是質數 P 的一個原根（Primitive Root，又稱為 Generator），那麼 g 的不同次方可以產生所有 1 到 $(P-1)$ 間的數值。以數學式表示為 $g^i \bmod p \neq g^j \bmod p$，其中 $i \neq j$，且 i 及 j 均介於 1 至 $(p-1)$ 之間。例如，

$$\begin{aligned} 2^1 \bmod 11 &= 2,\ 2^2 \bmod 11 = 4,\ 2^3 \bmod 11 = 8, \\ 2^4 \bmod 11 &= 5,\ 2^5 \bmod 11 = 10,\ 2^6 \bmod 11 = 9, \\ 2^7 \bmod 11 &= 7,\ 2^8 \bmod 11 = 3,\ 2^9 \bmod 11 = 6, \\ 2^{10} \bmod 11 &= 1 \end{aligned}$$

我們可以發現 2 的不同次方（1 到 10）可以產生不同的值，所以 2 就是質數 11 的原根。但並不是所有的數都是該質數的原根，例如 3 就不是質數 11 的原根，因為

$$3^1 \bmod 11 = 3,\ 3^2 \bmod 11 = 9,\ 3^3 \bmod 11 = 5,$$
$$3^4 \bmod 11 = 4,\ 3^5 \bmod 11 = 1,$$
$$3^6 \bmod 11 = 3 = 3^1 \bmod 11$$

可以發現當 $i=1$ 與 $j=6$ 時會得到相同的指數運算 $3^1 = 3^6 \bmod 11$，因此 3 不是質數 11 的原根。

另外，還可以發現一個有趣的現象：當 g 是質數 p 的一個原根時，我們可以找到唯一的指數 x，使得 $g^x \bmod P = y$，此處 $(1 \leq y \leq P-1)$ 且 $(0 < x \leq P-1)$，這裡的 x 就是所謂的離散對數 (Discrete Logarithm)。

數學上有許多著名的問題尚未找到有效的解決方法，解離散對數的問題就是其中一個。試想在 $y = g^x \bmod P$ 這個式子中，若我們知道 g、x 及 P 的值，便可以輕易地算出 y 值。反之，若我們知道 g、P 及 y 的值，當 P 值很大時（至少 512 位元），我們將難以推導出 x 值，這就是所謂解離散對數的問題。

我們說 ElGamal 密碼系統的安全性取決於解離散對數的問題，這是為什麼呢？我們來看看在 ElGamal 密碼系統中，李四娘的公開金鑰為 (P, g, y)，而其私密金鑰為 x。若李四娘的私密金鑰洩漏出去，那麼可就危險了，因為知道這把私密金鑰的人都可以輕易地解開密文或正確地產生李四娘的數位簽章。

但要得知李四娘的私密金鑰 x 並不是容易的事，因為要從其公開金鑰 $y = g^x \bmod P$ 去試著找出 x 的值，就是著名的解離散對數的問題。到目前為止，解離散對數還是一個難解的問題。如果有一天，出現一個有效的演算法可以求解離散對數，那麼 ElGamal 的密碼機制就不再安全。

6.4 其他公開金鑰密碼系統

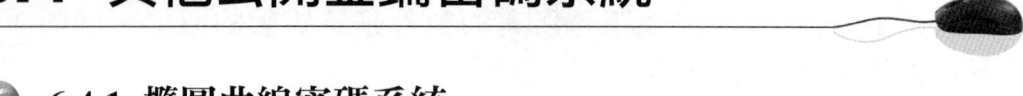

6.4.1 橢圓曲線密碼系統

RSA 或 ElGamal 密碼系統最為人詬病的問題,就是在加解密或是簽章的時候需要龐大的運算量,所以需要較長的運算時間,這對運算能力較差的設備,例如手機、PDA 或需要即時回應的系統相當不利。因此,近年來許多密碼學家紛紛尋求更有效率的公開金鑰演算法。橢圓曲線密碼系統 (Elliptic Curve Cryptosystem, ECC) 就是在這個前提下於 1985 年由美國華盛頓大學 (University of Washington) 教授 Neal Koblitz 及任職於 IBM 的 Victor Miller 博士所分別提出。此系統的安全性必須相當於 RSA 或 ElGamal 的密碼系統,但所需的運算量較少,才得以提高效率。

　　無論是 RSA 或 ElGamal 密碼系統,其安全性都必須架構在一個難解的數學問題上,橢圓曲線密碼系統也是一樣,必須架構在一個難解的問題上,而要解這個難題的困難度必須相當於對一個大數做因數分解或是解離散對數。以下我們先說明橢圓曲線的數學概念,接著再說明如何利用橢圓曲線來設計公開金鑰密碼系統。

　　橢圓曲線最大的好處是只需使用較短的加解密金鑰,便可以達到與 RSA 或 ElGamal 同等級的安全性。一般來說,160 位元的橢圓曲線加解密金鑰,其安全性與 1024 位元的 RSA 加解密金鑰相當,因此橢圓曲線的密碼系統在運作上會較有效率。

6.4.2 量子密碼學

目前使用的密碼系統中,不論 DES、RSA、ElGamal 或橢圓曲線密碼系統,其安全程度都僅屬於計算安全 (Computational Secure),也就是說,這些密碼系統並非牢不可破,只是以目前的電腦技術在有限的資源下,破解這些密碼要花費相當長的一段時間。隨著電腦運算能力不斷增強,人們也開始擔心所使用的密碼系統是否安全,因此常藉由增加金鑰的長度來提高安全性。但若有天電腦的運算能力發展到極致時,所有屬於計算安全的密碼系統都將隨之瓦解。量子電腦 (Quantum Computer) 便宣告這一天到來的可能性。量子電腦的出現對密碼學可

說是憂喜參半，憂的是現存的密碼系統都將不再安全，例如 RSA 中，因數分解這個讓數世紀以來數學家傷透腦筋的問題，在量子電腦的運算下，一個大數的因數分解可能只需數秒鐘即可完成。喜的是我們有機會利用量子電腦來發展出無條件安全 (Unconditionally Secure) 的密碼系統。

量子密碼學 (Quantum Cryptography) 的濫觴可以追溯至 1960 年代，美國哥倫比亞大學的研究生 Wiesner 首先提出一個量子貨幣的概念，但在當時這個想法並未被接受。直到 1984 年，受到 Wiesner 啟蒙的 Bennett 與 Brassard 才成功地創造一套量子密碼系統。

6.5 混合式的加密機制

公開金鑰的密碼機制雖然可以有效地解決金鑰管裡的問題，但其加解密的過程需要大量計算，使應用範圍受到很大的限制。例如，手機、PDA、智慧卡等裝置因為要便於攜帶，所以大部分都具有體積小、重量輕等特性，也因此其計算能力、記憶體大小都遠不及一般的個人電腦，所以需要大量計算的公開金鑰密碼機制並不適合用於這類裝置。

為了同時解決金鑰管理及運算效率的問題，便產生混合式加密機制。混合式加密機制顧名思義就是同時採用祕密金鑰密碼機制及公開金鑰密碼機制的加密系統，如此就能截長補短且同時擁有這兩種密碼機制的優點。目前，混合式加解密機制已被廣泛使用，接著將介紹兩種最常見的混合式加密機制。

6.5.1 數位信封

由於，公開金鑰密碼系統加解密所需的計算量遠超過對稱式密碼系統所需的計算量，故多半採用兩者混用的方法。數位信封 (Digital Envelop) 的概念便是利用一把交談金鑰 (Session Key) 透過對稱式（祕密金鑰）密碼機制，來對所要傳遞的訊息做加密；另一方面再利用接收方的公開金鑰，透過公開金鑰的加密演算法將交談金鑰加密。這個過程如同把交談金鑰放進一個彌封的信封中，唯有合法的接收者才能打開信封，取出裡面的交談金鑰。

我們舉一個例子來做說明。假設 春嬌 要傳送一個機密訊息 M 給志明，概念如圖 6.3 所示。

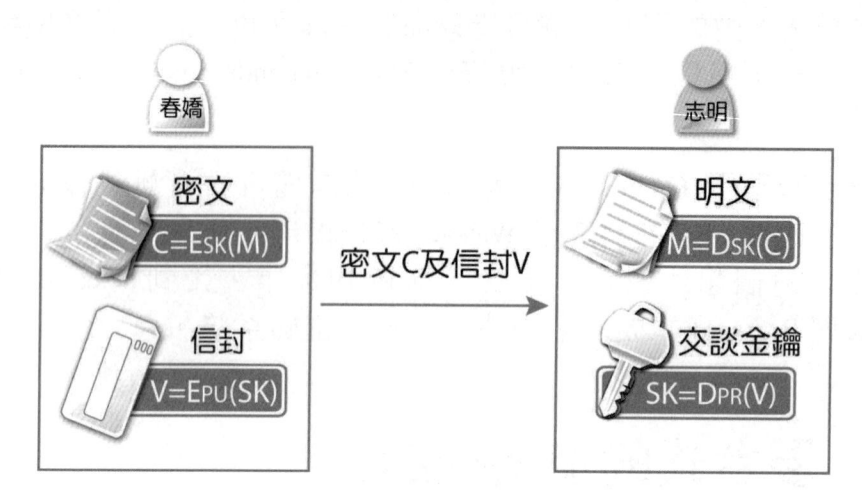

圖 6.3: 數位信封

加密過程如下：

1). 春嬌先隨機選取一把交談金鑰 SK。

2). 用對稱式密碼系統（如 DES、AES）來對訊息 M 做加密，得到密文為 $C = E_{SK}(M)$，其中 E_{SK} 為使用祕密金鑰 SK 的對稱式加密演算法。

3). 春嬌再用志明的公開金鑰 PU，透過公開金鑰的加密演算法（如 RSA、ElGamal）來對交談金鑰 SK 做加密，得到的數位信封為 $V = E_{PU}(SK)$，其中 E_{PU} 為使用公開金鑰 PU 的公開金鑰加密演算法。

4). 春嬌將密文及數位信封一起傳送給志明。

5). 志明收到後，先用其私密金鑰 PR 來解開數位信封中的交談金鑰 $SK = D_{PR}(V)$。

6). 獲得交談金鑰 SK 後，志明便可以取得明文 $M = D_{SK}(C)$。

數位信封最大的優點是結合祕密金鑰系統與公開金鑰系統的長處，進而消除祕密金鑰系統中金鑰管理的問題，以及公開金鑰系統計算較慢的問題。使用數位信封，傳送及接收雙方並不需要事先協議及保管共有的金鑰，每次要祕密通訊時，傳送方（春嬌）只要先隨機產

生一把交談金鑰 SK 做為加解密金鑰即可，傳送方再把這把金鑰裝進信封，並以接收方之公鑰做密封保護，只有接收方（志明）可以解出這把交談金鑰 SK，因此傳送及接收雙方並不需要事先協議及保管共有的金鑰。

一般利用公開金鑰系統加密一次所需的時間是祕密金鑰系統的 1,000 倍。利用祕密金鑰系統加密一次 64 位元所需的時間大約為 3 毫秒 (ms)，利用公開金鑰系統加密 512 位元約需 3 秒的時間。假設（春嬌）這次要傳送機密訊息為 1M 位元，使用公開金鑰系統必須先將機密訊息每 512 位元切割成一區塊，1M 位元訊息總共可以被切割成 2048 (= 1024 × 1024/512) 個區塊，因此總共要執行 2048 次公開金鑰系統加密處理，並需要 6134 (= 2048 × 3) 秒的時間。若使用數位信封則只需要做一次公開金鑰系統加密處理（需要 3 秒），以及 16384 (= 1024 × 1024/64) 次祕密金鑰系統加密處理（需要 16384 × 3 毫秒 = 49.152 秒），總計僅需要 52.152 秒，遠小於公開金鑰系統。

由於此祕密金鑰的長度通常遠小於所要傳輸訊息的長度，故可減少計算時間。此外，由於這把祕密金鑰在這一次交談結束後便捨棄，亦可提升系統的安全性。

6.5.2 Diffie-Hellman 的金鑰協議與交換機制

Diffie 和 Hellman 在 1976 年最早提出公開金鑰密碼系統的概念，他們所提出的方法並沒有真正地利用公開金鑰去對訊息做加解密，而是利用公開金鑰的概念來幫助通訊雙方安全地協議出一把共同的交談金鑰 (Session Key)。訊息真正的加解密工作是利用協議的這把交談金鑰，透過 DES 或 AES 等對稱式的密碼系統來完成。因此，Diffie 及 Hellman 所提出的方法又稱為 Diffie-Hellman 的金鑰協議法 (Diffie-Hellman Key Agreement)。

直到今日，Diffie-Hellman 所提出的金鑰協議演算法一直是密碼學中一項很重要的研究課題，也延伸出許多相關的議題。例如，如何在協議的過程中也能同時確認對方的身分，或是可以同時允許一群人（兩人以上）來共同協調出一把會議金鑰。

現在，我們就來看看 Diffie 和 Hellman 如何協議出一把共同的交談金鑰。首先，假設 (X_a, Y_a) 為春嬌使用 ElGamal 密碼系統之私密金鑰

(Private Key) 與公開金鑰 (Public Key)，其關係為 $Y_a = g^{X_a} \bmod p$，其中 p 及 g 為兩大質數，g 是 p 的原根。另外 (X_b, Y_b) 為志明的私密金鑰與公開金鑰，其中 $Y_b = g^{X_b} \bmod p$。現在春嬌和志明兩人要共同協議出一把交談金鑰 SK，底下為此金鑰的協議過程：

1). 春嬌查詢志明的公開金鑰 Y_b，並計算此交談金鑰：
$SK_a = Y_b^{X_a} \bmod p$。

2). 同樣地，志明也查詢春嬌的公開金鑰 Y_a，並計算此交談金鑰：
$SK_b = Y_a^{X_b} \bmod p$。

下列我們可以推導及證明春嬌和志明算出的交談金鑰 SK_a 會與 SK_b 相同：

$$\begin{aligned} SK_a &= Y_b^{X_a} \bmod p \\ &= (g^{X_b})^{X_a} \bmod p \\ &= (g^{X_a})^{X_b} \bmod p \\ &= Y_a^{X_b} \bmod p \\ &= SK_b \end{aligned}$$

一旦春嬌和志明協議出一把共同的交談金鑰後，雙方就可以利用祕密金鑰密碼系統（如 DES 或 AES），來對所要傳送的訊息進行加解密。

為什麼 Diffie-Hellman 的金鑰協議法是安全的呢？Diffie-Hellman 金鑰協議法的安全性與 ElGamal 密碼機制一樣，都是植基於解離散對數的問題上，這是為什麼呢？

在 Diffie-Hellman 的方法中，春嬌的公開金鑰為 (p, g, Y_a)，而其私密金鑰為 X_a。我們可以發現，若春嬌的私密金鑰 X_a 被破解，那麼所有人都可以輕易算出春嬌和他人所協議的交談金鑰，進而竊聽春嬌與他人的通訊。

所幸，要破解春嬌的私密金鑰 X_a 並不是件容易的事，我們可以從 $Y_a = g^{X_a} \bmod p$ 這個式子中試著計算出 X_a 的值。眼尖的讀者可能已經發現，要從 $Y_a = g^{X_a} \bmod p$ 這個式子解出 X_a 的值，其實就是求解離散對數的問題。

第六章　公開金鑰密碼系統

Diffie-Hellman 的金鑰協議法是假設傳送與接收雙方都已有永久使用之公開金鑰與私密金鑰，利用雙方之公開金鑰與私密金鑰來協議出雙方交談金鑰。假如雙方沒有公開金鑰與私密金鑰，雙方還是可以在網路的兩端產生交談金鑰，稱為 Diffie-Hellman 的金鑰交換法 (Diffie-Hellman Key Exchange)，其步驟如圖 6.4 所示。說明如下：

```
┌─────────────────────────────────────────────────────────┐
│     ┌─────────┐                    ┌─────────┐          │
│     │  春嬌   │                    │  志明   │          │
│     └─────────┘                    └─────────┘          │
│                                                         │
│   產生亂數 a                       產生亂數 b            │
│                                                         │
│   計算 Y_a = g^a mod p             計算 Y_b = g^b mod p │
│                                                         │
│                      ──── Y_a ────►                     │
│                                                         │
│                      ◄─── Y_b ────                      │
│                                                         │
│   計算 SK_a = Y_b^a mod p          計算 SK_b = Y_a^b mod p│
└─────────────────────────────────────────────────────────┘
```

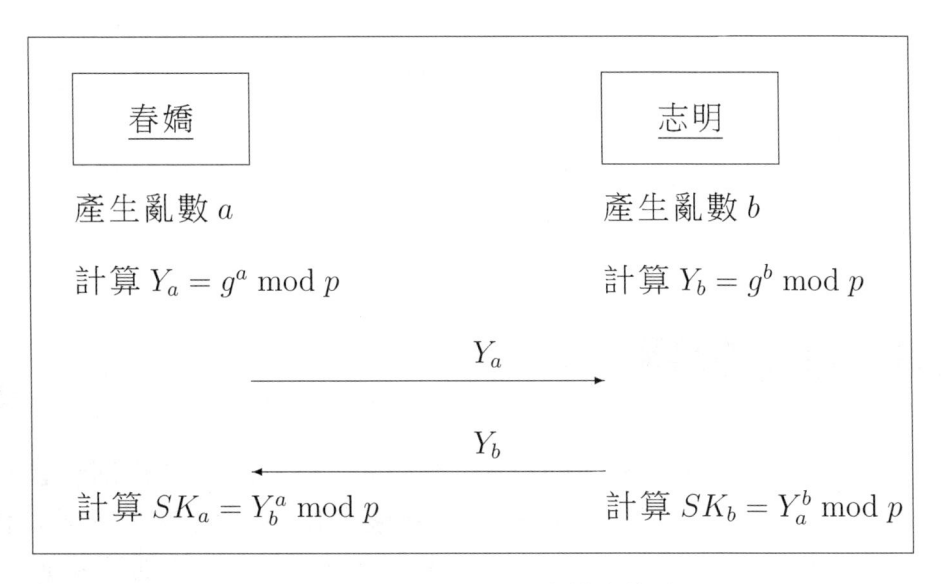

圖 6.4: Diffie-Hellman 的金鑰交換法

1). 春嬌先選擇亂數 a，並計算 $Y_a = g^a \bmod p$，接著將 Y_a 傳送給志明。

2). 同樣地，志明選擇亂數 b，並計算 $Y_b = g^b \bmod p$，接著將 Y_b 傳送給春嬌。

3). 春嬌收到 Y_b 後，就可計算出交談金鑰 SK_a：

$$\begin{aligned} SK_a &= Y_b^a \bmod p \\ &= (g^b)^a \bmod p \\ &= g^{ab} \bmod p \end{aligned}$$

4). 同樣地，志明收到 Y_a 後，就可計算出交談金鑰 SK_b：

$$\begin{aligned}SK_b &= Y_a^b \bmod p \\ &= (g^a)^b \bmod p \\ &= g^{ba} \bmod p \\ &= SK_a\end{aligned}$$

春嬌與志明最後協議出一把交談金鑰 $SK = g^{ab} \bmod p$。駭客在網路上攔截到 Y_a 及 Y_b 也無濟於事，因為他無法從 Y_a 與 Y_b 來推導出 SK，除非能從 $Y_a (= g^a \bmod p)$ 反推求出亂數 a，而這是解離散對數問題。同樣也不能從 $Y_b (= g^b \bmod p)$ 反推求出亂數 b。

6.6 機密分享

什麼是機密分享 (Secret Sharing)？舉例來說，假設張三豐獨創一套武林祕笈太極拳，為了不讓這套武林祕笈被壞人偷走，他便將這套武林祕笈切成七部分（太極拳一式、二式、⋯、七式），分別交給武當七俠宋遠橋、俞蓮舟、俞岱巖、張松溪、張翠山、殷梨亭、及莫聲谷等七位徒弟保管。只有這七位徒弟拿出其分配到的太極拳招式，才能夠拼出完整的武林祕笈太極拳。後來張三豐覺得這樣做有兩個問題：其一為畢其一生親筆所寫的太極拳支離破碎（被分成七份），其二是每位徒弟均有各自的太極拳招式，若不按照招式順序修煉，將會走火入魔。因此，張三豐想到將完整武林祕笈太極拳藏在祕洞，再以一條大鏈鎖住，必須有七把鑰匙才可以解開大鏈並打開祕洞，接著張三豐就可以將此七把鑰匙分給武當七俠，如此就可以解決上述兩個問題，這就是機密分享的基本概念。

機密分享機制也可以應用在電腦系統中，例如我們可以將一機密金鑰 K 分給 n 個成員保管，分派者 (Dealer) 先製造出 n 份不同的子機密金鑰 K_i，然後分派給每一個成員保管，只有所有成員拿出各自的子機密金鑰 K_i，才能推導出主機密金鑰 K。

簡單的子機密金鑰 K_i 產生方法如下：分派者決定主機密金鑰 K 後，再任選出 K_1、K_2、⋯、K_{n-1} 等 $n-1$ 把子機密金鑰，第 n 把子機

密金鑰 K_n，由下列方程式求出：

$$K_n = K_1 \oplus K_2 \oplus \cdots \oplus K_{n-1} \oplus K$$

當 n 個成員均拿出其子機密金鑰 K_i 後，就可以推導出主機密金鑰 K：

$$K = K_1 \oplus K_2 \oplus \cdots \oplus K_n \tag{6.3}$$

張三豐將七把鑰匙 (K_i) 分給武當七俠後，未來武當七俠就可以拿出其金鑰 K_i，由 (6.3) 式推導出大鏈主鑰匙 K，才能解開大鏈，打開祕洞並取出武林祕笈，一起修煉太極拳。

上述方法可以做到機密分享，但需要全員到齊才能推導出主機密金鑰，但若某一個成員發生意外或遺漏其子機密金鑰，機密資訊就永遠無法被推導出來。於是在 1979 年時，Shamir 提出了 (t, n) 門檻機密分享技術 (Threshold Secret Sharing)，可以更有彈性地決定推導出主機密資訊的人數。

Shamir 的 (t, n) 門檻機密分享技術有兩個重要的參數：門檻值 t 與機密分享數目 n。機密的分派者首先將機密資訊 K 打造成 n 份不同的子機密 (Shadow)，每一位成員都可獲得一份子機密訊息 K_i。(t, n) 門檻機制需遵守下列兩個主要法則：

1. 當子機密訊息的數目等於或大於門檻值 t 時，便可以導出主機密資訊。

2. 當子機密訊息的數目小於門檻值 t 時，就無法導出主機密資訊。

以門檻 $(5, 7)$ 為例說明，只要七人（假設擁有子機密的人為武當七俠）之中的任何五個人，將各自所持有的子機密資訊結合，就可以得到主機密資訊。所以即使後來武當七俠中張翠山被逼自殺、莫聲谷被叛徒所殺，剩下的五人還是可以順利得到主機密資訊。但假如剩下的五人中有一位去閉關修煉了，剩下四位將無法推導出主機密資訊。

接著，簡介 Shamir 的 (t, n) 門檻機密分享技術：

1. 分派者任選 $t-1$ 次多項式：

$$F(X) = K + a_1 X + a_2 X^2 + \cdots + a_{t-1} X^{t-1} \bmod P \tag{6.4}$$

其中，K 為主機密資訊；P 為一大質數並滿足 $P \geq K$；係數 $a_1, a_2, \cdots, a_{t-1}$ 的值介於 0 至 $P-1$ 之間。

2. 分派者給每一位機密分享的成員一個唯一的公開識別碼 ID_i，分派者依每個成員的 ID_i 產生不同的子機密資訊 $K_i = F(ID_i)$，$i = 1, 2, \cdots, n$。(ID_i, S_i) 可視為多項式 $F(X)$ 上的一個座標點。

3. 假設有 t 個或 t 個以上的成員，拿出所持有的子機密資訊 (ID_i, K_i)，並代入式 (6.4)，得到下列 t 條方程式：

$$K_i = K + a_1 ID_i + a_2 ID_i^2 + \cdots + a_{t-1} ID_i^{t-1} \bmod P, \quad i = 1, 2, \cdots, t$$

上式有 t 個未知數 $(K, a_1, a_2, \cdots, a_{t-1})$，根據高斯定理，$t$ 條方程式可以解出 t 個未知數（並且是唯一解）。我們可以用國中及高中所學的解聯立方程式的方法解出此 t 個未知數，也可以利用下列 Lagrange 插值多項式解出機密值 K：

$$K = F(0) = \sum_{i=1}^{t}(L_i \times f(ID_i)) \bmod P \tag{6.5}$$

$$\text{其中} \quad L_i = \prod_{ID_j \neq ID_i} \frac{-ID_j}{ID_i - ID_j}$$

相反地，$t-1$ 個以下的成員，只能得到 $t-1$ 條方程式，根據高斯定理，$t-1$ 條方程式中有 t 個未知數，會有無限多組解。要從此無限多組解中猜出主機密資訊，其機率微乎其微。

我們舉 $(t, n) = (3, 4)$ 門檻機密分享技術如下：

1. 分派者任選 2 次多項式：$F(X) = 6 + 3X + 4X^2 \bmod 11$。

2. 分派者給每一位（共四位）成員識別碼 ID_i，分別為 $1, 2, 3, 4$，並由上式計算出第一位成員 ($ID_1 = 1$) 的子機密資訊為 $K_1 = F(1) = 6 + 3(1) + 4(1^2) \bmod 11 = 2$，亦即 $(ID_1, K_1) = (1, 2)$。同理，其餘成員子機密資訊分別為 $(ID_2, K_2) = (2, 6)$、$(ID_3, K_3) = (3, 7)$、$(ID_4, K_4) = (4, 5)$。

3. 假設有三位成員（設 ID_1, ID_2, ID_3）拿出所持有的子機密資訊 (ID_i, K_i)，就可得到下列 3 條方程式：

$$2 = K + a_1(1) + a_2(1^2) \bmod 11$$
$$6 = K + a_1(2) + a_2(2^2) \bmod 11$$
$$7 = K + a_1(3) + a_2(3^2) \bmod 11$$

上式 3 條方程式中各別有 3 個未知數 (K, a_1, a_2)，因此可以唯一解出此 3 個未知數。或者，也可以用 Lagrange 插值多項式解出機密值 K：

$$L_1 = \prod_{ID_j \neq ID_1} \frac{-ID_j}{ID_1 - ID_j} = \frac{-2}{1-2} \times \frac{-3}{1-3} = 3$$

$$L_2 = \prod_{ID_j \neq ID_2} \frac{-ID_j}{ID_2 - ID_j} = \frac{-1}{2-1} \times \frac{-3}{2-3} = -3$$

$$L_3 = \prod_{ID_j \neq ID_3} \frac{-ID_j}{ID_3 - ID_j} = \frac{-1}{3-1} \times \frac{-2}{3-2} = 1$$

代入式 (6.5) 得到

$$K = F(0) = \sum_{i=1}^{t}(L_i \times f(ID_i)) = 3(2) + (-3)(6) + 1(7) \bmod 11 = 6$$

6.7 密碼系統的評估

要判斷一個密碼系統的好壞，可以由下列五項因素評估：

1). 保密程度

保密程度是指一個密碼系統的安全性高低，例如第五章所提到的無條件安全，其保密程度就比計算安全要來得高。要衡量一個密碼系統的保密程度，我們必須假設破密者除了無法得知解密金鑰外，其餘密碼系統的加解密演算法及密文均可以得知。一般而言，依破密者在密碼系統中所獲得的資訊，其破解密碼的策略可以分為下列四個層次：

(a) 密文攻擊 (Ciphertext-only Attack)
這種攻擊方式的條件是假設破密者僅知道密碼系統的加解密演算法及所截獲的密文，進而從所截獲的密文中直接解譯出明文。

(b) 已知明文攻擊 (Known-plaintext Attack)
這種攻擊方式的條件是假設破密者除了知道密碼系統的加解密演算法之外，還擁有一些密文及其所對應的明文，進而從這些已知的明文 – 密文配對中求出解密金鑰，或解譯出其他密文所對應的明文。

(c) 選擇明文攻擊 (Chosen-plaintext Attack)
這種攻擊方式的條件是假設破密者不但知道密碼系統的加解密演算法，更能任意地選擇明文並計算出其所對應的密文，進而從這些明文 – 密文對中求出解密金鑰或解譯其他密文。

(d) 選擇密文攻擊 (Chosen-ciphertext Attack)
這種攻擊方式的條件是假設破密者可以任意地選擇密文，並可得知所選擇的這些密文其所對應的明文（破密者所選擇的密文解密後的明文可能不具任何意義），進而從這些資訊中求出解密金鑰或解譯其他密文。

針對這四種攻擊方式，可發現愈後面的攻擊方式愈厲害，因此若能抵擋愈後面這幾項攻擊方式，我們就說其保密程度愈高。一般而言，密碼系統最基本的要求是至少要能抵擋密文攻擊，若還能抵擋已知明文攻擊，則其保密程度就較高。至於公開金鑰密碼系統，則至少要能抵擋選擇明文攻擊，才稱得上安全；若還能同時抵擋選擇密文攻擊，則其保密程度就更高了。

2). 金鑰的長度
金鑰在密碼系統中扮演很重要的角色。因為一旦金鑰被洩漏出去，系統便不再安全，因此金鑰必須妥善保管。但若金鑰的長度太長，勢必會增加金鑰在傳輸及保存上的負擔，因此在不影響密碼系統的保密程度下，金鑰的長度愈短愈好。

3). 加密／解密演算法的運算複雜度
若加解密的運算複雜度很高，不但不易實作，加解密的過程更是

費時。因此，加解密演算法的運算複雜度愈低愈好。複雜度愈低，則加解密的速度就愈快，效率也就愈佳。

4). 錯誤傳播

若密文在傳送的過程中損壞一個位元，可能會造成若干位元的明文無法正確地解譯，這種現象稱為錯誤傳播。例如在區塊加密法中，一個位元的損壞會造成整個區塊的密文無法正確解出其所對應的明文，錯誤傳播所影響的範圍就是這個區塊的大小。一般來說，錯誤傳播的範圍愈小愈好。

5). 明文擴充

明文擴充是指明文長度與密文長度的比值。舉例來說，若明文長度為 L，經過 ElGamal 密碼系統加密後，其密文長度變為 $2L$，其密文的長度擴充為明文的兩倍，因此其明文擴充率相當大。密文的長短對系統的效率影響很大，例如密文愈長，系統傳輸所花的時間及成本就愈高，因此明文擴充愈小愈好。

進階參考資料

對密碼學有興趣的讀者可再進一步研讀 Bruce Schneier 所著 *Applied Cryptography*（John Wilet & Sons 出版）及 Atul Kahate 所著 *Cryptography and Network Security,* Second Edition（McGraw-Hill，2008 年出版）。其他參考資料限於篇幅無法一一列出，請讀者自行到本書輔助教學網站（http://ins.isrc.tw/）瀏覽參考。

6.8 習題

1. 請說明對稱式密碼系統和非對稱式密碼系統各有何優缺點。

2. 數位簽章的主要功能為何？

3. 請說明 RSA 及 ElGamal 公開金鑰密碼系統的加解密機制。兩個系統的差異為何？

4. 請解釋何謂 Diffie-Hellman 金鑰協議機制。

5. 請敘述 Diffie-Hellman 及 RSA 的公開金鑰密碼機制其安全性分別植基於什麼困難的問題，並分別舉例說明。

6. 請寫出 RSA 密碼系統之金鑰、明文及密文長度。

7. 若已知 $p = 47$，$q = 71$，且 $(p-1) \times (q-1) = 46 \times 70 = 3220$，請敘述要如何求得 a，使 a 能滿足 $a \times 1019 \bmod 3320 = 1$。

8. 將明文 $M = 20$ 以 RSA 加密後之密文為何？（設 $p = 3, q = 11$）請寫出所有過程。

9. 請任舉一密碼系統在各種服務或領域之應用（網際網路或電子商務或其他）。

10. 在 ElGamal 的電子簽章技術中，簽署者每針對一份文件簽章時都需選擇一亂數 r，且每次所選擇的亂數 r 必須不同。請說明若所選擇的亂數 r 相同時，對系統會有何安全上的影響。

11. Diffie-Hellman 為一公開金鑰密碼系統通訊，雙方利用對方的公開金鑰及自己的私密金鑰即可算出加密用的交談金鑰。試討論此協定的可能缺點，並提出改進的方法。

12. 請以繪圖簡述數位簽章及數位信封。

13. 何謂密文攻擊、已知明文攻擊、選擇明文攻擊、選擇密文攻擊？試舉例說明之。

6.9 專題

1. 撰寫 RSA 密碼系統（加解密及數位簽章）的程式。

2. 撰寫 ElGamal 密碼系統（加解密及數位簽章）的程式。

3. 撰寫 Diffie-Hellman 金鑰交換的程式。

6.10 實習單元

1. 實習單元名稱：RSA 密碼系統練習。

2. 實習單元目的：
   本單元以讓讀者熟悉 RSA 加密系統為目標，透過此系統的練習及操作，讓讀者體驗 RSA 的加密及解密過程，進而瞭解 RSA 設計的概念。

3. 系統環境：網頁瀏覽器。

4. 實習過程：
   完整的實習過程範例及教學用的 DES 加密系統放置於本書輔助教學網站，有興趣的讀者可參考該網站 (http://ins.isrc.tw/)。

7 訊息鑑別

Message Authentication

訊息鑑別
Message Authentication

7.1 前言

在公開的網路上傳送文件或訊息很容易遭到駭客攔截篡改、新增或刪除部分資料等攻擊。此外，該文件訊息也有可能遭到他人冒名傳送。因此，張三收到李四所傳送過來的文件訊息時，必須確認兩件事：

1). 該文件在傳遞過程中是否遭到篡改或偽造等攻擊。

2). 該文件是否確實為李四所送過來的文件，而非由他人假冒。

　　針對第一個問題，我們需要對文件訊息做完整性 (Integrity) 驗證。本章將介紹一種稱為單向雜湊函數 (One-way Hash Function) 的機制來驗證文件訊息的完整性，並說明 MD5 及 SHA 這兩種著名的單向雜湊函數。

　　至於第二個問題，除了需要對文件訊息做完整性驗證外，還需要做身分認證，也就是驗證訊息的來源是否正確。這一方面我們將介紹一種稱為訊息鑑別碼 (Message Authentication Code, MAC) 的技術，這種技術不僅可驗證訊息內容的完整性，亦可以確認訊息來源的正確性。

7.2 單向雜湊函數

單向雜湊函數具有兩個主要功能：

1). 將文件訊息打散及重組，使其不能再還原為原始文件訊息，也就是單向函數的功能。

2). 將任意長度的文件訊息壓縮成固定長度的訊息摘要，也就是雜湊函數的功能。

以數學式表示如下：

$$MD = H(M)$$

其中，$H(\cdot)$ 為單向雜湊函數，M 表示一個任意長度的文件訊息，MD 則表示文件訊息 M 經過雜湊函數 H 運算後所產生一個固定長度的值，此值又稱為文件訊息 M 的訊息摘要 (Message Digest, MD)。其含意為將任意長度的文件訊息經雜湊函數打散，重組成一個固定長度的訊息摘要。

雜湊函數可以將一個變動長度的輸入值透過運算後，產生一個固定長度的輸出值。例如，$E(M) = M^2 \bmod 31$。若文件訊息 $M = 5$，則 $E(M) = 25$。若文件訊息 $M = 10$，則 $E(M) = 10^2 \bmod 31 = 7$。若文件訊息 $M = 100$，則 $E(M) = 100^2 \bmod 31 = 18$。不管文件訊息 M 多大，$E(M)$ 計算結果都介於 $0 \sim 30$ 的範圍內。除了這個特性之外，單向雜湊函數還必須滿足下列三種單向函數特性：

1). 給定文件訊息 M 可以很容易地算出對應的訊息摘要 MD。

2). 給定一個訊息摘要 MD，很難從 MD 去找到一個文件訊息 M'，使得 $H(M') = MD$。

3). 給定一個文件訊息 M，很難再去找到另一個文件訊息 M'，使得 $H(M) = H(M')$。

根據第一個與第二個特性，給予輸入值很容易求出其對應的輸出值，但是要從輸出值去反求其輸入值卻很困難。這也就是我們稱為單向函數的原因。另外，若任意選取兩個文件訊息 M 與 M'，使得 $H(M) = H(M')$，這種情形稱為碰撞 (Collision)。第三個特性就是要避免碰撞 (Collision-resistance) 的情況發生。能滿足這三個特性，此單向雜湊函數才能稱得上是安全的。

7.3 文件訊息的完整性驗證

以單向雜湊函數做文件訊息的完整性驗證，驗證方式如圖 7.1 所示。

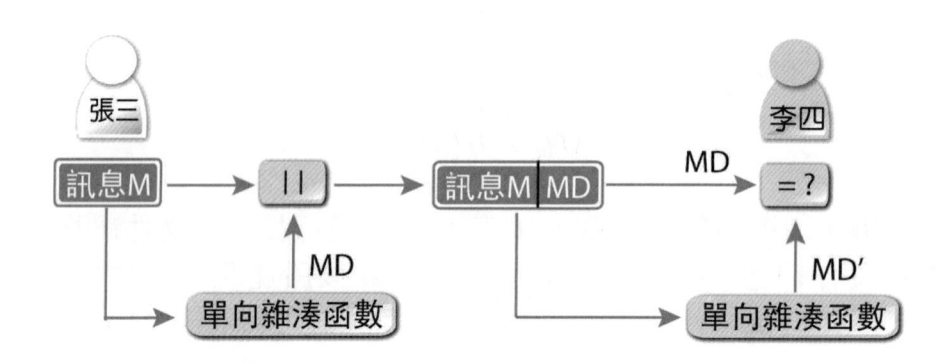

圖 7.1: 單向雜湊函數的文件訊息完整性驗證

首先，張三先將要傳送給李四的文件 M，經過單向雜湊函數運算後得到訊息摘要 MD，然後再將文件 M 與訊息摘要 MD 串接 (Concatenation) 起來（圖 7.1 中 || 為串接浮號），再一起傳送給李四。

李四收到後，先將文件訊息 M 用同樣的單向雜湊函數運算。假設得到一訊息摘要 MD'，然後李四再比較 MD' 與所收到的 MD 是否相同。若相同，則李四可確認此文件訊息的完整性。

因此，若能輕易地找出兩個文件訊息 M 與 M'，使其有相同的訊息摘要，那麼所有使用的單向雜湊函數就不安全了。要找到兩份不同的文件訊息 M 與 M'，使其有相同的訊息摘要（亦即發生碰撞），其機率依訊息摘要長度而定。假設有一雜湊函數，其產生之訊息摘要長度只為 2 位元，那麼最多 5 份文件就一定會發生碰撞，這種雜湊函數並不安全。很顯然地，雜湊函數發生碰撞的機率與其產生之訊息摘要長度有關。假設所產生之訊息摘要長度為 b 位元，則發生碰撞的機率為 $\frac{1}{2^b}$。因此，設計雜湊函數時，通常要求所產生之訊息摘要長度至少要 128 位元，發生碰撞的機率將是 $10^{-38}(=\frac{1}{2^{128}})$，碰撞的機率微乎其微。接著將介紹兩種常見的單向雜湊函數：MD5 與 SHA。

7.4 MD5 單向雜湊函數

美國麻省理工學院 Ron Rivest 教授發展出一系列單向函數演算法，其中較為大家所熟知的有 MD2 (RFC1319)、MD4 (RFC1320)、及 MD5 (RFC1321)。其中 MD2 是以 8 位元為計算單位，通常用在晶片上來做一些較簡單的事項。MD4 及 MD5 都是針對 32 位元的電腦所設計，複雜度要比 MD2 高上許多。MD5 是改良 MD4 而來，主要是增加其複雜度，目前 MD5 已取代 MD4，成為最廣泛使用的單向雜湊函數。

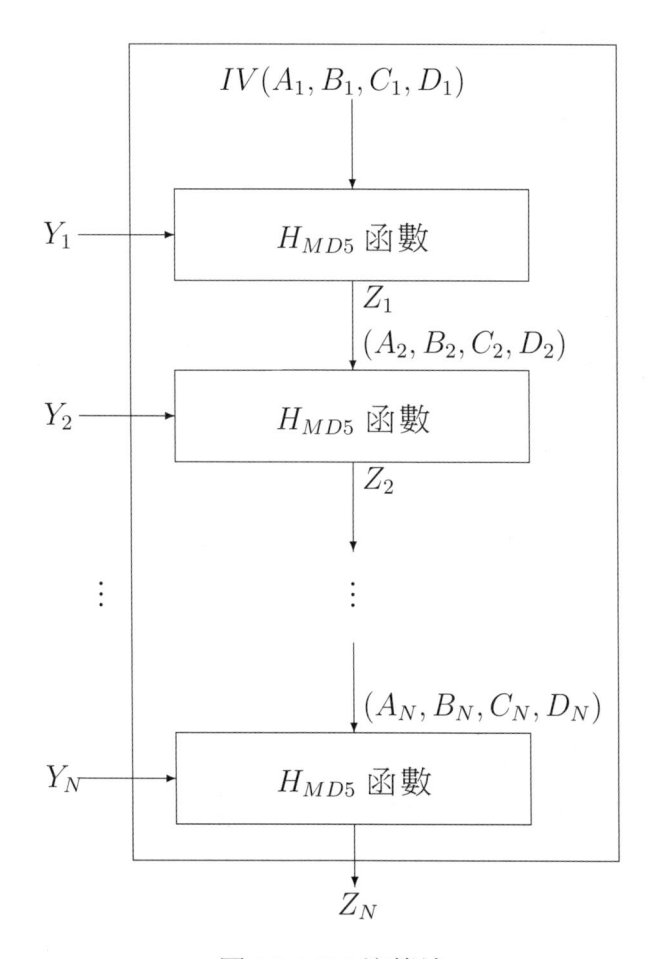

圖 7.2: MD5 演算法

MD5 可以將一個任意長度的文件訊息資料，壓縮成長度固定為 128 位元的訊息摘要。如圖 7.2 所示，分成兩階段：

1. 分割文件訊息區塊：MD5 演算法是以 512 位元為其處理訊息基

本區塊單位，因此須將大於 512 位元文件以 512 位元為單位做切割，如圖 7.3 所示，將一個任意長度的文件訊息 M 切割成 N 份 (Y_1、Y_2、$\cdots$、Y_N)。

2. 執行 H_{MD5} 單向雜湊函數：若文件切割成 N 個 512 位元區塊，就需依序執行 H_{MD5} 函數 N 回合。H_{MD5} 函數有兩個輸入參數 (Input)：分別為 512 位元文件區塊及 128 位元向量參數 (A、B、C、D)，經 H_{MD5} 函數運算後產生 128 位元壓縮輸出值 (Output)。第一回合 H_{MD5} 函數之位元參數稱為初始向量 (Initial Vector, IV)，以 16 進位表示分別為：

$$A = 01234567$$
$$B = 89ABCDEF$$
$$C = FEDCBA98$$
$$D = 76543210$$

將每一回合 H_{MD5} 函數所產生 128 位元壓縮值設定為執行下一回合 H_{MD5} 函數之向量參數 (A、B、C、D) 輸入值。例如，第一回合 H_{MD5} 函數兩個輸入值 (Y_1 及 IV)，產生 128 位元壓縮值 Z_1，再將此 128 位元 Z_1 分配給向量參數 (A_2、B_2、C_2、D_2)，與第二文件區塊 Y_2 作為第二回合 H_{MD5} 函數兩個輸入值。同樣的此函數產生 128 位元壓縮值 Z_2，再將此 Z_2 分配給向量參數 (A_3、B_3、C_3、D_3)，再繼續執行下一回合 H_{MD5} 函數，一直到最後一次所產生的 128 位元壓縮值 Z_N，就是最後 MD5 單向雜湊函數雜湊值。

圖 7.3 中分割文件處理器，如圖 7.4 所示，將大於 512 位元任意長度的文件 M 以 512 位元為單位切割成 N 份 (M_1、M_2、$\cdots$、M_N)，文件的最後一區塊 M_N 其長度為小於或等於 512 位元。MD5 最後一區塊 Y_N 必須要有一欄位來紀錄此文件訊息之長度，此欄位稱為長度資訊 L。由於此欄位長度為 64 位元，因此可以紀錄到 2^{64} 之文件訊息長度資訊。但 MD5 設計要求可以將任意長度的文件訊息產生 128 位元訊息摘要，萬一文件訊息長度超過 2^{64} 要怎麼辦？若超過的話，MD5 就取訊息長度同餘 2^{64} 之後的值為所要加入的長度資訊，亦即 $L = L_M \bmod 2^{64}$（L_M 為文件訊息長度）。

MD5 最後一區塊 Y_N 扣除掉 64 元之長度資訊欄位 L 後，剩下 448 位元。切割文件訊息的最後一區塊 M_N，其長度若不是剛好 448 位

文件訊息 M

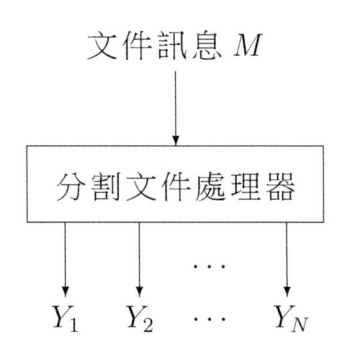

圖 7.3: 分割文件訊息區塊

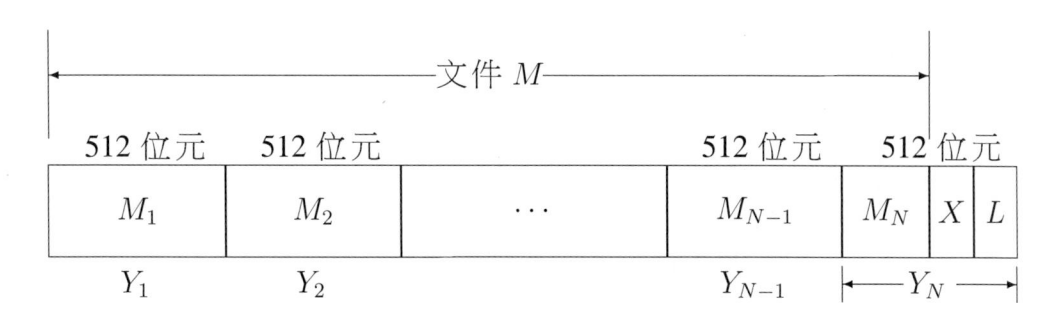

圖 7.4: 分割文件處理器

元,則須添加 X 個額外位元以補足到 448 位元,使最後一區塊的長度為 512 位元。亦即 X 必須滿足 $(L_{M_N} + X) \bmod 512 = 448$。這裡 L_{M_N} 有下列三種情況:

1. $L_{M_N} < 448$:此情況 $X = 448 - L_{M_N}$,例如 $L_{M_N} = 400$,此時需補足 $X = 448 - 400 = 48$ 位元。Y_N 由文件訊息最後一區塊 M_N(400) 位元、補足 X(48) 位元及 64 位元的長度資訊 L 組成。

2. $L_{M_N} = 448$:此情況 $X = 448 - L_{M_N} = 0$,換言之,不需要再添加 X 位元。Y_N 由文件訊息最後一區塊 M_N(448) 位元及 64 位元的長度資訊 L 組成。

3. $L_{M_N} > 448$:此情況 $X = 448 - L_{M_N}$,由於 $X < 0$,因此還需要額外增加一 512 位元區塊,使得 $X > 0$。例如 $L_{M_N} = 500$,此時 $X = 448 - 500 = -52$,需要額外增加一 512 位元區塊,使得

$X = -52 + 512 = 460$,此時 Y_N 由 500 位元 M_N 及補足 12 位元的 X 組成。Y_{N+1} 由剩下 $X = 460 - 12 = 448$ 位元及 64 位元的長度資訊 L 組成。

此外,添加 X 位元的方式是從文件訊息的最後面開始添加,而且第一個添加的位元必須為「1」,其他陸續添加的位元都必須為「0」。

接著介紹圖 7.2 之 H_{MD5} 單向雜湊函數,如圖 7.5 所示,其中 H_{MD5} 的運算是以每個 512 位元訊息區塊 Y_i 所分割成的 $(y_1, y_2, \cdots, y_{16})$ 16 個參數(每一 y_i 為 32 位元)、以及 (A_i, B_i, C_i, D_i) 四個向量參數做為輸入。每個 H_{MD5} 的運算包含四個回合,這四個回合的結構都很類似,唯一的差別是各自所使用的函數式不同(分別為 F、G、H、及 I 函數)。經過這四回合運算後,得到 $(A_{i4}, B_{i4}, C_{i4}, D_{i4})$ 向量,再將此向量與原來輸入 (A_i, B_i, C_i, D_i) 向量相加。其結果若有溢位 (Overflow),則丟棄之,最後得到 $(A_{i+1}, B_{i+1}, C_{i+1}, D_{i+1})$。

至於圖 7.5 中的每一回合運算,如圖 7.6 所示,每一個回合的運算過程都一樣,只是所用到的基本函數不同(圖 7.6 中的 g 函數),依序為 F、G、H、I。圖 7.6 中每一回合都要執行 16 次。

1). 每一回合的運算,都只對 B、C、D 暫存器做非線性計算處理。表格 7.1 列出 F、G、H、I 基本函數的非線性計算方式。

表格 7.1: MD5 的非線性計算方式

回合	基本函數 (g)	定義
1	$F(b, c, d)$	$(b \wedge c) \vee (\neg b \wedge d)$
2	$G(b, c, d)$	$(b \wedge d) \vee (c \wedge \neg d)$
3	$H(b, c, d)$	$b \oplus c \oplus d$
4	$I(b, c, d)$	$c \oplus (b \vee \neg d)$

其中,b、c、及 d 分別表示暫存器 B、C、及 D 內的值,而所使用到的邏輯運算子定義如下:$\wedge$ 表示 AND,$\vee$ 表示 OR,$\neg$ 表示 NOT,$\oplus$ 表示 XOR。表格 7.2 為 F、G、H、I 四個回合函數 (g) 所得到的真值表 (Truth Table) 結果。

由真值表可以很快地看出輸入不同的 b、c、d,經 F、G、H、I 回合函數運算後的值為何。例如當 b、c、d 的值分別為 1、0、1 時,

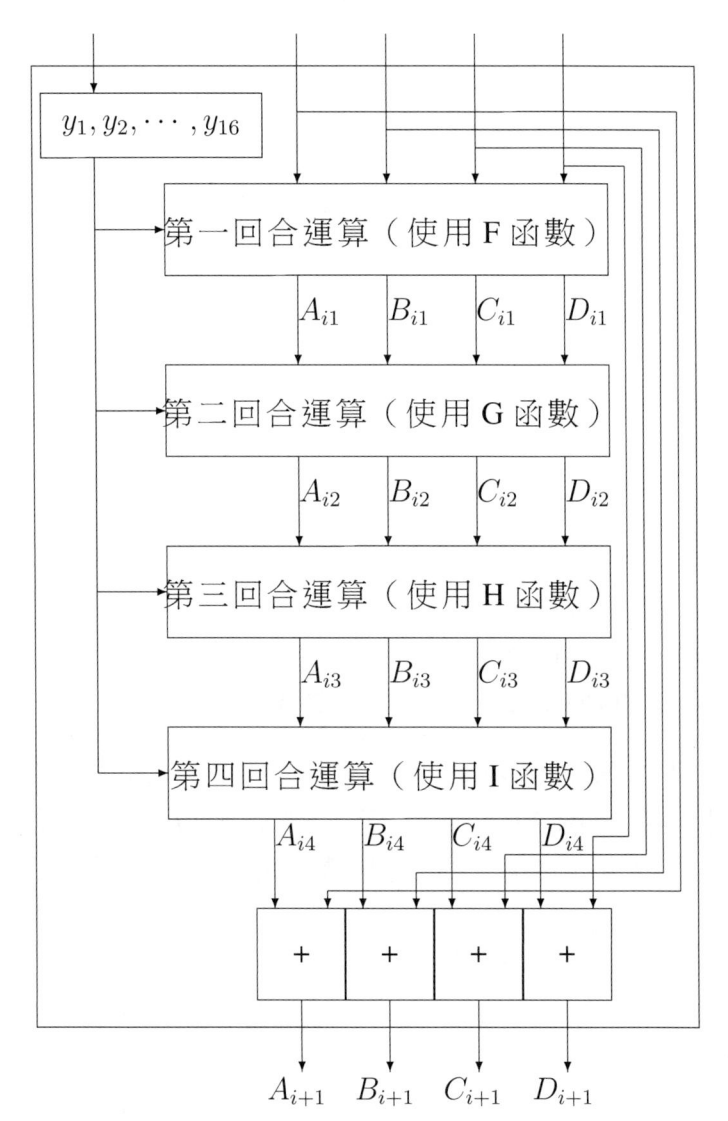

圖 7.5: H_{MD5} 單向雜湊函數

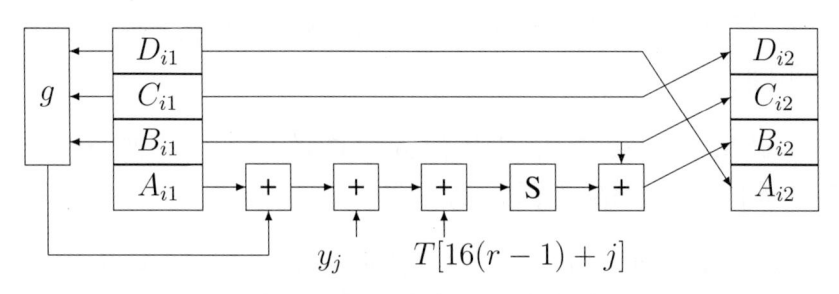

圖 7.6: H_{MD5} 之每一回合運算

表格 7.2: 基本函數 $g(F,G,H,I)$ 的真值表

b	c	d	F	G	H	I
0	0	0	0	0	0	1
0	0	1	1	0	1	0
0	1	0	0	1	1	0
0	1	1	1	0	0	1
1	0	0	0	0	1	1
1	0	1	0	1	0	1
1	1	0	1	1	0	0
1	1	1	1	1	1	0

用第一回合的 F 函數運算所得到的值為 0，用第二回合的 G 函數運算所得到的值為 1，用第三回合的 H 函數運算所得到的值為 0，第四回合用 I 函數運算所得到的值為 1。

2). 將上一步驟計算出來的結果拿來和 A_{i1} 暫存器內的值 a 與文件訊息資料中的一個 32 位元字元 y_j 及常數 $T[r]$ 做相加運算，再將相加後的結果做向左循環旋轉 S 位元。常數 $T[i]$ 的產生公式是 $2^{32} \times |(Sin(i))|$，這裡的 $Sin(\cdot)$ 是指正弦函數 (Sine Function)，i 的單位是弧度。依此公式，我們可以得到 $T[1] = d76aa478$、$T[2] = e8c7b756$、$T[3] = 242070db$、$\cdots$、$T[64] = eb86d391$，詳細的參數值可參考表格 7.3。

由於每一回合都會分別對 $(y_1, y_2, \cdots, y_{16})$ 這 16 個參數做運算，而且每個字元所使用的參數都不一樣，因此每一回合都需要 16 個常數。 MD5 常數的分配方式是將係數 $T[1] \cdots T[16]$ 給第一回合，$T[17] \cdots T[32]$ 給第二回合，$T[33] \cdots T[48]$ 給第三回合，$T[49] \cdots T[64]$ 給第四回合。

3). 將向左循環旋轉後的值和 B 暫存器內的資料 b 相加後，便可計算出新的 b 值，b 值的運算式為：

$$B = ((a + g(b,c,d) + M_j + T[16(r-1)+j]) <<< S) + b$$

其中，$g(\cdot)$ 代表 F、G、H、I 這四種基本函數，$<<< S$ 代表向左循環旋轉 S 個位元，r 代表回合數，j 值的範圍介於 0 至 15 之間。其他新的 A、C、D 的值則分別由原 D、B、C 的值回存而來。

表格 7.3: MD5 的 $T[i]$ 參數值

T[1]=d76aa478	T[2]=e8c7b756	T[3]=242070db	T[4]=c1bdceee
T[5]=f57c0faf	T[6]=4787c62a	T[7]=a8304613	T[8]=fd469501
T[9]=698098d8	T[10]=8b44f7af	T[11]=ffff5bb1	T[12]=895cd7be
T[13]=6b901122	T[14]=fd987193	T[15]=a679438e	T[16]=49b40821
T[17]=f61e2562	T[18]=c040b340	T[19]=265e5a51	T[20]=e9b6c7aa
T[21]=d62f105d	T[22]=02441453	T[23]=d8a1e681	T[24]=e7d3fbc8
T[25]=21e1cde6	T[26]=c33707d6	T[27]=f4d50d87	T[28]=455a14ed
T[29]=a9e3e905	T[30]=fcefa3f8	T[31]=676f02d9	T[32]=8d2a4c8a
T[33]=fffa3942	T[34]=8771f681	T[35]=6d9d6122	T[36]=fde5380c
T[37]=a4beea44	T[38]=4bdecfa9	T[39]=f6bb4b60	T[40]=bebfbc70
T[41]=289b7ec6	T[42]=eaa127fa	T[43]=d4ef3085	T[44]=04881d05
T[45]=d9d4d039	T[46]=e6db99e5	T[47]=1fa27cf8	T[48]=c4ac5665
T[49]=f4292244	T[50]=432aff97	T[51]=ab9423a7	T[52]=fc93a039
T[53]=655b59c3	T[54]=8f0ccc92	T[55]=ffeff47d	T[56]=85845dd1
T[57]=6fa87e4f	T[58]=fe2ce6e0	T[59]=a3014314	T[60]=4e0811a1
T[61]=f7537e82	T[62]=bd3af235	T[63]=2ad7d2bb	T[64]=eb86d391

將上述步驟予以整理，H_{MD5} 中單一回合的運算過程歸納如下。

$$A \longleftarrow d$$
$$B \longleftarrow ((a + g(b, c, d) + y_j + T[16(r-1) + j]) <<< S) + b$$
$$C \longleftarrow b$$
$$D \longleftarrow c$$

重覆執行上述步驟 16 次，第一回合 16 次輸入值為 $(y_j, T[j])$, $j = 1, 2, \cdots, 16$，第二回合 16 次輸入值為 $(y_j, T[16 + j])$, $j = 1, 2, \cdots, 16$，第三回合 16 次輸入值為 $(y_j, T[32 + j])$, $j = 1, 2, \cdots, 16$，第四回合 16 次輸入值為 $(y_j, T[48 + j])$, $j = 1, 2, \cdots, 16$。

7.5 SHA 單向雜湊函數

SHA 是一種安全雜湊函數 (Secure Hash Algorithm)，由美國國家標準局為了確保數位簽章演算法 (Digital Signature Algorithm, DSA) 的安全性所

提出來的密碼雜湊函數系列，在設計上非常類似 MD5 訊息摘要演算法。SHA-1 在 1995 年首先發布，並迅速在 TLS、SSL、PGP、SSH、S/MIME 和 IPsec 等許多安全協定中使用，可以將一個任意長度的文件訊息資料，壓縮成只有 160 位元的固定長度。圖 7.7 是整個 SHA-1 文件訊息壓縮成 160 位元訊息摘要的運算過程。

由於 SHA-1 是以 160 位元為處理單位，比 MD5 使用 128 位元為處理單位來得長，因此 SHA-1 的效率比 MD5 來得差。但相對地，SHA-1 比 MD5 更能抵抗暴力攻擊 (Brute-Force Attack)。另外，MD5 其雜湊長度為 128 位元，隨著電腦運算能力提高，找到「碰撞」是可能的。2004 年 8 月中國山東大學王小云教授在美國加州聖塔芭芭拉的國際密碼學會議 (Crypto 2004) 上發表成功破解 MD5 的方法，證明 MD5 數位簽名演算法可以產生碰撞，MD5 也比較容易被密碼分析。Stevens 等人於 2007 年進一步指出透過偽造軟體簽名，可重複性攻擊 MD5 演算法。

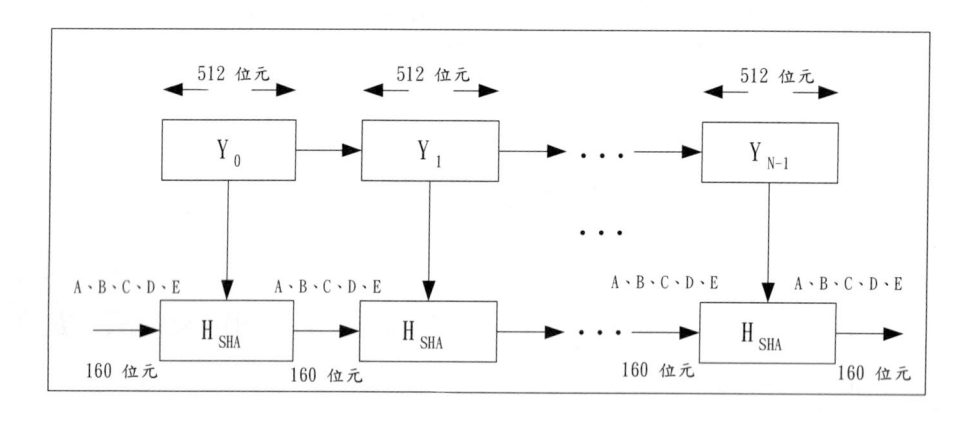

圖 7.7: SHA-1 的運算架構

但隨著電腦運算能力增加，SHA-1 的安全性也開始被密碼學家質疑。於是在 2001 年美國國家標準局推出了 SHA-2 成為 SHA-1 的後繼者，其下又依其輸出雜湊值的長度再分為六個不同的 SHA 演算法規格，包括 SHA-224、SHA-256、SHA-384、SHA-512、SHA-512/224、SHA-512/256。

果然，在 SHA-2 演算法發佈的幾年後，紛紛有 SHA-1 被破解的新聞出現。2005 年 2 月，破解 MD5 的王小云教授團隊又提出只需 2^{69} 步驟便可找出 SHA-1 雜湊函數的碰撞值，更在同年 8 月的國際密碼學會議 (Crypto 2005) 提出改良版演算法，只需 2^{63} 步驟便可找出 SHA-1 雜湊函數的碰撞值。2017 年 Google 與荷蘭數學暨電腦科學研究

機構 (Centrum Wiskunde & Informatica Amsterdam) 更宣佈實際成功執行了 SHA-1 碰撞攻擊，將這個原本只屬於理論的攻擊行動付諸實現。因此，現行較安全可靠的雜湊函數就只剩下 SHA-2。

SHA-2 基本上與 SHA-1 的運算原理相似 (對 SHA-1 運算有興趣的讀者可參考本書網站)，對任意長度文件訊息的前置處理，如添加位元、添加長度資訊也都和 MD5 或 SHA-1 的方式是一樣的，請參考圖 7.4。以下針對 SHA-2 下最廣為使用的 SHA-256 演算過程做說明。

1). 初始化暫存器

與 MD5 或 SHA-1 一樣，SHA-256 同樣會用到若干個暫存器來儲存運算過程中及最後運算的結果。不同的是，SHA-256 用到的暫存器共有八個，分別為 A、B、C、D、E、F、G、H，每個暫存器為 32 位元。而這八個暫存器內的初始向量以 16 進位表示分別為：

$$A = 6a09e667$$
$$B = bb67ae85$$
$$C = 3c6ef372$$
$$D = a54ff53a$$
$$E = 510e527f$$
$$F = 9b05688c$$
$$G = 1f83d9ab$$
$$H = 5be0cd19$$

2). SHA 訊息區塊運算的過程

SHA-256 訊息區塊運算的架構與 SHA-1 類似，如圖 7.7。運算過程中，會用到四個非線性函數函數 F_1、F_2、F_3、及 F_4 和八個暫存器 A、B、C、D、E、F、G、H 來儲存運算過程中及最後的結果，H_{SHA} 的運算過程說明如下：

(a) 首先，將暫存器 A、B、C、D、E、F、G、H 內的值複製到另外八個暫存器 a、b、c、d、e、f、g、h 中。

(b) 輸入 16 個由 512 位元訊息區塊所分割成的字元 $M[0]$、$M[1]$、$\cdots$、$M[15]$，並擴充為 64 個 32 位元的字元，分別是 $W[0]$、

$W[1]$、$\cdots$、$W[63]$：

$$\begin{cases} W[i] = M[i], & \text{當 } 0 \leq i \leq 15 \\ W[i] = W[i-16] + s_0 + W[i-7] + s_1 & \text{當 } 16 \leq i \leq 63 \end{cases}$$

上式中 $s_0 = (W[i-15] >>> 7) \oplus (W[i-15] >>> 18) \oplus (W[i-15] >>> 3)$，$s_1 := (W[i-2] >>> 17) \oplus (W[i-2] >>> 19) \oplus (W[i-2] >>> 10)$。「$W >>> 1$」代表將 W 向右循環旋轉 1 位元，同理「$W >>> 7$」代表 W 向右循環旋轉 7 位元。產生的過程請參考圖 7.8。

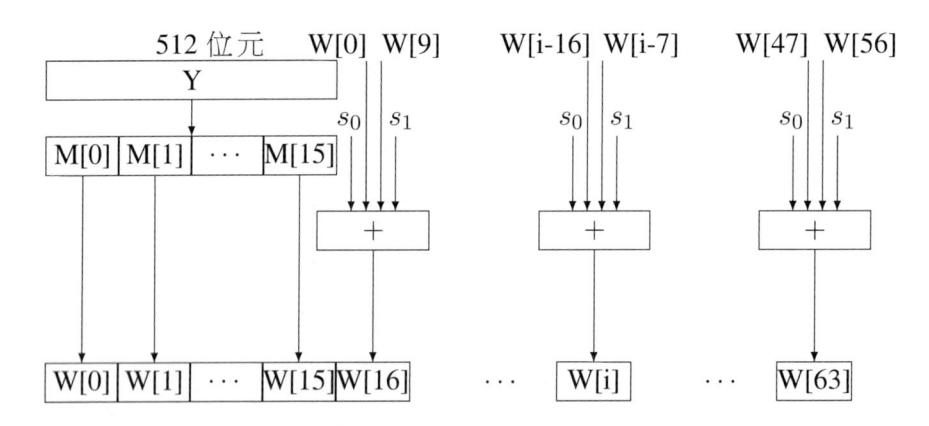

圖 7.8: SHA-256 中 64 個 W 字元的產生過程

(c) SHA-256 的運算會執行 64 回合，在每一回合的運算中，會用到專屬此回合的固定常數值 K_i 來做運算，i 為回合數（$i = 0 \sim 63$）。這 64 回合所使用的常數值以 16 進位表示法，可參考表格 7.4。

(d) SHA-256 四個非線性函數 F_1、F_2、F_3 及 F_4 的計算方式如表格 7.5 所示，其中所使用的邏輯運算子之定義與 MD5 一樣。

表格 7.5 中 $t_0 = (a >>> 2) \oplus (a >>> 13) \oplus (a >>> 22)$，$t_1 = (e >>> 6) \oplus (e >>> 11) \oplus (e >>> 25)$，$i = 0 \sim 63$。

(e) 每回合 SHA-256 會執行下列運算來更新暫存器 a、b、c、d、e、

表格 7.4: SHA-256 每回合的常數值 K_i

K[0]=428a2f98	K[1]=71374491	K[2]=b5c0fbcf	K[3]=e9b5dba5
K[4]=3956c25b	K[5]=59f111f1	K[6]=923f82a4	K[7]=ab1c5ed5
K[8]=d807aa98	K[9]=12835b01	K[10]=243185be	K[11]=550c7dc3
K[12]=72be5d74	K[13]=80deb1fe	K[14]=9bdc06a7	K[15]=c19bf174
K[16]=e49b69c1	K[17]=efbe4786	K[18]=0fc19dc6	K[19]=240ca1cc
K[20]=2de92c6f	K[21]=4a7484aa	k[22]=5cb0a9dc	K[23]=76f988da
K[24]=983e5152	K[25]=a831c66d	K[26]=b00327c8	K[27]=bf597fc7
K[28]=c6e00bf3	K[29]=c6e00bf3	k[30]=c6e00bf3	K[31]=c6e00bf3
K[32]=27b70a85	K[33]=2e1b2138	k[34]=4d2c6dfc	K[35]=53380d13
K[36]=650a7354	K[37]=766a0abb	K[38]=81c2c92e	K[39]=92722c85
K[40]=a2bfe8a1	K[41]=a81a664b	K[42]=c24b8b70	K[43]=c76c51a3
K[44]=d192e819	K[45]=d6990624	K[46]=f40e3585	K[47]=106aa070
K[48]=19a4c116	K[49]=1e376c08	K[50]=2748774c	K[51]=34b0bcb5
K[52]=391c0cb3	K[53]=4ed8aa4a	K[54]=5b9cca4f	k[55]=682e6ff3
K[56]=748f82ee	K[57]=78a5636f	K[58]=84c87814	K[59]=8cc70208
K[60]=90befffa	K[61]=a4506ceb	K[62]=bef9a3f7	K[63]=c67178f2

表格 7.5: SHA-256 使用的非線性函數計算方式

函數 F	定義
$F_1(a,b,c)$	$(a \text{ and } b) \oplus (a \text{ and } c) \oplus (b \text{ and } c)$
$F_2(t_0, F_1)$	$t_0 + F_1$
$F_3(e,f,g)$	$(e \text{ and } f) \oplus ((\text{not } e) \text{ and } g)$
$F_4(h,t_1,F_3,K[i],W[i])$	$h + t_1 + F_3 + K[i] + W[i]$

f、g、h 內的值：

$$h \longleftarrow g$$

$$g \longleftarrow f$$

$$f \longleftarrow e$$

$$e \longleftarrow d + F_4(h,t_1,F_3,K[i],W[i])$$

$$d \longleftarrow c$$

$$c \longleftarrow b$$

$$b \longleftarrow a$$

$$a \longleftarrow F_2(t_0,F_1) + F_4(h,t_1,F_3,K[i],W[i])$$

其中「+」代表 32 位元之加法，若有進位，則將進位數丟棄。此步驟共會執行 64 回合，故 i 值的範圍介於 0 ～ 64 之間，

(f) 最後，將暫存器 A、B、C、D、E、F、G、H 內的值與先前運算存到暫存器 a、b、c、d、e、f、g、h 內的值做相加運算，將結果再存回暫存器 A、B、C、D、E、F、G、H 中，運算過程如下。

$$A = a+A$$
$$B = b+B$$
$$C = c+C$$
$$D = d+D$$
$$E = e+E$$
$$F = f+F$$
$$G = g+G$$
$$H = h+H$$

最後每一個訊息區塊 Y 所對應的訊息摘要值為 $H_{SHA} = A\|B\|C\|D\|E\|F\|G\|H$。因每個暫存器有 32 位元，所以每個 H_{SHA} 長度為 256 位元，並供下一個 512 位元的訊息區塊運算來使用。

3). 輸出雜湊函數值

執行完最後一個文件訊息區塊 Y_{N-1} 後，最後暫存器 A、B、C、D、E、F、G、H 內的值就是經過 SHA-256 運算後所得到的 256 位元訊息摘要。

7.6 文件訊息的來源驗證

第 7.3 節所述的單向雜湊函數雖然可以用來做文件訊息的完整性驗證，但實際運用卻是行不通的。為什麼呢？回顧圖 7.1，當張三送一份文件訊息 M 及其訊息摘要 MD 給李四，在正常的情況下，李四可以來驗證 $H(M) \stackrel{?}{=} MD$。若相等，李四可以確認該文件訊息的完整性。然而，若有人刻意要去篡改該訊息內容，是可以得逞的。由於該

單向雜湊函數 H 是公開的，王五可以將張三要傳送給李四的訊息 M 篡改成 M'，然後再計算其訊息摘要 $MD' = H(M')$。將 M' 與 MD' 送給李四後，一樣可以通過李四的驗證。由此可見，單純使用單向雜湊函數無法真正鑑別訊息的完整性。其中真正的問題就在於，上面的機制中並沒有對訊息的來源做鑑別 (Authentication)。

接著我們要介紹三種可以同時鑑別訊息內容完整性及正確性的驗證機制。

7.6.1 祕密金鑰密碼系統的訊息鑑別機制

這類型的文件訊息驗證主要是利用本書第五章所介紹的祕密金鑰密碼技術，通訊雙方會先協議出一把共同的加解密金鑰 K。當張三要送訊息 M 給李四，張三就用與李四事先協議好的祕密金鑰 K，對訊息 M 做加密。如 $C = E_K(M)$，其中 $E(\cdot)$ 為一祕密金鑰密碼系統的加密演算法，C 為加密後所得到的密文，然後張三將訊息 M 及 C 一同寄給李四。而李四收到後就驗證 $D_K(C) \stackrel{?}{=} M$，其中 $D(\cdot)$ 為一祕密金鑰密碼系統的解密演算法。若 $D_K(C)$ 與 M 相等，則李四就可確認此訊息確為張三所送，且訊息內容未遭篡改。這類型的文件訊息鑑別機制，如圖 7.9 所示。

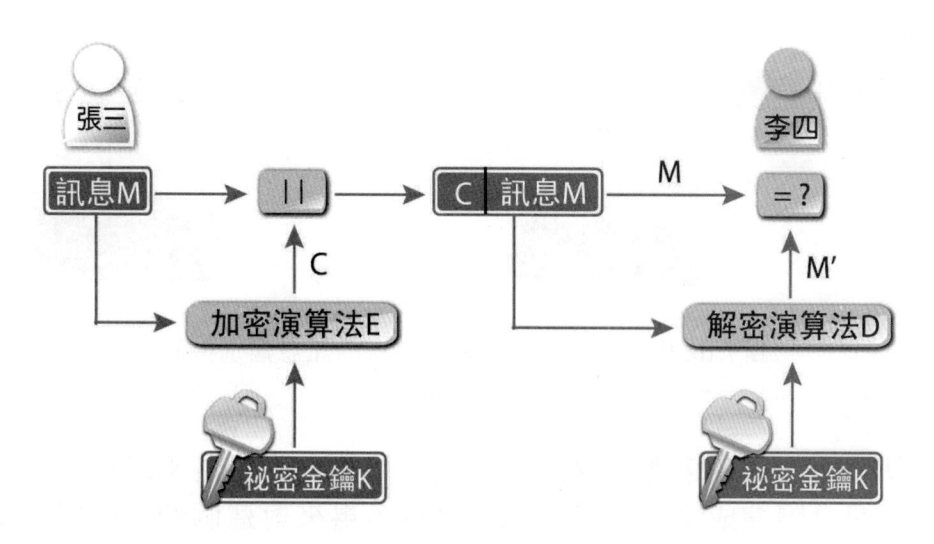

圖 7.9: 植基於祕密金鑰密碼系統的訊息鑑別機制

要特別注意的是，這裡所用到的加解密運算是用來做文件訊息的鑑別，而非用來確保文件訊息的機密性，請讀者不要混淆。

7.6.2 公開金鑰密碼系統的訊息鑑別機制

公開金鑰密碼系統的一個特點是可用來做數位簽章(Digital Signature)，前面章節也介紹過如何利用數位簽章來解決文件訊息鑑別的問題。但若將數位簽章搭配單向雜湊函數的使用會更有效率，接著將介紹這種類型的數位簽章機制。假設張三的公開金鑰為 PK_a，私密金鑰為 PR_a。要傳送訊息 M 給李四時，張三計算出該訊息的訊息摘要 $MD = H(M)$，接著再用其私密金鑰計算出該訊息摘要的數位簽章 $S = D_{PR_a}(MD)$，其中 $D(\cdot)$ 為一公開金鑰密碼系統的簽章演算法。然後，將文件訊息 M 連同其數位簽章一起送給李四。李四收到後，先計算出訊息 M 的訊息摘要 $MD = H(M)$，接著再利用張三的公開金鑰 PK_a 來驗證 $E_{PK_a}(S) \stackrel{?}{=} MD$。若 $E_{PK_a}(S)$ 與 MD 相等，則李四就可相信該訊息是正確的。這類型的文件訊息鑑別流程，如圖 7.10 所示。

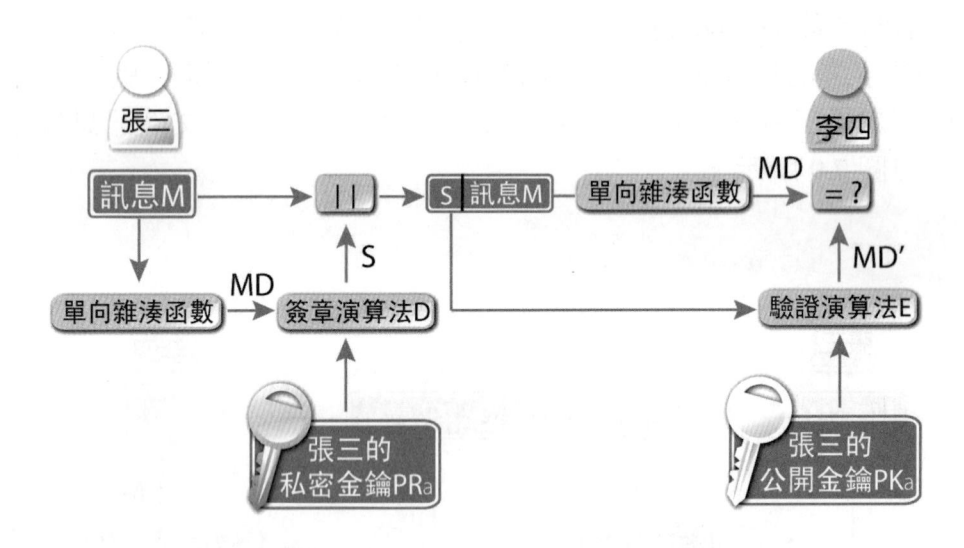

圖 7.10: 植基於公開金鑰密碼系統的訊息鑑別機制

使用單向雜湊函數的目的是希望利用單向雜湊函數能將任意長度的文件訊息壓縮成固定長度的訊息摘要，再來對這個較短的訊息摘要來做簽章。如此一來即可省去大量的計算成本，相較於直接對訊息做簽章，這種搭配單向雜湊函數的數位簽章機制較有效率。

7.6.3 金鑰相依單向雜湊函數的訊息鑑別機制

雖然上面兩種文件訊息鑑別的方式都可以達到文件訊息鑑別的目的，但卻需要大量的運算。為了改善這個缺點，便有植基於金鑰相依 (Key-dependent) 單向雜湊函數的文件訊息鑑別機制出現，這又稱為文件訊息鑑別碼（Message Authentication Code, MAC）。

這個機制是利用單向雜湊函數運算快速的特點。一般來說，一個單向函數花費的運算時間大約只需 DES 運算時間的 $\frac{1}{10}$，更只要 RSA 數位簽章運算的 $\frac{1}{10000}$ 即可。要如何才能利用單向雜湊函數的這項優點，來達到傳送文件訊息的目的呢？其概念很簡單，就是通訊雙方先協議出一把共同的祕密金鑰，然後將金鑰及所要傳送的訊息 M 合併在一起做雜湊運算。

以圖 7.11 為例，張三跟李四先協議一把共同的祕密金鑰 K，當張三要傳送一訊息 M 給李四時，張三會先利用 K 對此文件訊息 M 產生一文件訊息鑑別碼 $MAC = H(K\|M)$。

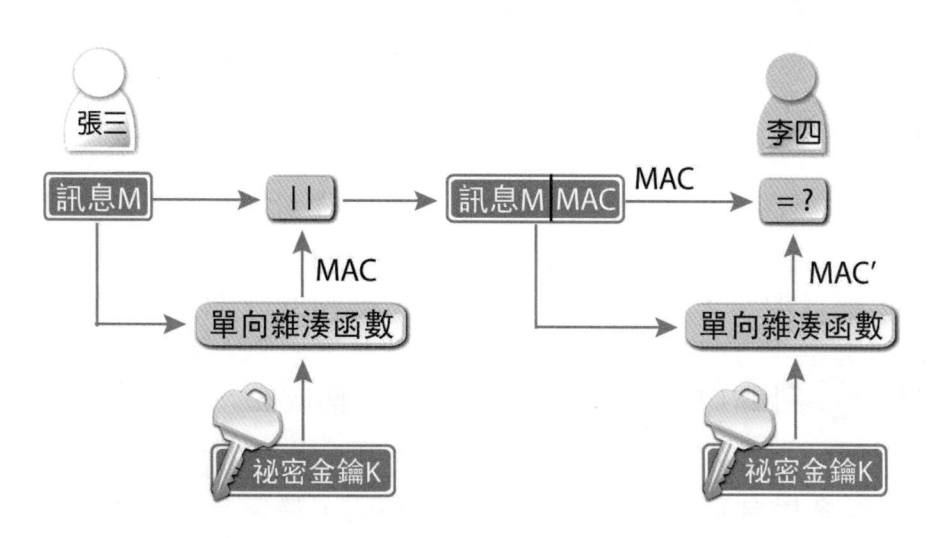

圖 7.11: 植基於金鑰相依單向雜湊函數的文件訊息鑑別機制

然後將 M 連同 MAC 一起送給李四，李四收到後，會先以 M 及自己的祕密金鑰 K 計算出 $MAC' = H(K\|M)$，再與接收到的 MAC 進行比對。若 $MAC' = MAC$，則確信文件訊息在傳送過程中沒有遭到篡改，也可確認該文件訊息就是張三所傳送。

這種機制跟數位簽章一樣可以做到文件訊息的完整性鑑別及文件

訊息的來源鑑別，不同的地方是數位簽章可以達到不可否認性，但是文件訊息鑑別碼無法達到此項特性。此外，在金鑰的來源，文件訊息驗證碼需要通訊雙方先協議出一把共同的祕密金鑰（或稱為交談金鑰），來驗證雙方的身分。因此在通訊之前，通訊雙方要先進行金鑰協議的協定，而數位簽章機制沒有金鑰協議的問題。但文件訊息鑑別碼的優點是其運算的效率要比數位簽章機制好許多，因此仍有許多標準協定採用文件訊息鑑別碼來做為文件訊息傳遞的驗證機制。接著將介紹數種常見的文件訊息鑑別碼技術。

7.7 訊息鑑別碼

訊息鑑別碼(Message Authentication Code, MAC)可以用來驗證文件訊息是否為約定好通訊的雙方所傳送，並且驗證文件訊息在傳遞的過程中是否遭到篡改，是一個非常實用的機制。一個簡單訊息鑑別碼的作法，是先用選定的單向雜湊函數，如 MD5 或 SHA，來計算出要傳遞文件訊息的訊息摘要，再用協議的祕密金鑰對此訊息摘要用祕密金鑰的密碼系統（如 DES）加密。加密過的值就可當作是訊息鑑別碼 MAC，然後將文件訊息連同所產生的 MAC 一起送給接收者。

接收者收到文件訊息及 MAC 後，將所收到的文件訊息 M 用相同的單向雜湊函數算出訊息摘要 MD'，再用同一把祕密金鑰對訊息摘要 MD' 進行加密，就可得到一訊息鑑別碼 MAC'，然後再比對所收到之 MAC 是否等於 MAC'。若相等，則接收者可以相信所收到的文件訊息無誤。利用 DES 及一單向雜湊函數所構成的 MAC 架構，可參考圖 7.12。

有很多機制可以用來實作訊息鑑別碼，最常見的為利用加密機制來實作的 MAC，如 CBC-MAC，以及利用單向雜湊函數來實作的 MAC。接著介紹這兩種常見的 MAC 機制。

7.7.1 CBC-MAC

CBC-MAC 是一種用 CBC 區塊加密模式（請參考第 5.7.2 節）來實作訊息鑑別碼的作法，其過程相當簡單。只需將文件訊息用 CBC 模式來

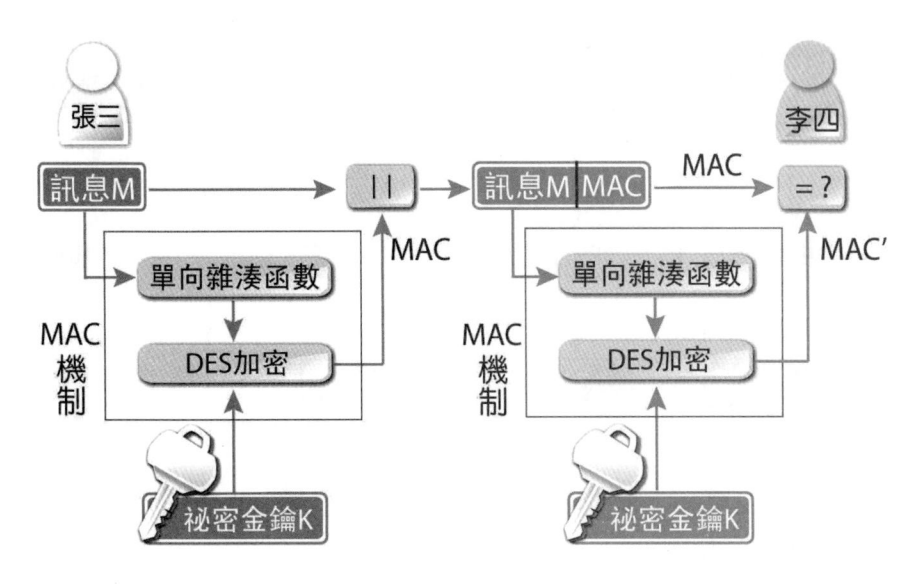

圖 7.12: 利用祕密金鑰密碼系統及單向雜湊函數所構成的 MAC 架構圖

加密即可，最後一個加密過的區塊即是此文件訊息的 MAC，而所採用的相關標準包括 ANSI X9.9、ANSI X9.19、ISO 8731.1 及 ISO 9797 等。

上述這種訊息鑑別碼的產生模式，其概念是用 CBC 來取代單向雜湊函數，並可達到資料壓縮的目的，而所用的祕密金鑰密碼系統加密機制也可以有很多變化。例如，用 DES 來實作的文件訊息驗證碼 RIPE-MAC1，其作法是每一個 64 位元的區塊用一個 DES 來做加密，其 MAC 的產生過程有三個步驟：

1). 將所要傳遞文件訊息的長度擴充為 64 位元的倍數，不足的部分均補上 0。

2). 將此擴充的文件訊息依每 64 位元切割成一個區塊。

3). 先對第一個區塊做 DES 的加密，加密時需輸入一 56 位元的祕密金鑰，所得到 64 位元的密文，再與下一個文件訊息區塊做 XOR 運算，然後再用 DES 對其加密。我們可以依此類推，直到所有的區塊都加密完成，最後只產生一個 64 位元的訊息鑑別碼 MAC。運算過程可以參考圖 7.13。

由於這裡所用到的 DES 加密機制的祕密金鑰為 56 位元，以現今的電腦設備來看，顯得不太足夠，因此為了提高安全性，也可以利用

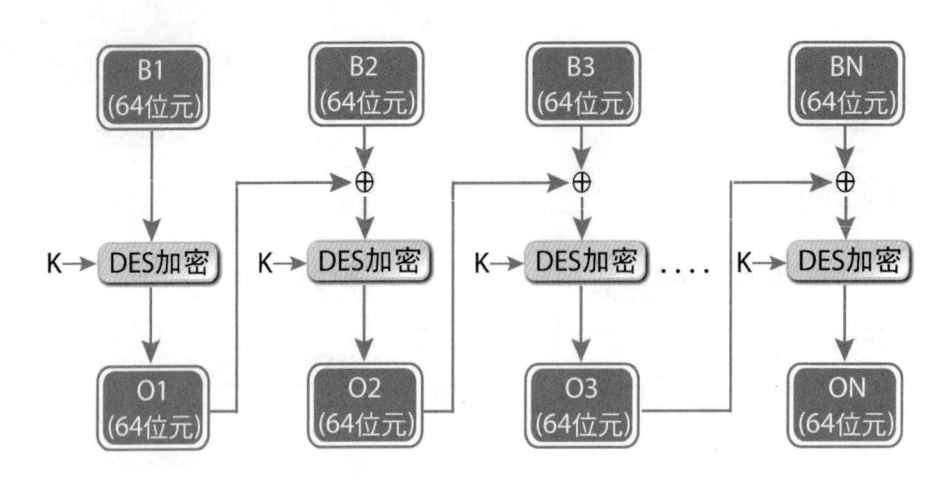

圖 7.13: DES-MAC 的運算過程

三重 DES (Triple-DES)，如 RIPE-MAC3。也就是將每一個 64 位元的區塊用三重 DES 來做加密，或者也可以採用 AES 取代 DES。

7.7.2 單向雜湊函數 MAC

這種 MAC 類型是利用一個單向雜湊函數，配合一把祕密金鑰所構成的訊息鑑別碼，其作法相當簡單。假設張三與李四要傳遞一個文件訊息 M，張三跟李四會先協議出一把共同祕密金鑰 K，然後張三將 K 與要傳送給李四的文件訊息 M 串連起來，再一起用一單向雜湊函數做運算，如 $H(K\|M)$。此處所用的單向函數演算法可以是 MD5 或 SHA，所計算出來的訊息摘要即是此文件訊息 M 的訊息鑑別碼，並連同 M 一起送給李四。李四收到後也用相同的方式計算一訊息鑑別碼，因為李四擁有與張三相同的祕密金鑰，若文件訊息 M 正確無誤，李四計算所得到的訊息鑑別碼會與張三所送來的訊息鑑別碼相同。

上述 $H(K\|M)$ 的計算方式雖然簡單但並不安全，因為任加一個區塊的文件訊息到原文件訊息的後面，其驗證結果都會正確。採用 $H(M\|K)$ 或是 $H(K_1\|M\|K_2)$ 的串接方式，其中 K_1 及 K_2 為兩把不同的金鑰，會較 $H(K\|M)$ 的作法更為安全。單向函數的文件訊息驗證碼較安全的計算方式是採用下列的串接方式：

$$H(K, H(K, M))$$

或

$$H(K_1, H(K_2, M))$$

這裡的 K_1 及 K_2 為兩把不同的金鑰。

這類型的訊息鑑別碼目前廣受歡迎，例如 IP Sec 與 SSL 規範都採用這類型的訊息鑑別碼。此外，這類型的文件訊息鑑別碼機制也可以讓使用者自行決定要採用何種單向雜湊函數。因此在實作上相當便利，也具有彈性。

進階參考資料

對雜湊函數或訊息驗證碼有興趣的讀者可進一步研讀 Bruce Schneier 所著 *Applied Cryptography*（John Wilet & Sons 出版）及 Atul Kahate 所著 *Cryptography and Network Security,* Second Edition（McGraw-Hill，2008 年出版）。其他參考資料限於篇幅無法一一列出，請讀者自行到本書輔助教學網站 (http://ins.isrc.tw/) 瀏覽參考。

7.8 習題

1. 請利用 AES 來設計一 MAC（註：不需使用雜湊函數，且文件訊息長度不固定）。

2. 請利用單向雜湊函數來設計 MAC。

3. 請說明訊息鑑別碼及數位簽章的差異。

4. 請問文件訊息驗證碼的作用為何？

7.9 專題

1. 撰寫 MD5 單向雜湊函數的程式。

2. 撰寫 SHA 單向雜湊函數的程式。

3. 一個簡單的文件訊息鑑別碼機制是先將文件訊息經過單向雜湊函數運算後，再用祕密金鑰進行加密。請用此策略撰寫一個產生及驗證文件訊息鑑別碼的系統。

7.10 實習單元

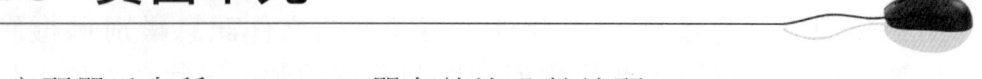

1. 實習單元名稱：SHA-256 單向雜湊函數練習。

2. 實習單元目的：
本單元以讓讀者熟悉 SHA-256 單向雜湊函數為目標，透過 SHA-256 單向雜湊函數教學系統的練習及操作，讓讀者能更深刻地體驗 SHA-256 的運作過程。

3. 系統環境：網頁瀏覽器。

4. 實習過程：
完整的實習過程範例及教學用的 SHA-256 單向雜湊函數系統放置於本書輔助教學網站，有興趣的讀者可參考該網站 (http://ins.isrc.tw/)。

8 金鑰管理及認證中心

Key Management and Certification Authority

金鑰管理及認證中心
Key Management and Certification Authority

8.1 前言

前面章節已說明公開金鑰密碼系統可以有效地解決祕密金鑰協議及傳遞的問題，並且提供數位簽章的功能。雖然公開金鑰密碼系統提供保密性、鑑別性、完整性及不可否認性，但是在實作上卻必須先解決公開金鑰認證的問題。

什麼是公開金鑰認證的問題呢？我們舉一例子來做說明，假設張三要利用公開金鑰密碼系統傳送一份機密訊息給李四，張三會用李四的公開金鑰對所要傳送的訊息做加密，但是張三如何得知李四的公開金鑰呢？張三有兩種作法：

1). 張三可以到一個存放使用者公開金鑰的公佈欄查詢李四的公開金鑰，此公佈欄如表格 8.1 所示。

2). 張三先送一個請求訊息給李四，要求李四將其公開金鑰傳送給張三，然後再用此公開金鑰對所要傳送的機密訊息做加密，其流程如圖 8.1 所示。

以上的兩種方法都可以讓張三得知李四的公開金鑰，但張三能保證所得到的公開金鑰確為李四的公開金鑰嗎？答案是否定的。例如，在第一種方法中，若王五想知道張三與李四所傳送的訊息內容，王五可以設法將公佈欄中李四的公開金鑰「44445678」改成自己的公開

表格 8.1: 存放使用者公開金鑰的公佈欄

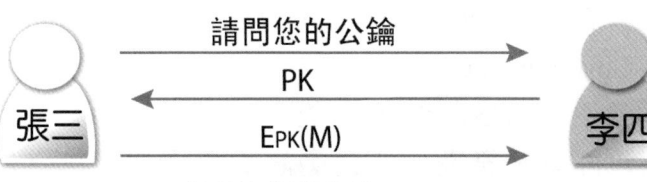

姓名	公開金鑰
黃一	17635297
林二	78365728
張三	33334567
李四	44445678
王五	55551234
⋮	⋮
陳六	26738873

圖 8.1: 網路上告知公開金鑰之流程

PK：李四的公開金鑰
M：張三要傳送給李四的機密訊息

金鑰「55551234」。當張三到公佈欄查詢李四的公開金鑰時，會誤以為「55551234」是李四的公開金鑰，並用這把金鑰加密訊息傳送給李四。如此一來，本來要傳給李四的祕密訊息，李四卻無法解開，但王五卻可以順利窺知訊息內容。

　　用第二種方法來得到公開金鑰也有同樣的問題，由於網路上通訊雙方並不是面對面的溝通，因此當張三要求李四傳送其公開金鑰時，王五可能假冒成李四，並傳送其公開金鑰給張三。而張三收到後也無法確認此公開金鑰確實是李四本人所傳送，會不會是被駭客假冒李四身分？會不會在李四的傳送其公開金鑰途中被篡改呢？一旦張三使用王五所給的公開金鑰加密，那麼王五便可以順利得知訊息內容。

　　上述問題主要關鍵是使用者如何證明自己身分及與公開金鑰間的關聯。因此，公開金鑰密碼系統要能順利運作，必須要有一個機制來驗證一把公開金鑰確為某人或某機構所擁有。若要達到這個目的，必須有可信賴的第三者（Trusted Third Party, TTP）來核發個人或機關的公

開金鑰數位憑證 (Certificate)。此核發及管理數位憑證的機構稱為認證中心（Certification Authority, CA）。

數位憑證將使用者的身分與公開金鑰做了緊密結合，功能就像身分證一樣，可以用來證明網路上自己的身分及所持有的公開金鑰。因此任何人只要驗證憑證內容是正確及有效的，便可相信某人的公開金鑰。

由於世界先進國家均已體認到公開金鑰密碼系統對資訊安全及電子商務發展的重要性，近年來已積極推動公開金鑰基礎建設（Public Key Infrastructure, PKI），以建立一套憑證管理系統，來簽發、註銷及管理使用者的數位憑證。

我國於 1997 年起積極推動公開金鑰基礎建設，1998 年成立政府憑證管理中心（Government Certification Authority, GCA），並於 2001 年 10 月通過電子簽章法。2003 年經濟部依《電子簽章法》及其施行細則之規定，核定內政部憑證管理中心之憑證實務作業基準。內政部憑證管理中心負責簽發我國年 18 歲以上國民之 IC 卡及公鑰憑證，並提供其他自然人之電子化政府應用服務網路通訊的安全基礎。

8.2 認證中心

要讓公開金鑰密碼機制能順利地運作，一個公正且可信賴的認證中心是不可或缺的。認證中心的設置有以下幾個目的：

1). 使用者登記認證，使其網路身分生效並具法律效用。此過程就如同民眾向戶政機關登記，政府核發身分證來證明其身分一樣。

2). 使用者將其公開金鑰登記認證，以確認使用者的公開金鑰。這個過程就如同我們到戶政機關或銀行辦理印鑑證明一般。

3). 每個使用者所持有的數位憑證，就如同現實社會中的身分證一般，可用來證明自己在網路世界中的合法身分。

4). 提供一個值得信賴的安全基礎建設，使用者可在網路上進行身分認證，並確保資料在網路上傳輸的保密性、鑑別性、完整性及不可否認性（請參閱第 6.1 節）。

認證中心所提供的功能主要有下列幾項：

1). 產生及更新數位憑證。認證中心將每個使用者的身分及公開金鑰簽署成一個數位憑證。

2). 分發及管理數位憑證。

3). 數位憑證的註銷及回復。

4). 扮演一個數位時代可信任的仲裁者（提供憑證）。

5). 儲存數位憑證（有效憑證、終止憑證及過期憑證等）。

6). 公佈及傳送數位憑證註銷列表 (Certificate Revocation List, CRL)。

7). 數位憑證的查詢及分送憑證管理的資料。

底下將依序介紹數位憑證的標準格式，以及認證中心所提供的各項功能。

8.3 數位憑證的標準格式

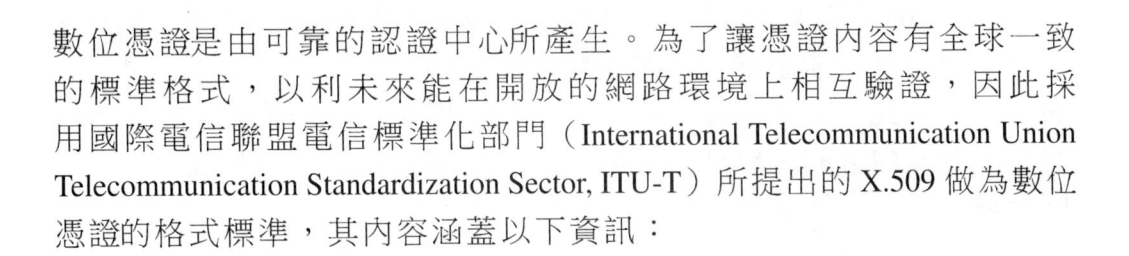

數位憑證是由可靠的認證中心所產生。為了讓憑證內容有全球一致的標準格式，以利未來能在開放的網路環境上相互驗證，因此採用國際電信聯盟電信標準化部門（International Telecommunication Union Telecommunication Standardization Sector, ITU-T）所提出的 X.509 做為數位憑證的格式標準，其內容涵蓋以下資訊：

- 版本 (Version)：用來區隔不同版本的憑證格式，目前已到第三版。

- 序號 (Serial Number)：代表此憑證的唯一編號。

- 簽章演算法 (Signature Algorithm Identifier)：用來定義簽署此憑證所使用的演算法及相關參數。

- 憑證發行者 (Issuer Distinguished Name)：用來識別此憑證發行單位的名稱。

- 有效期限 (Validate Period)：此憑證的生效及失效日期。

- 憑證持有人 (Subject Distinguished Name)：此憑證的持有者。

- 持有者的公開金鑰 (Subject's Public Key Information)：紀錄該持有者所使用的公開金鑰及其演算法。

- 發行者身分 ID (Issuer Unique Identifier)：當有其他憑證的發行者資訊與此憑證相同，就用此欄位中唯一的 ID 來識別認證中心身分。此欄位為一附加欄位，可有可無。

- 持有者身分 ID (Subject Unique Identifier)：當有其他憑證的持有者資訊與此憑證相同時，用此欄位中持有者唯一的身分 ID 來識別使用者身分。此欄位為一附加欄位，可有可無。

- 其他資訊 (Extensions)：為一擴充欄位。持有者其他資訊，如地址、聯絡電話、出生年月日等資訊。此欄位為一附加欄位，可有可無。

- 上述各資料之發行者簽章 (Issuer's Signature)：發行此憑證的認證中心用其私密金鑰對上述各資料欄位所做的數位簽章。

由 X.509 的定義可知，數位憑證的內容主要包含了持有者的個人身分資訊及其公開金鑰，然後用發行認證中心的私密金鑰對這些資訊做簽章。因此，只要知道此認證中心的公開金鑰，我們就可以對此憑證的來源及內容的完整性做認證，一旦驗證通過就可以確認某人的公開金鑰。

8.4 認證中心的作業流程

認證中心的架構除了 CA 之外，還包含一個目錄服務 (Directory Service, DS) 及註冊代理程式 (Registry Agent, RA)。DS 是存放數位憑證的地方，RA 是幫助 CA 來審查申請者身分，以降低 CA 的負擔，並可代理使用者向 CA 申請登記註冊。事實上，RA 也是認證中心的防火牆，避免使用者直接跟認證中心接觸，可以防止駭客有機會直接測試認證中心的安全能力。有關 CA、DS 及 RA 這三者之間的關係，請參見圖 8.2。

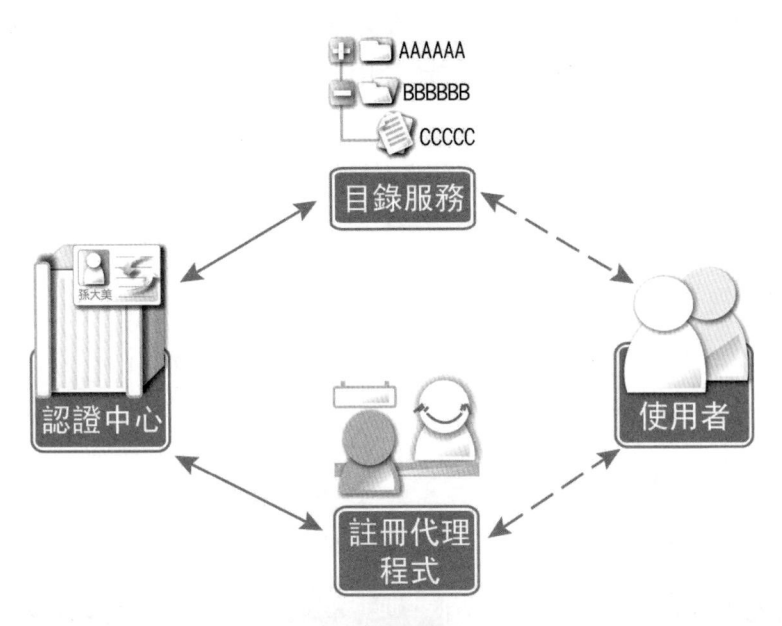

圖 8.2: CA、DS、RA 之間的關係

8.4.1 數位憑證的申請

若使用者要向 CA 申請一合法數位憑證時，其流程如圖 8.3 所示。步驟如下所述：

1). 使用者先傳送自己的公開金鑰到 RA，RA 驗證使用者身分，並代使用者向 CA 申請憑證。

2). RA 傳送公開金鑰到 CA。

3). CA 對此公開金鑰及使用者資訊做簽章，產生數位憑證。

4). CA 傳送憑證到 RA。

5). 使用者從 RA 獲得其憑證。

6). CA 傳送此憑證到 DS。

7). 使用者可以向 DS 確認其憑證。

使用者除了自己保管數位憑證外，認證中心的目錄服務也儲存一份，做為其他使用者查詢及驗證之用。

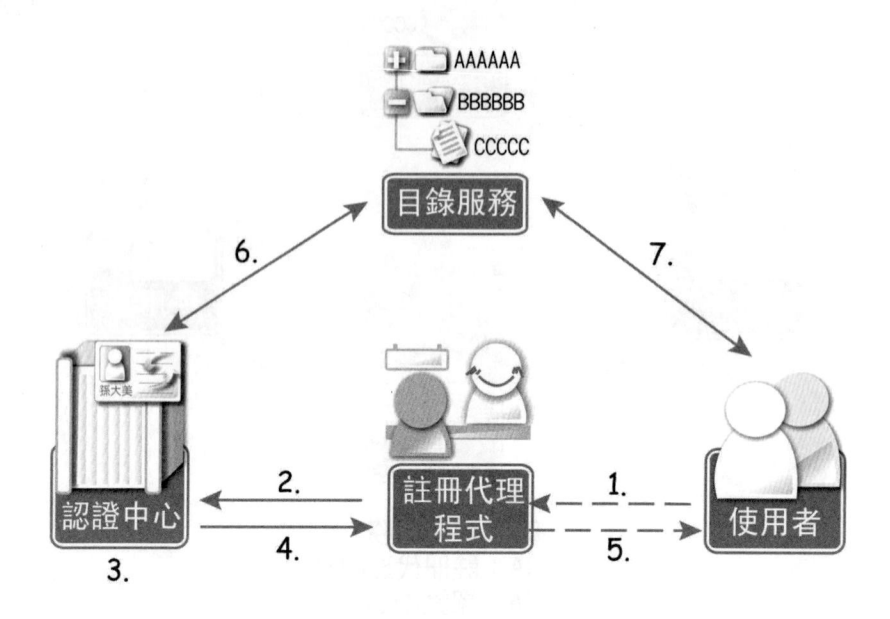

圖 8.3: 認證中心的使用者註冊流程

8.4.2 數位憑證的產生與使用

核發使用者的數位憑證是認證中心最主要的工作之一。憑證核發的過程是使用者先產生一組相對應的公開金鑰及私密金鑰。公開金鑰的產生過程大致上分為兩種。第一種是使用者自行產生，其好處是使用者的私密金鑰只有自己知道，不會洩漏出去，但缺點就是使用者要產生一把強度高的金鑰能力可能不足（註：所謂強度高是指不容易由此公鑰導出密鑰或破解出明文）。第二種是請公正的第三者或是 CA 代為產生，好處是使用者可以得到一把強度高的公開金鑰，但缺點就是使用者的私密金鑰有可能會被此公正的第三者或是 CA 所複製，但既然是公正的第三者，也只好相信「皇后的貞操」。

不論是哪一種使用者的公開金鑰，都必須由 CA 來做認證。認證中心會先核對使用者的身分及產生的公開金鑰是否正確，然後再將使用者身分及對應的公開金鑰等相關資料，利用認證中心的私密金鑰來對其做簽章，最後再把產生的數位簽章與相關資料合在一起，便是一個完整的數位憑證。當使用者要證明自己的身分及其公開金鑰時，只

要提出數位憑證，任何人均可以利用該認證中心的公開金鑰來驗證其正確性。

一般而言，數位憑證的產生及使用的概念如圖 8.4 所示。其步驟說明如下：

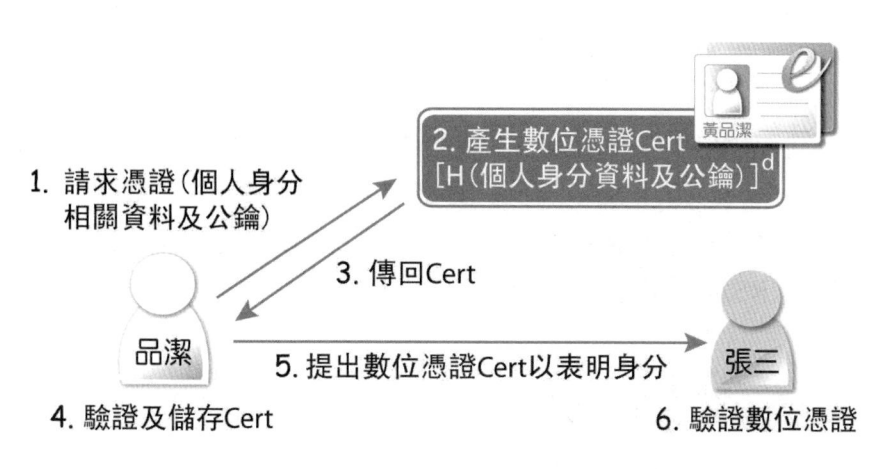

圖 8.4: 數位憑證的產生及使用

1). 請求憑證
    申請人提供相關文件（如身分證、駕照或健保卡等）來證明其身分，並填寫個人身分相關資料（如身分證字號、出生年月日及電話等），連同所產生的公開金鑰一起送給認證中心。

2). 產生數位憑證 (Cert)
    認證中心驗證申請者身分及所產生的公開金鑰無誤後，便利用其私密金鑰對申請者的個人身分資料及公開金鑰一起做簽章。例如，數位憑證 $Cert = Sig[H（個人身分資料及公鑰）]^d$，其中 Sig 表示數位簽章方法，如 RSA 或 DSA 等（請參考第 7 章），H 表示雜湊函數，如 MD5 或 SHA-1 等（請參考第 8 章）。d 為此認證中心 CA 之私密金鑰。

3). 傳回 Cert
    認證中心將所產生的數位憑證傳回給該申請者。

4). 驗證及儲存 Cert
    申請者收到數位憑證後，先利用認證中心的公開金鑰來驗證此憑證是否正確，並將此數位憑證存放在 USB 或 IC 卡中。

5). 提出數位憑證 Cert 以表明身分
   當雙方要進行通訊時,可提供數位憑證給對方,以證明自己身分及其公開金鑰。

6). 驗證數位憑證
   利用認證中心的公開金鑰來驗證所接收到的數位憑證,以確認對方的身分及公開金鑰是否正確。

詳細的數位憑證核發及驗證過程如圖 8.5 所示。認證中心確認申請者的身分及其所選的金鑰正確性後,將資料內容經雜湊函數 (SHA-1) 運算後得到訊息摘要,然後再對所得到的訊息摘要以其私密金鑰做簽章 (RSA),如此一來便完成數位憑證的核發工作。

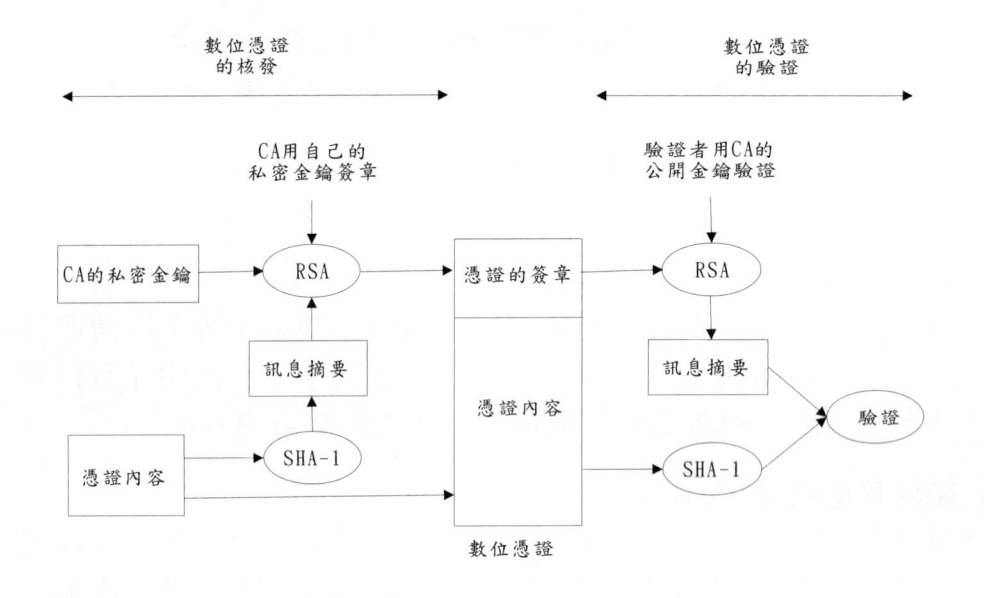

圖 8.5: 數位憑證的核發及驗證過程

任何人都可到認證中心的目錄伺服器去取得他人的公開金鑰及下載憑證註銷列表,以避免使用到有安全疑慮的公開金鑰。當取得他人公開金鑰的數位憑證後,首先要確認憑證內容的正確性及完整性,驗證過程如下:

1). 先將憑證內容經雜湊函數 (SHA-1) 運算後得到一訊息摘要。

2). 再將此憑證的數位簽章,利用認證中心的公開金鑰做運算後,得到另一個訊息摘要。

3). 最後比對兩訊息摘要是否相同。

　　若最後比對結果相同，則我們可以確認憑證中的公開金鑰確實為此人所有。若此憑證的內容正確無誤，之後便可利用此公開金鑰來做加密或簽章。

　　從數位憑證的核發及驗證過程可以發現，數位憑證中的資料均經由認證中心產生數位簽章，使得使用者的公開金鑰與使用者的身分資料緊密地結合，別人無法偽造及篡改。

8.4.3 數位憑證的註銷

除了憑證的核發之外，憑證的管理也是相當重要的。每張憑證都有其有效期限，在有效期限內此數位憑證具有效力。超出有效期限，使用者必須申請憑證延期或是重新申請數位憑證。但我們有時不得不提早註銷此憑證，就像在遺失信用卡後會向發卡銀行註銷信用卡並止付。同理，為了避免誤用或非法使用，也需要一個機制來註銷使用者的憑證。憑證註銷的主要原因有以下幾點：

1). 使用者的私密金鑰有被破解的疑慮或其他原因，必須更換其公開金鑰及私密金鑰。

2). 使用者已不再使用此 CA 所提供的數位服務。

3). 使用者因信用不好，而被列入拒絕往來戶。

4). CA 的私密金鑰有被破解的疑慮，需要更換其公開及私密金鑰。

若使用者要註銷憑證時，步驟如下（請參考圖 8.6）：

1). 使用者傳送註銷的訊息到 RA。

2). RA 會轉送此註銷訊息給 CA。

3). CA 將此註銷憑證新增至憑證註銷列表中，並將此列表送到 DS。

4). 使用者可以到 DS 查詢其憑證註銷列表，以確認是否註銷成功。

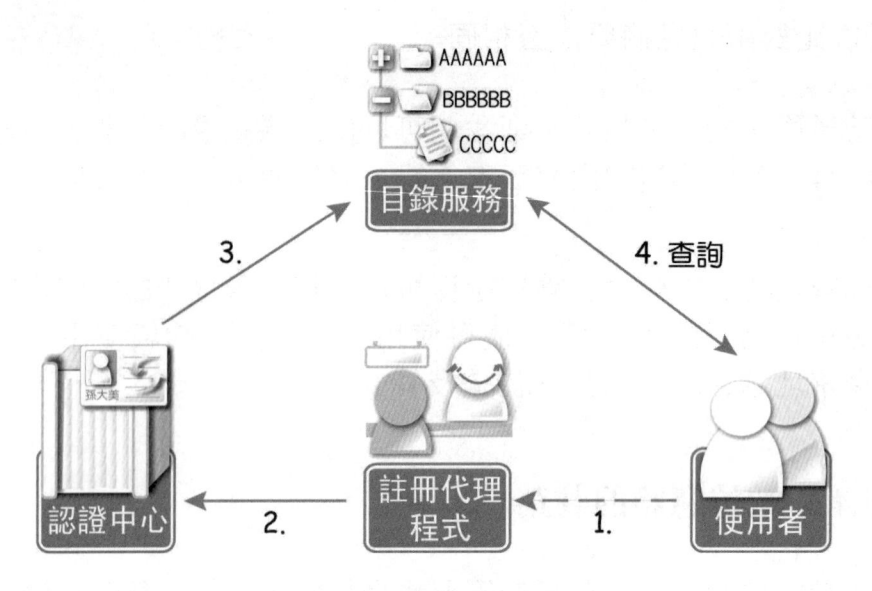

圖 8.6: 認證中心的憑證註銷流程

認證中心需要維護一個數位憑證註銷列表（Certificate Revocation List, CRL），用來紀錄所有未到期但被註銷的數位憑證。因此，驗證單位在驗證使用者憑證時，必須先驗證此憑證是否在有效期限內，然後再驗證此憑證是否合法。最後還要查詢相關的憑證註銷列表，以確認此憑證未被註銷。憑證註銷的機制除了會增加憑證驗證的複雜度之外，在運作上也會有下列問題：

1). 註銷即時性
使用者要註銷憑證時，CA 必須即時更新憑證註銷列表。此外，CA 必須將此 CRL 列表即時傳送給所有的驗證機關或使用者（註：CRL 若沒有傳遞給驗證機關，則每次要驗證數位憑證時，驗證機關必須上網到 CA 查詢 CRL），否則就會出現空窗期。在 CA 尚未更新 CRL 時，使用者仍然可以繼續使用憑證，直到 CA 已更新 CRL 及所有的驗證機關或使用者均已收到此 CRL。

2). 憑證註銷列表快速擴充
註銷憑證的使用者會持續增加，使得憑證註銷列表快速增加，如此一來不但增加此列表傳輸時的通訊量，更增添維護及驗證時的複雜度。

8.5 數位憑證的使用

數位憑證有兩個主要用途:一個是加解密及簽章時可以使用,另一個是可用來認證網路使用者的身分。

8.5.1 加解密及簽章的使用

採用非對稱式(公開金鑰)密碼系統來做訊息的加解密時,傳送方必須先利用接收方的數位憑證來確認接收方的公開金鑰,之後再利用接收方的公開金鑰來對訊息做加密。我們舉一個例子說明此加解密的過程,如圖 8.7 所示。

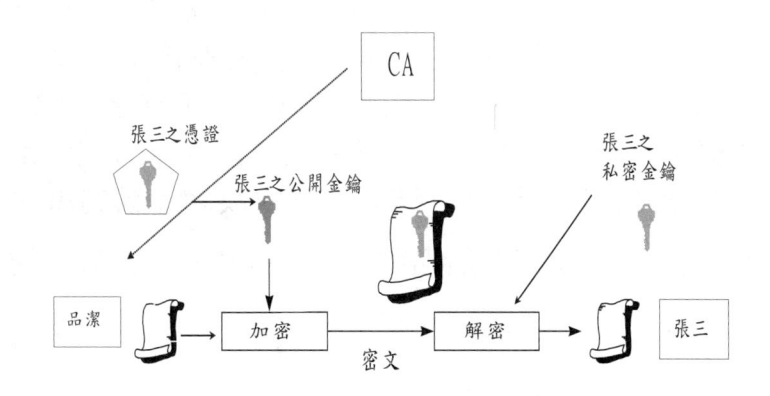

圖 8.7: 數位憑證與加解密機制的關係

假設品潔要送一份機密訊息給張三,品潔會到認證中心去查詢張三的數位憑證。若張三的數位憑證經認證無誤後,品潔就可以用張三之數位憑證的公開金鑰來對此訊息做加密,然後將所得到的密文送給張三。張三收到密文後,因為只有他知道正確的私密金鑰,故可以順利地將機密訊息解出。

數位簽章機制與加解密機制類似,簽章者先對訊息做雜湊函數運算,得到一訊息摘要。若訊息中某一部分遭到修改,運算後所得到的訊息摘要就會不同。然後,簽章者再用私密金鑰對訊息摘要做簽章,連同訊息及此訊息簽章一同送給接收者。接收者收到後,便用相同的雜湊函數來對訊息內容做運算,亦可得到一訊息摘要。然後驗證簽章者之數位憑證,以確認其公開金鑰。我們再將收到的訊息簽章用簽章者的公開金鑰做運算,亦可得到另一訊息摘要,然後比對兩訊息摘要

是否相同。若相同，接收者可鑑別此訊息傳送者的身分，亦可確認訊息內容未被篡改。此外，傳送者亦無法否認傳送過此訊息。

8.5.2 網路使用者的身分認證

假設張三要跟品潔進行通訊，由於網路上的通訊並非面對面的溝通，因此張三無法確定和他通訊的人究竟是否為品潔本人，還是有人冒充品潔的身分。可見在網路上驗證使用者的身分是非常重要的，數位憑證即可用來證明網路使用者的身分。

要驗證網路使用者的身分最直接的作法是將其數位憑證送給驗證者做身分鑑別。例如，品潔要向張三證明其在網路上的身分，便將其數位憑證送給張三以驗證其身分。張三收到品潔的憑證後會驗證憑證的內容、有效期限、憑證是否於 CRL 中及此憑證的簽章，經過驗證通過後便確認此憑證的正確性。但這個方法卻不安全，因為品潔的數位憑證並非機密的資訊，人人都可以拿到。因此，冒充者還是可以拿品潔的數位憑證給張三做驗證，結果一樣會成功（稱為重送攻擊）。

如何利用數位憑證來驗證網路使用者的身分？接著介紹兩種可行的方法：

1). 挑戰回應法（如圖 8.8 所示）

```
品潔  ——我是品潔，我的數位憑證是Cert——>  張三
      <——將此數值r={我是大美女}做簽章——
      ——S=D_PR（我是大美女）——————>
                                          張三驗證數位憑
                                          證Cert及簽章S
```

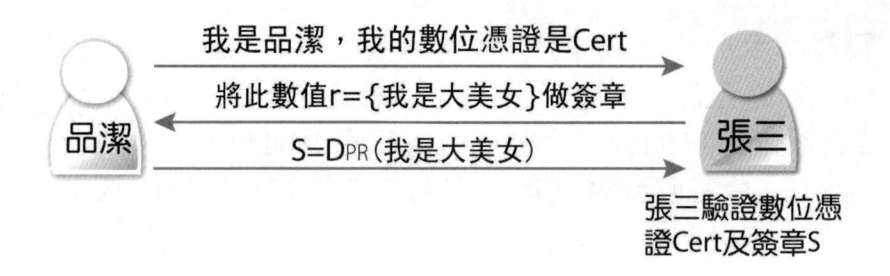

圖 8.8: 挑戰回應法的網路身分鑑別機制

其步驟如下：

(a) 品潔先告訴張三：「我是品潔，我的數位憑證是 Cert」。

(b) 張三接著選擇一個亂數值 $r=\{$ 我是大美女 $\}$，然後傳送「將此數值 $r=\{$ 我是大美女 $\}$ 做簽章」訊息給品潔。

(c) 品潔收到後就用其私密金鑰 PR 對此亂數值做簽章，然後將數位簽章 $S = D_{PR}$（我是大美女）送給張三。D 為簽章演算法。

(d) 張三先驗證品潔的數位憑證，確認其數位憑證及公開金鑰後，便用此公開金鑰來驗證簽章 $S = D_{PR}$（我是大美女）。若驗證成功，張三就可相信此數位憑證的確是品潔所有，而證明其網路身分。

由於張三每次都選擇不同的數值 r，這次選取 $r=\{$ 我是大美女 $\}$，下次選取 $r=\{$ 我是辣妹 $\}$，因此每一次產生的數位簽章 S 也都不一樣，所以駭客即使攔截到這一次的數位簽章 S 及品潔的數位憑證 Cert 也沒辦法冒充品潔的身分。

2). 時戳法（如圖 8.9 所示）

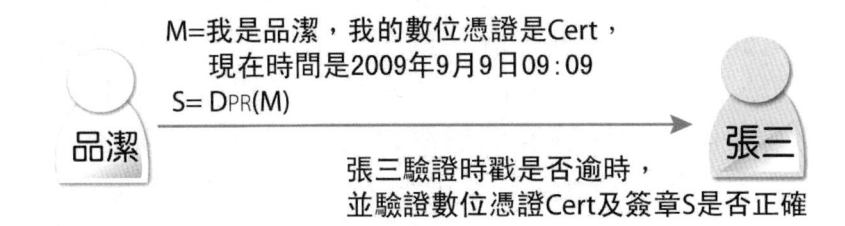

圖 8.9: 時戳法的網路身分鑑別機制

其步驟如下：

(a) 品潔送一訊息給張三：「我是品潔，我的數位憑證是 Cert，現在時間是 2009 年 9 月 9 日 09:09」，並將此訊息以其私密金鑰簽章後，連同其簽章 S 一起送給張三。

(b) 張三收到此訊息及其簽章後，先驗證訊息內的時戳是否逾時，若時戳還在規定的時間範圍內，張三便接受此一訊息。接著再去驗證品潔的數位憑證，確認其數位憑證及公開金鑰後，再用此公開金鑰來驗證簽章 S。若驗證成功，張三便可相信品潔的身分。

由於時間分秒不停地往前走，雖然品潔的數位憑證 Cert 不變，但每次時戳都不同，因此所產生的數位簽章 S 也就不一樣，所以駭客即使攔截到這一次的數位簽章 S 及品潔的數位憑證 Cert 也沒辦法冒充品潔的身分。

8.6 數位憑證的種類

數位憑證的種類不僅僅侷限於個人，也有下列用途：

- 認證中心憑證
  前面提到利用認證中心的公開金鑰來驗證其所核發的數位憑證，但要如何確認該認證中心的公開金鑰是正確的呢？因此，認證中心也需要一個數位憑證，來證明其身分及公開金鑰的有效性。

- 伺服器憑證
  當我們透過網路連結到遭到假冒的網站時，一旦使用者未確認該網站的真實性便輸入個人的敏感資訊（如信用卡資料或通行密碼等），假冒的網站將輕而易舉地竊取使用者的敏感資訊。為避免此一問題發生，解決的方法就是也核發給伺服器一個數位憑證，用來證明此伺服器的身分，以避免遭到假冒。一旦網友要輸入個人的敏感資訊於網站時，便可要求該網站提出合法數位憑證，藉以證明其為合法網站。常見的伺服器憑證有：SSL 伺服器憑證，包含 SSL 伺服器名稱及其公開金鑰；DNS 伺服器憑證，包含 DNS 伺服器名稱及其公開金鑰。

- 軟體出版者憑證
  安裝來歷不明的軟體是很危險的。若軟體內藏一些惡意程式，一旦安裝該軟體，便會啟動隱藏的惡意程式，造成電腦系統內資料的毀損或機密資料外洩等傷害。軟體出版者憑證可用來證明該軟體的來源。軟體商以其私密金鑰來簽署所發行軟體，證明該軟體確為該公司所發行。使用者在安裝軟體時先驗證該軟體出版者憑證是否正確，再用憑證內的公開金鑰去驗證是否確實為該軟體商所發行，若驗證無誤，便可安心安裝。

8.7 交互認證

假設張三跟李四要通訊，但是兩個人的憑證不是同一個 CA 所核發，那麼這兩人該不該相信對方的憑證呢？

核發憑證的 CA 不只一個，很多先進國家都有好幾個 CA 來核發數位憑證。由不同的 CA 相互驗證對方數位憑證的有效性，稱為交互認證，這個機制可用來解決不同 CA 的數位憑證間驗證的問題。交互認證一般來說可以分成階層式交互認證架構 (Hierarchical Cross Certification) 及一般式交互認證架構 (General Cross Certification)。

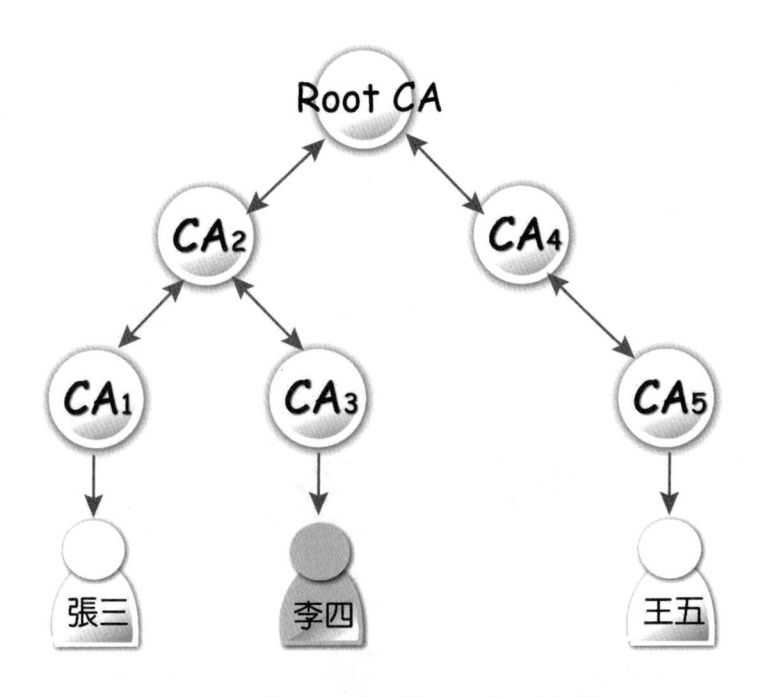

圖 8.10: 階層式的憑證交互認證架構

階層式交互認證的概念如圖 8.10 所示，其特色是不同 CA 間存在著階層關係，相關聯的兩個 CA 會相互對彼此的公開金鑰憑證作簽署。例如 CA_2 為 CA_1 及 CA_3 的父結點，那麼 CA_2 會對 CA_1 及 CA_3 的公開金鑰憑證作簽署，相同的 CA_1 及 CA_3 也會對 CA_2 的公開金鑰憑證作簽署。這樣的階層式交互認證架構確定好後，不同的 CA 所核發的憑證，就可根據憑證路徑 (Certification Path)，來作憑證的驗證。舉例來說，張三的數位憑證是由 CA_1 所核發，而李四的數位憑證由 CA_3 所核發。由於兩者的數位憑證是由不同的 CA 所核發，所以張三需用 CA_3 的公開金鑰來驗證李四的數位憑證是否正確，但 CA_3 的公開金鑰是否正確，又需使用 CA_2 的公開金鑰來驗證 CA_3 的公開金鑰數位憑證。依據圖 8.10 的階層式架構，張三可以從目錄服務中獲知驗證李四數位憑證的憑證路徑為 $CA_1 < CA_2 >$，$CA_2 < CA_3 >$，$CA_3 < 李四 >$。而其中 $CA_1 < CA_2 >$ 表示用 CA_1 公開金鑰來驗證 CA_2 的公開金鑰憑

證，若是驗證正確再利用 CA_2 的公開金鑰來驗證 CA_3 的公開金鑰憑證 ($CA_2 < CA_3 >$)，最後利用 CA_3 的公開金鑰來驗證李四的公開金鑰憑證 ($CA_3 < 李四 >$)。

但若此階層式的樹狀結構太高，驗證的路徑太長，就會沒效率。例如李四要驗證王五的公開金鑰，便要遵循此一路徑 $CA_3 < CA_2 >$，$CA_2 < Root - CA >$，$Root - CA < CA_4 >$，$CA_4 < CA_5 >$，$CA_5 < 王五 >$。因此若各個 CA 間都可以交互認證，那麼李四就可以循著路徑 $CA_3 < CA_5 >$，$CA_5 < 王五 >$ 去驗證王五的公開金鑰，很明顯地這比較有效率多了。

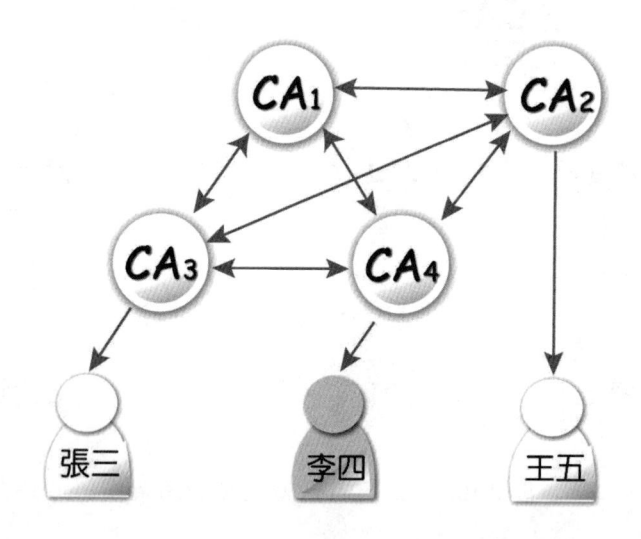

圖 8.11: 一般式的憑證交互認證架構

這種各個 CA 間都可以交互認證的架構稱為一般式架構或網路式架構，如圖 8.11 所示。利用這種架構，張三只要透過 $CA_3 < CA_2 >$，$CA_2 < 王五 >$ 就可完成對王五的憑證驗證。其優點是可以縮短憑證路徑，提高憑證驗證的效率，但缺點是會增加 CA 在憑證管理上的負擔。因此在實務上，我們通常會採用階層式與一般式混用的策略。若兩 CA 間互動頻繁，就可以採用一般式的架構，來提高其驗證的效率。反之，若兩 CA 間很少互動，則使用階層式的架構可以減輕憑證管理的負擔。

我國公開金鑰的基礎建設架構便是採用階層式與一般式合併的混合式架構，其組織可分為：政策審訂單位 (Policy Approval Authority, PAA)、最高憑證管理中心 (Root Certification Authority, RCA)、政策憑

證管理中心 (Policy Certification Authority, PCA) 與次層級憑證管理中心 (Subordinate Certification Authority, SCA)，如圖 8.12 所示。

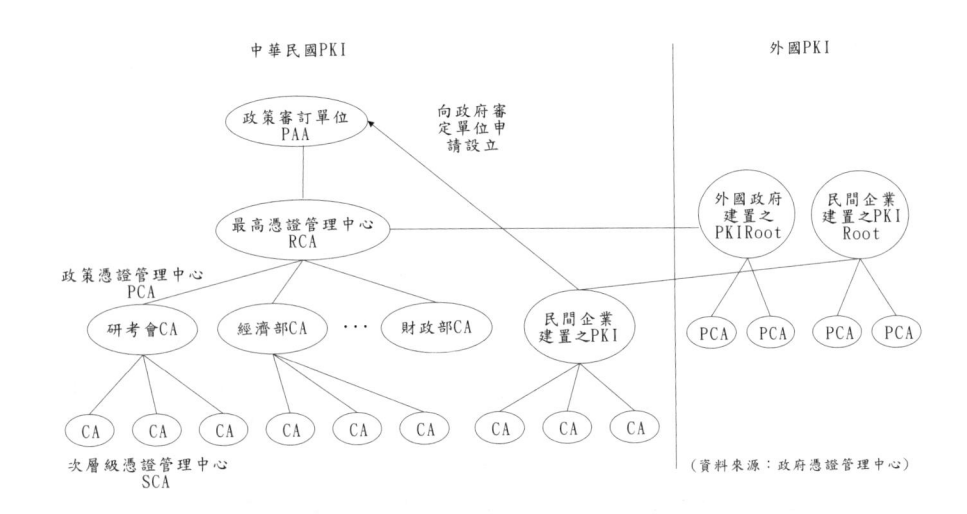

圖 8.12: 我國政府公開金鑰基礎建設之架構

其中，政策審訂單位主要負責安全政策的審查與核定。凡是要建立憑證管理中心的機構或團體，均需將其建置計畫送交政策審訂單位審核。最高憑證管理中心負責擬訂公開金鑰基礎建設中的安全政策，以及簽發憑證給下一級的憑證管理中心，並與外國政府的最高憑證管理中心或非政府憑證管理中心進行憑證的交互簽發。政策憑證管理中心主要負責擬訂具有某一共同安全目標的某一團體、組織（如公會、協會）之安全政策，並簽發憑證給下一層的憑證管理中心。次層級憑證管理中心主要負責執行實際業務，簽發憑證給終端自然人。

8.8 自然人憑證簡介

政府機關公開金鑰基礎建設 (Government Public Key Infrastructure, GPKI) 係為健全電子化政府基礎環境建設，建立行政機關電子認證及安全制度而設立。

這是依照 ITU-T 制訂之 X.509 標準所建置的階層式公開金鑰基礎建設，包含政府憑證總管理中心 (Government Root Certification Authority, GRCA) 及各政府機關所管轄的憑證管理機構 (Subordinate CA) 所組成。

目前，政府憑證總管理中心(GRCA)依據所簽發憑證的種類，共有政府憑證管理中心、政府測試憑證管理中心、電子工商憑證管理中心、內政部憑證管理中心、組織及團體憑證管理中心等五個下屬憑證管理機構，其名稱、用途及主管機關如表格 8.2 所示。

表格 8.2: 目前 GPKI 的各個 CA 及其英文名稱簡稱

CA 中文名稱	簡稱	所簽發的憑證種類	主管機關（啟用日期）
政府憑證總管理中心	GRCA	GRCA 自簽憑證，CA 交互認證憑證	研考會 (91/10/30)
政府憑證管理中心	GCA	政府機關（構）單位憑證，伺服器應用軟體憑證	研考會 (92/3/3)
政府測試憑證管理中心	GTestCA	GPKI 技術規範所列的各種一般用戶憑證	研考會 (92/2/19)
電子工商憑證管理中心	MOEACA	公司、分公司及商號憑證	經濟部 (92/8/7)
內政部憑證管理中心	MOICA	自然人憑證	內政部 (92/4/21)
組織及團體憑證管理中心	XCA	學校、財團、社團法人及非法人團體憑證	研考會 (93/3/17)

其中以內政部的自然人憑證與民眾最為息息相關。自然人憑證是內政部憑證管理中心 (MOICA) 對我國年 18 歲以上國民所核發的公開金鑰數位憑證，是我國電子化政府資訊安全基礎建設計畫之一，提供電子化政府應用服務網路通訊的安全基礎。內政部所建置的自然人憑證管理中心有兩大目標：

1). 建立可信賴之資訊安全機制

   我國之政府公開金鑰基礎建設 (GPKI) 是採用階層式的憑證管理架構，以行政院研考會設置的政府憑證總管理中心 (GRCA)，做為信賴起點 (Trust Anchor)，GRCA 將簽發 CA 憑證給 GPKI 的下層 CA。內政部憑證管理中心便是隸屬於 GRCA 的憑證管理中心，為公開公鑰之正確性做擔保，以建立可信賴之資訊安全機制。

2). 帶動電子化政府應用發展，提升國家競爭力

政府公開金鑰基礎建設 亦分別提供公開金鑰憑證 (Public-Key Certificate) 及屬性憑證 (Attribute Certificate) 服務，用來做為 G2G (Government-to-Government)、G2B (Government-to-Business)、G2C (Government-to-Citizen) 之身分識別及資格確認之用。所謂屬性憑證是相關主管機關可以依權責分工設立屬性憑證管理中心，簽發自然人主體相關的屬性憑證，其中包括以下電子證照及證書：

- 人員識別證。例如，公務人員識別證、學生識別證、機關人員識別、市民識別及會員資格識別等。
- 技師證照證書。例如，駕照執照證書、土地代書、電機、土木及醫事人員等專業技師證書。

未來將會把所有紙本證照逐步全面電子化，營造一個無障礙的電子化服務環境，以提升國家競爭力。以下列出內政部自然人憑證所採用的標準與格式：

1). 命名的標準：

- 電子郵件 (E-mail)：RFC 822。
- 網域名稱服務 (Domain Name Service)：RFC1035。
- O/R Address：X.400。
- 目錄名稱 (Directory Name)：X.501。
- 電子文件交換 (EDI Part Name)：RFC 1630。
- 網際網路位址 (IP Address)：RFC791。
- 註冊識別碼 (Registered ID)：X.660。

2). 加密演算法：Triple DES CBC 112 位元。

3). 數位簽章演算法識別碼： sha-1WithRSAEncryptioniso(1) member-body(2) us(840) rsadsi(113549) pkcs(1)pkcs-1(1) 5 (OID: 1.2.840.113549.1.1.5)。

4). 簽發憑證中的主體公開金鑰之演算法的物件識別碼： RsaEncryption iso(1) member-body(2) us(840) rsadsi(113549) pkcs(1) pkcs-1(1)1 (OID：1.2.840.113549.1.1.1)。

5). 憑證公佈 (Certificate Distribution)：使用 X.500 的唯一識別名稱，此名稱的屬性型態遵循 RFC 3280 相關規定。

6). 憑證格式 (Certificate Format)：X.509 v3。

7). 註銷列表 (CRL)：X.509 v2。

8). 憑證編碼方式：

- Abstract Syntax Notation One (ASN.1)：描述資料欄位的型態與數值，CCITT X.208。
- Basic Enconding Rule (BER)：描述資料編碼規則，CCITT X.209。
- Distinguish Encoding Rule (DER)：對 ANS.1 提供唯一的編碼方式，ITU-T X.690。

9). 個人密鑰：PKCS#5 (Public Key Cryptographic Standard)。

10). 通信協定：LDAP (RFC 1777)、TCP/IP 及 HTTP。

11). 命名限制：簽發之憑證不使用命名限制 (Name Constraints)。

進階參考資料

對認證中心之規格及建置有興趣的讀者可再進一步研讀行政院國家發展委員會所發行的「政府憑證管理中心憑證實務作業基準（第 1.8 版）」（2016 年 4 月）及內政部所發行的「內政部憑證管理中心憑證實務作業基準（第 1.9 版）」（2016 年 2 月）。有關《電子簽章法》的部分主要參考經濟部商業司網站，有興趣的讀者可再進一步研讀。其他參考資料限於篇幅無法一一列出，請讀者自行到本書輔助教學網站 (http://ins.isrc.tw/) 瀏覽參考。

8.9 習題

1. 請說明認證中心設置的目的，以及所提供的功能。
2. 請說明數位憑證要如何產生與使用。

3. 請闡述數位簽章技術的概念為何,以及認證中心和數位憑證與數位簽章間的關係為何?(2010 年資訊處理類科高考二級試題)

4. 請描述認證中心的作業流程。

5. 利用數位憑證來驗證網路使用者的身分有兩種方法。其一為挑戰回應法,請解釋何謂挑戰回應法。

6. 請說明自然人憑證管理中心的功能為何。

7. 軟體出版者為何需要數位憑證?請簡述如何應用。

8. 請規劃一認證中心(請以一實際的網際網路或電子商務之服務或應用說明,包括如何產生及註銷憑證等技術面,以及整套系統之管理面)。

9. 何謂交互認證?使用時機為何?

10. 何謂階層式交互認證?

11. 請說明階層式交互認證與一般式交互認證架構的優缺點。

12. 請探討憑證管理中心在運作上會面臨的問題。

13. 請探討我國的憑證管理中心是採用何種交互認證架構。

14. 請描述數位憑證的驗證流程。

8.10 專題

1. 請開發一個憑證管理系統,此系統的功能必須包含:

    (a) 憑證的核發

    (b) 憑證的展延

    (c) 憑證的註銷

    (d) 憑證的驗證

    (e) 憑證的查詢及下載

8.11 實習單元

1. 實習單元名稱：
   金鑰管理與數位憑證之實例操作：網際威信金鑰管理及數位憑證軟體之練習。

2. 實習單元目的：
   憑證中心是國家公開金鑰基礎建設中不可或缺的機構。本實習希望透過網際威信的憑證申請，讓同學瞭解數位憑證的運作。此外，網際威信亦推出 Egis 資料安全軟體，讓使用者可對電子郵件及檔案進行加密，並瞭解其金鑰管理機制。在此將利用 Egis 軟體做以下練習：

   - 電腦內個人機密檔案及資料夾進行加密保護。
   - Microsoft Outlook 郵件附加檔案傳輸的即時加密保護。
   - Egis 金鑰管理機制。

   相關資訊請參考網際威信官方網站(http://www.hitrust.com.tw/)。

3. 系統需求及應用軟體支援版本：

作業系統	Microsoft Windows XP SP1 以上
CPU	Intel Pentium 4 或更高等級之 CPU
記憶體	256 MB
硬碟空間	30 MB（PSD 另需額外的空間）
郵件收發軟體	Microsoft Outlook 2000 以上
支援語系	繁中、簡中、英、義、西、葡、德、法、瑞典、荷、日

4. 實習過程：
   完整的實習過程範例放置於本書輔助教學網站，有興趣的讀者可參考該網站 (http://ins.isrc.tw/)。

9 多媒體安全

Multimedia Security

多媒體安全
Multimedia Security

9.1 前言

由於多媒體技術的發展，我們可以用文字 (Text)、影像 (Image)、聲音 (Audio) 或影片 (Video) 等數位化媒體來呈現資訊。一般而言，檔案儲存格式依其類型概分為六大類型：

1). 文字檔，檔案格式有 XML、DOC、PDF、TXT 等。

2). 圖片檔，檔案格式有 JPEG、BMP、GIF 等。

3). 聲音檔，檔案格式有 MP3、WAV 等。

4). 視訊檔，檔案格式有 MP4、AVI、WMV 等。

5). 文字影像檔，檔案格式有 JPEG、TIFF 等。

6). 工程圖檔，檔案格式有 IGES、DXF、STEP 等。

有了這些標準的檔案格式，資訊得以在不同電腦系統間流通，達到資訊共享的目的。同時這也使得多媒體的相關應用在日常生活中隨處可見，但也連帶地衍生出安全方面的議題。

由於影像、聲音及影片等多媒體資料的資料量通常要比文字資料大許多。檔案愈大，所切割的區段愈多，相對要加解密運算次數也愈多，耗費的時間亦隨之增加。例如，視訊檔的檔案資料動輒數百萬位元組，用傳統的加密方法就顯得缺乏效率。

本章首先介紹多媒體資料之安全技術，使之能更有效率地確保多媒體資料的安全性。此外，影像、聲音及影片等多媒體資料通常可允許些許的失真，利用此一特性，我們可以設計出增進影像機密性的隱像術、保障創作者智慧財產權的數位浮水印技術、防止影像內容被竄改的影像完整性驗證技術，以及視覺密碼學等多媒體安全機制，本章將陸續介紹這幾種多媒體安全機制。

9.2 影像及 MPEG 的基本概念

9.2.1 影像的基本概念

不論電子檔案的儲存格式為何，對電腦來說都只是一連串 0 與 1，差別只在於這些 0 與 1 位元所表示的意義為何。例如，以一般的文字檔來說，多半以 ASCII 碼來做英文字母及符號的編碼（ASCII 編碼表可參見本書附錄 C）。其中每一個符號用一個 8 位元的字組來編碼，每一個系統中都會存有一個編碼表。系統遇到「01010011」(83) 這個字組，對照該表就可知道這是代表「S」這個字母的編碼。

那麼影像或視訊檔案又該如何表示，才能呈現出一個色彩繽紛的影像呢？一張數位影像其實是由許多像素 (Pixel) 所組成。像素是構成影像的最小單位，每個像素所呈現的資訊就是色彩。一個像素要用多少位元來表示呢？這要視這個影像所提供的色彩品質而定，如同 ASCII 表中對符號進行編碼一樣，我們也可以對顏色進行編碼。例如，一張黑白影像中，每一個像素就只有黑與白兩種顏色，因此每個像素只需用一個位元來表示顏色就足夠，例如「0」代表黑色，「1」代表白色。

在灰階影像 (Gray Level) 中，每個像素用 8 個位元來表示，因此可以表示 256 種不同黑白程度的灰階影像。至於彩色影像，則是利用紅、綠、藍 (RGB) 三原色來調色。每一種原色在數位影像中都個別用 8 位元來表示，因此彩色影像中每一個像素要用 24 個位元來表示。由於每個原色會有 256 種色階，因此每個像素共可以表示 $256 \times 256 \times 256 = 16,777,216$ 種顏色。

由此可知，影像所呈現的顏色愈多，色彩品質也就愈高，但相對

地，每個像素也需要愈多的位元來表示。以一個 1024 × 1024 大小的黑白影像來說，就會有 1024 × 1024 個像素，每個像素為 1 個位元，其原始（未壓縮）影像檔案大小大約為 128KB 左右。若是灰階影像，因每個像素為 8 個位元，其影像檔案大小為 1MB。同樣地，若要儲存彩色影像，因每個像素為 24 個位元，則需 3MB 的儲存空間。

9.2.2 影像解析度

影像的品質除了跟每個像素所能提供的色度有關外，跟影像的解析度 (Resolution) 更有絕對的關聯性。影像解析度的單位為 ppi (pixel per inch) 或 dpi (dots per inch)，是指當數位影像儲存時，每一英吋所涵蓋像素點的個數。解析度愈高代表每一英吋所涵蓋的像素點就愈多，影像看起來就愈平順，品質也較佳。

單一影像的品質可以透過影像解析度來衡量，那麼兩張影像的相似程度就要透過影像尖峰訊號對雜訊比值 (Peak Signal to Noise Ratio, PSNR) 來做衡量，其單位為分貝 (dB)。如果計算出來的訊號雜訊比值愈大，表示兩張影像的均方差值 (MSE) 愈小，也就是說兩張影像的相似度愈高。一般來說，只要 PSNR 值高於 30dB 以上，即可表示兩張影像的相似度很高，一般人類的視覺已經很難分辨。

9.2.3 影像壓縮

一般而言，數位影像的資料量要比文字資料大上許多，因此在影像處理或傳輸上都需要耗費較多的資源，若能降低影像的資料量，同時又能兼顧影像品質，對於影像相關應用效能的提升將有很大的助益。有鑑於此，相繼出現許多影像壓縮技術。以 RGB 的彩色影像來說，共可表示 2^{24} 種顏色，用人類肉眼實在很難一一辨識出顏色的些微差異。影像壓縮技術便是利用此一特性來做設計。以下列舉幾種常見的影像壓縮方式來做說明。

圖 9.1 表示影像中每個像素的結構，最右邊的幾個位元（通常 3 位元）則稱為「最不重要位元」(Least Significant Bits, LSB)。

所謂 LSB 是表示該像素值中，這幾個位元對該像素的顏色影響最小。也就是說，若改變這幾個位元的值，對該像素顏色所造成的改

第九章 ▎多媒體安全

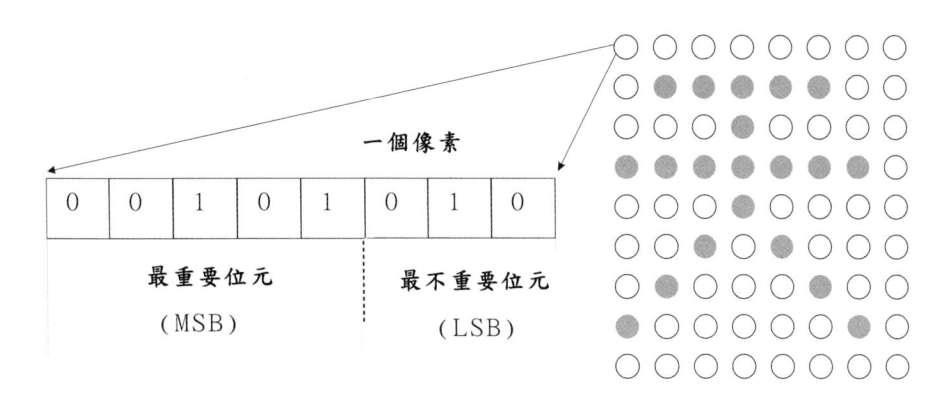

圖 9.1: 影像結構圖

變很難由人類的眼睛察覺出來。反之，每個像素值的前五個位元稱為「最重要位元」(Most Significant Bits, MSB)，若改變這幾個位元的值所造成顏色的變化就會很大，使得整個影像顯得很突兀。例如，將像素值「01101 000」的 LSB 改為「01101 111」，整個像素值頂多只改變 7，但若改變該像素值的 MSB 為「01 001000」，兩者之間的值就差了 32。有此可見，變動 MSB 對像素值的影響遠超過變動 LSB。

若我們在儲存一個影像時，只紀錄其 MSB，而將其 LSB 全部設為 0。雖然整個影像會有一點失真，但所需的影像大小只有原來的 $\frac{5}{8}$，這就是一個簡單的影像壓縮機制。

另一種類型的資訊壓縮方式是先透過離散餘弦轉換 (Discrete Cosine Transformation) 或小波轉換 (Wavelet Transformation) 將數位影像資料轉換至頻率域 (Frequency Domain)，然後再對轉換後的係數進行壓縮。壓縮的原則還是以不嚴重破壞影像品質為前提，所以盡可能地找較不重要的係數下手，而保留較重要的係數。例如，JPEG 壓縮方法就是先將影像經離散餘弦轉換後，再對其係數來進行壓縮，其壓縮流程如圖 9.2 所示。 以下說明壓縮流程：

1). 將原始影像劃分為數個連續的小區塊，每個區塊為 8×8 個像素。

2). 以區塊為單位，對區塊內的像素值做離散餘弦轉換。

3). 轉換後的係數值中，愈往左上角的係數愈重要，稱為低頻。反之，愈往右下的係數愈不重要，稱為高頻。位於中段的係數，就稱為中頻。此外，最左上角的係數最重要，稱為直流 (Direct

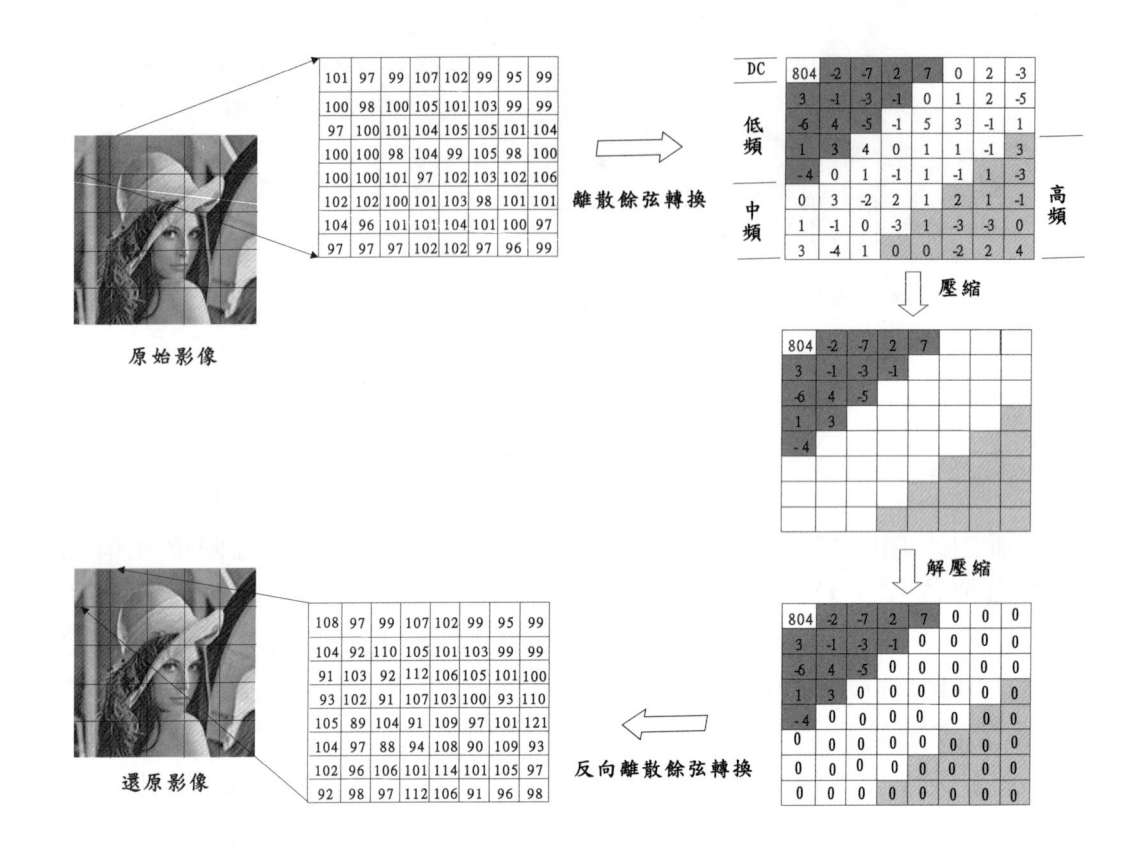

圖 9.2: JPEG 的影像壓縮方法

Current, DC) 係數，其餘則稱為交流 (Alternating Current, AC) 係數。所謂重要的係數，就是該係數一旦被更改，對整個影像的品質影響很大。反之，愈不重要的係數，表示該係數即使被更改，對影像品質的影響也有限。JPEG 壓縮便是利用此一特性，只保留離散餘弦轉換後低頻的係數，而捨棄中高頻的係數。由於紀錄影像資訊的資料量變少了，故可達到壓縮的目的。

4). 解壓縮時，只要將中高頻的係數補 0 即可。

5). 再將頻率係數經反向離散餘弦轉換後，即可回復影像。所回復的影像與原始影像不盡相同，因為在壓縮及解壓縮的過程中，已更動了部分影像資料。

我們可以利用離散餘弦轉換後的這些特性來做影像壓縮。例如只保留低頻或中頻的係數，而將高頻的係數全部設為 0。使用者也可以隨著所需要的影像品質自由地調整離散餘弦轉換後要設為 0 的部分。

影像品質愈高，壓縮率就愈低；影像品質愈低，壓縮率也就愈高。著名的 JPEG 壓縮技術就是利用離散餘弦轉換來對影像進行壓縮。

除了離散餘弦轉換之外，小波轉換也是一種常見的影像轉換方式。著名的 JPEG2000 就是利用小波轉換來進行影像壓縮的，圖 9.3 為 JPEG2000 的壓縮方法，說明如下：

1). 先將影像經過小波轉換。

2). 經小波轉換後的影像資料，其係數的重要性，如圖中的掃描順序所示。其中最左上角的係數區塊 (LL3) 為最重要的低頻係數，這個區塊內的資訊其實就是整張影像的一個縮圖，也可藉此回復影像的大致輪廓。中頻係數區塊 (HL2)、(LH2) 及 (HH2) 可以進一步地修復影像，使整個影像的品質更加提升。若再加上高頻係數區塊 (HL1)、(LH1) 及 (HH1) 內的資訊，則就可以回復成原始影像。因此，經過小波轉換後其係數的重要性，依然是由高頻至低頻遞增。依據此一特性，我們可以只紀錄中低頻的係數區塊，來達到壓縮的目的。

3). 解壓縮時，只要將高頻係數區塊內的值補 0 後，再經過反向的小波轉換後，即可得到解壓縮後的影像。

一般常見的影像處理軟體，例如 Photoshop 或 CorelDRAW 都可以提供使用者自行選定影像的壓縮率。壓縮率愈高就表示經離散餘弦或小波轉換後的高頻係數被壓縮掉愈多，還原後的影像品質也就愈差。相反地，若選定的壓縮率低就表示被壓縮掉的高頻係數愈少，還原後的影像品質也就愈高。

9.2.4 視訊影片 MPEG 的基本概念

視訊影片可視為由一連串連續的影像組合而成。一般來說，視訊影片每秒必須播放 30 張影像以上，否則看起來就會有延遲現象。以一段 10 分鐘的視訊影片來說，至少必須要有 $10 \times 60 \times 30 = 18000$ 張影像。由此可知，視訊影片所需的資料量更為可觀。因此，如何有效地對視訊影片做壓縮一直以來都是一個重要的議題。

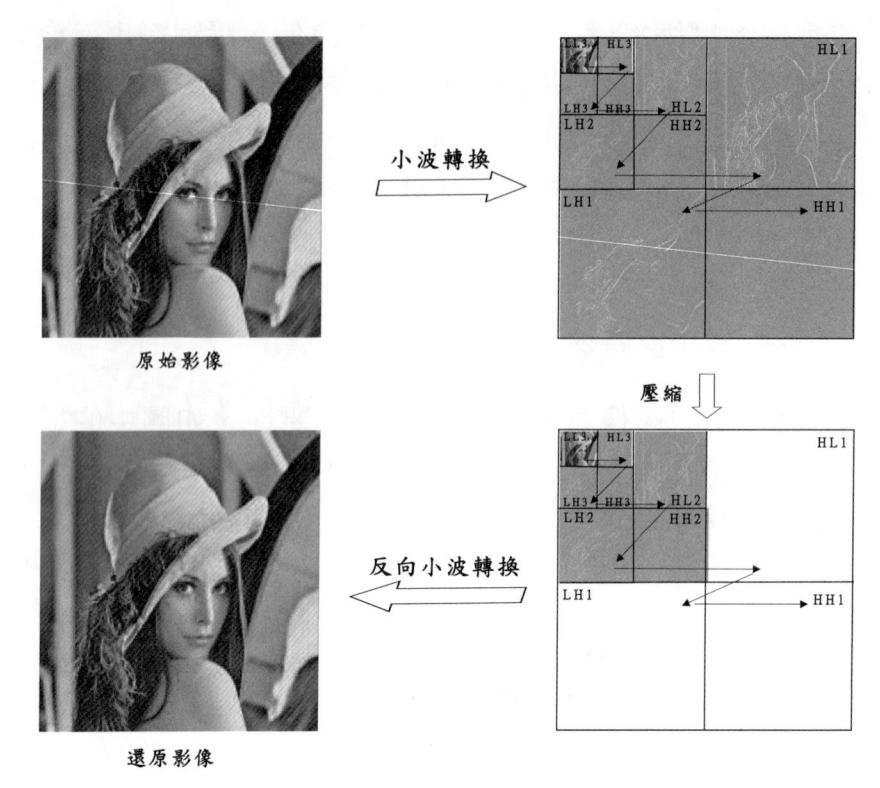

圖 9.3: JPEG2000 的影像壓縮方法

　　目前最廣為使用的視訊壓縮機制是 MPEG (Moving Picture coding Experts Group)。MPEG 是由 ISO 與 IEC 共同推展及開發的國際標準，提供多媒體一個高壓縮率與高畫質的壓縮技術及播放協定，讓人類可以利用網際網路來從事影像、聲音、視訊及動畫等多媒體服務。目前流行的影音產品，如 VCD、DVD 等都是利用 MPEG 標準所研發的產品。

　　MPEG 視訊的製作原理是利用一連串的連續影像，其內容的變化通常不致太大的這個特性來設計。因此，我們不用儲存每張影像，而只需紀錄某些基本影像，藉此預測其他影像並做修正，如此一來就可以大大地降低視訊影像所需的資料量。

　　MPEG 視訊就是利用此一概念，將視訊分成數個影像群 (Group of Picture, GOP)，每個影像群是由數個圖框 (Frame) 所組成，包含：

1). I 圖框：內編碼影像，為一基本影像資訊。

2). B 圖框：編碼前後兩個圖框所預測的圖框間編碼影像，是參考其前後兩個方向之圖框所預測而得。

3). P 圖框：與編碼時前一圖框所預測的圖框間編碼影像。

每一個影像群只紀錄一個基本影像資訊的 I 圖框，其餘的部分則只需紀錄 B 圖框及 P 圖框，以降低視訊的資料量。其中 GOP 及 P 圖框的間隔數是由編碼器決定，並沒有特定的間隔數。

9.3 多媒體資料的加密機制

由於文字資料不能失真，因為一旦失真，所對應的符號也就不同。所以一般的加解密系統，如 RSA 或 DES，均要求將解密後所得到的明文須與加密時的明文一模一樣。而多媒體資料對電腦來說，也都只是一連串 0 與 1 的位元而已，因此一般的加解密機制同樣可以直接用在這些多媒體的資料上。然而，多媒體的檔案資料量一般都比文字資料要大上許多。若直接對多媒體資料做加解密，是非常沒有效率的。若能充分利用多媒體影像的特性，則可以讓多媒體資料的加解密變得更有效率。

與文字資料最大的不同是多媒體資料可以允許些許的失真，因此多媒體檔案的加解密機制應與壓縮 (Compression) 技術配合，不僅可以達到保密的目的，更可節省儲存的空間及傳送的時間。

對圖片、聲音及視訊等多媒體檔案做加密時，我們會先壓縮，然後再將壓縮過的資料進行加密，如此一來不僅可加快多媒體資料的加密速度，更可縮短在網路上傳輸的時間。以數位影像為例，加密過程如圖 9.4 所示。

假設張三要傳送一個機密影像給李四，張三會先將此機密影像做壓縮，常見的影像壓縮格式有 JPEG、GIF、TIFF 等。以 JPEG 來說，壓縮率最高可達到十六分之一，也就是壓縮後的檔案大小只有原始檔案的十六分之一，可以大幅地縮小檔案，然後再對壓縮後的壓縮碼進行加密。

李四收到密文時，先對加密過的壓縮碼進行解密，然後再對壓縮碼進行解壓縮，最後可得到此機密影像。值得注意的是，圖 9.4 中加密的過程是先做壓縮再進行加密處理。若先做加密再做壓縮處理，效率將很不好。請讀者試著比較這兩種方式之差異。

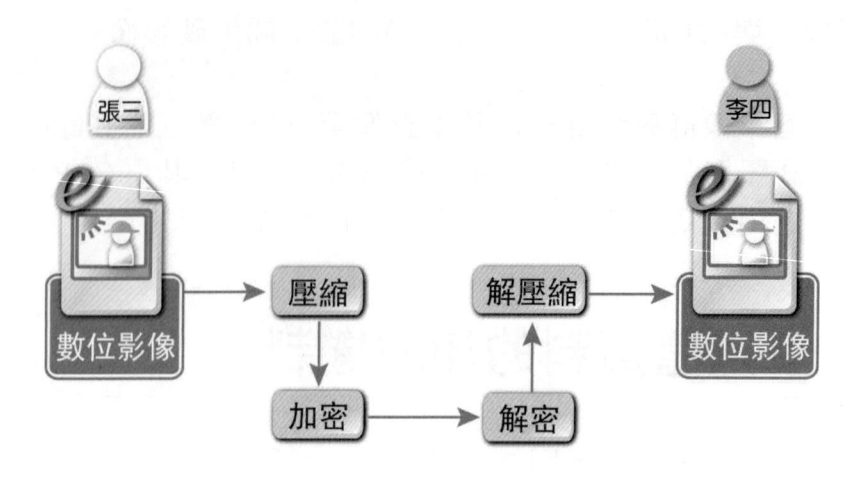

圖 9.4: 數位影像的加解密機制

　　MPEG 視訊資料的加解密機制概念與數位影像的加解密機制類似，也就是針對 MPEG 資料格式來進行加解密。底下介紹三種常見的 MPEG 視訊加密技術：

1). DC 加密法

此法是將影像經過離散餘弦轉換 (Discrete Cosine Transformation, DCT) 成另一種資料格式，然後再將 DCT 區域中的直流波集合起來構成一連串的區塊，然後以隨機排列法將其打散並與交流波混雜在一起，藉此將影像混雜，進而達到影像保密之功能。

2). I 圖框加密法

I 圖框為一基本影像資訊，是 MPEG 視訊檔中最重要的資訊。因此只要確保 I 圖框是機密的，理論上也就能確保整個 MPEG 視訊是機密的。I 圖框加密法便是只針對 I 圖框內的資訊來做加密，也有只挑 I 圖框內的部分位元來做加密的。這些方法都是希望藉由處理較少且重要的資訊來增進加解密的效率。

3). I、P、B 圖框加密法

上述的 I 圖框加密法雖然有效率，但若一個 MPEG 視訊的畫面大部分是變化不多的。例如，演講或播報新聞的視訊，利用 I 圖框加密法可能就不夠安全。這是由於這種變化不多的影像若使用上述的 I 圖框加密法，當有心人士一直收集到未加密的 P、B 圖框時即有可能破解出來，得知畫面是什麼。若只針對 I、P 圖框加密，這種方式亦有可能從所收集到的 B 圖框來猜測視訊的內容。因此，

最安全的作法還是將 I、P、B 三個圖框一起加密,以防止不小心因為只將 I 圖框加密或只對 I、P 圖框加密,而導致洩密的情形出現。將 I、P、B 圖框全部一起加密,雖然此方法安全性較高,但會增加計算的複雜度。

因此,一個較彈性的作法是同時考慮 MPEG 檔案的安全等級。若該檔案的安全等級較低,就只針對 I 圖框進行加密以增進其效率;若安全等級較高,就同時對 I、P 或 I、P、B 圖框進行加密,以增加其安全性。

此外,還可以將解密程序放入多媒體的播放程式,讓影片位元流 (Video Bitstream) 在暫存器 (Buffer) 中就可即時進行解密程序,因此不用像其他方法一樣需先將視訊進行全部解密完後再播放。

9.4 資訊隱藏

上一節所提到的多媒體加密技術固然可以提高加解密的效率及縮短傳輸所花費的時間,但仍有一項缺失,那就是加密過後的密文是一段亂碼訊息。試想,若敵方的情治人員或間諜攔截到一段亂碼訊息,便會懷疑這是一個經過加密的機密文件,然後會嘗試去破解,就算沒辦法破解,也會想辦法破壞、讓此訊息傳遞失敗。

若我們能讓一機密資料經過加密後,變成另一段有意義的資訊,而不是亂碼,就可以騙過敵人達到機密資料傳遞的目的。這種創造一個安全通訊環境的技術稱為資訊隱藏技術 (Information Hiding),通常是將一段重要的資訊藏到另一段不重要的資訊中,進而達到欺騙及保護重要資料的目的。資訊隱藏技術可以應用在影像、聲音及視訊等數位化的媒體中,以下將一一介紹。

9.4.1 資訊隱藏基本特性

在數位影像上的資訊隱藏技術稱為隱像術 (Steganography)。隱像術是一種「明圖編碼為明圖」的影像保密法。因為「原圖」經過此方法加密後會變成另一張有意義的「偽圖」,由於偽圖本身亦是一些有意義的圖像。故若非經由其他資料的提示,偽圖是不易引起敵人懷疑的,進

而混淆敵人的視覺達到保密的效果。「原圖」及「偽圖」間的對應關係只有合法的接收者才知道,進而從中擷取出機密的影像。隱像術的概念,如圖 9.5 所示。

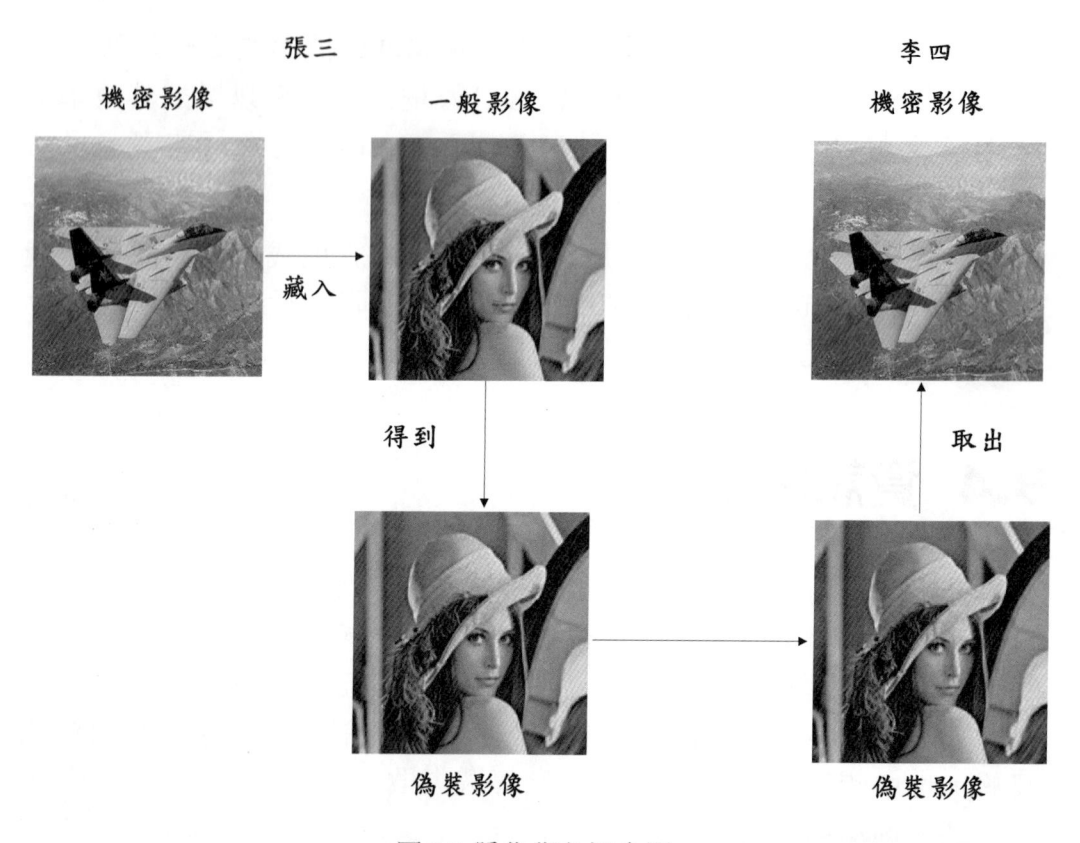

圖 9.5: 隱像術之概念圖

假設張三要傳遞機密影像給李四,張三將機密影像藏在一般影像中,得到一張偽裝影像(偽圖)。一般人從網路攔截此張影像,只看到一張一般的影像並不會覺得有異,而只有李四收到偽圖後,才有能力從偽圖中取出機密影像。

設計隱像術時,必須符合下列三項基本特性:

1). 視覺上必須是不可辨識的
藏入資訊的偽圖與其未藏入資訊的數位影像間很難用肉眼察覺出其差異。

2). 機密性
除了合法的擁有者或接收者外,其他人無法輕易偵測出該影像是

否藏有機密資料。

3). 不需要原圖

從偽裝的影像中取出機密影像時，不需要原始影像就可以取出機密資訊，這樣才能降低影像儲存及傳輸時的負荷。

一般來說數位影像的資訊隱藏技術可以分為兩類：一類是在空間域 (Spatial Domain) 上做處理，另一類是在頻率域 (Frequency Domain) 上做處理。所謂空間域的資訊隱藏技術是直接藉由改變數位影像的像素值來達到藏入機密資訊的目的；而頻率域的資訊隱藏技術則泛指先將影像經過離散餘弦或小波轉換後，再藉由改變其係數來達到藏入機密訊息的目的。接著，我們要介紹三種資訊隱藏技術：第一種 LSB 藏入法是屬於空間域的資訊隱藏技術，第二種的離散餘弦藏入法及第三種的小波轉換藏入法則屬於頻率域的資訊隱藏技術。

9.4.2 LSB 藏入法

第 9.2.3 節已說明 LSB 為每一像素後面最不重要的三個位元，改變這幾個位元的值，對該像素顏色深淺改變很難由人類的眼睛察覺出來。LSB 藏入法就是將機密資訊藏入此最不重要的三個位元，圖 9.6 為 LSB 藏入法的流程圖。步驟如下：

1). 張三先將機密資料用祕密金鑰密碼系統或公開金鑰密碼系統加密。

2). 將加密後所得到的密文，依序取代偽裝影像中每個像素的「最不重要的 3 位元」。例如，一個 42 像素的灰階影像，其二進位表示法為 00101 010，若最後三個 LSB 被用來藏入機密資訊 (101)，藏入機密後，最後像素值改變為 00101 101。

3). 李四收到偽裝影像後，依序從每個像素的「最不重要的 3 位元」中取出加密過的機密資訊。

4). 對所取出的密文進行解密，便可得到機密訊息。

LSB 藏入法最大優點是簡單、容易實作，但其缺點則是每一像素只能藏入 3 位元。

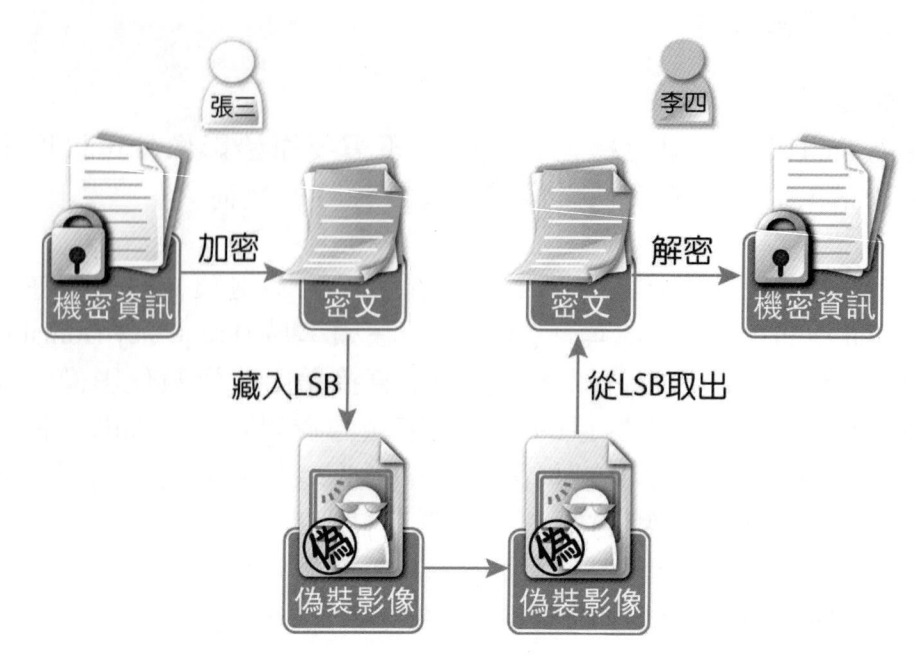

圖 9.6: LSB 藏入法

9.4.3 離散餘弦藏入法

第 9.2.3 節已說明離散餘弦轉換後高頻為每一區塊最不重要的係數，改變這些係數，對該圖像改變很難由人類的眼睛察覺出來。離散餘弦藏入法就是將機密資訊藏入此最不重要的高頻係數，圖 9.7 為離散餘弦藏入法的流程圖。步驟如下：

1). 張三先將機密資料用祕密金鑰密碼系統或公開金鑰密碼系統加密。

2). 將偽裝影像做離散餘弦轉換。

3). 將加密後所得到的密文，依序藏到離散餘弦轉換後的高頻交流 (AC) 係數中。

4). 將藏入機密資訊後的頻率係數，經反向的離散餘弦轉換後，還原成一偽裝影像。張三將此偽裝影像傳送給李四。

5). 李四收到偽裝影像後，先對偽裝影像做離散餘弦轉換。

6). 依序從高頻的頻率係數中取出所藏入的訊息，所取出的訊息為加密過的機密資訊。

7). 對所取出的密文進行解密後，便可得到機密訊息。

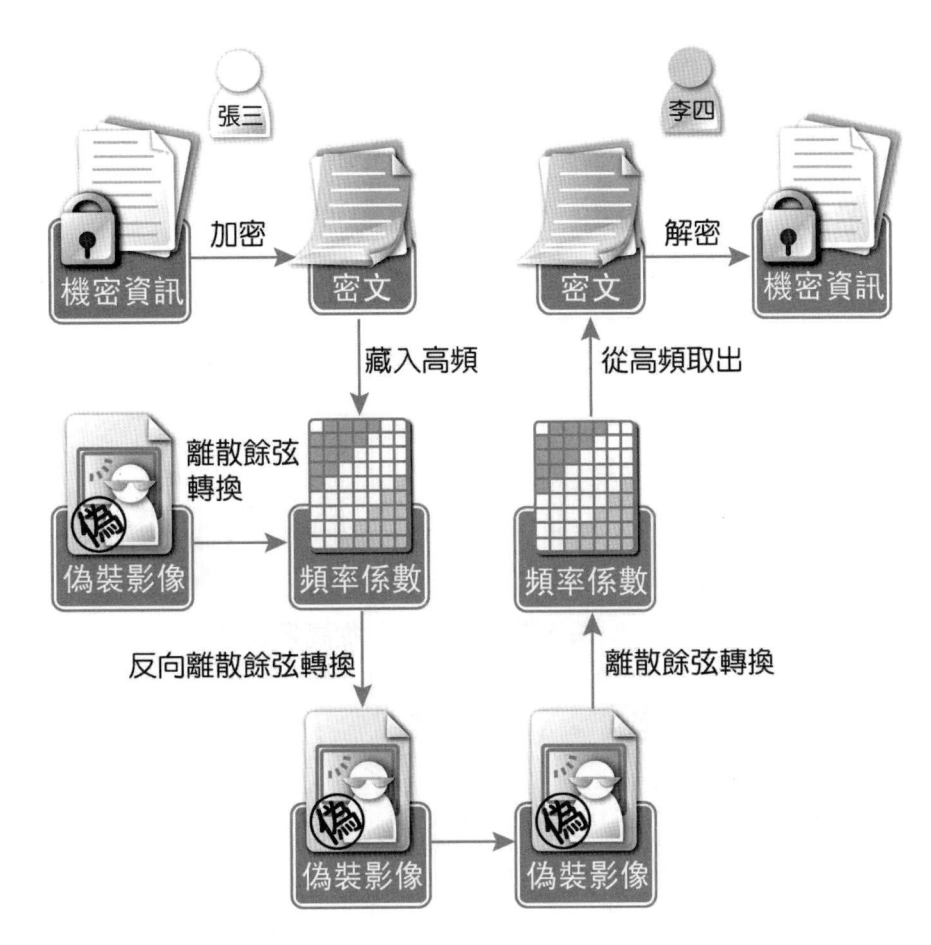

圖 9.7: 離散餘弦藏入法

9.4.4 小波轉換藏入法

小波轉換藏入法與離散餘弦藏入法都屬於頻率域的資訊隱藏技術，故藏入機密資訊的概念及運作流程也很類似。圖 9.8 為小波轉換藏入法的流程圖，其步驟如下：

1). 張三先將機密資料用祕密金鑰密碼系統或公開金鑰密碼系統加密。

2). 將偽裝影像做小波轉換。

3). 將加密後所得到的密文，依序藏到小波轉換後的高頻係數中，如 HL1、LH1 及 HH1 中。

4). 將藏入機密資訊後的頻率係數，經反向的小波轉換還原成一偽裝影像。張三將此偽裝影像傳送給李四。

5). 李四收到偽裝影像後，先對偽裝影像做小波轉換。

6). 依序從高頻的頻率係數中取出所藏入的密文。

7). 對所取出的密文進行解密後，便可得到機密訊息。

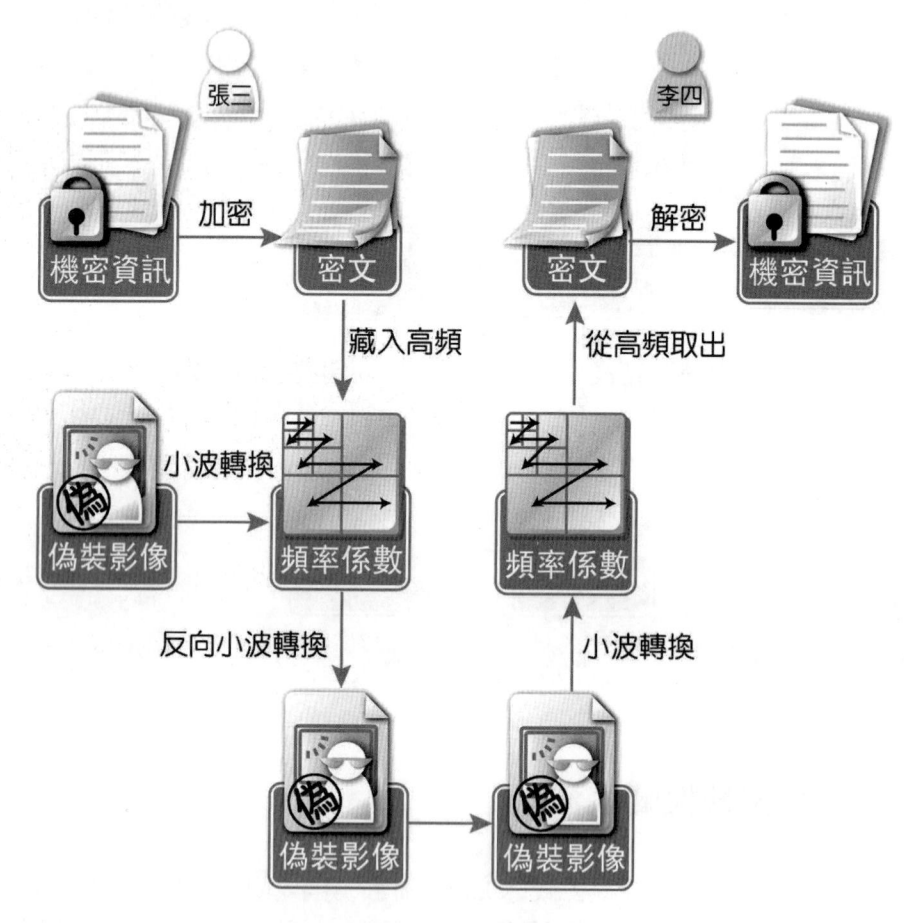

圖 9.8: 小波轉換藏入法

9.4.5 視訊與聲音藏入法

視訊與聲音等數位化媒體的資訊隱藏技術，其概念與上述的數位影像資訊隱藏技術相近。數位視訊可視為多張連續影像的結合，機密資訊可藏於視覺不易察覺的地方。

同理，音訊的資訊隱藏技術是利用人類聽覺感觸不到的部分來藏匿資料，藉此來達到保密偽裝的功能。人類對於不同音頻的訊號亦有不同的敏感度。例如，某些音頻的強度若低於人類耳朵所能感受到的最低強度，則人就感受不到此聲音。這就稱為「耳朵遮蔽曲線」，利用耳朵遮蔽曲線可以找出人類所能聽到音頻強度的範圍，然後將欲藏入的資料經由適當處理成人耳聽不到的範圍，如此就能隱藏資訊而不被察覺。

不論哪種多媒體檔案的資訊隱藏技術，其概念都是一樣的，就是利用一些不易察覺出來的失真來達到資訊保密及偽裝的目的。此外，資訊隱藏技術也都希望藏入的資訊量能越愈多愈好，並對影像品質的影響能愈小愈好。

9.5 數位浮水印技術

隨著電腦科技與網路通訊技術的發達，用電腦作畫，運用數位相機、攝影機進行影像的保存與藝術創作已是一種趨勢。電子化的結果使得資訊可以透過網路廣泛地流通。因此，數位媒體的製作及傳遞變得非常便利，但也使得某些創作或有價媒體（如影像、聲音、影片等）被非法複製或篡改，所以數位媒體的著作財產權保護就顯得格外重要。數位浮水印技術便是保障著作財產權的有效方法。

數位浮水印技術可以視為媒體的數位簽章，就是將代表創作者的圖騰（如註冊商標、個人肖像等等）加入所創作的作品中。若以加入浮水印後媒體的外觀來區分，數位浮水印可以分為可視的 (Visible) 浮水印技術及不可視的 (Invisible) 浮水印技術。

顧名思義，可視的浮水印技術是加入的浮水印用眼睛就可以直接看見，類似印在鈔票上的浮水印。這種浮水印的優點是不需要任何運算便可以辨識出創作者的圖騰，如圖 9.9 所示。

然而其缺點是加入浮水印之後將破壞原有創作的品質；再者，數位化媒體很容易被不法人士所篡改。例如，數位影像的內容可以很輕易地由 Photoshop 等影像編輯軟體來做修改，讓媒體中可視的數位浮水印遭到移除，甚至再加上別人的圖騰，因此這類型的數位浮水印技術安全性並不高。

圖 9.9: 可視的數位浮水印

　　另一種不可視的數位浮水印技術是指在不嚴重影響媒體品質的前提下，將代表創作者的圖騰藏入所創作的作品中。因此，加入浮水印之後的媒體無法用肉眼直接看出有浮水印，所以並不會嚴重破壞媒體的品質。這類型的數位浮水印技術可以視為資訊隱藏技術的一種，但藏入浮水印的演算法必須公開，而且藏入浮水印的媒體仍能抵抗竊取者的攻擊。因此，安全性比可視型的數位浮水印技術要來得高。

一般來說，數位浮水印技術必須符合下列各項條件：

1). 不需要原始媒體即可進行浮水印還原。

2). 數位浮水印加入後媒體與原始媒體間的差異性，必須是無法用人的感官所察覺出來。

3). 除了合法者之外，他人無法偵測出該媒體是否有數位浮水印。

4). 合法者可以很容易地還原或顯示出浮水印。

5). 藏入數位浮水印的演算法必須公開。

6). 經過輕微數位訊號處理技術處理後，數位浮水印仍然可被顯示出來，此一特性又稱為強韌性 (Robustness)。這裡所謂的數位訊號處理，包括模糊化 (Blur)、銳利化 (Sharpen)、失真壓縮 (Loosy Compression)、剪貼 (Crop-and-Paste)、旋轉 (Rotation) 及放大縮小 (Scaling) 等。

數位浮水印系統的概念，如圖 9.10 所示。圖中 E 為藏入浮水印之演算法，D 表示取出浮水印之演算法，所有權者可以用一把私密金鑰將

浮水印藏入受保護的媒體中。若媒體未經任何破壞，則取出的浮水印是完好的；若媒體經過一些影像處理或攻擊，則取出的浮水印會有雜訊。若破壞得不嚴重，依然可以辨識出浮水印的內容；再者，若無法拿出正確的金鑰，則所取出的浮水印是一堆無法辨識的雜訊。

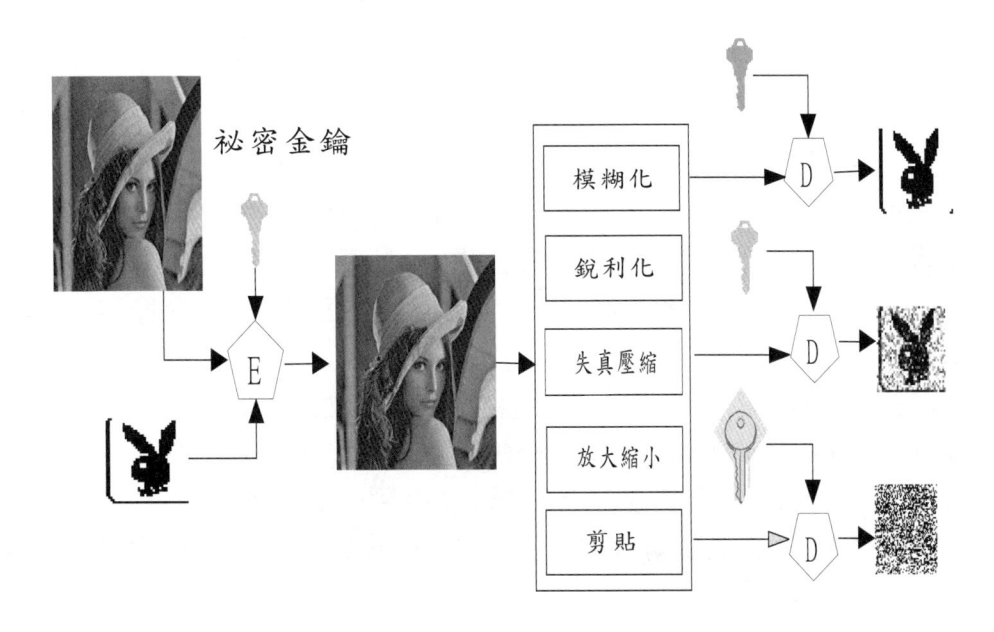

圖 9.10: 不可視的數位浮水印機制

此外，由於任何人均可以在一個媒體中加入浮水印，因此人人都可以宣稱擁有此媒體的智慧財產權。要解決此一問題，必須仰賴一個可信賴的第三者來協助，這個角色類似公開金鑰系統中的憑證中心。其主要目的是要確認到底誰才是該媒體真正的所有權人，如此一來數位浮水印機制方能完善運作。

數位影像浮水印的藏入乃是利用影像可失真的特性，其概念與資訊隱藏技術一樣。若依藏入數位浮水印的位置來做區分，與資訊隱藏技術一樣可以分為藏入空間域與藏入頻率域兩種。

最簡單的空間域藏入方式是將浮水印直接藏在像素值的 LSB 中，優點是只需要少量的運算，而且不會大幅地影響影像品質，但其缺點是浮水印的強韌度較差，只要一些輕微的影像處理。例如失真壓縮、模糊化及銳利化等，像素中 LSB 的值就會被破壞。

頻率域的數位浮水印技術則是先將被保護的影像利用離散餘弦轉換或小波轉換將影像轉至頻率域中，然後將浮水印藏到頻率係數中。

以離散餘弦轉換為例，一般浮水印要藏到低頻的 DC 中是比較不可行的，因為只要對 DC 稍微更動，即會對影像造成很大的影響，所以多半的作法都是藏到中、高頻的 AC 中。待藏入浮水印後，再用頻率係數轉回影像。頻率域數位浮水印機制的優點是強韌度較高，較可以抵抗影像處理的破壞，但由於需要先將影像做頻率域的轉換，所以需要較多的計算量。

這兩種類型的數位浮水印技術仍有一些問題存在。若每次都將浮水印固定藏到影像的 LSB 或頻率係數的高頻中，這些方法雖然簡單，卻不怎麼安全。因為若竊取者想破壞影像中的浮水印，只要破壞每個像素的 LSB 或頻率係數的高頻位置，即可破壞數位浮水印。解決此一問題的方法就是藏入浮水印的位置並不只侷限於影像的 LSB 或頻率係數的高頻位置，也就是將要藏入浮水印資訊的位置打亂。打亂的方式是由該影像的擁有者先選定具安全性的亂數產生器 (Pseudo Random Number Generator)，並機密地選擇一亂數做為亂數產生器的種子 (Seed)，將此代入亂數產生器運算會得到一連串要藏入浮水印資訊的位置。唯有知道這個亂數產生器及此種子的人，才能從正確的位置取出浮水印，因此提高其安全性。

接著以空間域的數位浮水印技術為例，介紹一種簡單的改良方法，頻率域的數位浮水印技術一樣可用此概念來加強安全性。此方法的設計概念是不一定要將浮水印藏到像素的 LSB 中，但能讓浮水印圖騰藏入像素值的 MSB 中，再藉由一些失真補償，使之對影像品質不會造成太大的影響。除此之外，這也會將要藏入浮水印的位置打亂，藉以加強其安全性。假設創作影像為一張灰階影像，而所要藏入的圖騰影像為一張較小的黑白影像，其作法如下：

步驟一：

創作者先選定具安全性的亂數產生器，並選擇一亂數做為亂數產生器的種子，將此種子代入亂數產生器運算會得到一連串的亂數值 (x,y,z)。其中 (x,y) 代表所要藏入的像素座標位置，z 是代表所要藏入在像素中的位置（由左至右依序為 $0,1,\cdots,7$）。所選擇的種子必須妥善保存，不可洩漏。此外，若所計算出來的藏入座標點重複，必須捨棄不用。

步驟二：

由於浮水印影像為一個較小的黑白影像，故每個像素只需 1 位元來表示即可，因此將浮水印影像的第一個像素藏到 (x,y) 座標像素的第 z 個位置中。

步驟三：

接下來要做失真補償，將此像素的 $z-1$ 位置的位元改為 1。$z+1$ 至最後位置的位元都改為 0，然後計算此像素值 p_1，並將此像素 $z+1$ 至最後位置的位元都改為 1 所得到的像素值 p_2 做比較。若原始的像素值 p 與 p_1 的誤差較 p 與 p_2 的誤差要小，則將 p 替換為 p_1，否則將 p 替換為 p_2。

步驟四：

重複步驟二及步驟三，直至藏完所有浮水印影像為止。

步驟五：

當要驗證此作品確為其所創作，只需提出此亂數產生種子，透過亂數產生器產生一連串的亂數值 (x,y,z)。

步驟六：

到所對應的像素和位元中取出浮水印的像素值，重組後若可回復代表創作者的浮水印，則可證明該作品為此創作者所創作。

以下，我們舉一例子來具體說明以上的運作流程。首先，若此亂數產生器所產生的第一個亂數為 $(4,7,1)$，表示要藏入浮水印的位置是在此影像圖 $(4,7)$ 座標點上像素的第 1 個位元。假設在影像中座標 $(4,7)$ 的原始像素值為 $p=170=$「10101010」，而浮水印第一個像素值為「1」，於是將原始像素值第 1 位置（由左至右依序為第 $0,1,\cdots,7$ 位置）的位元由「0」改為「1」，而藏入後的像素值為 $234=$「11101010」。接著計算 $p_1=192=$「11000000」，$p_2=127=$「01111111」，我們可以發現 p_1 與 p 的誤差較 p_2 與 p 的誤差小，便將位置 $(4,7)$ 的像素值改為 p_1，即 192。

利用這個方法，我們可以發現藏入浮水印後的影像品質與原始影像相去不遠，肉眼很難辨識。此外，若此圖片經過模糊化處理後，所取出的浮水印雖然會有雜訊，但依然可以清楚地辨識出其內容，所以這個方法不但比較安全，也比直接藏到 LSB 的方法更具強韌性。

9.6 數位版權管理

9.6.1 數位內容

隨著數位時代的來臨，許多傳統以類比格式 (Analog Format) 所呈現的內容紛紛改以數位格式 (Digital Format) 呈現，例如傳統的音樂卡帶 (Analog Tape) 已不復見，取而代之的是 MP3 的音樂格式；傳統的類比電視訊號 (Analog TV Signals)，也逐漸轉換成 MPEG-2 格式或數位電視模式；MPEG-4 的影片格式也取代傳統的 VHS 錄影帶格式。數位內容以數位格式呈現的優點如下：

1). 提供高品質的視聽效果：轉換成數位格式後的多媒體內容能保有與原內容相近的視聽品質，甚至以數位格式製作的影音格式更能提供高品質的視聽效果，例如能提供杜比 7.1 環繞聲道的音效。

2). 減少資料存放的空間：隨著半導體製程技術的演進，現今的電子儲存設備都有體積小容量大的特性，一個 30GB 的硬碟可存放上萬本電子書、5000 首以上的音樂或數十部的電影，可以大幅減少這些資料的存放空間。

3). 有效率地搜尋及管理資料：以數位格式存放的數位內容可以方便做檔案的分類管理，若需要找尋某一個數位內容，也可以有效率地搜尋。

4). 提供多元化的傳播途徑及商業契機：數位內容可方便連結至資料庫、網站等多元的傳播途徑，讓數位內容的利用更廣泛。

但由於數位化內容很容易被複製及傳播，未經授權的複製及散播已經造成數位內容的擁有者或供應商莫大的損失。因此，隨著數位時代的來臨，數位內容的智慧財產權保護更顯重要。唯有確實做好智慧財產權的保護，才會有更多更好的作品產生，消費者也才能更方便地享受到高品質影音內容。

9.6.2 數位版權管理的架構

數位版權管理系統 (Digital Rights Management Systems) 是用來確保數位內容的擁有者或供應商能安全地傳遞數位財產，以防止未經授權者的存取或複製數位財產。此外，此管理機制亦嚴格限制數位財產的有效使用期限、可被複製的次數，或是可共同分享的人數等。例如，線上音樂供應業者 KKBOX，就是利用數位版權管理系統，讓消費者選擇付費線上聆聽音樂或下載音樂離線收聽。

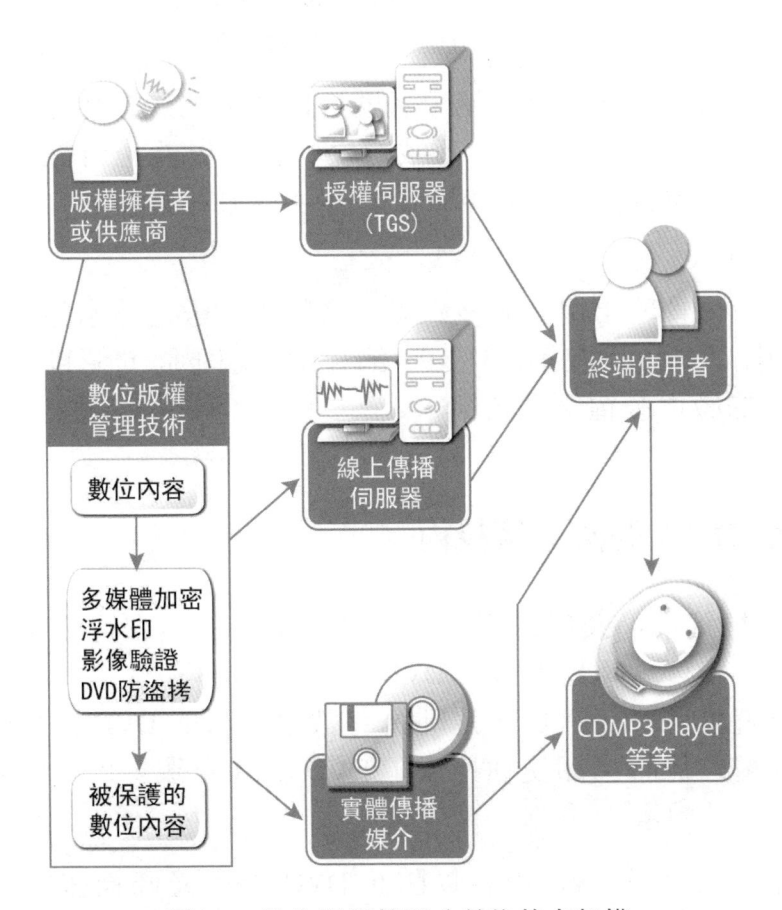

圖 9.11: 數位版權管理系統的基本架構

圖 9.11 為一數位版權管理系統的基本架構。在這個架構中，數位財產的擁有者或數位內容供應商在提供數位內容服務時，會先對數位內容做適當的數位版權管理，以防止非法的存取複製。數位版權管理所用的技術是依據授權給終端使用者的權限而定，例如存取範圍、使用期限、是否可被複製等。常用的數位版權管理技術包括多媒體加密技術 (Multimedia Encryption)、數位浮水印技術 (Digital Watermarking)、影

像驗證技術 (Image Authentication) 及 DVD 防複製技術等。經過適當防護後的數位媒體就可以經由實體商店或網路傳播，例如消費者可以到唱片行或網路書局購買 CD 或 DVD，也可以從許多線上音樂服務網站下載 MP3 檔案或特定的音樂格式檔案。

此外，數位版權管理系統會透過授權伺服器，依終端使用者的權限給予特定的授權憑證。例如一個消費者購買某英文教學網站一個月的課程，完成付款後授權伺服器就會給該消費者有效期為一個月的授權金鑰。在有限期內，該消費者可任意收看該網站所提供的所有課程，一旦有效期結束，使用的權限就會被取消。

取得授權憑證後，終端使用者就可以利用該憑證從線上傳播伺服器 (Online Distribution Server) 中下載數位內容。另外，消費也可至實體或網路商店購買音樂 CD 或 DVD 影片等，存放在實體媒介中的數位內容。

數位版權管理常用到的多媒體加密技術、數位浮水印技術及影像驗證技術技術已分別在第 9.3 及 9.4 節介紹。底下將介紹目前用來防止 DVD 盜拷的數位版權管理技術。

9.6.3 DVD 的防盜拷技術

現今 DVD 燒錄技術及設備已十分普及，DVD 的空白片價格也不斷往下降，若大家可以輕易地複製 DVD 影片，那麼這些 DVD 影片的出版商可能早就倒閉了。因此，這種具有數位財產的 DVD 影片光碟必須有數位版權的保護，即使你拷貝了 DVD 影片光碟，也無法傳播及欣賞裡面的影片內容。

這種用來保護 DVD 內容以防止 DVD 影片光碟被盜錄的技術稱為內容干擾系統（Content Scrambling System, CSS）。CSS 是在 1996 年由 DVD Copy Control Association (CCA) 所制訂的，其內容如圖 9.12 所示。

為了防止 DVD 被盜拷或非法使用，每一部經授權的 DVD 播放器 (DVD Player) 都會存放一把「錄放金鑰」(Playback Key) 及其所在的區碼。DVD 播放器的製造商必須先向 DVD CCA 註冊，CCA 會根據 DVD 播放器及 DVD 光碟的販售區域給予不同的區碼。CSS 將全世界劃分為六個 DVD 光碟播放區域，每一區的 DVD 光碟與播放系統都有獨立

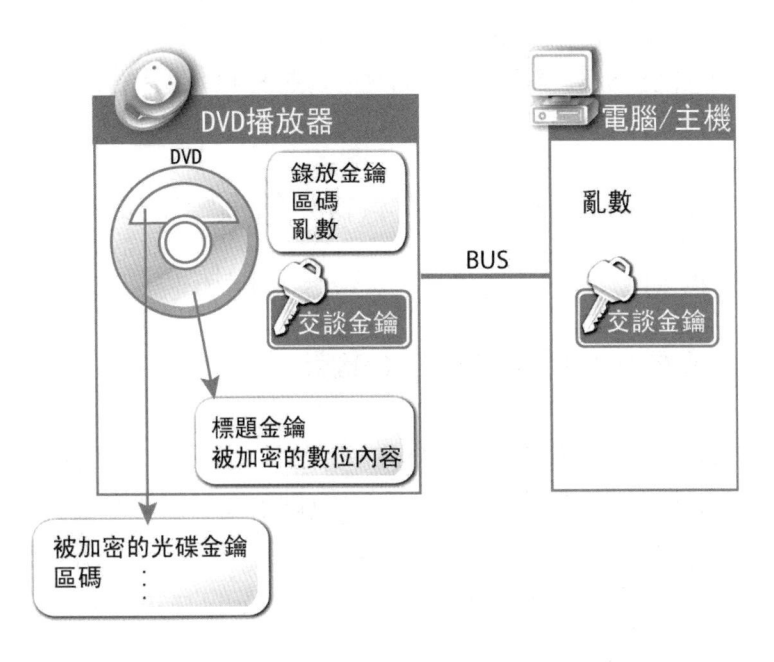

圖 9.12: DVD 內容干擾系統架構

編碼，不同區域的 DVD 光碟不相容。製造商在取得錄放金鑰及區碼後，在生產過程中將之嵌入於 DVD 播放器中。

　　DVD 影片光碟內除了存放被加密的數位內容及標題金鑰 (Title Keys) 外，尚有一個隱藏區域 (Hidden Area) 存放著由錄放金鑰所加密的光碟金鑰 (Encrypted Disc Keys)、區碼 (Region Key) 及光碟金鑰雜湊值 (Disc Key Hash) 等資訊。加密的數位內容需要光碟金鑰才能解碼，而隱藏區域內則只有授權的裝置才能存取或燒錄此區域內的資料。

DVD 內容的解密及播放流程如下：

1) 電腦主機與 DVD 播放器各自隨機產生一亂數 (Nonce)，然後利用雙方所產生的亂數協議出一把共同的交談金鑰 (Session Key)，由於雙方每次使用的亂數均不同，所以每次協議後的交談金鑰也不同。

2) DVD 播放器先驗證存放在 DVD 隱藏區域中的區碼是否與 DVD 播放器內的區碼一致，若一致再利用錄放金鑰解開存放在隱藏區域中加密的光碟金鑰，解開後再利用光碟金鑰去解開存放在 DVD 中的數位內容。

3) DVD 播放器利用協議出來的交談金鑰，對存放在 DVD 光碟中每一個標題的標題金鑰做加密，然後將加密過的標題金鑰透過 BUS 傳送給電腦主機。

4) DVD 播放器將電腦將影片資料傳送給電腦主機。

5) 電腦主機利用協議出來的交談金鑰解開所收到的標題金鑰。

6) 電腦主機再利用解開的標題金鑰讀取所接收到的影片檔案。

CSS 之所以能保護存放在 DVD 光碟中的影片，是因為影片檔案已經加密，所以使用者就不能非法存取隱藏區域中的資料。如果直接將 DVD 影片複製到電腦內或其他空白光碟中，只會是一個體積龐大而無法開啟的檔案，進而達到數位版權保護的目的。

9.7 視覺密碼學

前面所提到的影像加密機制都要經過繁雜的運算才能達到高度的安全性，但並非所有的保密機制都需要繁複的計算才能確保安全性。本節將介紹一種影像的機密分享機制，其特色是解密時完全不需要任何計算，只要將事先設計好的偽裝影像疊合在一起，機密資訊即會顯現出來。我們將這種加密機制稱為視覺密碼學 (Visual Cryptography)。視覺密碼學就是將機密訊息轉換成數張不同的投影片或影像，解碼時只要重疊數張以上的投影片，即可利用人眼辨認出機密訊息。解碼過程完全不需電腦複雜的運算，非常方便。

視覺密碼學是一種機密分享機制，它的概念是先把機密訊息轉換成一張影像，然後把機密分散到 $n\,(n \geq 2)$ 張偽裝影像中。每張偽裝影像可以分別交給一個可分享此機密的人，而且每個人所得到的資訊一樣多。當要解開此機密時，必須同時召集這 n 個人，並拿出各自的偽裝影像，將這 n 張偽裝影像疊合在一起之後，不需要電腦來協助任何運算，在場的這 n 個人即可用肉眼看出機密訊息為何。這種機密分享機制又稱為 (n, n) 的機密分享機制 (Secret Sharing)，後面的 n 表示共產生 n 張偽裝影像，前面的 n 表示需要 n 張偽裝影片疊合才能回復機密訊息。關於 (n, n) 視覺機密分享機制的概念，如圖 9.13 所示。

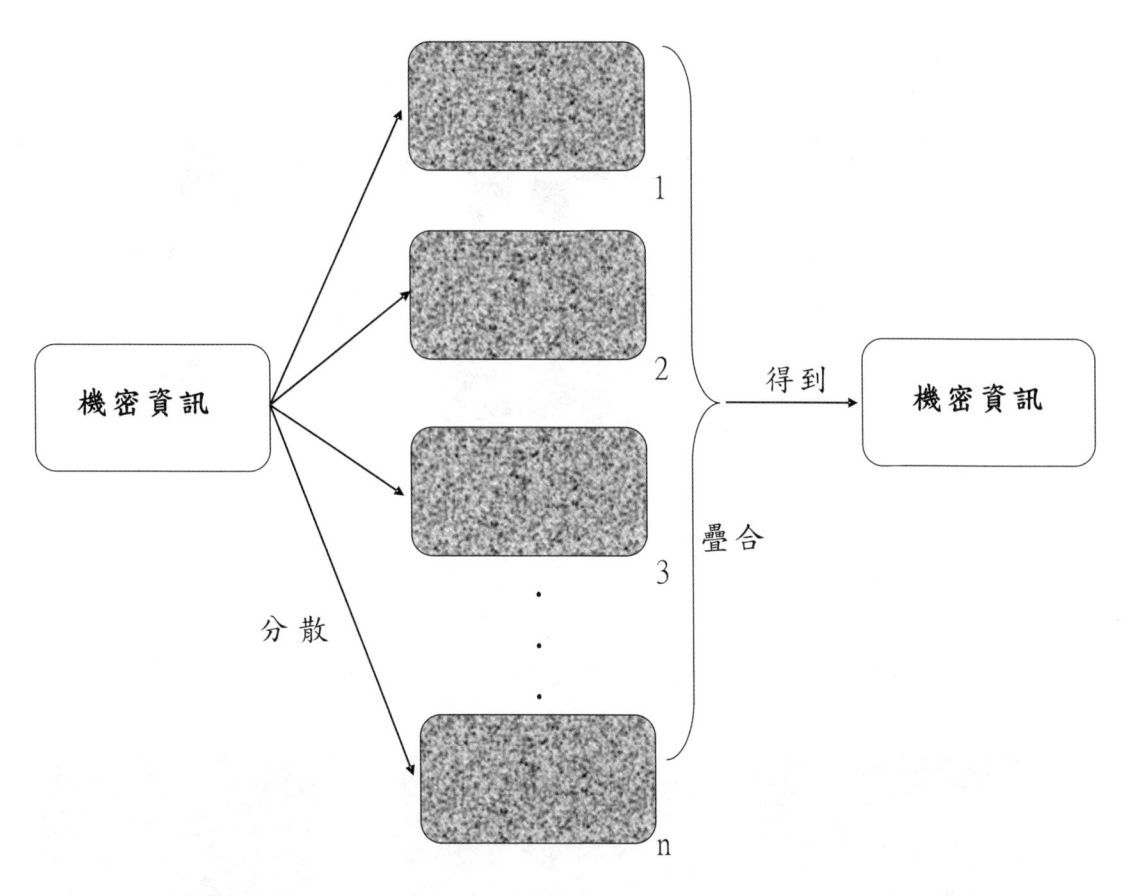

圖 9.13: (n,n) 視覺機密分享機制

　　接著介紹一個 $(2,2)$ 的視覺機密分享機制要如何實作。首先將一段機密訊息轉換成一張黑白影像，然後將機密影像中的每個像素點擴充為 2×2 個點，形成兩張大小為機密影像 4 倍的偽裝影像。

　　若我們規定偽裝影像中每個 2×2 大小的擴充點裡一定要兩個點為黑、兩個點為白，而且當兩張影像疊合，擴充點裡的四個點全黑才表示黑，三個黑一個白就表示為白。這是利用人類視覺上的對比關係，只要擴充區塊裡不是全黑，那麼這個擴充點看起來就是白色的。

　　根據此一原理，我們便可以將機密影像中的每個像素值對應到兩張偽裝影像的相對位置上。若原來機密影像的像素為黑色，則兩張偽裝影像對應的 2×2 大小的擴充點就有三種組合方式，如圖 9.14 所示。

　　我們可以發現，若根據這三種組合方式將影像重疊起來，四個點都是黑的。若原機密影像的像素為白色的話，兩張偽圖所對應的擴充點疊合起來就必須是三黑一白。圖 9.14 也列出部分白色像素可能的疊

機密影像的像素	黑	白
偽裝影像1的像素（部分）		
偽裝影像2的像素（部分）		
疊合後的像素		

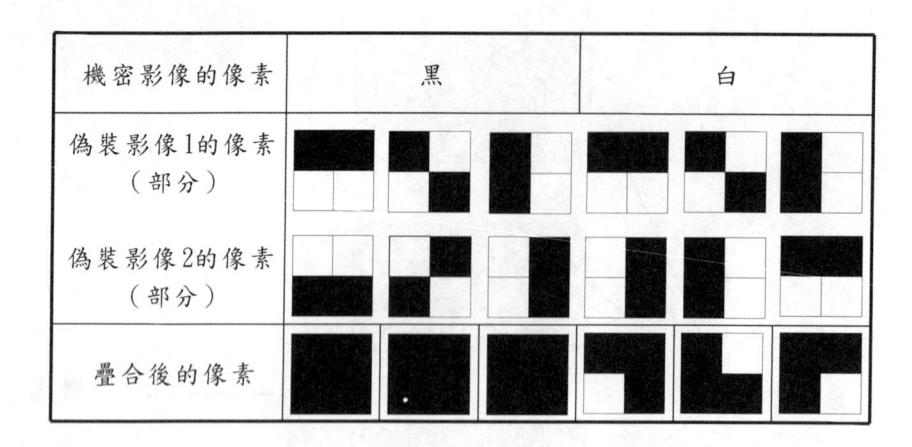

圖 9.14: 2×2 像素擴充法的部分疊合組合

合組合。利用這個原理所產生的兩張偽圖不具任何意義，而且黑色跟白色的像素一樣多。因此單靠一張偽圖，持有者無法得到任何資訊。若兩張偽圖疊在一起就會產生如圖 9.15 所看見的文字。

偽裝影像 1　　　偽裝影像 2　　　疊合後所顯現的影像

圖 9.15: 2×2 像素擴充法所產生的偽裝影像及其疊合的結果

　　上述這個機密分享機制所產生的兩個偽裝影樣均沒有任何意義。若可以將兩張偽裝的影像變成有意義的影像，而且疊合時也不需任何運算就可以顯現機密訊息，這種方法可以更進一步地提高其偽裝效果達到較佳的安全性。這個機制的作法與上述的方法類似。

　　首先，我們必須先選定兩張與機密影像相同大小的有意義影像來當作偽裝影像。然後將這兩張偽裝影像擴充 3×3 倍，並定義偽裝影像中每個 3×3 的擴充像素裡五個點為黑四個點為白，則此像素代表白色。若七個點為黑，兩個點為白，則此點表視為黑。

　　依照這個規則來擴充偽裝影像，則擴充後的影像仍然是有意義的。疊合的規則是若機密影像的像素為黑，則相對應的兩個擴充點疊

合後九個點均為黑。若機密影像的像素為白,則相對應的兩個擴充點疊合後會有七個點為黑,兩個點為白。圖 9.16 為此 3×3 像素擴充法中偽裝影像的部分像素擴充組合,以及其疊合後所產生的像素。

圖 9.16: 3×3 像素擴充法的部分像素擴充組合

依照此一規則可以造出兩張有意義的偽裝影像,並可重疊出所要的機密影像。例如圖 9.17 便是把「軍事機密」此一機密訊息藏入「1234」及「ABCD」這兩張有意義的偽裝影像中。這兩張偽裝影像經疊合後可顯現出所藏入的機密訊息。

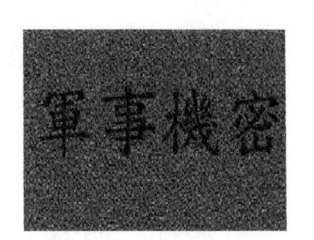

圖 9.17: 3×3 像素擴充法所產生有意義的偽裝影像及其疊合後的結果

除此之外,視覺密碼機制也可延伸至 (t,n) 的門檻機密分享機制 (Threshold Secret Sharing),這裡的 (t,n) 表示將機密分散至 n 張偽裝影像中,只要任取出其中的 t 張 $(1 \leq t \leq n)$,偽裝影像即可回復機密訊息,但是若疊合的偽裝影像張數少於 t,則仍然無法得到機密訊息。視覺密碼機制不僅能處理黑白的影像,近年來也開始有彩色的視覺密碼機制出現。

視覺密碼技術的優點是不需要任何運算就可以達到機密分享機制,但其缺點是所產生的偽裝影像均擴充了若干倍。雖然偽裝影像可

以是有意義的，但看起來仍有許多雜訊，所以影像品質不佳。

進階參考資料

對多媒體安全有興趣的讀者可以上 YouTube 觀看 Dr. Mike Pound 介紹 Secrets Hidden in Images (Steganography) 之影片 (https://www.youtube.com/watch?v=TWEXCYQKyDc)。

9.8 習題

1. 何謂資訊隱藏？何謂數位浮水印技術？試說明之。

2. 請陳述數位浮水印技術所要滿足的需求。

3. 請分別說明可視型浮水印與不可視型浮水印的優缺點。

4. 請比較資訊隱藏技術與傳統加密技術的優缺點。

5. 直接對影像做數位簽章一樣可以達到影像的完整性驗證，請探討影像完整性驗證機制與數位簽章間的差異。

6. 視覺密碼學利用影像重疊方式將兩張有意義的影像疊合出機密影像。請設計一 2×2 像素擴充的資訊隱藏方法，並假定偽裝影像 1 內的擴充區塊均為三白一黑，偽裝影像 2 內的擴充區塊均為三黑一白。請敘述你所設計的資訊隱藏方法。

7. 請舉列說明如何利用 3×3 像素擴充法，製造出兩張有意義且可疊合出機密影像的影像。

8. 在設計隱像術時，必須符合哪三個特性？

9. 何謂視覺密碼學？優缺點為何？

10. 檔案儲存格式依類型可分為哪幾類？

11. 一般而言，在設計數位浮水印時必須符合哪些特性？

12. 請任舉一個你在生活中所遇到的數位版權管理機制，並分析其安全性。

9.9 專題

1. 請開發一個多媒體影像的加密系統。

2. 請開發一個使用頻率域來藏入浮水印的數位浮水印系統，此系統必須盡可能地符合數位浮水印機制的需求。

3. 可應用於數位版權管理的技術有很多種，例如影像加密、浮水印及影像完整性驗證等。請利用這些相關的技術來開發一個數位版權管理系統。

9.10 實習單元

實習（一）

1. 實習單元名稱：視覺密碼學 (Visual Cryptography) 實習。

2. 實習單元目的：
本單元藉由實際的 Visual Cryptography 的應用程式操作練習，瞭解影像之資訊隱藏機制。

3. 系統環境：任一網路瀏覽器 (需安裝 JAVA RUNTIME ENVIRONMENT)。

4. 實習過程：
Visual Cryptography 應用程式請參考 http://users.telenet.be/d.rijmenants/en/visualcrypto.htm。完整的實習過程範例放置於本書輔助教學網站，有興趣的讀者可參考該網站 (http://ins.isrc.tw/)。

實習（二）

1. 實習單元名稱：數位浮水印實習。

2. 實習單元目的：
   認識數位浮水印及瞭解其智慧財產權的保護機制，並藉由數位浮水印軟體的操作，學習浮水印的藏入、浮水印的破壞及浮水印的取出過程。

3. 系統環境：Microsoft Windows XP 以上。

4. 實習過程：
   完整的實習過程範例放置於本書輔助教學網站，有興趣的讀者可參考該網站(http://ins.isrc.tw/)。

10 網路通訊協定安全

TCP/IP Security

網路通訊協定安全
TCP/IP Security

10.1 前言

網路發展之初,由於電腦設備價格昂貴,電腦使用者藉由網路的架設來共享這些昂貴的設備。隨著網路技術日漸成熟,相關電腦設備及網路使用成本的降低,網路的使用愈來愈普及,網路架設的目的逐漸從網路資源共享轉為資訊共享,使用者更方便地在網路上存取資訊。

為了確保網路間電腦能夠溝通,網路需要通訊協定 (Protocol)。利用網路傳送資料時必須遵守此協定,才能正確地將資料傳遞到目的地電腦。由於目前網際網路都是採用 TCP/IP (Transmission Control Protocol/Internet Protocol) 當作通訊協定的標準,相關應用的通訊標準也是架構在 TCP/IP 協定上。例如,SMTP (Simple Mail Transfer Protocol) 是電子郵件所使用的標準、FTP (File Transfer Protocol) 支援檔案傳輸及支援全球資訊網路 (WWW) 的 HTTP 等。當然也衍生出相關的安全議題,因此瞭解這個協定是很重要的。本章將針對 TCP/IP 協定、架構及其相關應用之網路安全做介紹。

10.2 TCP/IP 通訊協定

TCP/IP 協定是在 1970 年由美國國防部在發展分封交換網路 (ARPANET) 時所提出來的,主要是負責兩台主機間之連結與資料交換。 TCP/IP 通訊協定分為四層,分別為應用層 (Application Layer)、傳輸層 (Transport Layer)、網路層 (Network Layer) 與資料連結層 (Data Link Layer)。

10.2.1 應用層

TCP/IP 網路通訊協定的最上層（第四層），應用層主要是提供應用程式資料傳輸的介面，相關網路協定如 Socket 或可以在網路上辨識電腦名稱的 NetBIOS。根據這些網路協定，我們可以在應用層上開發網路通訊相關的應用程式，好讓使用者利用這些應用程式進行資料傳輸。應用層中相關的應用程式包括簡易郵件傳輸協定 (Simple Mail Transfer Protocol, SMTP)、檔案傳輸協定 (File Transfer Protocol, FTP) 與超文件傳輸協定 (HyperText Transfer Protocol, HTTP) 等。

10.2.2 傳輸層

傳輸層為 TCP/IP 的第三層，主要是提供點對點 (End-to-End) 標準的資料傳輸介面，用來接收或發送資料，並對資料進行分割、重組、轉換及偵錯等工作。主要的資料傳輸協定有 TCP 與 UDP 兩種：

1). TCP (Transmission Control Protocol)
    TCP 傳輸控制協定為連線導向 (Connection Oriented) 的傳輸協定。所謂連線導向就是要傳送資料前，發送端必須與接受端先建立連線，待接收者準備好才進行資料傳遞，並在封包傳遞時持續與接收端進行確認。一旦有資料遺失或錯誤，發送端會重送資料，目的就是要確保資料傳輸時的正確性及可靠性。這個協定的好處是可靠度高，也可以確認封包發送的順序，但傳輸速度較慢。

2). UDP (User Datagram Protocol)
    UDP 傳輸協定是屬於非連線導向 (Connectionless Oriented) 的傳輸協定，只需確認接收端存在就可開始傳遞資料，雙方不必建立連線。因此傳送端可以不斷地送出資料，直到資料送完為止。其優點在於傳送資料時雙方不需交互確認，因此速度較快，也較適合大量的資料傳輸，但缺點是缺乏相關的偵錯與確認機制，故資料傳遞的可靠度較差。

10.2.3 網路層

網路層為 TCP/IP 的第二層，主要是將傳輸層所接收的封包轉換成封包實際的傳輸介面，例如辨識封包的網路位址或路徑的選擇 (Routing) 等，讓下一層的資料連結層來做實際的資料傳輸。屬於這一層的通訊協定包括：

1). IP

IP 協定 (Internet Protocol) 可以幫助封包找出目的地位址並送達，就像信件上的收件人住址一樣。IP 的格式可以分為 IPv4 與 IPv6 兩種。IPv4 使用 32 位元來定義 IP 位址的格式：前 16 位元為網路部分，後 16 位元為主機部分，但使用上通常並不直接使用 IP 位址，而是使用網域名稱。這是因為 IP 位址並不容易記憶，而網域名稱通常是其相關名稱的縮寫，因此較容易記憶。網域名稱對應到 IP 位址是由 DNS (Domain Name Server) 來負責。然而，由於網路成長快速，使得 IPv4 已不敷使用，必須擴充成 IPv6。IPv6 不但有更大的位址空間，也較 IPv4 格式彈性。

2). ICMP

網際網路控制訊息協定 (Internet Control Message Protocol) 為一網路狀況監視工具，提供 ping 程式來追蹤網路路徑，並提供使用者查詢網路是否中斷或網路的負載狀況。

3). ARP

位址解譯協定 (Address Resolution Protocol) 係透過網路上的 IP 位址來找出其網路卡的實體位置 MAC (Media Access Control) 位址。IP 位址與 MAC 位址的對應關係通常會存放在快取記憶體中，以快速進行位址的轉譯。當發送端要進行資料傳送時會先到快取記憶體去檢查對照表，若在表中找到 IP 位址則可知道所對應的 MAC 位置為何。若無法在表中查到，則 ARP 會發送一個廣播 (Broadcast)，請求網路上其他伺服器幫忙尋找。

4). RARP

反向位址解譯協定 (Reverse Address Resolution Protocol)。若發送端只知本身的 MAC 位址而不知在網路上的 IP 位址，此一協定是幫助發送端向網路上的其他伺服器詢問，來協助其找到本身的 IP 位址。

ARP 及 RARP 主要功能是將 32 位元之網路位址與 48 位元之 MAC 位址做對應轉換，如圖 10.1 所示。

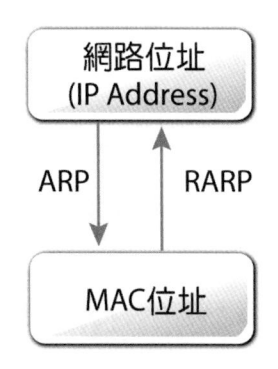

圖 10.1: IP 位址與 MAC 位址的轉換

10.2.4 資料連結層

兩台主機要連結及傳遞資料，首先需要安裝網路硬體，包括網路介面卡及網路線。由於有多種網路線（如同軸電纜、電話線、光纖、無線電等）及連線方式（如 Ethernet、Token Ring、FDDI、RS-232 等），因此網路卡提供之驅動程式 (Driver) 也不同。資料連結層也稱為網路介面層 (Network Interface Layer)，主要提供電腦系統與網路介面卡之驅動程式，以定義如何在此網路連線架構下傳遞資料。

10.2.5 封包的傳遞與拆裝

介紹完 TCP/IP 通訊協定的四個階層後，接下來要說明兩部主機間究竟是如何傳遞封包。我們將從 TCP/IP 通訊協定的四個階層中，各挑選一個常見的協定來做範例，並用來說明封包是如何傳遞及拆裝的。當主機 A 要傳送一個 FTP 的網路封包給主機 B，那麼應用層就是採用 FTP 協定，並假設傳輸層是採用 TCP 協定。而網路層是採用 IP 協定，資料連結層則以區域網路 (Local Area Network) 中最廣為使用的乙太網路 (Ethernet) 來做說明。

首先主機 A 決定好各階層所使用的協定後，便開始包裝封包並傳遞封包給主機 B。封包傳遞與拆裝之流程，如圖 10.2 所示。首先，要

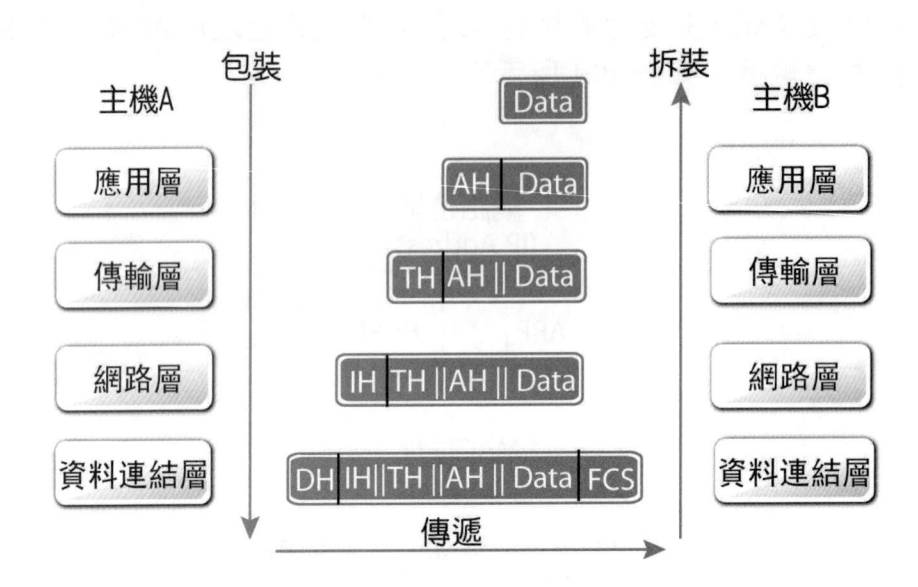

圖 10.2: 封包傳遞與拆裝之流程

傳送的資料 (Data) 在應用層時會先被加入一個應用層標頭 (Application Header, AH)，此封包資料就變為 (AH || Data)。此標頭的作用是告訴接收端該封包所採用的應用層協定是 FTP 協定。接下來到傳輸層時，同樣會被加入一個傳輸層標頭 (Transport Header, TH)，告訴接收端所採用的是 TCP 協定，之後此封包變為 (TH || AH || Data)。在網路層此封包也會被加上一個網路層標頭 (Internet Header, IH)，封包內容成為 (IH || TH || AH || Data)。這個標頭的功能就是來告訴接收端網路層所採用的是 IP 協定。同樣地，在資料連結層該封包也會被加入一個資料連結層標頭 (Data Link Header, DH)，最後該封包就變成 (DH||IH || TH || AH || Data||FCS)。其中最後面的 FCS (Frame Check Sequence) 是 Ethernet 資料框的檢查碼。

封包好之後，就可以傳遞給主機 B。Ethernet 封包的傳遞是以資料框 (Frame) 為單位。其資料框之格式，如圖 10.3 所示，與封包最後的包裝格式是契合的。Ethernet 標頭包含有接受端位址、發送端位址及類型這三個欄位，可以讓此封包正確地傳送給主機 B，接著我們來說明 Ethernet 資料框各欄位的用途及其如何傳遞封包的。

1). 接受端位址

由於 Ethernet 之網路架構是採用廣播 (Broadcast) 方式傳遞資料框，因此一旦發送端發送此資料框到網路上時，所有在此區域網路之

```
|←——— DH ———→|←— IH ‖ TH ‖ AH ‖ Data —→|← FCS →|
| 接受端位址 | 發送端位址 | 類型 |        資料包          | 檢查碼 |
   6 位元組    6 位元組   2 位元組    46 至 1500 位元組    4 位元組
```

圖 10.3: Ethernet 資料框格式

主機都會收到此資料框訊息。假如發送端僅要傳遞資料框訊息給某一特定主機，則此發送端必須指明接收端之主機實體位址。所有在此區域網路之主機收到此資料框訊息後，會先核對此欄位（接受端位址）是否為自己的位址。若是，則接受此資料框，並依此資料框之內容做必要之處理；若不是，則將此資料框丟棄。

這裡所謂「接受端位址」是指接受端主機之 MAC 位址。此位址存在網路卡，網路卡生產公司每製造一片網路卡時，都會給予一組唯一之識別碼，做為 MAC 位址。此 MAC 位址共有 6 個位元組，前 3 個位元組為製造公司之識別碼 (ID)，後 3 個位元組為流水號。

一般使用者並不知道（也不需要知道）此 MAC 位址，僅需告知要傳遞資料給哪台主機之網路位址 (IP Address) 即可，網路卡之驅動程式會透過位址解析通訊協定 (Address Resolution Protocol, ARP) 及反向位址解析通訊協定 (Reverse Address Resolution Protocol, RARP) 來判斷並附加上此 MAC 位址到此資料框的「接受端位址」欄位。

若此網路位址不在此區域網路內，則「接受端位址」欄位會被填上此區域網路之路由器 (Router) 的主機 MAC 位址。請路由器幫忙將此資料封包繼續往前轉送。

2). 發送端位址

發送端位址是指發送端主機之 MAC 位址，相同於接受端位址共有六個位元組。主要讓接受此資料框之主機，知道此資料框之來源。

3). 類型

資料框類型 (Frame Type) 共有兩個位元組，主要功能是指示此資料框之「資料包」欄位資料是由上一層（網路層）的何種通訊協定

所使用。例如，類型欄位值為 0800 表示是由 IP 通訊協定所使用，其他類型欄位值為 0806 及 8035 分別表示此資料框之「資料包」欄位資料是由 ARP 及 RARP 通訊協定所使用。

4). 資料包
由上一層（網路層）傳遞過來之資料包。此資料包之長度介於 46 及 1,500 個位元組之間，依使用者實際傳遞之資料量而定。

5). 檢查碼
每個資料框最後都有檢查碼的欄位，稱為資料框核對序列 (Frame Check Sequence, FCS)，做為此資料框之錯誤偵測檢查碼。將 Ethernet 資料框之接受端位址、發送端位址、類型及資料包等資料內容，經由一組數學函數產生一組 32 位元的檢查碼，假如傳輸過程中沒有雜訊及其他錯誤位元，則接受端收到此資料框後，將接受端位址、發送端位址、類型及資料包等資料內容，經由相同之數學函數所產生之 32 位元值應與檢查碼相同；否則表示傳輸過程中有錯誤之資料位元，接受端將通知發送端重送。

接受端收到此封包後，就會如圖 10.2 所示，一層一層地將資料及其控制標頭取出，最後可得到資料內容。其他層之標頭 (Header) 格式及其功能，請參考其他資訊網路相關資料。本書將僅針對與網路安全有關的議題做介紹。

10.3 應用層的網路安全通訊協定

舉凡各種跟安全有關係之網路服務，均屬於應用層的網路安全通訊協定範疇。例如，安全電子郵件系統、電子投票系統、電子競標系統及其他電子商務等之網路安全服務。本節將介紹安全電子郵件系統，其他網路安全服務則請參考其他章節或參考資料。一般電子郵件的安全必須考量下列的安全需求：隱密性、資料來源鑑別、訊息真確性及不可否認性。針對這些安全需求，有三個著名安全電子郵件系統：PGP (Pretty Good Privacy)、PEM (Privacy Enhanced E-mail) 及 S/MIME (Secure Multipurpose Internet Mail Extensions)。由於受限於篇幅，本節將只介紹 PGP 安全電子郵件系統，至於 PEM 及 S/MIME 安全電子郵件系統請參考相關資料。

10.3.1 PGP 安全電子郵件系統

電子郵件似乎已成為現代人必備的通訊媒介之一，是一種相當方便的通訊工具，可是有多少人會注意電子郵件的安全性呢？試想一旦發送電子郵件後，使用者就無法控制此電子郵件。電子郵件在網路上很可能會被攔截而窺視信件內容或被有心人士篡改，甚至有可能遭有心人士假冒你的名義發信，這些後果都是不堪設想的，所以一個安全的電子郵件協定是有需要的。

PGP 是 Philip Zimmermann 所撰寫，並在 1991 年完成第一版。PGP 可以提供電子郵件機密性、完整性和鑑別性。PGP 主要有五個功能，分別是數位簽章、訊息加密、資料壓縮、電子郵件的相容性 (Email Compatibility) 和分段 (Segmentation)。PGP 協定允許使用者可以自行決定電子郵件是否需要進行加密或簽章，圖 10.4 為 PGP 協定中郵件的收發程序。目前這些主要功能已與 Outlook 等郵件收發軟體結合，使得郵件傳遞可以更加安全。

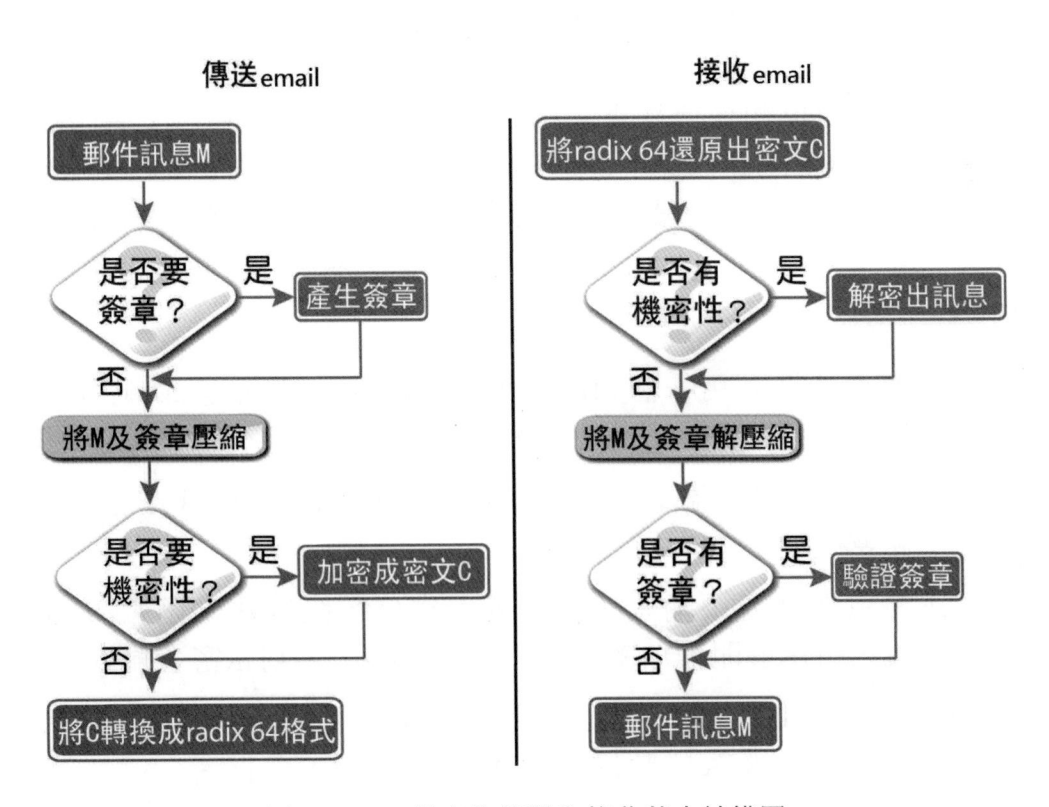

圖 10.4: PGP 訊息的傳送和接收基本結構圖

底下將依序介紹 PGP 數位簽章和訊息加密的運作過程，以及 PGP 郵件的傳遞過程。表格 10.1 先定義 PGP 協定所使用的符號及其所代表的意義。在該表格中，$A||B$ 代表將 A 與 B 二文件串接（合併）成一文件。

表格 10.1: 電子郵件系統所使用的符號及代表的意義

符號	意義
K_s	對稱式加密演算法的交談金鑰
SK_A	使用者 A 的私密金鑰
PK_A	使用者 A 的公開金鑰
EP	公開金鑰加密演算法
DP	公開金鑰解密演算法
EC	對稱式加密演算法
DC	對稱式解密演算法
H	雜湊函數
$||$	串接
Z	壓縮演算法

10.3.2 PGP 協定的郵件傳遞流程

本節將介紹 PGP 如何傳送電子郵件，並同時具有機密性、完整性和鑑別性。圖 10.5 說明 PGP 中傳送者 A 如何產生電子郵件，整個流程可分為簽章階段、加密階段、解密階段及鑑別階段。接著將一一說明。

1). 簽章階段

   (a) 傳送者 A 利用一個 SHA-1 雜湊函數 (H)，將訊息 M 轉換成長度只有 160 個位元的訊息摘要 m。

   (b) PGP 從私密金鑰環中，根據傳送者 A 的 ID 取得 A 被加密過的私密金鑰。

   (c) 傳送者 A 必須輸入正確的通行密碼，經過雜湊函數 H 運算後，再用解開被加密的私密金鑰 (DC)，得到私密金鑰 SK_A。

   (d) 傳送者 A 把 160 個位元的郵件訊息摘要 m，用自己的私密金鑰 SK_A 做 RSA 的數位簽章 (DP)。

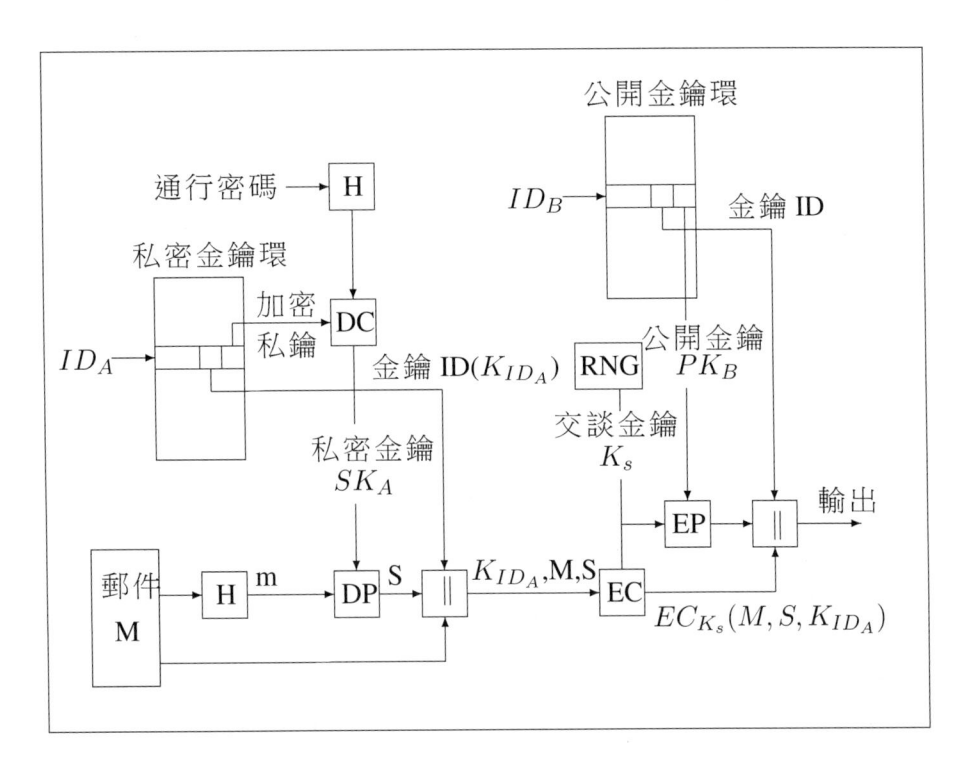

圖 10.5: PGP 產生電子郵件的結構圖

(e) 將郵件訊息 M、數位簽章 S 及金鑰 ID (K_{ID_A}) 串接在一起。

2). 加密階段

(a) PGP 隨機 (RNG) 產生一個交談金鑰 K_s。

(b) 利用產生出來的交談金鑰，來加密串接後的郵件訊息 M、數位簽章 S 及金鑰 ID (K_{ID_A})。

(c) PGP 從公開金鑰環中，利用接收者 B 的 ID 取得 B 的公開金鑰 PK_B。

(d) 傳送者 A 將接收者 B 的公開金鑰 PK_B 當作加密金鑰，將交談金鑰 K_s 以公開金鑰 PK_B 加密，當做數位信封 V。

(e) 將此數位信封 V、使用者 B 的金鑰 ID (K_{ID_B}) 及加密過的郵件訊息 M、數位簽章 S 及金鑰 ID (K_{ID_A}) 串接在一起，然後傳送給接收者 B。

接收者 B 在收到以 PGP 所傳送的電子郵件時，也必須執行以下數個階段才能將電子郵件解密，並確認郵件訊息 M 到底是由誰所送

出來的。圖 10.6 說明接收者 B 收到 PGP 電子郵件後的處理流程。

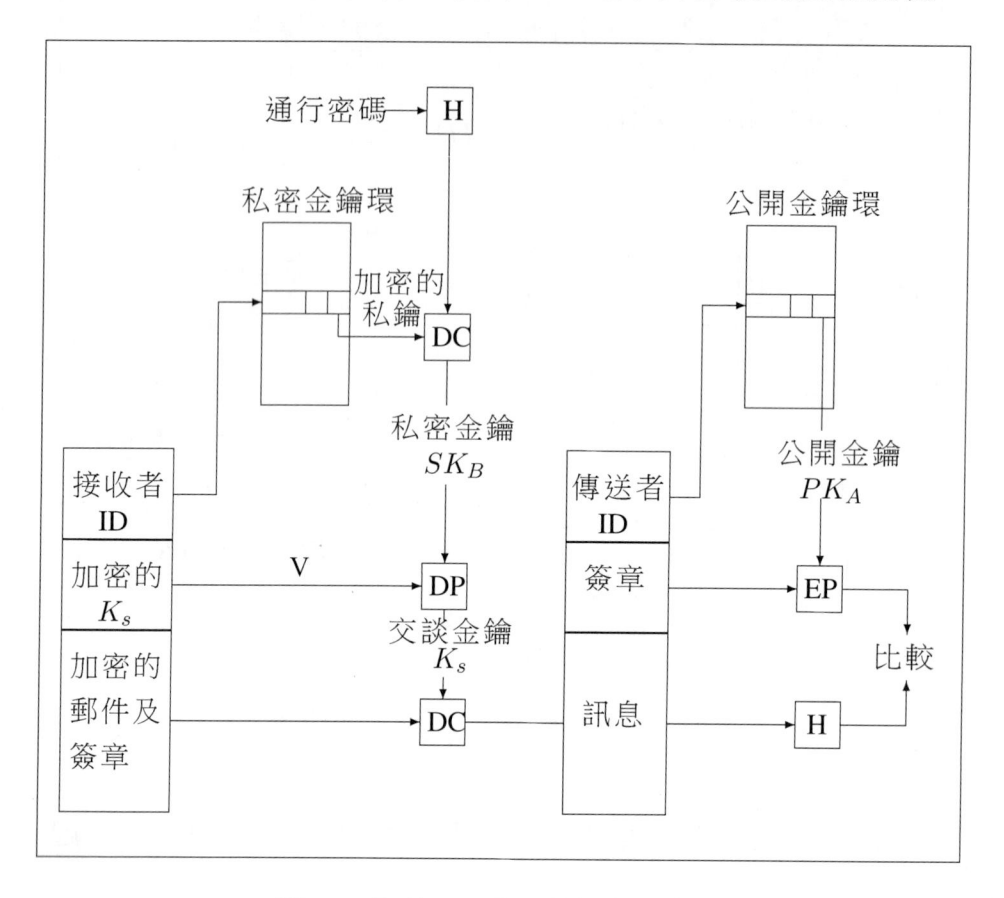

圖 10.6: 收到 PGP 電子郵件的結構圖

1). 解密階段

    (a) PGP 必須從私密金鑰環中，依據接收者 B 的 ID 取得自己已加密過的私密金鑰。B 同樣需正確地輸入通行密碼，經過雜湊函數 H 運算後，再拿來解密出自己的私密金鑰 SK_B。

    (b) 接收者 B 利用自己的私密金鑰 SK_B 透過解密演算法 (DP) 解出數位信封 V 內的交談金鑰 K_s。

    (c) 接收者 B 利用得到的交談金鑰 K_s，對加密過的郵件訊息 M 和數位簽章 S 進行解密，可得到一數位簽章 S 和郵件訊息 M。

2). 鑑別階段

(a) PGP 從公開金鑰環中,用傳送者 A 的 ID 取得 A 的公開金鑰 PK_A。

(b) 接收者 B 用 A 的公開金鑰 PK_A,對數位簽章做 RSA 的解簽章運算 (EP),得到郵件訊息摘要 m。

(c) 另一方面,將先前解密出來的郵件訊息 M,透過 SHA-1 雜湊函數 (H) 產生一郵件訊息摘要 m。與前一步驟所得郵件訊息摘要比對,如果相同的話,代表郵件訊息 M 確實是由傳送者 A 所傳送過來,也可以確定郵件訊息內容未遭竄改。

在 PGP 的協定中,我們可以發現其核心技術均是使用目前公認最安全可靠的密碼機制,如 RSA、DES、SHA-1 等等,這些機制均已有公開的標準規範,故任何人都可以驗證 PGP 的正確性及安全性。

10.4 傳輸層的網路安全通訊協定

10.4.1 SSL 安全傳輸協定

SSL (Secure Socket Layer) 是由 Netscape 公司在 1995 年所發表的網路安全協定,其主要功能是建立起瀏覽器與 Web 伺服器之間資料傳遞的安全通道。所以 SSL 也被定義成是介於傳輸層與應用層間的網路安全通訊協定。SSL 對於電子商務的發展扮演很重要的角色,由於電子商務的相關應用多半架構在全球資訊網(World Wide Web, WWW)上,使用者透過 HTTP (Hypertext Transfer Protocol) 協定來瀏覽多采多姿的多媒體資訊。

然而 HTTP 協定並未考慮到安全問題,使得一些敏感資訊在網路間傳送可能遭到竊取或竄改。SSL 則是提供瀏覽器至伺服器間一個經過認證和加解密的溝通管道,目的是保障網路交易的安全性。SSL 透過加密的技術來保障交易資料的安全,當用戶端在傳送資料時,便啟動 SSL 加密機制,所以即使資料被攔截,攔截者也無法得知這些資料的內容。

目前 SSL 機制已廣泛地應用在各種電子商務的機制中,只要網址的開頭是「https://」,就表示是具有 SSL 保護的網頁。 SSL 所提供的安全服務主要有下列幾項:

1). 提供資料傳送的機密性 (Confidentiality)：
SSL 採用 DES 對稱式加密技術來確保資料在傳輸時的機密性。

2). 提供資料傳送的完整性 (Integrity)：
SSL 採用 MD5 或 SHA-1 雜湊函數來運算出所要傳送資料的訊息驗證碼 (Message Authentication Code, MAC)，利用訊息驗證碼的比對可以知道所接收到的資料是否完整。

3). 提供使用者與顧客間的身分鑑別機制 (Authenticity)：
SSL 協定中必須確認伺服器的身分，但對於使用者身分的驗證就沒有那麼嚴苛，可以自由選擇驗證或不驗證。而 SSL 協定身分鑑別的機制是採用 RSA 非對稱式密碼機制，配合 X.509 數位憑證來確認訊息傳送者的身分。

SSL 協定主要分成兩部分：SSL 紀錄協定 (SSL Record Protocol) 及 SSL 交握協定 (SSL Handshake Protocol)。SSL 紀錄協定提供資料保密性及完整性兩種服務；而 SSL 交握協定則提供使用者與伺服器間的身分鑑別機制。這兩種協定的運作方式分別介紹如下。

- SSL 紀錄協定：
其運作步驟，如圖 10.7 所示，過程描述如下。

   1). 分段 (Fragmentation)：
   將資料分解成許多個區段，每個區段最多不得超過 2^{14} (=16,384) 個位元組。

   2). 壓縮 (Compression)：
   可以選擇是否對區塊內容進行壓縮，SSL 協定並沒有指定所採用的壓縮方法，但所選用的壓縮技術必須為無失真壓縮。

   3). 附加訊息驗證碼 (Message Authentication Code)：
   為了確保資料的完整性，在每個區塊後面均附加一個訊息驗證碼 (MAC)，此處訊息驗證碼的運算方式為：

   $$MAC = H(SK \| H(SK \| SQN \| T \| L \| F))$$

   其中 || 表示訊息串接符號，SK 為使用者與伺服器在 SSL 交握協定中所共同協議的一祕密金鑰，$H(\cdot)$ 為所使用的 MD 5

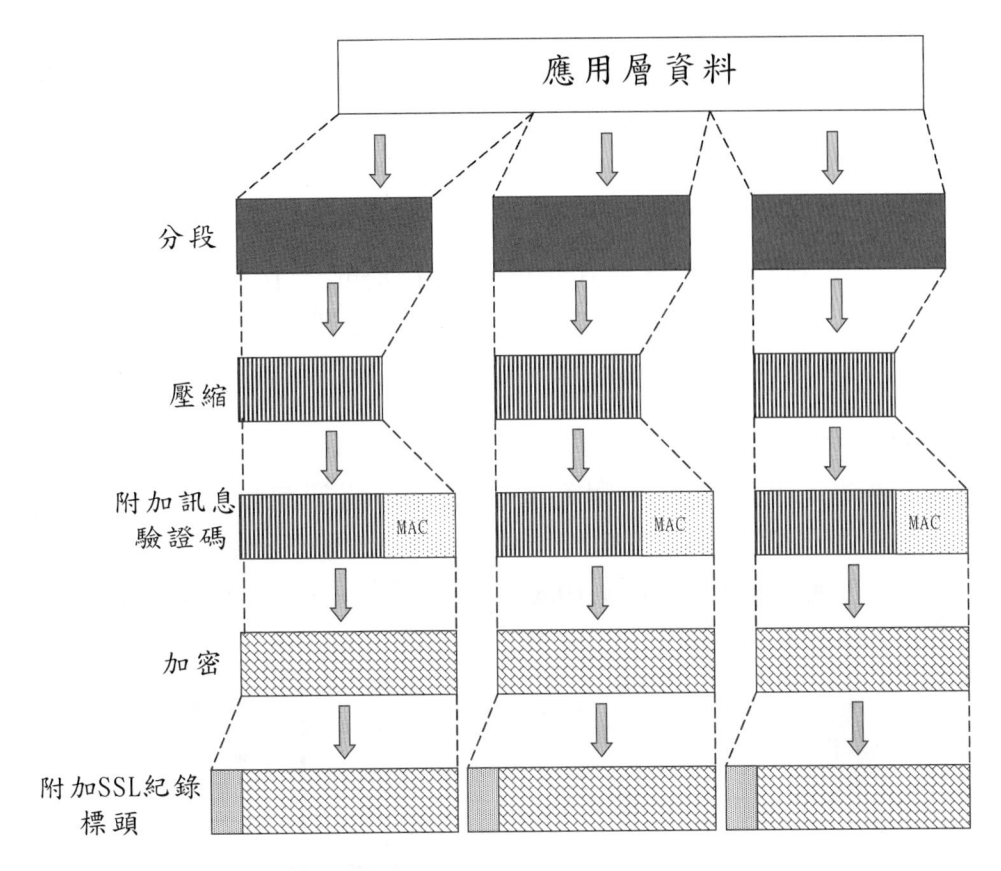

圖 10.7: SSL 紀錄協定的運作過程

或 SHA-1 雜湊函數，SQN 為此訊息的序號，T 為處理此一分段的壓縮類型 (Compressed Type)，L 為壓縮過後的訊息長度 (Compressed Length)，F 為壓縮過後的訊息分段 (Compressed Fragment)。

4). 加密 (Encrypted)：
   利用對稱式的加密方法（例如 DES），對壓縮過的區塊及其 MAC 一起加密。

5). 附加 SSL 紀錄標頭：
   將加密過的區塊前面附加上 SSL 的紀錄標頭，此標頭的欄位包含：

   – 內容型態 (Content Type)：8 位元
     指出處理此一區段所使用的較高層協定。

- 主要版本 (Major Version)：8 位元
  指出目前所使用 SSL 協定的主要版本，例如使用 SSL 第三版，就將此欄位設為 3。
- 次要版本 (Minor Version)：8 位元
  指出目前所使用 SSL 協定的次要版本。
- 壓縮訊息長度 (Compressed Length)：16 位元
  存放本區段的訊息長度，該區段長度最大值不得超過 $2^{14} + 2048$ 位元。

- SSL 交握協定：
  主要功能是讓使用者與伺服器端在傳送訊息前先協議好所要使用的共同祕密金鑰 (SK)、雜湊函數及加解密演算法等。SSL 交握協定的運作流程，如圖 10.8 所示，總共可分為四個階段。

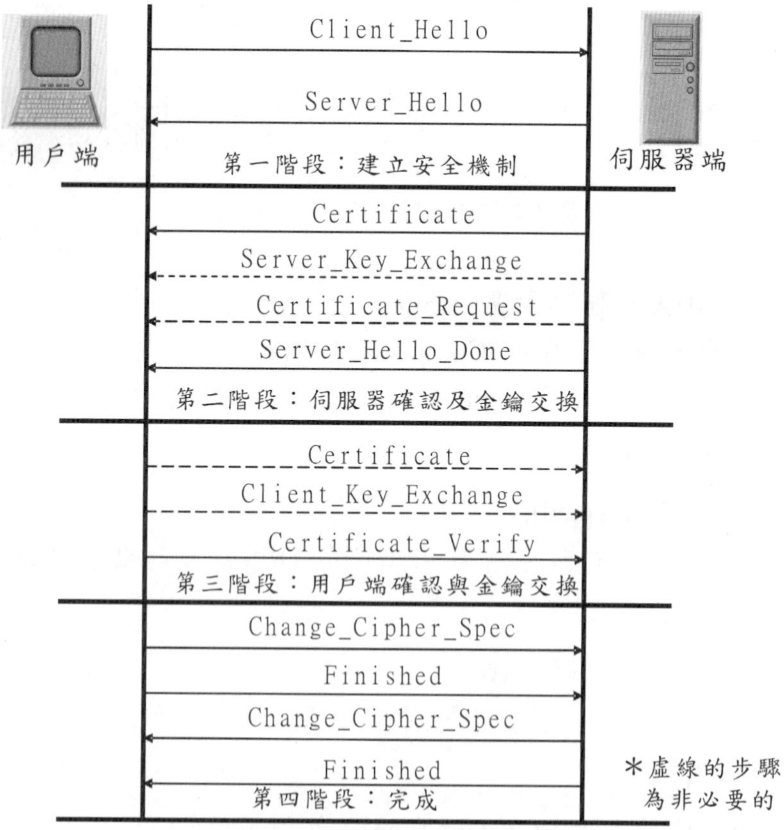

```
用戶端                                                   伺服器端
  │────────── Client_Hello ──────────→│
  │←───────── Server_Hello ───────────│
            第一階段：建立安全機制

  │←───────── Certificate ────────────│
  │←────── Server_Key_Exchange ───────│
  │←────── Certificate_Request ───────│
  │←────── Server_Hello_Done ─────────│
         第二階段：伺服器確認及金鑰交換

  │────────── Certificate ───────────→│
  │─────── Client_Key_Exchange ──────→│
  │─────── Certificate_Verify ───────→│
          第三階段：用戶端確認與金鑰交換

  │─────── Change_Cipher_Spec ───────→│
  │──────────── Finished ────────────→│
  │←────── Change_Cipher_Spec ────────│
  │←─────────── Finished ─────────────│
              第四階段：完成
                                        ＊虛線的步驟
                                         為非必要的
```

圖 10.8: SSL 交握協定的運作過程

第一階段：建立安全機制

此階段共有下列兩個步驟：

1). 用戶端傳送 Client_Hello 訊息給伺服器：
此訊息的目的是告訴伺服器用戶端所支援的通訊參數，此訊息內容包含：

- 版本 (Version)
  指出用戶端所使用的 SSL 版本。
- 亂數 (Random)
  用戶端隨機產生一 32 位元的亂數 (R_C)，此亂數可用來產生祕密金鑰 (SK)，並防止重送攻擊 (Replay Attack)。
- 交談編號 (Session ID)
  預設值為 0，表示用戶端正要跟伺服器建立一個新的交談。
- 密碼套件 (Cipher Suite)
  告訴伺服器用戶端目前所能使用的密碼機制，並要求伺服器從中挑選一個來使用。
- 壓縮方法 (Compression Method)
  說明用戶端所能使用的壓縮方法，若傳送資料時不執行壓縮，則本欄位不需任何設定。

2). 伺服器端傳送 Server_Hello 訊息給用戶端：
伺服器收到用戶端所送來的 Client_Hello 訊息後，伺服器端便配合用戶端的需求，選擇雙方都可以接受的通訊參數，然後回覆給 Client_Hello 具有相同參數內容的 Server_Hello 訊息給用戶端。同樣地，伺服器端也需選擇一個亂數 (R_S) 放到 Server_Hello 訊息裡的亂數欄位中。

第二階段：伺服器確認及金鑰交換

此階段共有下列四個步驟：

1). 伺服器端傳送數位憑證 (Certificate) 給用戶端：
伺服器端送出其公開金鑰的數位憑證給用戶端，以證明伺服器之身分及其公開金鑰，這個憑證同樣需遵循 X.509 的格式規範。

2). 伺服器端送出伺服端金鑰交換 (Server_Key_Exchange) 訊息給用戶端：
這個步驟是視系統需要而定，若是用固定的 Diffie-Hellman

的參數來送出憑證或是利用 RSA 來做金鑰交換,則不需要傳送這個訊息。

3). 伺服器端送數位憑證要求 (Certificate_Request) 訊息給用戶端:
若伺服器端要驗證用戶端的身分,那麼伺服器端就會送出憑證要求訊息給用戶端,否則就不需傳送。

4). 伺服器端送 Server_Hello_Done 訊息給用戶端:
若伺服器端不再傳送任何訊息,則傳送 Server_Hello_Done 訊息給用戶端,告知用戶端伺服器已不再傳送訊息,要求用戶端進行下一步驟。

第三階段:用戶端確認與金鑰交換
此階段共有下列三個步驟:

1). 用戶端送出數位憑證 (Certificate) 給伺服器端:
這個步驟並非必要的,只有當上一階段中伺服器端要求用戶端傳送數位憑證,用戶端才需在這個步驟將其數位憑證送給伺服器端。

2). 用戶端傳送其金鑰交換 (Client_Key_Exchange) 訊息給伺服器端:
用戶端預先產生一個 48 位元的祕密值 (PS),然後用伺服器端的 RSA 公開金鑰對此祕密值進行加密,加密後的密文再送給伺服器端。伺服器端可用其私密金鑰將密文解開後得知 PS 的值,然後用戶端及伺服器端可各自計算一長度為 48 位元的祕密金鑰 (MS)。此兩端所產生的祕密金鑰將會一樣,其產生的方式為:

$$MS = MD5(PS\|SHA(``A''\|PS\|R_C\|R_S))\| \\ MD5(PS\|SHA(``BB''\|PS\|R_C\|R_S))\| \\ MD5(PS\|SHA(``CCC''\|PS\|R_C\|R_S))$$

3). 用戶端送出憑證驗證訊息 (Certificate_Verify) 給伺服器端:
這個步驟可依需要來決定是否要執行,其目的是用來確認用戶端是否真的知道憑證上公開金鑰所對應的私密金鑰,以防止某個用戶誤用他人的數位憑證。

第四階段：完成

此階段共有下列四個步驟：

1). 用戶端送出 Change_Cipher_Spec 訊息給伺服器端：
此訊息是要通知伺服器，用戶端已將所協調的密碼套件準備好，以後訊息的傳遞將用協調的密碼套件來執行。

2). 用戶端傳送 Finished 訊息給伺服器端：
用戶端送出 Finished 訊息的目的是要求伺服器確認此次交握協定是否成功。

3). 伺服器端送出 Change_Cipher_Spec 給用戶端：
告知用戶端，以後的訊息傳遞將用所協調出來的密碼套件來進行。

4). 伺服器端送出 Finished 訊息給用戶端：
伺服器要求用戶端送確認此次交握協定是否成功，驗證的方式與用戶要求伺服器驗證的方式相同，若驗證成功，則結束此次 SSL 交握協定。

此交握協定結束後，因為用戶端跟伺服器都知道祕密金鑰 (MS) 的值，因此這兩端可以下式算出 SSL 紀錄協定中資料加密所需的 SK：

$$\begin{aligned}SK \ = \ & MD5(MS\|SHA(\text{``}A\text{''}\|MS\|R_C\|R_S))\| \\ & MD5(MS\|SHA(\text{``}BB\text{''}\|MS\|R_C\|R_S))\| \\ & MD5(MS\|SHA(\text{``}CCC\text{''}\|MS\|R_C\|R_S))\end{aligned}$$

OpenSSL 是用 C 語言寫成的、具備開放原始碼且能進行 SSL 安全資料傳輸功能，是目前普遍使用的 SSL 版本。但在 2014 年 4 月，OpenSSL 出現有心臟出血漏洞 (Heartbleed Bug)，大約有三分之二的 SSL 用戶受到影響。我們會在第 11 章詳細介紹此漏洞的攻擊方法及如何因應。

10.4.2 TLS 傳輸層安全協定

由於 SSL 協定已廣泛地被大家所接受，而且多數的網路系統均支援 SSL 協定，已逐漸成為工業標準，更是電子商務環境中不可或缺的一

環。有鑑於此，IETF (Internet Engineering Task Force) 組織在 1999 年發表傳輸層安全 (Transport Layer Security, TLS) 協定。這個協定主要是以 SSL 第三版本為基礎，僅在訊息格式及部分加密套件略有不同。

首先在紀錄協定部分，TLS 大部分的紀錄格式與 SSL 相同，僅版本編號的部分有些出入，TLS 版本 1.0 對應到 SSL 版本 3.1。

SSL 與 TLS 在加密套件與訊息驗證碼的選擇上也有些許不同。原則上 SSL 可以接受 RC4、RC2、DES、3DES、IDEA 及 Fortezza 這些對稱式（祕密金鑰）加密演算法，而 TLS 除了 Fortezza 無法接受外，其他加密演算法均可接受。另一方面 TLS 也無法接受 Fortezza 的金鑰交換演算法。

此外，TLS 與 SSL 在亂數的產生方式及訊息驗證碼也有些微的出入，但基本精神都是一致的。

10.5 網路層的網路安全通訊協定

10.5.1 IPSec 簡介

網路層目前多半使用 IP 做為資料傳輸的協定，但仍有許多安全上的漏洞。例如在網路層中最常見的安全攻擊方式是假造 IP 位址 (IP Spoofing)，以破解那些以 IP 位址為認證依據的相關應用，或是探測封包內容 (Packet Sniffing)，以窺知資料機密。有鑑於此，IETF 便積極制訂一套網路層的安全通訊協定，稱為 IP 安全通訊協定（IP Secure, IPSec），以確保 IP 層級的通訊安全。IPSec 主要提供三種安全服務：

1). 鑑別性 (Authentication)
   要確認所收到的封包確實是由標頭檔中所描述的 IP 位址所送出，而非假造。此外還需確認訊息內容的完整性，以確保封包在傳送的過程中沒有遭到篡改。

2). 機密性 (Confidentiality)
   避免傳送的封包遭通訊雙方以外的第三者所窺知。

3). 金鑰管理 (Key Management)
   讓通訊雙方可以安全地協議出一把祕密金鑰。

在使用上,由於 IPSec 是針對 IP 層級的所有封包進行確認性、機密性及金鑰管理服務,所以並不會影響到上一層的應用程式。故 IPSec 可以套用在許多應用中。例如主從式架構、遠端登入或電子郵件等,再加上 IPSec 是依據 TCP/IP 網路協定 IPv4 所設計。如此不僅可以直接套用在 IPv4 上,更支援未來的 IPv6 格式,這也是 IPSec 迅速被接受的原因之一。

IPSec 主要包含兩種協定,第一種是用來確保來源認證性及資料完整性的確認性標頭(Authentication Header, AH)協定;另一種是用來提供資料機密性的安全資料封裝(Encapsulating Security Payload, ESP)協定,接著將針對這兩種協定做說明。

10.5.2 IPSec 之確認性標頭協定

IPSec 是利用什麼技術來達到資料來源的確認性及內容的完整性呢?答案是利用訊息驗證碼(Message Authentication Code, MAC)。IPSec 要通訊雙方先協議出一把共同的祕密金鑰,然後用這把金鑰算出訊息所對應的 MAC,再將 MAC 放在確認性標頭裡供接收方驗證。以 IPv4 來說,確認性標頭在封包裡放置的位置是介於 IP 標頭(IP Header)及 IP 資料本體 (IP Payload) 之間,而確認性標頭的內容。如圖 10.9 所示,分別敘述如下:

1). 後續標頭 (Next Header): 8 位元
   指出在此標頭之後的標頭類型。例如,若此欄位設定為 6,則表示接在 AH 之後的是 TCP 資料。

2). 承載長度 (Payload Length): 8 位元
   紀錄 AH 的長度。

3). 保留 (Reserved): 16 位元
   此欄位目前尚未使用,可供未來有需要時使用。

4). 安全參數索引 (Security Parameters Index): 32 位元
   由於在使用 IPSec 時,通訊雙方必須先協議出使用的加解密演算法、驗證方式等,因此一部電腦上可能會有許多份這類型的協議

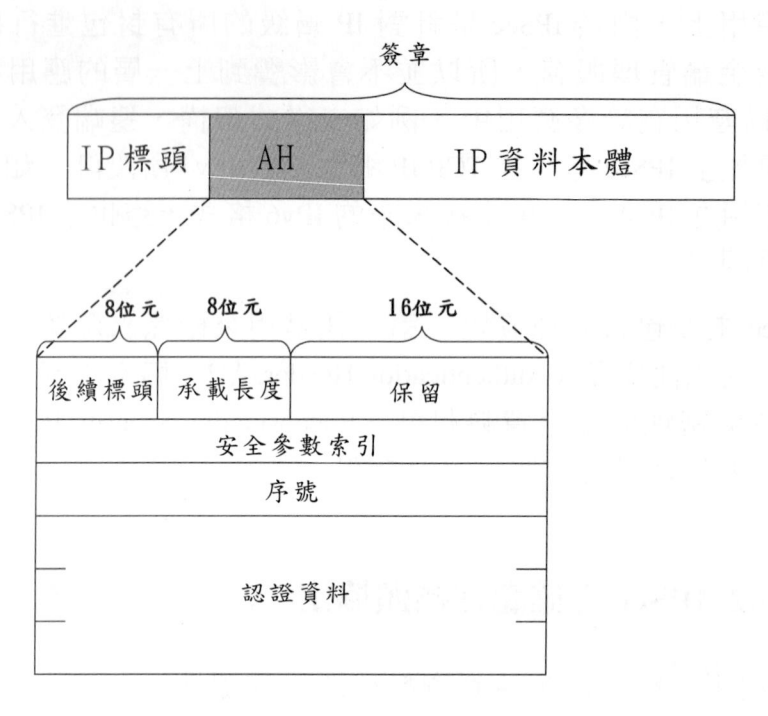

圖 10.9: 確認性標頭的格式內容

資料，而安全參數索引便是要幫助使用者找出雙方同意使用的安全機制。

5). 序號 (Sequence Number)：32 位元
為一個遞增的計數值，可用來防止重送攻擊 (Replay Attack)。

6). 認證資料 (Authentication Data)：變動長度
為一可變長度的欄位，但其長度必須為 32 位元的整數倍，一般來說，此欄位的長度為 96 位元。這個欄位主要是存放此封包的認證資料，例如 MAC 等。

10.5.3 IPSec 之安全資料封裝協定

安全資料封裝協定 (Encapsulating Security Payload) 提供傳送資料的保密服務，ESP 的封包格式包含下列六個欄位：

1). 安全參數索引 (Security Parameters Index)：32 位元
利用這個欄位內的安全參數索引，可以用來決定一個連結所使用的安全機制。

2). 序號 (Sequence Number)：32 位元
為一個遞增的的計數值，可用來防止重送攻擊。

3). 承載資料 (Payload Data)
此一欄位係將 IP 的本體資料以加密的方式來保護其機密性。

4). 填充資料 (Padding)：0 至 255 位元
視情況加入填充的位元組，讓 IP 主體變成 4 位元組的倍數。

5). 填充資料長度 (Pad Length)：8 位元
指出前面欄位所填充的位元組長度。

6). 後續標頭 (Next Header)：8 位元
指出資料欄位中的資料類型。

其中，安全參數索引及序號這兩個欄位稱為 ESP 標頭 (ESP Header)。ESP 所接受的加密機制為 3-DES、RC5、IDEA 及 CAST 等，利用這些演算法來對承載資料、填充資料、填充資料長度及後續標頭這四個欄位進行加密。此外，ESP 除了可以進行加密之外，如有需要也可提供資料完整性及來源的驗證服務。其作法是對 ESP 標頭、承載資料、填充資料、填充資料長度及後續標頭等部分進行簽章（不包含 IP 標頭），然後將此簽章放在 ESP 認證資料的欄位中。其完整格式，如圖 10.10 所示。

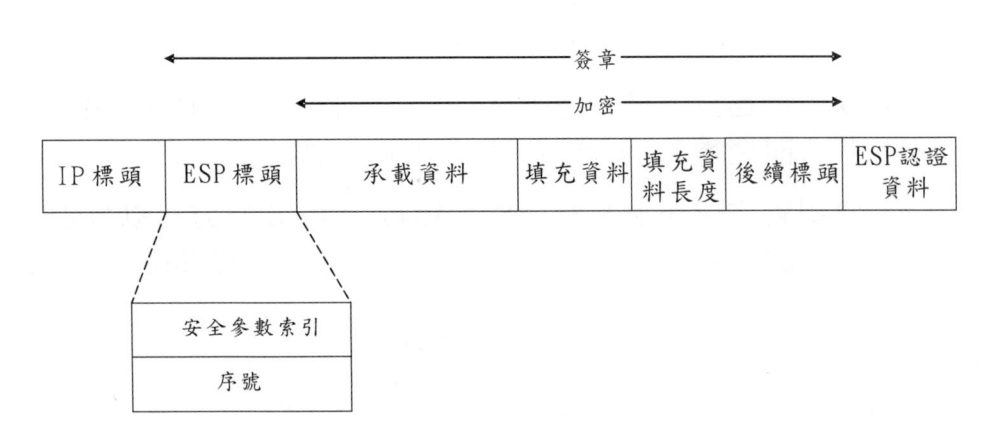

圖 10.10: 安全資料封裝協定的格式內容

若比較 ESP 的格式與 AH 的格式，不難發現 AH 格式對資料完整性及來源驗證的服務比 ESP 格式周詳。因為 AH 在做簽章時會將 IP 標

頭一起納入計算，但 ESP 不會，所以 ESP 無法偵測 IP 標頭是否遭到篡改。

10.5.4 IPSec 之金鑰管理機制

金鑰管理 (Key Management) 服務的主要目的是在幫助使用者安全地協議出所需的祕密金鑰，並將金鑰安全地傳送給使用者。IPSec 提供手動 (Manual) 與自動 (Automated) 兩種金鑰管理方式：

- 手動金鑰管理
  系統管理者以人工的方式用自己與其他系統的金鑰，來設定所需要的安全協議，這適合小型且通訊對象固定的環境。

- 自動金鑰管理
  安全協議的設定工作由系統自動來執行，這種金鑰管理方式適用於大型且通訊對象經常變動的環境中。自動金鑰管理中，是採用改良的 Diffie-Hellman 演算法。Diffie-Hellman 演算法的目的是讓通訊雙方能以互動的方式來產生共同的祕密金鑰，作法如下：

  1). 通訊雙方 A 及 B 先協調出兩個公開參數 p 及 g，其中 p 必須是一個大質數，且 g 為 p 的某個原根。
  2). A 任選一私密金鑰 X_A，X_A 的值必須小於 p，然後計算其公開金鑰 $Y_A = g^{X_A} \bmod p$，並將之傳送給 B。
  3). B 同樣選擇一私密金鑰 X_B，X_B 的值必須小於 p，然後計算其公開金鑰 $Y_B = g^{X_B} \bmod p$，並將之傳送給 B。
  4). 收到對方所送過來的公開金鑰後，A、B 雙方可以分別得到共同的祕密金鑰 K，K 的值可以由下列方式求得。

$$\begin{aligned} K &= (Y_B)^{X_A} \bmod p \\ &= (Y_A)^{X_B} \bmod p \\ &= \alpha^{X_A X_B} \bmod p \end{aligned}$$

利用 Diffie-Hellman 演算法來協議金鑰，其好處是祕密金鑰只有在有需要的時候才產生，因此可以免去許多金鑰保管或金鑰遺失所引發

的問題，減輕金鑰保存上的負擔。此外，整個金鑰交換的過程只需少數幾個事先協議好的共同參數，幾乎不需任何前置作業。然而，Diffie-Hellman 演算法仍有下列缺點：

- 容易遭受「塞爆」(Clogging) 的網路攻擊
  由於 Diffie-Hellman 演算法在協議的過程中並未提供雙方身分鑑別的工具，而且在協議的過程中需要執行耗時的模指數運算。因此若某個攻擊者假藉使用者 A 的 IP 不斷地送出請求協議金鑰的訊息給使用者 B，因使用者 B 無法驗證使用者 A 的確實身分，故使用者 B 會忙於處理協議金鑰請求，而無暇處理其他事情，造成系統癱瘓。

- 容易遭受「藏鏡人」(Man in the Middle) 的網路攻擊
  這種攻擊方式是有一攻擊者 C 假冒使用者 B 與使用者 A 進行通訊，也假冒使用者 A 與使用者 B 通訊。因此，攻擊者 C 會跟使用者 A 協議出一把共同的祕密金鑰 K_1；此外，攻擊者 C 也會跟使用者 B 協議出一把共同的祕密金鑰 K_2。如此一來，攻擊者可以用 K_1 來收發 A 及 C 間的訊息，攻擊者也可以用 K_2 來收發 B 及 C 間的訊息。那麼攻擊者 C 便可窺知並篡改使用者 A 與 B 之間所傳送的訊息，A 與 B 並不知情而一直以為是跟對方做通訊。

要預防塞爆的攻擊，可以利用 cookie 來協助。cookie 可視為一個 64 位元的亂數值，執行步驟為：

1). A 先產生其 cookie (C_A)，並傳送給 B。

2). B 亦產生其 cookie (C_B)，將 C_B 連同 C_A 一起傳送給使用者 A。

3). A 收到之後便將公開金鑰 Y_A 連同 C_A 及 C_B 一起傳送給 B。

4). 同樣地，B 也將其公開金鑰 Y_B 連同 C_A 及 C_B 一起傳送給 A。

5). A 與 B 收到對方的公開金鑰後會先去驗證所收到的 C_A 及 C_B 是否與紀錄上的相同。若相同才執行所對應的指數運算，若不同則拒絕處理該訊息。

另外，藏鏡人的攻擊方式是由於在做訊息交換時，並沒有驗證訊息來源的身分，因此讓攻擊者有機可乘。要預防「藏鏡人」的網路攻擊，在每次做訊息交換時，都要附上驗證資訊，以確認對方的身分。

進階參考資料

對 IPSec 網路安全協定有興趣的讀者可再進一步研讀:S. Kent and R. Atkinson 所發表 *RFC 2401: Security Architecture for Internet Protocol,* 及 *RFC 2402: IP Authentication Header,* Network Working Group, IETF, http://www.ietf.o 1998。對 PEM 安全電子郵件系統有興趣的讀者請參考 J. Linn 所發表 *RFC 1421: Privacy Enhancement for Internet Electronic Mail: Part 1: Message Encipherment and Authentication Procedures,* Network Working Group, IETF, http://www.ietf.org, 1993。

10.6 習題

1. 請簡述 TCP/IP 通訊協定所細分的四層架構其主要功能及目的。
2. 請評估並比較 PGP 及 PEM 安全電子郵件系統的計算及通訊成本。
3. 請陳述 SSL 安全傳輸協定的運作過程。
4. 何謂 IPSec?其主要功能及目的為何?
5. 請描述 IPSec 中金鑰管理機制運作過程所面臨的問題。
6. 在傳輸層中,主要的資料傳輸協定有哪些?優缺點為何?
7. IP 的格式有哪些?優缺點為何?
8. 在兩部主機間,封包如何做傳遞與拆裝?
9. PGP 主要有哪些功能?
10. 請說明 PGP 產生數位簽章的過程。
11. SSL 所提供的安全服務有哪些?
12. IPSec 管理金鑰的方式有哪兩種?並簡述之。
13. Diffie-Hellman 演算法有哪些缺點?

14. 為何會有 IPv6 的產生？

15. 資料連結層的功能為何？

16. 試說明 PGP 協定的郵件傳遞流程？

10.7 專題

1. 某大學有位學生想要自電子報網站 (IP Address: 140.120.1.20) 下載 2K 的機密檔案資料 (FTP)，為了不讓其他人看到此資料，此電子報網站之 FTP 必須具有保密及驗證完整性功能。請寫出 TCP/IP 每一層之封包欄位內容，設此學生主機（IP Address: 163.17.11.5）、該大學電算中心（IP Address: 163.17.1.6）及電子報網站之實體層均為 Ethernet。

2. IPSec 利用 Diffie-Hellman 演算法來協議出所需使用的祕密金鑰，但此一過程可能會遭受到「塞爆」及「藏鏡人」的網路攻擊。請設法改良 Diffie-Hellman 演算法來避免這兩種類型的網路攻擊。

10.8 實習單元

1. 實習單元名稱：PGP Desktop 安全電子郵件系統使用與實作。

2. 實習單元目的：
   學習使用 PGP 軟體，並練習使用 PGP 軟體的安裝及金鑰的設定產出私密金鑰、公開金鑰及取得認證、匯出、簽章等。

3. 系統環境：
   Windows 98、Windows Millennium Edition (ME)、Windows NT 4.0 (Service Pack 6a)、Windows 2000 (Service Pack 4)、Windows XP (Service Pack 1) 或 Windows Server 2003、PGP Desktop 9.0。

4. 系統需求：

CPU	Pentium 166 或更高等級的 CPU 處理器
螢幕解析度	800*600 以上
郵件收發軟體	Microsoft Outlook 2007
記憶體	至少 32 MB RAM
硬碟空間	至少 32 MB

5. 實習過程：

- 免費之 PGP 試用軟體請至 http://www.pgpi.com/download/ 下載。
- 完整的實習過程範例放置於本書輔助教學網站，有興趣的讀者可參考該網站 (http://ins.isrc.tw/)。

11 網路系統安全

Network Systems Security

網路系統安全
Network Systems Security

11.1 前言

我們可以將網路看成是由許多分散各地的電腦主機連接起來，彼此間可以互傳訊息及共享資訊。簡單網路架構圖，如圖 11.1 所示。

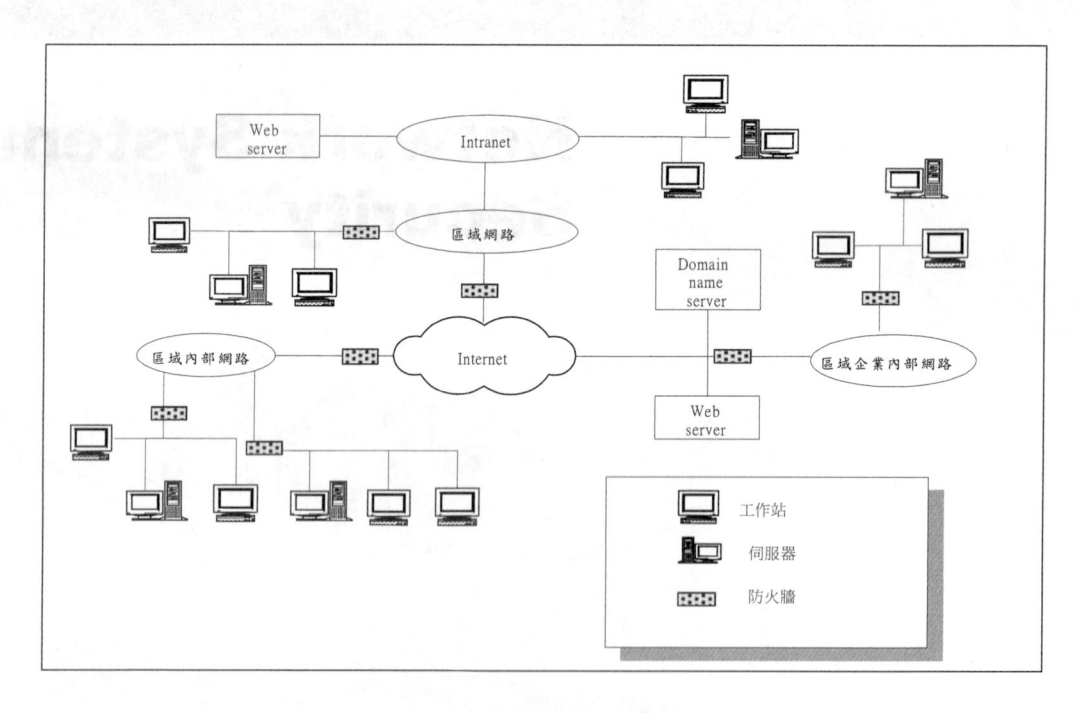

圖 11.1: 網路的基本架構

在網路中使用者通常稱為用戶端 (Client)，可以是一台小型工作站 (Workstation)、個人電腦，甚至是智慧型手機；提供服務的系統通常

稱為伺服器 (Server)，必須是一台功能較強大的電腦，亦可稱為主機 (Host)。

透過通訊媒介，可以將用戶端和伺服器做一個連結，也可以主機和主機之間做連結。通訊媒介可以是電話線、同軸電纜 (Cable) 線、光纖 (Optical Fiber)、無線網路 (Wireless Networks)，甚至是通訊衛星 (Satellite)。資料在網路上的傳遞是靠路由器 (Router) 來傳送及接收訊息封包；閘道器 (Gateway) 則是用來連結不同協定的網路。網路要正確地運作還需要上一章所述通訊協定的協助（如 TCP/IP、SMTP、FTP、Telnet 及 HTTP 等）。

要架構一個絕對安全的網路系統有很大的困難度，因為使用者的需求往往和安全性相衝突。例如，若允許使用者可以登入到遠端主機查詢資料，也等於讓駭客有機會登入到遠端主機進行破壞。所以在建置安全的網路系統時，管理者必須先清楚地知道網路中有哪些威脅、將授權給哪些人使用及使用哪些通訊協定等。評估網路系統可能遭受的安全威脅後，再研擬適當的防護措施。本章首先介紹一些網路中常見的安全威脅，然後介紹網路中常用的安全防護：防火牆 (Firewall) 及入侵偵測 (Intrusion Detection) 機制。

11.2　網路的安全威脅

網路現在幾乎與我們的生活密不可分，以網頁應用 (Web Application) 所提供的服務型態處處可見。諸如網路銀行、網路報稅及網路訂票等，使用者只需連上網路透過瀏覽器即可輕易的取得相關服務。這也使得網路系統的安全考量比一般的電腦主機複雜，攻擊者不再只是單純的攻擊電腦主機或連外的伺服器，而是把目標朝向大量的網路服務使用者，利用釣魚網站或網頁掛馬等種種方式，竊取使用者個人資料。從美國電腦網路危機處理中心 (Computer Emergency Readiness Team, CERT; https://www.us-cert.gov/) 的統計顯示弱點報告 (Vulnerabilities) 及危機事件 (Incident Reports) 的發生次數逐年攀升。由於危機事件已高達數十萬次，自 2004 年起美國電腦網路危機處理中心便不再統計。網路安全的威脅一直居高不下，若沒有正確的資訊安全觀念並及早做好防護，下一個受害者可能就是你。本節將介紹網路安全威脅的來源、型態及常見的攻擊手法，讓使用者隨時提高警覺，並做好適當的防護

措施。

網路系統的安全威脅有以下三個來源：

1). 來自外部的駭客 (Hackers)
駭客可能透過網路登入到未經授權的主機去竊取機密或進行破壞，或者利用系統或網站漏洞，植入惡意程式碼或者網站連結，以具吸引力的文字或社交工程方式，吸引使用者點擊。

2). 惡意的請求或訊息
目前的網路服務架構，往往不會拒絕由使用者所發出的連線請求，瞬間大量的惡意請求可導致系統癱瘓。惡意的訊息可以是病毒或是社交工程（Social Engineering）所發出的垃圾訊息，藉以癱瘓系統、竊取使用者資料。

3). 內部惡意的使用者
所謂家賊難防，安全威脅可能是經由授權的合法使用者所引起。

此外，資訊在開放的網路上傳輸很容易受到攻擊，這類的攻擊方式可分為被動攻擊 (Passive Attack) 及主動攻擊 (Active Attack) 兩種。被動攻擊是指在網路上傳送的訊息內容遭洩漏。這些訊息可能是敏感的資料，如信用卡號碼、銀行帳號等，一旦洩漏即可能造成消費者的損失。此外，偵測傳送訊息長度、頻率及傳送的目的地等，也都屬於被動攻擊。

主動攻擊則是指駭客對傳送的訊息進行刪除、篡改、複製、延遲等攻擊。一般來說，被動攻擊不易偵測，但容易預防。例如，對傳送的訊息進行加密；而主動攻擊則不易預防，但容易偵測。例如，對傳送的訊息進行數位簽章。

通常影響網路安全的威脅分為下列四種：截斷 (Interruption)、竊取 (Interception)、篡改 (Modification) 及偽造 (Fabrication)，如圖 11.2 所示。簡述如下：

1). 截斷
破壞系統使之不能正常及有效使用。例如，剪斷線路使網路不能連線通訊；破壞硬體設備使系統不能運轉；刪除系統程式或系統資料檔；發送大量的封包，以癱瘓網站使之不能提供服務給其他

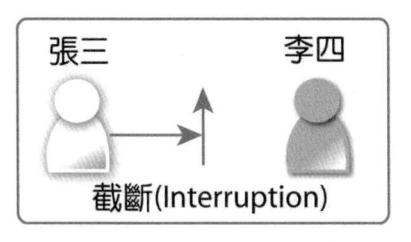

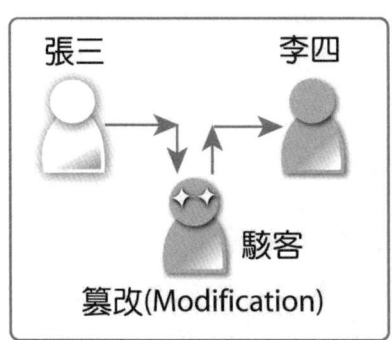

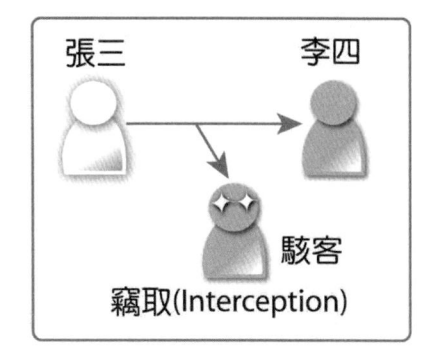

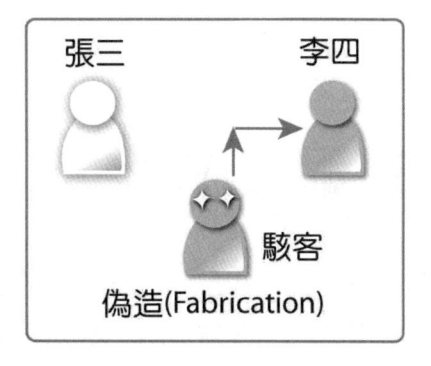

圖 11.2: 資訊在網路上傳遞常見的安全威脅

網路使用者,也就是阻斷服務(Denial of Service, DOS)攻擊等,導致系統不能正常運轉。

2). 竊取
未經授權之團體或個人竊聽不該知道之機密資料。基本上,這類威脅並不會破壞整個系統,但是會將機密資料洩漏出去。

3). 篡改
不法之徒未經許可篡改資料。這類威脅有時會比洩漏機密資料造成更大的損失。例如,修改銀行系統程式,使客戶之零頭款額轉到不法人士之帳戶;或者擅自更改校務系統之學生成績資料。

4). 偽造
最後一類威脅稱為偽造假資料。與篡改威脅之不同點在於,偽造假資料是無中生有。不法之徒可能在網路上送假情報,混淆視聽。

上述截斷、篡改及偽造等安全威脅，會破壞或更改資料內容，因此屬於主動攻擊。至於竊取安全威脅，並不會破壞或篡改資料內容，因此屬於被動攻擊。

基本上，竊取有兩個主要的安全威脅：竊知訊息內容及網路流量分析。竊知訊息內容，除了有可能侵犯隱私權，也會造成嚴重之後果。例如，直接以信用卡在網路上訂購物品，若沒有做必要之保密措施，一旦信用卡號碼被歹徒截取，將會造成重大損失。

網路流量分析也是一項重要資訊。例如，若得知總統府與國防部最近之網路流量激增，雖然不知其通訊內容，但可推測最近將有軍事活動。

11.3 網路攻擊

目前網路系統的攻擊手法已從過去的散播病毒，演變成利用社交工程、網頁掛馬、釣魚網站及殭屍網路 (Botnet) 來散播、感染、建立後門及發動遠動攻擊。其過程猶如一部精心設計的劇本，也是目前影響資訊安全的最主要原因。未來隨著雲端計算及行動通信等應用的蓬勃發展，勢必會有新的攻擊方式出現。我們唯有先瞭解駭客攻擊的手法，建立正確的資訊安全觀念，方可避免誤入攻擊者所設下的圈套。

本節我們先介紹一般駭客入侵的手法，然後接著說明目前常見的網頁掛馬、釣魚網站及殭屍網路的攻擊方式。一般電腦網路攻擊事件的完整過程如圖 11.3 所示。說明如下：

1). 攻擊者 (Attackers)

發生電腦網路攻擊事件的首要條件就是要有攻擊者。依攻擊者的身分、所代表的團體或攻擊的動機，可將攻擊者區分為駭客、間諜、恐怖份子、合作入侵、職業犯罪及惡意破壞等類型。

2). 工具 (Tools)

攻擊者用來達成其攻擊目的所使用的工具，包含使用者指令、巨集、JAVA Scripts、程式或套裝軟體等。除此之外，網路掃瞄器 (Network Scanner) 及網路偵測器 (Network Sniffer) 也是常被攻擊者使用的工具，這些工具有些甚至可以從網路上免費取得。網路掃描

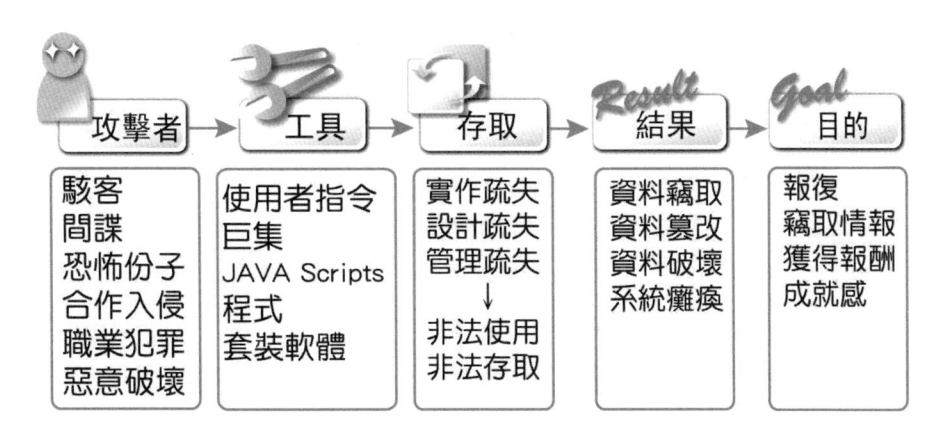

圖 11.3: 電腦網路攻擊事件的過程

器可用來收集攻擊目標的相關資訊，透過分析之後就可能發現攻擊目標的安全弱點，常見的網路掃描器有 NSS、Strobe 及 SATAN 等。網路偵測器常用於乙太網路 (Ethernet) 這類採用廣播 (Broadcasting) 傳遞封包的網路中。在這類的網路上隨時都會有許多封包經過你的電腦，每個封包經過時都會核對位址來確認是不是你要接收的封包。網路偵測器就是用來攔截經過你電腦的封包，常見的網路偵測器有：Gobbler、ETHLOAD、Netman、Linux Sniffer.c 等。

3). 存取 (Access)

攻擊者利用攻擊工具嘗試取得被攻擊主機的存取權。攻擊者會利用主機在實作、設計或管理上的疏失，非法取得使用權或存取權。也有攻擊者會利用網頁掛馬及釣魚網站等方式來取得被攻擊主機的存取權，這種攻擊方式我們在稍後會作介紹。

4). 結果 (Results)

攻擊者獲得系統的使用權或存取權的結果，稱為攻擊者之戰利品。其攻擊結果可能是系統內的資料被竊取、篡改或破壞，也可能因佔用系統資源而造成系統癱瘓。

5). 目的 (Goals)

攻擊者的目的不外乎是報復、竊取情報、獲得報酬或滿足其成就感等。

電腦網路攻擊的方式雖然層出不窮，但駭客的攻擊手法卻有脈絡可循。一般駭客在發動攻擊會先做好情報的收集，然後根據情報建立

模擬環境進行攻擊演練，相關說明如下：

1). 收集情報

被攻擊端的 IP 位址、作業系統的類型及版本這些情報的收集是駭客發動攻擊前第一個要作的功課，而要收集這些情報並不困難，目前就有許多指令或工具可供使用。例如在類 UNIX 系統中，駭客只要使用 host、nslookup 或 dig 這些指令就能輕易查出預定攻擊主機的 IP 位址。比如想要知道資通安全中心 (isrc.nchu.edu.tw) 的 IP 位址，只要鍵入 host mis.nchu.edu.tw，系統就會向 DNS 查詢 IP 位址，並回報其 IP 為 140.120.1.1。此外，使用 nslookup 或 dig 指令還能作主機名稱與其 IP 位址的對應查詢。若想要知道系統管理人員的相關資訊，可以用 whois 這個指令。例如鍵入 whois isrc.nchu.edu.tw，系統就會回覆當初註冊 isrc.nchu.edu.tw 這個網域名稱 (Domain Name) 的使用者資訊及其郵件地址等資訊，並告訴你這個網域名稱在何時失效。然後，駭客可以利用這些收集到的資訊進行分析。另外，若發現某個系統管理者最近常上論壇詢問一些資訊安全技術問題，根據問題我們大概就能分析出該系統出了哪些資安問題。另外，網路掃描器也常用來分析系統的漏洞的工具，網路偵測器則常用來攔截具有 username 及 password 等敏感字眼的封包。收集足夠的情報後，攻擊者可以開始研擬攻擊的策略。

2). 模擬攻擊

為了不打草驚蛇，駭客會先根據分析後的情報資料，建立攻擊目標的模擬環境，然後對模擬目標進行一連串的攻擊演練。有經驗的駭客還會去檢查模擬目標的 log 紀錄，查看在攻擊過程中是否有留下痕跡。如此一來駭客就可以知道在攻擊成功後要刪除哪些紀錄，來毀滅其入侵的證據。

過去駭客入侵電腦竊取資料不外乎從破解系統的密碼著手，但這樣的作法不但沒有效率且容易被查獲。隨著網路應用服務的層面擴大及社群網路的盛行，使用者在網頁上傳訊息、寫網誌已非常普遍，這自然也成了攻擊者達成攻擊目的的絕佳工具。此外，攻擊者除了攻擊對外連線的伺服器外，使用者登入網路的帳號密碼、線上消費的信用卡資料或銀行帳號、瀏覽器中 cookie 所存的帳號密碼資料等有價資訊

也成為攻擊者所覬覦的目標。而個人資料外洩已是目前最常發生的資安事件了。

接著來介紹網頁掛馬、釣魚網站、殭屍網路、OpenSSL 心臟出血漏洞及阻斷服務等近來常見的網路攻擊方式。

11.3.1 網頁掛馬

所謂的網頁掛馬是指攻擊者利用系統或應用程式的漏洞，在論壇、網誌、留言版或超連結上加上一段隱藏有惡意程式的超連結，瀏覽者在不知情的情況下點擊這些惡意連結，即會遭到感染。為了吸引使用者來點擊這些惡意連結，攻擊者還會利用目前盛行的社群網絡來進行社交工程攻擊，例如在論壇或留言版上張貼隱藏有惡意連結的文章，或是利用電子郵件和即時傳訊工具來散播惡意連結，通常這些惡意連結都隱藏在一些具吸引力的文字描述下，瀏覽者點擊後即被遠端植入惡意程式或被轉址到釣魚網站，進而受到惡意程式或殭屍網路的威脅。

攻擊者進行網頁掛馬時會先利用系統的弱點試圖在網頁上加上一段木馬程式的連結，為了讓被掛馬的頁面不要顯示出來，攻擊者常會使用下列網頁的語法，例如：<iframe src="木馬的連結" width="0" height="0" frameborder="0"> </iframe> 或 document.write("<iframe width="0" height="0" src="木馬的連結" > </iframe>") 其中 width="0" height="0" frameborder="0" 是指其大小高度都為 0，這樣在前台被掛馬的網頁上就不會顯示出來。

因此，網頁管理者可以定期查看系統的 log 紀錄，看看網頁是否有被異常修改的紀錄，或是網頁的 HTML 語法內是否有被植入類似木馬程式的語法。

11.3.2 釣魚網站

釣魚網站 (Phishing) 是攻擊者假冒一個知名網站並設計的幾可亂真，然後透過各種網路社交管道提供假冒的網址。使用者一連結到釣魚網站後會誤以為是原本的知名網站，然後便依照指示輸入帳號密碼、付款資訊或個人資料。一旦按鍵送出，個人資料便洩漏出去了。此時，有些釣魚網站還會自動將網址轉回真正的網站，然後顯示帳號密碼輸

入錯誤,使用者不疑有他便重新輸入一次,然後順利進入網站。使用者在整個過程持中可能毫不知情已落入攻擊者所設計的圈套。

提供假網址誘使使用者上當的欺騙伎倆很多,故意拼錯幾個字母的假冒網址是最常見的手法之一。除此之外還有以下的技術:

1). 使用子網域,這個手法是讓使用者誤認為這個網址是欲瀏覽網址的子網域 (subdomains),例如: http://www.Auniversity.Bdepartment.edu.tw/ 這個網址一般使用者會認為是進入到 A 大學 (Auniversity) 網站的 B 科系 (Bdepartment) 子網域,但實際上卻是送到 B 科系 (Bdepartment) 網站的 A 大學 (Auniversity) 網域,而這個 Bdepartment 網站就是攻擊者所設計的釣魚網站。

2). 使用文字超連結,攻擊者在電子郵件或一些其他的文字檔中故意將要連結的網址用文字寫出,例如一段文字:「想獲得更多資訊,請連結至http://www.Auniversity.edu.tw」。這看起來點選文字中底線的 URL 會連結到 A 大學的首頁,但攻擊者故意把背後隱藏的真實連結連到一個釣魚網站。雖然使用者可以將滑鼠移到有超連結的文字上,畫面會秀出真實連結的網址,但只要一疏忽沒有做比對,就有可能連結到釣魚網站。

3). 利用 IDN 欺騙 (IDN Spoofing) 或者同形異義字攻擊 (Homograph Attack) 是一個網際網路上處理國際化網域名稱 (International Domain Names, IDN) 所存在的問題。攻擊者利用一個可信賴網站來替他開啟網域名稱轉址服務 (URL redirectors),讓外觀相同的網址可能連到不同的網站(釣魚網站)。攻擊者可能花錢購買了有效憑證,所以一般的網站憑證驗證也無法解決此問題。

過去,許多知名網站如 Yahoo、eBay 和一些政府網站都曾被假冒過,讓使用者個人資料遭竊取而假冒使用者身分進行不法行為。

要避免釣魚網站的威脅,使用者應提高警覺、不去點擊不明來源所提供的 URL。除此之外,大部分的瀏覽器都提供釣魚網站的提醒服務,例如:Google Chrome,Microsoft Internet Explorer,Mozilla Firefox 和 Opera 都有內建並更新釣魚網站名單。使用者若發現某些網站是釣魚網站,也可以逕行檢舉。

11.3.3 殭屍網路

殭屍網路 (Botnet) 又稱為機器人網路 (Robot Network)，因感染後受害端就像殭屍或機器人般的受人操控。殭屍網路近年來已成為駭客獲取利益的一個途徑，故極為盛行，其攻擊手法及步驟如圖 11.4：

1). 攻擊者 (又稱 Botherder) 將含有木馬的惡意程式 (Malware)透過網頁瀏覽、電子郵件或即時通訊軟體進行散播及感染。這種惡意軟體會自行複製並散播，試圖讓更多電腦主機受到感染。

2). 遭感染的電腦主機 (又稱 Botclient) 會主動向攻擊者所控制的 C&C 伺服器 (Command and Control Server) 報到，並聽候其命令。

3). 當攻擊者可操控的殭屍電腦累積至一定數量時，攻擊者便可接受他人委託，對特定目標發動攻擊。例如：商家付費給攻擊者請求代發廣告信，攻擊者便下達此任務給 C&C 伺服器。

4). C&C 伺服器收到任務後便下達命令給所控制的殭屍電腦去執行任務，執行結束後並將結果回傳給 C&C 伺服器。

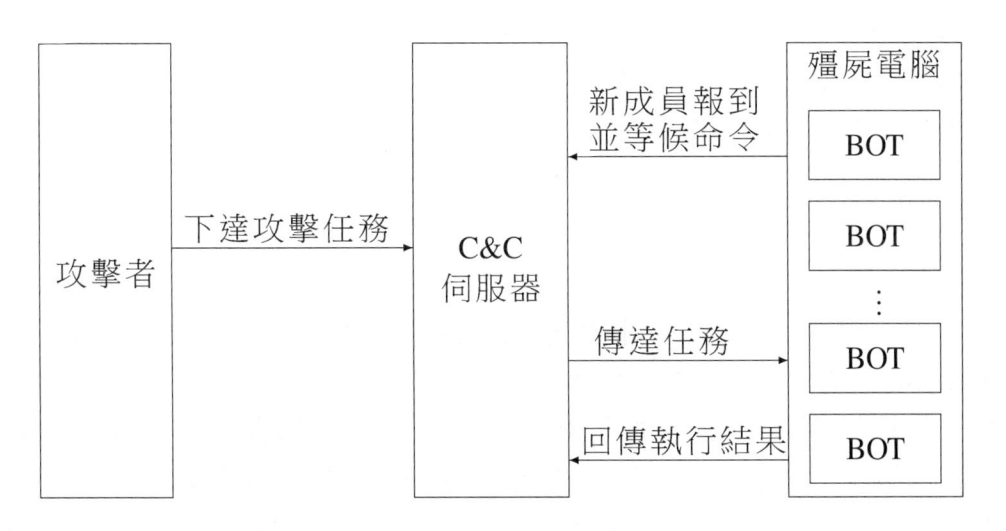

圖 11.4: 殭屍網路的攻擊模式

攻擊者最常用的殭屍網路拓樸模式為星狀結構，也就是所有受感染的殭屍電腦都直接連到同一個 C&C 伺服器。好處是 C&C 伺服器可直接控制所有受感染的電腦，但缺點就是一旦 C&C 伺服器當機，攻

擊者將遺失先前所建置的殭屍網路。所以也有些攻擊者將其網路拓樸設計成階層式 (Hierarchy) 或多重伺服器 (Multiserver) 模式，目的就是降低因 C&C 伺服器出現問題時對殭屍網路所造成的影響。

此外，殭屍網路攻擊者常用線上聊天機制 IRC (Internet Relay Chat) 來建立命令傳遞的通訊管道，受害的殭屍電腦向 C&C 伺服器報到後便加入聊天室，然後在這個聊天室中等待攻擊者下達命令。

殭屍網路除了可對特定主機發動阻斷服務攻擊或散播垃圾郵件外，亦可竄改受害主機端的系統設定。例如名稱解析設定或 DNS 伺服器設定，讓使用者不知不覺的進入釣魚網站，以竊取使用者個人資料。據統計，台灣殭屍網路的攻擊事件常居全世界第一。大部分的垃圾郵件也都來自殭屍網路，且受害者往往不知道自己已成為別人犯罪的幫凶，加上很難追查到幕後真正的操控者，因此這種攻擊方式目前很受許多攻擊者青睞。

11.3.4 OpenSSL 心臟出血漏洞

OpenSSL 是一個開放原始碼的 SSL 套件，目前廣泛使用於網際網路上的安全資料傳輸。目前全球大約有三分之二的網際網路服務使用 OpenSSL 來保護用戶資料傳輸的安全，市佔率達 34.4% 的 Android 4.1.X 版本也採用了 OpenSSL 的函式庫。然而在 2014 年 4 月 OpenSSL 爆出「心臟出血漏洞」(Heartbleed Bug)，影響所及不只網路上的伺服器，連個人電腦或手機等行動裝置只要使用 OpenSSL 有漏洞的版本都無一倖免。

心臟出血漏洞是一個在 OpenSSL 函式庫裡的程式錯誤 (Bug)。在 OpenSSL 的運作裡，當使用者透過網站發送訊息時，為了要知道接收端的電腦是否在線上，而發出一個稱之為「心臟跳動」（Heartbeat）的封包請求對方回應。在正常情況下發送方會在心臟跳動封包中要求接受方回應若干字元的指定訊息作為確認，例如發送方要求接受方收到請求後回應 4 個字元的「HOME」作為確認。如果接收端在線上，就回應「HOME」作為確認。可是在 OpenSSL 的若干版本中，程式並不會對心臟跳動封包作邊界檢查 (Bounds Checking)，導致宣稱回應訊息的長度與實際回應訊息的長度不匹配，攻擊者便利用此一漏洞對接收端進行攻擊。例如攻擊者在心臟跳動封包中要求接收者回應 500

個字元的「HOME」作為確認，接收端收到後便回應「HOME + 496 字元的記憶體訊息」。如圖 11.5，前面四個字元是發送者所要求的回應訊息，緊接著的 496 個字元便是存在接收端記憶體中的資料。這裡面可能含有一些敏感的資訊，例如 SSL 中用來加解密傳遞封包的私密金鑰、使用者的帳號密碼、使用者的 cookie 或是一些私人資料等。心臟出血漏洞其名稱便是喻指這一個心臟跳動封包的漏洞如心在淌血般造成機密資料的洩漏。攻擊者利用心臟出血漏洞進行攻擊最高可獲得 64K Bytes 的記憶體資料，且攻擊過程不留痕跡，事後很難追究竊取者的法律責任。

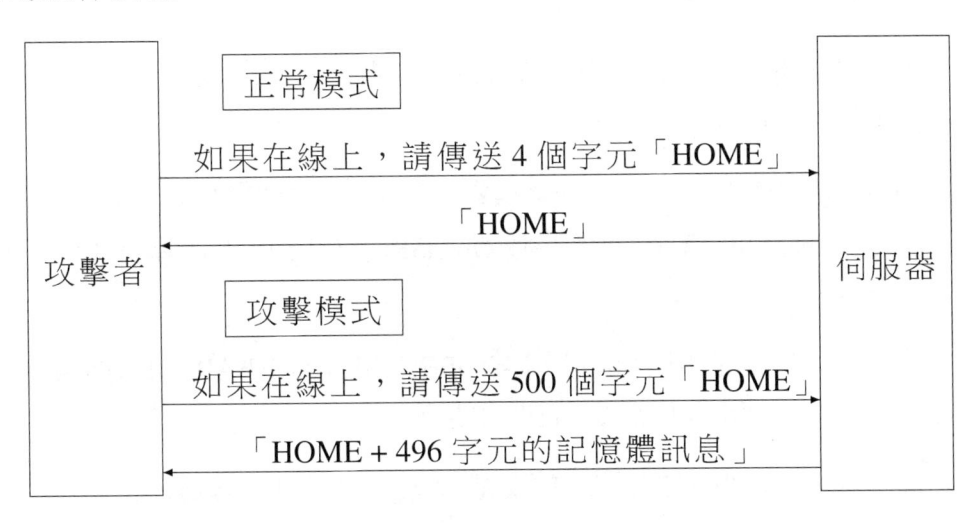

圖 11.5: 心臟出血漏洞的攻擊模式

因為這個漏洞並不是個人電腦或裝置設定錯誤所造成，而是網站或網路服務的問題。所以個人用戶能採取以下自我保護措施：

1). 檢查登入的網路是否有心臟出血漏洞，目前有若干網站可提供這樣的檢測服務，例如：http://possible.lv/tools/hb/ 或 https://filippo.io/Heartbleed/。

2). 因為心臟出血漏洞已存在一段時間了，若是有此漏洞網站的用戶，應立即更改個人用戶密碼。

3). 留意自己的帳號是否有可疑的活動，例如是否有異常的交易。

4). 使用最新的防毒軟體，也不要任意存取來路不明的網站，尤其網址是 https:// 開頭的網站。

企業或伺服器的管理者的因應方式如下：

1). 確認所安裝的 OpenSSL 版本是否有心臟出血漏洞，目前確定有此漏洞的版本包括 1.0.1 至 1.0.1f 及 1.0.2-beta，檢查方法有二

   (a) 在 Apache 安裝目錄下，尋找檔名 "OPENSSL-README.txt"，其內文即為 OpenSSL 的版本資訊。

   (b) 使用 Linux_Like 作業系統者可使用控制命令列 (Shell Prompt)，在 Apache 或 OpenSSL 的 bin 目錄下，執行指令 "openssl version"，查詢現有 OpenSSL 的版本資訊。

2). 若所用的 OpenSSL 版本有此漏洞，則建議升級到最新版本 OpenSSL 1.0.1g 或 1.0.2-beta2 版本。升級的方法有以下兩種：

   (a) 利用系統升級指令 apt-get 或 yum 進行 OpenSSL 版本升級。

   (b) 至 OpenSSL 官方網站下載 OpenSSL 1.0.1g 以上版本，進行手動升級。

   無法立即升級的用戶可以用 -DOPENSSL_NO_HEARTBEATS 重新編譯 OpenSSL，關閉其心臟跳動功能。

3). 系統升級後記得提醒用戶更改密碼或更新 SSL 密鑰憑證。

11.3.5 阻斷服務攻擊

阻斷服務攻擊（Denial-of-Service Attack, DoS 攻擊）是目前 TCP/IP 協定上常見的攻擊方式。也就是試圖讓系統的工作超過其所能負荷，而導致系統癱瘓。這種攻擊方式對電腦系統的危害並不亞於病毒等惡意的程式碼。DoS 攻擊大致可以分為下列幾種：

1). 死亡偵測攻擊 (Ping-of-Death Attack)

   死亡偵測攻擊是藉由傳送一個大於 65,535 位元組的偵測 (ping) 封包給系統，由於系統最大只能接收 65,535 位元組的 IP 封包，因此大於 65,535 位元組的封包將使系統因溢位而發生錯誤。通常系統無法接受大於 65,535 位元組的封包，但攻擊者還是可以將此封包分解後傳送，然後再到被攻擊系統中組合，進而造成系統癱瘓。現今的作業系統大部分都已經可以自動偵測這類型的攻擊。

2). 分割重組攻擊 (Teardrop Attack)

分割重組攻擊的方式是利用封包分割與重組間的落差 (Gap) 來對系統進行攻擊。當封包的大小超過封包所能傳送的最大單位時，封包就必須進行分割，然後依序將分割後的封包傳輸到目標主機。目標主機收到後會對這些封包重組，而分割重組攻擊方式就是刻意製造不正常的封包序列，例如資訊重疊位移或改變封包大小等，使得主機在重組過程因發生錯誤而當機。

3). 來源位址欺騙攻擊 (Land Attack)

來源位址欺騙攻擊是利用 IP 欺騙 (IP Spoofing) 的方式來攻擊目標主機。攻擊者刻意將目標主機的 IP 位址附在封包的來源 (Source) IP 位址與目的地 (Destination) IP 位址這兩個欄位上，使得這個封包的來源及目的地位址都一樣。主機在收到這些封包時，由於無法回應訊息給自己而使得系統當機或處理速度變慢。

4). 請求氾濫攻擊 (SYN Flooding Attack)

請求氾濫攻擊是藉由傳送大量 SYN 封包給目標主機，使得目標主機忙於處理這些封包，而無法正常提供服務給合法使用者。SYN 封包是當使用者要跟目標主機通訊時，會先送出一個 SYN 封包來要求目標主機進行通訊。目標主機收到後會回應一個 SYN-ACK 封包給使用者。使用者再送一個 ACK 封包給目標主機確認，然後才開始進行通訊協議。攻擊者送出多個 SYN 封包給目標主機，主機以為要進行通訊，便開啟一個通訊埠並傳送 SYN-ACK 訊息給使用者，並等待使用者回覆 ACK 封包。這個等待必須等到該封包溢時 (Overflow) 才會移除。若一個時段內有多個這樣的等待事件，則會使得系統處理速度變緩慢。

5). 回覆氾濫攻擊 (Smurf Flooding Attack)：

回覆氾濫的攻擊方式是攻擊者傳送一連串 ping 封包（或 ICMP Echo Messages）給一個第三者，然後利用 IP 欺騙的方式將送給第三者的封包上之來源位址改為受攻擊主機的 IP 位址。由於第三者在回覆訊息時，會誤以為這些封包是由這個受害主機所傳送過來的，因此將回覆封包傳送給這個受害主機。由於 ping 封包會要求路由器對網路廣播，使得網路上充滿了要求及回應封包，進而讓網路壅塞甚至中斷。

6. 分散式攻擊 (Distributed Attack)：

   分散式阻斷服務（Distributed DoS, DDoS）攻擊是指多個遠端主機在同一時段內傳送許多訊息給目標主機，在短時間內因收到大量的訊息，超過系統負載而癱瘓。另一種分散攻擊方式是針對網路來進行攻擊，就是在網路上傳輸許多訊息，藉以浪費頻寬，造成網路壅塞。這種攻擊雖不會對電腦主機造成傷害，但能使合法的使用者無法正常存取資料。一般來說，分散式阻斷服務攻擊很難防範。因為由這些分散主機的傳輸都與正常的使用者無異，因此系統很難分辨真假。

上面所敘述的這些阻斷服務攻擊方式中，死亡偵測攻擊、分割重組攻擊及來源位址欺騙攻擊是利用封包內容的錯誤來使得目標主機發生錯誤或當機。另外請求氾濫攻擊、回覆氾濫攻擊及分散式攻擊都是藉由大量封包的傳送，試圖讓系統超過負載，造成系統的癱瘓。

11.4 防火牆

防火牆主要功用是把可能意圖不軌之封包阻隔在外，就像一個國家的邊境檢查哨一樣，所有要進入這個國家的人都必須經過檢查。懷有惡意或不受歡迎的人將被阻隔在外，以免進入該國興風作浪。

因此，防火牆的設置就像邊境的檢查哨一樣。設置的地點必須在外部網路要進入到內部網路所必經的通道上，使得防火牆成為進入內部網路的唯一通道，如圖 11.1 所示。任何進出的資料封包都要經過防火牆過濾。

11.4.1 防火牆的安全策略

所有從外部網路進入內部網路的封包稱為「進入封包」(Inbound)。相反地，從內部網路送到外部網路的封包稱為「外出封包」(Outbound)。所有進入或外出的封包都必須經過防火牆的檢驗，如此不只可以控管外界的進入封包，也可以管制內部主機對外通訊的封包。

但哪些封包可以通關，哪些封包不能通關呢？管理者必須訂定封包過濾的策略來釐清這些問題。例如，管理者可以拒絕任何外部的封

包進入，但內部的封包仍然可以傳送至外部網路；也可以只允許某些特定地點、特定人物或特定事件的封包進入到內部網路。一般來說，控制封包進出的方式可分為服務控制、流向控制、使用者控制及行為控制四種。

1). 服務控制 (Service Control)
決定網路上哪些服務可以存取。例如，決定是否允許利用 Telnet 或 FTP 存取內部網路資料，或者在允許封包進入內部網路前，先由代理軟體 (Proxy Software) 來接收服務要求。

2). 流向控制 (Direction Control)
決定哪些特定方面的服務能通過防火牆。

3). 使用者控制 (User Control)
根據使用者的存取權限來控制使用者所能取得的網路服務，但在執行這項服務前要先對使用者的身分進行認證。

4). 行為控制 (Behavior Control)
針對某些特定的事件來進行控制。例如，可以利用防火牆來過濾廣告郵件，或只允許外在使用者存取內部網路中的部分資料。

　　由此可見，防火牆安全策略的擬訂會直接影響網路安全。安全策略訂定得太嚴苛會影響到網路的效率及使用的便利性，訂得較寬鬆又會有安全上的疑慮。因此應該要找一個在安全及效率上最適當的平衡點，以獲得整體最大的效力。

11.4.2 防火牆的種類

依據防火牆的防護措施，大致可以將防火牆分為封包過濾、狀態檢視防火牆、應用階層閘道及網路位址轉譯等四種類型。

1). 封包過濾 (Packet Filtering)
封包過濾是最簡單也是最常用的一種防火牆類型，又稱為篩子路由器 (Screening Router)。封包過濾防火牆是利用過濾封包的方式來判定該封包是否得以進入內部網路。判定的準則係依據管理者所訂定的安全策略，逐一檢查網路封包標頭 (Header) 內的資訊是否符合管理者所制定的安全策略。檢查項目包含：

(a) 來源端 IP 位址 (Source IP Address)。

(b) 目的地 IP 位址 (Destination IP Address)。

(c) 來源／目的端的連接埠 (Port)，例如 TCP/UDP Port。

(d) 所使用的傳輸協定，例如 HTTP 或 FTP 等。

由於只有符合安全準則的特定封包可以通過防火牆，因此可以避免不受信賴的封包進入內部網路。封包過濾防火牆可以應用在路由器 (Router) 或閘道 (Gateway) 上。例如，圖 11.6 中這個封包過濾閘道只接受使用 HTTP 協定的封包，使用 Telnet 或 FTP 的通訊協定所送出的封包將被阻隔在外；而路由部分只接受從 140.120.*.* 這個網域所送出來的封包，因此從別的網域送出的封包將被拒絕在內部網路之外。這種方式的優點是應用簡單且快速。

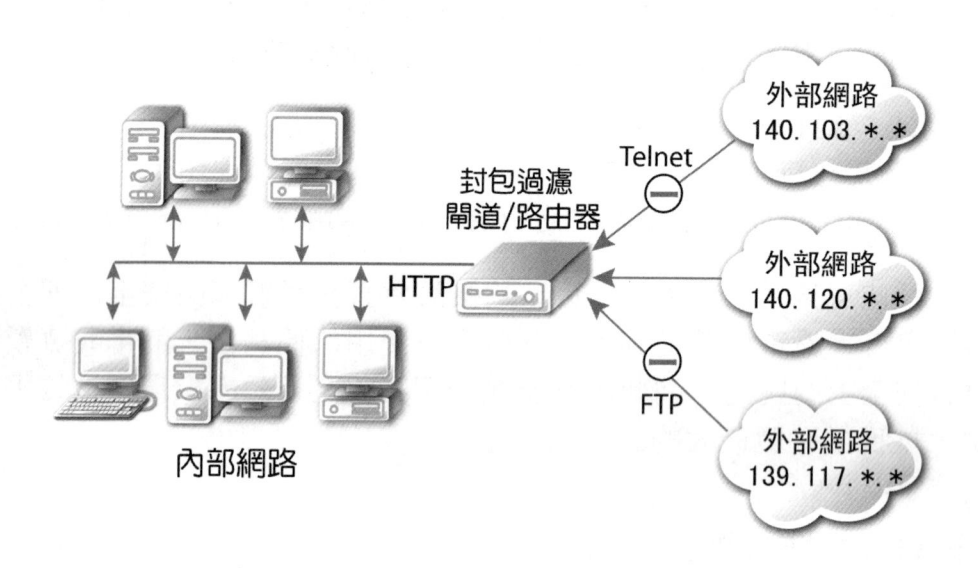

圖 11.6: 封包過濾防火牆

2). 狀態檢視防火牆 (Stateful Inspection Firewalls)

這類的防火牆又稱為動態封包檢視防火牆 (Dynamic Packet Filter)，與封包過濾防火牆類似，但不僅檢查封包的標頭內容，更會檢查封包傳送的前後關聯性。這種類型的防火牆會建立一個連線狀態表 (Connection State Table)，概念如圖 11.7 所示。

此類防火牆會建立起每一個資料流中封包的前後關聯，每一筆紀

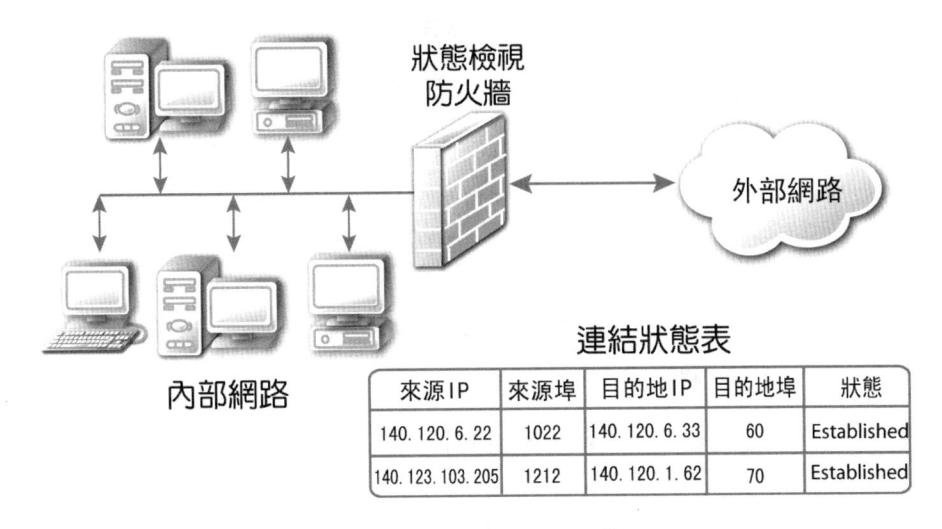

圖 11.7: 狀態檢視防火牆

來源IP	來源埠	目的地IP	目的埠	狀態
140.120.6.22	1022	140.120.6.33	60	Established
140.123.103.205	1212	140.120.1.62	70	Established

錄代表一個已建立的連線。之後根據前後關聯來檢查每一個新收到的封包,並判斷此封包是新連線或是現有連線的延續。這種形式的防火牆可以防止駭客將一個攻擊分散到好幾個不同的封包來傳送,藉以躲過防火牆的偵測。

3). 應用階層閘道 (Application Level Gateways)

HTTP、Telnet、SMTP 及 FTP 等都是應用層上的通訊服務,提供網路上彼此溝通的協定,但也成了駭客攻擊電腦網路的主要管道。因此對於這些服務必須嚴加看管,並避免訊息在兩個網路間直接傳送而遭到攻擊。

應用層閘道防火牆的主要目的在防止這類的攻擊發生,針對每一種不同的網路協定均利用代理程式 (Proxy) 來模擬網路連結的來源端和目的端。當內部使用者與外部網路間要進行通訊連線時,雙方不直接進行封包交換,而是連接到代理者或中繼站來完成封包交換,藉此避免直接收到封包。

圖 11.8 描述應用階層閘道防火牆的概念,所有利用 HTTP、FTP、SMTP 及 Telnet 協定來傳遞的封包都會經由防火牆的代理程式來傳送,進而降低系統被外部入侵者破壞的風險。

然而,這類型的防火牆卻存在一些潛在的問題。所有封包的傳輸都是經由此一防火牆,如此防火牆容易成為網路系統中的瓶頸。

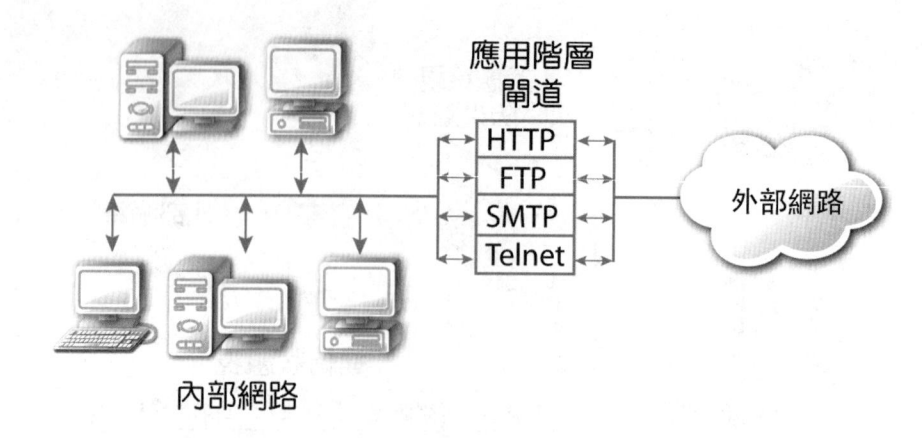

圖 11.8: 應用階層閘道

一旦網路流量過大，效率會變差。此外，若防火牆出狀況，所有的網路連線也將中斷。

4). 網路位址轉譯 (Network Address Translation, NAT)

網路位址轉譯 (NAT) 的主要功能是將內部網路伺服器的主要位置隱藏起來，以避免成為駭客下手攻擊的目標。這類防火牆的概念如圖 11.9 所示，其主要功能是將內部伺服器所送出封包上的 IP 轉譯到一個外部的合法位址，並以轉譯表 (Translation Table) 來紀錄所有轉譯的關聯。

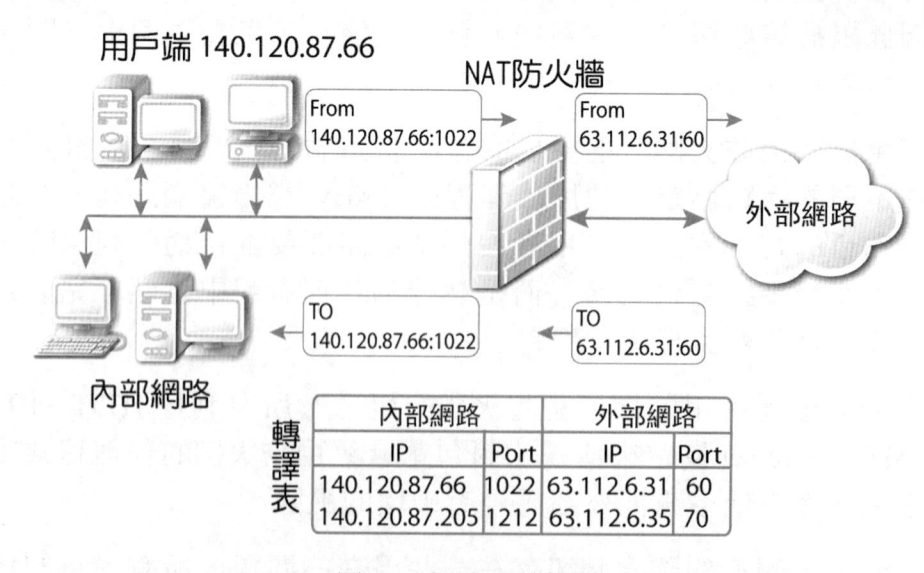

圖 11.9: 網路位址轉譯

每一個送出封包上的 IP 均為一個經轉譯過後的外部位址，隱藏了伺服器真正的 IP 位址。回覆時也是利用轉譯過的外部位址來傳遞，NAT 防火牆會根據轉譯表的內容將位址轉譯成真正的內部位址送給內部伺服器。這種類型的防火牆有兩個優點：一是解決合法 IP 位址不足的缺失；另一個是將內部的 IP 位址隱藏起來，以避免遭到攻擊。

上述四種防火牆措施都可以相互搭配使用。例如，應用階層閘道防火牆可以搭配狀態檢視防火牆使用，網路位址轉譯的概念也可以搭配靜態或動態封包過濾防火牆來使用。

11.4.3 防火牆的架構

瞭解防火牆的防護措施後，接下來要介紹防火牆的架構。不安全的防火牆架構除了無法發揮功能，更白白浪費時間及金錢。以下介紹三種基本的防火牆架構：單介面防禦主機架構、雙介面防禦主機架構及屏蔽式子網路架構。

1). 單介面防禦主機架構 (Screened Host Firewall, Single-Homed Bastion Host)
    此架構的防火牆包含封包過濾防火牆 (Packet Filtering Firewalls) 及防禦主機 (Bastion Host)，因此可以視為封包過濾與代理器的結合。封包過濾是依據安全策略來過濾不受歡迎的封包。

    防禦主機則是具有驗證及代理程式的功能，是外部網路與內部網路通訊的媒介。凡是外部網路要跟內部網路做通訊，都要透過防禦主機來交涉。單介面防禦主機的架構如圖 11.10 所示，其安全性比單純的封包過濾防火牆要來得高。

2). 雙介面防禦主機架構 (Screened Host Firewall, Dual-Homed Bastion Host)
    雙介面防禦主機與單介面防禦主機的不同之處在於雙介面的防禦主機安裝了兩片網路卡：一片連結內部網路，另一片連結外部網路。其目的就是隔離外部網路及內部網路，避免直接做封包傳遞，架構如圖 11.11 所示。

    從外部網路進來的封包先經過封包過濾路由器，被允許進入的封包再由防禦主機經外部網路轉送到內部網路上。

3). 屏蔽式子網路架構 (Screened Subnet Firewall)
    前面兩種架構均是在外部及內部網路間的通道上建一個檢查哨來

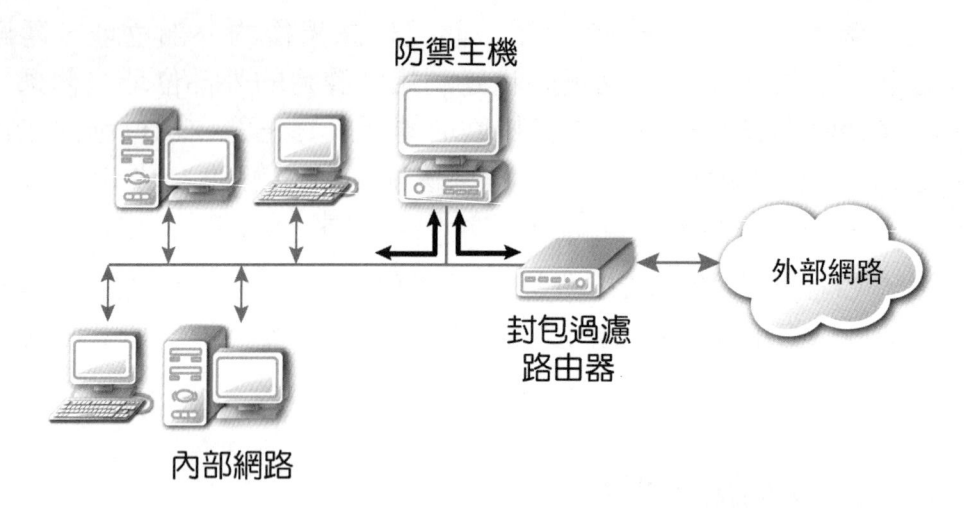

圖 11.10: 單介面防禦主機架構

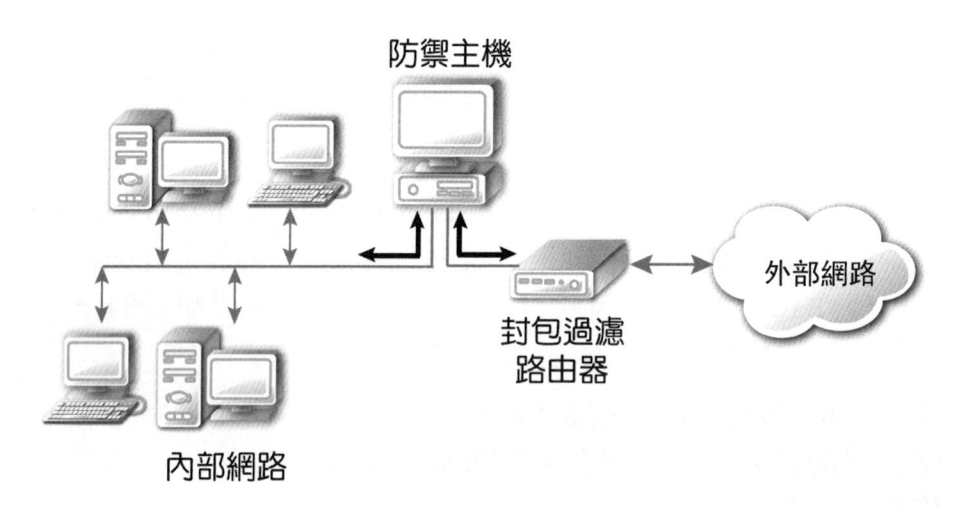

圖 11.11: 雙介面防禦主機架構

過濾封包，不過一旦這個檢查哨遭到破解，那麼外部封包便可長驅直入到內部網路。既然如此，何不多設幾個檢查哨來增加其安全性呢？屏蔽式子網路架構便是由一個外部封包過濾路由器、一個內部封包過濾路由器及一個防禦主機所構成，架構如圖 11.12 所示。

其運作方式是外部封包過濾路由器負責過濾從外部網路到防禦主機間的封包，被允許進入防禦主機的封包再由防禦主機代理去存取內部網路之伺服器，而內部封包過濾路由器便是用來負責過濾防禦主機至內部網路間的封包傳遞。如此一來，系統多設一個檢

查哨來檢驗進入的封包，提高駭客非法進入內部網路的難度，也為系統管理者多爭取到一點時間來揪出非法的入侵者。

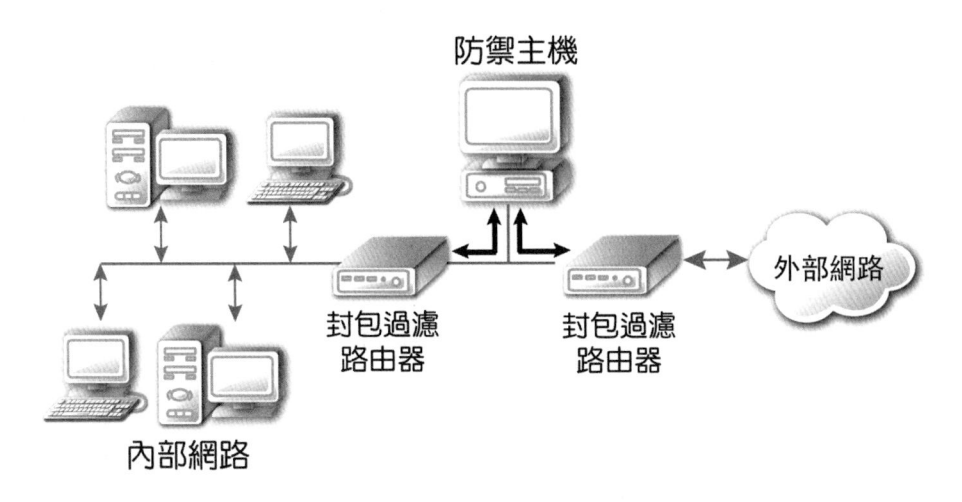

圖 11.12: 屏蔽式子網路架構

11.5 入侵偵測系統

防火牆的主要功能是阻絕不符合規定的封包，以防止惡意軟體進到內部網路中，可以說是網路系統的第一道防線，但有些情況防火牆也無能為力。例如，入侵者可能盜用合法使用者的帳號，來取得存取權限；或是入侵者本身就是一個合法的使用者，利用盜用合法使用者或自己的權限去做一些不法的行為。這些行為防火牆是無法有效防範的，而入侵偵測技術正是要彌補防火牆的不足。

11.5.1 入侵偵測系統的功能

入侵偵測系統 (Intrusion Detection System, IDS) 可以說是網路系統防止入侵者攻擊的第二道防線。此類系統的作用是要盡快地偵測出主機或網路上的入侵者及異常行為，在入侵者做出攻擊行為前系統能即時偵測出，以避免及降低對系統所造成的傷害。此外，入侵偵測系統還可以收集駭客入侵技巧，藉以增加本身偵測入侵者的能力。

近年來，入侵偵測系統在電腦網路系統安全的防護上，扮演愈來

愈重要的角色。根據統計，大部分的電腦網路攻擊事件都來自內部合法的使用者，而入侵偵測系統就是要幫管理者找出異常的行為。

入侵偵測系統簡單來說就是根據使用者的行為，來判斷其目前所做的行為是否異常。若符合異常行為或是入侵模式時，系統會發出警告訊息通知系統管理者，或採取進一步的因應措施。但目前入侵偵測系統無法完全正確地偵測出異常行為。入侵偵測系統判定的結果有下列四種情況：

1). 正確判定正常 (True Positives)
   當一個正常行為發生，入侵偵測系統能正確判定其為正常行為。

2). 正確判定異常 (True Negatives)
   當一個異常行為發生，入侵偵測系統能正確判定其為異常行為。

3). 誤判正常 (False Positives)
   當一個異常行為發生，入侵偵測系統卻誤判為正常行為。

4). 誤判異常 (False Negatives)
   當一個正常行為發生，入侵偵測系統卻誤判為異常行為。

若發生正確判定異常及正確判定正常的情況愈多，表示這個入侵偵測系統判定的正確率愈高。反之，若發生誤判正常或誤判異常的次數愈多，表示這個入侵偵測系統的誤判率愈高。

入侵偵測系統的功能主要可分為三個部分：

1). 資料收集
   執行入侵偵測技術，首先就是要先從系統、網路及使用者的相關使用情況來收集資訊。

2). 資料分析
   將收集到的各項資訊，透過模式匹配、統計分析和完整性分析來做攻擊模式管理者的分析。其中，模式匹配與統計分析多半使用在即時性的入侵偵測上，而完整性分析則是屬於事後的入侵偵測。

3). 回應
   當入侵偵測系統偵測到可能出現異常行為時，系統會即時回應，包括：立刻切斷連線、通知管理者、紀錄行為及發出警告聲等。

目前入侵偵測系統常見的入侵偵測技術大致包括：異常行為入侵偵測 (Anomaly Intrusion Detection) 及錯誤行為入侵偵測 (Misuse Intrusion Detection) 兩種類型。入侵偵測系統的架構則分為：主機端的入侵偵測系統 (Host Intrusion Detection System) 及網路端的入侵偵測系統 (Network Intrusion Detection System) 兩種。接著將針對這些項目一一做介紹。

11.5.2 異常行為入侵偵測

異常行為入侵偵測 (Anomaly Intrusion Detection) 是一種負面行為模式 (Negative Behavior Model) 的偵測技術。偵測異常行為的方式是藉由使用者過去行為模式的統計資料為依據，若與正常的行為模式相差過大，則視為異常行為並加以回報。這種統計型的入侵偵測系統 (Statistical IDS) 主要又可分為門檻偵測及紀錄檔偵測兩種方式。

1). 門檻偵測 (Threshold Detection)

門檻偵測是統計在一段時間內某個事件所發生的次數。如果發生的次數超過合理的範圍，就認定是異常行為。例如，某使用者不斷地嘗試登入某一系統，就有可能是入侵者。而訂定偵測技術門檻值就很重要，若把門檻值訂得較寬鬆，則發生誤判正常 (False Positives) 的次數就會增多，也就是將某些入侵者誤判為合法使用者的頻率會增高。相反地，若將門檻值訂得較嚴謹，則發生誤判異常 (False Negative) 的次數就會增多，也就是將合法的使用者誤判成入侵者的頻率會增高。因此，這類型的偵測技術效率並不高。

2). 紀錄檔偵測 (Profile Detection)

這類的偵測技術是針對每一使用者過去的行為來建立一個紀錄檔 (Profile)。若該使用者的行為與紀錄檔中過去的行為模式有極大差異時，此人便可能是入侵者。紀錄檔中可以用來評估使用者行為差異的項目包括：次數、間隔時間及資源的使用率。

(a) 次數：

某一使用者在某段時間內執行某些指令的次數。例如，評估每小時該使用者登入的次數或輸入密碼錯誤的次數。

(b) 間隔時間：

某使用者執行兩相關事件的間隔時間。例如，用同一帳號登

入系統的間隔時間。

(c) 資源的使用率：
某一時間該使用者使用的資源量。例如，一小時內該使用者所用的網路傳輸量。

根據這些項目，可以判斷使用者是否有行為差異。紀錄檔偵測技術主要的優點是不需要任何有關入侵模式的知識來偵測可疑的入侵者，只要根據紀錄檔即可，但也因此需耗費系統大量的資源來紀錄相關資訊，管理者也須定期維護及更新紀錄檔。

11.5.3 錯誤行為入侵偵測

錯誤行為入侵偵測 (Misuse Intrusion Detection) 是一種正面行為模式 (Positive Behavior Model) 的偵測方式。這種方法是將已知的任何一種攻擊行為加以紀錄，再與相關網路行為活動比較，以斷定是否屬於類似的攻擊行為。

這種入侵偵測系統需要建立一個知識庫 (Knowledge Base) 來儲存這些攻擊模式。凡是與知識庫裡的規則或特徵相符的行為皆視為可疑事件，不相符的事件則視為合理的事件，故又稱為規則分析偵測 (Rule-Based Detection) 或特徵入侵偵測 (Signature-Based Detection)。

規則或特徵的產生方式可由系統根據過去的行為模式分析之後產生，也可以由安全專家所制訂。通常專家們必須不斷去尋找新的攻擊方法，一旦有新的攻擊方法出現，必須對知識庫做更新，這種入侵偵測技術稱為錯誤行為入侵偵測。

這類型偵測技術的優點是不會發生誤判異常 (False Negative)，但缺點是未收錄在知識庫裡的攻擊模式系統將無法偵測出來。

11.5.4 入侵偵測系統的架構

入侵偵測系統的類型分為：主機端的入侵偵測系統及網路端的入侵偵測系統兩類。

1). 主機端的入侵偵測系統 (Host Intrusion Detection System)
主機端的入侵偵測系統主要是用來偵測發生在主機上的異常行

為，以主機為偵測目標，持續監控在主機上執行的各種行為。偵測異常行為的技術主要是靠紀錄檔或知識庫來分析主機上的各種行為，進而判斷是否有異常行為發生。其架構如圖 11.13 所示。

內部網路的每一台主機都會架上一套入侵偵測系統，用來監控發生在此一主機上的所有行為，若發現異常行為則立即採取因應措施。這類型架構的缺點是每部主機都需安裝一套個別的入侵偵測系統，而且多半與主機的作業系統相關，因此不同作業系統間入侵偵測系統多半不能交互使用。由於入侵偵測系統也會佔用主機資源，故其系統效率較差。

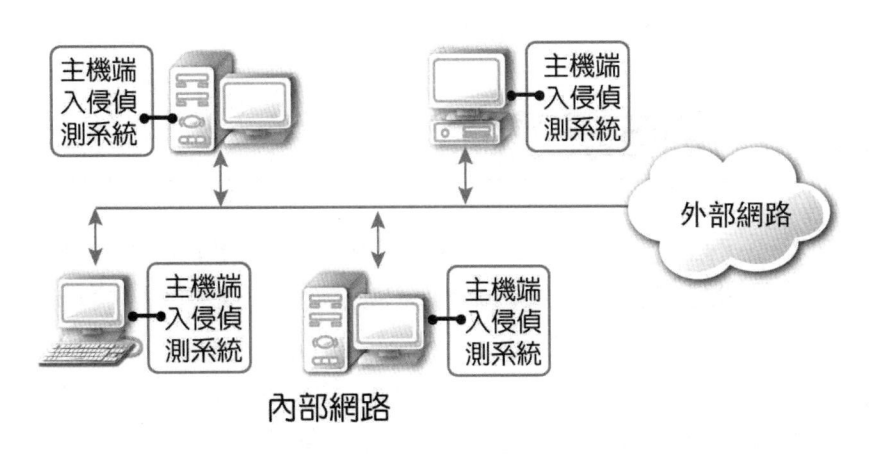

圖 11.13: 主機端入侵偵測系統

2). 網路端的入侵偵測系統 (Network Intrusion Detection System)

網路端的入侵偵測系統是以網路封包為偵測的目標，持續監視通過網路的資料流，並分析網路封包來偵測入侵行為。偵測方式同樣也可以利用異常行為偵測技術或是不當行為偵測技術，甚至也可以將兩者混合。系統一方面可以利用所收集到的封包來分析可能的異常行為，也可以用專家所訂定規則來偵測出不當行為。這種類型的入侵偵測系統其架構，如圖 11.14 所示。

入侵偵測系統通常架構在內部網路與外部網路連接的通道上，故不需每個主機均需架設一套入侵偵測系統。由圖 11.14 可以看出，這種入侵偵測系統是獨立的，與其他內部網路的主機無關。優點是不需架設多個入侵偵測系統，也不會顯著地佔用網路及主機資源。

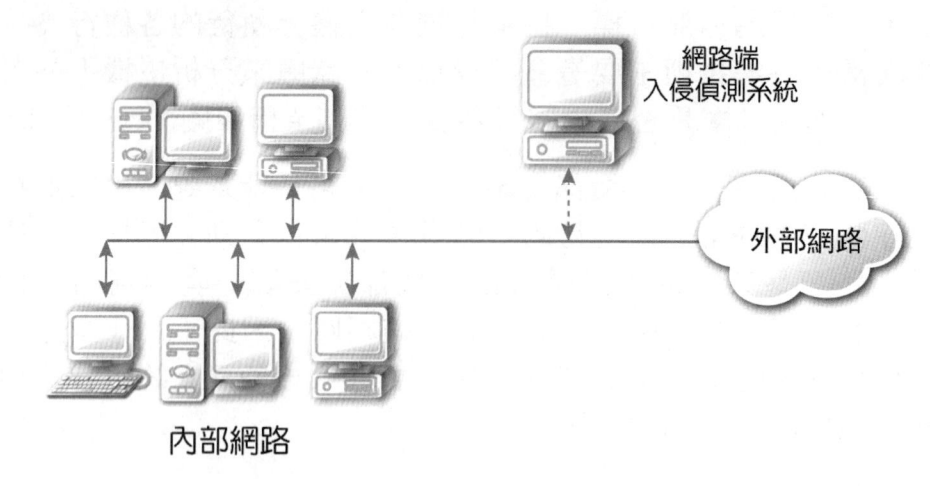

圖 11.14: 網路端入侵偵測系統

11.6 入侵防禦系統

上一節所提到的入侵偵測系統 (IDS) 是依照一定的安全策略盡可能來偵測主機或網路上的各種攻擊企圖或異常行為，來保證資訊系統的安全。然而，除了入侵偵測之外，系統管理者當然還希望能達到即時的入侵防禦。因此入侵防禦系統 (Intrusion Prevention System, IPS) 便在這樣的需求下應運而生。有別於入侵偵測系統單純的僅做偵測功能，入侵防禦系統還包含了防禦功能，希望能即時阻斷網路入侵或攻擊行為。本節就入侵防禦系統的功能及類型作一介紹。

11.6.1 入侵防禦系統的功能

防火牆、入侵偵測系統及入侵防禦系統常被混淆。所以我們可以作一比喻來描述這三者間的功能差異，若防火牆是一棟大樓的門禁設施，將不該進入此大樓的人員隔絕在外。那麼入侵偵測系統就是此大樓內部的監視設施，所有內部人員的活動都被監視紀錄。管理人員必須時時監看監視內容，一旦發現有外人入侵或內部人員有異常行為就馬上發出警告。而入侵防禦系統就可視為是內部的保全措施，例如加裝紅外線感測器或門窗破壞的感應器等。一旦感測器偵測到異常現象，便警鈴大作並通知保全人員趕來處理。三者間功能不盡相同，各司其職，相輔相成。

一個強大的入侵防禦系統至少須涵蓋下列三大功能：

1). 即時阻斷 (Real-time Interdiction)
   入侵防禦系統須能依據安全策略在應用層即對攻擊性行為或網路流量進行阻斷，避免其對資訊系統造成任何傷害。

2). 特殊規則植入功能 (Build-in Special Rule)
   入侵防禦系統須允許植入特殊規則或資訊安全政策來擴大阻斷的攻擊類型，以因應不斷變種或無法定義的攻擊行為。

3). 自我學習與自我適應能力 (Self-study and Self-adaptation Ability)
   入侵防禦系統必須有自我學習與自我適應能力，能夠根據所在的網路環境和安全策略，自動更新並分析新的攻擊特徵，制訂新的安全防禦策略及防禦需求。

入侵防禦系統所強調的是即時防禦的能力，而入侵偵測系統則強調主機或網路狀況的監測，並盡可能去發現、報告、紀錄各種攻擊企圖、攻擊行為或者攻擊結果，並回應分析結果。雖然入侵防禦系統也包含一部分偵測的功能，但以目前的技術而言，尚不足以取代入侵偵測系統。因為入侵防禦系統若想做到如入侵偵測系統那樣詳盡的偵測報告，其計算複雜度必然提高，傳輸延遲也會擴大，反而無法達到即時防禦的功能。

11.6.2 入侵防禦系統的類型

入侵防禦系統的類型可分為主機端、網路端及應用端三種類型。

1). 主機端的入侵防禦系統 (Host Intrusion Prevention System, HIPS)
   當不法分子向作業系統發出請求指令、改寫系統文件或企圖建立對外連線時，能有效進行阻止並保護主機或伺服器不受攻擊或錯誤行為的破壞。

2). 網路端的入侵防禦系統 (Network Intrusion Prevention System, NIPS)
   對網路的流量作統計分析或事件關聯分析，提供對網路的安全保護。一旦辨識出病毒特徵或發現協議異常，NIPS 就阻斷該網路會談，並阻止惡意程式碼的散播。

3). 應用端的入侵防禦系統 (Application Intrusion Prevention System, AIPS) 針對作業系統 (如 Windows) 或應用程式 (如 MS Office 或 Outlook 等) 的漏洞作防護，會即時與應用程式提供者作修補程式更新，避免主機或伺服器因修補程式來不及更新，遭到非法人士入侵。

進階參考資料

教育部顧問室資通安全聯盟委託成功大學電機系編撰「網路安全」教材，是很好的參考資料。有關釣魚網站的最新資訊可以參閱 APWG (Anti-Phishing Working Group) 網站 (http://www.antiphishing.org/)。

11.7 習題

1. 請探討網路通訊可能存在的安全威脅。

2. 通常影響資訊安全的威脅有哪些？請簡述說明。

3. 何謂死亡偵測攻擊？

4. 何謂請求氾濫攻擊？

5. 請列舉五種 DoS 的攻擊方式。

6. 請說明如何防止 Open SSL 心臟出血漏洞。

7. 何謂防火牆？通常建立防火牆有哪三種架構？

8. 請陳述下列防火牆機制的用途：

    (a) 封包過濾防火牆。

    (b) 狀態檢視防火牆。

    (c) 應用階層閘道防火牆。

    (d) 網路轉譯防火牆。

9. 解釋異常行為入侵偵測技術與不當行為入侵偵測技術的差異。

10. 主機端入侵偵測系統與網路端入侵偵測系統有何不同？其功用為何？

11. 請說明入侵偵測系統的主要功能。

12. 入侵偵測系統的功能分為哪三部分？

13. 何謂錯誤行為入侵偵測？優缺點為何？

11.8 專題

1. 駭客常會在網頁加上一些特定的語法來進行網頁掛馬攻擊，請製作一個網頁掛馬的偵測程式，協助網站管理者偵測網頁是否遭駭客植入惡連結。

2. 若你是 OpenSSL 的技術開發人原，請問該如何修補 OpenSSL 出現的心臟出血漏洞。

3. 請探討 Linux 系統如何偵測網站的異常行為。

11.9 實習單元

1. 實習單元名稱：防火牆實習。

2. 實習單元目的：
   網際網路愈來愈發達，攻擊者只需透過網路就有許多管道可以入侵他人電腦。為了避免電腦受到攻擊，可以架設防火牆來隔開內部網路與外部網路。我們只開放必要的 Port，讓封包進出，以減少被攻擊的機會。在這個單元中，將就目前市面上較為普及的防火牆軟體，練習防火牆的安裝及使用。

3. 系統環境：
   依各個防火牆軟體的需求而不同，本書以 Windows 防火牆、Kaspersky、費爾個人防火牆、Symantec 防火牆、ZoneAlarm、Juniper Netscreen NS5GT 實體防火牆及 Online Armor 等防火牆軟體為例，詳細之系統環境請參考本書教學網站。

4. 實習過程：

   完整的實習過程範例放置於本書輔助教學網站，有興趣的讀者可參考該網站 (http://ins.isrc.tw/)。

12 無線網路安全

Wireless Network Security

無線網路安全
Wireless Network Security

12.1 前言

現行的通訊機制依傳輸媒介的有無，分為有線及無線通訊系統兩種。有線通訊是指利用金屬線、同軸電纜及光纖等有線方式連接，例如電話、電腦網路系統；無線通訊則是利用無線電波、光波等非實體方式連接，例如行動電話、無線網路。訊息在這些媒介中傳遞很容易遭到攻擊，相關的安全防護措施有其必要。通訊安全即是在確保合法通訊網路的暢通及通訊內容的隱私。

無線網路是以空氣當作介質，透過無線電波來傳遞資料，因此我們無法讓資料只單點傳輸至某一接收端手中，所有無線網路用戶端均可在無線電波範圍內接收資料。因此，必須要有安全的控管機制，以確保資料通訊安全。

本章主要著重在無線通訊系統的安全機制，將介紹數種較具代表性的無線通訊系統及其相關的安全機制，包括無線區域網路IEEE802.11、短距無線通訊的藍芽技術 (Bluetooth)、RFID、NFC 及無線感測網路。

12.2 無線區域網路IEEE 802.11及其安全機制

為因應無線網路的安全需要，美國電子電機工程師協會（Institute of Electrical and Electronics Engineers, IEEE）的區域網路委員會於 1990 年成

立 802.11 工作小組，目的就是要規劃無線網路相關的規格與標準，並於 1997 年正式成為 IEEE 所採用的無線區域網路標準。

IEEE 802.11 的架構只包含 OSI (Open System Interconnection) 七層通訊協定模型的實體層 (Physical Layer, PHY) 與資料連結層 (Data Link Layer, DDL) 中的媒體存取控制 (Media Access Control, MAC) 部分。 MAC 的主要功能是讓資料能夠順利且正確地經由下一層的實體層來傳輸資料。由於無線網路必須提供電波有效範圍內的使用者之上網服務，因此與傳統乙太網路 (IEEE 802.3) 在處理封包碰撞的策略上不盡相同。在這一層中，IEEE 802.3 是採用 CSMA/CD (Carrier Sense Multiple Access with Collision Detection)，而無線區域網路 IEEE 802.11 則採用 CSMA/CA (Carrier Sense Multiple Access with Collision Avoidance) 來解決封包碰撞不易偵測及超出電波有效範圍的隱藏點問題 (Hidden Node)。

12.2.1 IEEE 802.11 連接模式

IEEE 802.11 的連接型態可分為隨意型 (Ad Hoc) 及固定型 (Infrastructure) 兩種模式。

1). 隨意型模式

一種點對點的無線網路連接方式，概念就是讓無線裝置透過本身的無線網路卡來相互連接。這些相互連接的網路卡就構成一個獨立的 Ad Hoc 網路，不需要任何其他硬體設施，因此很適合在一些臨時的區域場合中供數部無線裝置的連線使用，但缺點是無法連結一般的有線網路，故又稱為獨立的基本服務集合網路 (Independent Basic Service Set Network, IBSSN)。這種架構中每一個獨立的 Ad Hoc 區域網路都有一個共同且唯一的識別碼 SSID (System Set ID)，用來區分不同的網路，最多可以有 32 個位元。因此，要加入此無線區域網路的無線裝置，除了要進入無線網路卡訊號所能涵蓋的範圍內，還必須有此一共同的識別碼 SSID。

2). 固定型模式

在這個模式中，每個具有無線網卡的裝置均透過一個接取點（Access Point, AP）來連結。AP 也可以與一般的有線網路連結。一般組織的無線區域網路多半是採用這種架構。每個辦公室或樓層

可能架設一個 AP，負責服務電波有效範圍內的行動用戶，並可做為無線網路與有線網路間的橋接器 (Bridge)。

12.2.2 IEEE 802.11 的安全機制

IEEE 802.11 的安全機制包含身分鑑別機制與 WEP 加密機制。

1). 身分鑑別機制

身分鑑別機制是當無線裝置要透過 AP 存取網路資料時，AP 會先驗證使用者的身分，再決定是否讓此使用者取得服務。IEEE 802.11 共有開放式 (Open System) 及分享金鑰式 (Shared Key) 身分鑑別機制。

- 開放式身分鑑別機制
  只要行動裝置設定有「開放式驗證」均可通過驗證。這是一種最簡單的驗證機制，又稱為零驗證 (Null Authentication)。這種驗證機制也可以在 AP 上設定存取清單，只有清單上的使用者才可以通過認證。

- 分享金鑰式身分鑑別機制
  這種鑑別機制是雙方必須握有相同的金鑰，以做為身分鑑別的依據，並以挑戰與回應 (Challenge/Response) 的詢答方式來判斷雙方是否擁有相同的金鑰。詢答過程如下：
  (a) 行動用戶向 AP 提出身分鑑別請求。
  (b) AP 送一段 128 位元任意內容的詢問文 (Challenge Text) 給行動用戶。
  (c) 行動用戶以其與 AP 協議出來的密鑰對此詢問文進行加密，把加密後的密文當成回應文 (Response) 再送回給 AP。
  (d) AP 收到後以相同的密鑰解密，若還原後的明文與當初送給行動用戶的詢問文相同，就表示行動用戶與 AP 擁有共同的密鑰，則確認使用者的身分；若驗證的結果不相同，表示使用者未通過身分鑑別，因此不允許其透過此 AP 來存取網路資料。

2). WEP 加密機制

IEEE 802.11 所定義的加密機制主要是保護行動裝置至 AP 間資

料傳輸的機密性。IEEE 802.11 所採用的加密機制為 WEP (Wired Equivalent Privacy) 加密演算法。WEP 是一種對稱式的串流加密 (Stream Cipher) 演算法，主要是以 RC4 做為加密主體。WEP 加密機制的作法是先由無線網路的管理者來決定所要使用的加密金鑰，金鑰長度可為 40 位元或 104 位元。當行動用戶要使用區域無線網路，必須先向管理者取得所設定的加密金鑰，才能使用此無線網路。WEP 加密的過程，如圖 12.1 所示。

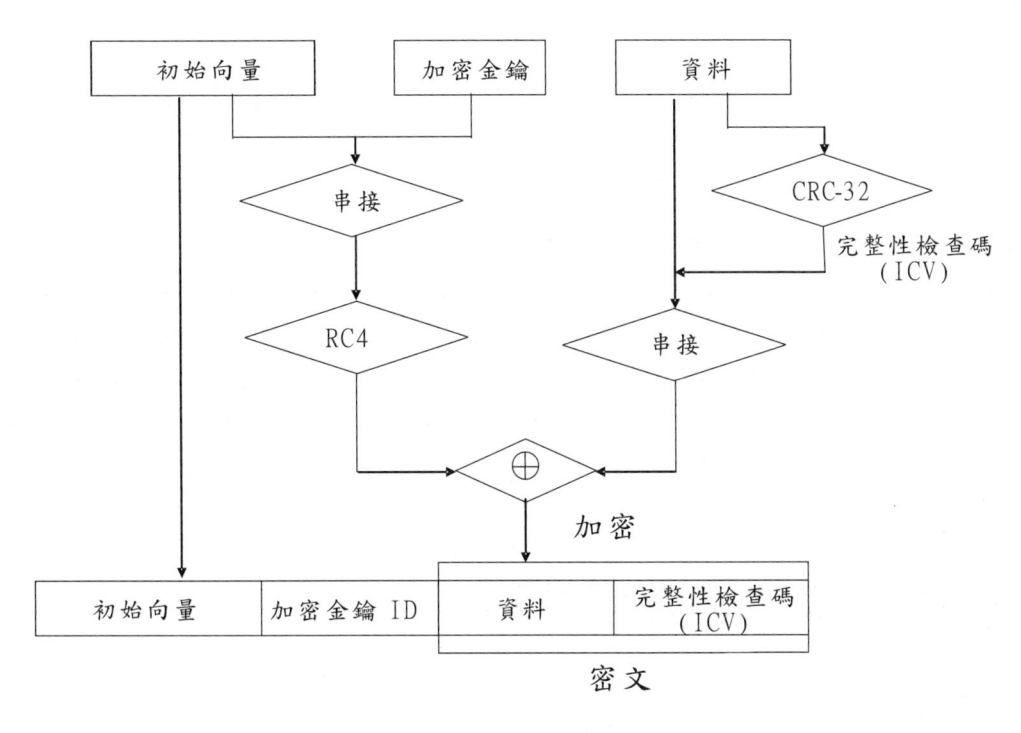

圖 12.1: IEEE 802.11 之加密機制

RC4 的初始密鑰是由每個 MAC 資料框的初始向量 (Initial Vector, IV) 與管理者所選定的加密金鑰串接而成，然後透過 RC4 金鑰流產生器產生的金鑰流 (Key Stream)，再與資料及完整性檢查碼 (Integrity Check Value, ICV) 做 XOR 運算來產生密文。另外，WEP 的完整性演算法 (Integrity Algorithm) 是採用 CRC-32 (Cyclic Redundancy Check)。由於 RC4 初始密鑰會因為每個 MAC 資料框的 IV 的不同而有所差異，所以必須將 IV 以明文方式隨著密文一起送給接收者。

然而，目前 WEP 加密機制卻存有許多安全漏洞，例如無法抵抗字典攻擊、已知明文攻擊及弱密鑰攻擊等。其安全性被許多安全專家質疑，目前也陸續有許多改善措施及版本被提出。

12.3 藍芽無線通訊系統及其安全機制

藍芽 (Bluetooth) 是一種低成本、低功率及短距離的主從式 (Master/Slave) 無線傳輸機制，用於取代以電纜線做為裝置間的連結。藍芽機制是在 1994 年由 Ericsson 公司所開發出來的無線傳輸機制。藍芽 (Bluetooth) 取自西元 940 年統治丹麥與挪威大半領土的國王 Harald Bluetooth 之名。目前藍芽機制的應用範圍已涵蓋電腦、家電、通訊及 IC 設計等，成為普遍接受的小區域無線傳輸機制。

藍芽為一種短程無線通訊技術，目的是為了取代現有電子裝置設備所連結的電纜線。藍芽的概念是以行動電話為核心工具，廣泛的連結控制相關電子產品，在既有的有線網路基礎上形成所謂個人化無線區域網路 (Personal Area Network, PAN)。藍芽設備間的有效傳輸範圍為 10 至 100 公尺，傳送頻帶為 2.4GHz，單向傳輸速率最高可達 721Kbps，採用跳頻式展頻技術 (Frequency Hopping Spread Spectrum, FHSS)，將頻道劃分為 75 個以上的小頻道。傳輸訊號在這些小頻道之間跳躍發送，跳躍順序由「虛擬雜訊序列」(PNS) 所產生。此技術可以防止其他電磁波干擾及非法使用者竊取電波信號（資料）。

12.3.1 藍芽無線通訊系統的簡介

藍芽無線通訊系統中裝置的連結採用主從架構，分為點對點、微網 (Piconet) 及散網 (Scatternet) 三種架構，如圖 12.2 所示。

數個藍芽設備採點對點或點對多連接，稱為微網 (Piconet)。微網發起者稱為主設備 (Master)，其他則稱為從設備 (Slave)。單個微網只有 1 個主設備，最多允許 7 個主動從設備 (Active Slave Device) 以及 255 個等待服務從設備 (Standby Slave Device)。數個微網會連成一個散網。

藍芽資料的收發是採用分時多工 (TDM) 的方式。藍芽將傳輸通道分為多個時間槽，封包的收發則是利用不同的時間槽來通訊，以避免碰撞發生。例如，主機 (Master) 只在偶數時槽傳遞資料，而副機 (Slave) 只在奇數時槽傳遞資料。

封包的傳遞又分為同步封包 (Synchronous Connection Oriented, SCO) 及非同步封包 (Asynchronous Connectionless, ACL) 兩類。其中，SCO 是一種

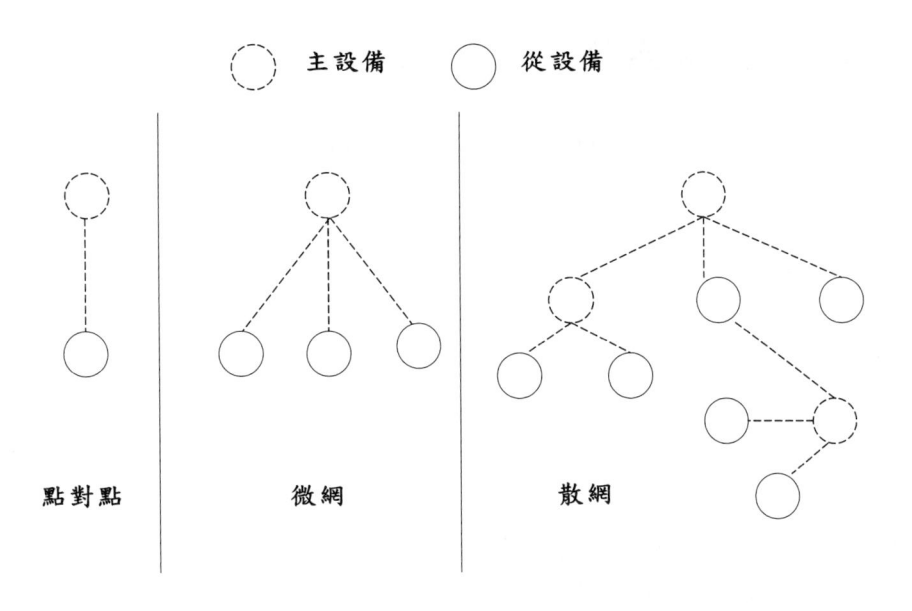

圖 12.2: 藍芽的主從式連結網路

主機與副機間的一種點對點連線方式，其封包為單時槽封包，主要用來傳送語音訊號。 ACL 是一種單點到多點的連線方式，其封包為多時槽封包，主要用來傳送數據資料。

藍芽封包的格式，如圖 12.3 所示，各部分的功能陳述如下：

LSB			MSB
72 位元	54 位元	0 - 2745 位元	
存取碼	標頭	資料內容	

圖 12.3: 藍芽封包的格式

1). 存取碼 (Access Code)，72 位元：為封包的開頭，作用為同步、識別及偏移補償等。

2). 標頭 (Header)，54 位元：用於存放一些連結控制資訊 (Link Control Information)，如流量、錯誤控制等等。

3). 資料內容 (Payload)，0 至 2745 位元：用來存放主要資料的地方，也是加解密機制主要作用的地方。

12.3.2 藍芽安全簡介

藍芽規範一般存取檔案 (Generic Access Profile) 有下列三種安全模式：

1. 無安全模式：此模式下並無任何認證及加解密等安全防護措施，安全等級最低。

2. 服務層級安全模式：此模式當邏輯鏈結控制適應協定 (Logical Link Control Adaptation Protocol) 建立時，即進行安全防護措施，安全等級為中等。

3. 鏈結層級安全模式：此模式在鏈結管理協定 (Link Manager Protocol) 中接送訊息時，便進行安全防護措施，屬於三者中的最高等級。

藍芽核心規格的安全規範提供下列四種認證及產生金鑰相關的演算法：

- E0 為產生「密碼位元串流金鑰」演算法。輸入藍芽設備位址、時脈及加密金鑰，便可透過 E0 產生密碼位元串流金鑰。

- E1 為認證演算法。

- E2 為產生認證過程所需金鑰之演算法。分成兩種模式：第一種模式使用藍芽位址來產生單元金鑰 (Unit Key) 及結合金鑰 (Combination Key)。第二種模式使用個人驗證碼 (PIN) 來產生初始金鑰 (Initialization Key) 及主金鑰 (Master Key)。

- E3 為產生「加密金鑰」演算法。此加密金鑰提供給 E0 產生密碼位元串流金鑰。

12.3.3 藍芽無線通訊系統的安全機制

藍芽無線通訊系統的安全機制包含身分鑑別機制及封包加解密機制。介紹這兩個安全機制前，先將系統中所用到的參數做說明。

- BD_ADDR：符合 IEEE 802 標準的 48 位元藍芽設備位址 (Bluetooth Device Address)，可以分成 24 位元低位址 (Lower Address Part, LAP)、8 位元高位址 (Upper Address Part, UAP)、與 16 位元非重要位址 (Non-significant Address Part, NAP) 三部分。

- RAND：自行產生的 128 位元亂數值 (Random Number)。

- PIN：0 至 128 位元的個人識別碼，可由使用者自行決定內容及長度。

- 連結金鑰 (Link Key)：長度為 128 位元的祕密值。

- 加密金鑰 (Encryption Key)：長度為 0 至 128 位元的加密金鑰，其內容與長度由通訊雙方協議後決定。

1). 身分鑑別機制

當兩個藍芽裝置從未接觸過時，兩者要互相通訊必須先經過鑑別。藍芽系統的鑑別方式也是採用挑戰與回應的詢答方式，圖 12.4 為其身分鑑別過程，說明如下：

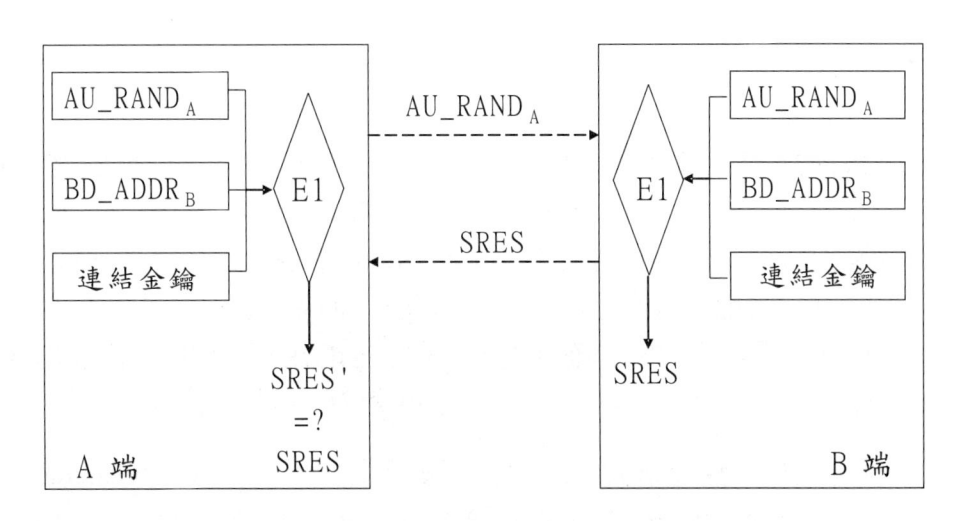

圖 12.4: 藍芽系統的身分鑑別程序

(a) A 端先產生鑑別亂數 AU_RAND_A，並傳送給 B 端。

(b) B 端收到 AU_RAND_A 後，再根據 B 端的位址 BD_ADDR_B 及 A 端與 B 端已有的連結金鑰，經過 E1 演算法來產生鑑別回應值 SRES (Signal Response)，並將此值傳送給 A 端。

(c) A 端採用相同的方式來產生一 $SRES'$。

(d) A 端判斷所產生的 $SRES'$ 是否與先前從 B 端所收到的 $SRES$ 相同。若相同，則可通過鑑別認證。

2). 加密機制

藍芽的加密機制只針對封包上的資料主體部分進行加密。加密機制是採用串流加密 (Stream Cipher)，圖 12.5 為其加密程序。此加密機制說明如下：

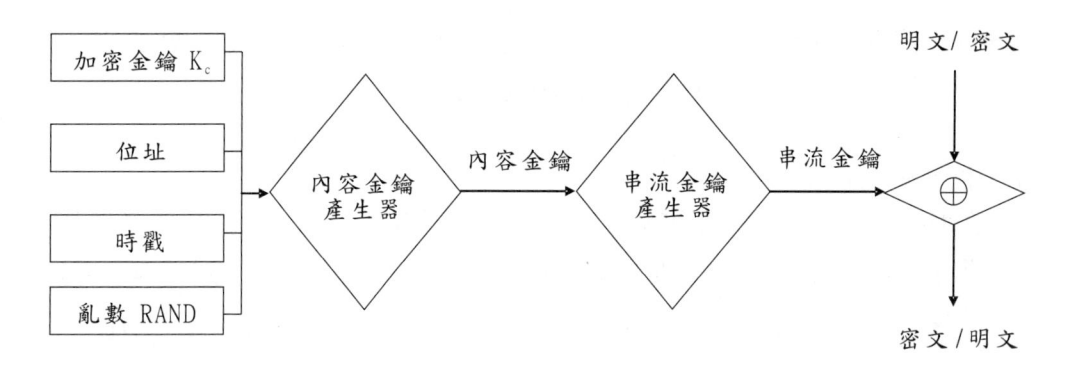

圖 12.5: 藍芽系統的加解密機制

(a) 藉由加密金鑰 K_c、位址 (Address)、時戳 (Clock) 及亂數 (RAND) 四個參數輸入產生資料內容金鑰 (Payload Key)。其中，K_c 為透過 $E3$ 演算法，由主金鑰 (Master Key) 求得的加密金鑰 (Encryption Key)；位址為 48 位元的唯一位址；時戳為一時脈，其值每次均不相同，目的是確保每一個封包能用不同的金鑰來加密；亂數是由主機產生，並分送給欲相互通訊的副機。

(b) 將資料內容金鑰輸入串流金鑰產生器 (Key Stream Generator) 產生金鑰流。這裡的串流金鑰產生器是採用 $E0$ 演算法，經由線性迴轉移位暫存器 (Linear Feedback Shift Register, LFSR) 運算所產生的金鑰流。

(c) 進行 XOR 加解密。將產生的金鑰流與封包上的主體資料進行 XOR 運算，然後便可得到密文。

12.4 RFID 安全機制

12.4.1 RFID 系統簡介

RFID 無線射頻身分鑑別系統 (Radio Frequency Identification) 是利用無線電波來傳送識別資料，以達到識別的目的。一套完整的 RFID 基本架構是由讀取器 (Reader)、電子標籤 (Tag) 及讀取資訊平台三個部分所組成。其動作原理為讀取器平時發射一特定無線電頻率之電磁波來傳遞能量與訊號。當電子標籤接近到讀取器所發射的電磁波能量足以驅動電子標籤電路所需的電能時，此時電子標籤開始動作。電子標籤內含晶片、天線及無線電發送功能，可以將電子標籤內的識別資料以無線電波的方式傳送給讀取器。讀取器每秒可辨識 50 個以上的電子標籤，並將讀取到的電子標籤資料利用有線或無線通訊方式與後端應用系統結合使用。圖 12.6 為 RFID 的系統架構圖。

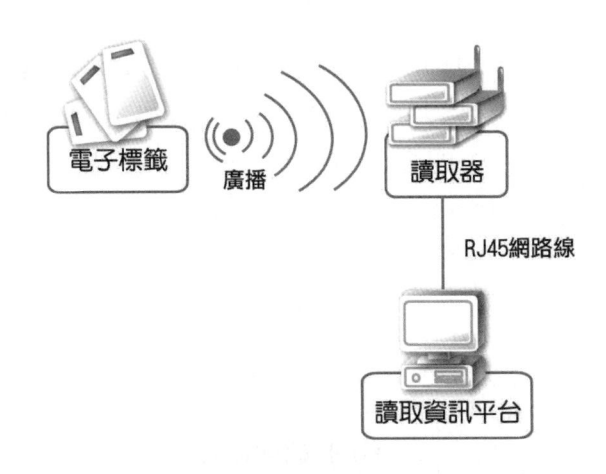

圖 12.6: RFID 的系統架構圖

電子標籤根據電池的有無可以區分為主動式和被動式兩種。主動式電子標籤不需等候讀取器的驅動，可以自主地發送訊號，故電子標籤內需安裝電池。被動式電子標籤是依賴讀取器所傳送的能量來維持電子標籤內部電路的運作，故必須在讀取器電磁波所及的範圍內才能驅動。因此被動式電子標籤不需安裝電池，可以達到體積小、價格便宜及壽命長等優點，應用層面較廣。

RFID 的應用相當廣泛，可結合資料庫管理系統與電腦網路等技術，提供安全便利的即時監控管理功能。相關整合應用包括航空行李

監控、生產自動化管控、倉儲管理、運輸監控、保全管制及醫療管理等，尤其在物流上的應用，已有取代傳統條碼的趨勢。

條碼可用來追蹤及檢核貨品，可有效地幫助管理者做資訊化管理，但條碼的使用有先天上之限制。條碼所能提供的資訊量有限，一維條碼容量為 50 位元組，二維條碼最大的容量達 2 至 3000 個字元，但 RFID 最大的容量可達數百萬位元組 (Megabytes)。條碼機每次只能讀取單一條碼資料，而且必須近距離使用；此外，條碼也易受污損而無法讀取。這些問題常常造成大量人力的浪費與作業的瓶頸，無法因應更細緻、迅速的物流資訊要求。相對地，RFID 是利用 IC 及無線電來存放及傳遞辨識資料，紀錄的資料內容可以更新。不像條碼會隨著商品壽命而結束，因此可重複使用。此外，RFID 還具有免用電池、免接觸、免刷卡及同時可讀取範圍內多個 RFID 等優點。

12.4.2 RFID 資料傳遞安全

在 RFID 系統中，因為讀取器與電子標籤間的資料傳遞是透過無線電波來傳遞，所傳遞的資料若未經過加密，則很容易遭到側錄。因此，RFID 也衍生出一套讀取器與電子標籤間的資料傳輸加密機制，此加密機制的流程，如圖 12.7 所示。

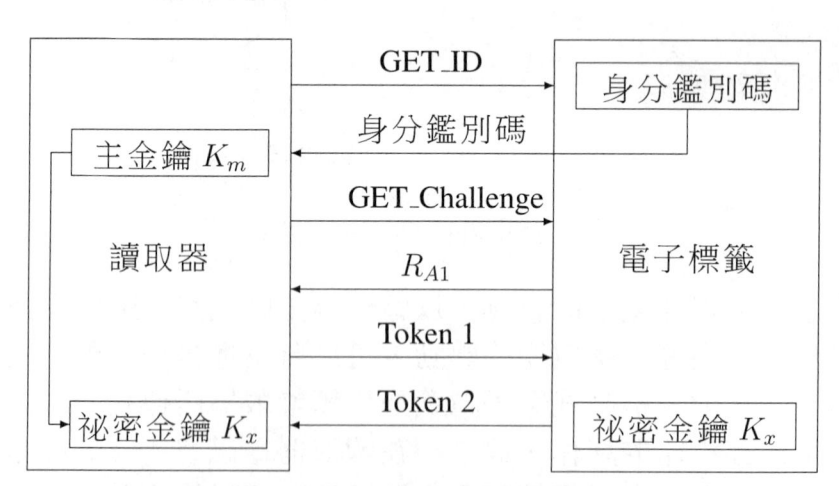

$$Token\ 1 = E_{K_x}(R_B \| R_{A1} \| M_1)$$
$$Token\ 2 = E_{K_x}(R_{A2} \| R_B \| M_2)$$

圖 12.7: RFID 的資料傳輸加密機制

其中，讀取器內建一把主金鑰 K_m (Master Key)，電子標籤內則存放一組代表此電子標籤的唯一身分鑑別碼 (ID-Number)，以及一把祕密金鑰 K_x。此把祕密金鑰是由主金鑰 K_m 及其身分鑑別碼經一特定的演算法所得到的。

當讀取器與電子標籤間要傳遞識別資料時，首先讀取器會先送出訊息 (GET_ID) 要求電子標籤傳送其身分鑑別碼。當讀取器收到電子標籤所送來的身分鑑別碼後，便可用其主金鑰 K_m 及身分鑑別碼來推導出此電子標籤的祕密金鑰 K_x。接著，讀取器再送出一個 GET_Challenge 詢問訊息給電子標籤。電子標籤收到要求後，便隨機產生一亂數值 R_{A1} 給讀取器。讀取器收到後，就可以傳遞標記資訊 (Token 1) 給電子標籤。Token 1 的訊息內容為 $E_{K_x}(R_B\|R_{A1}\|M_1)$，其中 $E_{K_x}(\cdot)$ 為一以 K_x 為金鑰的加密演算法，R_B 為讀取器所選擇的一亂數值，M_1 為所傳遞的訊息內容。同樣地，電子標籤亦可以利用標記 $Token\ 2 = E_{K_x}(R_{A2}\|R_B\|M_2)$ 來傳遞訊息 M_2 給讀取器。這裡的 R_{A2} 為電子標籤產生的亂數值，與之前產生的亂數值 R_{A1} 不同。

此外，由於 RFID 系統必須能快速地讀取所傳遞的資料，再交由後端的應用系統做處理，因此所採用的加密演算法必須很有效率。RFID 系統採用串流（非區塊式）的加密機制（如圖 12.8 所示），利用祕密金鑰經由亂數產生器 (Pseudo Random Number Generator, PRNG) 來產生一序列的亂數，再將此亂數序列的每個位元與傳送資料的每個位元做 XOR 運算。接收方收到加密資料時，使用同一把祕密金鑰經亂數產生器產生一序列的亂數，再將加密資料的每個位元與此亂數序列的每個位元做 XOR 運算，便可解密出明文。此加密機制主要是做位元的 XOR 運算，故加解密速度非常快。

12.4.3 RFID 的隱私權保護

目前，RFID 在產業界的主要應用領域集中在公眾系統的電子票券、物流與供應鏈管理系統及履歷追溯系統三大部分。導入 RFID 後固然帶來許多便利，但由於讀取器與電子標籤溝通訊息時多半會傳遞標籤中一獨一無二的識別資料，藉由此一資料系統可追蹤某一特定的人或商品，因此消費者也開始擔憂 RFID 對隱私權利的侵犯。2003 年 3 月，當服飾製造商 Benetton 宣佈把飛利浦（Philips）的 RFID 標籤和

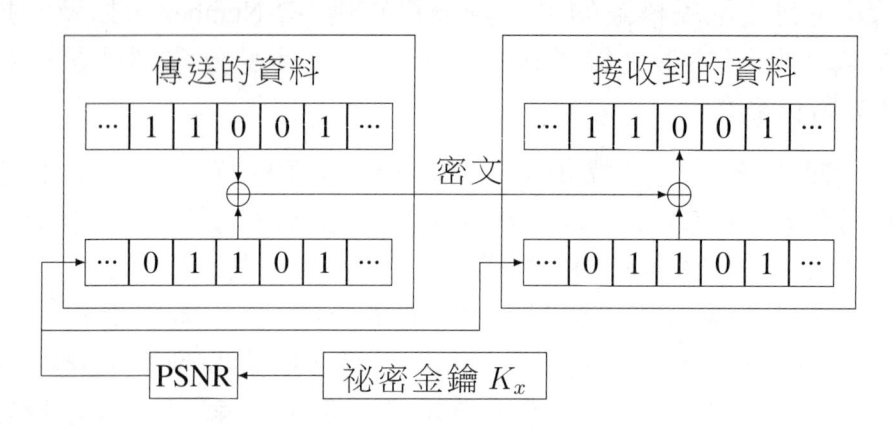

```
       傳送的資料                        接收到的資料
   ┌─────────────────┐              ┌─────────────────┐
   │ ··· 1 1 0 0 1 ···│              │ ··· 1 1 0 0 1 ···│
   └─────────────────┘     密文      └─────────────────┘
           ⊕ ───────────────────────────── ⊕
   ┌─────────────────┐              ┌─────────────────┐
   │ ··· 0 1 1 0 1 ···│              │ ··· 0 1 1 0 1 ···│
   └─────────────────┘              └─────────────────┘
           ↑                                ↑
         ┌─────┐      ┌──────────────┐
         │PSNR │ ←─── │ 祕密金鑰 $K_x$ │
         └─────┘      └──────────────┘
```

圖 12.8: RFID 的加解密流程

衣服吊牌結合，以便追蹤全球五千家連鎖店的存貨，但同時消費者也擔憂此舉會洩漏消費者隱私而遭到了隱私權保護團體 C.A.S.P.I.A.N. (Consumers Against Supermarket Privacy Invasion and Numbering) 的抗議，最後迫使 Benetton 取消了這一項計畫。

RFID 的隱私問題可分為資料隱私 (Data Privacy) 和位置隱私 (Location Privacy) 兩種，說明如下：

- 資料隱私

  試想若所有的商品都裝上了 RFID 標籤，每個電子標籤又對應一個識別碼，若沒有做好適當的安全防護措施，那麼小偷只需要配備一個讀取器，靠近作案目標時掃瞄一下，那麼目標身上所穿的衣服、口袋及皮包裡放的東西全部一清二楚。若有值錢的東西，小偷就伺機下手，沒有的話就尋找下一個目標。所謂的資料隱私就是攻擊者利用非法的讀取器監看合法電子標籤中的資料，因此我們必須對讀取器的合法性加以鑑別或是對電子標籤的識別資料做加密處理。常見的作法是利用密碼學中簡單又快速的單向雜湊函數和互斥或 XOR 運算來加密電子標籤的識別資料，以保護消費者的資料隱私。

  此外，電腦安全軟體製造商 RSA Security 也發表過能成功干擾 RFID 訊號的技術 RSA Blocker Tag，藉由發射無線射頻擾亂 RFID 讀取器，而誤為是無用資訊而無法得知真正的商品資訊。

- 位置隱私

    若張三隨身帶了一張捷運的悠遊卡，只要知道這張悠遊卡裡的識別碼，那麼張三什麼時候在哪個捷運站進出便可以被追蹤，這就稱之為位置隱私。目前提到的保護使用者隱私，幾乎都是以保護資料隱私居多，但利用雜湊函數或加密技術來加密標籤的識別資料並無法有效保護消費者的位置隱私。因為加密後的識別資料都一樣，還是可以追蹤消費者的行蹤。要達到位置隱私的保護，系統需符合無辨識能力 (Indistinguishability, IND) 的系統安全需求。所謂無辨識能力是指非法讀取器得到兩個以上標籤所傳出的資訊，攻擊者也無法辨識出是否為同一個或不同個標籤所送出。

    一個有效的作法是使電子標籤中的身分識別資料變成是動態的，讓電子標籤中的識別資料可以加入一個隨機值。每一次讀取，電子標籤的識別資料會一直更新，使得攻擊者追蹤不到消費者的位置隱私。

此外，由於 RFID 具有可重複使用的特性，因此可以將所有權轉移 (Ownership Transfer, OT)，但在轉移的過程中必須確保不會洩漏隱私資料。比如說原來的系統擁有者 A 可將權限轉移給新的系統擁有者 B，但轉移後要保證 B 不會知道 A 的內部資料及作業流程，而 A 在轉換使用 RFID 系統的權限後，也不會知道 B 之後的內部資料及作業流程。

另一方面，通過相關的隱私權保護法案也是有效的隱私權保護措施之一。例如，在 2004 年 2 月，美國加州通過 1834 號法案，法案內容提及為保護消費者隱私，建議商家在消費者離開商店後應主動銷毀卸下的 RFID 標籤，並告知消費者此相關事宜。此外，當企業決定蒐集消費者個人資料時，應事先取得當事人同意，達到保護消費者隱私權的目的。

12.5 NFC 近場通訊及其安全機制

近場通訊 (Near Field Communication, NFC) 是一種在 15 公分內的近距離無線通訊技術，以無線射頻身分鑑別 (RFID) 技術為基礎並結合互連技術

演變而來。NFC 能夠快速建立兩裝置的連結，並迅速地識別對方身分，建立一個通訊通道。NFC 搭載智慧型手機的相關應用，也是目前行動通信裝置的新亮點，只要彼此靠近觸碰一下，就能迅速建立 NFC 的通訊管道。目前已出現的應用包含行動商務、驗證識別系統、數據聯接、點對點傳輸等。只要內建 NFC 的智慧型手機、平版、智慧手錶等行動裝置或電子產品即可通過 ID 資料的認證，使電子設備間可進行資料和服務的交換。NFC 同樣也存在一些安全問題，如資料遭竊或者隱私洩漏等。本節將會介紹 NFC 的傳輸協定及運作方式，及其存在的幾種安全威脅。

12.5.1 NFC 通訊協定

NFC 技術的相關標準有國際標準組織（International Standard Organization, ISO）和國際電子委員會（International Electrotechnical Commission, IEC）所發布的 ISO/IEC 18092 標準與 ISO/IEC 14443 標準。此外還有電腦製造商協會（Electronic Computer Manufacturers Association, ECMA）所制定的 ECMA 385 標準及 ECMA 386 標準。接著依序來介紹這四種標準。

1). ISO/IEC 18092 標準：

最初是由 SONY 公司和恩智浦半導體公司聯合研發近場距離無線通訊 (NFC) 技術，在此標準中定義了發起者 (Initiator) 和接收者 (target)，可藉由近距離通訊的方式完成資料的交換。

ISO/IEC 18092 所定義的通訊模式可分成：主動通訊模式 (Active Mode) 和被動通訊模式 (Passive Mode)。傳輸距離基本上在 15 公分以內，傳輸速度共有三種，分別為 106 kbit/s、212 kbit/s 與 424 kbit/s。其通訊流程如圖 12.9所示。

步驟一：

發起者先主動進行防碰撞偵測 (Collision Dection)，藉此探測所處環境中是否有其他 NFC 通訊磁場。若是偵測到有其他通訊磁場，則發起者不會啟動自身的通訊磁場，以避免資料傳輸過程中出現彼此碰撞的情況。等到防碰撞偵測結束，且沒有發現任何通訊磁場，則開始通訊交握。

步驟二：

> 發起者選擇本次的通訊模式：「主動通訊模式」(Active Mode) 或者「被動通訊模式」(Passive Mode)。若是選擇以「主動通訊模式」進行資料傳輸，則資料傳輸的速度是由發起者決定，通訊速率有 106 kbit/s、212 kbit/s 或者 424 kbit/s 可供選擇。若是選擇「被動通訊模式」進行資料傳輸，因被動通訊模式中接收者的電力來自發起者的電磁波，接收者透過線圈感應的方式產生電力，而能夠將資料傳遞給發起者。因此，在被動通訊模式中，發起者會根據接收者所想要選擇的傳輸速率來進行通訊。通訊速率一旦決定並開始進行通訊，中途就無法更改資料傳輸速率。

步驟三：

> 發起者傳遞屬性需求封包給接收者，詢問接收者是否有特殊的通訊需求。這需求封包的內容包含了：
>
> (a) 由應用程式所隨機產生的亂數 ID。
> (b) 是否要啟動多者通訊的機制（能同時讓兩個以上的裝置接與發起者進行通訊）。
> (c) 發起者的傳輸速率。
> (d) 發起者的可選用的參數。
> (e) 發起者的可選用的資訊內容。

步驟四：

> 當接收者收到來自發起者的屬性需求封包後，接收者會啟動自己的通訊磁場並且回應發起者。
>
> (a) 由應用程式所產生隨機亂數 ID。
> (b) 是否要啟動多者通訊的機制。
> (c) 接收者的傳輸速率。
> (d) 這次通訊機制的有效時間值。
> (e) 接收者的可選用的參數。
> (f) 接收者的可選用的資訊內容。

步驟五：

> 當發起者收到接收者寄來的回覆之後，代表著通訊目標裝置（接收者）已經被確定了。然而在接收回覆的過程中，若發

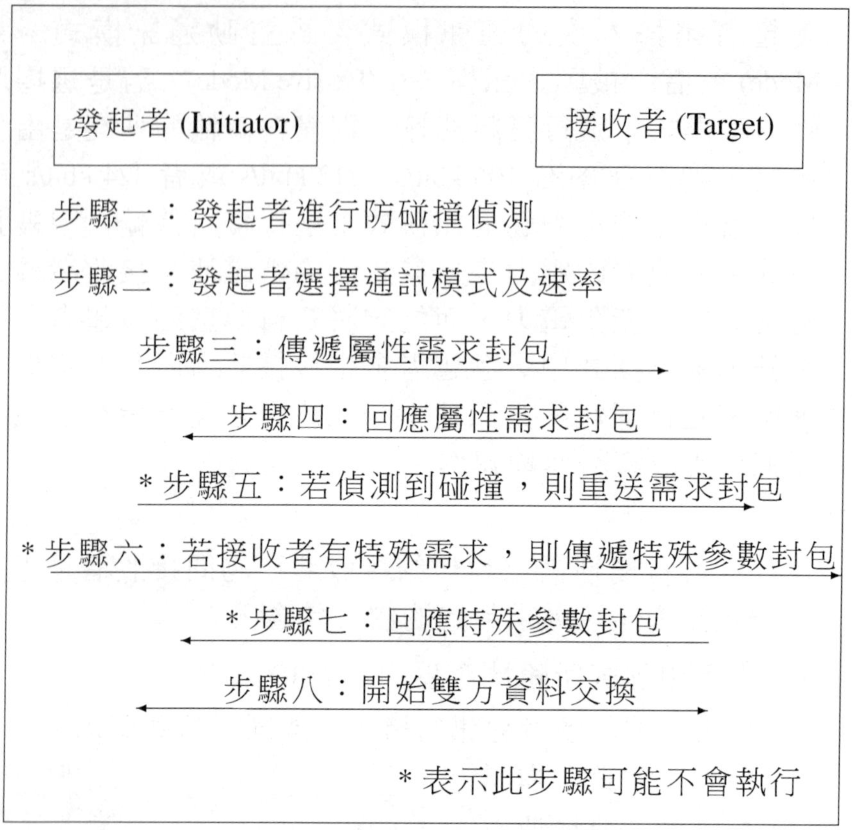

```
┌─────────────────────────────────────────────────────────┐
│                                                         │
│   ┌─────────────────┐              ┌─────────────────┐  │
│   │ 發起者 (Initiator) │              │ 接收者 (Target)   │  │
│   └─────────────────┘              └─────────────────┘  │
│                                                         │
│      步驟一：發起者進行防碰撞偵測                            │
│                                                         │
│      步驟二：發起者選擇通訊模式及速率                         │
│                                                         │
│           步驟三：傳遞屬性需求封包      ──────────►          │
│                                                         │
│           ◄──────   步驟四：回應屬性需求封包                 │
│                                                         │
│         * 步驟五：若偵測到碰撞，則重送需求封包                  │
│                                                         │
│       * 步驟六：若接收者有特殊需求，則傳遞特殊參數封包 ─►        │
│                                                         │
│           ◄──────  * 步驟七：回應特殊參數封包                │
│                                                         │
│               步驟八：開始雙方資料交換                        │
│                                                         │
│                          * 表示此步驟可能不會執行             │
│                                                         │
└─────────────────────────────────────────────────────────┘
```

圖 12.9: NFC 通訊模式

起者遲遲未收到接收方回傳的訊息，則代表通訊過程中發生了碰撞。此時發起者便會執行此步驟，重送步驟三的「屬性需求封包」給接收者。

步驟六：

在步驟四中，若接收者回傳給發起者的訊息中，含有一些特殊需求，例如：接收者本身有支援一些可變動的參數。此時發起者便會傳遞特殊參數封包給接收者，藉此詢問接收者的進一步需求為何。此步驟是因為在第四步驟中有接收到一些特殊的請求時才會執行。

步驟七：

接續上一步驟，接收者回覆自己的特殊參數需求。

步驟八：

發起者和接收者開始進行資料的傳輸與交換。

ISO/IEC 18092 標準定義了 NFC 資料交換中發起者和接收者的程序，比如說發起者要先察看四周是否安全？是否也有其他人也使用相同頻率在傳輸資料？以及對方準備好要接收資料了嗎？而接收者也需跟發起者確認已準備好傳輸資料。當前述的作業通通都確認沒問題，發起者和接收者才會正式開始傳遞資料。

2). ISO/IEC 14443 標準：

這個標準主要定義了非接觸式智慧卡的相關規格、調製方式、編碼方案、協議初始化程序及傳輸協議，用以建立各非接觸式智慧卡 (Contactless Smart Card) 的互通性，並以 13.56MHz 為主要的無線通訊頻率。此目的是讓各家生產的讀卡機能順利讀取不同規格的標籤資料。

表格 12.1: NFC 標籤的類型

類型	類型一	類型二	類型三	類型四
標準	ISO/IEC 14443A	ISO/IEC 14443A	JIS-X 6319-4	ISO/IEC 14443A/B
功能	可自行定義 讀或寫入	可自行定義 讀或寫入	事先定義 讀或寫入	事先定義 讀或寫入
記憶體	96 Bytes 可擴充至 2 Kbytes	48 Bytes 可擴充至 2 Kbytes	每個服務可達 1MByte	變動的 最高每個服務 32 KB
傳輸速率	106 Kbits/S	106 Kbits/S	212 Kbits/S 或 424 Kbits/S	106 Kbits/S

目前常用的四種 NFC 標籤的類型如表 12.1所示，其中使用者能自行定義、讀寫類型一和類型二標籤。而類型三的標籤和類型四的標籤則會在製造的過程中決定為可讀且可覆寫，或只有讀取的功能而已。

3). ECMA 385 及 ECMA 386 標準：

這項標準提供兩項服務：安全通道服務 (Secure Channel Service, SCS) 與安全祕密服務 (Shared Secret Service, SSS)。ECMA 385 的架構主要是參考「開放式通訊系統互連參考模型」（Open System Interconnection Reference Model, OSI）來進行規劃。圖 12.10是 ECMA

385 標準的架構，由上往下以橫向可看成三層架構，分別為 NFC-SEC User、NFC-SEC 及 NFC。

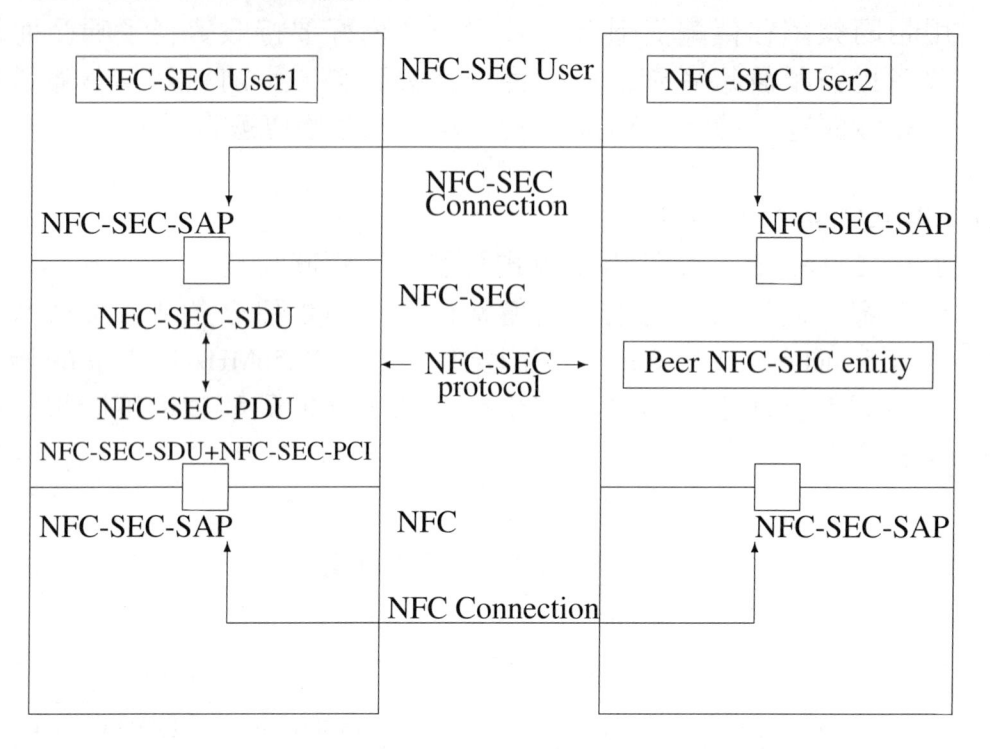

圖 12.10: ECMA 385 之架構

　　NFC-SEC 是一項能夠保護資料不被未知的他人進行調變且保護資料不被竊取的協定。假設現在 NFC 手機使用者（NFC-SEC User1）欲對另外一支 NFC 手機進行通訊時，就會經由 NFC-SEC-SAP (Service Accessing Point) 來發起這項通訊請求之服務，而使用者的通訊需求會被紀錄在 NFC-SEC-SDU (Service Data Unit) 中。而 NFC-SEC-SDU 會跟 NFC-SEC-PCI (Protocol Control Information) 先結合後，成為 NFC-SEC-PDU (Protocol Data Unit)，並且藉由 NFC-SEC User1 位於 NFC-SEC 層和 NFC 層之間的 NFC-SEC-SAP，去跟 NFC-SEC User2 的 NFC-SEC-SAP 進行通訊連結（NFC Connection），藉此先協調好共享的祕密值，再以此祕密值建立出一個安全通訊通道，此即 ECMA 386 標準中提到的安全通道服務（Secure Channel Service, SCS）。ECMA 386 標準裡所提及的金鑰加密服務（Shared Secret Service, SSS）也就是使用 Diffie-Hellman 學者所提出的 Elliptic Curve 方法來建立好使用者雙方彼此的金鑰。在建立好安全通道服務 (SCS) 和金鑰加密服務 (SSS) 之後，然而這裡所提

及的 ECMA 385 標準及 ECMA 386 標準僅適用點對點模式 (Peer-to-Peer Mode)，但不適合卡片模擬模式 (Card Emulated Mode) 與讀取與寫入模式 (Reader/Writer Mode)。

12.5.2 NFC 運作模式

1). 點對點模式 (Peer-to-Peer Mode)

在點對點通訊模式中，兩個 NFC 裝置必須位於相當靠近的範圍內。當發起者裝置觸碰到接收者裝置時，能夠在短時間內建立好兩者的連結，建立橋接的速度遠比藍芽技術要快。但是在連結建立好之後，其資料傳輸的速度卻較藍芽技術慢，因此有許多應用是先利用 NFC 來建立雙方的連線，然後再透過藍芽技術進行資料傳輸。其中一個優點是可以免去繁複的手續來搜尋對方的裝置，ISO/IEC 18092 便支援這種通訊模式。

2). 卡片模擬模式 (Card Emulated Mode)

NFC 的裝置將可以如同一張智慧型晶片卡一般，透過軟體去模擬出一張虛擬的晶片卡，或在手機硬體中鑲嵌入一張安全晶片元件，藉此把不可被其他應用程式所存取的個人機密資訊儲存在其中。現今大多都是選擇使用後者為主，可用於進行付款或者驗證使用者的身分。ISO/IEC 14443 有定義此模式相關的規格。

3). 讀取與寫入模式 (Reader/Writer Mode)

NFC 裝置可讀取 NFC 標籤的內容，將資訊儲存成 NFC 資料交換格式（NFC Data Exchange Format, NDEF）。資料交換格式定義了儲存在智慧型手機及標籤中的資料的格式。這些標籤可以應用在許多領域。舉例來說，在醫院中的每位病患手上若是都佩戴著具有 NFC 功能的手環，就可以儲存病人的心跳頻率、血壓及體溫等資料。當醫護人員想要瞭解上述的資料數值時，他只要拿著 NFC 的讀取器去讀取病人手腕上的 NFC 手環即可。假若這個 NFC 讀取器是有連上網路的，則結果也可以自動傳送到醫藥中心的資訊站。醫生也將可以迅速掌握、控制病人的身體狀況。ISO/IEC 14443 也定義了這項讀取／寫入的通訊規格。

12.5.3 NFC 的安全問題

在迅速發展的 NFC 通訊應用中，如何確保 NFC 通訊機制能在一個安全的環境中進行，就成為一個相當重要的議題，以下將會幾種 NFC 安全議題。

1). 使用唯一識別碼 (Use Unique ID)：

如同 RFID 的標籤，每一張智慧晶片卡均有唯一的 ID 用來以進行資料傳輸前的防碰撞偵測與提供給交易對象識別使用，但沒有事先經過加密。且也不須認證讀取裝置身分，讀取裝置便可讀取此 ID。

由於 NFC 為非接觸式晶片，驗證人員不再經手卡片，無法由卡片外觀辨認真偽，故若有惡意的仿冒與偽造此 ID，便可冒名使用他人身分進行交易或者其他身分識別。NFC 標籤使用唯一的 ID 可能被其他卡片以著相同的 ID 來替代，所以很多技術會採以隨機亂數演算法，產生一個隨機亂數值來替代原本的 ID 值。

2). 拒絕服務攻擊 [Denial of Service (DoS) Attack]：

這種攻擊是對讀取裝置或晶片卡內部安全管理系統進行大量或連續的存取，迫使其原有功能暫停服務或者機能喪失，無法正常使用。對一個需要裝配電池才能使用的讀取裝置而言，若是有人拿著不正確的晶片卡持續向讀取裝置進行感應，希望能進行服務，則讀取裝置收到請求後便開始處理。但若晶片卡是一張惡意或內容錯誤的卡片，讀取裝置會一直處於不斷回覆對方請求的狀態，導致其他正常服務均無法存取，直到讀取裝置電量耗盡。

另一種拒絕服務攻擊，是由手機內部的惡意程式發起。惡意程式會不斷地向手機安全晶片管理系統發出欲存取安全晶片的認證要求。若是連續多次出現存取認證失敗，則晶片卡所具備的安全管理機制將會啟動並暫停任何對於該安全晶片卡的存取，同時也將禁止移除手機中已安裝的應用程式或者安裝新的手機程式。該張安全晶片卡也將因此失去效用，若惡意程式不斷地發動此種攻擊，將造成此安全晶片卡的存取機制被永久鎖住，無法再使用，甚至需要送回原廠才有辦法解鎖。

3). 點對點模式的竊取攻擊 (Eavesdropping in the Peer-to-Peer mode)：
當使用者 NFC 裝置在點對點的通訊模式時，由於無線電波具有發散的特性且資料在傳輸的過程中並沒有加密，兩個 NFC 裝置間的交易過程訊息有機會被竊取或側錄下來。

無線電波接收端之功率與距離的平方成反比，與天線發射的功率成正比。經實驗利用天線在 30 英尺 (大約 9.14 公尺) 之外仍可偵測到晶片的訊號。因此，惡意攻擊者可以在遠處使用天線發送訊號，並試圖接收兩者之間所傳送的訊息。倘若這些傳送的訊息資料在傳輸前並未加密或者使用安全通道來進行傳輸，則兩個裝置所交換的資訊將會完全暴露於惡意攻擊者面前，且惡意攻擊者甚至還可以發送一些雜訊來干擾兩個裝置之間的訊息交換。

要抵擋這種攻擊，可以在點對點通訊模式中使用 SSS 和 SCS（參閱前一節）來進行安全傳輸。也就是說就算惡意攻擊者可以從通訊過程中透過天線接收電波訊號，藉此竊取到一些通訊的資料封包，但因為封包被使用者雙方加密過了，所以亦無法得知內容。

4). 卡片模擬模式的竊取攻擊 (Eavesdropping in the Card Emulated Mode)：
手機裝置若裝載 NFC 功能的實體晶片卡，在此模式就算該手機關機或沒電，手機內的實體晶片卡內容仍然可讀取出來，這對使用者的隱私構成相當大的威脅。

5). 身分鑑別 (Identity Authentication)：
在點對點模式中進行通訊時，可使用 SSS 和 SCS 來進行安全傳輸，但卡片模擬模式及讀寫模式則沒有的身分鑑別的措施，需仰賴各家晶片製造商自行解決身分鑑別的問題。如此一來，NFC 標籤也可能成為惡意程式的傳遞工具。例如：在讀寫模式中，一張具有 NFC 標籤資訊的紙本海報後方藏了一支惡意的 NFC 手機裝置。但是在海報前面無法看見其背後暗藏玄機，而使用者就這樣直接和該標籤進行通訊。藉此獲得標籤中的資訊的同時，因為沒有進行雙方的身分鑑別，可能會順勢接收到一些惡意的程式碼進來，包含啟動（手機）藍芽功能所需用的 PIN Code 和 Mac Address。此時因為這兩個資訊已經被使用者連同海報標籤訊息一同載入手機內，故那隻惡意的 NFC 手機便可不需要經過使用者同意，啟動藍芽功能並傳輸任何可能有害的內容到受害者手機中。

6). 中繼攻擊 (Relay Attack)：
倘若有一個惡意程式在網路上接收到一些應用協定資料單元 APDU 指令 (Application Protocol Data Unit, APDU)，並對手機中的安全晶片元件進行存取請求。當手機晶片卡回覆給該惡意程式時，此程式會透過手機的網路、Wi-Fi 或藍芽等方式，將手機晶片的個人隱私資料或信用卡資訊等內容傳送至攻擊者的手機中。攻擊者在他處利用這些資料偽裝成為一個合法使用者進行消費行為或者其他非法用途，藉此使用者的身分資訊便遭受盜用。

7). 釣魚攻擊 (Phishing Attack)：
使用者只要將 NFC 手機對 NFC 標籤進行感應，就可以開啟標籤中寫入的指令，而這標籤中所顯示的內容可能會誤導使用者。假如今天一個正常的標籤其內容遭到惡意地竄改，其顯示的內容為一個偽裝網站，則使用者可能會因為沒有察覺而將其真實的個人資料填入表單中送出給對方，因而受騙上當。

12.6 無線感測網路及其安全機制

無線感測網路 (Sensor Networks) 的技術已廣泛應用於環境監控、軍事、醫學及居家環境等領域上。但由於無線感測器可能佈署在某環境達數月之久，又受限於無線感測器的硬體設計，使得無線感測網路在效能及安全上的考量格外重要。本節將介紹無線感測網路的機制、相關應用、所面臨的安全問題及其安全機制。

12.6.1 無線感測網路簡介

抬頭看看天花板，相信並不難發現煙霧偵測器的蹤跡。這種用於偵測火災的裝置其實就是一種典型的感測器。煙霧偵測器會不斷地感測周圍環境的狀況，一旦偵測到煙霧，就立刻傳遞感測資訊以觸動相關的應變措施，防止災害擴大。

隨著技術的發展，感測元件的功能也逐漸多樣化。除了能感受到環境中的聲音、光線、壓力、電、磁、味、溫度高低等變化外，並能藉由無線傳輸技術將感測資料傳送出去。由於目前已生產出價格低

廉、可攜帶、低耗電且具有簡易運算功能的感測器裝置，所以在佈建時可以採用大量的感測器而形成無線感測網路。

一般感測器節點 (Sensor Node) 具有感測及傳播資料的功能。一旦感測到環境異狀時，便將此訊息廣播給鄰近節點，鄰近節點收到後再將此訊息傳送出去。再透過路由管理，將感測訊息快速地傳送至後端系統管理者或使用者，以便做更進一步的處理與分析。由於無線感測網路不需要建置類似基地台或節點交換器等基礎網路建設，所以更能彈性地應用於各種環境之中，例如土石流監控、森林火災監控、火山監控或軍事偵查等。

一般而言，無線感測網路具有下列特性：

1). 無中心架構 (Non-centralized)：
在感測網路上的每個節點地位皆平等，並沒有一個特定的處理中心節點負責此網路的運作。每個節點都可以隨時加入或離開此網路。當有節點發生故障時，並不會影響整個網路的運作，具有相當的強韌性 (Robustness)。

2). 自我組織能力 (Self-organized)：
感測網路的建置並不需要依賴任何網路設定，各節點在開機後可透過分層協定及分散式演算法自動組成一個獨立的網路。由於每個感測器節點並不知道其他感測器節點的位置，因此必須建立一套自我組織協定，才能將收集的資料透過自組的無線感測網路送到後端的使用者手中。

3). 多層跳躍的資料交換 (Multi-hops)：
因每個感測器所能感測涵蓋的範圍有限，若某個節點要與範圍以外的節點進行通訊，需要透過一些中間節點的多層跳躍轉遞。也就是訊號範圍所及的點可以直接傳送，遠距離的點則靠中間的點來傳達訊息。

4). 動態拓樸 (Dynamic Topology)：
無線感測網路是一個動態的網路，每個網路節點皆可隨處移動或是隨時開關機。每一個感測節點也可能因環境的變化或敵人的破壞等因素而遭到毀壞，所以無線感測網路的網路拓樸變化的頻率很高，使得網路拓樸結構會隨時發生改變。

基於上述無線線感測網路的特性，一般有線網路的路由協定 (Routing Protocol) 無法有效地應用於無線感測網路。從現行無線感測網路之路由協定來看，無線感測網路的路由方式大致可分為以下三種（如圖 12.11 所示）：

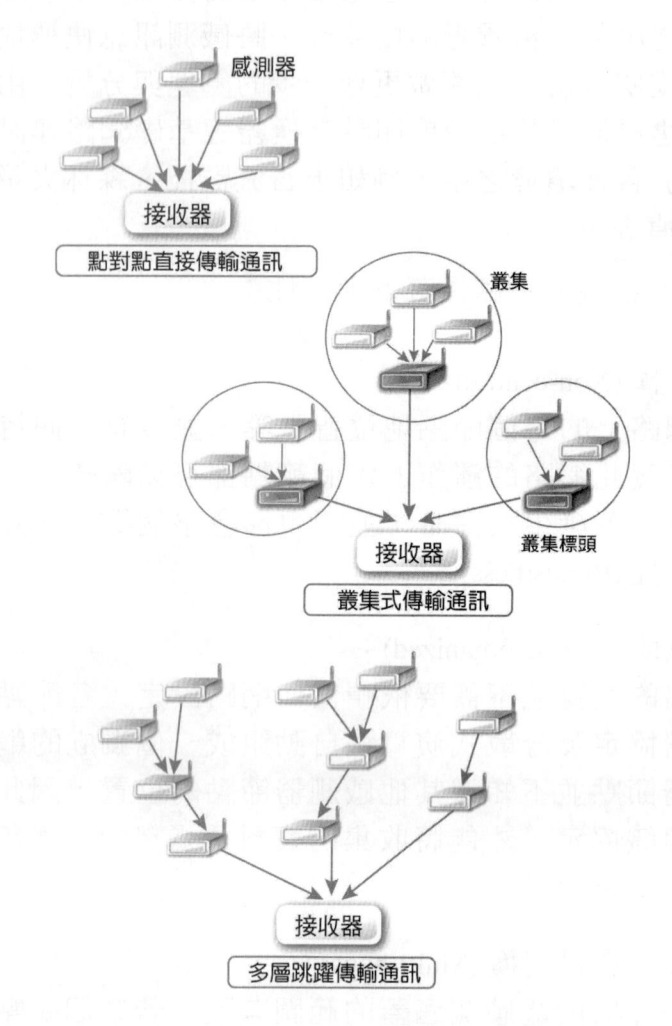

圖 12.11: 無線感測網路的路由協定

1). 點對點直接傳輸通訊 (Direct Communication)：
每個感測器節點在傳送封包 (Packets) 或是控制訊息時，都是直接與接收器節點 (Sink Node) 進行連結並傳送資料，再由接收器節點送到後端的管理器節點 (Manager Node) 做更進一步的處理。

2). 叢集式傳輸通訊 (Clustering Communication)：
先將感測器節點分成許多子叢集，而每個子叢集裡皆有一個叢集

標頭節點 (Cluster Head Node) 負責收集叢集內所有感測器節點的感測資料，再將收集的訊息統一經由此節點傳送給接收器節點。這類型的網路架構可以減少資料在傳遞時所產生的能源消耗並具有擴展性 (Scalability)，但缺點是網路架構較為複雜。

3). 多層跳躍傳輸通訊 (Multi-hops Communication)：
每一個在感測網路裡的感測器節點都可視為一個路由 (Routing) 裝置，一起協力合作將感測訊息封包轉送到接收器節點。

無線感測網路在使用上會受到軟硬體設備及使用環境的影響，在設計上需要考量下列因素：

1). 感測器在硬體上的限制 (Hardware Constraints)
透過微型電子裝置系統 (Micro Electron-Mechanical System, MEMS) 的改良，雖可設計出不比銅板大的感測器，但受到硬體限制的影響。感測器只能提供極小的儲存空間 (Limited Storage) 及有限的計算能力 (Computing Ability)。因此，如何在有限的資源下設計一個有效率的無線感測網路，亦是一個重要的議題。

2). 無線感測網路的擴展性 (Scalability)
當整個無線感測網路的節點從數十個擴充到數千個或數萬個以上時，要如何整個網路的傳輸不會因網路範圍的擴充而有所限制且能成功運作，是一項重要議題。

3). 即時特性 (Real-time Property)
由於無線感測網路所感測的訊息通常具急迫性，如何即時地傳送感測資訊給後端的管理者，也是一項重要的議題。

4). 無線感測網路的容錯能力 (Fault Tolerance)
由於感測器可能會受到環境等因素的影響使其失效或關機，因此提升無線感測網路容錯能力可確保整個感測網路在某些節點失效的情況下，仍能正常運作以避免整個網路癱瘓。

5). 感測器的省電機制 (Power Saving)
當感測器被佈署在如海洋、戰場上，必須能維持運作可能長達數月之久，感測器可能因電力消耗 (Power Consumption) 過大使得整個感測網路因而失效。因此如何提供一個省電機制，讓感測器可延

長使用壽命非常重要。一般而言，感測器的電力消耗又以傳輸資料時為最大。

6). 感測器的成本
在建置無線感測網路時，有時可能必須大量使用感測器，因此對於整體花費而言，如何降低感測器的成本是感測器網路能否推行成功的重要因素之一。

7). 感測器的通訊範圍 (Communication Range)
由於受到電力及感測器感測範圍的限制，感測器不可能直接和長距離的感測器做溝通，必須透過中間節點的感測器，方可進行通訊。因此必須確保在感測器訊號範圍所及的區域內存在有其他感測節點，以確保訊息能順利傳遞出去。

12.6.2 無線感測網路的安全問題

無線感測網路的安全攻擊主要分為被動攻擊與主動攻擊兩大類。被動攻擊是指攻擊者只竊取無線感測網路上所傳遞的封包，並不會對封包內容進行篡改或破壞，這類攻擊會危害網路上封包的機密性及隱私性，因此可以採用加密機制來加以保護。

主動式的無線感測網路攻擊方式又可分為兩大類：一是針對網路連線方式的弱點做攻擊；另一類是藉由資源消耗的方式攻擊。在網路連線上的攻擊方式有下列幾種：

1). 重送攻擊 (Replay Attack)
在通訊過程中，某兩個或兩個以上通訊節點的溝通訊息被攻擊者攔截，並被偽造成假訊息傳送給對方，而收發雙方均不知道有此攻擊發生。

2). 冒充攻擊 (Sybil Attack or Impersonation Attack)
某個惡意節點可能偽造或冒充一個或多個以上的假節點及識別碼 (Identity) 與網路上其他節點做溝通。

3). 路由迴圈攻擊 (Routing Cycle Attack)
攻擊者故意造成資料封包在特定一些節點間無限制地傳遞下去，

而不會送達目的地。例如,在圖 12.12 中,節點 B、C、D、E 及 F 形成一迴圈,封包就在這個迴圈中無止盡地傳遞下去。

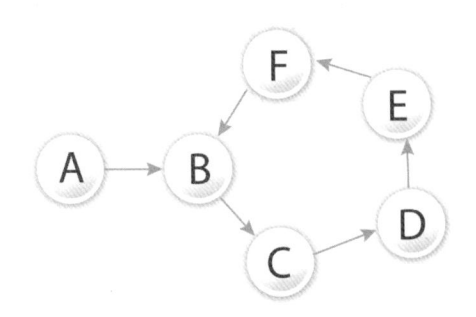

圖 12.12: 路由迴圈攻擊

4). 黑洞攻擊 (Blackhole Attack)

攻擊者刻意誤導某些節點的最短路徑,讓這些節點的封包傳送至一個根本不存在或是被攻擊者所控制的節點,然後再將此封包丟棄。例如,圖 12.13 的節點 F 要轉遞封包到節點 D,原本的最短路徑為 F-E-D,但其最短路徑被攻擊者誤導後,使得節點 F 的封包經由節點 G 再傳送給節點 B。由於節點 B 被攻擊者所控制,並不會繼續轉遞封包到下一節點。所有封包只要經過節點 B 就被丟棄,節點 B 就稱為黑洞。

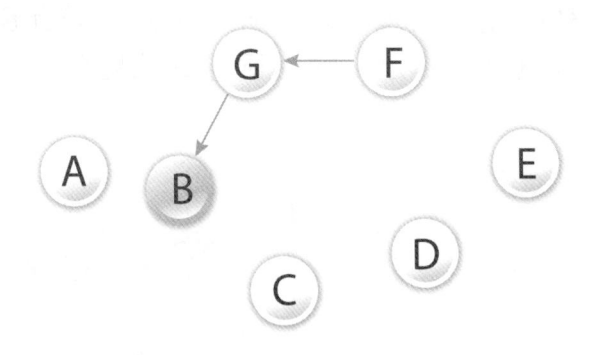

圖 12.13: 黑洞攻擊

5). 灰洞攻擊 (Gray Hole Attack)

這種攻擊與黑洞的攻擊模式類似,封包會被傳送至攻擊者所控制的節點中,但攻擊者並不是全部將封包丟棄,而是選擇性地讓某些封包通過。

6). 繞遠路攻擊

攻擊者控制一節點並讓封包非經最佳化的路徑傳遞。例如，圖 12.14 的節點 A 要經由節點 B 傳送一封包到節點 G，本來最佳化的路徑是節點 B 直接轉遞給節點 G 即可。但若節點 B 遭到攻擊者控制，使得封包的傳遞不走最佳化的路徑，反而繞遠路改走 B-C-D-E-F-G 路徑。

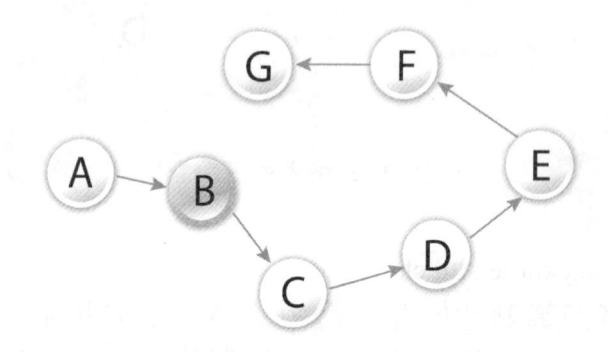

圖 12.14: 繞遠路攻擊

7). 分割攻擊 (Colluding Node Attack)

當一個節點剛好是連接兩個無線感測網路的唯一節點時，若攻擊者控制此一關鍵節點，並阻斷所有經由此節點所進行的連線，使網路分割成兩個無法連通的單獨網路。如圖 12.15 所示，圖中的節點 A 剛好是連結左右兩邊網路的唯一節點，若此節點被攻擊者控制並阻斷所有訊息的傳遞，左右兩邊的節點將無法連通而造成網路的分割。

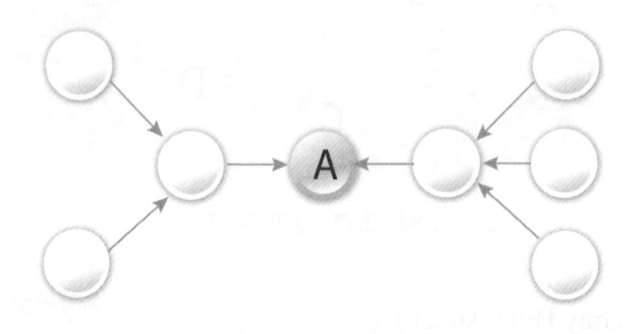

圖 12.15: 分割攻擊

8). 蟲洞攻擊 (Wormhole Attack)

攻擊者先控制兩個或以上的惡意節點，再聯合起來偽造一個有效且較佳的繞送路徑，使得原先網路所規劃的繞送路徑被取代。例如圖 12.16 中，若節點 A 與 B 被攻擊者控制，那麼所有送到節點 A 的封包都只會傳送給節點 B，送到節點 B 的封包都只會傳送給節點 A，攻擊者便可利用此條陷阱路徑做重送攻擊或阻斷攻擊。

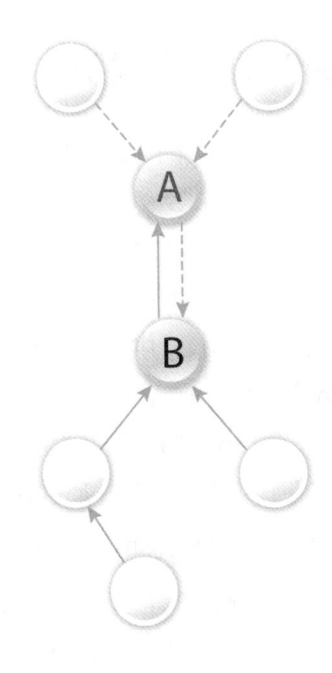

圖 12.16: 蟲洞攻擊

9). 黑函攻擊 (Blackmail Attack)
有些無線感測網路，路由協定採用黑名單的方式（紀錄「惡意」的節點），攻擊者便以散發「黑函」的方式來誣告某些合法節點為惡意節點，使得這些節點排除在通訊的群組之外。

在資源消耗上的攻擊方式則有以下兩種：

1). 阻斷服務攻擊 (Denial-of-service Attack)
攻擊者任意送出大量且無用的封包，藉以消耗頻寬及感測裝置上有限的電力、記憶體及運算能力，使得某些重要的封包因網路負荷過重而無法有效地傳遞，感測器也可能因電力或資源被消耗而無法進行感測及訊息的傳遞。

2). 暴衝攻擊 (Rushing Attack)

攻擊者大量地偽造路由封包，並將某些合法節點的位址填入這些偽造封包的來源位址欄位裡面，然後大量散播出去。收到這些封包的節點會因不堪其擾而將被陷害的節點列入黑名單，爾後由其所發出的封包就不再被接收，造成服務中斷。

12.6.3 無線感測網路的安全機制

為了避免無線感測網路遭到上一節所提到的主動或被動安全攻擊，適當的安全機制在無線感測網路中是必要的。但在設計無線感測網路的安全機制時，感測器本身的電源需求、記憶體大小、計算能力及網路頻寬等特性也要一併納入考慮。例如，美國加州大學柏克萊分校所開發的微塵 (Mote) 感測器，其電源供應為兩顆 AA 電池，有 128Kb 的隨機存取記憶體和 128Kb 的程式記憶體空間，處理器的運算能力僅有 4MHz，封包字元最大也只有 36 位元組。因此在有限的資源下，必須開發出更有效率的安全機制，才能適用於無線感測網路。

首先，為了確保訊息在無線感測網路傳遞時的機密性、完整性及鑑別性，當一個無線感測網路在建立時，每個節點間必須能夠相互認證，並建立彼此間的安全通訊頻道 (Secure Communication Channel)。傳統上，要建立傳送雙方間的安全通訊頻道可以採用公開金鑰系統 (Public Key Cryptography)，但由於公開金鑰系統需要大量的運算，應用到無線感測網路上並不恰當。

因此，常見的作法是在建置感測器之前，先植入一把無線感測網路所共用的祕密金鑰。每當感測器要傳遞封包之前，都要先利用這把祕密金鑰對封包做加密，並附上訊息驗證碼 (Message Authentication Code, MAC)。感測器收到封包後可利用同一把祕密金鑰進行解密。由於只有合法的節點才握有此祕密金鑰，因此可確保只有合法的節點才能得知所傳遞封包的內容，達到機密性。此外，藉由訊息驗證碼的驗證，可驗證此封包是否由一合法的節點所傳遞及封包內容是否被篡改。像現有的標準 ZigBee (802.15.4) 和美國加州大學柏克萊分校所發展的安全套件 TinySec，都採用類似的作法。

此外，在網路連線及資源消耗上的攻擊上，雖然很難提出一個具體的方法來完全防堵，但仍可以透過一些措施來降低傷害，例如以限

制路由長度的方式來避免攻擊者植入路由迴圈，或是藉由其他相鄰節點觀測封包丟棄，來避免黑洞或灰洞的發生。

進階參考資料

對無線通訊安全技術有興趣的讀者可再進一步研讀：Johnny Cache 和 Vincent Liu 所編著 *Hacking Exposed Wireless-Wireless Security Secrets & Solutions*（McGraw-Hill，2007 年）。此外，教育部顧問室資通安全聯盟委託交通大學資訊工程系編撰「無線網路安全」教材，亦是很好的參考資料。

12.7 習題

1. 請描述 IEEE 802.11 的隨意型及固定型的連接模式。

2. 請描述藍芽無線通訊系統的身分鑑別機制及加解密機制。

3. 請說明有線網路和無線網路的差異。

4. 藍芽封包的格式為何？並說明其功能。

5. 請說明 RFID 與條碼特性的比較。

6. 請描述何謂無線感測網路，並舉例說明其相關應用。

7. 請針對本書中對無線感測網路所提出的各種安全攻擊提供可能的解決之道。

12.8 實習單元

1. 實習單元名稱：RFID 操作與應用。

2. 實習單元目的：
   認識 RFID 及其基本的運作原理、學習如何將電腦連結讀取器，

並透過 RFMDP 練習讀取器對標籤的讀取、寫入及修改，藉由實際的操作，深入瞭解 RFID 之運作。

3. 系統環境：RFMDP DK-1500 V1.50

4. 系統需求：

作業系統	Microsoft Windows XP 或以上
硬體傳輸介面	USB

5. 實習過程：
完整的實習過程範例放置於本書輔助教學網站，有興趣的讀者可參考該網站 (http://ins.isrc.tw/)。

13 行動通訊安全

Mobile
Communications
Security

行動通訊安全
Mobile Communications Security

13.1 前言

通訊 (Communication) 是指將某一地點的訊息（包括文字、符號、影像、音樂及語音等）傳送至另一目的地。早期的通訊是利用郵件來傳遞訊息，但由於距離的隔閡，信件送達目的地常需要一段時間，無法達到即時性。隨著科技文明的發達，開始有電話及網路等通訊機制出現，讓通訊雙方可以即時傳遞訊息。近年來更延伸出多種行動通信方式，打破了人與人之間的隔閡，並提供使用者無所不在、無處不連的無線通訊環境。

本章主要著重在行動通信系統的相關安全機制介紹。美國於 1980 年代推出 AMPS (Advanced Mobile Phone System)，是最早具行動漫遊 (Roaming) 服務的蜂巢式類比訊號的通訊系統，稱為第一代行動通信系統。當時通訊安全的概念尚未普及，通訊的標準規範並未考量相關的安全機制，所以用戶識別碼 (Mobile Identification Number, MIN) 及手機識別碼 (Electronic Serial Number, ESN) 均以明文方式傳送，因此當時的通訊內容很容易被監聽，手機門號被盜用的事件也時有所聞。

為了解決這個問題，1990 年代推出第二代行動通信系統，較著名者有泛歐體系的 GSM (Global System for Mobile Communications)、北美體系的 PACS 系統。第二代行動通信系統加強身分鑑別及密碼機制，大大地提升行動通信的安全防護。但第二代型動通信系統僅能傳輸語音訊號，不能傳輸數據及多媒體資料，也沒有辦法瀏覽網頁。因而促使第三代及第四代行動通信的快速發展。

為了應付網際網路與行動通信系統日漸合流之趨勢，世界各國積極建置第五代行動通信系統，安全機制的規劃也將更形完備。本章將介紹三種較具代表性的無線通訊系統及其相關的安全機制，包括第二代行動通信的 GSM 系統、第三代行動通信 3G、及車載通訊(Telematics)。

13.2 GSM 行動通訊系統及其安全機制

GSM 是第二代行動通信系統中最具代表性的系統之一，是由歐洲電信標準協會（European Telecommunications Standard Institute, ETSI）於 1990 年所制訂的行動通信系統，其具有服務可攜性 (Service Portability)、高通話品質及高安全性等特性。服務可攜性是指用戶手機門號可以在其他國家使用；亦即不需另外申請手機門號，只要向當地基地台註冊，爾後呼叫該使用者的電話均會自動轉接到該用戶手機。此外，GSM 為數位化的行動通信系統，通訊品質要比第一代類比式通訊系統（如 AMPS）來得高。GSM 系統也將安全納入考量，因此可以提供更讓人安心的通訊服務。

13.2.1 GSM 行動通訊系統的系統架構

GSM 系統的基本結構如圖 13.1 所示，分為下列三大部分：行動台 (Mobile Station, MS)、基地台子系統 (Base Station Subsystem, BSS) 及網路與交換子系統 (Network and Switching Subsystem, NSS)。

行動台為用戶端的行動通信設備，由 ME 及 SIM 卡所組成。ME (Mobile Equipment) 為用戶端的行動設備，如常見的個人數位助理 (PDA) 或行動電話等。用戶識別模組 (Subscriber Identity Module) 俗稱 SIM 卡，是一種 IC 卡，內含用戶相關資料。原則上，ME 需配合 SIM 卡才能使用，但緊急使用時可以不需 SIM 卡。

基地台子系統內含基地傳輸站及基地台控制器，功能介紹如下：

- 基地傳輸站 (Base Transceiver Station, BTS)
  即俗稱的基地台，包含傳送器、接收器以及和 MS 通訊之音頻介

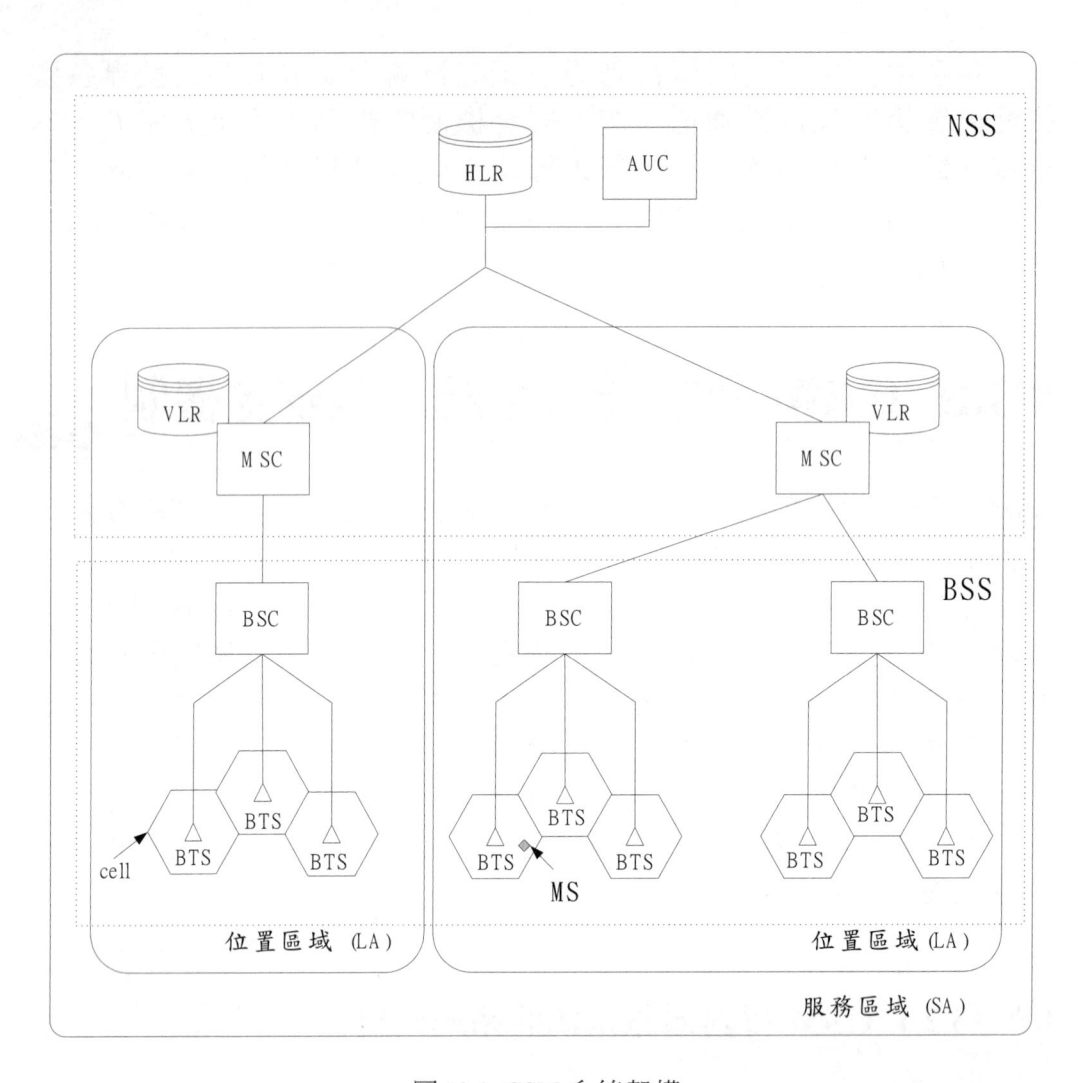

圖 13.1: GSM 系統架構

面，提供服務區域內行動通信用戶所需的通訊。每個基地台所服務的區域稱為細胞 (Cell)。

- 基地台控制器 (Base Station Controller, BSC)
  主要做 BSS 之交換機功能，如頻道佔用及釋放。 BSC 可以透過 ISDN 連接數個 BTS，並負責所轄區域內 BTS 的資源管理。

網路與交換子系統 (NSS) 則有 MSC、HLR、VLR 及 AuC 四個主要設備，簡介如下：

- 行動交換中心 (Mobile Switching Center, MSC)
  GSM 系統的中樞，主要負責線路交換 (Circuit-Switching) 的功能。

每個 MSC 所管轄的區域稱為位置區域 (Location Area, LA)，一個 LA 可涵蓋一個或多個 BSC。MSC 的主要功能就是提供服務給所管轄的 BSC。

- 本籍位置紀錄器 (Home Location Register, HLR)
  手機用戶原先申請註冊所在地。儲存所有在此註冊之行動用戶的相關資料，以知道行動用戶所在位置或越區辨識及記帳之用。

- 訪客位置紀錄器 (Visited Location Register, VLR)
  訪客位置紀錄器主要功能是用來紀錄所有漫遊到此區域 (LA) 的用戶資料，並且儲存由 AuC 產生欲執行安全機制所需的參數。本籍位置紀錄器 (HLR) 與訪客位置紀錄器 (VLR) 是相對名稱。例如，志明在中華電信台中分公司申請手機號碼，而春嬌在中華電信台北分公司申請手機號碼。志明到台北與春嬌約會時，志明隨身攜帶的手機即漫遊到台北。中華電信台北分公司所管轄的 LA，對志明隨身攜帶的手機而言，就是 VLR，但是對春嬌隨身攜帶的手機而言卻是 HLR。

- 認證中心 (Authentication Center, AuC)
  認證中心紀錄所有用戶的國際行動用戶碼 (International Mobile Subscriber Identity, IMSI)。該碼記載該手機原先申請註冊地點及該手機的唯一識別碼，並會產生相關的參數提供給 VLR 執行相關的安全機制。

13.2.2 GSM 系統的通訊過程

GSM 系統的通訊過程大致分為註冊階段及呼叫傳送階段，分別敘述如下。

- 註冊階段 (Registration Phase)
  GSM 系統中用戶在進行通訊之前必須先向系統註冊，註冊目的是告訴 HLR 目前用戶所在位置及相關資料的更新。因此，當使用者將行動設備從一個 LA 移動到新的 LA 時，就必須執行註冊的動作。GSM 系統中除了手機開機或系統故障外，註冊的過程皆是利用暫時的用戶識別碼 (Temporary Mobile Subscriber Identity,

TMSI) 來取代真正的用戶識別碼 IMSI。之所以不傳送真正的用戶識別碼 IMSI，主要在避免 IMSI 在通訊過程中曝光而被竊取。GSM 註冊階段的相關流程圖如圖 13.2 所示，步驟如下：

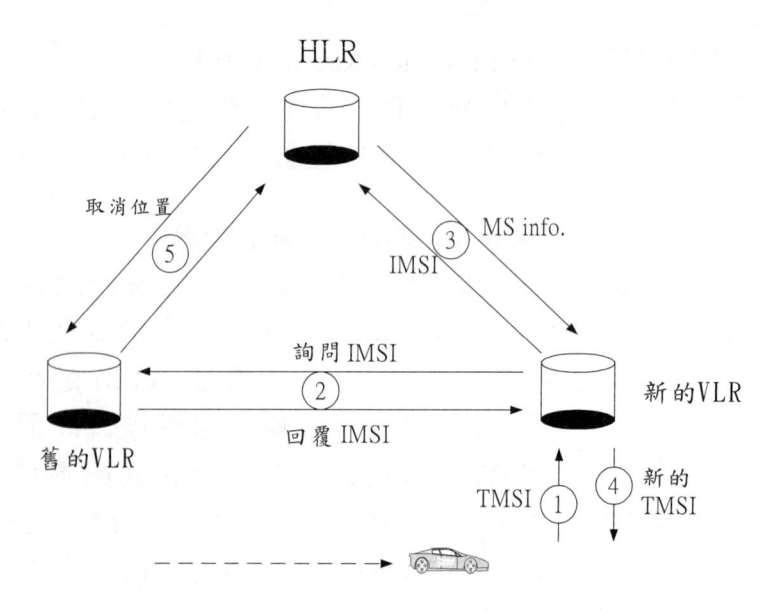

圖 13.2: GSM 系統的行動用戶註冊步驟

1). 當使用者從一個舊的 LA 移動到新的 LA 時，此時基地台會偵測到新用戶進入此一區域，並傳送一訊息給此用戶的行動設備，用以告知用戶該設備已進入新位置。此時，用戶行動設備會將 TMSI 及在上一個區域的 VLR 之識別碼 (VLRI) 傳送給新區域所管轄的 VLR 及 MSC。

2). 新的 VLR 收到 TMSI 及 VLRI 後，會向前一個 VLR 要求送回該手機之 IMSI。該碼記載該 MS 原先申請註冊的 HLR 識別名稱及該 MS 唯一識別碼。

3). 新 VLR 從 IMSI 得知該用戶之 HLR 地址，因而通知 HLR 該手機用戶目前位置。HLR 確認後，會紀錄該使用者目前的所在位置，並將該手機用戶的相關資訊送回新 VLR。

4). 接著，新的 VLR 會產生一個新的 TMSI 給 MS。以後 MS 在此 VLR 管轄區內就以此 TMSI 向 VLR 申請註冊或服務。

5). HLR 同時送一「取消位置」訊息給舊的 VLR，用來通知舊的 VLR 將該 MS 之相關資訊刪除，並送確認訊息給 HLR。

值得注意的是，行動用戶與 VLR 間的通訊是透過無線傳輸，因此傳輸資料很容易被截取。故 MS 與 VLR 間的身分鑑別資料應儘量採用 TMSI，以避免洩漏用戶真實的身分鑑別資料 IMSI，這個特性可達到用戶身分的隱密性。

- 呼叫傳送階段 (Call Delivery Phase)

  呼叫傳送行動電話之過程如圖 13.3 所示，敘述如下：

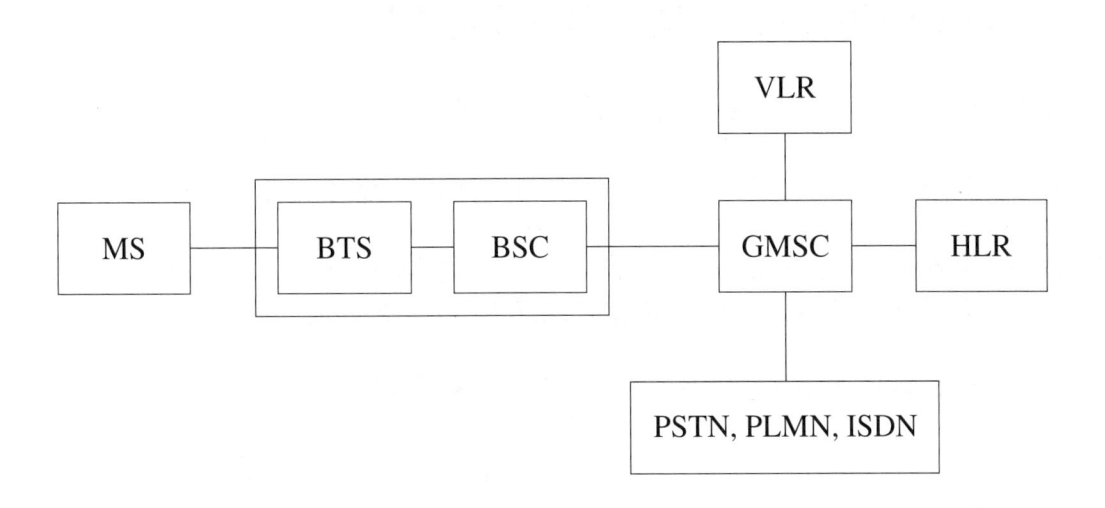

圖 13.3: GSM 系統的呼叫傳送過程

1). 由 GSM 用戶打電話給其他電話或數據系統的用戶，或者由其他電話或數據系統打電話給 GSM 用戶都是透過一個閘道用的 MSC (Gateway MSC, GMSC) 來負責處理，也可以是 GSM 網路上任何一台 MSC。GMSC 可以連接到其他電話或數據系統，例如公眾交換電話網路 (Public Switching Telephone Network, PSTN)、公眾陸地行動網路 (Public Land Mobile Network, PLMN) 及整合服務數位網路 (Integrated Services Digital Network, ISDN) 等。

2). PSTN、PLMN 及 ISDN 會將打給 GSM 用戶的電話交由 GMSC 來處理，GMSC 根據行動台之識別碼去詢問 HLR。HLR 由於已紀錄該手機的目前位置，因此可得知該行動台目前活動的位置。

3). HLR 通知行動台目前漫遊所在地之 VLR，以獲取目前該行動台的漫遊號碼 (Mobile Station Roaming Number, MSRN)，再將 MSRN 傳回給 GMSC。此 MSRN 內含該手機目前所隸屬之交換機資訊。

4). 利用 MSRN 資訊，GMSC 就可建立最佳呼叫路徑 (Call Path)，將電話轉接到該用戶。

13.2.3 GSM 行動通訊系統的安全機制

GSM 系統提供三個主要的安全服務，分別為：

1). 行動用戶身分的隱密性：避免行動用戶的 IMSI 資料外洩。

2). 系統對行動用戶身分的鑑別性：確認行動用戶的身分，以防止非法使用者冒充他人身分使用通訊系統的所有服務。

3). 傳輸資料的機密性：確保通話過程不被竊聽。

GSM 系統中與這些安全服務相關的演算法有 A3、A5 及 A8，其功能如圖 13.4 所示。

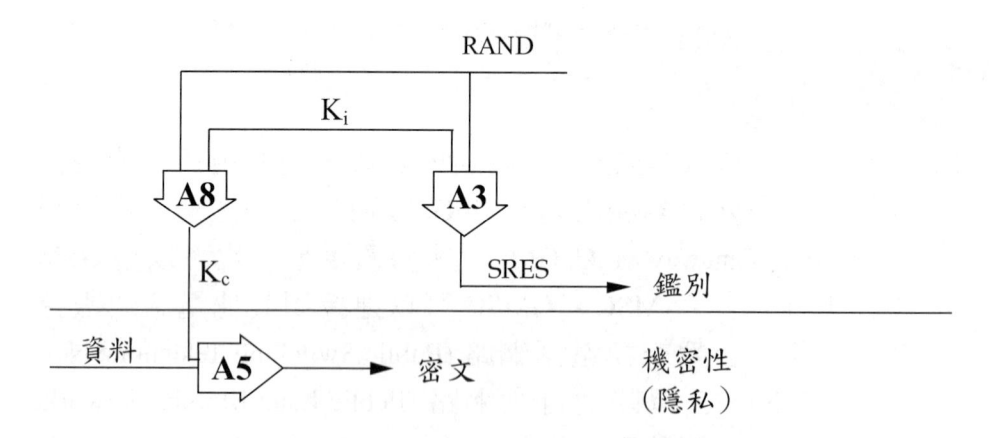

圖 13.4: GSM 系統中所使用的 A3、A5 及 A8 演算法

其中，A3 主要用來產生鑑別參數 $SRES$ (Signal Result)，以做為身分鑑別之用；A5 為加解密演算法；A8 則用來產生加解密時所需的祕密交談金鑰 K_c。值得一提的是，GSM 系統中的 A3、A5 及 A8 演算法

均不對外公開,所以其細節無從得知。每一家電信公司可以自己決定要使用哪一種 A3 演算法,但所有使用 GSM 系統之通訊業者及手機其 A5 及 A8 演算法均相同。除此之外,用戶的 SIM 卡及 AuC 的資料庫中會共同儲存一把祕密金鑰 K_i。

為了確保行動用戶身分的隱密性,當行動用戶從舊的 LA 移動到新的 LA 時,新 LA 所管轄的 VLR 會產生新的亂數當作此用戶的 TMSI,而不是真正傳送用戶的 IMSI,故可降低 IMSI 被竊取的風險。

系統對行動用戶的鑑別機制是利用 A3 及 A8 演算法,並採用挑戰及回應 (Challenge/Response) 的機制來確認使用者身分。挑戰及回應是一種利用詢答來確認對方身分的方式。例如系統可能詢問行動用戶「您是誰」,若用戶回答「我是 Kitty 貓」,系統依資料庫所儲存之用戶資訊來驗證其合法身分。詢答的次數愈多,確認性也就愈高。GSM 系統的行動用戶身分鑑別機制請參考圖 13.5。其步驟如下:

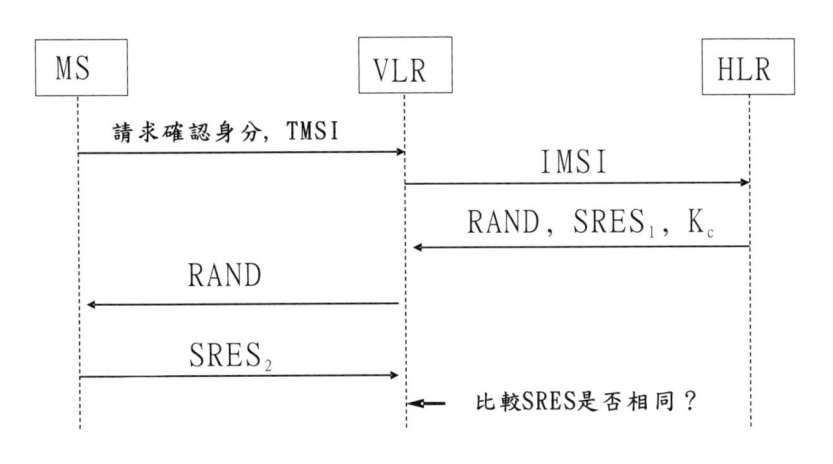

圖 13.5: GSM 系統行動用戶身分鑑別機制

1). 當行動用戶 (MS) 進入一個新的 VLR 所管轄的區域時,向此新 VLR 提出身分確認請求。新 VLR 利用 MS 的 TMSI 來識別用戶的身分,再以挑戰及回應的詢答方式來識別使用者身分。

2). VLR 依據用戶所傳來的 TMSI,向其之前的舊 VLR 查詢此 MS 真正的 IMSI。IMSI 記載了其發行者 HLR 的身分,因此 VLR 向此 MS 之 HLR 請求確認此 MS 是否為其用戶。

3). HLR 向附屬的 AuC 查詢此用戶的祕密金鑰 K_i，並產生一隨機號碼 $RAND$，然後再經過 A3 及 A8 演算法分別產生 $SRES_1$ 及 K_c，並將此 $RAND$、$SRES_1$ 及 K_c 送回給 VLR。

4). VLR 將參數 $RAND$ 當成詢問值 (Challenge) 送給行動用戶，而行動用戶手機中的 SIM 卡也存有相同的祕密金鑰 K_i，因此同樣可利用 A3 及 A8 演算法來算出參數 $SRES_2$ 及 K_c，最後再將 $SRES_2$ 當作回應值 (Response) 送回給 VLR。

5). VLR 比較所收到的 $SRES_2$ 與先前所儲存的 $SRES_1$ 是否相同。若相同，則通過該行動用戶的身分鑑別；若不同，則拒絕該用戶使用通訊服務。其身分鑑別機制中所使用的挑戰與回應架構可參考圖 13.6。

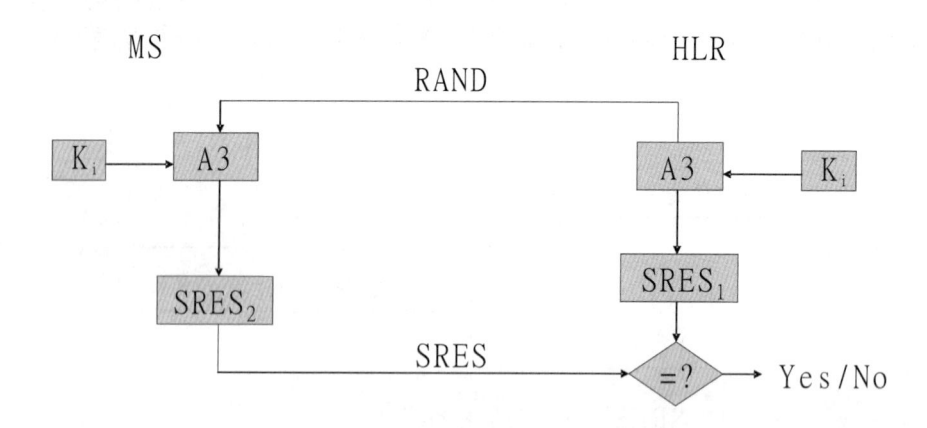

圖 13.6: 行動用戶身分鑑別機制中的挑戰回應架構

6). 通過身分鑑別之後，行動用戶便可以開始進行通訊，亦可進入通訊資料加解密的階段。

GSM 系統中通訊資料的加解密機制主要是利用 A5 演算法。A5 加密演算法所使用的祕密金鑰 K_c，便是先前行動用戶依據 K_i 及 $RAND$ 使用 A8 演算法所產生的。用以加解密通訊資料的通訊金鑰之產生過程如圖 13.7 所示；而加解密機制則如圖 13.8 所示。

瞭解行動用戶的身分鑑別機制與傳輸資料的加解密機制後，將兩者結合就構成 GSM 系統的安全架構（如圖 13.9）。

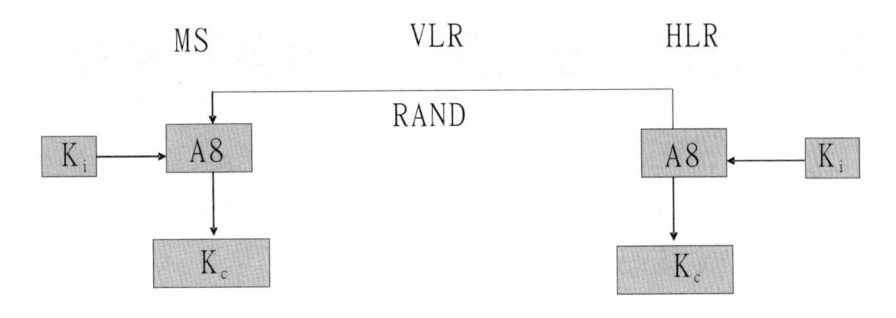

圖 13.7: GSM 系統通訊金鑰的產生方式

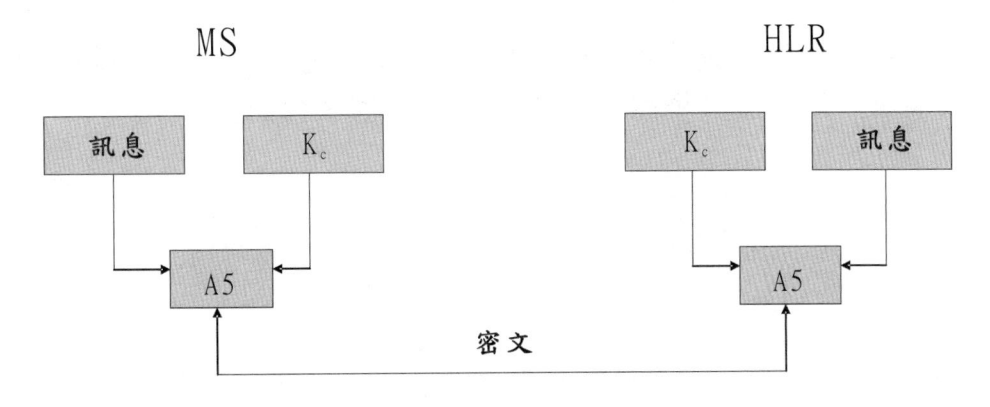

圖 13.8: GSM 系統傳輸資料的加解密機制

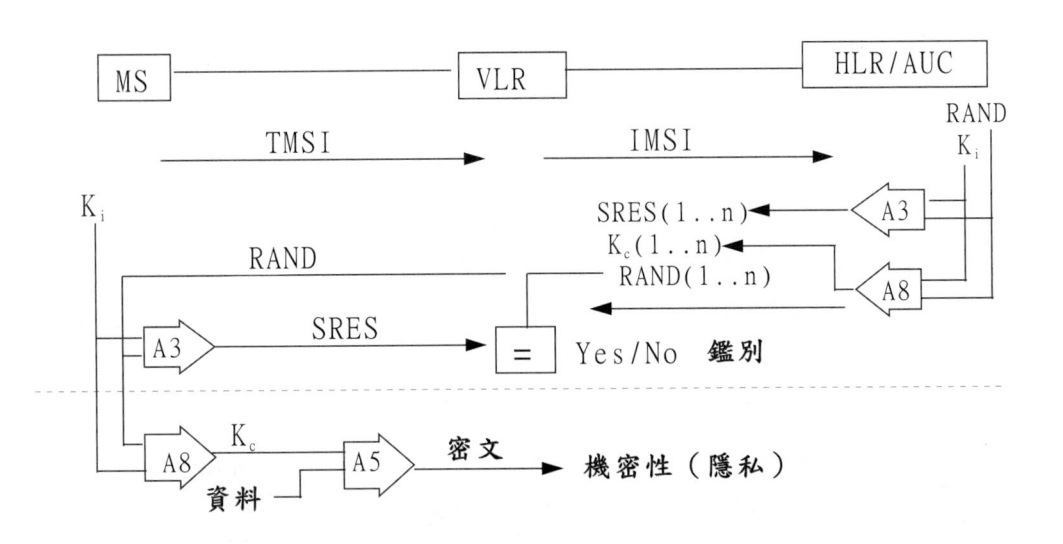

圖 13.9: GSM 系統的安全架構

13.3 第三代行動通訊系統及其安全機制

第三代行動通信網路發展的目的,主要是整合行動通信與網際網路的相關服務,使得行動通信網路也能提供網際網路相關的數據服務功能,其中著名的系統有 WCDMA 及 TD-SCDMA 等。

13.3.1 第三代行動通訊系統的基本架構

第三代行動通信系統(3G)的架構與 GSM 系統架構類似,圖 13.10 為其架構圖。以下就其網路端及設備端之設備做介紹。

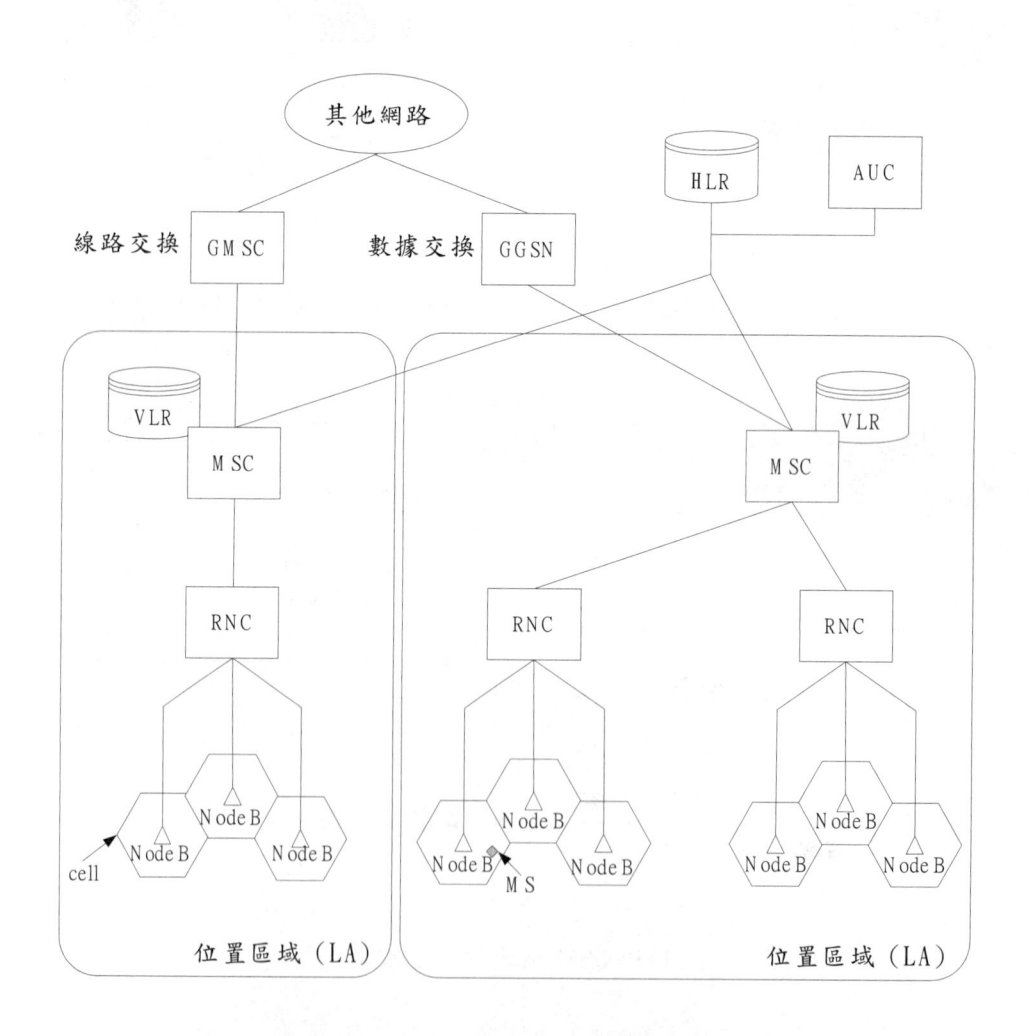

圖 13.10: 第三代行動通信系統的基本架構

- 基地台系統 (Node B)
  一個 Node B 可包含一個或多個基地台發射站 (BTS)，BTS 是用來提供位於該服務區域內行動用戶所需的無線通訊介面。

- 無線電網路控制台 (Radio Network Controller, RNC)
  管轄一個或多個基地台系統 Node B，並負責提供所管轄 Node B 間的交替工作及提供所管轄 BTS 的資源管理。

- 行動交換中心 (MSC/SGSN)
  第三代行動通信系統的中樞，可提供線路交換 (Circuit-Switching) 及數據交換 (Packet-Switching) 功能，為服務範圍內的行動用戶執行交換接續與轉接服務。

- 訪客位置紀錄器 (VLR)
  主要負責儲存漫遊到此服務區中的行動用戶相關資料。

- 本籍位置紀錄器 (HLR)
  主要負責儲存所有行動用戶的相關資料，以做為越區辨識及記帳之用。

- 認證中心 (AuC)
  儲存所有用戶的 IMSI 及相對應的認證金鑰，供後續執行相關安全機制之用。

- 行動台 (MS)
  MS 是由行動設備 (Mobile Equipment, ME) 與類似 SIM 卡之 UICC 卡 (UMTS IC Card) 所組成。UICC 卡內含使用者服務識別模組 (User Service Identity Module, USIM)，其中存有 $f1$ 至 $f5$ 的密碼機制演算法是由公開的 MILENAGE 演算法所推演而來。ME 內則存有 $f8$ 與 $f9$ 的密碼演算法，是由公開的 KASUMI 演算法推演而來。

13.3.2 第三代行動系統的安全機制

第二代行動通信系統的鑑別機制是採用網路對用戶的鑑別方式，來防止非法使用者進入合法網路，但卻沒有提供用戶對網路的鑑別機制來防止合法用戶進入非法網路。為了補強這項缺失，第三代行動通信系統增加了用戶對網路的鑑別機制。另外，為確保用戶資料在無線電波

傳輸時不被截取或篡改，第三代行動通信系統也新增機密性及完整性的保護機制。茲將第三代行動通信系統的相關安全機制介紹如下。

- 用戶身分的隱密性
  此機制與第二代通訊系統相似，行動用戶利用暫時的用戶識別碼 TMSI 向網路證明自己的身分，而不使用真實的用戶識別碼 IMSI，以降低 IMSI 暴露後可能被截取的風險。用戶身分隱密性的安全機制如圖 13.11 所示。

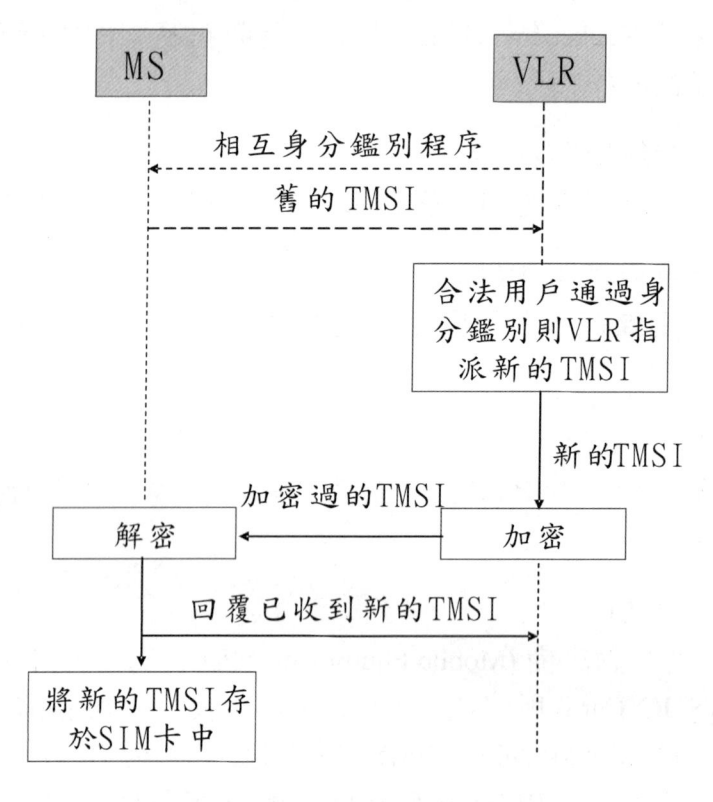

圖 13.11: 用戶身分隱密程序

一旦 VLR 驗證 MS 舊的 TMSI 無誤後，會產生一個新的 TMSI 給 MS。為了避免 TMSI 資料外洩，TMSI 在無線電波中傳輸時將給予加密保護。MS 解出 TMSI 後存入 SIM 卡，並回覆 VLR 已收到新的 TMSI。當行動用戶不在同一個 VLR 服務區域時，MS 與 VLR 會先進行相互身分鑑別機制，新的 VLR 會在該用戶通過身分鑑別後，指派一個新的 TMSI 給該用戶，並刪除舊的 TMSI。

- 網路與用戶的雙向鑑別機制

    第三代行動通信系統中,網路與用戶之雙向鑑別機制進行步驟如下:

    1). 當行動用戶進入一個新的 VLR 所管轄的區域時,會先利用 TMSI 來識別用戶的身分,再以挑戰及回應的詢答方式來識別使用者身分。

    2). VLR 依據用戶所傳來的 TMSI,利用 TMSI 向舊 VLR 查詢其所對應的 IMSI,再由 AuC 去查詢相對應的祕密金鑰 K,並隨機產生序號 (Sequence Number, SQN)、隨機亂數 (RAND) 及認證管理欄位 (Authentication Management Field, AMF) 三個參數。然後分別經過 $f1$ 至 $f5$ 五個演算法計算後,產生訊息驗證碼 (Message Authentication Code, MAC)、期望回應 (Expected Response, XRES)、加解密金鑰 (Cipher Key, CK)、驗證金鑰 (Integrity Key, IK) 及匿名金鑰 (Anonymity Key, AK) 五個參數,並將這五個參數傳送給新的 VLR 使用。這五個鑑別參數的產生過程如圖 13.12 所示。

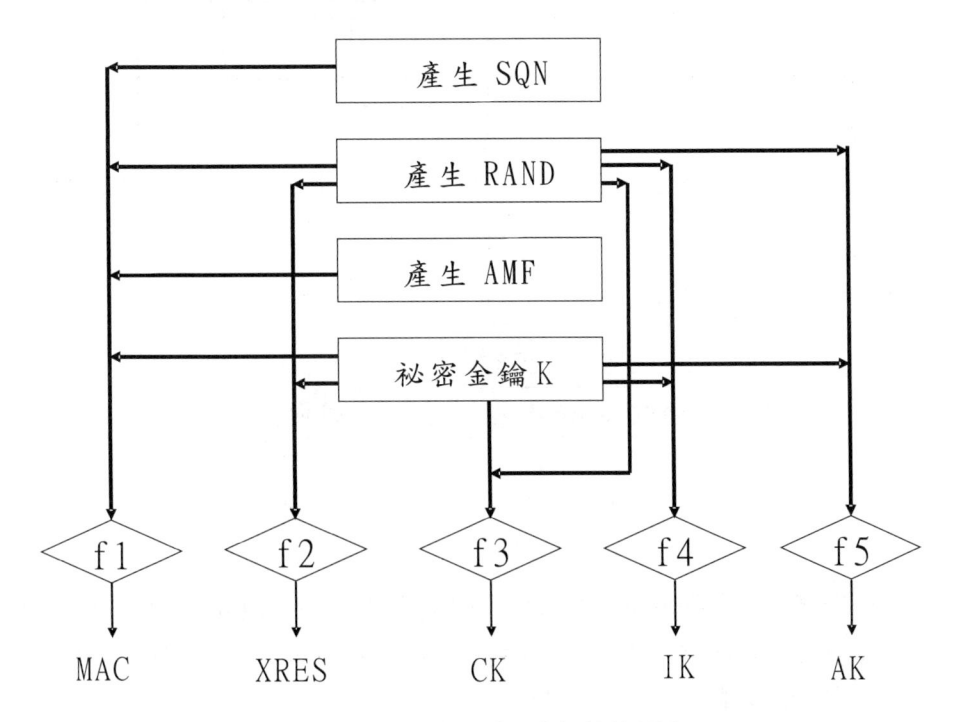

圖 13.12: AuC 產生鑑別參數的過程

3). VLR 再將參數 $RAND$ 當成詢問值 (Challenge) 並傳送 $AUTN$ = $(SQN \oplus AK \| AMF \| MAC)$ 給行動用戶。由於行動用戶手機中的 SIM 卡也存有相同的祕密金鑰 K，所以用戶手機可以先根據參數 K 及 $RAND$，透過 $f2$、$f3$、$f4$ 及 $f5$ 四個演算法分別計算出參數 RES、CK、IK 及 AK。接著再利用 AK 值來算出參數 SQN，進而利用 SQN、K、$RAND$ 及 AMF 這四個參數透過 $f1$ 演算法來計算參數 $XMAC$。用戶端產生鑑別參數的過程如圖 13.13 所示。

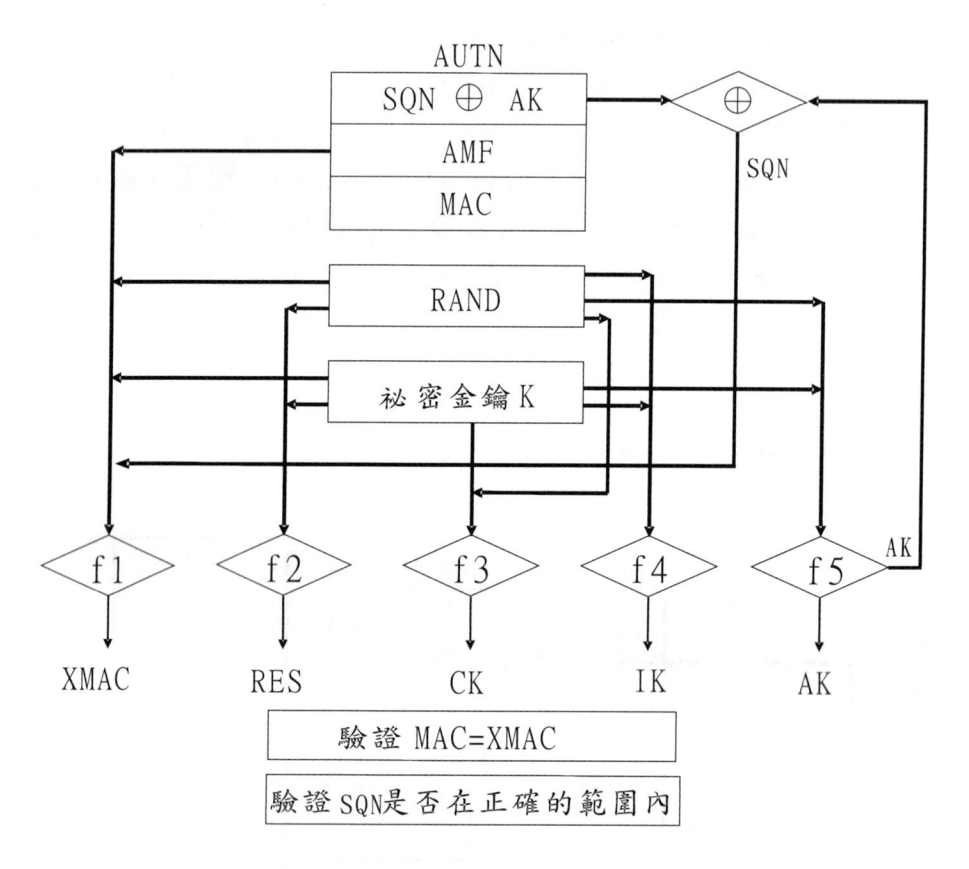

圖 13.13: 用戶端產生鑑別參數的過程

4). 行動用戶判斷所計算出的 SQN 是否在範圍內，並確認所計算的 $XMAC$ 是否與收到的 MAC 相等。若正確，則用戶確信網路端為合法的網路。

5). 完成網路的身分鑑別之後，便將計算出來的參數 RES 當作回應值 (Response) 送回給 VLR。

6). VLR 會比較所收到的 RES 與先前 AuC 所送來的 $XRES$ 是否相同，若相同則網路確認該行動用戶的身分，若不同則拒絕該用戶使用通訊服務。

7). 行動用戶在通過身分鑑別之後，便可以開始進行通訊，進入資料完整性及加解密的安全機制。

- 資料完整性機制

  驗證資料完整性所需的祕密金鑰，是先前 AuC 與用戶端根據祕密金鑰 K 及參數 RAND 透過 $f4$ 演算法所計算出來的參數 IK。驗證傳輸資料完整性的過程如圖 13.14 所示。傳送端將訊息 (Message)、1 位元方向識別碼 (Direction)、32 位元的時變序號值 (Count-1) 和 32 位元的網路端變數 (Fresh) 與 IK 一起透過 $f9$ 演算法計算後得到 MAC-1 鑑別碼，然後再將 MAC-1 連同要傳輸的資料一起送給驗證端。驗證端以相同的程序及祕密金鑰 K 計算出 MAC-1，並與所收到的 MAC-1 比對是否相同，若相同則可確認該傳輸資料的完整性。用戶對網路資料的完整性驗證與網路對用戶資料的完整性驗證，都可透過傳遞 MAC-1 來達成。

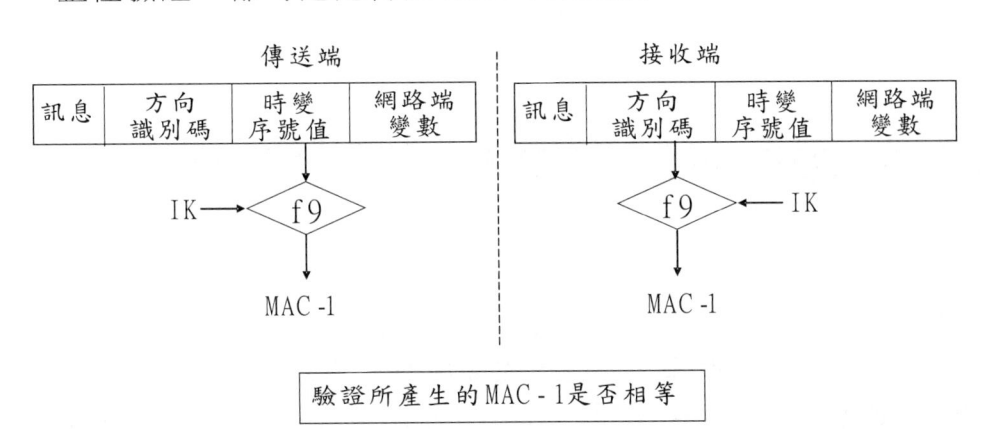

圖 13.14: 資料完整性的驗證機制

- 資料加解密機制

  針對在無線電波中傳遞的資料，第三代通訊系統也提供相關的加解密機制來保護傳遞資料的機密性。該加密機制所使用的加解密金鑰是由 $f3$ 演算法所計算出來的參數 CK。加解密的機制如圖 13.15 所示。傳送端將參數 5 位元的載送識別碼 (Bearer)、1

位元的方向識別碼 (Direction)、32 位元的時變序號值 (Count-C)、16 位元的輸入資料長度指示器 (Length) 及 CK 透過 $f8$ 演算法計算後，產生一金鑰流區塊 (Key Stream Block)，然後再將此區塊與要傳遞的資料進行 XOR 運算後便可得到密文。接收端收到密文區塊後，同樣可計算出相同的金鑰流區塊，並將其與所得到的密文進行 XOR 運算後可得到明文。

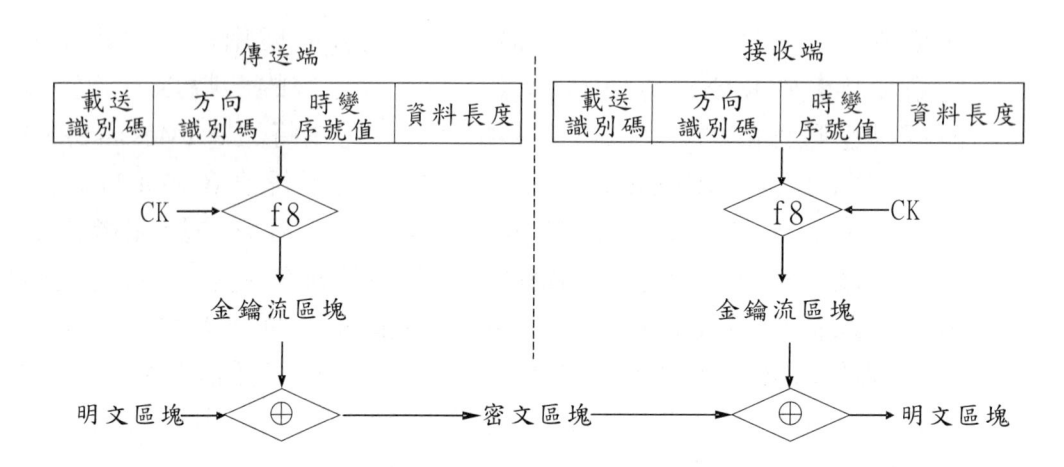

圖 13.15: 資料的加解密機制

13.4 車載通訊環境及其安全機制

車輛可說是現代人最普遍的交通工具，隨著車輛技術日趨成熟，造車的成本降低，使得目前各國車輛的數目不斷地上升，但這也衍生出許多問題，例如道路壅塞、交通事故頻傳及空氣污染等。因此，為了改善整體交通環境，近來出現了智慧型運輸系統 (Intelligent Transportation Systems, ITS) 這一新興名詞。此外也從以往只侷限於車內，逐步朝向車外發展。相關的應用可分為車間 (Vehicle to Vehicle, V2V)、車路 (Vehicle to Roadside, V2R)、車外 (Vehicle to Infrastructure, V2I) 及人車 (Vehicle to Pedestrian, V2P) 等類別。目前常見的應用有電子道路收費系統、車輛安全服務與車上商業交易系統等。

上一章所提到的 IEEE802.11 無線通訊標準，在制訂時沒有考慮到快速的移動性，因此無法應付車輛在高速移動下的資料傳輸及與路邊基礎設施間資料數據交換的換手 (Handoff) 問題。為了滿足智慧

型運輸系統在車載環境中高速移動的通訊需求，國際電子電機工程學會也特別擴充 IEEE 802.11 無線通訊標準，為車載通訊 (Telematics)制訂 IEEE 802.11p 車載環境下無線存取標準 (Wireless Access in the Vehicular Environment, WAVE)。接著我們逐一介紹車載通訊系統的架構、可能遭受的攻擊及所需滿足的安全威脅。

13.4.1 車載通訊系統的基本架構

在車載環境中的無線存取架構包含了三個單元，分別是管理機構 (Trust Authority, TA)、路側單元 (Road Side Unit, RSU) 及車輛單元 (On Board Unit, OBU)，如圖 13.16 所示，並說明如下：

1). 管理機構 (TA)
   負責部署在路邊的路側單元 (RSU)，也是合法車輛單元 (OBU) 的註冊單位。有交通事件發生時，由管理機構協助訊息處理。

2). 路側單元 (RSU)
   路側單元是管理機構在路邊所部署的基礎設施，負責車輛單元與外部網路間的資料交換，本身具有儲存及運算能力。當車輛單元高速移動，資料交換可能從一路側單元移動到另一路側單元。這種換手 (Handoff) 情況會經常發生，路側單元也要能應付快速的換手需求。

3). 車輛單元 (OBU)
   車輛單元是大量已安裝相關裝置及應用程式的車輛，向管理機構註冊認證後，可接收路側單元或其他車輛單元的交通事件訊息，也可傳送訊息給路側單元或其他車輛單元。

13.4.2 車載通訊系統可能遭受的安全攻擊

智慧型運輸系統的相關應用愈來愈多，車載環境也必須面對更多安全及隱私問題的挑戰。常見的安全及隱私攻擊方式如下：

1). 假訊息攻擊 (Bogus Information Attack)
   攻擊者傳送假的交通事件訊息，企圖改變其他車輛的駕駛路線或

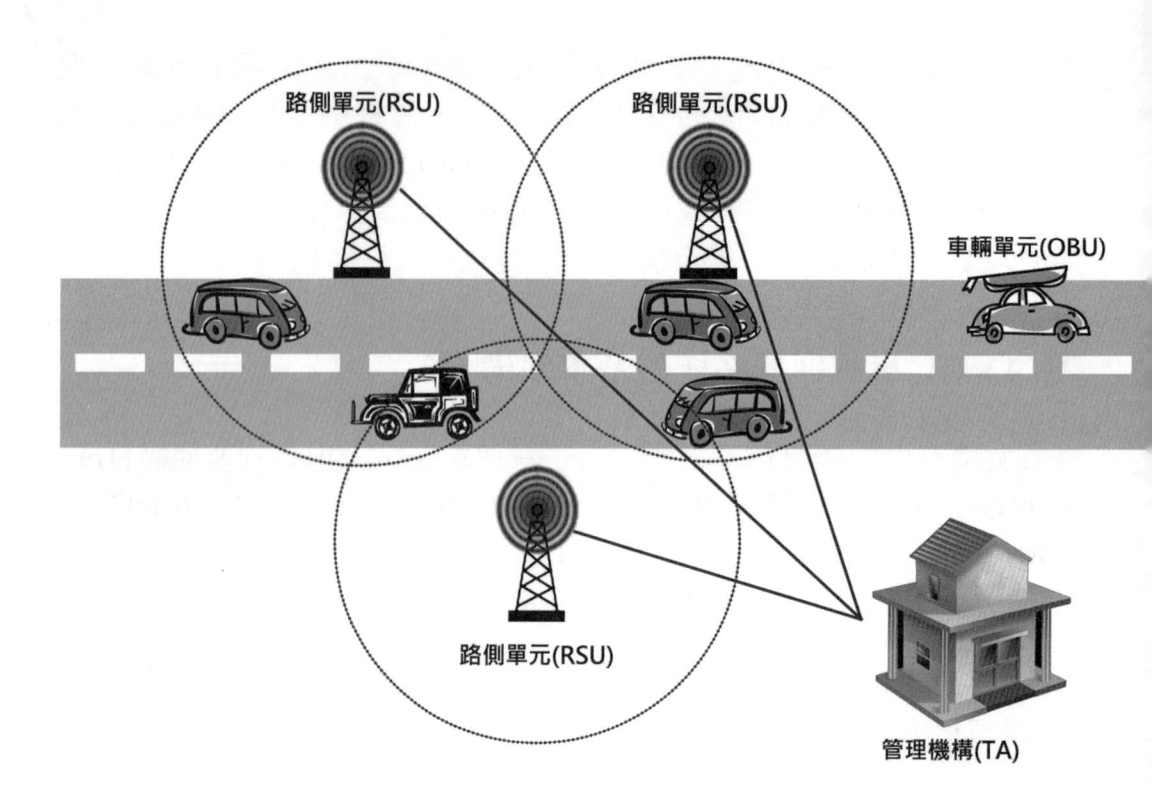

圖 13.16: 車載通訊系統的基本架構

駕駛行為。例如，劫匪發送假訊息宣稱某路段發生了交通事故，運鈔車可能誤信了此訊息而改變行駛路線，而劫匪就可埋伏在事先規劃好的路線上伺機下手。

2). 身分假冒攻擊 (Impersonation Attack)
攻擊者可能假冒他人身分來傳送訊息，藉此來規避責任。例如，駕駛人假冒他人身分規避電子道路收費系統的扣款。

3). 路側單元複製攻擊 (RSU Replication Attack)
攻擊者藉由複製或假冒路側單元來竊取車輛單元的個人資料或通訊內容，嚴重侵犯個人隱私。例如，徵信社利用複製的路側設備來接收車輛單元所設定的目的地位置資訊，藉以得知該車輛要前往的目的地位置。

4). 身分揭露攻擊 (ID Disclosure Attack)
若路側單元所接受到的車輛單元訊息外洩，攻擊者可由特定的訊

息標頭追查該訊息是由某特定車輛所送出，藉以追查某車的位置資訊。例如，某路段的路側單元在某天下午收到某車所傳遞的訊息，若此紀錄外洩，那麼就可推斷該車在那天下午曾行駛過該路段。

13.4.3 車載通訊系統所需滿足的安全需求

根據前一節提到車載通訊系統的安全攻擊，一個兼顧安全及隱私權保護的車載通訊系統需符合以下安全需求：

1). 相互鑑別 (Mutual Authentication)
   當路側單元收到車輛單元所傳送過來的訊息時需鑑別傳送訊息的車輛單元是否為管理機構所合法註冊的車輛，而且要驗證所傳遞資料的完整性 (Integrity)，避免所傳遞訊息的內容遭到竄改。相同地，車輛單元收到訊息時，也需鑑別傳送訊息的路側單元或車輛單元是否經合法認證，以確保訊息來源的合法性。

2). 條件匿名性 (Conditional Anonymity)
   為保護使用者隱私，任何車輛單元或攻擊者無法從所收到或攔截的訊息推導出訊息發送者的身分，但管理機構若因業務上的需要，可追查出訊息發送的來源。

3). 不可連結性 (Unlinkability)
   為避免身分揭露攻擊，任何人無法從兩個不同的訊息封包中辨識出其來源是否相同。

4). 可追蹤性及註銷 (Traceability and Revocation)
   當有爭議發生時，管理機構可從訊息封包追蹤訊息來源的身分。此外，若管理機構發現某車輛單元有非法行為或送出違法訊息時，可註銷其合法使用者身分。

進階參考資料

對行動通信安全技術有興趣的讀者可再進一步研讀 Man Young Rhee 所編著 *CDMA Cellular Mobile Communications and Network Security*（Prentice

Hall 出版）。對車載通訊技術有興趣的讀者可再進一步研讀 IEEE 802.11p, *Wireless Access in the Vehicular Environment*。其他參考資料限於篇幅無法一一列出，請讀者自行到本書輔助教學網站 (http://ins.isrc.tw/) 瀏覽參考。

13.5 習題

1. 請描述 GSM 行動通信系統的系統架構。
2. 請描述 GSM 行動通信系統的通訊過程。
3. 請敘述 GSM 系統所提供的安全服務。
4. 請列舉出 GSM 系統與第三代行動通信系統間的差異。
5. 請描述第三代行動通信系統如何確保用戶身分的隱密性。
6. 請描述第三代行動通信系統如何確保傳送資料的完整性。
7. 請簡述第三代行動通信系統的基本架構。
8. 請說明有線網路和無線網路的差異。

14 網路服務安全

Network Service Security

網路服務安全
Network Service Security

14.1 前言

隨著數位科技的發展、網際網路的興起，帶動了網際網路上諸多的相關應用，例如多媒體影音服務、電子商務及分散式運算處理等。早期幾乎絕大多數的網路資料傳輸皆是採用傳統的主從式架構 (Client-Server architecture)，使用者一定要連結上某個網站或公司的伺服器，才可以下載取得檔案資源。也就是說，用戶端皆向一個或是多個中央伺服器要求服務，以取得所需之資源。然而，隨著網路技術的發展、網路頻寬的提升及用戶端設備功能的增強，再加上傳統式主從式網路架構先天的限制，點對點 (Peer-to-Peer, P2P) 網路架構透過點對點技術，可以不需要任何中央伺服器，各個節點 (Peer) 就能夠達到相互交換資訊的目標。如此將可以降低單一伺服器的傳輸成本，也可以在分散式的環境中快速地取得所需的資源。許多領域的應用都是藉由點對點網路的方法來完成，例如檔案分享、分散式計算及即時通訊等應用。

　　網路使用者對於各項資訊服務的需求愈來愈高，期望可以在任何時候、任何地點皆可以透過網際網路存取其所需要的資訊與服務。近幾年來網路公司 Google 積極推出各種網路服務的相關應用，如 Gmail、YouTube、Google Docs、Hangouts 及 Google Calendar 等服務，透過瀏覽器的連接，便可以直接在網路發送電子郵件、編輯文章、使用線上軟體，甚至可以將電子郵件、文件電子檔直接儲存在 Google Drive 中。這些應用，對於網路使用者而言，使用的電腦僅僅具備基本的網路連接及瀏覽器 (Browser) 即可，不需要另外安裝應其他應用軟

體。所有複雜的程式運算或軟體皆放在天邊的一朵雲「Google 雲端伺服器」，並由此伺服器來執行，再將其運算結果回傳給瀏覽器。這種由雲端所提供的運算服務，就稱為雲端運算 (Cloud Computing)。

物聯網 (Internet of Things, IOT) 一詞，最早是出現在國際電信聯盟 (International Telecommunication Union, ITU) 於 2005 年的報告中。在網路普及的時代下，人們可以透過網路互相聯繫，也可以透過網路取得物件。除此之外，物件與物件之間也可以透過網路來溝通。在物聯網上，我們期望所有能夠被定址的物件都可以互聯互通，且每個人都可以查出其實際的位置。這樣的技術其應用十分廣泛，我們可以透過物聯網對機器、設備或人員進行集中管理與控制，或監控家中的設備及位置。

本章主要介紹上述三種很熱門的網路服務：點對點網路 (P2P)、雲端運算服務及物聯網之安全。

14.2 點對點網路安全

所謂點對點網路 (Peer to Peer, P2P) 即是由多個點 (peer) 所組成的網路系統，與一般的主從式架構不同，點和點之間可以直接通訊，不需透過伺服器來連絡。而所謂的一個點，可以是電腦主機、筆記型電腦或是智慧型手機等通訊設備，都能成為網路中的一個點。資料傳輸可以利用有線傳輸或者無線通訊方式來達到傳輸。而每一個點所扮演的角色可以是提供者 (Responder)、需求者 (Requester)、或者同時兼具兩種角色。

點對點網路之所以會興起並快速發展，都是在 1999 年一位美國學生為了與同學相互分享 MP3 檔案而開發出 Napster 系統。需求者利用此系統可以很快的在伺服器檔案列表中搜尋到所需的檔案名稱以及擁有者，需求者便可以直接與提供者進行連線並分享檔案。

14.2.1 P2P 應用服務

自從 Napster 採用 P2P 技術來達到共享資源，P2P 相關技術便廣泛應用到許多領域中。在 P2P 的網路中，每台參與的電腦都具備有同等的傳

輸能力來分享資料。如圖 14.1 中的節點 A、B 分別需要對方的部分檔案，透過 P2P 的技術雙方可以相互傳輸所需的資料，雙方各取所需已達到資源共享之目標。

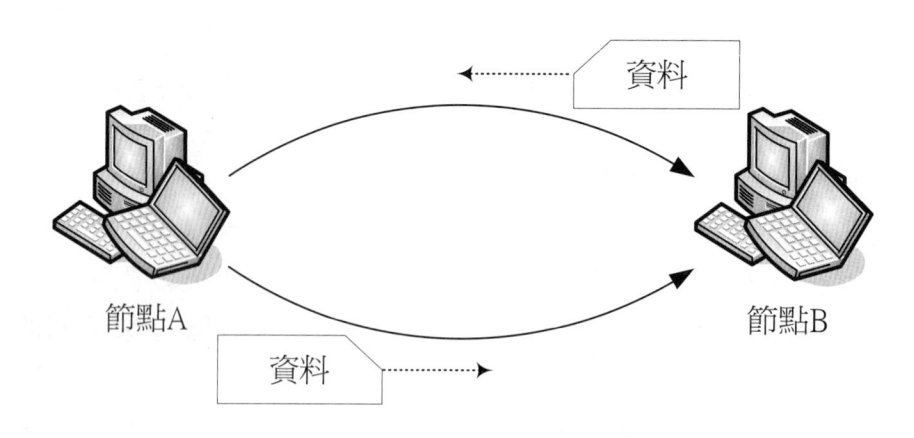

圖 14.1: P2P 網路

一般來說 P2P 的應用種類相當廣泛，目前最廣為使用的可以分為以下三種應用：

1). 檔案分享：

由於網路頻寬的大幅提升以及 P2P 技術的進步，愈來愈多人將 P2P 檔案分享軟體作為檔案取得的來源。其中較具代表性的軟體為：Napster、Gnutella 及 Freenet。 Napster 最大的一個特色為擁有一個集中式的伺服器，用以作為分享檔案的索引，藉由索引檔的建立來降低對整體網路資源的耗損。而 Gnutella 則是取消了在 Napster 中的集中式的伺服器，改為純粹的分散式的架構，也因為沒有集中式的伺服器，所以相對耗費較多的網路資源，也容易造成網路壅塞。最後，Freenet 其最大的特色是會對檔案本身熱門的程度做一適當的移動或是複製，藉以達到較高的傳輸效能。然而，以上三種軟體，其最終的概念皆為希望可以讓任何節點都可以不透過中央伺服器下進行相互資源的分享。

2). 分散式運算：

此種應用主要是利用平行運算 (Parallel Computing) 以及叢集 (Cluster) 的技術來連結多部的硬體裝置，並且透過 P2P 的技術來分享彼此的運算能力以及資源。透過 P2P 的技術可以使得在同一個網路中的電腦，分享 CPU 資源。例如，利用網路上每一部電腦閒暇時

間協助找出癌症基因的計畫 Anti-Cancer，另外 SETI@home 尋找外星人的計畫也是相當具代表性的一項計畫。當然利用 P2P 技術的分散式運算並不是只能運用在公益類的應用，許多企業更可以利用 P2P 的分散式運算，整合所有企業中未充分使用的電腦運算能力以及多餘的儲存媒體，加以使用以便節省資源，達到最大資源使用率。

3). 即時通訊：

即時通訊，可說是目前最熱門的網路應用軟體之一，從最早的 ICQ 到後來的 Skype 及 MSN Messenger 都是 P2P 技術在及時通訊上的應用。

14.2.2 P2P 網路傳輸架構的分類

在主從式架構，各節點所要分享檔案全部集中到中央伺服器儲存，造成中央伺服器儲存體管理上的負擔。P2P 則將各節點所要分享檔案個自或分散給其他節點保管，如此可以免除中央伺服器負擔。但是從網路需求者的角度看，需求者只需要記住主從式架構中央伺服器網路位址即可，在 P2P 網路環境，需求者必須知道分享檔案到底儲存在哪一個節點？這種查詢所要的分享的檔案協定稱為查詢協定。依是否有建立檔案索引，P2P 網路架構可以區分為下列三類：

1). 集中式 P2P (Centralized)：

所謂的集中式點對點網路就是有一個中央伺服器以保存節點分享檔案的資訊，節點將自己要分享的檔案列表傳送給中央伺服器保管，因此檔案並沒有放在中央伺服器中，而是放在各自節點中。此架構的運作方式與傳統的主從式架構有相當程度的類似，各節點只要連線到中央索引伺服器進行查詢所需之資源，中央索引伺服器即傳回相對應的資訊。與主從式架構最大的差異為真正資源是從其他的節點所取得，並非為中央索引伺服器。使用者唯有透過此中央伺服器，才可以得知其他節點的位置以及所分享的資源。此種類的網路架構如圖 14.2 所示，較具代表的如最原始的 Napster。

當有需求者要搜尋檔案時就發送查詢訊息給中央伺服器，中央伺服器便查詢檔案列表並將查詢結果給予回應。若查詢到有提供

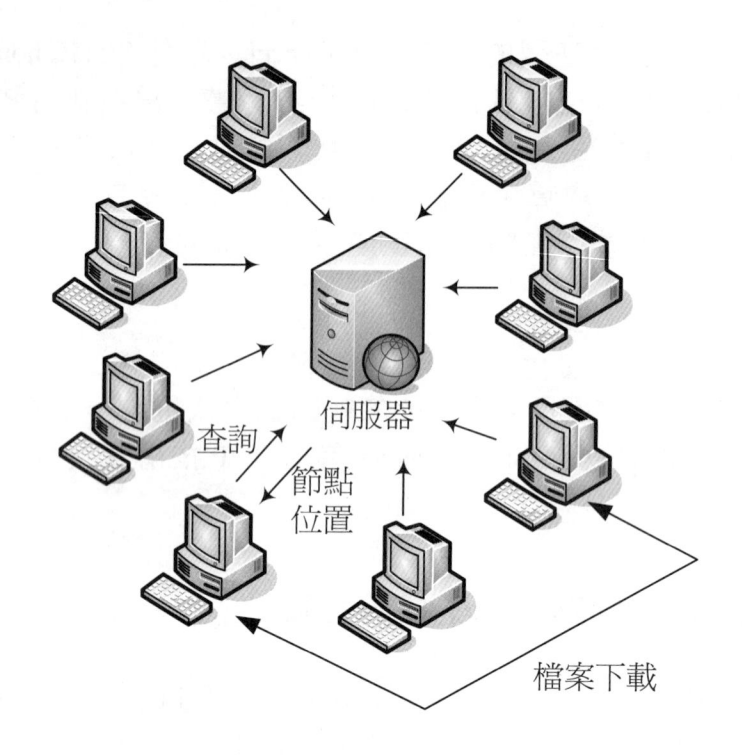

圖 14.2: 集中式 P2P 架構

者,則回應給需求者後由需求者自行去和提供者連結並進行檔案下載。若沒有查詢到任何資訊,中央伺服器仍然會回覆訊息給需求者告知並沒有相關檔案。假定需求者要下載 LadyGaga.mp3 檔案時,需先向中央伺服器提出一搜尋請求 (Search Request),中央伺服器從既有目錄表中,找出有無相關紀錄訊息,並將搜尋結果以回應訊息 (Search Response) 告知此需求者。需求者即可從訊息中得之此需要檔案真正放置位址是在提供者中,因此就可與提供者 B 進行通訊,來下載 (download) 此檔案。值得注意的是若只有一節點(提供者)擁有 LadyGaga.mp3,此需求者就會直接到此提供者節點下載。但若有兩個節點(提供者)以上均擁有 LadyGaga.mp3 檔案,此需求者會測試這些節點,以決定哪一個節點最適合下載。一旦下載後,中央伺服器會再紀錄索引此需求者也擁有此檔案,下次若有其他需求者欲下載 LadyGaga.mp3 檔案時,又多一節點可供選擇。

此架構的優點為網路架構簡單、回應及搜尋時間較短;但相對的其缺點則是擴充性 (scalability) 不佳,因中央伺服器所能負擔的負載有限,以及集中式的中央伺服器容易成為網路攻擊目標以及效能

瓶頸等問題。另外針對各節點所共享的資源，必須要考慮其合法性。因 Napster 在 2001 年 2 月 12 日被法院裁定其構成對於音樂著作之著作權人重製權與散佈權之輔助侵害 (Contributory Infringement) 與代理侵害 (Vicarious Infringement)，並要求 Napster 必須要建置篩選機制，避免受版權保護的歌曲透過其機制進行散佈。

2). 分散式 P2P (Pure Decentralized)：
相對於集中式點對點網路有一個中央伺服器來管控所有節點的檔案列表，分散式點對點網路則沒有中央伺服器。因此分散式點對點網路可以避免掉集中式點對點網路的中央伺服器一旦癱瘓所造成的問題。當需求者在搜尋檔案時，會將查詢 (Query) 要求訊息傳送給相鄰的節點，這些節點會繼續將需求者的查詢要求繼續傳播到其他節點，然後繼續反覆下去。在這散佈過程的每一節點也都會尋找本身的檔案列表，並將結果以回覆訊息 (Query-hits) 回傳回去。如果找不到符合結果，則無須回報。此架構如圖 14.3 所示，較具代表性的分散式點對點網路為 Gnutella。

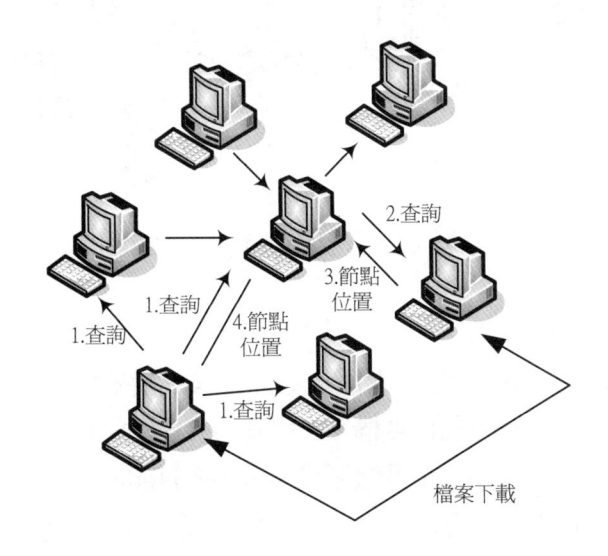

圖 14.3: 分散式 P2P 架構

分散式點對點網路系統是沒有集中式中央伺服器，所以其主要的優點為不會有單一伺服器故障，而導致整個網路癱瘓，節點無法正常作查詢工作，第二個優點為本身架構有較高的延展性；但此架構因沒有中央索引伺服器，故查詢效率相對較為不理想，查詢時間相對較長，且此架構容易造成查詢洪流 (Query Flooding)。由於

各節點必須要發出查詢訊息給其他節點，以便取得所需之資源，故往往容易造成整個網路中擁有過多的查詢訊息，對於網路效能產生相當大的影響。

3). 混合式點對點網路 (Hybrid P2P Network)：
同時含有集中式點對點網路和分散式點對點網路的特點。較具代表的如即時通訊軟體 Skype 及 Chord 系統。此架構如圖 14.4 所示，較具代表性的分散式點對點網路為 Chord。

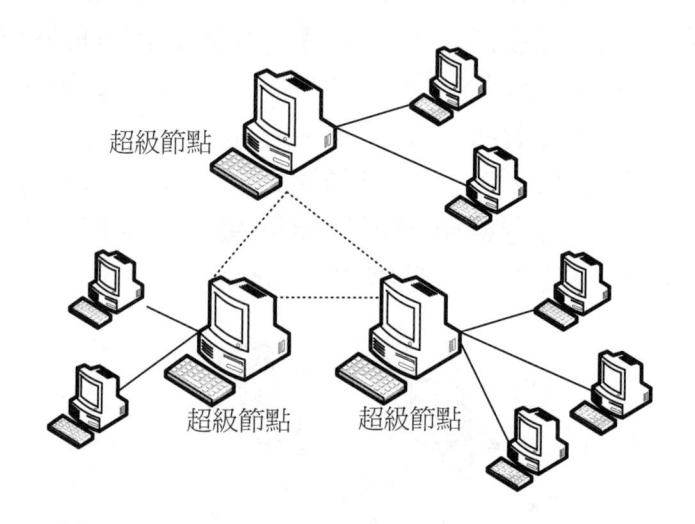

超級節點

超級節點　　超級節點

圖 14.4: 混合式點對點網路架構

混合式點對點網路主要的特色為：加入了分散式雜湊表 (Distribute Hash Table, DHT) 的概念，用以改善點對點網路中查詢的問題加速查詢的速度。另外，此架構會在網路中挑選頻寬較高以及運算處理能力較佳的節點作為超級節點 (Super Node)。超級節點通常會有多個，其功能如同一個小型伺服器，意即負責部分的索引建立服務以及節點位置搜尋等工作。此架構的缺點主要在於若發生異常無法連線或是離開網路，則必須要重新選擇另一個超級節點。在這一段重新選擇的期間，網路效能將會受到影響。此架構下，大大地改善了查詢洪流 (Query Flooding) 的問題且也不需要在限定其查詢深度。

14.2.3 Chord 查詢協定

Chord 是一個應用於 P2P 網路中經常被使用的查詢協定,不但具有延展性且可以應用在動態(節點隨時都可能離開或加入)的網路環境中,透過環狀的概念將分享檔案所在的位置資訊分散到各個節點中。Chord 在每一個節點上建立 DHT (Distributed Hash Table),將每一個分享的資源做一索引 (Index),而 DHT 是利用一致雜湊函數 (Consistent Hashing) 技術,如 SHA-1 雜湊函數。將每一個節點以及所分享之資源 (Item) 都給予一個唯一的索引值。此值也稱為鍵 (Key) 值,由 SHA-1(Item) 計算而得。

在這種架構下,每一個節點都具有相同的地位,就功能性而言也具有相同的功能,例如查詢 (Lookup)、加入 (Join)、離開 (Leave) 等。一個新的節點加入網路後,Chord 便先透過一致雜湊函數建立其節點編號 (Node ID)。此節點 ID 是該節點在這 P2P 網路中的其中一個節點位置。隨後,Chord 會依照節點編號的大小,依序將所有的節點串接成一個環狀的網路。圖 14.5 為 Chord 的系統架構圖,這裡假設使用 6 位元的一致雜湊函數,因此最多可以有 64 (即 2^6) 個節點的環形架構。本例假設目前有 10 個節點上線。

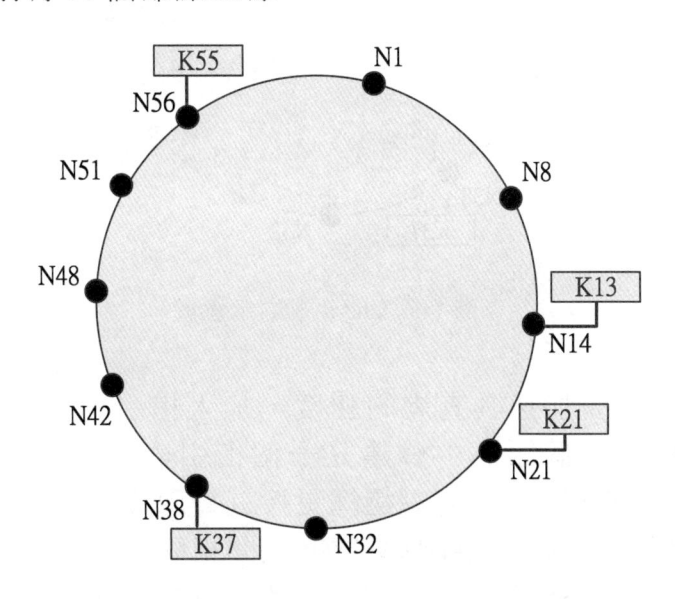

圖 14.5: Chord 示意圖

每一個節點僅需要紀錄祖先 (Predecessor) 以及後繼者 (Successor) 節點位址,如 N21 的祖先為 N14,後繼者為 N32。另一方面,Chord 對每

一個分享的檔案資源產生唯一的編號(鍵值)，然後 Key 值會被分配到與節點編號相同或是在鍵值之後作為接近的節點編號。這一個節點稱為 Key 的後繼者 (Successor) 節點。例如 K28 的後繼者節點為 N32。

查詢時 Chord 亦採用相同的雜湊函數 SHA-1，計算出所要查詢的資源編號（鍵值），之後再依據後繼者的編號即可取得所需資源，如圖 14.6 所示。例如，節點 N14 需求者查詢 LadyGaga.mp3 的檔案位置，得到 K55=SHA-1(LadyGaga.mp3)，N14 就向其後繼上線者 N21 查詢。因 N21 只紀錄 K15 至 K21 間索引，K55 不在其內，N21 向其後繼者 N32 查詢。以此類推，依序向後繼者查詢，一直到 N56 才有 K55 索引資訊。因此 N56 節點回覆 N14 目前擁有 LadyGaga.mp3 檔案的所有節點位址，N14 就可直接到這些節點位址分享下載檔案。

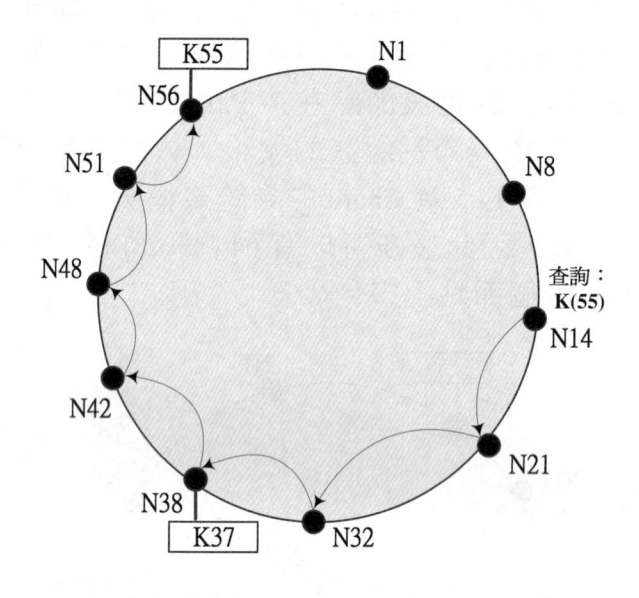

圖 14.6: Chord 查詢示意圖

Chord 為了要加速其查詢的速度，加入指引表 (Finger Table) 的應用。Chord 在每一個節點中會建立一個指引表，以增加後繼者的數量，使得節點在查詢時，可以選擇更接近資源編號的後繼者來傳送查詢訊息。指引表的長度與節點編號的空間相同，如節點編號的空間為 m 位元，則指引表長度亦為 m 位元，如圖 14.7 所示。

指引表內 m 筆的後繼者是由下列式子所產生：

$$N_{ID} + 2^{k-1} \bmod 2^m, k = 1, 2, \cdots, m$$

Finger Table	
N14+1	N21
N14+2	N21
N14+4	N21
N14+8	N32
N14+16	N32
N14+32	N48

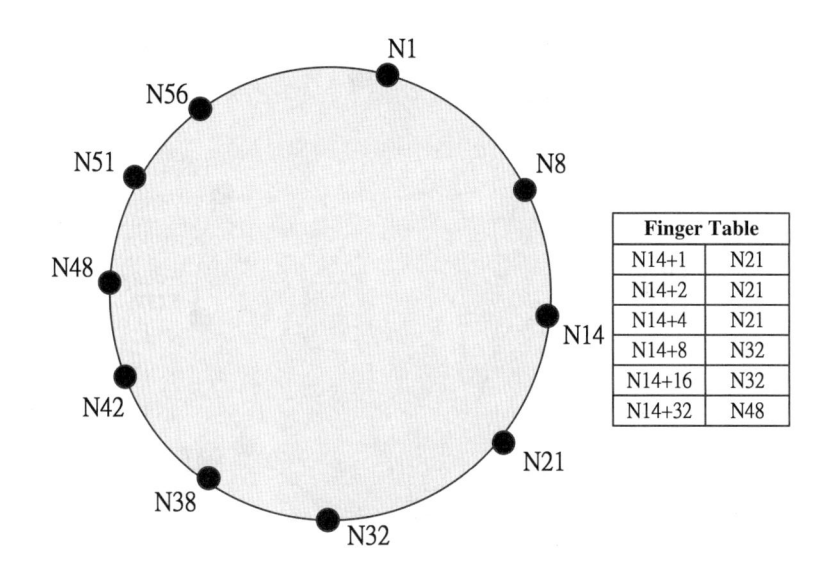

圖 14.7: 指引表示意圖

如圖 14.7 所示，N14 第一筆後繼者為

$$N15 = N14 + 2^{1-1} \mod 2^m, k = 1$$

因 N15 並沒有超過後繼者 N21，因此 N14 第一筆指引表紀錄其後繼者為 N21，N14 第四筆後繼者為

$$N22 = N14 + 2^{4-1} \mod 2^m, k = 4$$

因 N22 介於 N21 及 N32 之間，因此 N14 第四筆指引表紀錄其後繼者為 N32，其餘以此類推。

每一個節點中都建立了指引表之後，如此將可以加快其查詢速度。如圖 14.8，N14 欲查詢 K55，便可以透過指引表的資訊直接向 N48 發出查詢訊息，如此將可以節省查詢所耗費之時間。

Chord 除了具有快速查詢與資源分配管理之功能外，也相當程度對繞路 (Routing) 做一有效的改善。然而，Chord 有下列潛在的安全性問題：

- 繞路安全性：
包括傳送錯誤的繞路訊息，即一個惡意節點可以傳送一個非正確或是指向非存在節點的繞路訊息給其他節點。另外繞路表的更新亦容易遭受到惡意節點的竄改。

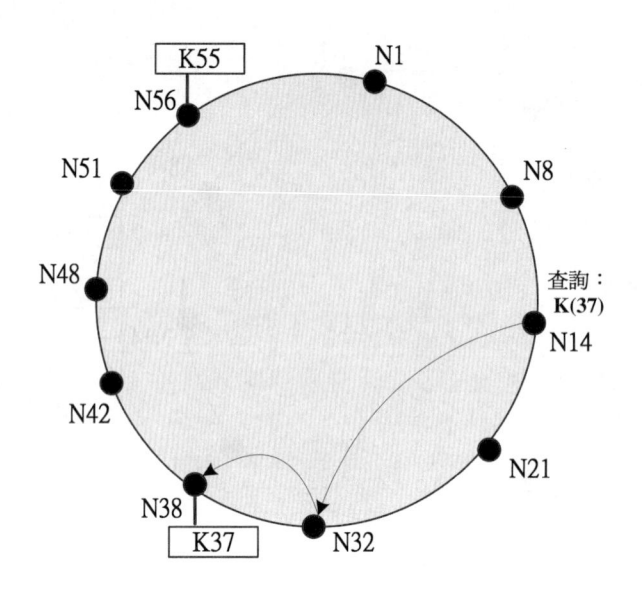

圖 14.8: 指引表查詢示意圖

- 訊息安全性：
  在 P2P 網路中，絕大多數的訊息皆沒有採用安全機制來進行保護的動作，包括訊息的完整性、隱密性以及不可否認性，其都無法確保。

14.2.4 P2P 網路安全威脅

一般來說，P2P 的攻擊方式除了上一節所敘述的繞路安全性及訊息安全性外，還有下列安全威脅：

1). 阻斷服務攻擊 (Denial of Services)：
   惡意者可以透過偽造節點 ID、修改繞路訊息或是竄改訊息內容，強迫其他節點全部連線至某一被攻擊節點，使得該節點接收過多的訊息，無法負擔過多訊息的處理，最後造成該節點癱瘓。

2). 免費搭乘者 (Free Riders) 問題：
   所謂免費搭乘者指某節點只跟別的節點要求並下載檔案，但當有其他節點向其要求檔案時，此節點即使有此檔案也不會有任何回應，也就是只享受權益但不盡義務。免費搭乘者就會違反公平互惠的原則。若一個系統中免費搭乘者非常多，這樣願意回應並提

供檔案的節點的負擔就會非常大。因為幾乎所有的節點都是在跟特定節點要求檔案，就會隨時都是一個忙碌的狀態。

3). 損壞資料片段傳輸：
惡意節點故意散佈已被修改過或是已損壞的資料片段給其他節點。當接收節點接收到資料時，發現所接收到的資料損壞後便重新抓取，如此的情況將會造成整個網路效能低落。

4). 資料竄改：
由於缺乏認證及安全機制，以致於惡意節點得以透過軟體協定的漏洞，故意散佈錯誤的資料、竄改資料及訊息，甚至散佈病毒。

5). 隱私權的侵害：
P2P 檔案傳輸的過程中，非但其隱私權未受到適當的保護，在使用者未察覺的情況下，其系統相當容易受到不明的攻擊以及入侵，如此將對該使用者的隱私權造成相當大的危害。

　　隨著網際網路的蓬勃成長，網路安全問題也一再浮現出來。有關在網路上保護智慧財產權而引發的新聞更是直接衝擊到數位內容產業，例如：美國 Napster 訴訟案以及駭客雜誌《2600》被禁刊登 DVD 解密程式等。這些直接衝擊數位商之智慧財產權的問題儼然已經從科技問題演化為經濟乃至於司法課題。

　　上述種種皆凸顯在資訊科技如此發達的時代，智慧財產權保護的重要性，資訊安全議題以及相關保護技術需求也因此而產生。在許多流行的 P2P 應用中，不可避免會涉及到合法、隱私安全、控制及版權等問題。尤其是 P2P 技術應用於檔案分享的範疇中，合法性以及智慧財產權的問題，一直是一個相當有爭議的議題。雖然 Napster 已被認定為其侵犯了著作人的重製權與散佈權，但是隨著 P2P 技術的演進，新的 P2P 架構也修正當初被認定違法的部分。就算如此，實際在使用者間散佈有版權的軟體、多媒體檔案的情況卻沒有因此而減少。故真正要徹底地改善此類觸犯智慧財產權的情況，依然必須要導入一套完善的機制，與 P2P 技術進行整合才有可能改善。

14.2.5 P2P 網路安全機制

雖然點對點網路的便利性為我們帶來了不少好處，但伴隨而來的是安全性的問題。為了解決這些安全問題，已經有許多專家學者提出各種解決方案：如使用者認證、隱私權、可信任的點對點網路、使用者不可否認性、金鑰管理等。本節介紹 P2P 主要的安全機制。

1). 繞路安全機制：

每一節點必須以第四章之存取控制機制，妥善保護索引及指引表。但對於惡意節點則必須有機制加以預防，通常使用信任值以建立一個可信任點對點網路，以避免產生繞路問題及免費搭乘者 (Free Riders) 的問題。

在網路上每個節點都互相不認識對方，要如何分辨出誰是正常節點而誰是惡意節點是很困難的。因此，近幾年來多位學者對此議題加以探討並研究。目前的做法大都利用信任值來建立一個可信任的點對點網路。針對正常節點及正常檔案分享程序給予較高的信任值，而惡意節點或惡意檔案分享則給予低的信任值。當需求者要求檔案而有多個回應者回應時，需求者就可以根據回應者信任值的高低來選擇與何者連線並下載檔案。

2). 點對點網路中隱私權保護機制：

在點對點網路中分享檔案時，通常都會提供使用者 ID 及其他基本資料，但是這樣往往會產生許多安全問題，因為公開的資料很容易遭到惡意者的盜用及侵佔。為了保護隱私權，許多學者提出了匿名性的點對點網路系統。匿名機制一般可分為以下三種：

(a) 需求者匿名 (Requester Anonymous)
即是只有隱藏需求者 ID，而提供者並不知道需求者是誰，但是需求者知道誰是提供者。

(b) 提供者匿名 (Responder Anonymous)
此種匿名機制和第一種恰好相反，需求者不知道提供者為何人，但是提供者知道誰需要這個檔案而分享。

(c) 相互匿名 (Mutual Anonymous)
相互匿名就是需求者和提供者 ID 都隱藏，是最能夠保障雙方隱私的一種機制。

為了達到匿名，最簡單的做法就是利用多播方式 (Multicast)，利用一個特定的群組來傳送資料，以混淆需要者身分及位址。而這個群組是每一次某個需求者要開始要求檔案的時候才會建立。假設當某個需求者需要 LadyGaga.mp3 檔案時，首先就會先去要到一個可以多播的 IP，連同所需的檔案 ID、特定群組 ID 及 TTL，根據路由表 (Routing Table) 來傳送訊息。而中間代傳的節點則會根據由上個節點幫忙傳送的頻率來決定是否要加入這個特定的群組，變成需求的代理者 (Proxy)。一旦決定加入此群組，則當某個節點有此檔案時，傳送檔案時就會利用這個多播的 IP 傳送，使得群組的每個人都可以收到。

3). 整合 P2P 網路環境與數位權利管理 (Digital Rights Management, DRM)：近年來隨著 P2P 技術的廣泛使用，許多未經授權的數位內容透過 P2P 網路進行大量地非法散佈。然而，由於 P2P 網路的特性，現行所發展的數位權利管理系統並不適用於 P2P 網路環境。因為在目前廣為流行的 P2P 架構中，已取消了中央伺服器的設置，對於欲架構數位權利管理系統至 P2P 網路是一項極大的障礙。因在傳統的數位權利管理系統中，必須要使用到固定伺服器來保護著作權，所以傳統的數位權利管理系統不適用於 P2P 網路中。

P2P 技術的發展為網路世界帶來了革命性的影響。挾帶著資源運用最大化以及資源分享的潛力，P2P 儼然已經吸引了許多開發者、投資者以及大眾的注意。然而，過去因相關法律問題，使得 P2P 一度成為許多數位產業的頭號公敵。但隨著過去一些反對 P2P 與音樂檔案交換的雜音逐漸消失，取而代之的是如何透過合法的方式達到互惠互助之效用，意即運用新的技術或是拓展新的商業模式，使得使用者與數位內容間可以直接地且快速地的連結，進而擴大電子商務的範疇以及模式，讓數位產業、P2P 平台以及使用者達到三贏之局面。

14.3 雲端運算服務安全

現今資訊產業，網際網路服務已是主流。尤其自 2009 年雲端運算概念提出後，各種網路服務紛紛出現。簡單來說，雲端運算就是讓網路

上不同電腦同時幫你做一件事情，大幅增進處理速度。由於所有的資源也都來自於雲端，使用者端只需一個連上雲端的設備與簡單的介面（例如瀏覽器）即可。最簡單的雲端運算技術在網路服務中已經隨處可見，例如搜尋引擎、網路信箱等，使用者只要輸入簡單指令即能得到大量資訊，但雲端運算的應用範圍不僅如此。智慧型手機、GPS 等行動裝置也都可以透過雲端運算技術，發展出更多的應用服務。

進一步的雲端運算不僅只做資料搜尋、分析的功能，更可運算一些像是分析 DNA 結構、基因圖譜定序及解析癌症細胞等，透過雲端運算架構主動處理，將可大幅降低成本，並且達到更好的效果。也由於此項技術明顯地提供給消費者更加完善的服務、環境，所以雲端運算已經被視為繼 Web 2.0 之後，下一波科技產業的重要商機。雲端運算背後龐大的商機潛力更是各大企業如 Google、IBM、微軟、Yahoo、Amazon、甲骨文 (Oracle)、惠普、戴爾、昇陽 (Sun) 等科技大廠皆紛紛大舉跨入雲端運算領域，搶占先機。

14.3.1 雲端運算簡介

近年來，雲端運算 (Cloud Computing) 受到 Google、Microsoft、IBM 及 Amazon 等企業的大力推廣，儼然成為網際網路科技中一顆耀眼的新星。基本上，雲端運算乃為一種電腦運算的概念，利用網路使電腦能夠彼此合作或使服務更無遠弗屆，採取不同的使用方式衍生出新的技術與模式。雲端運算透過網路將龐大的運算處理程序，分割成無數個子程序，再轉交後端由許多部伺服器所組成的系統，經伺服器群的搜尋及運算分析後，將處理結果傳回給使用者。透過這項概念的延伸，網路服務提供者可以在數秒之內，達成處理數以千萬計甚至億計的資訊，達到強大效能的網路服務。

雲端運算的簡要圖，如圖 14.9 所示。使用者透過網路與提供雲端服務的供應商連結，供應商根據使用者所需之服務透過眾多的應用伺服器群傳回給使用者，也由於雲端運算供應商背後有著許多伺服器群的支援，所以很容易就可以達成負載平衡與容錯。

雲端運算是一種概念性的說法，而非專指某些特定的資訊系統；雲端運算也是全球資訊產業近 50 年來，歷經以企業為主體的商用電腦時代、以專業人士為主體的個人電腦時代、以消費者為主體的網路

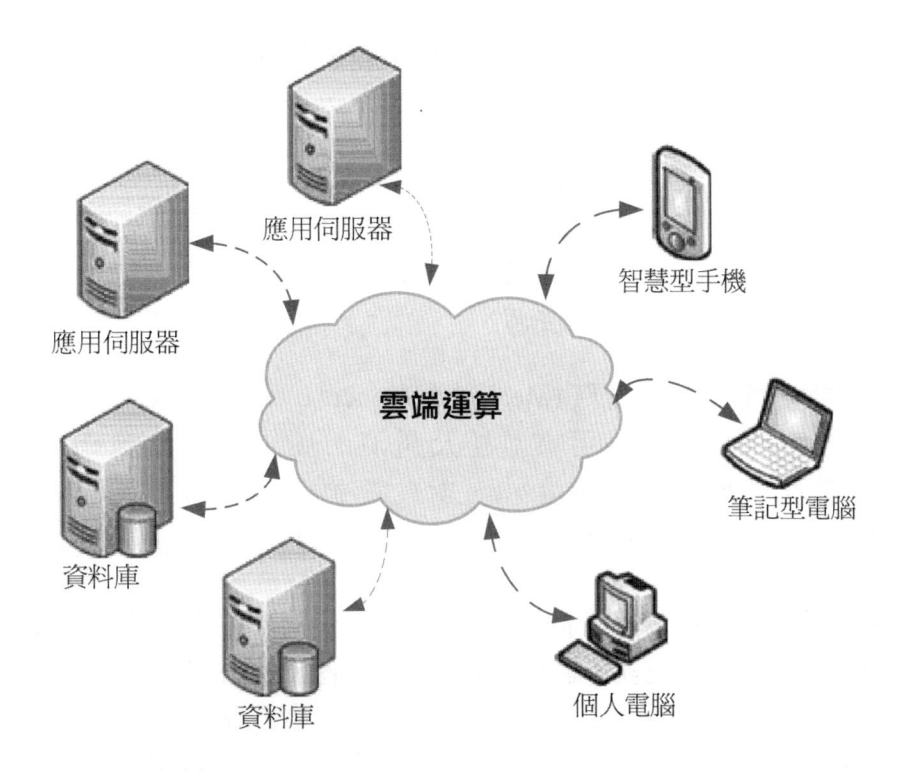

圖 14.9: 雲端運算簡要圖

時代及以個人為主體的內容時代等多次重要的資訊產業轉型而演變成更貼近大眾需求的服務。

依據美國國家標準局對雲端運算的定義，需具備以下五大基本特徵：

1). 隨需自助服務 (On-demand Self-service)
使用者在有需要雲端服務時，可依據其需求自行使用，不必再與雲端服務供應者互動。

2). 隨時隨地用任何網路裝置存取 (Broad Network Access)
使用者可使用如智慧型手機、平板電腦、筆記型電腦等電子裝置，透過網路隨時隨地存取雲端服務供應者所提供的服務。

3). 多人共享資源池 (Resource Pooling)
雲端服務供應者將其所提供的資源，如儲存空間、CPU 運算處理、記憶體、網路頻寬和虛擬機等，透過多重租貸模式 (Multi-tenancy) 服務使用者，也就是使用者所要求的資源不是獨享的，而

是互相共享的。當你有閒置的資源時，系統可自動分派給其他使用者來使用。

4). 快速重新佈署靈活度 (Rapid Elasticity)
可以因應使用者對於雲端資源需求的增加或減少，快速做出調整及建置。對使用者而言，雲端資源似乎是無限的，可以在任何時間購買並重新佈署雲端資源。

5). 可被監控與量測的服務 (Measured Service)
雲端資源的使用必需可被監控及量測，所得到的量測資訊除了可提供服務供應者與使用者外，對於資源使用計價、存取控制、資源優化、處理能力規畫等工作都相當重要。

要達到以上的基礎特性，一個重要的工作就是虛擬化 (virtualization)。所謂的虛擬化是將資源打散，找出最小的計量單位，再依據使用者的需求重新分配，然後透過網路供使用者存取。所以雲端運算可以透過任何裝置經由網路隨時隨地的提供服務給使用者，使用者可依其需求隨時調整雲端資源且不必與服務提供者打交道，雲端服務提供者亦可用最少的管理方式重新佈署並指派相關資源。

14.3.2 雲端服務

雲端運算是一種動態且可被擴展的運算方式，通常網際網路上的虛擬化資源是以服務 (Service) 的方式來提供給使用者；使用者不需要了解雲端內部是怎麼運作及其相關資訊，亦不需要內部架構的控制權即可享用雲端服務。雲端運算主要有下列三種類型服務：

1). 基礎架構雲端服務 (Infrastructure as a Service, IaaS)：
主要提供企業虛擬化所需的電腦架構及設備整合服務。廠商提供數據中心所需的伺服器、網路設備、儲存設備及配線等基礎設備之整合服務。Amazon AWS 及 Rackspace 都是屬於此類服務商。

2). 平台即服務 (Platform as a Service, PaaS)：
主要提供特別解決方案的服務平台，包含解決方案的所有軟硬體，涵蓋資料中心的伺服主機、網路設備、儲存設備、應用程式、資料庫及資訊安全等。透過提供執行環境或者開發環境，讓使用

者可以在網路上開發、測試及佈署自己的應用程式，Google App Engine、Microsoft Azure Services Platform、及 Salesforce Force Platform 等都是屬於 PaaS 的範疇。

3). 軟體即服務 (Software as a Service, SaaS)：
相關的軟體應用程式通過網際網路來佈署，主要是使用者透過網路來使用軟體，通常是以瀏覽器存取服務所提供的功能。通常不需要在用戶端安裝軟體，只需要由瀏覽器向伺服端發出服務的要求即可使用，故使用者也不需要花心力進行維護或軟體升級，所有的軟、硬體的升級與維護皆由供應商負責。此種服務應用對使用者最有價值，不僅提供架構或平台的資源應用，使用者透過網路滿足隨選需求的服務，獲取有價值的資訊。Salesforce CRM、Microsoft Azure 及 G Suite 等皆屬於此類的範疇。

圖 14.10 為雲端運算概念中主要的角色及其關係圖，雲端運算的主要角色可區分為：

1). 供應商 (Vendor)：
主要提供電腦軟硬體給開發者。例如伺服器廠商、網通廠商、儲存設備廠商、作業系統廠商、虛擬技術廠商及開發工具廠商等。

2). 開發者 (Developer)：
提供雲端運算解決方案給使用者，例如 Amazon、Google、Microsoft、Salesforce 或是其他獨立軟體開發者 (Independent Software Vendor) 等。

3). 使用者 (End-user)：
直接使用雲端運算服務的使用者。

目前資訊科技界的環境與生態中，雲端運算中的角色常常不是唯一。有些廠商甚至能橫跨多種角色，例如 Microsoft 不但可以提供相關的軟硬體設備（供應商），亦提供了 Microsoft Azure（開發者）來提供雲端運算服務。

雖然雲端運算可以根據客戶的需求不同，提供不同的服務，且亦可以改變企業商業模式，創造企業價值。如透過雲端運算將可以直接降低資訊營運成本與資本投入，且利用雲端運算的特性來提供客戶更

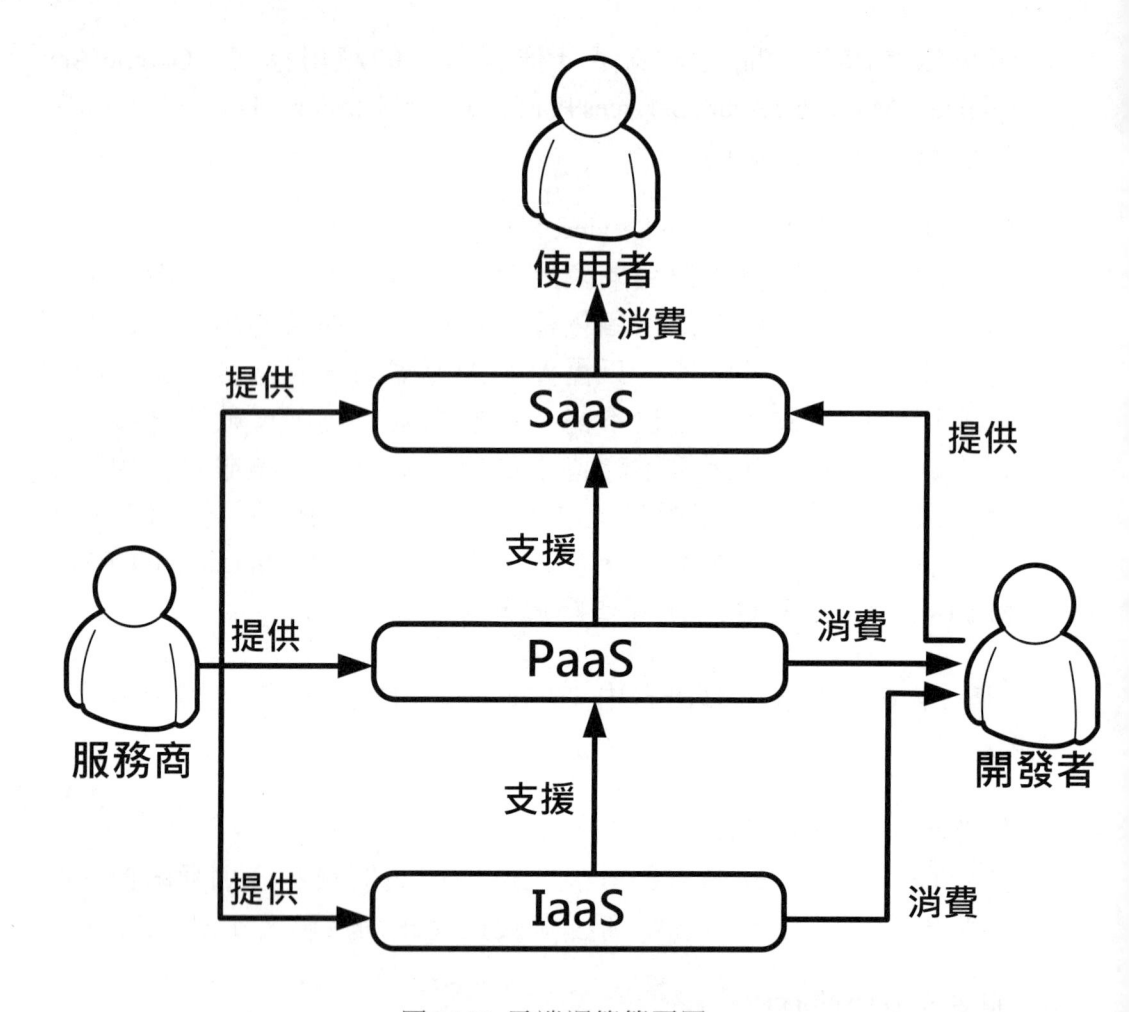

圖 14.10: 雲端運算簡要圖

加靈活及快速的商業與資訊服務，亦不需煩惱企業資訊設備之建置與維護。透過雲端運算架構，將可以快速運用到最新的資訊科技與強大的運算能力，進一步地降低資訊科技應用的複雜度，整合企業相關應用系統、資訊基礎架構，並將流程整併且標準化。雲端計算的概念就是讓使用者無論何時、何地都能夠透過網際網路介面，分享在雲端建置的服務，讓許多企業不需要投入大量的資訊成本，就可以使用到雲端服務供應商所提供的強大的處理效能。然而對於企業本身，卻也存在不可避免的風險，企業內部資料與企業重要資訊都必須藉由雲端服務供應商所提供的資料管理機制進行資料儲存與資料分析。而雲端服務供應商本身是否具有足夠的能力確保用戶的資料安全，防範非授權使用者對資料的存取或破壞，確保顧客資料的安全性、完整性與私密性，將會是雲端運算發展急需克服的關鍵性問題。

14.3.3 雲端運算服務的安全隱憂

當企業考慮是否要採用雲端服務時，其最應該優先考量的是資訊安全相關問題。雖然雲端運算帶來的優點很多，且成本相對低廉，但主要的問題是，企業會讓內部資料暴露於風險之中嗎？歐洲網路與資訊安全機構 (ENISA) 指出，雲端運算的好處就是內容和服務皆可以隨時透過網際網路存取，而企業也可以因此降低成本，不必維護某些硬體或軟體，亦不需花過多預算去新增或是管理超過需求的資料儲存設備。企業透過雲端服務，可以視需求調整資料儲存用量，並依照實際用量付費，此外亦可釋出內部的軟硬體資源，使得企業資源更有效的利用。

對於目前網路環境，資訊安全亦是企業相當重視且棘手的一個環節。引進雲端運算將可以把部分的資訊安全問題，交由雲端服務供應商負責。但這不代表企業引進雲端運算後，就萬無一失了；企業引進雲端運算後，面對的是另一層次的資訊安全，其亦是過目前雲端運算面臨一項巨大的挑戰。當企業將內部的資料，甚至於整個商業架構、運作流程皆交給雲端運算的服務供應商，供應商可以確保其資料的安全。除了一般性資訊安全問題外，若一家企業需要移轉雲端運算的服務供應商，原供應商是否有可能未將企業資料完整地刪除。

基本上，雲端運算服務有三大安全性隱憂：

1). 有效性的隱憂：
雖然網路大公司一再宣稱其系統穩定性高，但不管哪一家網路公司大都曾經發生過大當機或被駭客入侵之紀錄，造成企業用戶及網路使用者的疑慮。因此，雲端服務提供商應具體說明其災難復原及營運持續的規劃，及所提供的高可用性及異地備援的能力，並能確實證明其機制運作的有效性。

2). 個人隱私權問題：
雲端服務使用者一旦開始使用雲端服務，其操作行為及喜好，都將被雲端服務端伺服器一一紀錄。若沒有將此資訊妥善保管，勢將導致個人隱私洩漏問題。

3). 缺乏服務轉移彈性：
用戶可能面臨雲端服務供應商倒閉或如服務品質不佳等因素，而

須更換雲端服務供應商的情況，然而目前雲和雲之間大多無共同標準，用戶很難從一家雲端服務供應商轉換到另外一家。因此雲端服務的可移植性和互通性在選擇雲端服務供應商時也必須加以考慮，且轉換之後，如何驗證原本資料已完全刪除，確保資料不外洩，也是用戶在轉換時所關心的問題。

2009 年底雲端安全聯盟 (Cloud Security Salliance) 發表了雲端安全準則規範 (2.1 版) 做為雲端安全架構的指引，主要分為「雲端架構」(Cloud Architecture)、「雲端管理」(Governing in the Cloud) 及「雲端操作」(Operating in the Cloud) 三大部分，並細分成十三個領域來探討雲端服務的安全問題。

除此之外，雲端運算所提供的 SaaS、PaaS 以及 IaaS 服務正如火如荼的發展，但這些新型態的服務模式也帶來新的風險。不同的雲端服務類型存在著不同的資安議題，接下來介紹不同的雲端服務類型所存在的資安議題。

IaaS 的安全性議題

IaaS 主要是提供使用者關於基礎建設的雲端服務，此服務完全改變了開發者如何開發軟體的習慣。開發者可以使用 Amazon Web Services 或其他 IaaS 服務提供商取得一個虛擬伺服器並支付使用服務的費用。為了滿足使用者對資訊安全防護的需求，服務供應商必須提供適當的保護措施，如實體安全、環境安全以及虛擬化安全等等都是雲端 IaaS 服務供應商所要控制的安全問題，如此一來使用者才可以在安全的基礎建設上做雲端的應用及管理。

PaaS 的安全性議題

PaaS 服務則是建構在 IaaS 服務上，提供使用者一個從開發、管理到測試的完善軟體開發環境。但對於駭客來說這也提供了一個絕佳的駭客訓練基地，讓駭客來研發惡意攻擊軟體並進行模擬攻擊。PaaS 服務供應商必須給予使用者部分控制權限來建立應用程式，也因此應用程式層級的資訊安全問題就可能會發生。所以服務供應商必須保證在應用程式之間資料並不會洩漏。使用者可以在平台上建立自己的應用

程式,其優點是較具彈性,但是駭客會利用 PaaS 入侵攻擊,並進行黑箱測試。若是雲端服務本身有漏洞,駭客就會經由漏洞使用惡意程式攻擊,造成整體資訊安全的問題。

SaaS 的安全性議題

在 SaaS 服務中,服務供應商依據客戶的需求提供軟體給客戶使用,讓客戶改善效率和降低成本,但是企業還是對 SaaS 存在著一些疑慮,例如企業無法知道資料的存取方法和存取地點。為了讓使用者不再擔心資料的安全性,廠商必須致力於以下的資訊安全防護。

1). 身分管理和登入流程 (Identity Management and Sign-on Process)
   在雲端運算中,使用者所需存取的絕大部分資料都會存放在雲端中,其所需要的服務也是透過雲端來取得。如何正確的鑑別使用者的身分將是最為基本且重要的議題,尤其是牽扯到許多服務,甚至是橫跨多個雲端系統時,如何在不同雲端系統鑑別合法使用者的身分,使其取得所需的資源與服務。此外,雲端服務供應商也必須對於使用者的使用做日誌紀錄,以便事後的控管。

2). 資料存取權限與授權 (Data Access):
   當所有資料與服務都透過雲端系統來存取的時候,就必須清楚界定使用者存取權限,以避免發生資料錯置誤用。

3). 資料的機密性 (Data Confidentiality):
   在一般的資訊系統中,資料機密性是最基本的資訊安全議題。然而,由於雲端運算中的資料皆存放在雲端,除了要防止外部惡意攻擊者利用跨站腳本 (Cross-site Scripting) 或資料隱碼 (SQL Injection) 等攻擊來竊取資訊外,亦要考量到避免內部有心人士的資料竊取及竄改,甚至要確保雲端服務供應商無法取得使用者的機密資訊。

4). 網路安全 (Network Security)
   使用雲端服務,無論存取資料或是使用服務都必須透過網路才能完成,因此網路上的傳輸的資料都必須要有適當的安全保護機制,如 SSL 等。

5). 資料局部性 (Data Locality)
   在 SaaS 的雲端服務環境下,消費者使用 SaaS 提供的服務來處理資

料，但消費者並不瞭解資料存放在何處。基於資料的機密性，還有每個國家的隱私權法令，資料局部性是目前企業所要解決的問題。某些資料因為機密性或法律的規範不能做跨國存取的動作。一個安全 SaaS 環境必須能提供給客戶可靠的資料區域性。

6). 資料完整性 (Data Integrity)

資料存放在雲端服務上，資料的儲存可能是片段或區塊的存放在雲端伺服器上，如同資料存放在硬碟中一樣。因此要確保資料能在雲端伺服器上完整的存取，且有一定的機制確保資料不被惡意的新增、刪除或修改。

7). 資料隔離性 (Data Segregation)

多用戶技術是雲端常使用的技術之一，但是如何於多用戶的環境下共用相同的系統或程式元件，並且仍可確保各用戶間資料互相不會干擾，因此資料的隔離性是非常重要的課題。

8). 網頁應用程式安全 (Web Application Security)

網頁是目前提供服務給使用者最普遍的形式，尤其現在進入到 Web 2.0 的時代，網頁所能提供的功能不再僅限於靜動態頁面，而是更多元的服務以及更人性化的使用者介面，但是這也造就了網頁程式愈寫愈複雜，所產生的網頁漏洞可能性也就愈大，例如開發者所留下的後門。

9). 虛擬化漏洞 (Vulnerability in Virtualization)

虛擬化是雲端常使用的技術之一。虛擬化應用在很多方面上，例如：平台虛擬化、應用程序虛擬化、網路虛擬化、桌面虛擬化和儲存空間虛擬化等等，讓使用者可以透過虛擬裝置來更方便存取服務與資源。虛擬化技術帶給使用者方便，但是對於駭客卻是很大的攻擊弱點。因為只要將能夠攻入虛擬裝置內，駭客可以利用 DOS 攻擊等方式讓整個雲端服務整個中斷。

10). 可用性 (Availability)

可用性是指可以被特定使用者在特定的環境下，有效率的達成特定目標的程度。雲端應用程式應該要確保其可用性，讓使用者可以隨時使用其應用程式。

11). 備份 (Backup)
使用雲端服務對於備份是非常重要的，因為資料存放在雲端伺服器上，但是伺服器的管控卻在雲端服務供應商手中。所以使用者對於資料備份是非常重要的，如此才能避免因為雲端伺服器的損害而讓機密資料遺失。

14.4 物聯網安全

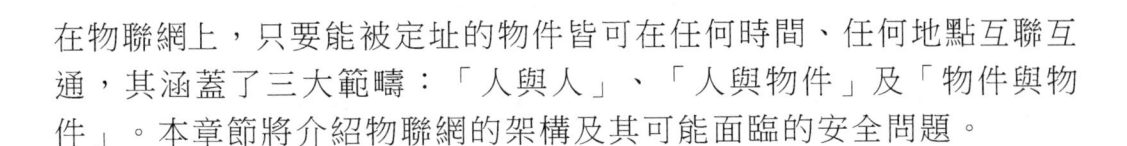

在物聯網上，只要能被定址的物件皆可在任何時間、任何地點互聯互通，其涵蓋了三大範疇：「人與人」、「人與物件」及「物件與物件」。本章節將介紹物聯網的架構及其可能面臨的安全問題。

14.4.1 物聯網的架構

物聯網的架構主要區分成以下三層：

1). 感知層 (Perception Layer)：
由各種資料擷取、識別的感知元件組成，如 RFID、無線感測網路 (Wireless Sensor Networks) 等，主要為感知、識別物件及蒐集資料。目前亟待突破感知元件的感知能力，並朝向小型化、低功耗及低價格等方向努力。

2). 網路層 (Network Layer)：
由各種無線傳輸技術組成，如 2G/3G、Wi-Fi、WiMAX 和 ZigBee 等，主要負責資料的傳輸。

3). 應用層 (Application Layer)：
是物聯網的各種應用領域，例如：智慧型交通、智慧型家庭、環境監測和城市管理等。而介於網路層與應用層之間的「應用支援層」主要負責提供各種類型的平台，如資訊開放平台、雲端運算平台及服務資源平台等用來連結資料傳輸和應用服務。

14.4.2 物聯網的應用

物聯網的應用相當廣泛，接著我們以智慧型家庭及智慧型電網為例，說明其架構(如圖 14.11)及應用情形。

應用層	智慧型家庭：居家安全、家庭醫療、資訊服務、居家休閒 智慧型電表：能源控制、電力儲存、智慧型家電
網路層	2G/3G、Wi-Fi、WiMAX、802.11、藍芽和 ZigBee 等
感知層	RFID、無線感測網路 (Wireless Sensor Networks)、監視器等

圖 14.11: 智慧型家庭及智慧型電網在物聯網之架構

物聯網在智慧型家庭的應用

智慧型家庭是指應用於物聯網的概念與技術將居家安全、家庭醫療、家庭資料服務、居家休閒娛樂等服務全部加以整合，其應用說明如下。

1). 居家安全服務：
   利用物聯網將家中架設的攝影機、紅外線探測器或煙霧探測器等串連起來。有異常情況發生時系統會即時發出緊告，並告知確切地點，家中成員亦可隨時隨地監控家裡的情況。

2). 家庭醫療照護服務
   若家中有慢性病(如糖尿病、高血壓)的病人，居家照護系統可將

血壓計或血糖計透過物聯網與社區醫院連線。所測得的數據能直接傳回醫院，如此一來醫生便能隨時掌握病人的身體狀況並加以監控。若發現數據異常時，能即時做出反應，並在第一時間進行治療。

3). 家庭資訊服務

居家生活中常會用到許多資料，比如說食譜、天氣狀況、國道車流情況或是大眾運輸工具的時刻表等，這些公共資訊都可透過家中的終端設備查詢。

4). 居家休閒娛樂

可將音樂、電影、遊戲的資料透過物聯網儲存在資料伺服器上，隨時使用。

物聯網在智慧型電網的應用

智慧型電網 (Smart Grids) 是一種現代化的輸電網路，利用資訊及通訊科技將供應端的電力使用狀況回報給系統。發電廠可以利用這些資訊掌握整體的用電情況，隨時調節電力的生產與輸配，達到控制電力、儲存電力以及配電自動化等目的。另一方面，以智慧型電錶 (Smart Meter) 取代傳統類比電錶亦是目前科技發展的一個新趨勢。例如智慧型電表基礎建設 (Advanced Metering Infrastructure, AMI) 就是指利用智慧型電錶及時紀錄用戶端的使用資訊，再透過各種通訊方式將用戶端電表資料傳送回電表資訊管理系統 (Meter Data Management System, MDMS)，其系統架構如圖 14.12。

　　AMI 具備雙向通訊功能，可遠端進行資料存取、設定及控制。因此家庭或企業用戶可透過系統報表觀測每日家中或企業各項家電或設備的電力使用情況，進而調整其使用習慣，達到節約能源，降低損耗等目的。此外，AMI 亦可連結用電、發電、甚至儲電系統，讓多方資訊可以互相流通，增強電網的可靠性。 AMI 亦可與智慧型家庭的應用相結合，可遠端控制家中的家電是開啟或關閉，或是可依照設定的溫度來調節冷氣的強弱等，以達到能源節約的目的。

　　AMI 可以做到能源功耗的分析。例如什麼時間回家、從事什麼活動都可以由 AMI 收集到的資訊得知，因此就用戶的隱私也必須有適當的保護措施。

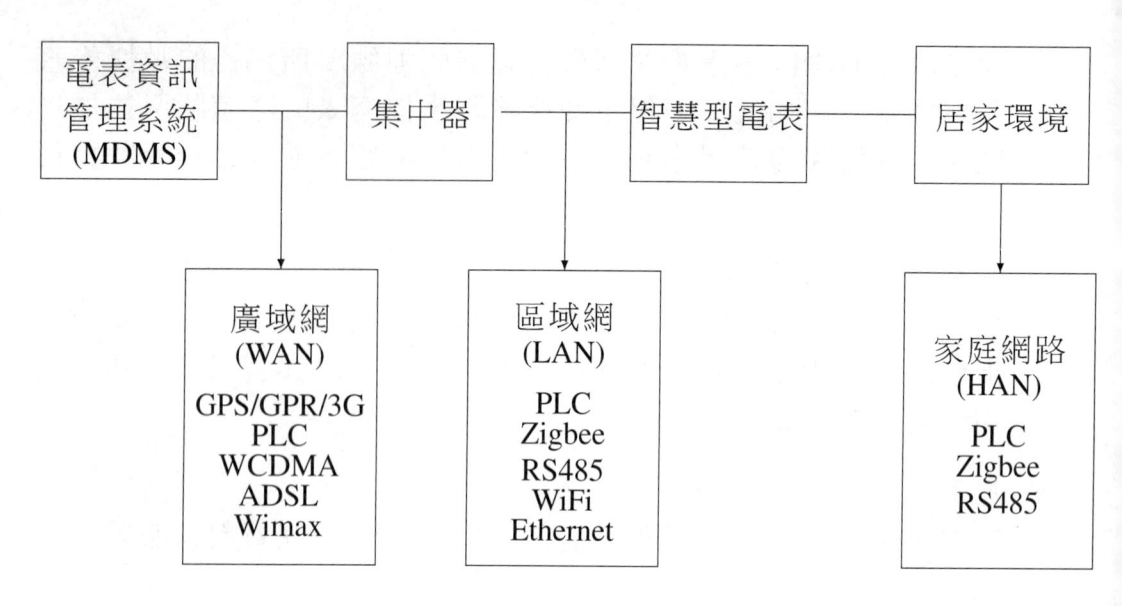

```
┌─────────┐     ┌─────┐     ┌─────────┐     ┌─────────┐
│電表資訊 │     │     │     │         │     │         │
│管理系統 ├─────┤集中器├─────┤智慧型電表├─────┤居家環境 │
│ (MDMS)  │     │     │     │         │     │         │
└────┬────┘     └──┬──┘     └─────────┘     └────┬────┘
     │             │                              │
┌────┴────┐   ┌────┴────┐                   ┌────┴────┐
│ 廣域網  │   │ 區域網  │                   │家庭網路 │
│ (WAN)   │   │ (LAN)   │                   │ (HAN)   │
│GPS/GPR/3G│   │  PLC    │                   │  PLC    │
│  PLC    │   │ Zigbee  │                   │ Zigbee  │
│ WCDMA   │   │ RS485   │                   │ RS485   │
│  ADSL   │   │  WiFi   │                   │         │
│ Wimax   │   │Ethernet │                   │         │
└─────────┘   └─────────┘                   └─────────┘
```

圖 14.12: 先進讀錶系統架構

14.4.3 物聯網的安全問題

1). 物聯網終端設備的安全問題

由於感知層有許多終端設備，且分布在很大的區域內。如果缺乏有效的監控，會造成資訊安全隱私的漏洞。攻擊者可以很容易破壞這些設備，甚至更換機器的硬體與軟體。

2). 物聯網感測網路的安全問題

感測器 (Sensor) 一般靠的是自身的電力在運作，因此運算能力、儲存能力及溝通能力皆受到電力的限制，更難以採用複雜運算的安全機制。感測節點不僅負責資料傳輸，還有資料的收集、整合與協同合作，因此也可能遭受到假冒攻擊與惡意程式攻擊。

3). 物聯網資料傳輸的安全問題

資料傳輸安全主要關聯到物聯網的網路層，因此網路通訊安全也必須加以考量。在物聯網的通訊網路中，為了建立節點間的信任，網路拓樸會不斷的變化，節點之間的關係也是不斷的改變。同時，由於節點可以自由的改變與鄰近溝通節點的關係，當有節點加入或離開網路時，需有一套驗證機制來確認是否為惡意節點，而現有的路由機制中大部分無法處理這樣的惡意破壞。

4). 物聯網資料存取的安全問題

物聯網中的資料常會涉及用戶的隱私。例如智慧型電網中，用戶的電力的使用模式可以用來判斷用戶目前是在家中、出門工作或是旅行。甚至當用戶在家時，也可能推測出用戶的具體活動，例如：睡覺、看電視或洗澡。這類資訊若被有心人士取得，都會造成隱私安全的問題。因此，必須確保只有經授權的使用者才能在適當的時機、地點取得正確的資料，且必須要能驗證資料的內容是否被竄改。

此外，各類新服務與應用平台也很容易因為設計時的缺陷而遭受惡意程式或軟體的攻擊。且物聯網中所涉及的人、事、物都非常龐大，在資料存取時也常涉及各個領域，所處理的資料量非常龐大，因此物聯網對於巨量資料處理的安全性及可靠性亦需有一套完善的運行策略。

進階參考資料

對雲端安全聯盟(Cloud Security SAlliance)所發表了雲端安全準則規範有興趣的讀者可再進一步研讀 Cloud Security Alliance, "Security Guidance for Critical Area of Focus in Cloud Security V2.1", Dec. 2009。對智慧型電網有興趣的讀者可再進一步研讀 GTM Research, "The Smart Grid in 2010: Market Segments, Applications and industry Players"。其他參考資料限於篇幅無法一一列出，請讀者自行到本書輔助教學網站 (http://ins.isrc.tw/) 瀏覽參考。

14.5 習題

1. 請描述點對點三種主要應用。

2. 請描述點對點三種主要路傳輸架構的分類。

3. 請說明 P2P 在檔案分享應用上有哪些安全威脅及其可能安全機制。

4. 請說明 P2P 在分散計算應用上有哪些安全威脅及其可能安全機制。

5. 請說明 P2P 在即時通訊應用上有哪些安全威脅及其可能安全機制。

6. 何謂雲端運算？雲端運算的概念通常可以衍生出哪三種類型的服務？請說明之。

7. 請說明雲端 IaaS 應用上有哪些安全威脅及其可能安全機制。

8. 請說明雲端 PaaS 應用上有哪些安全威脅及其可能安全機制。

9. 請說明雲端 SaaS 應用上有哪些安全威脅及其可能安全機制。

10. 請列舉智慧型電表的應用中所可能衍生的安全問題。

11. 請說明何謂物聯網。物聯網上有哪些安全威脅及其可能安全機制？

15 電子商務安全

Electronic Commerce Security

電子商務安全
Electronic Commerce Security

15.1 前言

隨著網際網路的蓬勃發展，電腦網路的普及率與日俱增，許多企業紛紛將傳統商業活動轉移到電腦網路上以爭取更多商機，進而形成一種所謂的「電子商務」。電子商務乃是指利用電腦或網際網路來完成交易的新型商業模式，諸如網路行銷、網路銀行、電子購物、電子文件交換、線上廣播及隨選視訊等，都是以電腦網路為交易平台。

透過網路，廠商可以獲得較低廉且有效的行銷通路，大幅降低交易成本。對消費者而言，商家將商品項目以文字、圖形乃至多媒體的方式呈現在網頁上，消費者得以瀏覽各項商品，並以信用卡、電子現金、銀行轉帳或行動支付等方式來進行交易。此過程透過加解密之方法，使雙方能安全地進行交易，完全跳脫傳統交易模式中時間與空間的限制。

然而在電子化的環境中，交易資訊很容易被不法人士所攔截、竊取、篡改及偽造。因此如何建構一個安全的電子商務交易環境，便成了發展電子商務最關鍵的議題。總括來說，電子商務在安全方面需滿足：身分鑑別 (Authentication)、交易資料的機密性 (Confidentiality)、交易資料的完整性 (Integrity) 及不可否認性 (Non-repudiation)。

除了要滿足安全方面的要求外，效率及成本在商業上也是極受重視的議題。因此系統在設計時，除了交易的安全之外，系統的效率及每次交易的成本也是要考量的因素之一。下面各節中，我們將先介紹網路交易的安全機制，然後再針對線上信用卡、電子現金、電子支

票、第三方支付及行動支付等付款機制一一作介紹。此外，電子競標機制是近年來相當盛行的一種交易模式，本章也將介紹其所衍生的安全議題。

15.2 網路交易的安全機制

由於電腦網路日益普遍，各行各業莫不將觸角拓展至網路，以更多元的方式擴張業務範圍。於是網路交易已是目前最流行的商業模式。

一般來說，網路交易過程主要涵蓋三個主體，分別是消費者、虛擬商店及銀行。交易過程如圖 15.1 所示，區分為以下數個步驟：

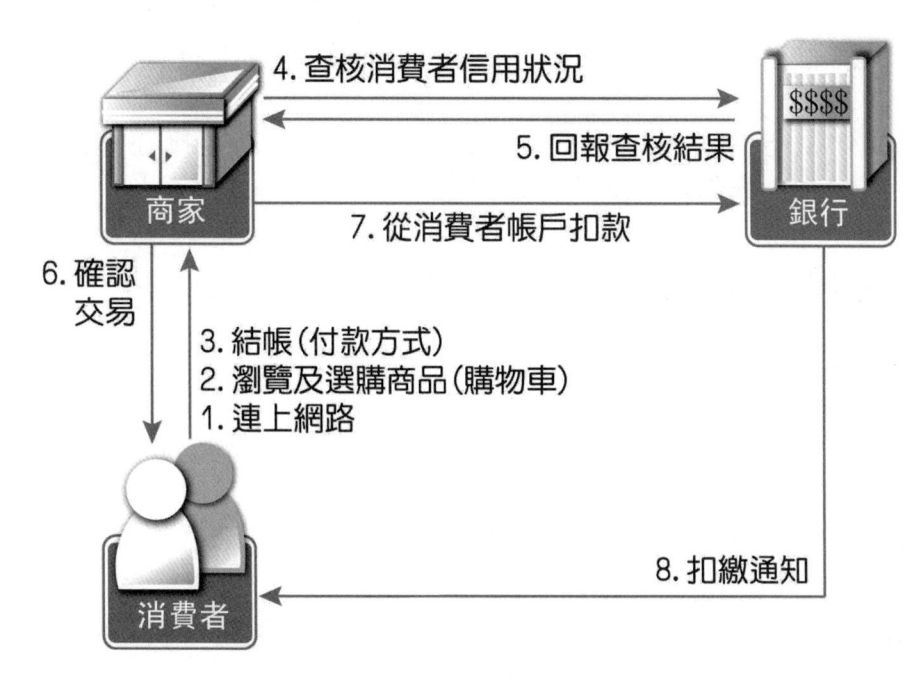

圖 15.1: 網路交易流程

1). 消費者先連上網路。

2). 消費者至商家所架設的網站瀏覽並選購商品。

3). 消費者決定要選購的商品之後，再選擇付款方式。目前最常見的網路交易付款方式有下列幾種：

(a) 貨到付款
電子商店透過郵局或貨運行專程送貨，消費者可當面檢查無誤後再付款給送貨員。這種方式對消費者雖然較公平，但消費者需待在定點等候送貨員。

(b) 劃撥或轉帳
消費者先到郵局劃撥或到銀行用 ATM 轉帳，電子商店收到款項後再送貨品。這種方式對消費者較不公平，一方面消費者延遲好幾天才收到貨品，另一方面若貨品有瑕疵需退貨時，常有爭議。

(c) 線上刷卡
直接在網站上輸入信用卡卡號或直接傳真信用卡卡號及信用卡相關資料即可。這種付款方式最為方便，卻非常不安全。這種方式也有貨品延遲送達及瑕疵品退貨之爭議。

上述付款方式中，以線上刷卡最為便捷，因為直接在網路上就可進行，而劃撥轉帳還必須到郵局或銀行辦理。

4). 商家向銀行查核消費者的付款或信用狀況。

5). 銀行向商家回報查核結果。

6). 若查核無誤，商家就可確認交易，並將商品送給消費者。

7). 商家向銀行請款，銀行則自動從消費者帳戶扣款。

除了上述的網路交易模式外，目前還興起稱之為 O2O (Online to Offline) 的交易模式，這種交易模式是指消費者在線上預訂及付費，然後在實體商店享受服務或取得商品。這種電子商務模式適合必須到實體商店取得商品或服務的交易，通常需透過一個中間的媒介平台，讓消費者可以先在線上預訂所要的服務或是進行商品團購，例如線上餐廳訂位的易訂網 (EZTABLE) 就是 O2O 模式的成功案例。這些 O2O 的經營模式是由中介平台去尋找服務標的，再以較優惠的價格提供消費者訂購服務，中介媒體抽取交易手續費作為其獲利來源。

不論是何種交易模式，網路交易要能蓬勃發展，下列因素是必要的：

1). 交易的便利性
使用者用一般的網路瀏覽程式便可連上商家網站，商家要提供多功能且簡易的商品簡介、購物車軟體及訂單處理系統。

2). 交易的安全性
由於目前詐騙風氣盛行，進行交易時務必要能確認買賣雙方的身分資訊，並保護交易資料在網路上傳輸時的機密及完整性。

3). 簡單的付款工具
要向消費者收錢，最重要的工作就是要提供給消費者一個安全且便利的付款管道。

要達到交易的便利性，一般的線上交易系統均提供許多附加功能，目的就是讓使用者能更方便地使用線上購物系統。常見線上購物系統有下列功能：會員資料管理、使用者瀏覽、網路購物車、線上討論及暢銷商品排行榜。

要達到交易的安全性，所要採行的安全機制有以下數種：AES 資料加密 (Data Encryption)、數位信封 (Digital Envelop)、RSA 數位簽章 (Digital Signature)、雙重簽章 (Dual Signature)、SHA-1 雜湊函數 (Hash Function) 及數位憑證 (X.509 Version 3 Format)。

這些安全機制各有其優缺利弊，若要達到交易安全的目的，這些安全機制必須搭配使用。以對稱式（祕密金鑰）密碼系統 AES 來說，通訊雙方各握有一把相同的祕密金鑰進行加解密，因為旁人無法得知這把金鑰而逕自解密，因此不會得知密文內容。AES 最大的優點是加解密的速度快，但仍有金鑰傳遞及管理的困擾，而且無法達到識別性、完整性及不可否認性。試想若在網路下單時，消費者不承認曾交易過的內容，將成為呆帳、無法追溯。RSA 密碼機制恰好可以彌補此一缺失，其優點是多人通訊時只需記憶一組密碼，而且數位簽章機制可以達到識別性、完整性及不可否認性，但缺點是加解密時間增加，大約比 AES 慢了 1,000 倍左右。在做大量資料傳輸時，用 RSA 來做加密效率會較差。

為了改善這個問題，數位信封 (Digital Envelop) 的概念應運而生。此方法將 AES 和 RSA 結合為一、截長補短，用 AES 來加密所要傳輸的資料，用 RSA 來負責加密 AES 所使用的祕密金鑰。如此一來，既

能改善加密的效率,也解決祕密金鑰傳遞的問題。訊息機密性的問題解決了,接下來要如何達到識別性、完整性及不可否認性呢?因為商家的公開金鑰不是祕密,每個人都可以用它加密傳送資料給商家,因此利用數位簽章是最適當的方法。使用者在送出 RSA 密文的同時,也將資料以祕密金鑰簽章附在後面傳送給接收方。接收方除了以傳送方的公開金鑰來驗證數位簽章之外,也用自己的私密金鑰解開 RSA 密文。

電子商務的付款方式,重點在於如何提供消費者一個安全且方便的付款管道。目前最普及的信用卡付款方式在使用上雖然非常簡便,卻不夠安全,而且對消費者很沒有保障。一旦信用卡卡號及信用卡相關資料被第三者竊取,此消費者之信用卡很可能會被盜刷。即使使用密碼系統將信用卡卡號及信用卡的相關資料做加密處理,以防第三者竊取,但這對不誠實之電子商店是沒有用的。若付款方式不安全,消費者使用網路交易的興趣及電子商務發展勢必會受到影響,由此可知安全付款機制的重要性。

銀行業者也注意到電子商務這個廣大的市場,紛紛在網際網路上架設網路銀行。網路銀行的作業範圍很大,舉凡轉帳、繳款、付款及查詢等都屬於業務範圍。此外,企業界長期以來一直討論的家庭銀行 (Home Banking),就是將每個家庭的電腦當作不會吐錢(提款)的提款機 (ATM),透過網路銀行而實現的案例。最重要的是網路銀行無遠弗屆的特性,任何人、任何地方只要連上網際網路都可使用這項服務,建置成本又比設立分行來得低。所以在此一趨勢帶動下,各個銀行無不投入網路銀行的發展。隨著交易安全技術日漸成熟、使用者熟悉數位環境後,網路銀行服務的應用與發展也更為多元。

一個理想的網路交易系統是希望所有的交易流程都能在開放的網路上進行,其中包括如何傳送交易資訊、如何付費等問題。在交易過程中,顧客可經由網路向商家下訂單及網路付款,商家則經由網路向收單銀行請求清算,這一連串的過程都希望能在網路上即時進行。因涉及到敏感的帳戶號碼及隱私權問題,必須要確保交易過程的正確性、交易訊息的機密性、完整性及使用者的隱私性等。下面小節中,將陸續介紹數種可以直接在網路上進行的電子付款方式,非常適合電子商務的交易型態。

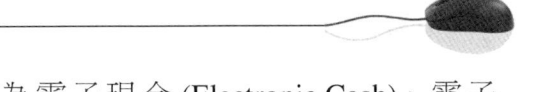

15.3 電子付款機制

電子付款機制大致分為三種，分別為電子現金(Electronic Cash)、電子支票(Electronic Check)及信用卡(Credit Card)。盲簽章(Blind Signature)技術在實現電子現金系統中扮演非常重要的角色。以下將先對盲簽章技術做一介紹，接著再分別介紹電子現金、電子支票及電子信用卡這三種付款機制。

盲簽章技術最早是在 1982 年由著名的密碼學家 David Chaum 所提出。盲簽章的目的是讓驗證者只能驗證某一份文件的數位簽章是否正確，卻無法找出此文件與簽署時的文件有任何關聯，此一特性稱為「不可追蹤性」(Untraceability)。在電子現金機制中，不可追蹤性可用來保護消費者的隱私，是一種簡單且實用的機制。

圖 15.2 描述 David Chaum 所提出的盲簽章機制，這個機制是架構在 RSA 的密碼系統上。

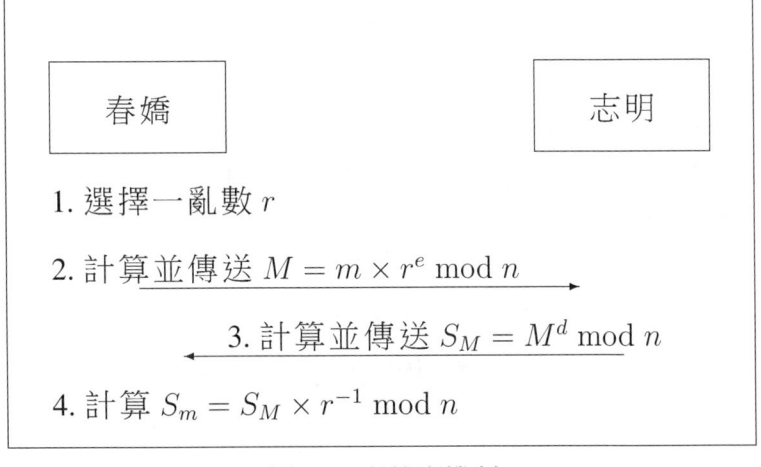

```
┌─────────────────────────────────────────────────────┐
│   ┌──────┐                           ┌──────┐       │
│   │ 春嬌 │                           │ 志明 │       │
│   └──────┘                           └──────┘       │
│                                                     │
│  1. 選擇一亂數 r                                    │
│  2. 計算並傳送 M = m × rᵉ mod n  ─────────►         │
│          ◄───── 3. 計算並傳送 S_M = Mᵈ mod n        │
│  4. 計算 S_m = S_M × r⁻¹ mod n                      │
└─────────────────────────────────────────────────────┘
```

圖 15.2: 盲簽章機制

此圖是假設春嬌要請志明簽署一份文件訊息 m，春嬌希望能獲得志明對此文件訊息所簽署的數位簽章 S_m，但又不希望志明知道此份文件訊息內容。春嬌的作法如下（假設志明的 RSA 公開金鑰為 (e, n) 及所對應的私密金鑰為 d）：

1. 春嬌先隨機選取一亂數值 r，並妥善保存。

2. 接著，春嬌用志明的公開金鑰 (e, n) 及所選取的亂數值 r 來計算一數值 M，使得

$$M = m \times r^e \bmod n$$

然後，春嬌將所得到的 M 送給志明做簽章。

3. 志明收到春嬌送過來的數值 M 後，就用其私密金鑰 d 對 M 做數位簽章，所得到的數位簽章 S_M 為

$$S_M = M^d \bmod n$$

然後，志明將此數位簽章送回給春嬌。

4. 由於 S_M 滿足下列式子：

$$\begin{align}S_M &= M^d \bmod n \\ &= (m \times r^e)^d \bmod n \\ &= m^d \times r^{e \times d} \bmod n \tag{15.1}\\ &= m^d \times r \bmod n \tag{15.2}\end{align}$$

（註：有關 15.1 式及 15.2 式中 $r^{ed} \bmod n = r$，請參考第 6.2.1 節說明。）
故春嬌收到 S_M 後，可輕易地用其所選擇的亂數 r 來得到訊息 m 的數位簽章 S_m，作法如下：

$$\begin{align}S_m &= S_M \times r^{-1} \bmod n \\ &= (m^d \times r) \times r^{-1} \bmod n \\ &= m^d \bmod n\end{align}$$

利用上述步驟，春嬌可以順利地擁有志明對文件訊息 m 的數位簽章 S_m，而且志明及其他驗證者都可以驗證此簽章的正確性。然而，志明卻無法得知此文件訊息 m 是來自於春嬌。這是因為驗證時的文件訊息 m，與志明當初在簽署時的訊息 M 並不相同 ($M \neq m$)，因此志明無法追蹤此訊息的來源。

將上述過程的 m 當作鈔票之序號、志明改為銀行及春嬌改為銀行存款戶，就如同銀行存款戶向銀行提領電子現金之流程。

15.4 電子現金

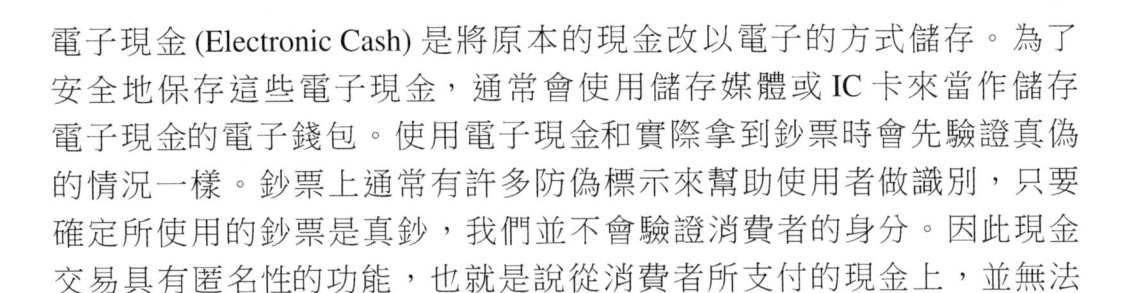

電子現金 (Electronic Cash) 是將原本的現金改以電子的方式儲存。為了安全地保存這些電子現金，通常會使用儲存媒體或 IC 卡來當作儲存電子現金的電子錢包。使用電子現金和實際拿到鈔票時會先驗證真偽的情況一樣。鈔票上通常有許多防偽標示來幫助使用者做識別，只要確定所使用的鈔票是真鈔，我們並不會驗證消費者的身分。因此現金交易具有匿名性的功能，也就是說從消費者所支付的現金上，並無法得知使用者是誰。

電子現金的使用也是一樣，消費者在支付電子現金後，商家必須有能力驗證此電子現金的真偽，但卻無法從電子現金追蹤此使用者的身分，如此一來才能保障交易雙方的權益。要達到此一特性，上一節所介紹的盲簽章機制正好可以派上用場。

電子現金系統大致可分為三個階段，依序為取得電子現金階段、使用電子現金階段及商家兌換電子現金階段，流程如圖 15.3 所示。

接下來說明如何利用盲簽章機制來建構電子現金系統。

1). 消費者首先跟其往來銀行申請電子現金，並支付所要兌換電子現金之金額。每一筆電子現金都會有唯一的識別序號 m，此序號類似實際鈔票上的序號，消費者選擇一機密的亂數 r，並計算 $M = m \times r^e \bmod n$，其中 (e, n) 為電子製幣廠 (E-Mint) 的公開金鑰，然後消費者將 M 傳送給銀行。

2). 銀行將訊息 M 及所要兌換的現金傳送給電子製幣廠。

3). 電子製幣廠使用其私密金鑰 d 對訊息 M 進行簽章：

$$S_M = M^d \bmod n$$

接著電子製幣廠將 S_M 送給消費者。

4). 消費者收到 S_M 之後，因為只有本人知道所選擇的亂數 r，所以可以輕易地將 S_M 裡面的亂數 r 移除，然後得到

$$S_m = (S_M \times r^{-1}) \bmod n$$

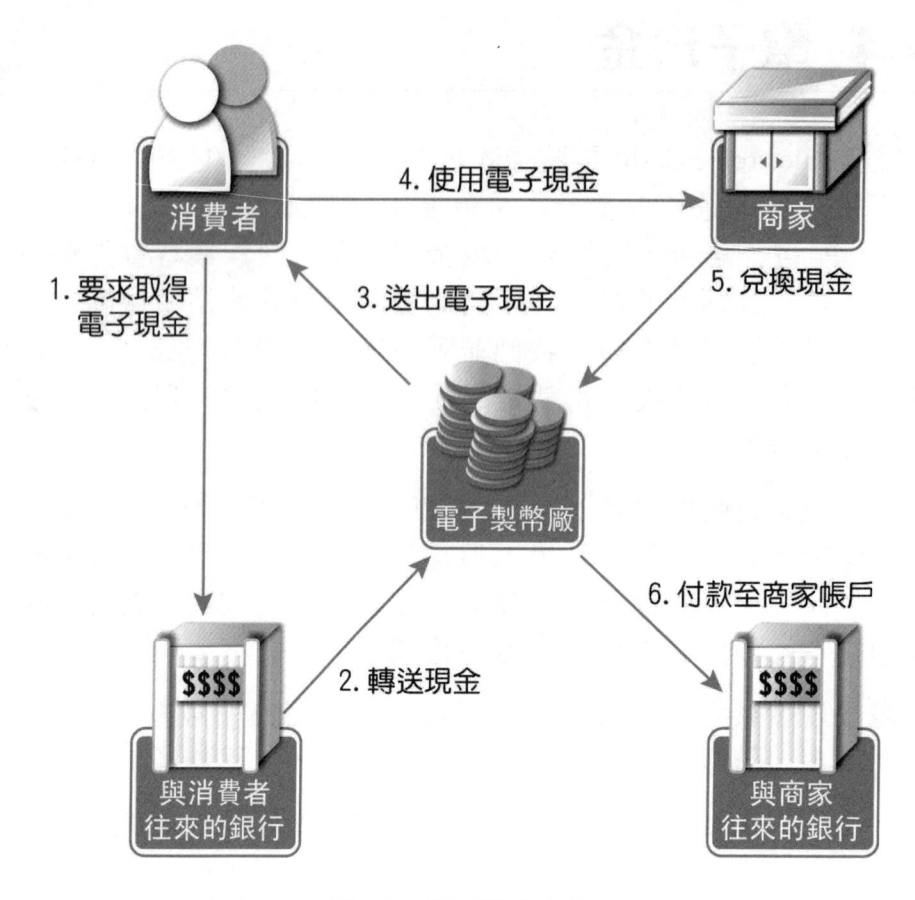

圖 15.3: 電子現金系統

所得到的 S_m 即為電子製幣廠對電子現金序號 m 所做的簽章，將 m 及 S_m 組合起來，(m, S_m) 就成了電子現金。有了此簽章便可以證明此電子現金的確為電子製幣廠所發行，然後消費者便可用此電子現金進行消費。

5). 商家收到電子現金 (m, S_m)，會先利用電子製幣廠的公開金鑰 (e, n) 來做驗證。若驗證成功，商家就確信此電子現金的確是由電子製幣廠所發行，而非他人偽造。

但僅驗證電子現金的簽章是不夠的，因為電子化文件很容易遭到複製。因此電子現金很容易複製成許多份，消費者可能重複使用同一筆電子現金，這個問題稱為「重複使用」(Double Spending)。要解決重複使用的問題，必須有一套機制去查核消費者支付的電子現金是否已經被使用過。一個防止重複使用的作法是電子製幣廠必須維護一個資料庫來紀錄所有被使用過的電子現金序號，商

家收到消費者的電子現金時必須至該資料庫中去查詢核對使用狀況。若尚未使用過，則商家就接受此電子現金，完成付款動作。日後商家再向電子製幣廠兌換累積的電子現金。

6). 電子製幣廠會先驗證商家所要兌換的電子現金是否正確。若正確，電子製幣廠將所要兌換的金額支付給予商家往來的銀行。

電子現金系統中所使用到的盲簽章技術可以確保電子現金的不可追蹤性，也就是電子製幣廠與銀行在訊息 m 與 M 之間找不到任何的關聯。這個特性有一個好處，就是商家只要能驗證電子現金的有效性即可，無法追蹤是哪個消費者使用，因此可以達到匿名性，以保障消費者的隱私權。

但電子現金仍有一些運作上的困難點：

1). 電子現金是預先付款的機制 (Pre-pay)，也就是消費者在消費時就要預先換好電子錢，因此較不被消費者所接受。

2). 電子現金也不具傳輸性，每筆電子現金使用過一次後就無法再繼續在市場使用（消費一次後就繳回電子製幣廠），因此無法像實際現金一樣在市場上流傳。

3). 為了解決重複使用的問題，現行作法是每家商店必須與銀行連線，每次交易商店均必須連線到銀行，由銀行代為查驗是否重複使用。此方式稱為線上交易 (On-line Transaction)，與現行實際的現金使用方式不相同。試想商店拿到消費者之鈔票，商店老闆會告訴消費者先等他到銀行驗證是否重複使用嗎？基本上，電子現金若能朝向離線交易 (Off-line Transaction)，則會與實際的現金使用方式一樣。

4). 現行的電子現金也不能找零。

5). 電子現金若遺失或毀損將無法復原。

15.5 電子支票

電子支票可以看成電子化的紙本支票。在紙本支票的使用上，使用者必須在支票上簽名做背書之後，這張支票才算有效。電子支票也是一

樣，使用者用數位簽章來背書。驗證者則是利用使用者的公開金鑰憑證，來驗證支票使用者的公開金鑰，再利用公開金鑰來驗證支票上的數位簽章。電子支票系統的運作流程如圖 15.4 所示，大致可分為三個階段。

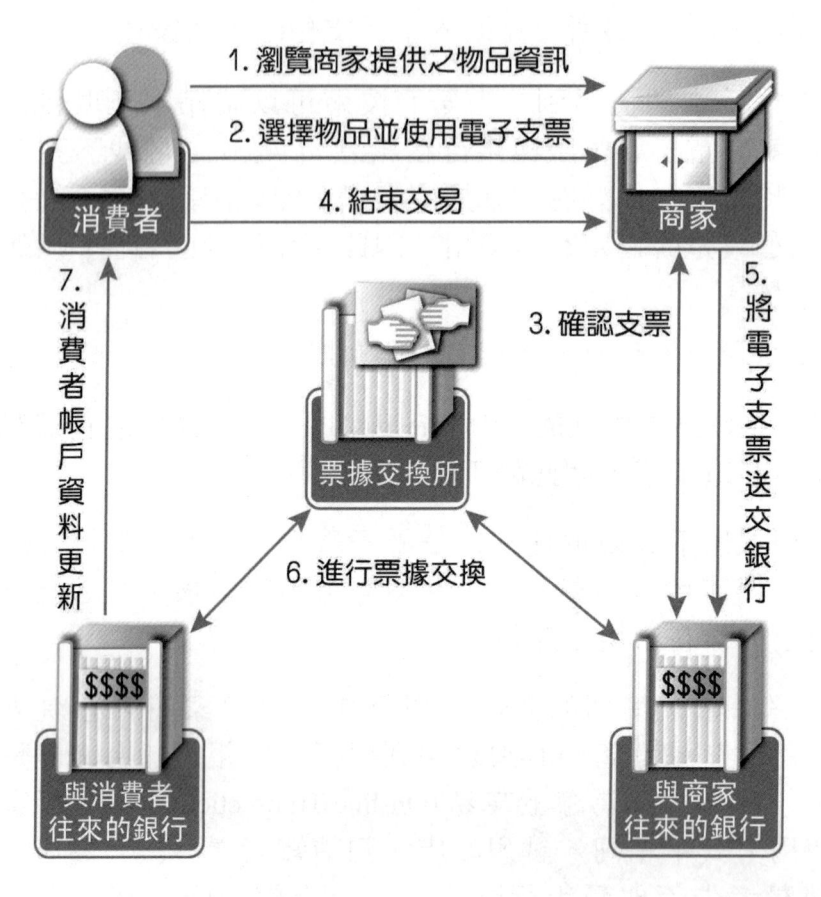

圖 15.4: 電子支票付款系統

第一個階段為消費者交易階段（圖 15.4 步驟一至步驟四），消費者瀏覽商家所設立的網站並選購所需產品，然後以電子支票付款。商家收到電子支票必須先向往來銀行確認此支票的有效性，經確認無誤，就完成消費者交易階段，商家可以將產品交給消費者。

第二階段為商家存入支票階段（圖 15.4 步驟五），商家會定期將所收到的支票送到所屬銀行進行兌現。

銀行的票據交換是第三階段的主要工作（圖 15.4 步驟六及步驟七）。首先與商家往來的銀行會先將電子支票送交票據交換所，然後與消費者所屬銀行結算後，將錢從消費者的帳戶匯到商家的帳戶中。

接下來介紹一種利用 RSA 密碼系統所建構的電子支票系統，圖 15.5 說明此機制的概念。

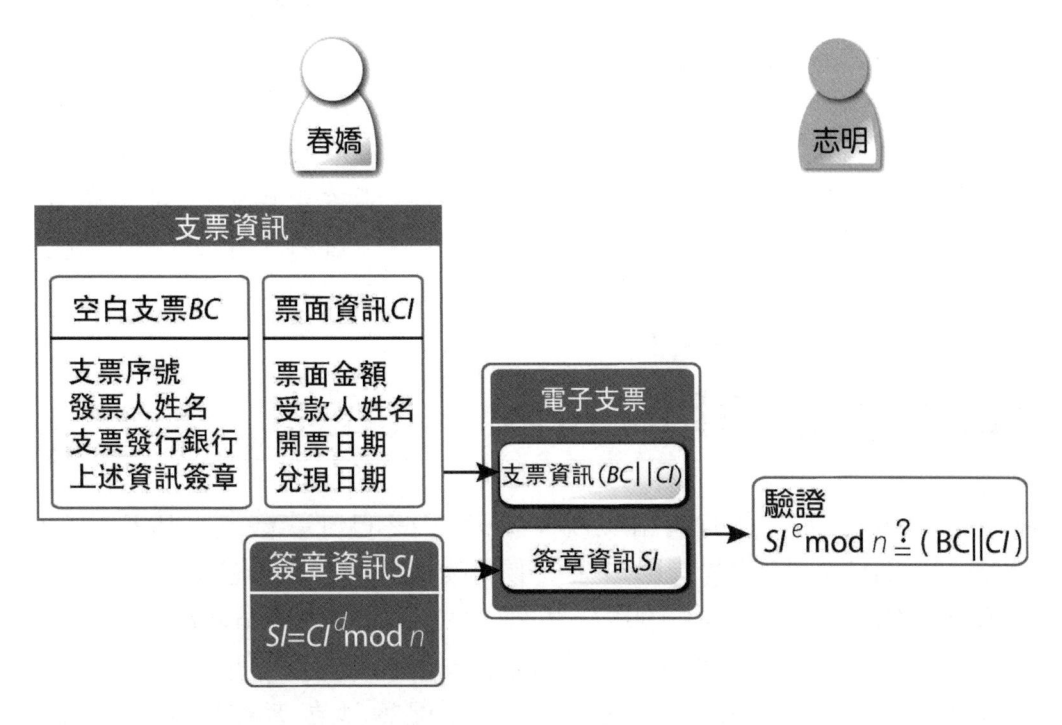

圖 15.5: 使用 RSA 所建構的電子支票機制

假設春嬌要用電子支票支付一筆款項給志明，春嬌先開具一張電子支票，此支票內含銀行發給她的空白支票 BC 及票面資訊 CI。空白支票 BC 內含支票序號 SN、發票人姓名 NA、支票發行銀行 BK 及這些資訊之簽章 $S_{BK} = D_{d_{BK}}(SN, NA.BK)$) 等資訊（設銀行私密金鑰為 d_{BK}）。票面資訊 CI 內含票面金額、受款人姓名、開票日期及兌現日期等資訊。開立好支票後，春嬌再用私密金鑰 d 對開立的電子支票做簽章，產生簽章 SI 的作法為：

$$SI = (BC \parallel CI)^d \bmod n$$

然後，春嬌將該支票的 BC、CI 及簽章資訊 SI 一起送給志明。志明收到春嬌所送來的電子支票後，先以支票發行銀行 BK 的公開金鑰 (e_{BK}, n_{BK}) 驗證空白電子支票之有效性，確定無誤後，再使用春嬌的公開金鑰 (e, n) 對整張電子支票（空白支票 BC 及票面資訊 CI）做驗證。驗證方式為判斷 $(BC \parallel CI)$ 是否等於 $SI^e \bmod n$，若相等則代

表春嬌所開具的電子支票是有效的，待兌現日期一到，志明可兌現此支票。

電子支票系統是屬於先享用後付款 (Pay Later) 的付款機制，而且每一次付款所使用的電子支票都需要發票人來做數位簽章。根據數位簽章，我們可以追查發票人的身分，使其無法賴帳。因此，電子支票系統不會有消費者重複使用的問題，因為重複使用的錢最後都會算到該消費者的帳上。但另一方面，收款人可能會重複兌現同一張電子支票，為防止這個問題，相關銀行也須建立一資料庫來紀錄所有已兌換過的支票。

15.6　線上信用卡付款

線上信用卡付款是目前網路交易中廣為接受的付款機制。1995 年 Visa 和 Master Card 兩大國際信用卡公司便開始分別提出以信用卡為基礎的網路安全電子交易協定。1996 年更與 IBM、GTE、Microsoft、Netscape、SAIC、Terisa、Verisign 等多家公司合作，聯合制訂一個安全電子交易協定 SET (Secure Electronic Transaction)，以保護消費者在開放網路使用信用卡付款的安全。SET 採用公開金鑰密碼系統、數位簽章技術及祕密金鑰密碼系統的加密方法，以確保交易過程的安全。SET 付款機制在安全需求方面大致可分為下列數項：

1). 身分鑑別 (Authentication)

SET 利用憑證中心 CA (Certification Authority) 所核發的數位憑證配合數位簽章的使用，來確認參與交易之個體身分的合法性，並驗證交易訊息來源的正確性。

2). 交易資料的機密性 (Confidentiality)

在交易的過程中需要傳送信用卡號碼、付款金額、個人資料及購買資訊等敏感性資料，系統必須確保交易資料在傳輸的過程中不會被有心人竊取或得知訊息內容。SET 協定使用數位信封的觀念，對交易的資料做加密的動作，使資料內容不被非相關人員看到。其加密過程主要是以祕密金鑰（如 AES）來加密訊息，並以公開金鑰（如 RSA）進行簽章及傳送祕密金鑰，以達到交易訊息的機密性。

3). 交易資料的完整性 (Integrity)

防止交易訊息在傳輸過程中遭到篡改、傳輸錯誤或遺失等問題。一旦偵測出上述問題，可要求傳送方重新發送訊息。SET 利用電子簽章及雜湊函數，對交易訊息的完整性做比對，以防止在交易過程中資料內容遭到篡改。

4). 不可否認性 (Non-repudiation)

利用電子數位簽章及憑證中心所核發的數位憑證，來防止交易雙方否認已經發生過交易行為。

5). 隱私性 (Privacy)

隱私權的保護也是一個相當重要的課題，SET 利用雙重簽章 (Dual Signature) 的技術讓商家 (Merchant) 只知道訂單資訊 (Order Information, OI)，收單銀行 (Acquirer) 只知道付款訊息 (Payment Instruction, PI)。其中付款訊息包括持卡人姓名、卡號、帳戶號碼及信用卡有效期限等資料，即使有心人竊取訂單資訊，也無法與交易參與者身分做連結。雖然收單銀行得知帳戶資料，但亦無法得知持卡者消費資料，以達到保護持卡人隱私的目的。

SET 協定中參與交易的個體包括持卡人 (Cardholder)、特約商家 (Merchant)、發卡銀行 (Issuer)、收單銀行 (Acquirer) 及一個憑證中心，來核發使用者公開金鑰之數位憑證。此外，收單銀行利用付款閘道 (Acquirer Payment Gateway) 來幫助驗證交易訊息。這些參與個體的特徵如下：

- 持卡人
  欲使用 SET 進行付款交易的消費者必須到發卡機構申請合法的信用卡。信用卡持有人要有發卡銀行授權許可，從認證中心取得公開金鑰的數位憑證後，才能進行電子商務的相關交易。

- 特約商店
  網際網路上的特約商店為銷售貨物或提供服務的企業組織，並須與信用卡收單銀行登記簽約，取得數位憑證，始可成為接受客戶信用卡為電子付款方式的特約商店。特約商店要支援網路安全傳輸與遵循 SET 通訊協定，所有交易以信用卡線上授權及請款。

- 發卡銀行
  發行信用卡之發卡機構，並負責持卡人身分的驗證及登錄持卡人之購物項目。

- 收單銀行
  利用付款閘道透過網際網路來接受特約商店的請款要求，也可以透過商業網路與發卡銀行完成清算作業。此外，付款閘道亦負責授權與管理往來的特約商店。

- 憑證中心
  係由信用卡單位共同委派的公正組織，主要功能係提供產生、分配與管理所有持卡人、特約商店及參與銀行交易所需的數位憑證系統。

SET 系統的主要交易流程如圖 15.6 所示，其步驟概略描述如下：

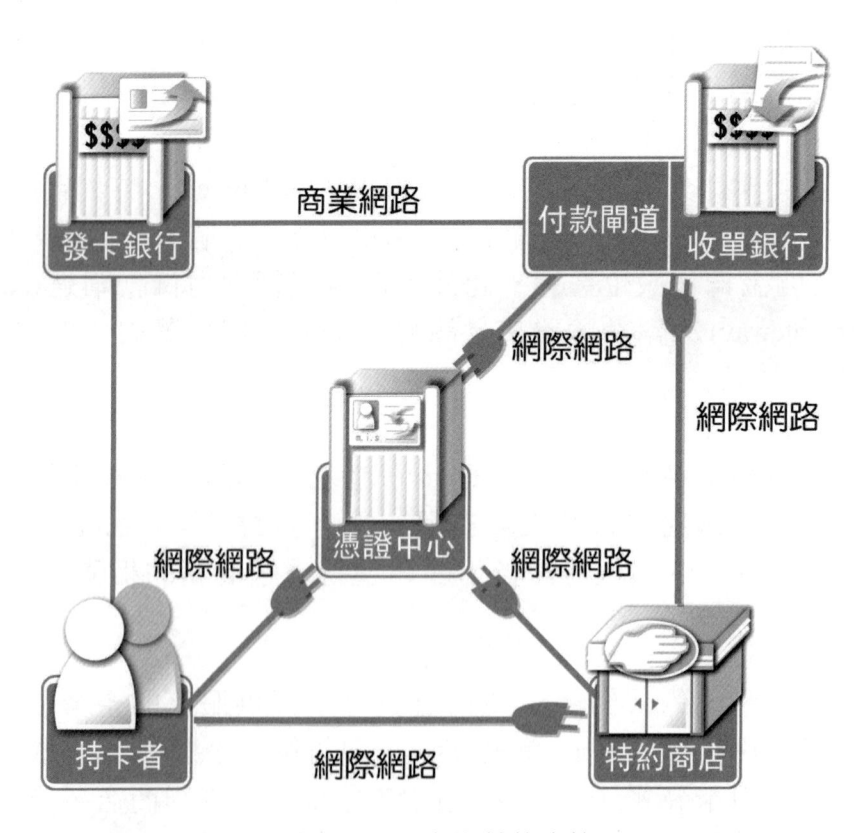

圖 15.6: SET 安全付款系統

1). 交易開始時先驗證系統參與者身分的合法性，持卡人確定購買物品後，先送一交易起始要求訊息給商家，要求商家開始進行線上信用卡交易。

2). 商家收到後回傳一交易起始回應訊息給持卡人，內含商品訂購資訊及經 CA 核發的數位憑證。

3). 持卡人驗證商家憑證的正確性。若正確，持卡人選定要購買的物品後，送出購買訂單。其中包含訂購資訊 OI 及付款訊息 PI，用雙重簽章的概念對交易訊息做加密及簽章的處理後送往特約商店，提出購買要求。

4). 商家收到後，得到 OI 訊息並與雙重簽章驗證比對無誤後，就送出驗證要求訊息給收單銀行付款閘道。

5). 收單銀行解密後取得付款訊息 PI，並驗證 PI 的完整性及確認性，然後經由發卡銀行確認信用卡期限、額度。若正確則回傳驗證回應訊息給商家，說明驗證結果。

6). 商家收到驗證回應後，若驗證的結果成功，商家便可以開始依訂購資訊 (OI) 來交付商品。

7). 發卡銀行定期與收單銀行做清算，並按月寄帳單給持卡人要求繳款。

SET 機制中最重要的概念是利用雙重簽章來將付款資訊 (PI) 與訂購資訊 (OI) 分離，以提供消費者隱私權的保護。以下我們說明雙重簽章如何達到消費者隱私保護的目的。

　　雙重簽章的產生過程是持卡人將付款資訊 PI，包含帳戶號碼、卡號及信用卡有效期限等敏感資料先經一雜湊函數運算後，產生付款訊息摘要 PIMD (PI Message Digest)。同樣地，也對訂購資訊 (OI) 經雜湊函數運算得到一訂購訊息摘要 OIMD (OI Message Digest)，然後將 PIMD 及 OIMD 合併再做一次雜湊函數的運算，得到 POMD (Payment Order Message Digest) 之後再用持卡者的私密金鑰 KR_c 對 POMD 做數位簽章，最後就可以得到雙重簽章。持卡者產生雙重簽章的流程，如圖 15.7 所示。

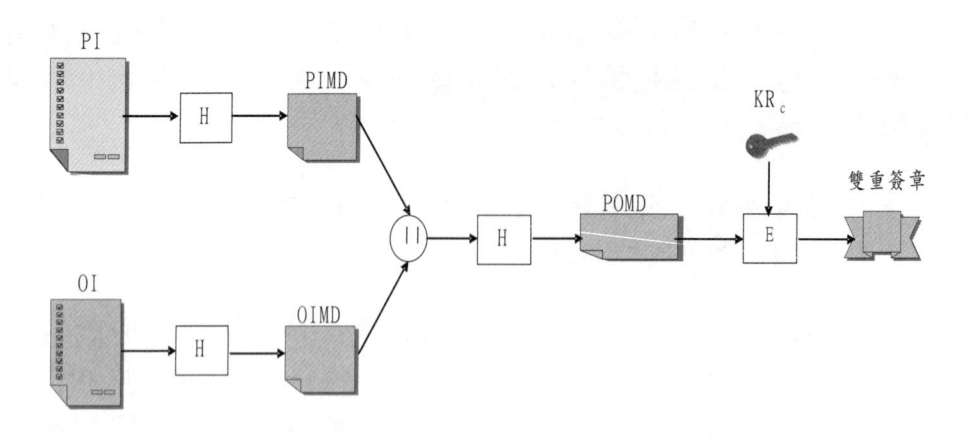

圖 15.7: 雙重簽章的製作過程

　　消費者產生雙重簽章後，便選擇一把交談金鑰 K_s 來對 PI、OIMD 及雙重簽章做 AES 的加密。所得密文為 R，並將此交談金鑰 K_s 用銀行的公開金鑰 KU_b 來做加密，以得到一數位信封。最後持卡者將訊息 R、數位信封、PIMD、OI、雙重簽章及 CA 所核發給持卡者的數位憑證一起傳送給商家。持卡者所傳送的購買請求，如圖 15.8 所示。

　　商家收到持卡者所傳送的購買請求後，可以從購物請求中得到 OI 資訊，以驗證 OI 內容的正確性。商家先計算 OI 的訊息摘要 OIMD，再將 OIMD 與 PIMD 合在一起算出訊息摘要 POMD，之後商家便可以用持卡人的公開金鑰驗證數位簽章及 OI 的訊息內容是否正確。

　　因此，商家只需知道訂單的明細及總額，並不需要知道付款資訊的相關內容。若商家驗證成功，便將訊息 R 及數位信封轉送給銀行。銀行可以用其私密金鑰解開數位信封取出裡面的交談金鑰 K_s，再用交談金鑰去解開 R，便可得到 PI、OIMD 及雙重簽章。商家驗證顧客的購買請求之過程，如圖 15.9 所示。

　　同理，銀行亦可算出 POMD 及驗證其數位簽章，以確認 PI 的正確性。雙重簽章的特點就是只有收單銀行用其私鑰才有辦法解開 R 並獲得 PI，以確保 PI 訊息的機密性。而商家透過雙重簽章的驗證可確保 PI 與 OI 的成對關係及其內容的完整性。

　　在 SET 的付款機制裡，商家只知 OI 資料，而收單銀行只知道 PI 的資料。持卡人的隱私權可被充分保護，同時均可達到機密性、資料的完整性、身分鑑別及不可否認性等安全需求。

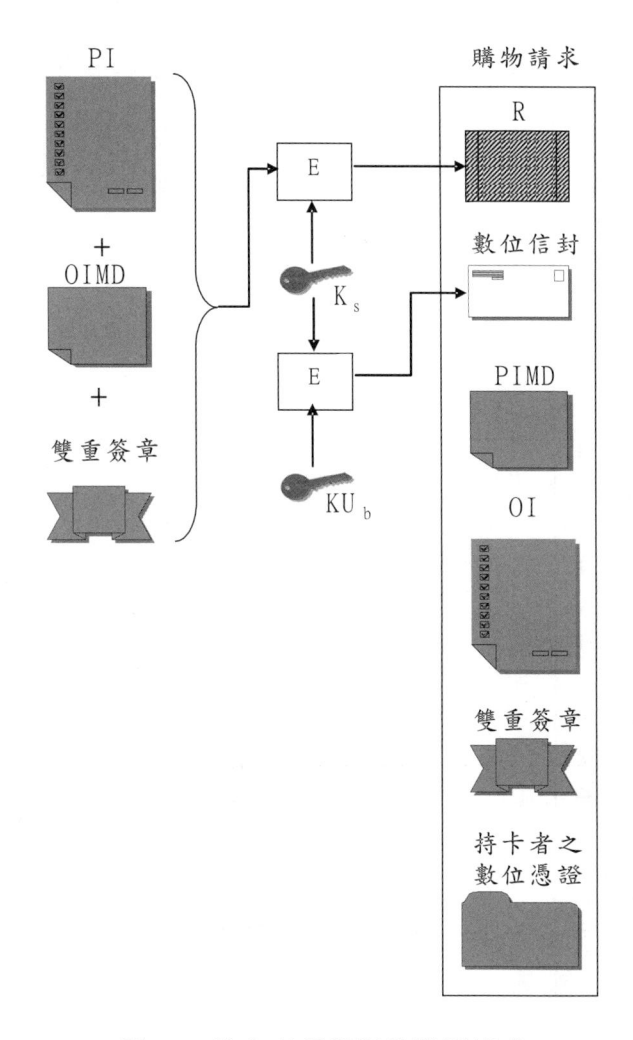

圖 15.8: 持卡者所傳送的購買請求

　　除了付款安全的問題之外，消費者最關注的是付款過程是否簡便迅速，而銀行及商家更希望能降低每次交易的成本。然而在 SET 的付款過程中，每個使用者必須先具有一組非對稱式密碼系統的公開金鑰及私密金鑰，並向 CA 做註冊。此外，SET 使用 AES 及 RSA 密碼系統來達到安全的要求，也增加 SET 在訊息運算及訊息傳輸的複雜度。

　　由於 SET 的交易程序複雜且成本高，不容易被商家及一般消費者所接受，這也就是目前使用提供 SET 來做安全交易線上信用卡交易的商家少之又少的主要原因。取而代之的是較為簡便的 SSL 安全傳輸協定，消費者在瀏覽器上完成商品選購要進行付款時，所輸入的信用卡資訊要傳送至商家的過程中，便是利用 SSL 來做信用卡資訊的安全傳輸。有關 SSL 的運作方式請參考第十章。

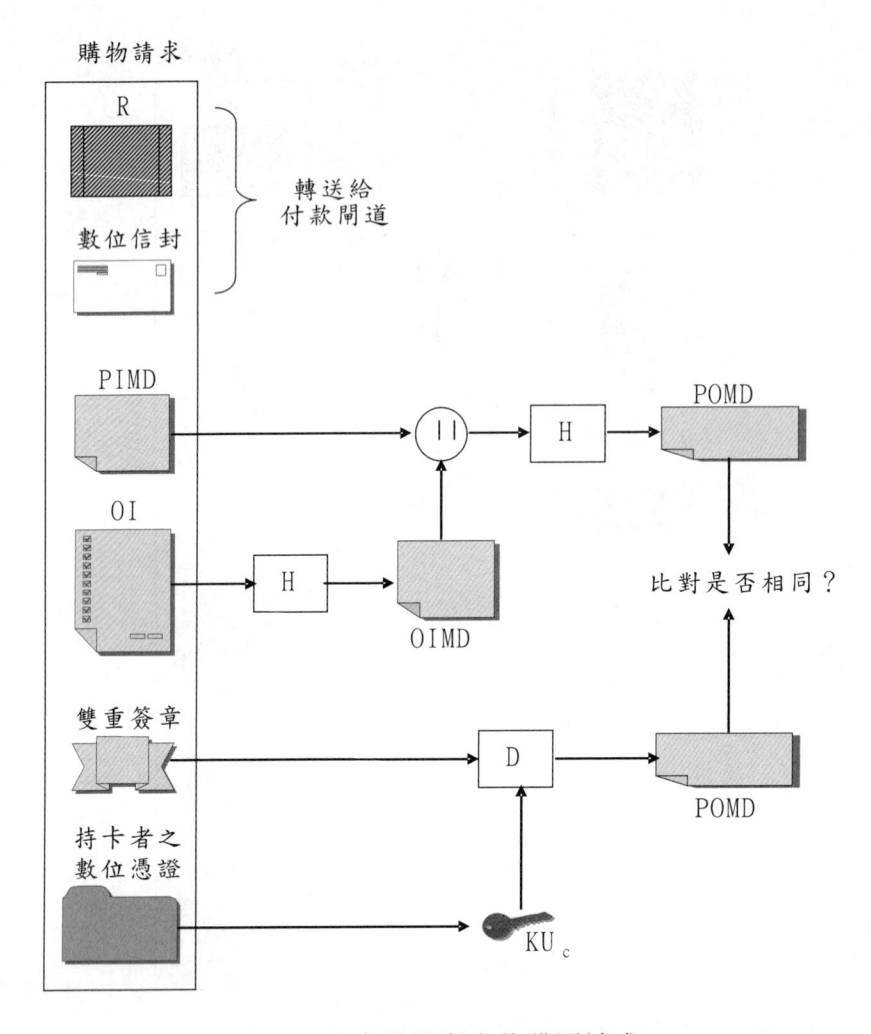

圖 15.9: 商家驗證顧客的購買請求

15.7　第三方支付服務

第三方支付服務是指在網路上為交易雙方建立一個中立的支付平台，不涉入任何有關電子商務的行為，僅提供個人或企業網路交易的支付結算。第三方支付的交易流程，如圖 15.10 所示，說明如下：

1). 買方瀏覽賣方電子商店網頁，選購商品。

2). 賣家依據買方選購的商品，產生訂單。

3). 買方選擇使用第三方支付服務進行貨款支付，與第三方支付平台確認訂單內容後，將付款資訊傳送給第三方支付平台。

4). 第三方支付平台收到代收款項後，會通知賣方該訂單貨款收訖。

5). 賣方收到通知後，即依買方約定出貨，並通知買方商品已寄出。

6). 買方收到商品並確認無誤後，通知第三方支付業者付款給賣方。

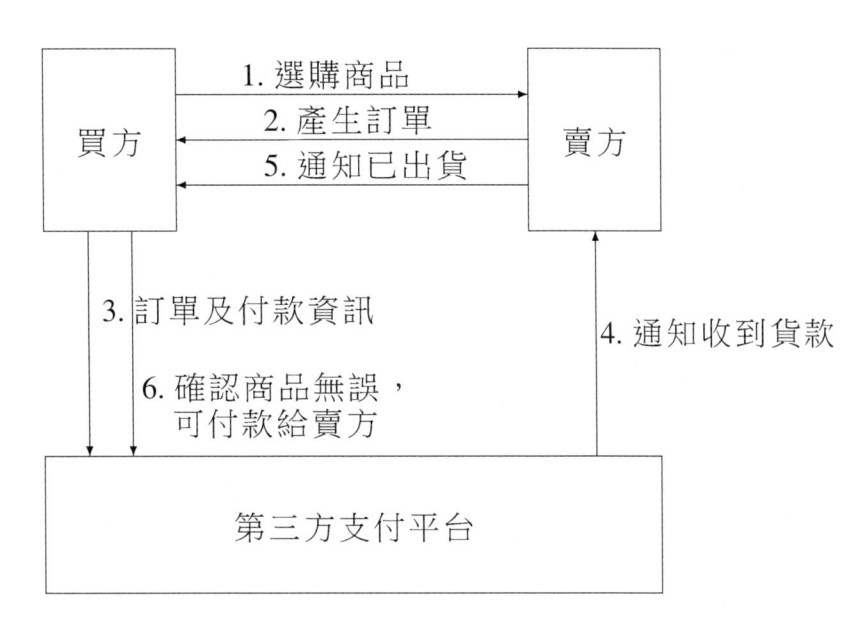

圖 15.10: 第三方支付服務的運作模式

第三方支付服務最大的優點是提供交易擔保，買方收到賣方的商品後再請第三方支付業者付款，可以有效防堵詐騙行為並減少消費紛爭。例如目前在中國廣泛使用的「支付寶」，原先是阿里巴巴集團為解決「淘寶」線上購物安全所設的「第三方擔保交易模式」，廣受消費者歡迎而成為全球最大的第三方支付平台。

在付款的安全性方面，在支付過程中消費者與第三方支付伺服器間的連線多半採用 SSL 安全機制，來提高交易的安全性。為避免網路詐欺的發生，第三方支付服務商也可對企業或個人進行信用認證，提高消費者的信心。此外，第三方支付平台可與不同銀行或信用卡公司合作，提供消費者各式便利的付款方式。如此，商家可免去安裝各種付款認證機制的麻煩，讓操作更為簡便且降低開發及維護的成本。

然而，第三方支付服務也有其風險。例如消費者的資金可能遭不肖第三方支付業者挪用或惡意倒閉，衍生索償或者成為犯罪洗錢的溫床等問題都還有待相關法令的配合來解決。

15.8 行動支付

行動支付是指利用行動裝置支付各項服務或實體商店消費的付款服務，因此使用者出門時不必再帶現金、信用卡、金融卡等，對消費者而言可說相當方便。目前在台灣被廣為使用的悠遊卡或一卡通就是行動支付的一種模式。近年來行動支付模式在全球蓬勃發展，許多公司都提供了行動支付的解決方案，包括金融機構和信用卡公司推出的 RFID 接觸式信用卡、網路服務公司如 Google 推出的 Google 電子錢包與 Android Pay、通訊服務營運商如 Line 的 Line Pay 或微信的微信支付等，以及生產行動裝置的公司如 Apple 的 Apple Pay 或 Samsung 手機的 Samsung Pay 等。2017 年更是台灣行動支付關鍵的一年，Apple Pay 及 Android Pay 相繼在台提供服務，可以預見的未來各大廠將極力爭取行動支付這一個市場大餅。

目前投入行動支付的廠商不論是在手機的普及度、支援程度或是用戶數，各自都有其優勢。然而行動支付成敗的關鍵有以下三點：

1). 商家的規模與涵蓋的類型：參與商家的數量與規模絕對會影響消費者的使用意願，越多的消費者使用同樣也能吸引更多的商家加入，所以必須營造一個良性正向循環的生態系統。

2). 商家的進入門檻與維運成本：維運成本包含設備的購置、員工的教育訓練、網路的費用及後續的維護費用等。成本越高自然讓商家怯步或是持觀望的態度。此外，Apple Pay 或 Android Pay 等 NFC 支付方式都需要商家的 POS 銷售點系統搭配才得以完成。要如何改造或整合現有 POS 系統使其支援相關行動支付模式也是一大難題。

3). 交易的信賴與安全：消費者信用卡或帳號資訊是否有可能外洩，消費者手機遺失是否會被盜刷，商家如何驗證交易支付的真偽等都是消費者與商家關心的問題，也會直接影響消費者或商家使用的意願。

接著就分別介紹 Google 電子錢包與 Android Pay、Apple Pay 及支付寶與微信支付這三種目前最為大家所熟悉的行動支付機制。

15.8.1 Google 電子錢包與 Android Pay

Google 電子錢包 (Google Wallet) 是一項使用手機以近場通訊 (Near Field Communication, NFC) 技術進行的電子支付系統，近場通訊的相關技術可參考本書第十二章。

Google 從 2013 年 3 月開始提供電子錢包服務。使用者電子錢包的行動載具必須內建安全晶片，且安全元件中只儲存了虛擬信用卡的資訊，其他使用者登錄的銀行帳戶、現金卡或信用卡資訊則是經過加密後儲存在 Google 的伺服器中，以避免使用者透過行動載具去存取這些敏感資訊。此外，當使用者拿 Google 電子錢包到實體商店消費時，商家也只能讀取在行動裝置內的虛擬帳號資料，而無法得知消費者真正的帳戶資料。消費者的消費明細則是紀錄在 Google 的線上服務中心，消費者可透過使用者鑑別的技術來存取個人消費明細。

Google 的這項電子錢包服務還整合了 Google 的電子郵件系統 (Gmail)，讓使用者可以透過電子郵件附加檔案的方式，將電子錢包內的錢寄給收件者。這個過程就像傳統的轉帳匯款，只是透過電子郵件的方式來完成。此外，就算收件者不是使用 Gmail，也可以用其他的電子郵件系統來接受轉帳信件，並將錢存到自己的電子錢包內。

在 2013 年 11 月，Google 正式推出電子錢包的實體卡片，消費者只要擁有 Google 電子錢包帳戶，就可以直接上網申辦。申辦的過程不需要手續費，也無須支付年費與月費。使用者只需將自己的銀行帳戶、現金卡、信用卡資訊輸入到電子錢包中，就能夠將錢轉入到 Google 的電子錢包卡中，就像一張銀行現金卡或是悠遊卡。

Google 電子錢包服務的優點是可將多家銀行或信用卡帳戶加以整合，只要消費者事先將銀行或信用卡帳號登錄到 Google 電子錢包。使用者出門就不須帶一大推卡片，到商家消費時再由消費者自行決定要由哪一個帳號來支付。利用 Google 電子錢包在線上消費也同樣方便，消費者到接受 Google 電子錢包的網路商店購物時，只要選擇利用 Google 電子錢包付款，系統就會要求輸入當初自行設定的 Google 電子錢包密碼，驗證通過會系統就會自動進行扣款。

Android Pay 是在 Google 繼其電子錢包後推出的第二款行動支付應用，大部分繼承了且相容於過去電子錢包的功能，透過 Android 裝置使用 NFC 來跟商家支付系統進行安全認證。在安全性方面，Android

Pay 增加了雙重身分驗證的功能。若手機有指紋辨識功能，便可利用指紋辨識來確認使用者身分，進而啟用付款功能。或者透過密碼驗證來完成使用者識別。此外，當消費者向商家付款時，Android Pay 不會在付款時發送卡號，而是產生代表消費者的帳戶資訊的虛擬帳號。確保消費者帳戶資訊不被洩漏。

Android Pay 已經在 2017 年 6 月獲准在台灣地區使用，相較於其他行動支付系統，其優勢是可相容的手機較多。加上 Android Pay 為 Google 原生系統，可結合 Google 地圖。當消費者進入商家範圍，透過定位或自動推播折價券等功能與商家的服務進行整合。

15.8.2 Apple Pay

Apple Pay 與 Google 電子錢包、Android Pay 一樣，都是透過 NFC 來進行動支付。Apple Pay 利用主機卡模擬技術 (Host Card Emulation, HCE) 將消費者所持有的信用卡、金融卡等綁定在 Apple Pay 的帳號中，利用手機模擬一張符合 NFC 標準的非接觸式卡。Apple Pay 的行動支付流程如下：

1). 商家在銷售點系統 (Point of Sales, POS) 輸入交易內容。

2). 消費者確認交易內容及金額後，將手中的 iPhone 靠近商家支援 Apple Pay 的銷售系統。

3). 手機螢幕會彈出綁定的銀行圖片，確認銀行及金額後按下指紋，商家 POS 系統開始讀取 iPhone 中的信用卡號或帳號。

4). 商家 POS 系統的電腦透過網路進行連線及交易授權，驗證通過即完成付款動作。

這種由商家店員輸入交易金額，讀取消費者手機帳號資料的模式，在中國被稱之為反掃。如上述的 Apple Pay、Android Pay、Samaung Pay、Happy Go 和 LINE Pay 等都是用這種支付模式。

Apple Pay 的優點是操作相當便捷，比起支付寶或微信支付在支付過程的操作步驟要有效率許多。由於使用 NFC 技術，相較條碼的讀取，較不受外界環境因素的影響。因此，Apple Pay 比其他利用掃描支

付模式來的好，但缺點是商家的設備成本高。每個收款端都要建置支援 Apple Pay 的 POS 系統，設備建置成本在 200 至 1000 美金之間。此外，商家 POS 系統每筆交易都需要網路連線以取的交易授權。所以商家每月的連線費用、設備的維護費用及人員的教育訓練成本較高，因此不適合小額交易以及移動中的商家。

由於 Apple Pay 的虛擬刷卡支付方式只能在實體環境進行運作，所以不支援網購線上支付的消費場景。

15.8.3 支付寶與微信支付

說到行動支付，就不能不提到在中國很火紅的支付寶與微信支付。支付寶原為 2004 年中國阿里巴巴集團所開設的一項第三方支付服務，現為該集團相關企業並隸屬浙江螞蟻金服。微信 (WeChat) 則是中國騰訊公司於 2011 年推出的一款支援跨平台的即時通訊軟體，微信支付是此通訊軟體中的支付服務。

支付寶與微信支付在中國的發展是有目共睹的，不但能提供行動支付應用更能提供線上支付。

此外，有別於 Apple Pay 或 Android Pay 的 NFC 感應模式，支付寶與微信支付在行動支付的應用上是採用消費者手機掃碼模式。主要是透過手機鏡頭掃描 QR Code 來得到商家的付款資訊，因此消費者手機只需有鏡頭不須其他額外配備便能使用，對於消費者在手機設備上的進入門檻較低。其行動支付的流程如下：

1). 消費者確認交易及金額後，消費者用手機讀取商家的 QR Code，解碼後取得商家的代碼。

2). 消費者自行在手機上輸入付款的金額，再透過消費者手機經由行動網路連線取得交易授權。

3). 付款完成後，商家進行支付驗證。支付驗證的過程通常有以下兩種情況：

　　(a) 消費者支付後，直接拿其智慧型手機的付款完成畫面給商家確認，商家用肉眼來檢視是否已經正確付款。

(b) 商家自行準備一台營業用手機,並安裝商家端 App,透過商家端手機的 App 來確認是否收到推播的付款確認訊息。

這種交易模式緣起於中國的支付寶與微信 (WeChat) 支付。因為交易是由消費者主動掃描商家的資訊且交易金額是由消費者在自己的智慧型手機輸入,故在中國又稱之為「正掃」行動支付模式。

這種支付場景因商家端不須固定的終端設備,甚至連任何電腦設備都不需要,因此沒有設備的建置成本、維護成本,也沒有員工教育訓練成本。此外交易時商家不須固定的連線來取得交易授權,因此從餐廳、夜市、菜市場的攤販到計程車都適合這種支付模式,也使得消費者及商家相對快速成長,讓這種支付模式更加便利。

然而,在便利的應用情境下,其商家端(收款端)的收款驗證仍然存在著一些安全問題:

1). 消費者支付後,商家用肉眼來檢視消費者手機確認是否完成付款。這種驗證方式也衍生出一些安全漏洞。例如消費者可自行寫一支的 App,來假冒付款成功的畫面,讓商家以為消費者已正確完成付款。

2). 透過商家端手機的 App 來確認是否收到付款確認訊息,在這種情況下商家與員工就不能共用一台手機。商家需自行準備一台智慧型手機當作營業時收款驗證之使用,除了這個營業用智慧型手機的支出成本外,營運及收款的過程中如需要不斷的拿起手機確認付款訊息也不是很便利。

支付寶與微信支付的便利性讓金融支付應用更加多元,現在從消費性支付到過年發放的紅包、結婚的禮金等都可以用支付寶來完成。但其在收款端的驗證較為不足,收款的安全問題一直被人詬病。

15.9 電子競標

在傳統的競標或投標方式中,競標者 (Bidder) 必須親自到招標會場進行投標,但往往因為時間及空間的因素,導致許多有意競標者無法參與,因而限制了市場規模。藉由網路技術的日趨成熟及網際網路的蓬

勃發展，電子競標 (Electronic Auction) 克服傳統競標方式的缺點，提供更便利、有效率的投標機制。競標者可在任何時間地點上網進行投標，以更快速、便利的機制吸引更多消費者。近年來，電子競標已成為電子商務中一個極重要的領域。

一個完善的網路競標系統除了考量偽造、竊取及篡改等安全問題外，還需具備匿名性 (Anonymity) 及不可否認性 (Non-Repudiation)。在投標過程中不論投標者得標與否，其身分都不會洩漏，而且投標者無法否認標單，以確保投標者及招標者的權利。

一般而言，電子競標系統可分為公開標單 (Public Bid) 及密封標單 (Sealed Bid) 兩種類型。公開標單的競標方式。每次投標的投標價需一直向上攀升，直到沒有投標者願意出更高的投標價為止，最後出價最高者即為此次競標的得標者。此種拍賣方式的特色便是投標者可多次喊價，所以又稱為多次投標 (Multi-Bidding Auction)。

密封標單的投標方式是投標者送出一密封標單，待投標時間終止，招標商進行開標作業，以投標價值較高者為得標者。因為此種競標方式投標者只進行單次投標，所以又稱單次投標 (Single-Bidding Auction)。兩種競標型態均有其實用性。例如，國際上著名的富士比拍賣便是採用公開標單的競標方式，而我國公共工程競標案則採用密封標單的競標方式。接著分別針對這兩種類型做一介紹。

15.9.1 公開標單的電子競標系統

公開標單的電子競標系統就是投標者可以多次出標。但網路上的競標機制並不像傳統的拍賣會場，參與的競標者可能分散世界各地，加上時差的問題，可能無法隨時掌握目前的最高標價為何。因此，網路上的公開標單競標機制多半會採用多回合式的競標方式。每一回合都有一個截止時間，在截止時間之前所有競標者都能進行投標，但只能出標一次，而且出價必須比上一回合的最高價還高。

一個完善的公開標單電子競標機制有下列的基本要求：

1). 拍賣過程中投標者的身分具有匿名性。拍賣結束後，參與投標者及得標者身分均具有匿名性。

2). 在傳輸過程中，標單內容無法被篡改。所有人均可驗證標單來源的正確性及標單內容的完整性。

3). 沒有人可以假冒合法投標者身分進行投標。投標後，投標者無法否認曾投出此標單。

4). 投標者對所投過的標單都握有證明，得標者亦可證明自己得標。

5). 得標後招標商可輕易向得標者索款，但無法向未得標者索款。

接著用一簡單的範例來說明此類電子競標機制的運作概念，運作的流程如圖 15.11 所示。

1. 公告：招標資訊，$[招標資訊]^{SK_A}$
2. 投標：$[標單資訊]^{PK_A}$
3. 回覆：$[[[付款資訊]^K]^{SK_A}, [出價]^{SK_B}]^{PK_B}$
4. 公告：出價資訊，$[出價資訊]^{SK_A}$
5. 重複步驟 2 至 4
6. 公告：得標資訊，$[得標資訊]^{SK_A}$
7. $[競標商品ID, 得標價格, K, [K]^{SK_B}]^{PK_A}$

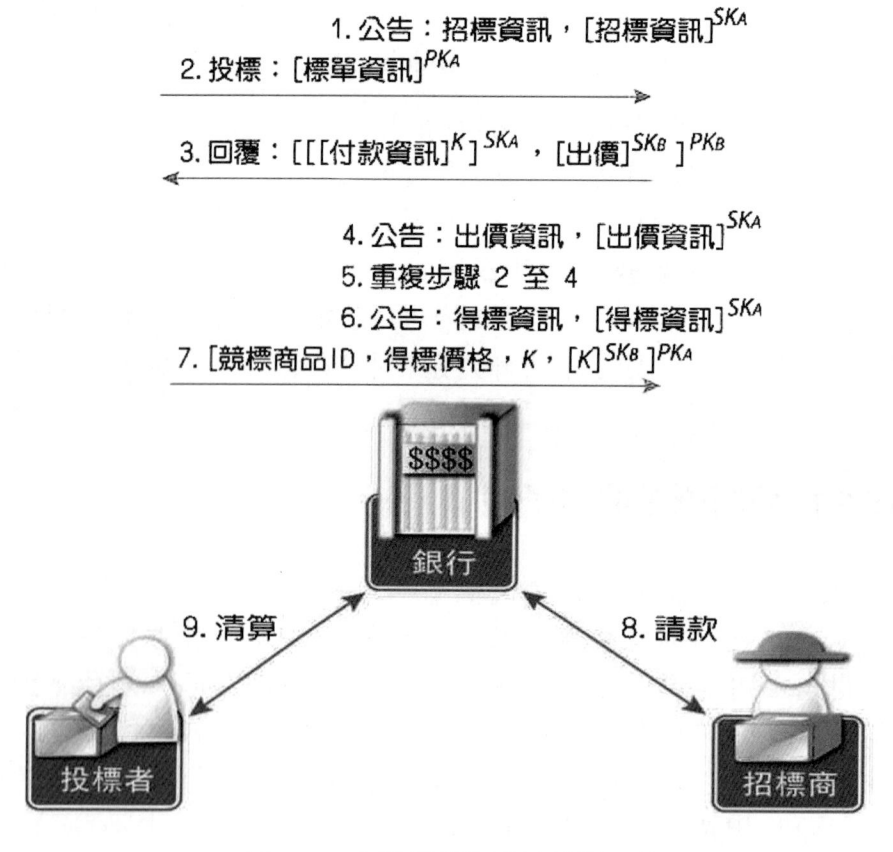

8. 請款
9. 清算

圖 15.11: 公開標單的電子競標系統

其中，參與的角色有招標商 (Auctioneer)、投標者 (Bidder) 及銀行。為了使整個競標的過程能在一個安全的環境下進行，競標過程中採用祕密金鑰密碼系統及公開金鑰密碼系統。詳細的步驟說明如下：

步驟一：

招標商會先對所有人公告招標資訊，包括：拍賣商品的描述、拍賣商品的 ID，以及列出該招標商所認可的公正單位。該招標資訊會先利用招標商的私密金鑰 SK_A 來做簽章。數位簽章以 [招標資訊]^{SK_A} 來表示，用來確保招標資訊的內容不會遭到惡意的篡改。此外，有意願的投標者必須先至所列舉的某一公正單位註冊為合法的投標者，並取得該單位所核發的一對公開金鑰。

步驟二：

公告之後，投標者就可進行投標。「標單資訊」包含：所競標商品的 ID、投標者的公開金鑰 PK_B、核發該公開金鑰之機構、付款資訊（如投標者的信用卡資料）及所出的價格等。其中付款資訊必須用投標者所選定的祕密金鑰 K 來做加密，以防止付款資訊遭到洩漏。出價資訊也必須用投標者的私密金鑰 SK_B 來做簽章，以避免內容遭到篡改。此「標單資訊」內含 [競標商品 ID、公開金鑰 PK_B、核發金鑰之機構、[付款資訊]^K、出價資訊及 [出價資訊]^{SK_B}]。最後再將此標單資訊一起用招標商的公開金鑰 PK_A 來做加密送給招標商，加密後所傳送的訊息可表示為 [標單資訊]^{PK_A}。

步驟三：

招標商收到投標者所送來的訊息 [標單資訊]^{PK_A} 後，可用其私密金鑰 SK_A 解開標單，然後會給予該投標者一個回覆訊息，以告知投標者該標單已收到。回覆訊息為 [[[付款資訊]^K]^{SK_A}, [出價資訊]^{SK_B}]^{PK_B}，是利用投標者的公開金鑰 PK_B 加密而成，其中招標商會先對標單資訊內的 [付款資訊]^K 進行簽章。

步驟四：

當該回合的截止時間一到，招標商就公佈該回合中的最高出價。「出價資訊」中的資訊包含有競標商品 ID 及最高出價，可表示為 [競標商品 ID、最高出價]，並用其私密金鑰 SK_A 來做簽章，以避免這些資訊遭到有心人士篡改。公告最高出價的訊息簽章可表示為 [出價資訊]^{SK_A}。接著，就進入下一回合的競標。

步驟五：

重複執行步驟二及步驟四，直到沒有投標者出更高的價格為止。

步驟六：

招標商公告最後得標的價格，「得標資訊」中包含有競標商品 ID 及得標價格，可表示為 [競標商品 ID, 得標價格]。同樣也必須用招標商的私密金鑰 SK_A 做簽章，公告訊息簽章可表示為 [得標資訊]^{SK_A}。

步驟七：

得標者將其用來加密付款資訊的祕密金鑰 K 傳送給招標商，傳送的訊息為 [競標商品 ID, 得標價格, K, $[K]^{SK_B}]^{PK_A}$，其中，得標者必須將祕密金鑰 K 用其私密金鑰 SK_B 簽章後，再連同其他資訊一起用招標商的公開金鑰 PK_A 加密。

步驟八：

招標商用其私密金鑰解密，並驗證祕密金鑰 K 的正確性後，便可以用 K 解開付款資訊。付款資訊經銀行確認無後，便可以將得標者所得標的商品寄送給得標者。

步驟九：

銀行最後再從得標者的帳戶進行扣款。

這個機制中，投標者的身分鑑別都是利用經公正機關所核發的公開金鑰來達成，而招標商無法得知其真實的身分。故整個拍賣過程中，投標者的隱私受到保護，也可以避免投標者在投標過程中不致受到其他人的恐嚇、威脅。拍賣後的隱私權問題勢必也是得標者所重視的。相信隱私權的問題在未來的商業活動中會更廣泛受到重視與討論。但若得標者在得標後不提供或者給予錯誤的祕密金鑰 K，這時招標商就可以請核發得標者公開金鑰之公正機關來協助找出得標者的真正身分。

15.9.2 密封標單的電子競標系統

密封標單的電子競標系統的特色是在未開標前投標者都可以進行投標，但所投的標單是密封的，等到結標時間一到才能將所有的標單解開。這類型的電子競標系統必須確保每一張標單確實是密封的，而且在未開標前招標商無法洩漏標單內的資訊給其他投標者，以確保整個競標過程的公平性。接著我們舉一範例來做說明，圖 15.12 為此範例的示意圖。

第十五章　電子商務安全

圖 15.12: 密封標單的電子競標系統

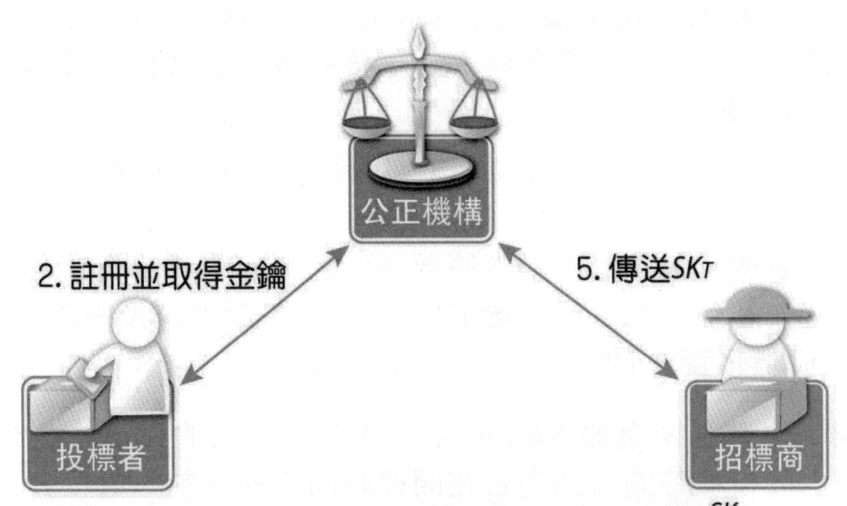

每次競標時，公正單位會先隨機產生一組此次競標的公開金鑰及私密金鑰對，其運作步驟如下：

1). 首先，招標商會先公告此次招標的相關資訊資訊，包含：競標項目、競標項目的 ID、開標時間日期、專屬此競標項目之公開金鑰 PK_T 及參與之公正單位。所公告的訊息除了招標資訊外，亦包含該招標資訊的數位簽章 [招標資訊]^{SK_A}，此數位簽章是利用招標商的私密金鑰 SK_A 運算所得，用來確保招標資訊的內容不會遭到惡意篡改。

2). 欲參與投標的投標者需先至參與此次招標作業的公正機關進行註冊。公正機關核對完投標者身分無誤後，便核發投標者一組公開金鑰及私密金鑰。

3). 公告之後，在開標時間之前投標者都可進行投標。投標者的「標單資訊」包含：競標項目 ID、投標者的公開金鑰 PK_B、核發金鑰之機構、投標時間日期及出價資訊等。其中出價資訊必須用此投

標項目專屬的公開金鑰 PK_T 來做加密。因此，標單資訊可表示為 [競標項目 ID，公開金鑰 PK_B，核發金鑰之機構，投標時間日期，[出價資訊]^{PK_T}]。

標單資訊在送出給招標商時，還必須用投標者的私密金鑰 SK_B 來做簽章，此簽章可表示為 [標單資訊]^{SK_B}，其目的是在避免標單內容遭到篡改。最後，投標者將要送給招標商的標單資訊及標單簽章一起用招標商的公開金鑰 PK_A 加密，將此加密後的訊息 [標單資訊，[標單資訊]^{SK_B}]^{PK_A} 傳送給招標商。

4). 招標商用其私密金鑰 SK_A 解開投標者所送來的標單後，先驗證標單內的投標時間日期是否在開標時間日期之前、數位簽章是否正確，以確保標單在傳遞的過程中未遭篡改。若上述的驗證均正確，招標商給予投標者一個回覆訊息，以告知投標者該標單已收到。回覆訊息為 [競標項目 ID，投標時間日期，[出價資訊]^{PK_T}]^{SK_A}，其中招標商對投標者送來的競標項目 ID、投標時間日期及 [出價資訊]^{PK_T} 用其私密金鑰 SK_A 來做簽章。

5). 當競標時間截止，公正單位就會將專屬於此次競標項目的私密金鑰 SK_T 交給招標商。

6). 招標商有了這把私密金鑰後，就可以解開所有標單中的出價資訊，比對之後可確認最後的得標者。

這個密封標單的電子競標機制須仰賴一個公正機關來協助，公正機關則要確保競標項目專屬的私密金鑰不能在開標時間前提早洩漏。然而，這個機制仍有風險存在。若是招標商與公正機關同謀，標單內的出價資訊就可能提早揭露。一般而言，密封標單的競標機制須具備下列要求：

1). 拍賣過程中投標者的身分具有匿名性。開標後參與投標者及得標者的身分均具有匿名性。

2). 傳輸過程中，標單內容無法被篡改。開標後所有人均可驗證標單來源的正確性及標單內容的完整性。

3). 沒有人可以假冒合法投標者身分進行投標。投標後，投標者無法否認曾投出此標單。

4). 投標者對所投過的標單都握有證明，得標者亦可證明自己得標。

5). 標單必須在投標截止時間前送達，過期標單則視為無效標單。

6). 開標前沒有人能得知標單內容。

7). 遇到相同標價情況時，必須有公平且有效率的解決方案。

進階參考資料

教育部顧問室資通安全聯盟委託台灣科技大學資訊管理系編撰「電子商務安全」教材，是很好的參考資料。其他參考資料限於篇幅無法一一列出，請讀者自行到本書輔助教學網站 (http://ins.isrc.tw/) 瀏覽參考。

15.10　習題

1. 請列舉一個 Online to Offline 電子商務模式的成功案例。

2. PayPal 是家國際性第三方支付服務商，請說明其營運模式。

3. PayPal 與支付寶目前是全世界最大的兩家第三方支付服務商，請比較這兩家廠商所提供第三方支付服務的異同。

4. 試說明如何將盲簽章應用於「電子現金」的付款機制中。

5. 請陳述電子現金與線上信用卡交易機制在運作上的差異。

6. 請描述 SET 中雙重簽章的製作過程。

7. 請陳述公開標單的電子競標系統所需滿足的安全需求。

8. 請說明第三方支付與行動支付的定義為何？

9. 請比較 Android Pay、Apple Pay 及微信支付之間的功能差異。

10. 請說明支付寶或微信支付在行動支付上可能出現的安全問題。

15.11 專題

1. 請實作一個電子折價券系統,此系統必須具備下列功能:

    (a) 能偵測出偽造的電子折價券。

    (b) 能偵測出折價券內容是否遭到篡改。

    (c) 能避免使用者重複使用同一張電子折價券。

2. 請實作一個線上購物系統,此系統必須具備下列功能:

    (a) 會員資料管理功能。

    (b) 消費者的付款資訊在傳遞的過程中必須確保其機密性。

    (c) 暢銷商品排行榜功能。

3. 隱密標單的投標系統常用於重大工程的投標或傳統的標會,請設計並實作一個隱密標單的安全電子投標系統,此系統需滿足以下條件:

    (a) 系統需能確認投標者之身分。

    (b) 投標過程中,標單須隱密。

    (c) 系統須盡可能防止各種可能的安全攻擊。

4. 請利設計一可能的方案來解決支付寶或微信支付在掃商家條碼時可能出現的安全問題。

15.12 實習單元

1. 實習單元名稱:電子商務網站的 SSL 架設。

2. 實習單元目的:
瞭解 SSL(Secure Socket Layer) 之基本架構及其應用,並透過實際範例,能具體認識 SSL 之運作流程。

3. 系統環境:任意之網路瀏覽器。

4. 實習過程：

完整的實習過程範例放置於本書輔助教學網站，有興趣的讀者可參考該網站 (http://ins.isrc.tw/)。

16 區塊鏈技術

Block Chain Technology

區塊鏈技術
Block Chain Technology

16.1 前言

區塊鏈 (Block Chain) 是一項結合密碼學、數學、演算法與經濟模型的技術，利用 P2P 網路和分散式共識演算法解決傳統分散式資料庫同步的問題，是一種整合多領域的基礎技術。區塊鏈技術的應用始於 2008 年中本聰 (Satoshi Nakamoto) 所發表的「比特幣：一種對等式的電子現金系統」(Bitcoin: A Peer-to-Peer Electronic Cash System) 並結合工作量證明 (Proof of Work) 與密碼學的機制，建立了不需要信任中心節點的網路貨幣系統，也就是加密電子貨幣 (Cryptocurrency)。傳統貨幣所帶來的交易時間與匯兌成本不利於網路經濟時代的資本流通，因此將貨幣的「信用」建立在密碼學上，並於 2009 年發行了第一個區塊（也稱為「創世區塊」），並藉由 SHA-256 雜湊運算控制區塊的挖掘難度。雜湊函數 (Hash) 具有不可逆的特點，故公開的「地址」可以讓任何人透過網路追蹤比特幣的交易情況並進行驗證。區塊鏈整合了雜湊函數與密碼學技術，藉由全網域的參與者（也就是節點）建立一套安全的去中心化帳本，實現去中心化 (Decentralized)、資料無法被片面竄改 (Indelible Ledger) 以及透明公開的交易 (Transparent) 等特性。

比特幣 (Bitcoin) 的出現，讓電子貨幣的交易驗證起了重大的轉變。過去的電子貨幣的交易如信用卡、電子錢等都採用第三方中介商的認證方式來確保交易能夠完成。但是經過第三方中介商相當費時且昂貴，也存在如中介商對系統安全及消費者隱私的保護等額外的風險。下一節將先介紹區塊鏈的運作原理，接著介紹比特幣如何在區塊

鏈上運作成為受歡迎的電子貨幣系統。

繼比特幣的成功，區塊鏈的應用發展可說是如火如荼的展開。區塊鏈 1.0 大多是數位貨幣 (Digital currency) 的應用，區塊鏈 2.0 則開始出現低複雜度的智能合約 (Smart Contract) 與智慧資產 (Smart Assets)，乙太坊 (Ethereum) 便是此一階段最具代表性的平台，本章將會針對乙太坊及智能合約做一詳細介紹。如今區塊鏈發展的進程已到區塊鏈 3.0，強調的是複雜度高的智能合約，其分散式帳本 (Distributed Ledger) 的概念更廣泛應用在金融科技 (Fintech)、農業、綠能及企業活動等各項應用中。本章也會介紹區塊鏈在分散式帳本的相關應用，區塊鏈的安全議題也會在本章最後做一討論。

16.2 區塊鏈簡介

區塊鏈是一種通過分散式節點進行網路資料存取、驗證與傳遞的技術。利用點對點網路達成去中心化的資料運算保存平台，成為一個不需要基於彼此信任基礎，也不需仰賴單一中心化機構就可以運作的分散式系統。接著說明區塊鏈原理及運作方式。

16.2.1 區塊鏈的運作方式

區塊鏈運作的基礎主要分為以下三部分：

1). 區塊的結構與連結

區塊鏈顧名思義就是將不同的區塊 (Block)，利用雜湊建立起鏈結關係 (Chain) 的一種技術，其架構如圖 16.1 所示。每一個區塊中都記錄著許多資訊，如主要資料、上一區塊的雜湊值、當前區塊的雜湊值、時間戳記以及其他資料等，並且利用上一區塊的雜湊值來建立彼此間的鏈結關係。區塊鏈中這些資料的意義說明如下：

- 主要資料：此區塊主要記錄的資料，依這個區塊鏈的應用或服務而定。例如主要資料可以是交易紀錄、合約記錄、銀行清算記錄及產品履歷等。

```
┌─────────────────────────────┐       ┌─────────────────────────────┐
│ 當前區塊 │ 前一區塊 │ 時間 │ 其 │       │ 當前區塊 │ 前一區塊 │ 時間 │ 其 │
│ 的Hash  │ 的Hash  │ 戳記 │ 他 │       │ 的Hash  │ 的Hash  │ 戳記 │ 他 │
│  ┌──┐    ┌──┐    ┌──┐      │       │  ┌──┐    ┌──┐    ┌──┐      │  ...
│  │資│    │資│    │資│      │       │  │資│    │資│    │資│      │
│  │料│    │料│    │料│  ... │       │  │料│    │料│    │料│  ... │
│  │記│    │記│    │記│      │       │  │記│    │記│    │記│      │
│  │錄│    │錄│    │錄│      │       │  │錄│    │錄│    │錄│      │
│  └──┘    └──┘    └──┘      │       │  └──┘    └──┘    └──┘      │
└─────────────────────────────┘       └─────────────────────────────┘
```

區塊(Block)　　　　鏈(Chain)

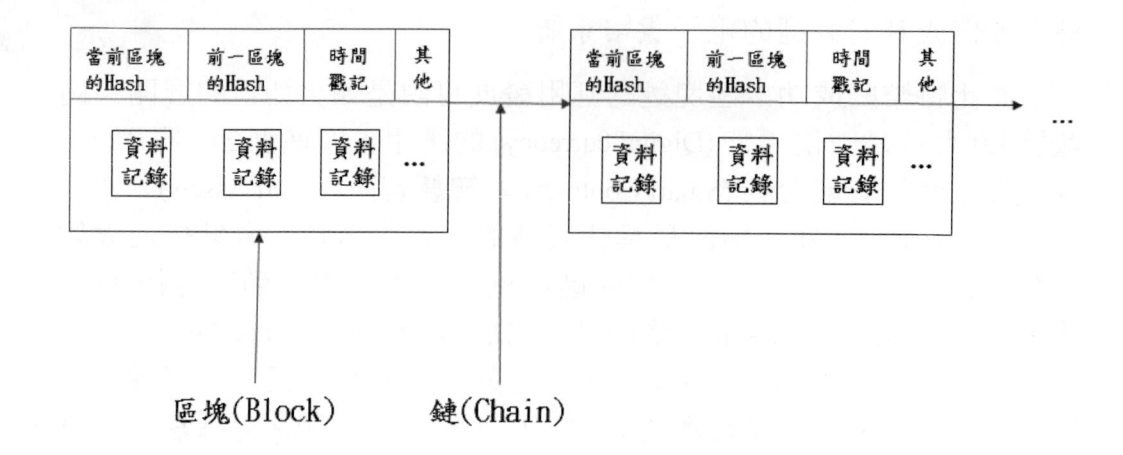

圖 16.1: 區塊鏈的結構

- 雜湊值：其中區塊中前一區塊 Hash 是指前一個區塊 (Previous Block) 經過雜湊函數運算後所產生的一串雜湊值，可以保持每個區塊構成一條鏈結，所以稱之為區塊鏈。此外，由於每個節點的區塊中可能包含數百到數千筆的主要交易紀錄，區塊鏈利用 Merkle 樹 (Merkle Tree) 機制將那些大量交易紀錄結合並產生一最終雜湊值，也就是所謂的 Merkle 樹根 (Merkle Tree Root)。Merkle 樹根最終也會被記錄在區塊的標頭中。

- 時間戳記：紀錄產生此區塊的時間 (Timestamp)。

- 其他資料：例如區塊的簽章、產生這個區塊的難易度 (Difficulty) 的資訊（現有比特幣有使用此資訊）及得到該區塊雜湊值的一個答案隨機值 (Nonce) 等，或是其他使用者自行定義的資料。

使用者可視其應用自行定義區塊中的資料內容。例如圖 16.2 為比特幣區塊內的真實資料，除了上述的基本資料外，還加了區塊價值 (Block Reward) 等資訊在裡面。

2). 訊息傳遞與擴散：
區塊鏈中訊息傳遞與擴散是利用點對點技術 (Peer-to-Peer) 來進行，讓每個節點可以彼此相連、交換訊息。這也使得在區塊鏈中的每一個節點可以共同參與交易驗證，並共同記錄同一份紀錄交易的帳本，形成一個零信任基礎以及去中心化的網路體系。

欄位	資料
Number Of Transactions	1750
Transaction Fees	0.7211382 BTC
Height	443666 (Main Chain)
Timestamp	2016-12-16 04:58:11
Difficulty	310,153,855,703.43
Bits	402885509
Size	998.306 KB
Block Reward	12.5 BTC
Hash	000000000000000000bc00a7082f0805ba882d1dabac3dd0562ba6162e93a082
Previous Block	0000000000000000003231d0dbad32b1f3219af0eeb16289d907c2d7b86b68524
Next Block(s)	0000000000000000004a6f37e94a28076ce4e0f6965869c47e0f60c3abf21e0f
Merkle Root	c003190d380153505850c589dddf7bff46dc1420a871de81c002e5bc1a2b46c5

圖 16.2: 比特幣區塊中的資料內容

但在分散式的 P2P 架構中，每一個結點 (Peer) 可能不被信任，但又要靠每個結點貢獻一些力量，區塊鏈才能持續運作下去。因此需要有完善的驗證機制，在區塊鏈的運作機制中每個節點所需負責的工作內容如下：

(a) 節點必須負責記錄新的資料，並將資料傳遞出去，廣播到全區網路各節點。

(b) 節點協助驗證接收到的資料，如果接收到的交易無誤，則將資料儲存至當前的區塊裡。

(c) 節點協助執行共識演算法 (Consensus)，以驗證該區塊的正確性，並防止惡意攻擊的發生。共識演算法是一種使區塊鏈上的所有節點對相同訊息達成協議的方法，可以查驗是否正確地將最新的區塊加入區塊鏈，確保被節點所儲存的資料為同一份訊息。下一小節中將詳細介紹區塊鏈中的共識機制。

3). 身分辨識與防偽

區塊鏈中的身分辨識與防偽是利用公開金鑰基礎建設 (Public Key Infrastructure) 來進行。區塊鏈中的每個帳戶都會有公開金鑰 (Public Key) 與私密金鑰 (Private Key)，在進行交易時先利用發送者私密金

鑰對交易訊息做數位簽章，接收者再利用發送者的公開金鑰對數位簽章進行驗證。若驗證通過即可確認訊息發送者的身份及訊息內容的完整性，避免交易遭到偽造。

16.2.2 利用 Merkle 樹縮短交易訊息

在區塊鏈中，當新的交易產生後，會將該交易的雜湊值廣播到各節點中，因此各節點的區塊中可能會包含數千筆交易，若把這些交易資訊都包在一個區塊內是很佔空間的，為了降低區塊中交易訊息的資料量，區塊鏈採用 Merkle 樹機制來縮短區塊中的交易訊息。

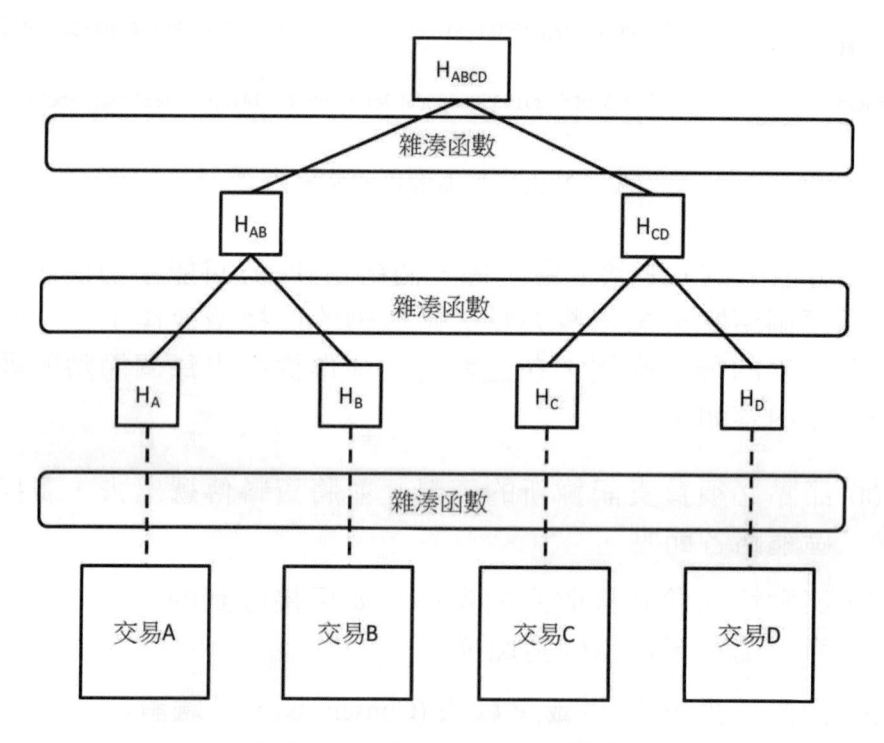

圖 16.3: Merkle Tree Root 的計算

Merkle 樹機制是將區塊中所有交易分成兩兩一組，然後不斷計算其雜湊值，直到得到最後 Merkle 樹根雜湊值。圖 16.3 說明 4 個交易 A、B、C、D 如何利用 Merkle 樹得到最後樹根雜湊值。首先，四個交易會經過雜湊函數計算產生 H_A、H_B、H_C 及 H_D 四個雜湊值，之後再兩兩一組進行雜湊計算。由 H_A 及 H_B 產生出 H_{AB}，由 H_C 及 H_D 產生出 H_{CD}，再將 H_{AB} 及 H_{CD} 進行運算得到最後的 Merkle 樹根值 H_{ABCD}，最後只放 Merkle 樹根值於區塊中，即可節省區塊空間。

16.2.3 區塊鏈的共識機制

共識機制，顧名思義就是要讓所有節點取得共識。當全世界的節點都在共同維護一份區塊鏈帳本的時候，難免會發生同時產生區塊而導致分岔問題（請參閱第 16.6.1）。此時就需要一套規則，來決定哪個區塊可以存活下來。接著將介紹幾種常見的區塊鏈共識機制。

- 工作量證明機制 (Proof of Work, PoW)

    工作量證明機制是現今最廣泛使用的機制，網路使用者利用自己電腦的運算能力去解出產生此區塊的隨機值 (Nonce)。我們稱此使用者為礦工 (Miner)。最快解出隨機值的礦工，即可得到這個區塊的寫入權。一旦礦工解出隨機值必須將所解出隨機值及其他標頭 (Header) 內容廣播至其他節點作驗證。如果其他節點驗證其內容正確，就可以確認及背書此礦工為最快解出者，此區塊就會正式被加入區塊鏈中，並以此區塊的雜湊值為依據繼續產生下個區塊。

    工作量證明機制的執行步驟如下：

    1). 節點驗證系統上的資料，將通過驗證的紀錄進行暫存。

    2). 節點嘗試不同的隨機值來計算該區塊的雜湊值。當得到的雜湊值小於一個預設好的「難度目標值」時，代表挖礦成功。其中，難度大小所代表的是當節點在計算雜湊值小於目標值時所需要耗費的時間，也可以說是產生一新區塊所需要的平均時間。

    3). 找出隨機值後，將計算出的雜湊值填入標頭資料並將資料紀錄在新區塊當中。

    4). 廣播新生成的區塊通過其他節點驗證之後，將此新區塊加入原有區塊鏈上，然後所有節點從此新區塊後面開始接續進行工作量證明與區塊生成的作業。

    在上述的步驟 2 中，節點需要不斷消耗計算能力 (Computing Power)，經過大量嘗試錯誤 (Trial and Error) 後，找到符合的隨機值。這個計算隨機值的過程稱為「挖礦」(Mining)。

挖礦像是為區塊鏈系統提供了誘因與獎勵，藉以鼓勵更多的節點來參與。挖礦的過程對於區塊鏈的生態系統也有所幫助，例如挖礦成功的礦工會獲得一定的報酬，可促使新貨幣的發行。

然而工作量證明機制存在著兩個缺點：第一個是運算資源的耗費，第二個則是運算資源集中的問題。在挖礦的過程中，尋找隨機值所消耗的運算資源成本實在太高，除了成功挖礦的節點能有回饋，其他節點所投入的資源則都將形成一種浪費。再加上未來礦工得到的獎勵越來越少，挖礦意願降低，會迫使區塊鏈的難度降低，就容易被有心人士攻擊。

另外，運算資源集中也是一個安全性的問題。為了能順力挖到區塊，節點將運算資源集中起來聯合挖礦，形成所謂的「礦池」(Mining Pools)，這種情形將可能導致壟斷而產生疑慮。

- 權益證明機制 (Proof of Stake, PoS)

  相對於工作量證明機制，需要耗費大量運算資源與成本，權益證明機制則不需要昂貴的電腦硬體成本及運算能力。權益證明機制的概念是：成功挖到新區塊並獲得報酬的方式是取決於參與者在系統中所佔有的權益比例多寡，而不再是由挖礦的計算力所決定。這個機制類似股權證明與投票的機制，選出記帳人來創建區塊，持有股權 (Coin) 愈多的人則具有較大的機率拿到寫入權，且需負擔更多的責任來產生區塊，同時也獲得更多收益權力。例如，當一個使用者所持有的貨幣佔系統全部流通貨幣的 5% 時，則能獲得新區塊的機率便是 5%。乙太坊目前雖然是採用工作量證明機制來運行，但未來也預計會轉換為權益證明機制繼續提供服務。

  在權益證明機制中，節點無需投入大量昂貴的運算資源來挖礦，權益證明機制需要比較的是在系統中所擁有代幣的多寡。因此在權益證明機制中，採用的機制為「製幣」(Mint)，而不是挖礦 (Mining)。因為在權益證明機制中，不會鑄造新幣，所有的錢幣在一開始就產生完畢，節點只能獲得交易手續費。在權益證明機制中，創建下一個區塊的機會取決於你所擁有的系統代幣的比例。擁有 500 個錢幣的節點驗證區塊的機會大概是擁有 100 個錢幣的 5 倍。但這個機制會發生類似貧富差距的狀況問題，有錢的人就可以一直拿到驗證區塊的機會，窮的人拿到驗證機會

就很低,所以就導入「幣齡」機制來防止節點重複使用自己的錢幣做驗證。

幣齡的算法是將手上的錢幣乘以所擁有的天數。當此節點創造出一個新的區塊,幣齡就會被清空為 0,每被清空 365 單位的幣齡,就可以從這區塊中獲得 1% 的利息。比如說節點 A 今天擁有 100 個錢幣,總共持有 30 天,幣齡為 $100 \times 30 = 3000$。節點 A 將這些幣齡投入系統中,一旦創造出了區塊,幣齡就會從 3000 被歸零,並獲得 $3000/365 \times 1\% = 0.082$ 單位的報酬。權益證明機制比起工作量證明機制,減少了運算資源浪費。此外,由於權益證明機制的原理是透過權益多寡進行運作。當攻擊者要發動攻擊時,必須先持有大量的貨幣,才有可能成功影響系統。可想而知,事先要能獲取多數貨幣是十分耗費成本的。再者,因為攻擊者在系統中擁有大量貨幣,所以順利發動攻擊的時候,自己也成為最大的受害人。而攻擊後所能得到的好處將只有 1% 的利息,不如工作量證明機制豐厚,因而減少發動攻擊的動機。

- 授權股權證明機制 (Delegate Proof of Stake, DPoS)

  授權股權證明機制類似於公司的股東大會投票,每位股東按其持股比例擁有對應的影響力。每個股東可以將其投票權投予一名代表,獲票數最多的前 101 位代表可以按分配到的時間段輪流產生區塊,所有的代表將收到創造這些區塊的平均交易費作為報酬。由於創造區塊的代表順序是在一開始就被確定的,所以每個區塊的代表可以與前後區塊的代表建立直接連接,保證能迅速創造區塊。只要當前創造區塊的代表提供的運算能力不穩定或者試圖利用手中的權力作惡,握著選票的股東就可以隨時藉由投票更換。因此必須證明自己足夠有能力且善良不會做亂,這也保證了整個系統的穩定性。目前 Lisk 就是使用授權股權證明機制。授權股權證明機制大幅縮小參與驗證和記帳節點的數量讓共識達成時間更短,但還是得依賴於代幣,對於不使用代幣的商業應用模式並不適合。

16.2.4 區塊鏈的種類

區塊鏈的種類依照使用者對系統存取權限而有所不同,也可視為區塊鏈公開的程度,可以約略劃分為下列三種型式:

1). 公有鏈:任何人都可以查看或驗證區塊鏈上的交易資料,也可以參與達成共識的過程,像是比特幣與乙太坊就是公有鏈的實現應用。圖 16.4 說明公有鏈的概念,任何節點都可存取區塊鏈上的資料並執行共識機制。

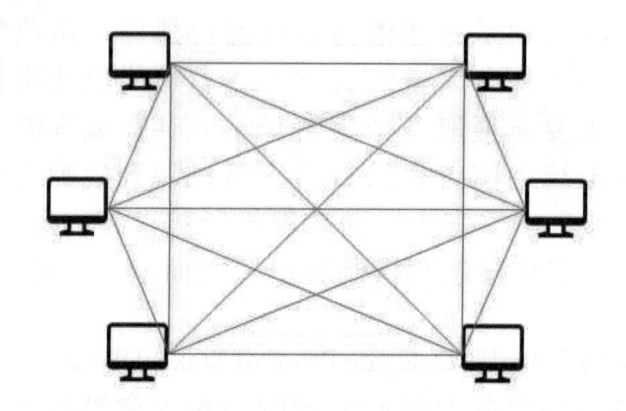

圖 16.4: 公有鏈的結構

2). 聯盟鏈:聯盟鏈的概念是指可以事先篩選有權限的節點,而這些獲得授權的節點之間通常是有合作或商業關係的。聯盟鏈上的資料可以是公開或私有的,這種概念可視為是部分去中心化的實現。像是 IBM 的 Hyper ledger 計畫或是銀行之間的 R3 CEV 聯盟都是聯盟鏈的一種。圖 16.5 說明聯盟鏈的概念,部分區塊資料的存取被限制住了。

3). 私有鏈:節點的權限將會有所限制,並非每個節點都能參與此區塊鏈,資料存取的權限會被嚴格的管理。圖 16.6 說明私有鏈的概念。

16.2.5 區塊鏈的特性

區塊鏈技術具有以下六大特性:

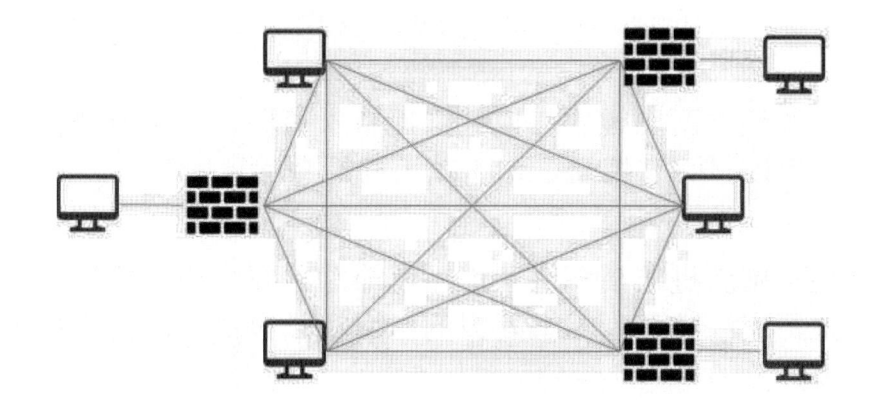

圖 16.5: 聯盟鏈的結構

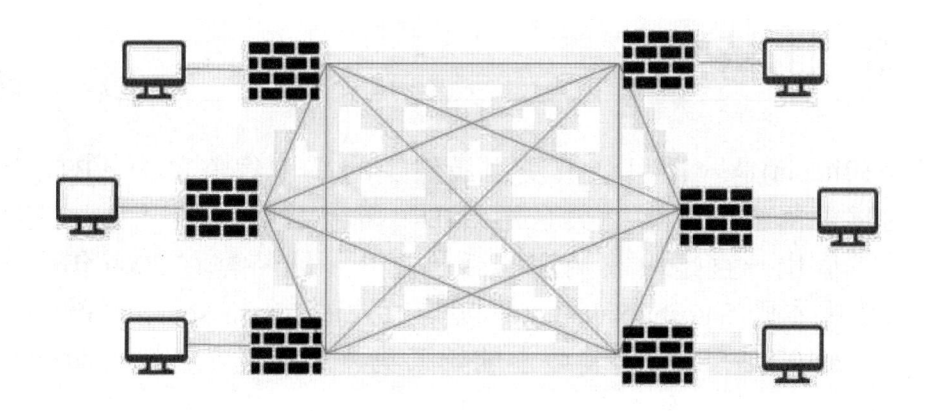

圖 16.6: 私有鏈的結構

1). 去中心化：去中心化是區塊鏈最吸引人的特色之一，意味著區塊鏈不再需要依賴一個中心節點才能運作，資料可以分散在各節點被記錄、儲存以及更新。

2). 透明性：區塊鏈系統上的資料紀錄及更新，對每一個節點都是透明公開的，透過公開、透明讓區塊鏈的運作得已被信任。

3). 開源性：幾乎大部分的區塊鏈系統都是開放給所有人的，可以公開查詢紀錄，而欲開發系統的使用者也能運用區塊鏈技術創造自己想要的各式應用。

4). 自主性：基於共識原理，區塊鏈系統上的每個節點皆能安全地傳遞或更新資料。這目的是為了讓彼此間的信任能從原本的對單一個體或機構轉變為對整體系統的信任，過程中不會受到任何人的

干預。

5). 不可篡改性：區塊鏈內任何紀錄都將永遠保存，也無法被竄改，除非有人能同時掌控高達 51% 以上的節點運算能力。

6). 匿名性：區塊鏈技術解決了節點與節點之間的信任問題。資料傳遞或進行交易時只須知道對方的區塊鏈錢包位址即可，以達到匿名的特性。

16.3 比特幣

比特幣 (Bitcoin)是一種目前被使用最廣泛的電子貨幣之一。BTC 是比特幣的貨幣單位，就如同美金用 USD，新台幣用 NTD 一樣。比特幣的貨幣價值也一直是大家關注的話題之一。比特幣在 2009 年由化名的開發者中本聰(Satoshi Nakamoto) 以開源軟體 (Open Source Software) 形式推出。2010 年在比特幣論壇上開始了第一筆交易，那時一位比特幣擁有者用了 1 萬個比特幣買了一個披薩。2013 年底在日本東京的市場交易中，比特幣對美元匯率已經飆升至 1 個比特幣對 900 美元。若一個披薩價值以 10 美元來計算，短短四年間比特幣已經漲了近九十萬倍。到了 2017 年隨著比特幣的流通性更佳及交易的匿名性，使得比特幣的價值更水漲船高，2017 年六月來到了一個比特幣對 3,000 美元的價位。

比特幣是利用密碼技術來控制貨幣的生產和轉移，也被稱之為加密電子貨幣 (Cryptocurrency)。與傳統貨幣的最大不同處在於發行者。傳統的貨幣或是電子錢都是由政府、銀行或企業來擔任發行者，並對所發行的貨幣進行擔保。而比特幣是經由一種稱為「挖礦」(Mining) 的過程產生，參與者不需審查批准便可以透過處理交易驗證和紀錄等「挖礦」的過程來取得新產出的比特幣或獲取作為手續費的比特幣。比特幣沒有發行單位，而是透過 P2P 網路的參與者來對比特幣進行確認。因此政府或任何人都無法操控比特幣的貨幣總量，也不會有通貨膨脹的問題產生。

16.3.1 比特幣的地址及錢包

比特幣是在 P2P 對等網路上運行，貨幣的產生、管理和流通等環節務必公平、安全、可靠，因此利用了許多密碼技術來確保比特幣不會被偽造及重複使用。在比特幣的運行機制中，每一個參與者都會有一個「比特幣地址」。比特幣地址就像 E-mail 地址或銀行帳號一樣，可以利用這個地址來接收他人的比特幣，或將比特幣移轉給他人。

比特幣的交易還需要透過「比特幣錢包」軟體來完成。此軟體可被安裝在電腦或智慧型手機上，參與者可以利用比特幣錢包來產生比特幣地址，也會產生一把跟比特幣地址相對應的私密金鑰 (Private Key)。一般比特幣地址的長度大多是由 34 個位數的字母或數字所構成，且由 1 或者 3 開頭，例如 "1DwunA9otZZQyhkVvkLJ8DV1tuSwMF7r3v"。比特幣的地址可以視為是「非對稱式密碼系統」中的公開金鑰 (Public Key)，是由私密金鑰經過一連串不可逆的函數計算而得。私密金鑰可用來做簽章，證明你是這個帳戶的擁有者。就如同銀行帳號的提款密碼，因此比特幣的地址可以公開，只要對應的私密金鑰不被知道，就可確保存放在比特幣地址內的比特幣不會被盜領。

16.3.2 比特幣的交易過程

比特幣沒有類似銀行的發行單位，那麼比特幣的交易是如何確認呢？比特幣的作法是由 P2P 網路上的參與者來協助做擔保，比特幣的交易流程，如圖 16.7 是一個電子簽章鏈 (Chain of Digital Signature)。每一筆新交易都需要前面的交易訊息來產生後面的交易區塊。例如，張三要付給李四 10 BTC，張三會將上一次的交易（交易 1）連同給付的金額 10 BTC 及李四的公開金鑰一起做雜湊函數 (Hash Function) 運算，然後再用自己的私密金鑰對此雜湊值做數位簽章，最後把這個數位簽章加到這個交易區塊。李四收到這筆電子錢後可以用張三的公開金鑰來對此電子簽章做驗證，來證明的確是張三所送出。同時，張三也要盡力把這個交易訊息廣播到 P2P 網路中，儘量讓所有節點知道。P2P 網路中的這些節點會扮演類似擔保人的角色，從歷史交易資料中去確認張三是否真的擁有這 10 BTC，再把確認訊息回傳給李四。當李四收到足夠多的確認信時（Bitcoin 規定只要收集 6 個確認即可）就可確認此交易完成，就可自由使用這 10 BTC。

當李四要把張三給的 10 BTC 轉給王五時，李四也會儘量地把這交易訊息廣播出去，讓大家來做擔保以確認李四的確擁有足夠的錢。在比特幣的運作機制中，每筆交易的資訊都會在數秒內廣播出去，並在 10 至 60 分鐘內驗證。

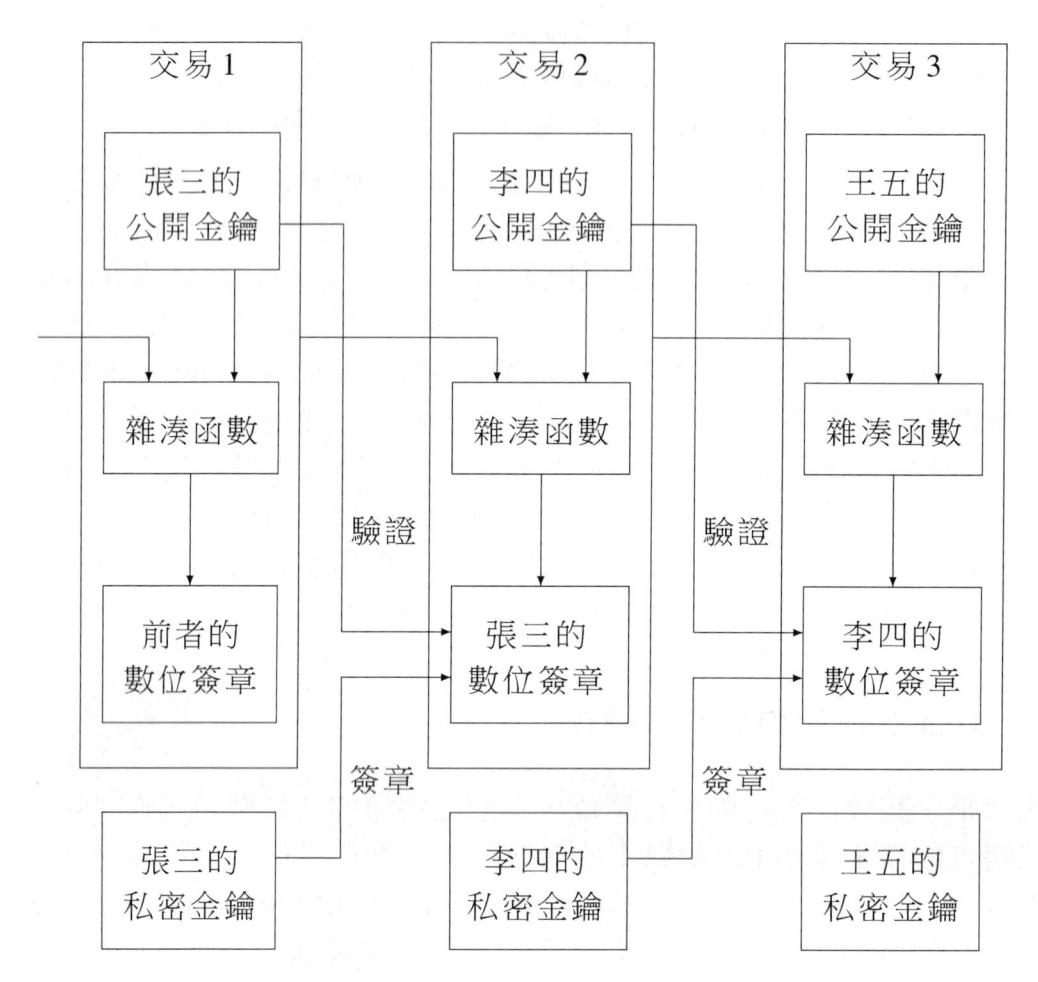

```
┌─ 交易 1 ──────┐      ┌─ 交易 2 ──────┐      ┌─ 交易 3 ──────┐
│  張三的       │      │  李四的       │      │  王五的       │
│  公開金鑰     │      │  公開金鑰     │      │  公開金鑰     │
│               │      │               │      │               │
│  雜湊函數     │      │  雜湊函數     │      │  雜湊函數     │
│               │ 驗證 │               │ 驗證 │               │
│  前者的       │      │  張三的       │      │  李四的       │
│  數位簽章     │      │  數位簽章     │      │  數位簽章     │
└───────────────┘ 簽章 └───────────────┘ 簽章 └───────────────┘
  張三的                 李四的                 王五的
  私密金鑰               私密金鑰               私密金鑰
```

圖 16.7: 比特幣交易流程

電子錢的機制中都會遇到重複使用 (Double Spending) 的問題，收款者 (Payee) 要如何確認付款者 (Payer) 所支付的電子錢沒有被重複使用。要解決這個問題通常需要一個可信任的單位，例如銀行 (Bank) 或電子製幣廠 (Mint)，來驗證此電子錢是否被重複使用。一般的作法是在每次交易完後，把電子錢送回電子製幣廠去產生新的電子錢，唯有直接從電子製幣廠接收到的電子錢才能被確信沒有重複使用的問題。在這樣的機制裡，電子製幣廠就扮演如同銀行的角色，所有的交易都必須經過一個可確信的中央交易所。

比特幣採用交易過程公開的作法來達到去中心化的目的，比特幣的電子錢樣式可視為是一個區塊鏈。如圖 16.8 所示，所有經確認的交易紀錄都會依序放在區塊上，且每個區塊的產生都需要上一個區塊的雜湊值。這是一個共享的公開交易紀錄，在 P2P 網路上只有一套區塊鏈，且網路中的每一個節點都會完整的保存一份。因此，若付款者重複使用了比特幣，由於會透過交易內容的廣播讓參與者檢視交易紀錄，所以很容易就會被發現有問題而無法交易。

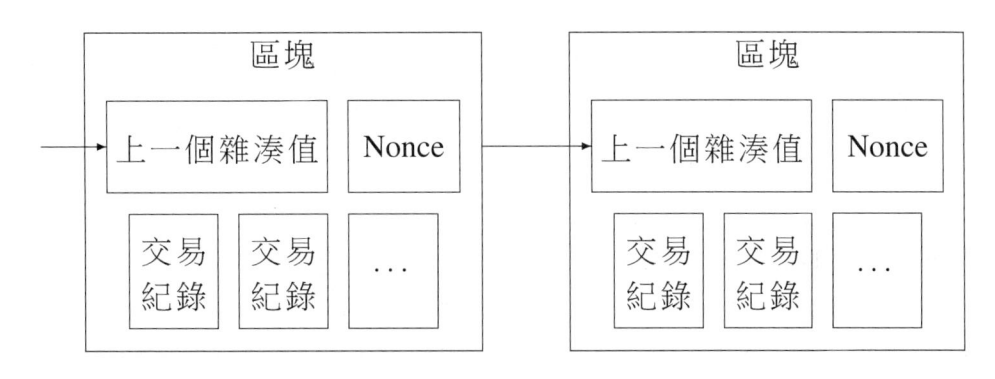

圖 16.8: 比特幣的區塊鏈

16.3.3 比特幣的挖礦程序

那麼要如何利用「挖礦」來產生比特幣呢？挖礦的過程就是要產生如圖 16.8 中的一個新的區塊，要成功產生一個新區塊是需要耗費一些 CPU 時間的。挖礦的程序說明如下：

1). 參與挖礦者必須隨時在網路上追蹤掌握，把最新區塊的雜湊值和最新收到的交易確認合併在一起，準備創造一個新的雜湊值。

2). 然後利用 SHA-256 這個公開的單向雜湊函數（單向雜湊函數的相關特性可以參考本書第七章）來找出一個特定的隨機值。這個隨機值必須讓計算出來的雜湊值其開頭是連續 n 個 0，n 的大小也決定了其挖礦的難度。以目前的技術來說，並沒有有效的方法來找出符合規定的隨機值。參與者必須用暴力法去嘗試每一個隨機值，然後比對其結果。若成功找出符合 n 個 0 開頭規則的隨機值，就成功創造了一個新區塊。

3). 新區塊產生後,必須立刻將這個區塊廣播出去,當獲得足夠多的確認回應後,則挖礦成功。在比特幣的規範中,每個成功創造一個新區塊的人就可以獲得 50 BTC,也為比特幣用戶所認可。認可後的區塊會被加入區塊鏈中,雜湊值也會被納入下一個準備創造的區塊中。

4). 一旦發現有新的區塊,挖礦者就必須重置計算,將最新的區塊的雜湊值與最新的交易合併,準備去創造下一個新區塊。

目前,比特幣的挖礦速度目前大約是每十分鐘可產生一個新區塊。就如同買樂透彩券一樣,每十分鐘開獎一次,中了你就獲得 50 BTC,沒中你就得繼續準備下一輪。

除此之外,在 P2P 網路上同時會有許多人在進行挖礦的動作,比特幣有一個排序機制來確保只有最難、耗最多 CPU 時間的區塊能被接受。而且龐大的 P2P 網路也很難即時讓所有節點都知道交易的訊息,因此可能就會產生許多分支。有可能你所創造的新區塊受到一小群人認可後,過一段時間後有可能發現其他人所創造的區塊其分支更長,那麼你的區塊就會遭到拋棄。

16.3.4 比特幣的特性

根據比特幣官方網站 (https://bitcoin.org/zh_TW/) 上的統計資料,目前比特幣每日的交易量超過 50,000 筆交易,總額超過 100 萬美元,所有流通中的比特幣總值超過 13 億美元,且有愈來愈多的企業單位接受比特幣消費。在 2014 年 2 月,英格蘭北部的坎布里亞大學 (University of Cumbria) 成為全世界第一所接受用比特幣繳納學費的公立大學。

接著歸納一些比特幣所具備的特性:

1). 比特幣的總量固定

在比特幣的設計中,比特幣的數量不會無限制成長,而是會趨近一個數值,所以不會有通膨的問題。比特幣的數量等於區塊的總數乘以每個區塊的比特幣值,但並非每個區塊都價值 50 BTC,最初的 210,000 個區塊其每個區塊的幣值是 50 BTC,之後 210,000 區

塊其幣值 25 BTC，然後是 12.5BTC、6.25BTC、⋯，以此類推。最後一個產出比特幣的區塊將是編號為 6,929,999 的區塊，區塊的生產獎勵會從 0.00000001 BTC 變為 0，然後將不再有新的比特幣被生產出來。

2). 比特幣產率固定

比特幣的產生速度也有明確規範，在最初的四年預計要有 10,500,000 個比特幣，然後每四年產值減半。所以第 4 到第 8 年中會有 5,250,000 個，第 8 到第 12 年中會有 2,625,000 個。以此類推，最終比特幣的數額會趨近於 2,100 萬個比特幣 (20999999.9769 BTC)，約會在 2140 年前後發生，系統可以依此速度自動調整挖礦的難度。

3). 交易無法取消

比特幣交易一旦送出並得到足夠的確認後，就算完成了，此交易內容也會被蒐集準備去產生下一個新區塊。因此，一定交易完成，並得到足夠的確認，就無法取消。

4). 不具有匿名性

我們都期望電子錢能具備匿名性來達到消費者隱私的保護，但比特幣的交易是透過網路廣播來取得認同。因此所有交易紀錄細節都是公開的，而且會永久留在網際網路上。任何人都可以查看每個帳號內的交易內容及金額，雖然我們不見得知道某個帳戶是誰所擁有的，但追本溯源還是有機會可以知道這個帳號的擁有者是誰。因此，使用者可以每次都建立一個帳號或使用多個帳號進行交易，以保護隱私。

16.4 乙太坊與智能合約

乙太坊 (Ethereum) 是一個有智能合約 (Smart Contract) 的公共區塊鏈應用平台，其概念是在 2013 至 2014 年間由程式設計師 Vitalik Buterin 所提出，並透過網路群眾募資後得以開始發展。乙太坊是由一家在瑞士的非營利組織「乙太坊基金會」來負責管理。

乙太坊從比特幣運作的經驗中學習，並改善其缺點。乙太坊具高速度、高效能、可編程性、可擴展性及可靠性等優點特性。乙太坊在區塊驗證所需的時間僅僅只要數十秒，相較於比特幣區塊驗證時間長

達 10 分鐘，在速度及效能上改善了許多。此外，可編程性也讓乙太坊的應用不必侷限於電子貨幣上，乙太坊除了提供乙太幣 (ETH) 的電子貨幣服務外，更致力於讓使用者在乙太坊上面搭建各種智能合約的應用。

智能合約是由電腦科學與法律學者 Nick Szabo 提出，即為「一套以數字形式定義的承諾 (Promises)，包括合約參與方可以在上面執行這些承諾的協議」。在此所謂的承諾指的是合約參與方同意的（經常是互相的）的權利和義務。例如一個銷售合約：賣家承諾發送貨物，買家承諾支付相對應的價錢，所有參與方必須先達成協議。在區塊鏈技術出現以前，智能合約的概念並沒有一個可信任的執行環境，所以一直沒有在數位的環境中建置。但如今區塊鏈為智能合約提供一個可信賴的執行環境，逐漸被應用到實際的生活環境中。

智能合約的佈署與執行，主要分成以下四個程序：

1). 設定合約：雙方先約定合約的執行條件與合約條款。由於智能合約是透過電腦自動化進行，所以執行條件甚至能設定動態或較複雜的變數，如氣候資訊、交易地點、浮動利率及兌幣匯率等。

2). 觸發事件：當符合合約條件時，自動觸發執行合約。

3). 價值轉移：成功觸發合約後，依合約條款開始進行價值轉移，支配價值流動。

4). 交易結算：合約完成，進行結算。

本節將著重於如何在乙太坊上佈署智能合約的相關程序。

16.4.1 乙太幣

乙太坊區塊鏈上的代幣稱為乙太幣 (Ether)，代碼為 ETH。運作原理與比特幣相同，是利用挖礦和取得共識的機制來創造新的區塊，有其獨立的貨幣體系。就如同比特幣一般，乙太幣也可以在許多貨幣的外匯市場上交易，是市值僅次於比特幣的加密貨幣。2017 年更是乙太幣大爆發的一年，光是前半年其貨幣價值漲了 23 倍，表現比比特幣更佳。

乙太幣也是乙太坊上用來支付交易手續費和運算服務的媒介，所以要在乙太坊上佈署智能合約就必須先要有足夠的乙太幣來支付運行所需的費用。

要在乙太坊上取得乙太幣或佈署智能合約，必須先在乙太坊上註冊一個電子錢包。註冊完成後使用者會得到一把公鑰與私鑰，公鑰為錢包的帳號，私鑰則用來簽署確認交易之使用，也就能查看到帳號及餘額資訊。

使用者最初在乙太坊建立帳號時，錢包內並沒有乙太幣。必須類似比特幣一樣在區塊鏈中進行挖礦程序，且必須要挖到足夠的手續費後才能開始來佈建智能合約。坊間現在有許多挖礦站提供程式，使用者只要配置好電腦資源便可參與挖礦。挖到乙太幣後挖礦站會按貢獻挖礦資源的比例提供相對應的報酬，累積足夠的乙太幣後便可開始進行智能合約的部署。

16.4.2 智能合約的撰寫

智能合約結合了資料的高信任度、高偽造難度及不可否認性，與區塊鏈整合後，提供了一個在雙方互不信任且無第三方控管者但得以互相協作的資訊安全機制。買賣雙方進行交易時，可預先設定好合約執行條件，將合約關係人及內容等相關資訊存在區塊鏈中。合約的觸發條件則藉由程式全自動化驗證並判斷是否執行合約內容。

而智能合約可以透過乙太坊所提供的乙太坊錢包 (Ethereum Wallet) 來進行合約之佈署、編譯及執行等動作。使用者可以用 Solidity 或 Serpent 等高階程式語言進行合約的撰寫，並透過乙太坊上的編譯器 (Ethereum Virtual Machine, EVM) 將合約內容轉譯成乙太坊虛擬機器語言來執行。

其中 Solidity 是一個合約導向的高階程式語言，可以自行定義複雜類行，語法類似於 JavaScript，特別針對乙太坊虛擬機器進行設計。目前 Solidity 是所有可撰寫智能合約的程式語言中最受歡迎且最多人選擇使用的語言，也是乙太坊官方推薦撰寫智能合約的程式語言。

接著以一個簡易的公司債券交易流程來說明，用 Solidity 來撰寫一簡易之公司債券買賣合約，程式中會註明債券公司的相關資料、購

買者的資料及債的起始時間、結算時間及返還金額等資訊。圖 16.9 為此債券合約的程式碼,上半部分是先針對合約中會用到的變數做設定,如公司名稱、地址、購買者名稱、時戳、起使時間、結束時間等。接著是功能函式的撰寫,如程式中的 <function new_bond> 用來設定智能合約中的資料,如公司名稱、開始時間及結束時間等。待成功佈署後,購買者即可以透過呼叫 <function buy> 來購買債券,而債券管理人在債券有效期限到期時,可以透過呼叫 <function end> 來將合約關閉,防止購買者誤買已過期的債券。

16.4.3 智能合約的運作

利用區塊鏈技術運行智能合約時,主要包含以下運行步驟:

步驟一:智能合約的制定

合約參與者將共同參與制定或審核其合約內容與功能,其程序說明如下:

1). 使用者必須在區塊鏈系統上進行註冊,獲得自己的公鑰與私鑰;公鑰將作為自身的帳戶位址,而私鑰則是存取使用者帳戶的唯一權限。

2). 合約參與者共同制定合約,透過程式語言訂定各自的權利和義務,並透過各自的私鑰簽署合約,以確保合約的有效性與合法性。

3). 合約將會依據其中的承諾內容,傳送至區塊鏈系統裡。

步驟二:智能合約與區塊鏈的連結

制定完成後,合約將透過 P2P 網路廣播並儲存在區塊鏈上,其程序說明如下:

1). 區塊鏈上的每個節點都會收到該份合約,負責驗證工作的節點會儲存此合約,等待新一輪的共識機制產生而觸發對此合約的共識處理。

2). 當要進行共識機制時,驗證節點會把所有合約集合起來打包成一份合約集,計算該合約集的雜湊值。接著將雜湊值組裝成一區塊擴散到整個網路中,其他驗證節點將會把此

第十六章 ▌區塊鏈技術

```
contract new_bond {
  address company_address;
  string public company_name;
  uint public send_time;
  string public start_time;
  string public end_time;
  string public durationDays;
  uint public interest;
  bool public close;
  modifier onlyOwner{
    if(msg.sender != company_address){
      throw;
    }
    else{
      _;
    }
  }
  modifier notClose{
    if(close == true){
      throw;
    }
    else{
      _;
    }
  }
  mapping(address=>detail) public ConsumerDetail;
  struct detail{
    bool consumer;
    uint buyTime;
    uint money;
    uint refund;
  }
  function new_bond(string companyName,string startTime,string,
            endTime, string _durationDays,uint _interest){
    company_address = msg.sender;
    send_time = now;
    close = false;
    company_name = companyName;
    start_time = startTime;
    end_time = endTime;
    durationDays = _durationDays;
    interest = _interest;
  }
  function buy(address _consumer,uint _money) notClose {
    ConsumerDetail[_consumer] = detail({
      consumer:true,
      buyTime: now,
      money : _money,
      refund : _money * interest
    });
  }
  function end() onlyOwner{
    close = true;
  }
}
```

圖 16.9: 智能合約的程式架構

雜湊值與自己持有的合約集雜湊值作比較，並傳送一份自己認可的合約集給其他驗證節點。經過這一串反覆的比較與驗證，最後會對此合約集產生共識。

3). 將最新達成共識的合約集以區塊的形式送進網路傳遞。每塊區塊包含當前區塊及前一區塊之雜湊值、達成時的時間戳記以及其他資訊。圖 16.10 說明智能合約的區塊結構與內容。

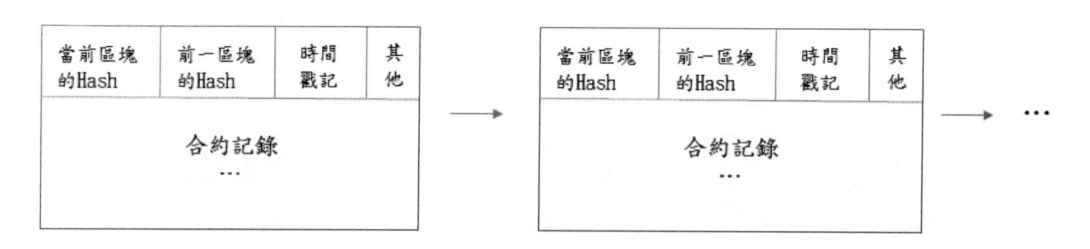

當前區塊的Hash	前一區塊的Hash	時間戳記	其他
合約記錄 ...			

當前區塊的Hash	前一區塊的Hash	時間戳記	其他
合約記錄 ...			

圖 16.10: 智能合約的區塊鏈結構與內容

收到合約集的節點將會對合約上的協議逐項驗證，並檢查參與者的數位簽章是否無誤。如果通過驗證，最終合約才會記錄在區塊鏈上。

步驟三：智能合約的執行

佈署完成智能合約後，將依據其訂定條件自動履行合約內容與功能，其執行程序說明如下：

1). 智能合約會定期檢查其狀態或觸發之條件，並將符合條件的協議發送驗證工作，等待取得共識。

2). 進入最新驗證程序的合約協議，會傳送到每個驗證節點驗證其簽章，通過驗證的合約協議內容才能進入等待共識的集合。等到其他多數節點也都通過驗證之後，該合約協議內容就會成功執行，並通知合約參與者。

3). 執行合約內容之後，智能合約將會再次檢查合約狀態。當所有合約上的內容均完成執行之後，智能合約會把合約的狀態標記為已完成。

16.4.4 智能合約的佈署及其執行費用

佈署乙太坊的智能合約需要依賴後台的客戶端軟體 Geth 協助。而 Geth 能安裝在多種作業系統上，透過使用者可以實現乙太坊的各種功能，像是新增帳戶、開啟挖礦、交易乙太幣及佈署智能合約等。

Geth 有一個 8545 端口 (http://localhost:8545) 提供了遠端程序呼叫 (Remote Procedure Call, RPC) 的接口與乙太坊電子錢包介面交換區塊鏈中的訊息。而此架構如圖 16.11 所示，其中透過資料交換格式 JSON (JavaScript Object Notation) 進行數據的傳遞。在佈署合約時，如使用 Solidity 這種程式語言撰寫，乙太坊電子錢包會先使用智能合約的編譯器 (Solidity Compiler, SOLC) 將程式碼轉譯成乙太坊虛擬機語言 (Ethereum Virtual Machine, EVM)。在 EVM 中運行的程式碼不會受到外部網路或是其他系統的干擾，甚至連智能合約彼此之間的存取也都非常有限。

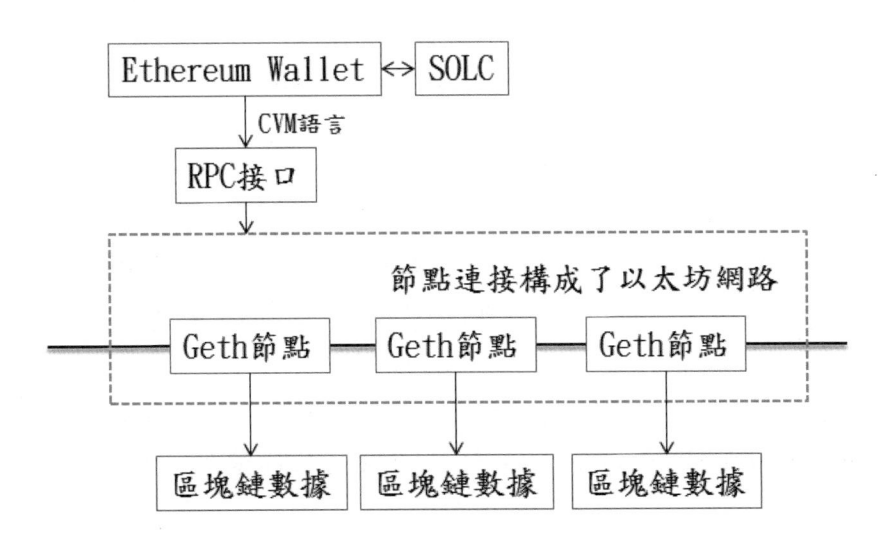

圖 16.11: 智能合約部署架構圖

在乙太坊上通過交易來部署智能合約的行為，都會被收取一定數量的「Gas」來當作支付給挖礦的礦工手續費。Gas 是使用網路資源時的固定成本，用來衡量交易或合約在乙太坊上的工作量，並依此來支付執行計算、交易所需的費用。Gas 主要用來支付交易工作量所需的手續費，與乙太幣用來當作交易貨幣之使用有所不同。乙太幣的市值會隨著市場需求波動，若用乙太幣來計算並支付交易所需的成

本時會造成許多問題。比如可能出現昨天執行一個計算僅需 5 元，但是今天因為價格變動竟需 10 元因此才會採用 Gas 這一計價單位，Gas 與乙太幣間有一定的匯率。當乙太幣價格上升，Gas 換算成乙太幣時的價格就會反之下降，如此才能保證進行同一種計算時所需的真實成本是固定的。圖 16.12 為乙太坊上的交易資訊，框內為此次所需的 Gas 數量及目前 Gas 的價格。

```
Value:                  1.02829235 Ether
Gas:                    90000
Gas Price:              0.00000002 Ether
Gas Used By Transaction: 21000
Actual Tx Cost/Fee:     0.00042 Ether
Cumulative Gas Used:    21000
Nonce:                  692508
Input Data:             0x
```

圖 16.12: 智能合約執行的手續費

Gas 同時用來限制交易執行時所需的工作量，Gas 限制（Gas Limit）是乙太坊用來限制區塊體積的一種機制，規定了每個區塊能使用的 Gas 最大限額，確保每個交易的計算量在一個限制的範圍內，避免智能合約內的交易運算不會無止盡的消耗系統資源。任何交易當 Gas 耗盡時，不管執行到什麼階段都會觸發一個 Out of Gas 的狀態，執行的交易也會停止。圖 16.13 顯示了在乙太坊上執行智能合約的不同運算 (Operation) 時所花費的 Gas 量、剩餘的 Gas 量及執行難度。

16.5 區塊鏈的應用

由於區塊鏈是一種通過分散式節點來進行資料的存取、驗證與傳遞的技術。由於區塊鏈具有去中心化及不可竄改等特性，使得智能合約非常適用於需要第三方信託且又需具備不可竄改特性的應用上。

以最近最流行的單車共享經濟的租賃服務為例：過去的租賃合約需要雙方就合約內容協議好後雙方簽署始可生效，但這種簽署合約的

第十六章 ▎區塊鏈技術

GETH Trace for TxHash: 0xf2f6ab58ec71f9671eb6d20d86d49c25b9ef7bcb531b0cbd5c3a8765bf9791ee

A total of 133 steps found.
> Contract transaction successfully completed

Step	PC	Operation	Gas	GasCost	Depth
[1]	0	PUSH1	269191	3	1
[2]	2	PUSH1	269188	3	1
[3]	4	MSTORE	269176	12	1
[4]	5	PUSH1	269173	3	1
[5]	7	MLOAD	269170	3	1
[6]	8	PUSH2	269167	3	1
[7]	11	CODESIZE	269165	2	1
[8]	12	SUB	269162	3	1
[9]	13	DUP1	269159	3	1
[10]	14	PUSH2	269156	3	1

圖 16.13: 智能合約執行的運算成本

模式卻不適合在網路這種不可信賴的環境下進行。如今透過區塊鏈就有機會實現單車的線上租賃服務，單車的擁有者在不使用單車時可提供租借服務給他人，而欲租借單車的使用者則可透過定位系統找到附近可用的腳踏車，並透過智能合約的簽定來完成單車的租借與歸還服務。合約中亦可加入押金的要求，避免使用者破壞單車或不在指定地點歸還，使單車的租賃更貼近真實世界的需求。

單車智能合約的租賃流程如圖 16.14 所示，其步驟說明如下：

步驟一：租方提供單車

單車的擁有者若有意提供單車給予他人進行租借使用，需先將自己的單車資訊註冊，並紀錄在乙太坊智能合約上。

步驟二：制定合約內容

將車輛編號、車輛廠牌、車輛持有人及車輛使用年份等單車相關資料公開在合約上。此外，合約上也要註明押金的收取費用、租金的計價方式及是否有騎乘範圍的限制或是其他額外的條件與規範，讓欲租車的使用者能得知這些資訊。

步驟三：簽訂內容、支付押金

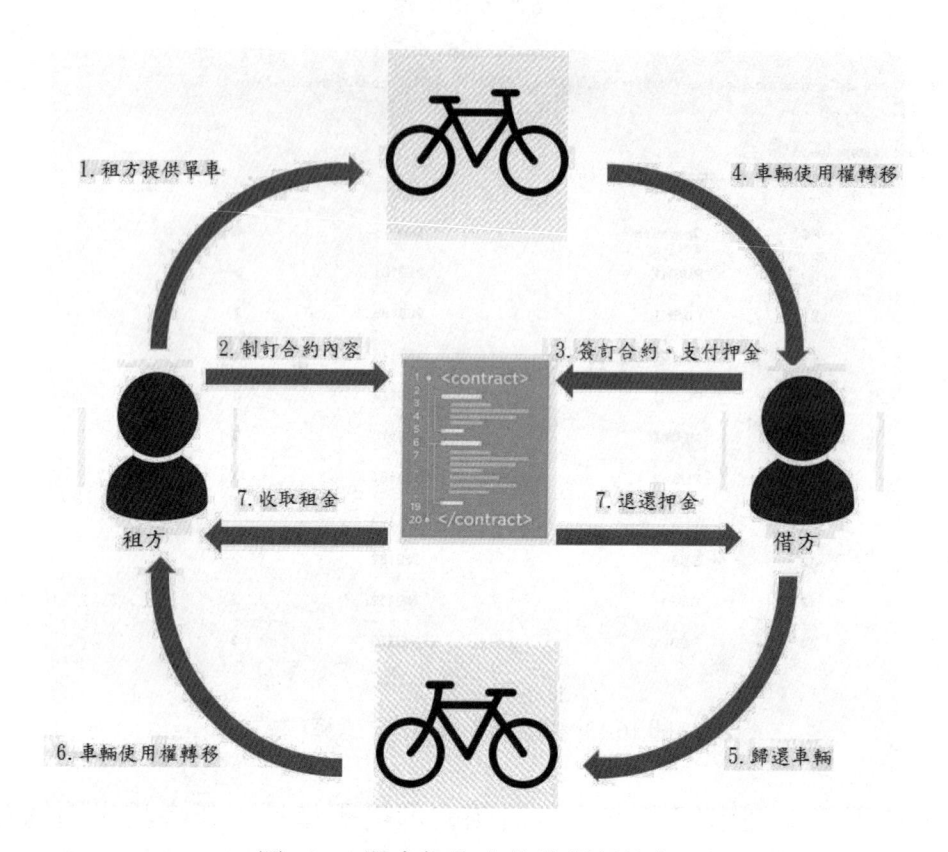

圖 16.14: 單車智能合約的租賃流程

欲租借車輛的使用者透過定位系統找到要租借的單車後，可確認單車狀態，檢查是否有損壞的地方，並透過網路瞭解合約內容及權利義務後，便可簽署智能合約及支付押金。押金則會暫時存放在智能合約中代為保管，而非轉移到租方用戶的帳號底下。

步驟四：單車使用權轉移

租借雙方簽署完智能合約後，此時智能合約會檢視自身的合約狀態。當區塊鏈上的節點通過認證押金已確實支付，達成共識之後，便會將單車上的智能鎖 (Smart Lock) 解開，將單車的使用權轉移到借方用戶。在租借的騎乘過程中，除非借方用戶違反合約條款，否則租方用戶將無法干預騎乘者的車輛使用權。這項設計也可以替騎乘者帶來安全保障，避免發生騎乘狀態下卻被鎖車的意外。

步驟五：歸還單車

借方用戶結束騎乘，需將單車騎回指定的地點停放，然後通知智能合約結束租借。

步驟六：單車使用權轉移

此時智能合約會再度檢視自身的合約狀態，透過定位系統確認車輛在指定位置歸還並記錄歸還時間後，智能合約會發送一訊號將車輛上鎖，並把車輛的使用權移轉回到單車擁有者。

步驟七：收取租金並退還押金

智能合約計算此次租借的費用，將租金從借方電子錢包轉移至租方電子錢包。而先前租車時所繳納的押金，智能合約也會確認單車狀態沒有問題以後，由智能合約執行自動退還機制。

區塊鏈的相關應用非常廣泛，除了智能合約的應用外。在分散式帳本 (Distributed Ledger Technology, DLT) 的發展上，更出現多元化的整合應用。例如，個人求學的學習歷程就很適合利用區塊鏈分散式帳本的概念來實現，想想我們要蒐集保存從國小、國中一直到大學、研究所的成績單，以及學測、基測的成績十分不易，且常用於升學、就業的重要參考依據，還要確保資料內容不被竄改或偽造。過去常常需要舟車勞頓回到原學校申請成績單，十分不便。透過區塊鏈，各級學校可以將學生在校期間的成績資料、獲獎紀錄、傑出表現等學習歷程一一記錄在區塊鏈的分散式帳本上。每個學生都有一個學習歷程的帳本，裡面紀錄自己在各個求學階段的表現，當未來升學或就業需要提出相關成績證明，只需將其中的成績資料分享到指定的單位。因區塊鏈具有防止偽造即不可竄改特性，可以確保成績資料的正確性。此外，區塊鏈的去中心化也讓各級學校只要負責登錄學生的學習表現，而不必花心思去維護整個系統架構。但帳本內資料內容的隱私也要有相對應的防護機制，確保只有在當事人的同意下才能進行資料的移轉。

目前產業界在金融科技、商業應用或資料儲存等方面出現許多區塊鏈上的跨領域整合應用。有些或許都還在實驗階段，但可期待的未來會有更多區塊鏈創新應用被提出來。

1). 金融科技：

- NASDAQ—證券區塊鏈帳本：由於證券交易流程繁雜、交易成本高，美國證券交易所 Nasdaq 在 2015 年便率先提出私募股權交易區塊鏈 Nasdaq Linq，將其私募市場中的交易記錄數位化，並記錄於區塊鏈上，用以服務未上市公司的股權轉讓及交易清算。Linq 區塊鏈平台還將股權結構及隨時產生的交易更能把細節記載於區塊鏈帳本中，並提供查詢工具。使用者可以按日期或投資人名稱等進行檢索，大幅提升了追蹤某筆交易的效率，降低搜尋及清算的成本。

- 富邦金控—區塊鏈保單：2017 年工研院、富邦金控與帳聯網路科技公司 (AMIS) 三方共同合作開發新的飛機延誤險保單。也就是將飛機誤點資訊及客戶保單透過區塊鏈整合資訊流技術加以記錄整理，使保險公司可馬上精確掌握飛機誤點的資訊，並且快速提供保戶理賠。保戶也不必再像以往需先向航空公司索取延誤證明，再向保險公司提出理賠申請，最後還得靠人工審核的方式來完成理賠。

- Wave—跨國區塊鏈交易：一般國際匯款的流程為國內匯款銀行先將錢匯到國外的中間轉匯銀行，然後再轉給國外客戶所往來的解款銀行。此匯款流程不但費用昂貴，還有時間延遲和容易出錯等問題。因此英國 Barclays 銀行跟以色列的區塊鏈供應平臺 Wave 合作，透過 App 將實際的金錢轉換成比特幣，接著以區塊鏈技術轉到另一位用戶，省去匯款業務的中間成本，降低用戶之交易費用。2016 年便成功讓愛爾蘭農業合作社 Ornua 賣出了 10 萬美元的農產品給東非的食物批發交易商 Seychelles Trading，成功完成了第一筆區塊鏈跨國金融交易。這筆交易原本得花上 7 到 10 天的作業時間，但這次交易縮短至只要 4 小時便完成了。

2). 商業應用

- Averspace—區塊鏈租房：租賃房屋的過程相當繁瑣，除了雙方要面對面達成租賃協議外，還有合約必要時還得找第三方來做公證。因此新加坡房產公司 Averspace 便與區塊鏈智能合約公司 Attores 推出區塊鏈租房機制，房主和准租戶可以透過線上通訊應用程式來協商租賃內容，協議完成後便可直接利

用智慧型手機簽訂租賃合約,並寫入區塊鏈中,過程簡便且不需有第三方來做公證。

- 微電網計畫 (TransActive Grid)―個人剩餘電力交易:在美國若家中太陽能板產生的剩餘電力可以進行轉售,但電力販售的交易必須透過第三方來轉賣剩餘的電。因交易不具匿名性,易衍生出供應方的隱私問題。美國綠能公司 LO3 跟區塊鏈技術開發商 ConsenSys 在紐約布魯克林區推動了一項微電網計畫(TransActive Grid),提供點對點的電力交換,讓家中太陽能板產生的剩餘電力可以直接賣給鄰居使用。同時並利用智能電網監控用電狀況,達到資源最佳利用配置,讓裝有太陽能板的發電站能彼此交易用不到的能源。在隱私的保護上也可利用區塊鏈技術以匿名的方式協商買賣價格,擁有更安全的交易環境。

- IBM―內部金流供應鏈:IBM 供應鏈有超過 4 千家的零件製造商、經銷商與合作夥伴等,內部供應鏈訂單有多達 440 億美元的金流資訊。過去因人為疏失或系統整合錯誤而衍生的訂單爭議金額高達 1 億美元。因此 IBM 決定利用區塊鏈來改造內部供應鏈金流服務,將訂單、零件製造、送貨到付款的流程都記錄在區塊鏈上,讓交易資料高度透明化也便於追蹤。此機制可讓爭議訂單處理時間從 44 天縮短到至 10 天,IBM 也預估高達 1 億美元凍結資金得以提早釋出。

3). 資料儲存(分散式帳本)

- BraveLog―運動區塊鏈:2017 年,微軟、富邦金控、AMIS 帳聯網路科技公司、工研院及臺灣鐵人三項公司合作建立全球第一個運動區塊鏈應用,將賽事成績表現與參賽者完整的賽事履歷記錄在區塊鏈上,成為參賽選手不可竄改且具有公信力的成績紀錄。就如同成績單般記錄每位參賽者在各賽事的成績表現,未來除了可作為參賽者專屬的參賽履歷外,更計劃發展出參賽者的社群平台與國內現有的報名機制、付費機制結合提升運動產業資訊化的應用層次。

- 國泰人壽―電子病歷:國泰人壽目前與國泰醫院及長庚醫院合作線上病歷調閱,希望能讓保戶的理賠作業更有效率。但

如果想調閱保戶在其他醫院的資料，仍須靠人工作業，甚至有些醫院基於個資法的保護下，就算有客戶的同意書也不願意輕易提供病患資料。因此，國泰人壽便期盼藉由區塊鏈來記錄病歷資料，在充分的隱私保護下打破藩籬，讓理賠作業與商品開發更有效率。此外，在傳統病例資料中，病人往往很難取得自己的病歷資料。而利用區塊鏈分散式帳本的概念來記錄病患的病歷紀錄及設定觀看權限，使得病患可隨時掌握自己健康紀錄，並可自行決定是否分享自己的病歷紀錄。

- OwlChain—食品區塊鏈溯源系統：近幾年不斷出現食安問題，大部分的原因都是原料來源不夠透明。故可以應用區塊鏈來檢視所有原料的生產履歷並追溯其原因。OwlChain 這個全球第一個食品區塊鏈溯源系統，可以讓商家們將各自不同型態的食品履歷記錄到區塊鏈中，以確保記錄的唯一性。消費者只要掃描食品包裝上的 QR Code，就可以看到該食品的完整履歷。未來這系統還可以連結到整個供應鏈上中下游廠商。例如物流業者可以將冷藏運輸過程的溫度也串接到這個區塊鏈上，讓區塊鏈的資料更加完整。

16.6 區塊鏈與智能合約的安全議題

儘管區塊鏈技術與其去中心化的概念已越來越廣為人知，各界均看好各種相關的應用與服務。但我們不可忽視區塊鏈與智能合約存在著一些安全問題與挑戰是需要面對與克服的。

16.6.1 區塊鏈的安全性議題

以下將針對幾個區塊鏈技術可能會遭遇到的安全性問題，以及其他相關層面的隱憂進行討論。其中包括：51% 攻擊、分岔問題、區塊鏈規模太大、區塊鏈交易確認時間太長、現行法規以及整合既有系統的成本問題進行說明。

1). 51% 攻擊

透過工作量證明機制，挖到區塊的機率取決於礦工的工作付出

（例如：耗費電腦的 CPU/GPU 不斷運算找尋隨機值）。由於此種機制的設計，使用者為了想要成功挖礦，可能會聯合起來共同挖礦，形成所謂的礦池。而一旦有礦池或是其他有心人士持有高達 51% 的區塊算力時，也就是過半的運算能力時，將可以比其他用戶更快找到隨機值、決定哪個區塊有效力，進而控制整個區塊鏈系統。此將產生以下三種安全上的疑慮：

(a) 修改交易紀錄，此動作可能進而造成重覆使用攻擊 (Double-Spending Attack)。

(b) 讓區塊停止驗證交易，進而癱瘓整個區塊鏈系統。

(c) 不讓其他礦工挖出任何有效的區塊。

51% 攻擊在過去因為大多數交易所包含的價值，遠大於挖到區塊的報酬獎勵而較具可行性。但現今隨著新的挖礦機制出現，51% 攻擊發生的可能性相對於過去將來得較低。

2). 分岔問題 (Fork Problem)

分岔問題是因為當區塊鏈系統進行軟體更新時，其去中心化節點因版本不同，新舊節點對原本的共識協議與更新後的共識協議產生分岔。區塊的分岔是一個很重要的議題，跟整個區塊鏈系統息息相關，對整個區塊鏈系統更是影響深遠。

當新版本的區塊鏈軟體發佈時，節點對共識規則裡的協議也發生改變。這時候區塊鏈系統中的節點可以被分為兩種；遵循舊有共識規則的舊節點，以及接納更新後共識規則的新節點。此兩種節點可能會帶來以下四種情況：

(a) 新節點接受舊節點所發出的交易區塊。

(b) 新節點不接受舊節點所發出的交易區塊。

(c) 舊節點接受新節點所發出的交易區塊。

(d) 舊節點不接受新節點所發出的交易區塊。

由於有這四種在取得共識時所產生的不同情況，分岔問題因而發生。根據這四種情況，分岔問題的種類可分為硬分岔及軟分岔。在討論硬分岔與軟分岔之前，除了區分新舊節點的不同以外，還

必須比較新舊節點之間的運算能力。以下討論的情況均假設在新節點之計算力大於 50% 的前提下進行說明。

- 硬分岔 (Hard Fork)

  硬分岔是當區塊鏈系統因為有了新版本或新協議。舊節點的驗證條件比新節點來得更加嚴苛時，舊節點會認為自己的驗證條件較嚴格而不去接受新節點的挖礦結果，讓原本只有單一一條的區塊鏈分裂為兩條，其結果如圖 16.15 所示。當發生硬分岔時，會要求系統上的每個節點進行升級，而沒有升級的節點將無法像之前一樣正常地工作。但如果系統存在更多未升級的舊節點，繼續在另一條不一樣的鏈上進行維護工作，也就是說原本既有的一條鏈分岔為兩條。

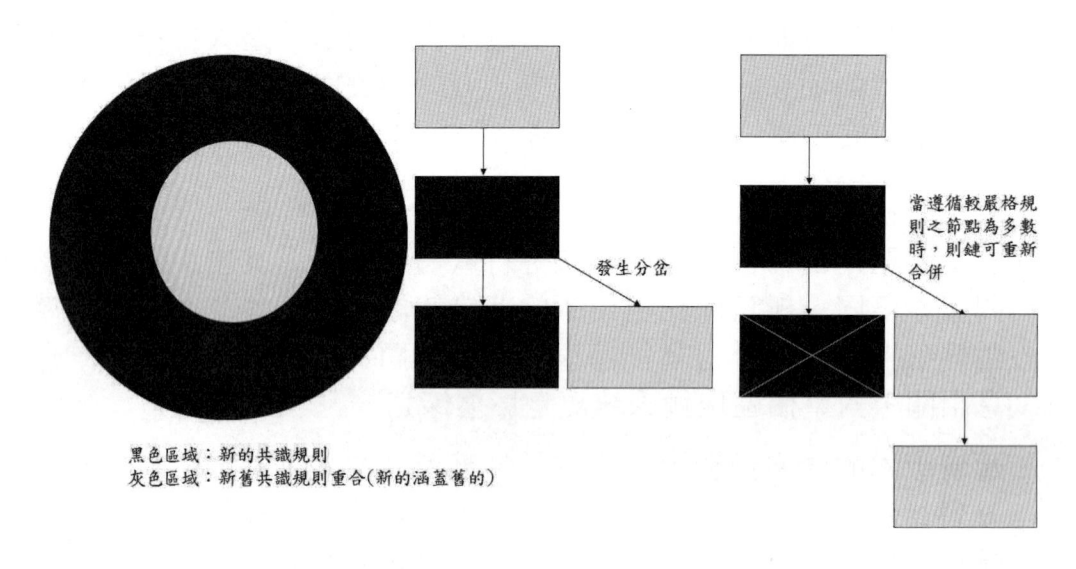

黑色區域：新的共識規則
灰色區域：新舊共識規則重合(新的涵蓋舊的)

圖 16.15: 硬分岔發生的原因

- 軟分岔 (Soft Fork)

  軟分岔是當區塊鏈系統因為有了新版本或新協議，並且新節點的驗證條件比舊節點更加嚴苛。此時新節點將不接受舊節點的挖礦結果，但新舊節點會繼續在原本同一條鏈上進行維護工作，圖 16.16 說明軟分岔會發生的原因。當發生軟分岔時，系統上的節點不需要同時升級新的協議，而是可以允許逐步升級。有別於硬分岔，軟分岔發生時只會有原本一條鏈。當節點升級時，軟分岔也不會對系統的穩定性與有效性帶來影響。儘管如此，軟分岔的情況讓舊節點無法察覺其實

共識條件已發生改變,還傻傻地產生新區塊,卻永遠得不到接受。這在某種程度上而言,是與區塊鏈中每個節點均能有效進行驗證工作的原則相違背的。

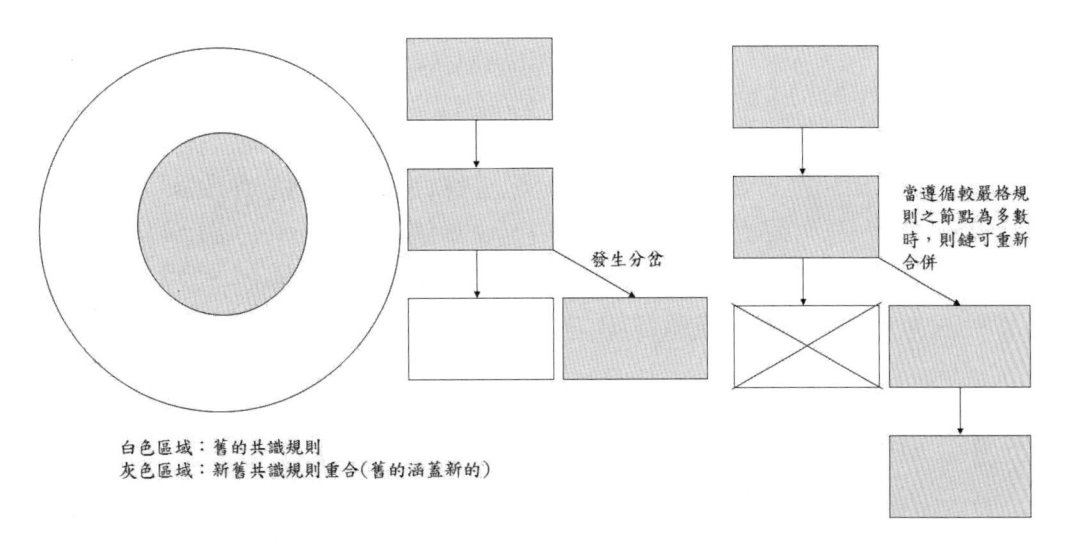

白色區域:舊的共識規則
灰色區域:新舊共識規則重合(舊的涵蓋新的)

發生分岔

當遵循較嚴格規則之節點為多數時,則鏈可重新合併

圖 16.16: 軟分岔發生的原因

3). 區塊鏈規模太大

隨著區塊鏈的成長,上面記錄的資料也變得越來越多,其儲存與計算也變得越來越有負擔。花費大量的時間在同步區塊資料的同時,又有新的區塊在繼續生成增加,讓用戶在運行系統時產生了很大的負載。而解決這個問題的一個可行方案是利用簡易支付驗證技術 (Simplified Payment Verification, SPV)。簡易支付驗證技術是一項支付驗證的技術,使用戶無須同步完整區塊鏈資料,只需要使用區塊的標頭資訊即可。這個技術可以大大減少用戶在區塊鏈交易驗證上的資料量,降低用戶在交易量劇幅增加時所面對的系統承載壓力。

4). 區塊鏈交易的確認時間太長

與傳統信用卡線上交易相比,區塊鏈的交易驗證需要花費更多的驗證時間,有時可能需要花費二到三天才能完成確認一筆交易。比特幣雖然只需要約莫一小時即可完成此驗證動作,但就理想的交易方式而言速度仍不夠快。閃電網路 (Lightning Network) 則是一項可能解決這個問題的有效方案。閃電網路是一項利用雜湊時間鎖合約 (Hashed Time Lock Contract, HTLC) 及可撤銷序列到期合約

(Revocable Sequence Maturity Contract, RSMC) 兩種類型的交易合約所構成的技術應用由於具有去中心化的特性,並透過雙向支付通道的方式允許在多個 P2P 支付通道之間進行安全交易,而無須信任對方或第三方,形成一個可以讓任何節點之間都能進行交易支付的網路。

5). 現行法規問題

以比特幣為例,其去中心化的概念會使政府對經濟政策與貨幣數量的控管能力降低,而讓政府對區塊鏈中的貨幣技術抱持謹慎的態度。相關機構必須盡快深入研究此議題,加速制定新的法規,才不會對市場產生風險,也確保消費者的權益。

6). 整合既有系統的成本問題

當一項新的技術,尤其是基礎設施,要對既有系統進行整合工作時,所耗費的時間與金錢成本都可說是十分龐大的,因為其牽涉的範圍與更動的領域都很廣大。除了確保區塊鏈技術可以帶來的經濟效益,並且符合監管條件外,同時也必須與傳統組織介接,妥善處理來自組織內部的現有問題。

16.6.2 智能合約的問題

智能合約是區塊鏈上一項十分新穎的應用技術,雖然並未大量使用在我們的日常生活中,但如前一節所介紹相關實驗應用已經如火如荼的展開。然而智能合約的應用卻也存在若干問題與挑戰。

1). 安全議題:由於智能合約的環境是無須信任也能執行的,並且是去中心化的。因此,如果當進行交易時發生任何問題或是錯誤,將無法修改。在目前的系統中,我們可以透過一些具管理權限的中央機構彌補過失,但在智能合約中,用戶則必須獨自承擔這種風險。

2). 隱私議題:智能合約與區塊鏈一樣有著隱私的問題,但又因為所應用的底層技術而難以避免。任何在相同區塊鏈上的人都能看到合約的詳細資訊,通常對於簽訂合約的雙方來說,是非常公平公正的。但如果是簽訂的內容是一些商業貿易協定或者含有敏感資

訊時，就會相當複雜。因此需要謹慎地處理合約的佈署方式，或是趕緊研發智能合約的隱私保護技術。

3). 情境議題：智能合約看似是一個與人立訂承諾的完美工具。像是原本經濟條件較差，不能向銀行申請貸款的族群，能透過智能合約的方式與銀行簽訂契約，而銀行也能根據智能合約能不被干涉且自動履行的特性，替原本無法成為客戶的族群提供服務。但若換成另一種情境：你正駕駛著一輛透過智能合約租借的汽車行駛於高速公路上，突然可能是因為租借交易沒有通過驗證，而遭到限制使用該車的操作權，更會讓駕駛的生命安全受到威脅。因此，如何在正確的情境下適當地執行合約，也是一項非常需要謹慎處理的重要議題。

進階參考資料

對區塊鏈有興趣的讀者可再進一步研讀 Raval, Siraj 所編著 *Decentralized Applications: Harnessing Bitcoin's Blockchain Technology,*（Oreilly 2016 年出版）。對比特幣的密碼機制有興趣的讀者可再進一步研讀中本聰的論文：Bitcoin: A Peer-to-Peer Electronic Cash System (http://bitcoin.org/bitcoin.pdf)。其他參考資料限於篇幅無法一一列出，請讀者自行到本書輔助教學網站 (http://ins.isrc.tw/) 瀏覽參考。

16.7 習題

1. 區塊練技術具有那些特性。

2. 請列舉出三種不同的區塊鏈架構。

3. 請說明區塊鏈的運作原理，以及為何區塊鏈具有去中心化及交易內容不可竄改等特性。

4. 請舉出一個智能合約在共享經濟模式下的成功案例。

5. 請說明比特幣交易的流程。

6. 請說明工作量證明及權益證明這兩種共識機制的作法,並比較其優缺點。

7. 請說明何謂區塊鏈 51% 攻擊,以及如何預防此攻擊。

8. 請解釋何謂區塊鏈中的硬分岔及軟分岔問題。

9. 請說明在比特幣的交易機制中,如何驗證比特幣是否被偽造?

10. 請解釋何謂簡易支付驗證技術,其作用為何?

11. 請解釋何謂閃電網路,其作用為何?

16.8 專題

1. 請利用乙太坊實作一個單車租賃的智能合約,此智能合約機制必須具備下列功能:

    (a) 能設定單車租賃的押金及租借匯率。

    (b) 還車時,合約能自動計算所需支付的租金。

    (c) 系統可以直接透過乙太坊平台進行租金的轉移。

2. 請實作一個我國教育體系的成績區塊鏈,此系統必須具備下列功能:

    (a) 將使用者在求學階段的成績記錄至區塊鏈中。

    (b) 使用者可透過身分識別來存取其個人成績資料,並能須確保成績資料的機密性。

    (c) 所有人都可以驗證區塊鏈內資料的正確性。

3. 請利用現有的比特幣和乙太坊的挖礦工具,實際進行比特幣和乙太坊的挖礦工作。

16.9 實習單元

1. 實習單元名稱：乙太坊的實務操作及應用。

2. 實習單元目的：
   瞭解乙太坊 (Ethereum) 之基本操作、智能合約的佈署及撰寫，並透過實際應用，能具體瞭解乙太坊之運作流程。

3. 系統環境：一般桌上型電腦或筆記型電腦。

4. 實習過程：
   完整的實習過程範例放置於本書輔助教學網站，有興趣的讀者可參考該網站 (http://ins.isrc.tw/)。

17 資料庫安全

Database Security

資料庫安全
Database Security

17.1 前言

隨著電腦科技的進步，電腦不僅在各種產業中廣泛應用，也經常應用在家庭生活中。在各種應用中，為了使資訊完備，資料庫的建立是不可或缺的一項，因而發展了許多資料庫管理系統，如 Oracle DB、MySQL、MS-SQL、Informix、Sybase 及 ACCESS 等。

如同電腦系統安全、通訊安全及網路安全，要介紹資料庫安全之前，必須先對資料庫系統有初步瞭解，才能夠知道資料庫系統有哪些安全威脅，及需要使用哪些安全技術，方能彌補安全上的漏洞。

傳統上，一般的公司、銀行、醫院、大學及政府等機關單位，利用計算機處理機構的資料時，是針對各機構的每一個部門需求設計出一套專用的程式，以存取該部門所需的資料。例如，一家製造公司有產品製造、產品銷售、物料控制、人事管理及薪資管理等部門。每一個部門有自己該處理的資料，部門主管就以這些資料做為管理的依據。然而不同部門間的資料是息息相關的，為了能達到資料的統整，以提供最高決策者足夠的管理資訊。過去各單位獨立作業的作法已不敷所需，為了整合一個機構各部門的資料，而有資料庫系統 (Database System, DBS) 的產生。

17.1.1 資料庫與資料表簡介

簡單而言，資料庫 (Database) 就是一個資料集散地，將相關特性之資料集合在一起的場所統稱。因此，資料庫第一特性就是資料量大，而如何快速且容易地從龐大資料量搜尋出每位使用者所要的資料，則需使用一些軟體工具。此軟體工具稱為資料庫管理系統 (DataBase Management System, DBMS)，使用者可以很容易在 DBMS 上建立 (Create)、更新 (Update) 及刪除 (Delete) 資料庫內之資料。資料庫內資料之階層關係，如圖 17.1 所示。

```
資料庫   薪資資料庫
  ↑
資料表   黃品潔，台中，07.21
         林一喬，台南，08.20
  ↑
資料錄   黃品潔，台中，07.21
  ↑
欄位     黃品潔
  ↑
字母     黃
```

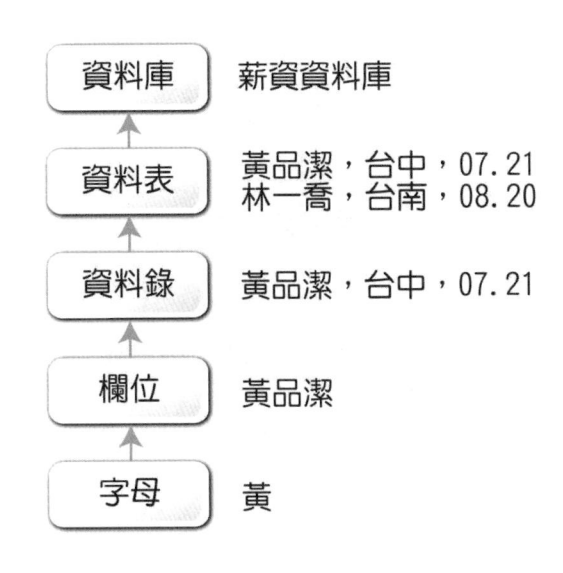

圖 17.1: 資料庫內資料之階層關係

資料庫最基本之資料單元為一字母 (Character)；數個字母組成一字 (Word) 或者片語，稱為欄位 (Field)；數個欄位可以合成一筆資料錄（Record 或 Tuple）。具相同特性之資料錄就可合併成一檔案 (File) 或資料表 (Table)。將數個相關屬性之資料表集中在一起，並去除重複資料，就是資料庫 (Database)。資料庫可以只有一個資料表，也可以有很多資料表（檔案）彼此關聯。

以職員資料庫為例，說明資料庫之資料關係。資料最基本之資料單元為一字母或一中文字，如「黃」。我們將數個字（「黃」、「品」、「潔」）組成「黃品潔」欄位，將不同欄位值（姓名、地址、生日）合成一資料錄。將這些資料錄合併成一資料表，最後再與其他資料表合併成如表格 17.1 所示之職員資料表。

表格 17.1: 職員資料表

身分證字號	姓名	地址	生日
B225353217	黃品潔	台中	07.21
R121351110	林一喬	台南	08.20
T123212321	陳祥慶	台北	01.13

一個資料庫可以包含一個或以上之資料表，一個資料表可以包含一筆或以上之資料錄，一個資料錄可以包含一個或以上之資料欄位。

由於 DBMS 是架構在作業系統之上，如圖 17.2 所示。因此，設計一個可靠性資料庫系統，必須先確定作業系統是安全的。

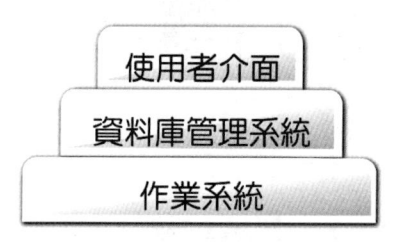

圖 17.2: 資料庫管理系統與作業系統關係

17.1.2 結構化查詢語言

為了能讓使用者更方便地查詢資料庫，資料庫管理系統提供一套非常簡單的查詢語言，稱為結構化查詢語言（Structured Query Language, SQL）。使用者可以直接下 SQL 指令查詢資料庫，也可以嵌入其他高階語言（如 C++、Java、JSP 或 PHP 等）來查詢資料庫。由於常用 SQL 的指令不到十條，簡單易學，因此深獲使用者喜愛。

資料庫管理系統離不開 SQL 查詢語言，很多資料庫安全的威脅也都跟 SQL 有關，例如統計資料庫的查詢及資訊隱碼攻擊。為了方便說明資料庫安全，我們先簡單地介紹 SQL 基本查詢指令 (SELECT-FROM-WHERE)。假設我們要查詢職員資料表中居住在台中的職員資料，SQL 指令為：

```
-- 查詢職員資料表中居住在台中的職員資料
SELECT   *
FROM   職員資料表
WHERE   地址 = '台中';
```

查詢結果為：

```
身分證字號 |  姓名  | 地址 | 生日
─────────────────────────────────
B225353217 | 黃品潔 | 台中 | 07.21
```

其中，「--」為註解標記，在「--」符號後面的說明將不會被程式解譯。另外，「;」為指令結束標記。

SELECT 表示要顯示之資料欄位，「*」表示職員資料表之所有欄位。若將 SELECT 改為（SELECT 姓名，生日），查詢結果將只顯示姓名及生日兩個欄位：

```
姓名  | 生日
──────────────
黃品潔 | 07.21
```

FROM 表示要查詢哪些資料表。至少需指定一個資料表，若所要查詢的資料分散在數個不同之資料表，則需列出這些相關之資料表。

WHERE 表示所要查詢之限制條件，本範例之限制條件為「居住在台中」，只有滿足這個限制條件的資料才會被顯示出來。此限制條件可以再加上 AND、OR 或 NOT 等邏輯條件，使查詢條件更彈性。

17.2 資料庫管理系統的安全威脅

資料庫的最大優點就是可以共享資料及減少資料重複，因此幾乎所有管理資訊系統都會透過資料庫管理系統來儲存及查詢資料。資訊系統所儲存的資料庫，有些是機密資料必須加以保護。例如，大部分電子

商務系統都會儲存客戶資料。這些客戶資料若洩漏給競爭者，對公司的競爭力將造成威脅。資料庫管理系統除了讓合法使用者很容易存取所要的資料外，還要有能力保護這些機密資料，免於被非經授權者所竊取或推導。

17.2.1 資料庫安全的威脅

要設計一套高安全性之資料庫管理系統及做好資料庫系統管理工作，必須對資料庫的安全威脅先有整體的瞭解。一般而言，資料庫安全的威脅有下列七類：

1). 資料庫內機密資料被非法者所竊取
   未經授權者直接存取資料庫內資料。這種威脅通常是資料庫管理系統設計上的錯誤，或安全政策上有漏洞所造成。就電子商務系統而言，客戶的基本資料、訂購商品明細、付款資訊、商品上游廠商及成本等都是非法者想要竊取之資訊。就醫療管理系統而言，病患之病歷表及基本資料等都必須加以保密，否則病患之隱私權將被侵犯，衍生其他不良後遺症。

2). 資料庫內資料被非法者所篡改及偽造
   病歷表若遭篡改，將導致醫生誤診或開立過敏處方。客戶訂購商品遭篡改，將導致消費者收到非其訂購之商品，衍生電子商店之不良信譽。

3). 資料庫內資料被非法者所破壞，讓合法者不能存取
   資料庫是要提供資訊系統存取資料的服務。若不能正常提供服務給資訊系統，資料庫就失去意義。例如，非法者一直下指令要存取資料庫，使資料庫管理系統無暇服務其他使用者。非法者寫一程式，同時發動千萬個請求服務的封包，電子商務系統將窮於應付而阻斷服務其他使用者。

4). 資料庫推論 (Database Inference)
   駭客僅以有限個別資料及一些常識或知識，即可推論出所要的機密資料。

5). 資料庫聚合(Database Aggregation)
此類威脅與推測威脅相反。雖然個別資料本身不具有機密性，但若聚合這些資料到某一程度時可能就具有機密性。

6). 木馬藏兵 (Trojan Horse)
駭客在正常交易執行程式上，偷放一段小程式，一旦正常程式被執行後，該段程式就進行竊取或破壞資料庫。

7). 祕道 (Covert Channel)
雖然系統設置安全保護讓整個檔案、資料庫內容不會洩漏，但非法之徒可以透過此祕道以一次一個位元的方式慢慢洩漏出去。

17.2.2 資料庫推論

資料庫推論是指從已知的資訊中推論出機密資料。表格 17.2 為學生英文成績資料庫，其中姓名 (NAME)、性別 (SEX)、系別欄位 (MAJOR) 為可公開之資料。而成績 (SCORE) 欄位之個別資料則不可公開，但可以公開統計資料。例如，非法者不能直接詢問黃品潔同學之成績：
> 請問黃品潔同學的成績 [Enter]
> 非經授權、拒絕回答

表格 17.2: 英文成績資料表範例

ID Number	NAME	SEX	MAJOR	SCORE
11801	黃仲良	男	資管系	78
11802	黃品潔	女	資管系	93
11803	柯一慶	男	資管系	88
11804	王橋益	男	資管系	63
11805	林帝務	男	資管系	83
11808	李腦笛	男	資工系	62
11810	王界石	男	資工系	87
11813	陳一信	男	資工系	80

但一般人可以查詢此資料庫之統計資料，如下例：
> 請問資管系英文平均成績 [Enter]
> *81*

> 請問資管系男同學英文平均成績 [Enter]
> 78

雖然非法者不能直接詢問黃品潔同學之成績，但可透過下列詢問而推導出：

> 請問資管系英文成績總分 [Enter]
> 405
> 請問資管系男同學英文成績總分 [Enter]
> 312

由於非法者已知黃品潔就讀資管系，而且該班只有她一位女同學，因此可推論出黃品潔的英文成績為 405 − 312 = 93 分。

17.2.3 資料庫聚合

資料庫聚合是指個別資料雖不具機密性，但聚合數筆資料後卻可獲得機密資訊。例如，員工的薪資是機密資料。表格 17.3 及表格 17.4 中職員職位及職位薪資兩個資料表均不具機密，但兩者合併後，員工的薪資就一目瞭然。

表格 17.3: 職員職位資料表

員工編號	姓名	職位
A01	黃品潔	總經理
A02	林依蘋	經理
A03	黃品硯	經理
A04	陳祥慶	職員

表格 17.4: 職位薪資資料表

職位	薪資
總經理	90,000
經理	50,000
職員	30,000

17.3 統計資料庫安全

統計資料庫是可提供平均值 (AVERAGE)、總合 (SUM)、變異數 (VARIABLE) 及總數 (COUNT) 等統計資料之資料庫。例如全國人口統計資料庫提供每個縣市佔全國人口比例、全國人口平均年齡及全國人口成長統計資料等。

有些統計資料庫是屬於機密性，僅允許做統計查詢而禁止查詢某特定的個別機密資料。例如，戶政事務所之人口資料庫可允許查詢人口統計資料，但禁止未經授權使用者查詢某人之個人基本資料。又如醫院病歷資料庫僅供社會大眾或研究人員查詢病人相關統計資料（如各種疾病佔全國人口死亡率），但對於病人病歷細節資料則僅特定醫生才可查詢。

遺憾的是，若沒有對統計資料庫之統計查詢做適當管制，一些特定個別機密資料可能會被推導出來。例如，我們可以查詢某部門之薪資總額，也可以查詢某部門所有男性之薪資總額。假設我們知道該部門只有一位女性，那麼這兩次查詢結果之差額即為該女性員工的薪資。因此，即使未經授權者不能直接查詢該女性之薪資資料，但可以將統計查詢結果及一些已知資訊做分析比較，進而推導出該機密資料。這種推導過程稱為資料庫之推論問題 (Inference Problem)。統計資料庫之安全性控制，基本上就是要限制這類型統計的查詢，以確保個別資料的隱密性。

17.3.1 統計資料庫安全的威脅

為了確保統計資料庫安全性，對於影響統計資料庫安全威脅應有基本瞭解，才能做出有效推論控制 (Inference Control)。

查詢統計量威脅 (Query Set Attacks) 是常見的統計資料庫安全威脅。查詢統計量夠小或夠大，均有可能會洩漏個別機密資料。例如，若某一男同學心儀校內一位女孩黃品潔，已知她是資管系 2017 級學生，而想要知道她的學業成績，可以透過校園網路合法查詢表格 17.5 之學生統計資料庫。以下是他可能使用 SQL 語言的詢問步驟及系統回答結果：

表格 17.5: 成績資料表 STUDENT 範例

SID	NAME	SEX	MAJOR	SCORE
11801	黃仲良	男	電子系	78
11802	黃品潔	女	資管系	92
11803	柯一慶	男	數學系	88
11804	王橋琪	女	資工系	60
11805	林帝務	男	數學系	83
11806	蘇梧嬌	女	電子系	70
11807	林考鋪	男	資工系	85
11808	李腦笛	男	數學系	62
11813	李界美	女	電子系	78

使用者詢問：
SELECT COUNT()
FROM STUDENT
WHERE (SEX = '女') AND (MAJOR = "資管系")；
系統回答：1

表示黃品潔為資管系 2017 級唯一的女學生。

使用者再詢問：
SELECT SUM(SCORE)
FROM STUDENT
WHERE (SEX = '女') AND (MAJOR = "資管系")；
系統回答：92

推導出黃品潔之成績為 92 分。若沒有 SUM 函數可供使用，亦可以下列方式得到黃品潔的成績資訊。

使用者再詢問：
SELECT COUNT()
FROM STUDENT
WHERE (SEX = '女') AND (MAJOR = "資管系")
    AND (SCORE < 80)；
系統回答：0

表示黃品潔成績大於 80 分以上。同樣使用者可重複以不同分數測試，幾次查詢後必可推導出黃品潔的成績。

查詢統計量太小固然很容易被推導出個別機密資料，但夠大的統計量亦會有安全性威脅。道理很簡單，設 U 為整個資料庫查詢統計量總數；L 為夠大的查詢統計量，那麼 U－L 就是夠小的查詢統計量。換句話說，只要得到 U 及 L，再計算其差值，就可如同前述查詢小統計量方式，推導出所要機密之資料。

取得 U 並不困難，可以下列 SQL 指令來獲得：

```
SELECT  COUNT()
FROM  STUDENT
WHERE  SCORE < 101;
```

由於分數 (SCORE) 最高為 100 分，不會超過 101 分。顯然 STUDENT 資料庫內每一筆資料錄都滿足此 SQL 指令之限制條件，因此系統所回答的就是此資料庫的總筆數。當然，使用者也可以直接把 WHERE 之指令去掉，亦即不設限制條件也可以得到相同的結果。

17.3.2 推理問題的解決方法

一般要解決統計資料庫的推理問題，可以分成下列三個方向：近似查詢法 (Add Noise)、限制查詢法 (Suppress) 及追蹤法 (Track)。

1). 近似查詢法
不回答正確的結果給查詢者，而將此結果做些微修改，以偽裝正確資料。下一節再進一步介紹。

2). 限制查詢法
當敏感資料的查詢及其統計量可能會危及資料庫安全時，系統拒絕回答。為了預防查詢統計量威脅，系統必須要能自動過濾這類查詢。當查詢統計量小於門檻值 n 或大於 $N－n$ 時，系統不顯示其結果或給予錯誤訊息，如圖 17.3 所示。這裡 N 為全部查詢統計量，n 的大小則視相關已知資訊而定，基本上 $0 < n < N/2$。

```
     禁止              允許              禁止
  ├───×───┼──────────────────┼───×───┤
  0       n                 N-n      N
```

圖 17.3: 查詢統計量之限制

使用限制查詢法除了要考慮安全性，還必須考慮其可用性。若限制過多，導致系統時常拒絕回答，將使查詢統計資料庫意願降低，失去統計資料庫之原意。但若限制過少，則又可能危害系統。

3). 追蹤法

在回答查詢時，先分析此查詢是否會被用來推理統計資料庫之敏感資料，若是則拒絕回答。使用追蹤法需要紀錄過去所有的查詢資訊，因此需要很大的容量硬碟及記憶體儲存。由於資料量過於複雜龐大，要分析此查詢是否會危及敏感資料，費時又費力，因此這種追蹤法可行性很低。

17.3.3 近似查詢法

限制查詢法需要花很多功夫判斷此查詢是否為限制查詢，另外若使用者蒐集過多合法查詢及更多其他相關資訊，亦有可能分析出敏感資料。所以，最保險的方法就是不提供正確結果，而提供近似正確結果給使用者，稱為近似查詢法 (Add Noise)。以下介紹三種近似查詢法：合成法 (Combining Results)、隨機取樣法 (Random Sample) 及隨機誤差法 (Random Data Perturbation)。

1). 合成法

個別敏感資料很容易被推導出來。但若把數個資料項合併成一個資料項，使該項較不具敏感性，這種方法稱為合成法，如表格 17.6 及表格 17.7 所示。因此，當查詢 2017 年死於 AIDS 人數時，系統回答 2016 年及 2017 年共有 2 位。

2). 隨機取樣法

每次系統所回應的查詢結果，並不是從整個資料庫核算出來，而是從資料庫中隨機取樣部分資料核算。例如，某一成績資料庫內

表格 17.6: 抑制查詢量範例

	2014	2015	2016	2017
意外死亡	2	2	3	3
AIDS	1	1	0	2
心臟病	2	3	2	2

表格 17.7: 合成法範例

	2014 至 2015	2016 至 2017
意外死亡	4	6
AIDS	2	2
心臟病	5	4

含 100 位女學生資料。要查詢女學生之平均成績時,系統並不直接計算資料庫內 100 位女學生之平均成績,而是隨機選取學生當中的 95 位來計算平均成績。

隨機取樣方式除了上例以資料庫內滿足查詢條件之 k %（本例為 k = 95 %）為取樣數外,尚有下列方式:

(a) 隨機選取滿足查詢條件之 5 % 為外加之取樣數,再與所有滿足條件之資料合併計算其平均成績。例如,若滿足查詢條件有 100 位學生,則從中抽取 5 位,合併計算此 105 位女學生之平均成績。

(b) 隨機選取滿足查詢條件之 5 % 位女學生,並將此 5 % 位女學生成績以其他成績替代。

值得注意的是,所選取資料筆數必須使得取樣值與實際值之誤差在 3 % 以內,否則此統計資料庫會被認為是提供錯誤資訊。另外,若每次同樣查詢,系統選取不同資料計算,則亦有可能會導出敏感資料。例如,重複查詢表格 17.5 中資料庫女學生之平均成績,因為該資料庫有四位女學生,系統每次隨機選取不同三位來計算。如第一次查詢,系統選取（黃品潔、王橋琪、蘇梧嬌）:

AVR（黃品潔-王橋琪-蘇梧嬌, SCORE）=74

同樣的查詢，系統任選三位計算如下：
  AVR（黃品潔-王橋琪-李界美, SCORE）= 76.67
  AVR（黃品潔-蘇梧嬌-李界美, SCORE）= 80
  AVR（王橋琪-蘇梧嬌-李界美, SCORE）= 69.33
上述重複查詢結果之平均值：
$$\frac{74 + 76.67 + 80 + 69.33}{4} = 75$$
此值即為女學生的平均成績：
  AVR（女， SCORE) = 75
因此，對於相同查詢，系統應要取樣相同值計算。

3). 隨機誤差法

每次查詢再加上一誤差值 ϵ，此 ϵ 可為正值或為負值，這方法比隨機取樣法更簡單且更有效率，而且不用擔心相同查詢會隨機選取不同樣本。唯一的缺點就是要額外維護此誤差值 ϵ 資料庫。

17.4 任意性資料庫的安全

資料庫系統之安全性政策是描述使用者所能存取之資料庫權限。如同第四章所介紹作業系統安全，資料庫安全政策可以簡單分為：任意性安全政策 (Discretionary Security Policy) 及強制性安全政策 (Mandatory Security Policy)。兩種策略各有優缺點。任意性安全政策有實行容易與理論基礎簡單等優點，但是顆粒度 (Granularity)（即資料保密的單位）太大是其缺點。

以關聯式資料庫為例，其顆粒度是一個資料表 (Relation)，即一個表的大小。然而，強制性安全策略則沒有這方面的缺點，強制性安全政策的顆粒度可以小到一個屬性 (Attribute) 內的某個組值 (Tuple)，但這種安全政策不易實行。本節先介紹任意性資料庫安全，強制性資料庫安全則在下節介紹。

17.4.1 任意性資料庫安全概論

電腦系統的日益普及，各公司機關依賴電腦的程度日益增加。電腦的應用作業的層面愈來愈大，對完整性的保護也日漸迫切。保護的觀念

已伸展至增加各種可共享資源之複雜系統的可靠性。

關聯式資料庫系統是一套以表格 (Table) 為資料組織結構的資料庫，也就是由許多行 (Column) 和列 (Row) 的資料所組成的一種資料庫。這些行和列的資料間，彼此又藉著某種關係 (Relationship) 而連結，因此稱為關聯式 (Relational) 資料庫系統。從 1970 年代發展至今仍然是目前使用最普遍的一種資料庫系統。

資料庫之安全控制是保護資料庫系統的正常運作，減少系統遭受環境災害及人為疏失或故意破壞等事件的侵擾，以維護系統與資料的機密性、正確性及可用性。資料庫之完整性控制是藉著遵守使用者所定義的規則，以維護資料的有效性 (Validity) 和完整性 (Completeness)。其中，有效性是指確保所得到的資料一定正確；而完整性則是確保能夠涵蓋全部正確的資料。例如，當一位旅客要查詢資料庫中從台北到高雄的飛機班次時刻表時，該資料中每一筆資料內容必須是真正從台北飛往高雄的班次，而且必須涵蓋所有從台北飛往高雄的班次，這樣才有意義。資料庫的安全性和完整性控制雖然在形式上和意義上有所不同，但同樣都是對資料庫的資料進行保護的工作，因此被認為是密切相關的議題。

目前大部分的關聯式資料庫管理系統 (RDBMS) 都是利用任意性存取控制模式來支援安全控制 (Security Control) 問題。使用者可以經由 SQL 中的 GRANT 指令授予所擁有之資料表 (Relation) 的權限，給他信任的人一些如建立 (Create)、刪除 (Delete)、更改 (Modify) 和選取 (Select) 等權限。被授權使用者可以進一步將上述別人授予的權限和原先已擁有權限再度授予第三者。原授權者亦可將權限以 SQL 中 REVOKE 的指令收回。

然而，我們不難發現這種系統中權力 (Privileges) 的顆粒度太大，是以整個關係表的內容為單位。對使用者而言，不是對整個關係表沒有權力，就是對整個關係表的所有內容都有權力，也出現了缺點。若一個關係表內有些組值的資料是機密的，有些則是一般性的。到底一般使用者是否有權使用這個關係表，將成為一個麻煩且不易處理的問題。

17.4.2 存取控制政策

存取控制政策不但是作業系統安全的核心，也是資料庫系統安全的核心，主要討論某些資料庫使用者對某些資料庫具有哪些存取權限。其存取控制政策除了第 4.5.1 節所列舉的之外，還包括：

1). 名稱相關存取控制 (Name-dependent Access Control)
資料存取範圍因人而異。例如，張三豐為某公司總經理，可以存取該公司所有人事薪資資料。李四娘是該公司總務室職員，負責分發信件。因此，李四娘僅能存取資料庫之姓名及部門欄位，其他薪水及學歷欄位則禁止存取。如表格 17.8 (a) 為公司總經理可以存取的資料，職員則僅可存取表格 17.8 (b) 之資料。

表格 17.8: 名稱相關存取控制範例

姓名	薪水	學歷	部門
黃仲良	50000	碩士	資訊室
黃品潔	60000	博士	企劃室
柯一慶	43000	大學	資訊室
王橋琪	24000	大專	會計室
林帝務	35000	大學	會計室

姓名	部門
黃仲良	資訊室
黃品潔	企劃室
柯一慶	資訊室
王橋琪	會計室
林帝務	會計室

(a) 總經理可以存取的部分　　(b) 職員可以存取的部分

2). 內容相關存取控制 (Content-dependent Access Control)
前述名稱相關存取控制，是以職位或姓名來決定是否允許存取資料庫某些欄位。基本上，這種方式屬縱向存取。這裡所介紹的內容相關存取控制策略則屬橫向存取，僅允許存取某些資料錄 (Tuple)。例如，總務室經理可以存取總務室所有員工資料，但禁止存取其他部門的員工資料。

3). 上下文相關存取控制 (Context-dependent Control)
有些個別資料可能不具意義，但組合起來可能就會有洩漏機密資料之虞。例如，某一資料庫內含有姓名及薪水兩個屬性，可以允許存取個別姓名或薪水，但不允許同時存取姓名及薪水屬性，因會洩漏所有員工之薪資機密資訊。另外，我們也可以存取姓名及

地址資料，或可以存取薪水和地址資料。將這兩次存取結果組合起來，即可找出姓名與薪水的對應關係，這種利用間接方式推導 (Deduction) 出機密必須要做適當的管制。

4). 時間相關存取控制 (History-dependent Control)

上下文相關存取控制是在防止其連續的資料庫查詢指令之查詢結果具有相關性，進而避免直接被組合出機密資料。時間相關存取控制則不僅限制其連續的查詢指令，只要是某使用者過去曾經查詢過之指令都會被檢視，這些查詢指令是否具有相關性？若是相關，系統則不予回應此使用者之查詢指令，以避免直接被使用者組合出機密資料。例如，上星期張三豐查詢職員資料庫並獲得姓名及地址資料，現在張三豐查詢職員資料庫之薪水和地址資料。此時資料庫管理系統應要拒絕此查詢指令，否則張三豐將這兩次存取結果組合起來，即可找出姓名與薪水對應關係。

17.4.3 存取模式

第四章所介紹的存取矩陣雖然可以很簡單地表示主件與物件間的存取關係，然而大部分系統（不管作業系統或資料庫系統）的這種存取矩陣均很稀疏 (Sparse)。若直接儲存，將佔去很大的儲存空間及記憶體。另一項缺點是不適用於資料庫系統，主要原因是資料庫系統之資料型態是以邏輯 (Logic) 方式表示，而不是以實體方式表示。因此，比一般檔案系統還要複雜。例如張三豐具有存取人事資料庫中薪水少於三萬元之人事資料權限，以存取矩陣方式很難將張三豐與人事資料庫之存取權限表示出來，主要原因是資料庫具有限制條件陳述（如 SQL 之 WHERE 指令）。

圖 17.4 以存取法則說明使用者存取資料庫之過程。圖中存取要求 (S, O, t, P) 中，S 表示主件；O 表示物件；t 表示存取動作（存取權）；P 表示存取條件。

當張三豐以下列 SQL 查詢人事資料庫時：
SELECT SALARY
FROM EMP
WHERE SALARY < 20,000;

系統轉成存取要求 (S, O, t, P) =（張三豐，EMP，SELECT，SALARY <

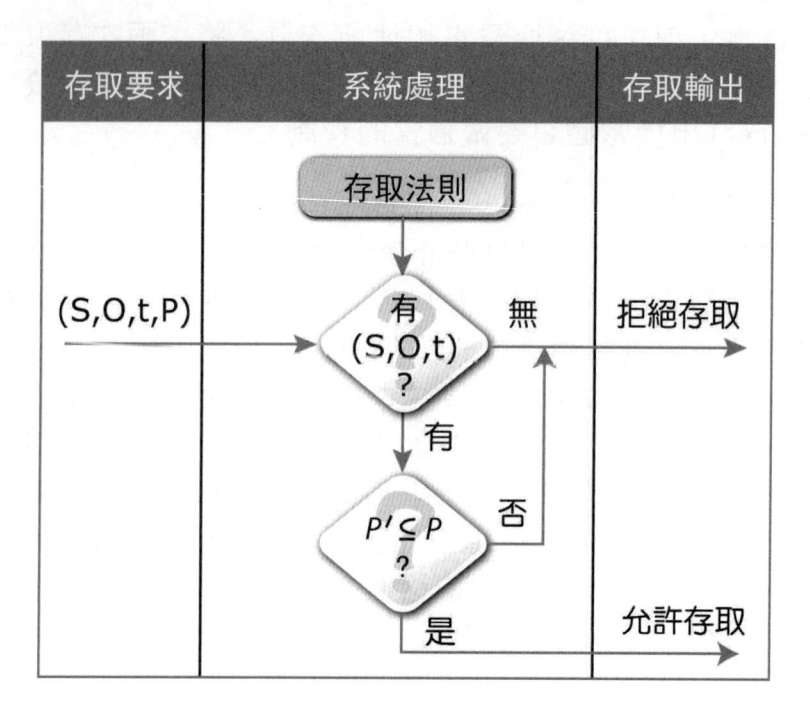

図 17.4: 資料庫存取控制處理

20,000），並與表格 17.9 之存取法則比較是否有（張三豐，EMP，SELECT）資料。若無，則拒絕張三豐存取；若有，則再比較限制條件 P' = (SALARY < 20,000) 是否符合存取法則 P 條件。若符合，則允許張三豐存取人事資料庫，否則予以拒絕。在本例中，因 P=(SALARY < 30,000)，P' $\subseteq$ P。因此，允許張三豐存取 EMP 資料庫。

表格 17.9: 存取法則範例

主件 (S)	物件 (O)	存取權限 (t)	限制條件 (P)
張三豐	人事資料庫 (EMP)	可存取	SALARY < 30,000
李四娘	人事資料庫 (EMP)	可存取	SALARY > 50,000
...	...	...	...
王五哥	人事資料庫 (EMP)	可存取	$20 \leq AGE \leq 40$

使用存取法則，可以很輕易以列舉方式表示其存取權，如表格 17.9 所示。

有時某一使用者必須要將存取資料庫的權限授予 (Grant) 他人。例如一位主管可將部分資料庫授權給祕書，請其代為處理。職務代理期

間，必須授權代理人具有存取資料庫權限。顯然，前述存取模式不能滿足這些要求。因此擴充存取模式除了上節所述 (S, O, t, P) 外，尚需加上此存取法則之授權者 (Authorizer) 及可否允許授權將此權限傳播出去之旗標 (Flag)。當此旗標為真時，擁有該物件之存取權者，可以將此權限繼續轉遞授權給其他人。例如，張三豐對資料庫 EMP 有「寫」的權限，而且授權旗標為真，則張三豐可再授權其他人（如李四娘），對 EMP 亦可有「寫」的權限。

17.4.4 關聯基表與視窗表

通常在關聯式資料庫中，提供兩類型資料表：關聯基表 (Base Relation) 及視窗表 (View)。關聯基表是每筆資料錄均實際儲存在磁碟內做永久保存，而視窗表則是由基表抽取出來部分或結合其他基表產生出之虛擬資料表。

資料庫管理系統可以依資料之重要性及機密性產生一些視窗表供使用者存取，管制具機密性視窗表僅有受權者可以存取，一般使用者僅能存取一般非機密性視窗表。另外，利用視窗表觀念也可以解決顆粒度過大的問題，將原本顆粒度由原先的整個關係表縮小為一個視窗表的大小。

視窗表並沒有資料錄真正儲存於磁碟，而僅是將其定義之查詢指令儲存於系統目錄 (Catalog) 上。一旦使用者要查詢及存取時，系統會自動從目錄中找出其視窗表之查詢指令。依照視窗表之定義查詢指令結合使用者之查詢指令，即可轉換成對基表實際資料做存取。

我們可以把視窗表當作基表之視窗，視窗的大小決定可看到基表內容之範圍。表格 17.10 為一個實際關聯基表 EMP，該表中並設有一個視窗為 VSAL (NAME, SALARY)，其查詢結果如表格 17.11 所示。當使用者存取 VSAL 時，僅能處理 NAME 及 SALARY 兩個資料欄位之資料。一旦使用者更動 VSAL 內之資料時，此基表 EMP 亦會跟著異動。因此這種視窗表亦稱為動態視窗。

由於視窗表觀念，使得關聯式資料庫具備邏輯資料獨立特性優點。因此，資料庫之邏輯結構需要改變時，應用程式並不需要跟著改變。

表格 17.10: 薪資資料表 (EMP) 範例

ENO	NAME	DEPARTMENT	ADDRESS	SALARY
11801	黃仲良	資訊部	台北市	58,000
11802	黃品潔	資訊部	台中市	78,000
11803	柯一慶	資訊部	台北市	35,000
11804	王橋琪	企劃部	台中市	25,000
11805	林帝務	企劃部	台北市	62,000
11806	蘇梧嬌	企劃部	台中市	39,000
11807	林考鋪	研發部	台南市	60,000
11808	李腦笛	研發部	台南市	43,000
11813	李界美	研發部	台南市	71,000

　　SQL 有定義視窗表功能之指令。基本上，有下列三種視窗表：

1). 關聯基表之部分內容。例如，有一個資料表含有員工代號 (ENO)、姓名 (NAME)、部門 (DEPARTMENT)、地址 (ADDRESS)、薪水 (SALARY) 之基表 EMP。我們可以利用 SQL 定義只含有（姓名、薪水）之視窗表如下：

SQL 指令一：
```
CREATE VIEW VSAL AS
    SELECT NAME, SALARY
    FROM EMP
    WHERE DEPARTMENT = "資訊部";
```
產生之視窗表 VSAL，如表格 17.11 所示。

表格 17.11: 視窗表 (VSAL) 之查詢結果範例

NAME	SALARY
黃仲良	58,000
黃品潔	78,000
柯一慶	35,000

2). 關聯基表之統計資料。例如，我們可以利用 SQL 查詢所有部門之平均薪資。

SQL 指令二：
    CREATE VIEW AVGSAL AS
        SELECT DEPARTMENT, AVG(SALARY)
        FROM EMP
        GROUP BY DEPARTMENT

產生之視窗表 AVGSAL，如表格 17.12 所示。

表格 17.12: 視窗表 (AVGSAL) 之查詢結果範例

DEPARTMENT	AVG(SALARY)
資訊部	57,000
企劃部	42,000
研發部	58,000

3). 兩個以上關聯基表之聯結 (Join) 資料。例如，表格 17.13 為一專案資料 (PROJECT) 基表，包含部門 (DEPARTMENT)、專案名稱 (PROJECT_NAME)、工時。

表格 17.13: 專案資料表 (PROJECT) 範例

DEPARTMENT	PROJECT_NAME	工時
資訊部	會計資訊系統研發計畫	30 人月
企劃部	數位電視市場調查	19 人月
研發部	高解析顯示卡技術	60 人月

我們可以定義薪資高或等於 60,000 元之（姓名、專案名稱）視窗表如下：

SQL 指令三：
    CREATE VIEW VDEP_PROJ AS
        SELECT NAME, PROJECT_NAME
        FROM EMP, PROJECT
        WHERE (EMP.DEPARTMENT=PROJECT.DEPARTMENT)
               AND (EMP.SALARY $\geq$ 60,000);

產生之視窗表 VDEP_PROJ，如表格 17.14 所示。

表格 17.14: 視窗表 (VDEP_PROJ) 之查詢結果範例

NAME	PROJECT_NAME
黃品潔	會計資訊系統研發計畫
林帝務	數位電視市場調查
林考鋪	數位電視市場調查
李界美	高解析顯示卡技術

　　視窗表是一個動態表，因此上述定義的視窗表將會隨基表之異動（新增、更改、刪除）而變動。視窗表具有安全性管制及顆粒性功能。擁有 EMP 之關聯表者可以依安全性政策及管制之顆粒度，建立視窗表並授權給其他使用者存取。例如，SQL 指令一被授權具有 VSAL 視窗表之權限者，只有存取姓名及薪水兩欄資料。SQL 指令二，被授權具有 AVGSAL 視窗表之權限者，只准查詢所有部門之平均薪資，而不能存取個別職員之薪水。SQL 指令三，被授權具有 VDEP_PROJ 視窗表之權限者，可以查詢薪資高或等於 60,000 元之（姓名、專案名稱）資料。

17.4.5 安全性控制

資料庫管理系統的安全性控制有兩類：

1). 採用視窗表 (View) 的方法來隱藏敏感的資料，以防止未經授權的使用者執行非法行為。如前節範例所建立的 VSAL、AVGSAL 及 VDEP_PROJ 視窗表。透過這些視窗表，使用者只能存取薪資資料表 (EMP) 中的部分資料，以達到保護資料的目的。

2). 由授權系統決定每一個使用者對每一個資料表的使用權限，以控制使用者對資料庫之資料的存取權。
　　　　GRANT SELECT ON TABLE VSAL TO 張三豐
表示授予張三豐對視窗表 VSAL 具有存取資料 (SELECT) 的權限，亦即只能允許張三豐對視窗表 VSAL 具有 SELECT 資料之權限。
　　　　GRANT SELECT ON TABLE EMP TO 李四娘
表示授予李四娘對資料表 EMP 具有存取資料 (SELECT) 的權限，亦

即允許李四娘對資料表 EMP 具有 SELECT 資料之權限。

REVOKE　SELECT　ON　TABLE　EMP　FROM　李四娘

表示收回或取消李四娘對資料表 EMP 存取資料的權限，亦即不准李四娘再存取資料表 EMP 中的任何資料。

17.5 多層式資料庫

所謂多層式資料庫是以第四章之強迫式存取策略 (Mandatory Access Control) 為基礎之資料庫。依使用者職位或等級不同，而有不同之安全等級。依照強迫式存取策略之簡易安全法則，安全等級低的使用者只能讀取多層式資料表的部分資料，而最高安全等級使用者可以讀取多層式資料表之全部資料。

17.5.1 多層式資料表

所謂多層式資料表是指一般資料表內，每一基本資料項 (Atomic)、資料錄 (Tuple)、屬性 (Attribute) 或欄位及資料表 (Table) 本身均有一個相對應之安全等級，如表格 17.15 所示。

表格 17.15: 多層式資料表範例

ENO	C1	NAME	C2	SALARY	C3
11801	S	黃仲良	S	58,000	S
11802	S	黃品潔	S	78,000	TS
11803	TS	柯一慶	TS	35,000	TS

ENO、NAME、SALARY 為一般資料表之屬性項，至於 C1、C2、C3 則為其相對應之安全等級。表格中 S 及 TS 分別表示機密 (SECRET) 及最機密 (Top-secret)。因此，具有最機密等級使用者可以看到表格 17.15 的全部資料，具有密 (Confidential) 等級使用者不能看到表格 17.15 的任何資料內容，而具機密 (Secret) 等級使用者則可看到部分資料，如表格 17.16 所示。

表格 17.16: 機密等級使用者存取之資料

ENO	C1	NAME	C2	SALARY	C3
11801	S	黃仲良	S	58,000	S
11802	S	黃品潔	S	Null	TS

其中，第二列錄 (Tuple)（[11802, S]，[黃品潔 , S]，[Null, TS]），SALARY 屬性項有一 Null（虛值），是由於該項資料之機密等級為 TS，因此只能以 Null（虛值）顯示給 TS 級以下使用者看。表格 17.15 之第三列錄（[11803, TS]，[柯一慶 , TS]，[35,000, TS]）。因為每次資料之機密等級均為 TS，因此表格 17.16 中並未顯示該列錄之資料。

在關聯式資料庫中，有兩條很重要的完整性規則：實體完整性 (Entity Integrity) 規則及參考完整性 (Referential Integrity) 規則。

1). 實體完整性規則

關聯基表 (Base Relation) 之主鍵 (Primary Key)，其所有屬性項均不可為虛值 (Null Value)。

2). 參考完整性規則

關聯基表之外鍵 (Foreign Key) 值必須存在於其他關聯基表之主鍵，否則此外鍵必須為虛值。

實體完整性規則在於確保列錄 (Tuple) 資料之唯一性。若某列錄之主鍵值為虛值，將導致使用者及系統無法指定或識別該筆列錄資料，如表格 17.17 所示。

表格 17.17: 違反實體完整性規則範例

ENO	NAME	SALARY
11801	黃仲良	58,000
11802	黃品潔	78,000
Null	柯一慶	35,000

若 ENO 為主鍵，則由於第三列錄之主鍵值為虛值，將使得其餘屬性項 (NAME，SALARY) = (柯一慶，35,000) 變得沒有意義。

資料庫最重要的功能之一是避免資料重複，為達此目的必須把資料依特性分成數個資料庫儲存。資料庫間連結則靠外鍵做連結，因此若外鍵不存在於其他關聯基表之主鍵，將使連結失效，如表格 17.18(a) 為 ADDRESS 資料表。

表格 17.18: 違反參考完整性規則範例

ENO	ADDRESS
11801	台北市
11802	台中市
11807	台南市

(a) ADDRESS 資料表

ENO	NAME	SALARY
11801	黃仲良	58,000
11802	黃品潔	78,000
11803	柯一慶	35,000

(b) EMP 資料表

ENO	ADDRESS	NAME	SALARY
11801	台北市	黃仲良	58,000
11802	台中市	黃品潔	78,000
11807	台南市	Null	Null

(c) EMP-ADDRESS 關聯表

其中，ENO 為 EMP 資料表之外鍵對應到表格 17.18(b) 之主鍵 ENO，則形成如表格 17.18(c) 之較大資料庫。顯然，因表格 17.18(a) 之 ENO 屬性資料項 11807 不存在於表格 17.18(b) 之主鍵 ENO，因此在表格 17.18(c) 將產生第三列錄之「Null」值，此即違反參考完整性規則。

17.5.2 資料多重性問題

資料庫是要給許多使用者共用，但有些為機密資料錄 (Tuple) 需要保護管制，為了不讓一般使用者讀取這些機密資料，可以將關聯式資料庫 (Relational Database) 新增一個安全等級欄位，如表格 17.19 所示。

表格 17.19: 職員薪資資料表

員工編號	姓名	薪資	安全等級
A01	黃品潔	78,000	機密
A02	林依蘋	50,000	機密
A03	黃品硯	60,000	機密
A04	陳祥慶	30,000	一般

一般等級的使用者僅能讀取表中 A04 那筆資料。假如，有一位一般使用者新增一筆（A03、黃品硯、50,000）資料錄。由於一般使用者從表中並沒有 A03 這筆資料（事實上存在，只是一般使用者沒有權限讀取），此時資料庫管理系統若以資料重複而拒絕該一般使用者儲存，間接查覺到資料庫中有 A03 之資料，反而洩漏此資訊。若允許儲存此筆資料，又將造成資料重複問題，稱為資料多重性問題。

由於多層式資料表是一般資料表擴充，除了需考慮前述兩個完整性規則之外，另外也衍生多重性問題(polyinstantiation)：

1). 違反多層式實體完整性規則
   當機密等級低的使用者存取某一多層式資料庫時，若其某些主鍵值之機密等級較高時，則會使主鍵為虛值。如表格 17.20(a) 中，若 ENO 為主鍵，則具機密 (Secret) 等級之使用者。讀取表格 17.20(a) 資料表時，其結果如表格 17.20(b) 第三列錄之 ENO (11803) 因為機密等級為 TS，因此具機密等級使用者所看到的將為虛值 (Null)，如表格 17.20(b) 所示。結果發生主鍵為虛值，而違反實體完整性原則。

2). 違反多層式參考完整性規則
   當外鍵之機密等級低於相對應之主鍵時，就有可能會違反此參考完整性規則。例如，表格 17.21(a) 第三列錄中。ENO 屬性資料項 11803 其機密等級為 S，而表格 17.21(b) 第三列錄中。ENO 屬性資料項 11803，其機密等級為 TS。所以表格 17.21(a) 資料表之第三列錄無法連結到表格 17.21(b) 之第三列錄，導致表格 17.21(c) 之 (NAME, SALARY) 第三列錄資料均以虛值表示。此違反參考完整性 規則。

多重性問題分為下列兩種：多重列錄 (Polyinstantiated Tuple) 及多重資料 (Polyinstanted Element)。

表格 17.20: 違反實體完整性規則範例

ENO	C1	NAME	C2	SALARY	C3
11801	S	黃仲良	S	58,000	S
11802	S	黃品潔	S	78,000	TS
11803	TS	柯一慶	S	35,000	TS

(a)

ENO	C1	NAME	C2	SALARY	C3
11801	S	黃仲良	S	58,000	S
11802	S	黃品潔	S	Null	TS
Null	TS	柯一慶	S	Null	TS

(b)

表格 17.21: 違反參考完整性規則範例

ENO	C1	ADDRESS	C4
11801	S	台北市	S
11802	S	台中市	TS
11803	S	台北市	S

(a)

ENO	C1	NAME	C2	SALARY	C3
11801	S	黃仲良	S	58,000	S
11802	S	黃品潔	S	78,000	TS
11803	TS	柯一慶	TS	35,000	TS

(b)

ENO	C1	ADDRESS	C4	NAME	C2	SALARY	C3
11801	S	台北市	S	黃仲良	S	58,000	S
11802	S	Null	S	黃品潔	S	Null	S
11803	S	台北市	S	Null	S	Null	S

(c)

1). 多重列錄

如表格 17.22 中具機密 (Secret) 等級之使用者，因看不到資料表之第三列錄具極機密 (Top-Secret) 資料（[11803, TS]，[柯一慶 , TS]，[35,000, TS]），因此誤以為該資料表沒有此資料。當此使用者新增

一列錄資料（[11803, S]，[陳祥慶 , S]，[56,000, s]）時，實際資料庫將如表格 17.22 所示。因此當具極機密 (Top-Secret) 等級使用者察看此資料表時，將如表格 17.22 產生主鍵重複情形（有兩個 11803 資料項），此稱為多重列錄。

表格 17.22: 多重列錄範例

	ENO	C1	NAME	C2	SALARY	C3
	11801	S	黃仲良	S	58,000	S
	11802	S	黃品潔	S	78,000	TS
	11803	TS	柯一慶	TS	35,000	TS
*	11803	S	陳祥慶	S	56,000	S

2). 多重資料

當機密等級 使用者察看表格 17.15 時，可看到內容如表格 17.23 所示。其中 SALARY 之第二列錄，因屬極機密等級，因此以虛值掩飾。若該使用者誤以為漏列 SALARY 資料，擅自將其改為 61,000，則因原來儲存之 SALARY (78,000) 之機密等級高於此使用者，因此系統不得不另外產生一列錄（如表格 17.24 中＊號處），極機密等級使用者將看到有兩筆重複列錄。

表格 17.23: 多重資料範例（具機密等級 S 使用者查詢結果）

ENO	C1	NAME	C2	SALARY	C3
11801	S	黃仲良	S	58,000	S
11802	S	黃品潔	S	Null	S

表格 17.24: 多重資料範例（具極機密等級 TS 使用者查詢結果）

	ENO	C1	NAME	C2	SALARY	C3
	11801	S	黃仲良	S	58,000	S
	11802	S	黃品潔	S	78,000	TS
*	11802	S	黃品潔	S	61,000	S
	11803	TS	柯一慶	TS	35,000	TS

17.6 資訊隱碼攻擊

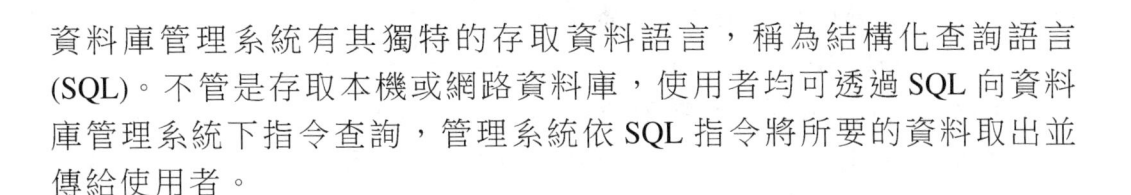

資料庫管理系統有其獨特的存取資料語言，稱為結構化查詢語言 (SQL)。不管是存取本機或網路資料庫，使用者均可透過 SQL 向資料庫管理系統下指令查詢，管理系統依 SQL 指令將所要的資料取出並傳給使用者。

資料庫可以共享給許多經授權的使用者。為了管制未經授權的使用者竊取資料庫，一般資料庫管理系統會要求使用者提供使用者身分 (ID) 及其通行密碼 (Password)，並將 ID 及通行密碼附加在 SQL 上，以供管理系統驗證。驗證通過後，管理系統才會再依 SQL 指令將其所要的資料取出並傳給使用者。資訊隱碼攻擊 (SQL Injection) 就是駭客規避資料庫管理系統的驗證，不需要有正確的使用者身分及通行密碼，管理系統依然會依 SQL 指令將其所要的資料取出並傳給駭客。

要存取網路資料庫時，系統會先要求身分鑑別。由於系統已經建立合法使用者之資料庫，一般需要使用者輸入其身分鑑別碼 (ID) 及通行密碼 (PW)，如表格 17.25 所示。

表格 17.25: 合法使用者資料表

員工編號	姓名	UID	Password
A01	系統管理員	Admin	asdewr12
A02	林依蘋	a245	rfdtgy35
A03	黃品硯	a543	4deqcvgh8
A04	陳祥慶	a654	457gfexv

因此，只要核對是否有一組相同 ID 及 PW，即可判斷是否為合法使用者。使用者所輸入的身分鑑別碼 (ID) 及通行密碼 (PW) 會以下列 SQL 指令形式出現：

    SELECT   *
    FROM   合法使用者資料庫
    WHERE   UID = '& request("ID") &' AND
                    Password = '& request("PW") &';

其中，request("ID") 及 request("PW") 分別接收由鍵盤輸入之 ID 及 PW。假設我們從輸入 ID =「a543」、PW =「4deqcvgh8」，則系統會先把上

式 SQL 指令轉換為：
　　　　SELECT　*
　　　　FROM　合法使用者資料庫
　　　　WHERE　UID = 'a543' AND Password = '4deqcvgh8'；

再送給後端資料庫管理系統處理。以上為正常的連線狀態，資訊隱碼攻擊手法則是由駭客輸入測試用 ID，使前端系統轉換成不需經過驗證也可以存取資料。例如若駭客輸入 ID=「Admin';- -」、PW=「　」，則系統轉換成下列 SQL 指令：
　　　　SELECT　*
　　　　FROM　合法使用者資料庫
　　　　WHERE　UID = 'Admin';- -' AND Password = ' '；

由於「- -」在 SQL 為註解標記，在「- -」符號後面的說明將不會被程式解譯。上述 SQL 指令等同於：
　　　　SELECT　*
　　　　FROM　合法使用者資料庫
　　　　WHERE　UID = 'Admin'；

傳給後端資料庫管理系統處理時，並不需要有通行密碼 (PW)，依上述 SQL 指令取出（A01，系統管理員，Admin，asdewr12）一筆資料。資料庫管理系統將此筆資料傳給前端使用者（駭客）。駭客輕而易舉就可以取得系統管理員帳號及通行密碼，也就是所謂資訊隱碼攻擊。

　　駭客也可以輸入 ID=" OR 1=1; - -"、PW=" "，可以取得所有合法使用者的資料：
　　　　SELECT　*
　　　　FROM　合法使用者資料庫
　　　　WHERE　UID = '' OR 1=1; - -' AND Password = ' '；

駭客也可以輸入：

　　　　ID="; DELETE FROM 職員薪資資料庫 ; - -"、PW=" "

將整個職員薪資資料庫刪除：
　　　　SELECT　*
　　　　FROM　合法使用者資料庫
　　　　WHERE　UID = ''; DELETE FROM
　　　　　　　　職員薪資資料庫 ; - -' AND　Password = ' '；

表格 17.26 為其他資訊隱碼輸入指令。

表格 17.26: 其他資訊隱碼輸入指令

輸入的 SQL 指令	產生的結果
';SHUTDOWN- -	停止 SQL 伺服器
';DROP Database <資料庫名稱> - -	刪除資料庫
';DROP Table <資料表名稱> - -	刪除資料表
';Truncate Table <資料表名稱> - -	清空資料表

　　資訊隱碼攻擊主要是網頁程式設計師在設計存取後端資料庫之疏忽所造成，幾乎所有資訊隱碼都使用到 SQL 註解標記時（「- -」），因此從網頁輸入之資料應該要先過濾（不允許有「- -」、隱含的 SQL 指令及其他符號），無誤後才將使用者所輸入資料送到後端伺服器解譯處理。程式設計師若能將使用者於網頁輸入值時，加以驗證是否有其他不正常之輸入資料，便可有效防範資訊隱碼攻擊。

進階參考資料

對資料庫安全技術有興趣的讀者可再進一步研讀 Silvana Castano, Mariagrazia Fugini, Giancarlo Martella, and Pierangela Samarati 所編著 *Database Security*（Addison-Wesley 出版）。其他參考資料限於篇幅無法一一列出，請讀者自行到本書輔助教學網站 (http://ins.isrc.tw/) 瀏覽參考。

17.7　習題

1. 請問資料庫與檔案的差異為何？
2. 資料庫管理系統的安全威脅分為哪七類？
3. 資料庫安全可分為哪四大類？並說明之。
4. 統計資料庫安全威脅為何？
5. 請說明任意性安全政策和強制性安全政策和其優缺點。
6. 一個良好的資料庫應具有哪些特性？

7. 資料庫管理有哪兩類安全性控制？

8. 請問有哪三種近似查詢法？並說明之。

9. 何謂實體完整性規則？何謂參考完整性規則？

10. 何謂資料多重性問題？

11. 何謂資訊隱碼？

12. 資訊隱碼攻擊要如何防範？

17.8 專題

1. 請在網路尋找一個可以查詢的統計資料庫。

2. 寫一個網頁程式，可以偵測不當之輸入值，以防止資訊隱碼之攻擊。

3. 規劃一個電子商務網站，此網站必須能防止資訊隱碼之攻擊。

18 資訊安全管理

Information
Security
Management

資訊安全管理
Information Security Management

18.1 前言

隨著資訊科技的蓬勃發展，網路應用的日漸普及，資訊與網路安全問題層出不窮。入侵手法的推陳出新，病毒製作也愈來愈複雜，想要建立起一個能抵抗所有威脅的資訊系統幾乎不可能，唯有清楚瞭解系統的問題所在，評估各種威脅對系統所造成的風險，擬訂因應的安全對策，將注意力集中在風險較高的威脅上。選定著力點之後，再來就是選擇所需的安全管控措施，以達到系統的安全需求。

在資訊安全的機制中，管理者所扮演的角色相當重要，不但要擬訂系統的安全策略，還要因應隨時可能發生的安全問題。本章以管理者的角度來描述一些管理者須瞭解的可信賴系統評估準則、密碼模組安全規範、系統技術安全評估準則及相關的資訊安全管理標準。

本章將先介紹可信賴系統，然後介紹由美國國家電腦安全委員會（National Computer Security Commission, NCSC）所提出的「可信賴電腦系統評估準則」（Trusted Computing System Evaluation Criteria, TCSEC），即所謂「橘皮書」(Orange Book) 評估準則將電腦系統的可信賴程度劃分了七個安全等級。隨著愈來愈多的資通產品推出，為了讓世界各國能有進行資通安全產品評估所遵循的共同準則，1995 年美國、加拿大、英國、法國、德國與荷蘭等國家共同制訂了「資訊技術安全評估共同準則」（Common Criteria for Information Technology Security Evaluation, CCITSE），後來成了 ISO/IEC 15408 國際標準，用來評估資通產品的可信賴程度。例如微軟作業系統就得通過共同準則的評估測試，認證

通過後會頒與所通過的「評估保證等級」。

本章也要介紹資訊安全管理標準(ISO27001)，提供組織做為建置資訊安全管理系統的指南或參考文件，並協助組織強化其資訊安全等級。最後將介紹電腦系統裡的稽核控制。

為確保資訊安全，除了上述的管理措施外，良好的教育訓練也是相當重要的。因為許多人並不瞭解資訊安全的嚴重性，通常給予沒有安全觀念的使用者登入資訊系統的權限時，也就開始出現威脅。就如同將鑰匙給予稚齡兒童一般，隨時會有安全問題發生。因此，教育使用者擁有足夠的安全觀念也是必要的。

18.2 可信賴的系統

任何電腦系統都不可能達到百分之百的絕對安全，我們只能盡量讓系統「可信賴」(Trust)，而無法保證「安全」(Secure)。所謂「可信賴」是指在現有及未來可預見之技術下，可以有效地管理系統及資訊來防止非法使用者破壞或盜取。但是什麼樣的系統才可稱之為可信賴系統呢？一般而言，可信賴的系統具有下列特徵：

1). 可信賴核心處理器 (Trusted Computing Base, TCB)
作業系統將所有與安全相關之作業均由 TCB 處理，以確保資訊安全。所有主件 (Subject) 對物件 (Object) 之存取，均需透過 TCB 做存取控制。另外，TCB 必須是一個「小而美」的處理模組，不但要能確實執行安全檢查，模組結構更要求簡單不複雜。複雜的模組難免會有安全漏洞，讓駭客有機可乘。簡單的模組較容易檢查是否有安全漏洞，也較容易以數學理論來證明其安全性。可信賴核心處理器是「可信賴的系統」的最基本要件，也是選擇安全的作業系統的重要考量。

2). 任意式存取控制 (Discretionary Access Control, DAC)
所有使用者對於檔案及設備上的各種資源 (Resource)，都必須要有一套管理規範，以保證各種資源存取的安全。

3). 責任歸屬 (Accountability)
主要目的是使作業系統能識別在系統上所有的作業處理。所以在

一般的作業系統，每位使用者必須有唯一的使用者識別證 (User Identifier)，如此任何人所執行的任何作業處理都會被紀錄，任何不法的作業處理都可追溯出當事人。

4). 稽核 (Auditing)
作業系統更進一步紀錄主件對物件之間的作業處理過程。事後，則能夠有效找出在什麼時候、什麼人、哪位使用者之什麼主件對系統做了什麼。

5). 識別與鑑別 (Identification and Authentication)
任何人要進入系統都必須通過驗證的手續，也就是任何人都有自己的帳戶，而且要知道通行密碼才可以進入系統。

6). 授權 (Authorizations)
把管理的責任分散給各個不同範圍的管理者，各負責一部分的安全管理工作。

在 80 年代，由於當時美國國防部所轄單位幾乎遍及全世界，必須將所有電腦連接成網路，而為了能即時獲得各單位的即時資訊，所有電腦必須連成網路，所有的機密資料均在網路上流通。如何保護這些機密資料不被截取、篡改，就成了另外一項重要的工作。為了有明確的準則來評估電腦系統是否為可信賴的 (Trusted)，美國國防部公佈一套安全評估準則。至此之後，各界就開始注意到電腦資訊安全問題。

1983 年，美國國防部的國家電腦安全中心提出「可信賴電腦系統評估準則」(TCSEC)，做為評估可信賴電腦系統的準則。在於 1985 年經修訂後成為民間廠商在發展電腦系統安全之方針，也是美國政府在採購與規劃電腦系統安全之依據。由於當初這份文件在裝訂時為橘色封面，故又稱為「橘皮書」。

TCSEC 將電腦系統的可信賴程度分為四個等級，由高到低依序為等級 A、B、C、D。其中等級 A 為提供特別防護的資訊使用環境，故這個等級具有最高的安全要求；等級 B 提供正規防護的資訊使用環境；等級 C 為提供普通防護的資訊使用環境；等級 D 為提供最少防護的資訊使用環境，其安全性最低。每一個等級再依其安全之要求程度不同，再細分一至三不等之安全等級。各等級以阿拉伯數字區

別，數字愈大者安全等級程度愈高。TCSEC 總計分七個安全等級，如圖 18.1 所示。

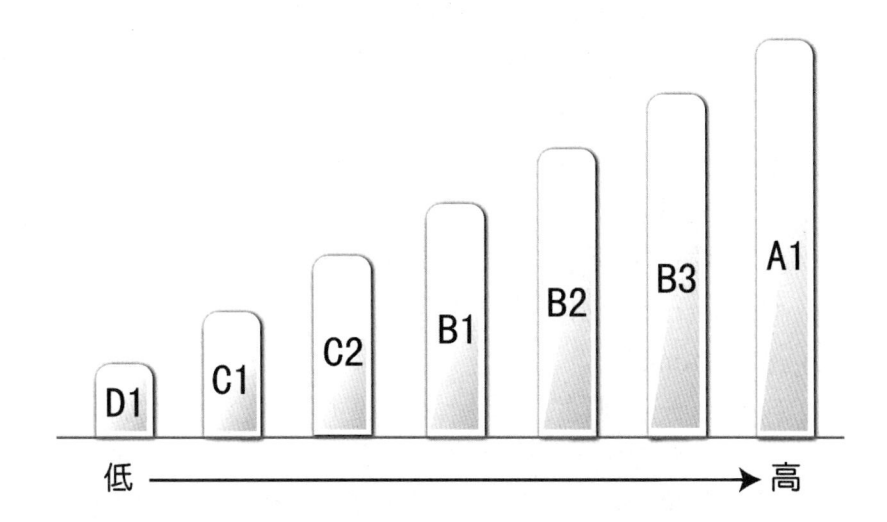

圖 18.1: 可信賴系統評估準則之安全等級

每一個等級的評估準則如下：

1). 安全等級 D
   這個等級的電腦系統為無任何防護或只有最低等的安全防護，常見的例子如一般的家用電腦。

2). 安全等級 C
   這個等級必須具有任意性的安全防護機制 (Discretionary Protection)，由低至高還可細分為 C1 及 C2 這兩個安全等級。

   - C1 安全等級：這個等級主要的評估準則為是否具有任意性的安全保護機制 (Discretionary Security Protection)，允許使用者可自行決定所需要的安全防護措施。

   - C2 安全等級：這個等級主要的評估準則為是否具有受控制的存取保護機制 (Controlled Access Protection)，也就是允許系統管理者可以依照需求對系統的資源、檔案及處理等進行保護，並可建立稽核檔，對使用者進行追蹤。依 C2 安全等級的定義，需符合下列四項主要要求：
     (a) 任意式存取控制 (Discretionary Access Control)
         作業系統必須在使用者或使用者群組與存取的物件（例如

目錄、檔案、程式)之間取得一種存取授權。

- (b) 物件再利用 (Object Reuse)
  當一個儲存設備（如硬碟機或磁碟機）從一位使用者重新指定到另一使用者時，作業系統必須清理此儲存媒體，確保新使用者不能存取前一位使用者所儲存的任何資訊。

- (c) 識別與鑑別 (Identification and Authentication)
  作業系統必須要求使用者在使用資源之前提出身分鑑別，並以通行密碼驗證他們的身分。作業系統必須防止通行密碼資料被未授權使用者盜用。

- (d) 稽核 (Audit)
  作業系統必須在接受保護的使用者資源之間紀錄所有存取交易，包括被使用的檔案與程式、提出存取請求使用者及請求時間等。再者，任何存取交易之網路 IP 及相關網路資訊也必須紀錄下來。加強系統稽查是維護系統安全的不二法門。身為稽核人員的你，應該提高警覺，防範任何主件對系統上的物件有意圖不軌之舉動。

3). 安全等級 B

這個等級必須具有強制性的安全防護機制 (Mandatory Protection)，由低至高可再細分為 B1、B2 及 B3 等三個安全等級。

- 安全等級 B1：這個等級主要的評估準則是要提供安全防護標示 (Labelled Security Protection)。例如，依照使用者或資料的安全等級來實施強制存取控制或將資料分開存放，一般政府單位的電子公文系統必須要達到這個等級。

- 安全等級 B2：這個等級主要的評估準則是要提供結構化防護機制 (Structured Protection)，支援硬體、記憶體的保護，常見的例子如銀行的電腦系統。

- 安全等級 B3：這個等級主要的評估準則是劃分安全範圍 (Security Domains)，並建立獨立的系統安全模組，目的在保護不同層之間的資訊安全。例如，商業上高階主管的電腦系統通常要達到這個等級。

4). 安全等級 A

這個等級只有 A1。此等級的電腦系統擁有最高的防護等級，有關

國防或與國家安全相關的電腦系統大多皆需要達到這個等級。這個等級的電腦系統必須具有經過驗證的保護措施 (Verified Protection)，所有的安全設計也都必須經過認可或嚴謹的數學證明，以確保這些機制是安全的。換言之，若能以嚴謹的數學來證明安全等級 B3 之安全性，就可以將 B3 提升到安全等級 A1。

18.3 資訊技術安全評估共同準則

自從美國國防部的國家電腦安全中心提出「可信賴電腦系統評估準則」(TCSEC) 之後，許多國家也紛紛投入資訊技術安全評估準則的制訂。例如英國在 1989 年提出機密等級 (Confidence Levels)，德國及法國也在同年提出德國評估準則 (German Criteria) 及法國評估準則 (French Criteria)。可見當時歐美各國對資訊系統安全的重視，但也造成歐洲各國標準不一，遵循困難的問題。

為使資訊系統安全有統一的評估標準，1990 年英、荷、法、德這些國家共同公佈「資訊技術安全評估準則」（Information Technology Security Evaluation Criteria, ITSEC），隨後這個評估標準被歐洲國家廣泛地使用。ITSEC 與 TCSEC 相似，差別在於 ITSEC 採用安全功能 (F) 和評估保證 (E) 來做系統劃分的等級。

隨後，1993 年加拿大也公佈「可信賴電腦產品評估準則」（Canadian Trusted Computer Production Evaluation Criteria, CTCPEC），同年美國也提出「美國聯邦準則」（US Federal Criteria, FC），其內容大部分依據 ITSEC 而定。為求有一致的電腦系統安全評估標準，1995 年美國、加拿大、英國、法國、德國及荷蘭再制訂「資訊技術安全評估共同準則」（Common Criteria for Information Technology Security Evaluation，共同準則、Common Criteria 或 CC）。1998 年共同準則修訂成 2.0 版後，國際標準組織 (ISO) 根據此版內容訂定 ISO/IEC 15408 的資訊技術安全評估國際標準，世界各國就可依據此安全準則來評估資訊產品或系統的可信賴性，其沿革如圖 18.2 所示。

底下我們針對共同準則 (ISO/IEC 15408) 所提出的七種評估保證等級 (Evaluation Assurance Level, EAL)，由低至高分別描述。這七種評估保證等級是共同準則預先定義用來估計評估目標的安全保證程度。

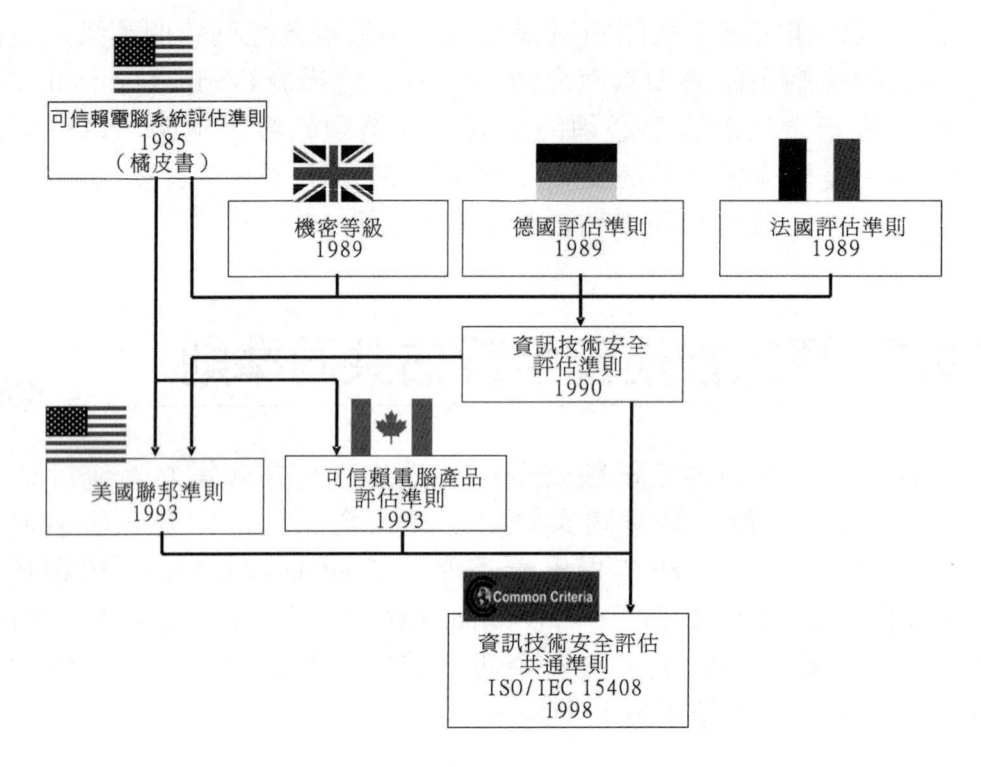

圖 18.2: 資訊技術安全評估共同準則的發展過程

1). 評估保證等級1 (EAL1)：功能性測試
此等級評估所得到的證據可以證實評估的內容符合文件中所闡述的功能，並且對於可識別的威脅亦可提供有效的防護。

2). 評估保證等級2 (EAL2)：結構性測試
這個等級的評估適用於發展者或使用者缺乏完全的發展紀錄下，發展者可自行進行測試、分析，並將其測試結果交給評估員。評估員再根據發展者所提供的測試結果進行獨立取樣測試。

3). 評估保證等級3 (EAL3)：系統化測試及檢查
適用於發展者或使用者需要中等級的獨立保證安全環境，有辦法能讓評估項目在發展其間不受篡改。

4). 評估保證等級4 (EAL4)：系統化設計、測試及審查
適用於發展者或使用者需要中至高等級的獨立保證安全環境，並且可額外負擔安全技術的成本。

5). 評估保證等級5 (EAL5)：半正規化設計和測試

適用於發展者或使用者需要高等級的獨立保證安全環境，並且要求嚴謹的發展方式。

6). 評估保證等級6 (EAL6)：半正規化查證設計和測試
適用於高資產價值及高風險情況所需的高安全應用環境。

7). 評估保證等級7 (EAL7)：正規化查證設計和測試
適用於極高資產價值及極高風險情況所需的極高安全應用環境。

表格 18.1 為共同準則 (ISO/IEC 15408) 所訂的評估保證等級與美國國防部橘皮書 (TCSEC) 所劃分的安全等級間的對應關係，從表中可看出 TCSEC 的 C2 安全等級大致上就相當於共同準則中的 EAL3 的系統化測試及檢查安全等級。

表格 18.1: 橘皮書及共同準則所劃分安全等級之對應關係

橘皮書	共同準則
D- 最低安全防護	-
-	EAL1：功能性測試
C1- 任意安全防護	EAL2：結構性測試
C2- 控制存取防護	EAL3：系統化測試及檢查
B1- 安全防護標示	EAL4：系統化設計、測試及審查
B2- 結構化防護	EAL5：半正規化設計和測試
B3- 劃分安全範圍	EAL6：半正規化查證設計和測試
A1- 驗證防護	EAL7：正規化查證設計和測試

此共同準則的使用者可以是消費者、系統的發展者、系統管理員、資訊安全稽查人員或者是評估員 (Evaluators)。例如消費者可以根據此共同準則視其系統所需的安全需求，來擬訂採購規格。對於系統開發者而言，瞭解共同準則可以知道產品的安全需求，擬訂未來產品發展的方向。對於系統管理員而言，瞭解共同準則，可以知道電腦系統有哪些安全管理功能，做為擬訂安全管理之策略。對資訊安全稽查人員來說，有了共同準則可以更正確且客觀地來評估系統管理員是否確實管理電腦系統。對評估員來說，有了共同準則可以更正確且客觀地來評估電腦系統的安全性。

除了上述的七個評估保證等級外，共同準則的內容可分為三個部分。在介紹共同準則之前，我們先來解釋共同準則內常用到的三個名詞：

- 保護概況（Protection Profile, PP）
  依消費者的需求所詳細定義的安全需求。

- 評估目標（Target of Evaluation, TOE）
  用來闡述一個資訊技術產品或系統需要進行評估時，為受評估項目的管理者或使用者使用的評估準則。

- 安全目標（Security Target, ST）
  用來描述一個經確認的評估目標(TOE)所必須符合的安全需求，以及闡述某項資訊技術產品或系統可以提供的安全服務。

共同準則內容所劃分的三部分依序為：

1). 第一部分：簡介及一般模型

    第一部分主要是對共同準則做一介紹。這部分定義了資訊技術安全評估的一般概念及原理，並且提出了一個用來評估的一般化模型。此外，亦提出一個架構用來描述資訊技術安全的目的、選擇和定義資訊技術安全的需求及撰寫系統或產品的高階需求規格。此部分可幫助不同層級的使用者來定義系統所需的安全需求。

    圖 18.3 為具有循環生命週期的目標(TOE) 發展模式。

    首先，要定義系統的安全需求，接著是描述其功能規格，然後做高階設計，逐步精細化後，若過程順利最後就可進行實作。然而，在設計及實作精細化的過程中，必須不斷地反向做對應分析及整合測試。若發現前後設計有不契合的地方，就必須回過頭去做修改。此圖說明了安全需求與 TOE 間的關係，也說明了安全需求會決定資訊技術的發展。圖 18.4 為進行評估目標(TOE) 的過程。

    首先給予安全需求，然後利用前面描述過的評估發展模式來發展評估目標。若 TOE 中有某些部分已被評估過，可提出被評估過的證據。有了明確的評估目標及已被評估過的證據後，輸入評估的準則、方法和方案，然後進行評估目標的評估。執行評估目標的過程中，若有發現任何問題可以再修正其安全需求或所發展的評估目標，並可再重新進行評估。

2). 第二部分：安全功能需求

    第二部分主要是建立一功能元件的集合，此集合可做為闡述評估

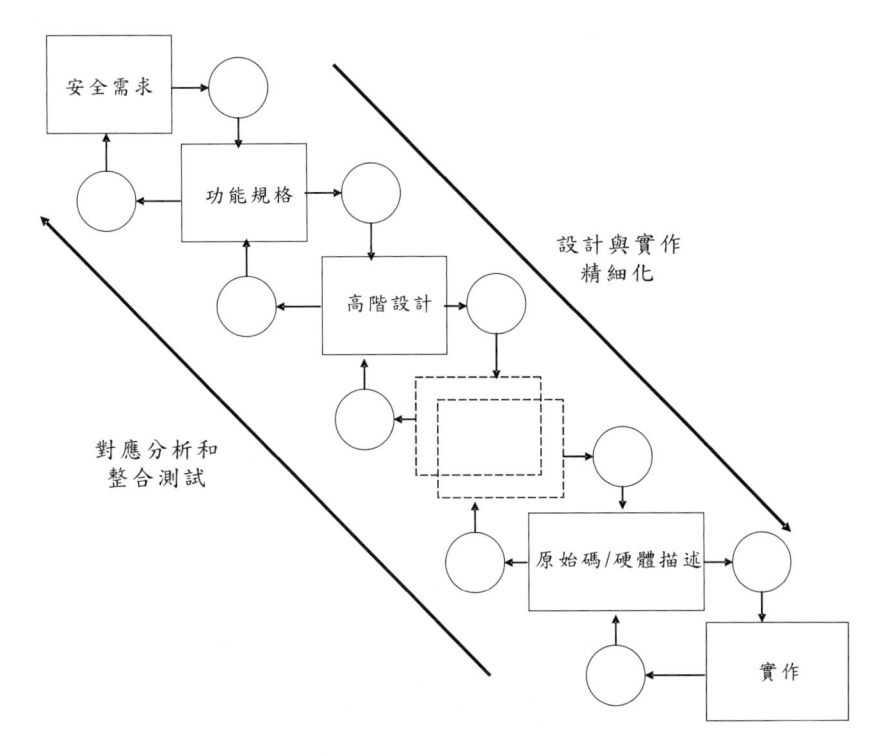

圖 18.3: 評估目標 (TOE) 發展模式
（資料來源：ISO/IEC15408-1）

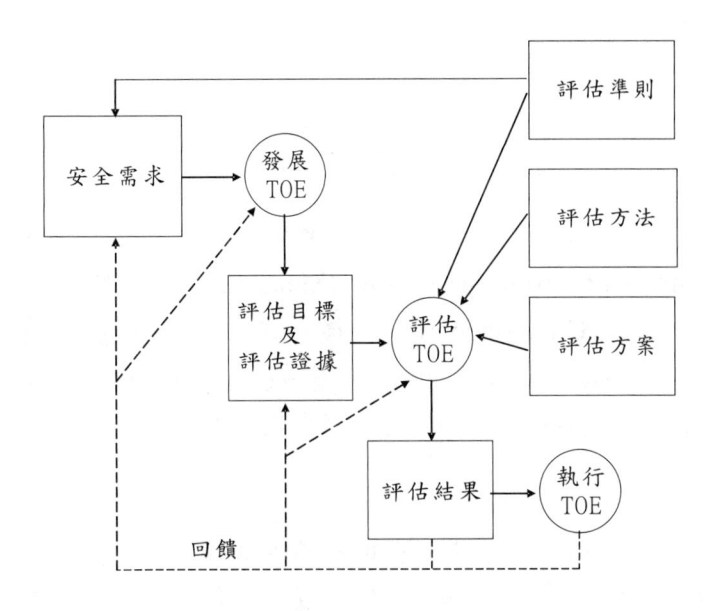

圖 18.4: 評估進行評估目標 (TOE) 的過程
（資料來源：ISO/IEC15408-1）

目標 (TOE) 功能需求的標準方式。共同準則的第二部分定義了下列 11 種功能需求類別：

- 安全稽核 (Functional Audit, FAU)
- 通訊 (Functional Communication, FCO)
- 密碼支援 (Functional Cryptographic Support, FCS)
- 使用者資料保護 (Functional User Data Protection, FUDP)
- 識別與鑑別 (Functional Identification and Authentication, FIA)
- 安全管理 (Functional Security Management, FSM)
- 隱私 (Functional Privacy, FPR)
- 信賴功能防護 (Protection of Trusted Functions, FPT)
- 資源利用 (Functional Resource Utilization, FRU)
- TOE 存取 (Functional TOE Access, FTA)
- 可信賴路徑 (Functional Trusted Path/Channels, FTP)

除此之外，第二部分亦定義了這些功能元件 (Functional Components)、屬別 (Families) 及類別 (Classes) 的架構。圖 18.5 為這些功能類別、屬別及元件間的架構圖。

其中，功能類別裡面包含了類別名稱 (Class Name)、類別簡介 (Class Introduction) 及功能屬別 (Functional Families)。而功能屬別裡面又包含屬別名稱 (Family Name)、屬別行為 (Family Behavior)、元件等級 (Component Levelling)、管理 (Management)、稽核 (Audit) 及功能元件 (Functional Components)。最後，功能元件的架構又包含有元件識別 (Component Identification)、相依性 (Dependencies) 及功能元素 (Functional Elements)，也可做為解釋 TOE 功能元件及其規格的參考文件。

3). 第三部分：安全保證需求 (Security Assurance)

第三部分主要是建立一個安全保證元件的集合，此集合可做為表達 TOE 安全保證需求的標準方式。共同準則的第三部分定義了七種保證類別：

- 組態管理 (Assurance Configuration Management, ACM)

第十八章 資訊安全管理

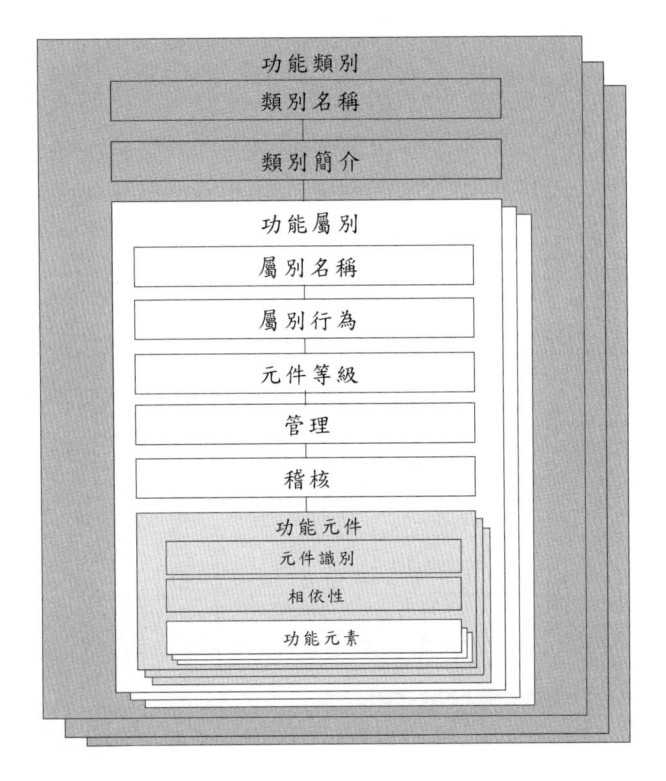

```
┌─────────────────────────────┐
│         功能類別             │
│  ┌──────────────────────┐   │
│  │     類別名稱          │   │
│  └──────────────────────┘   │
│  ┌──────────────────────┐   │
│  │     類別簡介          │   │
│  └──────────────────────┘   │
│  ┌────────────────────────┐ │
│  │      功能屬別          │ │
│  │ ┌──────────────────┐   │ │
│  │ │    屬別名稱       │   │ │
│  │ └──────────────────┘   │ │
│  │ ┌──────────────────┐   │ │
│  │ │    屬別行為       │   │ │
│  │ └──────────────────┘   │ │
│  │ ┌──────────────────┐   │ │
│  │ │    元件等級       │   │ │
│  │ └──────────────────┘   │ │
│  │ ┌──────────────────┐   │ │
│  │ │      管理         │   │ │
│  │ └──────────────────┘   │ │
│  │ ┌──────────────────┐   │ │
│  │ │      稽核         │   │ │
│  │ └──────────────────┘   │ │
│  │ ┌────────────────────┐ │ │
│  │ │     功能元件        │ │ │
│  │ │ ┌──────────────┐   │ │ │
│  │ │ │   元件識別    │   │ │ │
│  │ │ └──────────────┘   │ │ │
│  │ │ ┌──────────────┐   │ │ │
│  │ │ │    相依性     │   │ │ │
│  │ │ └──────────────┘   │ │ │
│  │ │ ┌──────────────┐   │ │ │
│  │ │ │   功能元素    │   │ │ │
│  │ │ └──────────────┘   │ │ │
│  │ └────────────────────┘ │ │
│  └────────────────────────┘ │
└─────────────────────────────┘
```

圖 18.5: 功能元件、屬別及類別的階層式架構圖

- 交付及運作 (Assurance Delivery and Operation, ADO)。
- 發展 (Assurance Development, ADV)。
- 導引文件 (Assurance Guidance Document, AGD)。
- 生命週期支援 (Assurance Life Cycle Support, ALC)。
- 測試 (Assurance Tests, ATE)。
- 脆弱性評鑑 (Assurance Vulnerability Assessment, AVA)。

同樣地，在第三部分中也定義了保證元件 (Assurance Components)、屬別 (Families) 及類別 (Classes) 的架構。圖 18.6 表示這些保證類別的階層式架構圖。

其中包含了類別名稱 (Class Name)、類別簡介 (Class Introduction) 及保證屬別 (Assurance Families)。而保證屬別的架構裡又包含屬別名稱 (Family Name)、屬別目的 (Family Objectives)、元件等級 (Component Levelling)、應用註解 (Application Notes) 及保證元件 (Assurance Components)。最後一層保證元件的架構裡，又包含有元件識別

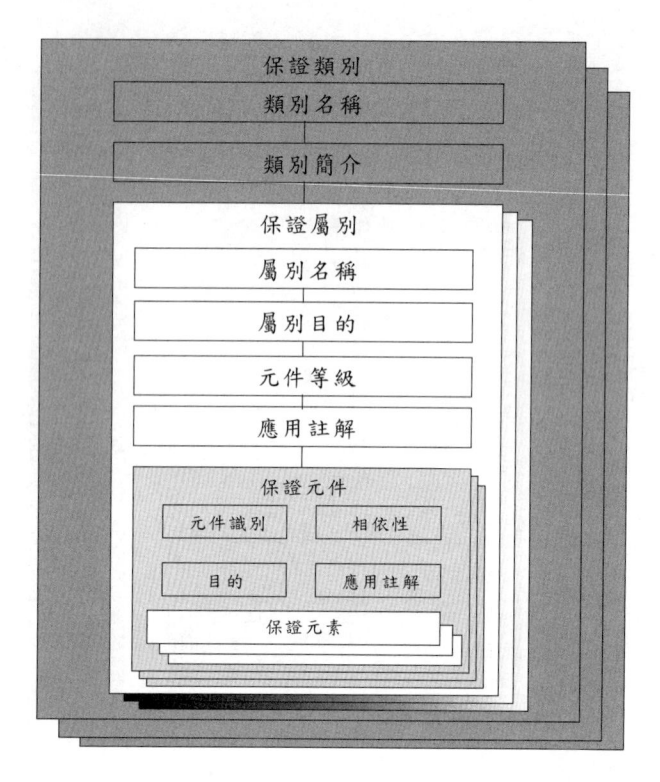

圖 18.6: 保證元件、屬別及類別的階層式架構圖
（資料來源：ISO/IEC15408-3）

(Component Identification)、相依性 (Dependencies)、目的 (Objectives)、應用註解 (Application Notes) 及保證元素 (Functional Elements)。

大略瞭解了共同準則裡這三部分的內容後，表格 18.2 列出不同使用者對共同準則的這三部分所關注的內容。

消費者主要參考第一部分的內容並用來做保護概況的導引結構；第二部分主要提供消費者闡述安全需求的導引及參考文件；第三部分做為消費者所需保證等級的導引文件。

第一部分對於發展者是非常實用的，提供發展者闡述 TOE 發展需求、安全規格的背景資料及參考文件；第二部分則是提供發展者敘述功能需求及規格的參考文件；第三部分則是做為發展者敘述保證需求及決定保證方法的參考文件。對於評估者來說，第一部分可做為保護概況及安全目標的導引結構；第二部分則可用來判定評估目標是否有效地符合安全功能裡所使用的強制評估準則；第三部分則是用來判定評估目標的保證等級和評估保護概況，以及安全目標所使用的強制

表格 18.2: 不同使用者所關注的共同準則（資料來源：ISO/IEC15408-1）

	消費者	發展者	評估者
第一部份	做為背景資料及參考用途。為PP的導引結構。	做為TOE發展需求及闡述安全規格的背景資料及參考文件。	做為背景資料及參考用途。為PP及ST的導引結構。
第二部份	做為闡述安全功能需求的導引及參考文件。	做為TOE敘述功能需求及闡述功能規格的參考文件。	做為判定TOE是否有效地符合所聲明的安全功能時所使用的評估準則強制性描述。
第三部份	做為決定所需保證等級的導引文件。	做為TOE敘述保證需求及決定保證方法的參考文件。	做為判定TOE保證等級和評估PP及ST時所使用的評估準則強制性描述。

性評估準則。

18.4 資訊安全管理系統要求事項──ISO/IEC 27001

為了強化組織資訊安全的能力、降低資安事件對組織所造成的衝擊，在組織整體業務活動及所面臨的風險下建立資訊安全管理系統(Information Security Management System, ISMS)是目前刻不容緩的工作。為了幫助組織鑑別、管理及減少資訊資產所面臨的各種風險，我國行政院頒定了「政府機關（構）資訊安全責任等級分級作業施行計畫」，其中就明訂了 A 級 (重要核心) 及 B 級 (核心) 機構需通過資訊安全管理系統的第三方認證。單位內並要維持至少一張以上的資安專業證照，期望能透過資訊安全管理，以防範潛在資安威脅，進而提升國家資通安全防護水準。因此國內對資訊安全管理系統的相關認證及專業證照愈來愈重視，其中又以 ISO/IEC 27001 資訊安全管理系統的相關認證最受各界接受。接著我們就針對 ISO/IEC 27000 系列標準的沿革及其建置一文件化資訊安全管理系統的步驟做一說明。

18.4.1 ISO27000 系列的沿革

在 1990 年代，當時組織極需一份建立資訊安全管理系統的指南或參考文件，以確保資訊資產能滿足組織在機密性、完整性及可用性的要求。因此，當時經濟共同合作與發展組織（Organization for Economic Co-operation and Development, OCED）率先提出了「資訊系統指導方針」，英國貿易及產業局 (DTI) 也在 1993 年頒佈「資訊安全管理實施準則」，隨後英國標準協會 (British Standards Institute, BSI) 於 1995 年將「資訊安全管理實施準則」訂為國家標準，此即為著名的 BS7799-I。此後英國便積極進行相關準則的擬訂，於 1998 年公佈「資訊安全管理系統要求規範」成為 BS7799-II。

2000 年 BS7799-I 被國際標準組織 (ISO) 訂為 ISO/IEC 17799 國際標準，2005 年 BS7799-II 也被訂為 ISO/IEC 27001 國際標準。後來，為使資訊安全管理系統的相關標準能有統一系列的編號，避免使用者混淆，因此 2007 年正式將 ISO/IEC 17799 更名為 ISO/IEC 27002，使得 ISO 27000 成為資訊安全管理系統 (ISMS) 的系列編號。相關標準整理如下，後續仍有相關的標準正在訂定中。

1). ISO/IEC 27001－資訊技術－安全技術－資訊安全管理系統－要求事項
Information Technology - Security Techniques -Information Security Management Systems - Requirements。

2). ISO/IEC 27002－資訊技術－安全技術－資訊安全管理之作業規範
Information Technology - Security Techniques -Code of Practice for Information Security Management。

3). ISO/IEC 27003－資訊技術－安全技術－資訊安全管理系統實作指引
Information Technology - Security Techniques -Information Security Management System Implementation Guidance。

4). ISO/IEC 27004－資訊技術－安全技術－資訊安全管理系統評測
Information Technology - Security Techniques -Information Security Management - Measurement。

5). ISO/IEC 27005—資訊技術－安全技術－資訊安全風險管理
   Information Technology - Security Techniques - Information Security Risk Management。

6). ISO/IEC 27006—資訊技術－安全技術－提供資訊安全管理系統稽核與驗證機構之要求
   Information Technology - Security Techniques -Requirements for Bodies Providing Audit and Certification of Information Security Management Systems。

其中，ISO/IEC 27001 提供了建立資訊安全管理系統所需的要求，組織可依據其個別的需求導入 ISO/IEC 27001，並適當的運用安全控制措施來保護資訊資產，達到資訊安全與風險控管的要求。若該組織符合相關要求後，即可由認證單位授予認證證書。其他部分則可視為是導入資訊安全管理系統的參考書，提供了一些安全控制措施的實作方法及相關導入程序的作業方法，但並不作為評鑑及驗證的標準。

18.4.2 資訊安全管理系統的管理模式

ISO/IEC 27001 提供了一個流程導向 (Process Approach) 的管理模式，來建立、實施、監控、審查、維護及改進組織的資訊管理系統。此管理模型是透過「規劃－執行－檢查－行動（Plan-Do-Check-Act, PDCA）」讓組織成員能瞭解資訊安全的要求，建立組織的資安政策與目標，進而實施及操作各項控制措施，管理資安風險，並透過監控與審查，持續改善組織的資安風險。這四個程序的實施內容如下：

1). 規劃（Plan）
   建立資訊安全管理系統的政策、目標、流程及相關程序，以管理風險進而降低資安風險，使結果與組織整體政策及目標一致。

2). 執行（Do）
   實施與操作資訊安全管理系統的政策及控制措施。

3). 檢查（Check）
   依據資訊安全管理系統的政策及目標，定期實施監控及評鑑，並將結果回報給管理階層審查。

4). 行動（Act）

依據管理階層審查結果，採取適當的矯正及預防措施，以持續改善資訊安全管理系統。

這四個流程環環相扣，每個流程的需出直接當作下一個流程的輸入，所以稱之為「流程導向」的管理模型。這個管理模型，適用於建置資訊安全管理系統中的所有流程。圖 18.7 說明組織如何將資訊安全的要求與期望作為輸入，然後經由「規劃－執行－檢查－行動」的流程產生符合要求與期望的資訊安全輸出結果。

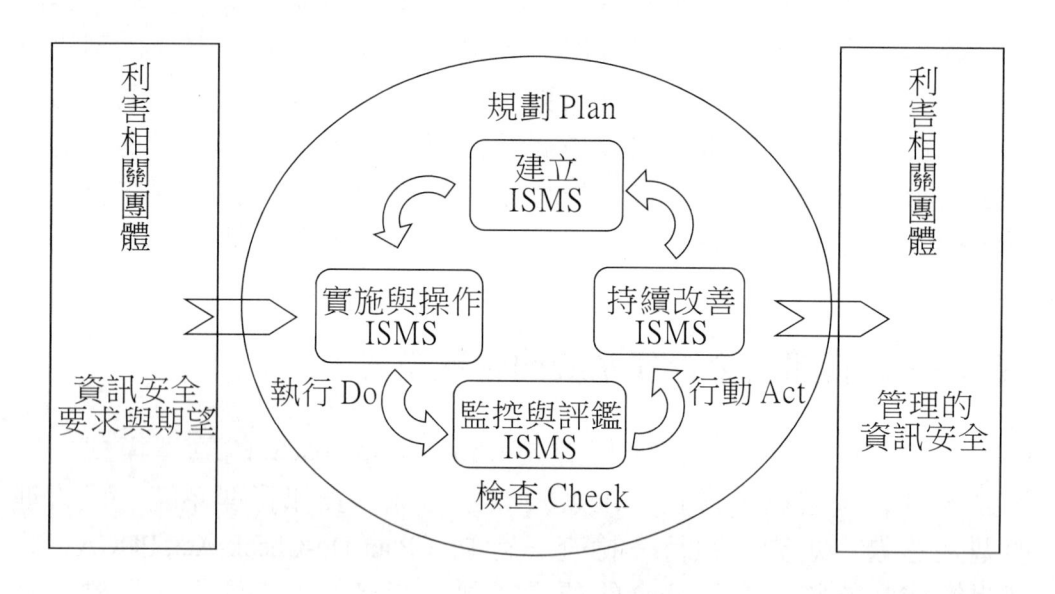

圖 18.7: PDCA 流程管理模型
（資料來源：ISO/IEC27001）

18.4.3 資訊安全管理系統的建置

ISO/IEC 27001 定義了建置 ISMS 的步驟，我們將之歸納整理如下，其建置的過程如圖 18.8 所示：

步驟一： 定義資訊安全管理系統適用的範圍

組織可自行訂定導入資訊安全管理系統的適用範圍，依 ISO/IEC 27001 的規範，資訊安全系統導入的範圍應依據業務、組織、所在位置、資產及技術等特性來作規劃，其範圍可以是全組織、

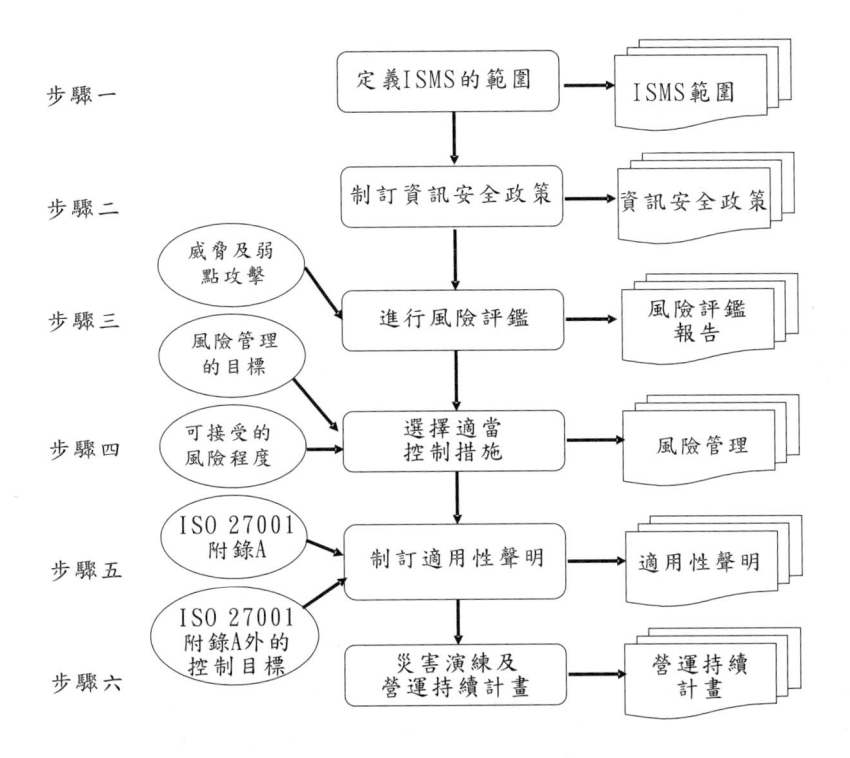

圖 18.8: 建置 ISMS 的步驟

某部門、某工作場所或者是某系統等範圍內所涵蓋的項目可有以下幾種類型：

1). 資訊紀錄。

2). 組織裡的相關人員。

3). 機器設備。

4). 電腦軟／硬體。

5). 所提供的服務。

例如，大學的計算機中心導入的適用範圍可包含

1). 計算機中心的電腦機房及備援系統所在的電腦機房。

2). 電腦機房內的網路設備 (如核心交換器、路由器、交換器及光纖配接盒)、網路基礎設施 (如防火牆、DNS 伺服器、防毒閘道伺服器及個人電腦防毒伺服器)、環境控制設備、機房空間與實體基礎設施 (如 UPS、機櫃、空調系統、消防設

備等)及應用系統(如教務系統、人事系統及會計系統)與資料庫系統(如學生學籍、選課及成績資料)之日常維運。

3). 執行 ISMS 有關之人員,包含計算機中心各組同仁、教務處課務組與註冊組同仁、人事室及會計室同仁。

資訊安全管理系統所定義的適用範圍必須涵蓋組織的核心作業流程、技術或服務等,範圍太大或太小都不適宜。例如:有些組織為了便宜行事,將導入的範圍訂為該組織的資訊管理部門,可能包含了其他部門的作業人員。由於這些作業人員沒有適當的教育及正確的資訊安全觀念,也無法有效達到資訊安全的目標。亦或者有些組織想讓資訊安全管理系統涵蓋整個組織,可能因為成本過高且過於繁瑣而失敗。所以如何適當的規劃導入範圍,是能否落實並成功導入資訊安全管理系統的關鍵因素。

步驟二: 制訂資訊安全政策

資訊安全政策的訂定,必須能反映組織的營運目標,符合相關法規及客戶合約的需求,且能與組織的文化相契合。例如,大學裡的教務系統是很重要的,其中包含了課程資訊、學生的選課資料及成績等。因此大學的計算機中心的資訊安全政策就必須對系統的穩定性、學生選課、成績及備份資料的機密性、完整性及可用性等提出要求。因此,大學計算機中心的資訊安全政策就可訂為「確保本校網路設備及應用系統安全,以避免當發生人為疏失、蓄意破壞或自然災害時,遭致資產不當使用、洩漏、竄改、毀損、遺失等情事,影響本校師生權益」。

此外《個人資料保護法》業已通過,相關的資訊安全政策也應符合相關法規的規定。擬訂好的資訊安全政策則必須經主管單位審核並獲得管理階層的支持和承諾,並能透過適當的方式傳達給組織內部同仁、外部團體或第三方使用者知悉,以有效落實資訊安全政策的要求。除此之外,資安政策應有定期審查機制,若組織架構或機能有所異動時,需重新檢視所訂的資安政策是否適合。

步驟三: 進行風險評鑑

定義好資訊安全管理系統的適用範圍集資訊安全政策後,接下來就針對範圍內的所有資產進行風險評鑑。在做風險評鑑之前

我們先來瞭解一下「風險」的概念。所謂的風險指的是事件發生的可能性與其所受衝擊的組合，資產價值高的資產對組織所造成的衝擊也較大。例如一個上千萬的設備損壞，對組織的衝擊當然很大，所以資產價值與風險值是正相關的。但風險值還需考量有害事件發生的機率，若發生有害事件的機率升高，那麼此資產的風險值就提高。但若此資產發生有害事件的機率微乎其微，那麼此資產的風險值就會降低。所以，風險值可視為資產價值與有害事件發生的機率，其函數表示如下：

$$風險值 = f(資產價值，有害事件發生的機率)$$

其中有害事件發生的機率，可由外在威脅利用本身弱點的機率來作分析。其中威脅指的是外在環境對資產的破壞意圖，而弱點指的是資產本身的脆弱處。兩者只要缺一，有害事件發生的可能性了就不存在了。我們以感冒為例來說明威脅與弱點兩者間的關係，必須同時符合以下兩個條件才會感冒，(1) 有病毒入侵，(2) 身體抵抗力或免疫力差時。以感冒事件來說，病毒就可視為是外在的威脅，而本身的抵抗力或免疫力差就是自身的弱點。當病毒碰到一個抵抗力差的身體時，感冒自然就會發生了。因此，若要預防感冒只要勤洗手並少到公眾場所就可避免病毒入侵，另一方面保持正常的睡眠並維持適當的運動可提高本身的抵抗力。只要威脅或弱點其中一個因素不存在了，感冒自然也就不會發生了。有了風險的概念後，我們就可依循下列步驟對資訊資產進行風險評鑑。

1). 定義風險評鑑方法：
   有了風險的概念後，接下來我們就要來選擇一個適當的風險評鑑方法，以分析資產清單中各項資產的風險值。風險評鑑並沒有一個特定的方法，導入時可自行選擇適當的風險評鑑方法，但所選擇的方法必須符合以下特性。

   - 可比較性：風險評鑑方法所界定不同資產的風險值，其彼此間可相互比較。例如，甲資產評鑑所得的風險值高於乙資產的風險值，那就表示甲資產發生有害事件及對組織造成的衝擊高於乙資產。

- 可再產生性：風險評鑑方法由不同的評鑑者來執行，其所得到的風險評鑑結果應相去不遠。例如，A 君跟 B 君用相同的評鑑方法對同一資產作評鑑，其所得到的結果應大致類似。

在下面的風險評鑑過程中，我們會舉一常用的風險評鑑方法來說明資產風險的計算過程。

2). 建立資產清單：

所以在做風險評鑑之前必須先做好資產管理(Asset Management)。所謂的資產是指對組織內任何有價值的事物，例如電腦主機、系統或網路設施等有形資產，或者是商標和商譽等無形資產。而資產管理就是針對導入範圍內的資產作一盤點、分類及分級。

資產管理的第一步是要掌握範圍內的所有資產並完成資產清單，應包含資產編號、資產名稱、資產分類、資產的擁有者、資產的保管者、資產的使用者、資產放置的地點及資產的價值，表格 18.3 為一資產清單範例。

表格 18.3: 資產清單範例

資產編號	名稱	分類	存放位置	擁有者	保管者	使用者
001	伺服器	硬體	機房	計中主任	系統組組長	系統組組員
002	選課系統	軟體	機房	教務長	系統組組長	全校師生
003	選課資料	資料	機房	教務長	課務組組長	全校師生
004	空調設備	硬體	機房	計中主任	系統組組長	系統組組員
005	個人電腦	硬體	課務組	課務組組長	課務組組員	課務組組員

此外，做好資產分類也是很重要的，因為相同類型的資產其特性、所面臨的威脅及所選擇的控制措施可能都相當類似，因此可簡化風險評估的過程。一般的資訊資產可分為硬體、軟體、資料庫中的資料、文件、人員及服務等類型。

3). 鑑別資產價值等級：

資訊資產的價值是依資產造成機密性、完整性及可用性的損失後，組織所受到的衝擊大小來做評估，而根據 ISO/IEC27001 的定義，機密性、完整性及可用性這三個性質說明如下：

- 機密性 (Confidentiality)
  使資訊不可用或不揭露給未經授權之個人、個體或過程的性質。

- 完整性 (Integrity)
  保護資訊資產的準確度 (Accuracy) 和完全性 (Completeness) 的性質。

- 可用性 (Availability)
  經授權個體因應需求之可存取及可使用的性質。

首先針對各項資產在機密性、完整性及可用性三方面所造成的衝擊大小來鑑別出其價值等級。這裡我們將資產價值分成四個等級，0代表不重要，1代表普通，2代表重要，3代表非常重要。例如，學校裡的選課系統需確保學生身分、選課資料及選課結果的正確，故在機密性、完整性及可用性這三方面均很重要；課務組同仁所使用的個人電腦常用來處理一些例行的行政業務，故評估後機密性及完整性為普通，可用性為重要；學校機房內的空調設備是用來避免機房內的設備不致因為溫度過高而當機，故其機密性及完整性經評估為不重要，而可用性為重要。針對表格 18.3 資產清單所做的評估結果如表格 18.4 所示。

然後，我們再根據機密性、完整性及可用性這三方面的評估結果來鑑別出資產的價值。在此我們可採用取最大值法來計算各資產的資產價值，例如：表格 18.4 中，選課系統在機密性、完整性及可用性三方面的重要等級均為 3，依取最大值法其資產價值為 3（非常重要）。而機房的空調設備其可用性重要等級為 2，其他兩項的重要等級為 0，依取最大值法其資產價值為 2（重要）。這裡採用取最大值法而不採用平均法是要避免資產價值被低估了，例如一個資產 (機密性，完整性，可用性) 的重要等級為 (1，1，1)，另一個資產為 (3，0，0)，若採用平均法兩者的資產價值均為 1。但這樣的結果卻往往無法反映實際的情況，後者資產的損失其衝擊往往高於前者。但取最大值法則也可能造成資產價值被高估或高價值資產過多等缺點。

4). 鑑別資產威脅等級：

這一步驟首先要找出威脅的來源然後鑑別出威脅的大小，威脅的來源可能來自人員或設備的威脅，如未經授權的存取、人員的錯誤操作或空調設備失效等。也有可能來自於外在環境的威脅，如地震、水災、火災或停電等。然後評估威脅產生的機率，將威脅的等級訂為低 (0)、中 (1)、高 (2) 三個等級，威脅評鑑結果可參考表格 18.4。

表格 18.4: 資產價值及風險等級

資產編號	名稱	資產價值 機密性	完整性	可用性	價值	威脅等級	弱點等級	風險值
001	伺服器	3	3	3	3	1	1	5
002	選課系統	3	3	3	3	2	2	7
003	選課資料	3	3	3	3	2	1	6
004	空調設備	0	0	2	2	0	1	3
005	個人電腦	1	1	2	2	1	1	4

表格 18.5: 資產風險等級對照表

威脅等級	低 (0)			中 (1)			高 (2)		
弱點等級	低 (0)	中 (1)	高 (2)	低 (0)	中 (1)	高 (2)	低 (0)	中 (1)	高 (2)
資產風險等級 0	0	1	2	1	2	3	2	3	4
1	1	2	3	2	3	4	3	4	5
2	2	3	4	3	4	5	4	5	6
3	3	4	5	4	5	6	5	6	7

5). 鑑別資產弱點等級：

找出資產本身的弱點，這些弱點常常是與生俱來的，例如怕高溫、容易受潮、易受電磁波影響等，也有些是設計時的瑕疵，例如複雜的使用者介面或缺乏稽核機制等。此外，相同類型的資產通常會有相同的弱點，因此在作資產管理時同時做好資產分類，將有助於弱點鑑別的效率。同樣的，我們也將弱點產生的機率訂為高低 (0)、中 (1)、高 (2) 三個等級。弱點評鑑結果可參考表格 18.4。

6). 計算資產風險等級

鑑別出資產價值等級、威脅等級及弱點等級後，我們就可依下列公式計算出資產的風險等級

$$風險等級 = 資產價值等級 + 威脅等級 + 弱點等級$$

也可透過查閱資產風險等級對照表如表格 18.5，來算出資產的風險等級，其結果如表格 18.4 所示。

步驟四： 選擇適當的控制措施

此步驟的概念是針對分析及鑑別出來的各項風險，做好風險管理 (Risk Management)。風險管理是組織依其政策、目標或文化自行定義所能接受的風險等級，對於無法接受的高風險等級資產則適當的導入控制措施以降低其風險等級，導入控制措施後應重新鑑別資產的風險等級。若此剩餘風險仍高於組織所能接受的風險等級，則重新選擇規劃導入的控制措施，直到剩餘風險可以被組織所接受為止。

所以，當鑑別出來的資產風險等級高於組織所能接受的風險等級時，表示目前的安全控制措施不足以保護該資產，應規劃適當的控制措施以保護該資產。若評鑑出來的風險等級低於或等於組織所能接受的風險等級時，表示目前所採用控制措施能保護該資產且其風險值是組織所能接受的。組織所訂的可接受風險等級愈高時，表示組織願意承擔較高的風險。但若訂得太高，則幾乎所有資產風險組織都可以接受，也就失去風險管理的意義了。反之，組織可接受的風險等級愈低時，則表示組織較無法接受資安事件發生時所造成的損失。但也不宜訂得太低，訂得太低容易造成控管過當，也會造成導入成本大增。

依據風險產生的原因，我們可以從資產的弱點、威脅及資產價值這幾個方面著手，導入適當的控制措施，即可降低資產的風險等級，以下我們歸納出幾個風險管理的原則：

1). 控制

要降低資產的風險等級，做好資產的弱點控制是一個方法，只要將弱點控制好，外在的威脅利用資產本身弱點而發生有害事件的機率就會降低，其風險值也就可以降低。例如，

機房本身的弱點就是怕水、怕潮濕及怕高溫,所以就要避免將機房放在地下室及導入除濕和空調設備,做好這些弱點控制,機房設備損壞的機率就會降低。

2). 避免

避免外在的威脅也是降低資產風險的一個方法,我們可以藉由導入正確的控制措施來減少或避免威脅的發生。例如,採用使用者鑑別機制來降低非授權使用者進入系統的風險;安裝防毒軟體,以避免電腦病毒的入侵等。這類的風險管理方法都是屬於比較積極正面的作法。

3). 轉移

針對資產的價值,我們還可以導入一些轉移的控制措施。將有害事件發生時所造成資產的損失及對組織的衝擊轉嫁到他人身上。例如,保險是一個很好的轉移風險方式。當有火災、地震等天然災害發生,造成資產立即損壞,若有保險就可將風險轉嫁到保險公司身上。這類的風險管理方法是屬於比較消極的作法。

4). 接受

每個組織對於風險的接受程度都不盡相同,在選擇控制措施時應將可行性及成本效益同時納入考量。例如,就電腦系統的存取控制需求來說,一般企業與國防部的電腦系統所能接受的風險程度就大不相同。國防部電腦系統內的資料一旦經非法存取,將對國家安全影響很大,所以風險值很高。為了要降低此風險發生的機率,可以選擇較嚴格的存取控制機制,如指紋辨識、眼角膜辨識或一次性密碼 (One-time Password) 等控制措施安全性可以提高,但所需的成本也會提高。而一般的企業主機大多使用 ID/Password 的身分識別技術即可滿足需求。因此,組織應定義好所能接受的剩餘風險,若導入控制措施的成本高於發生有害事情所造成的損失,那麼就不宜選用此控制措施。

ISO/IEC 27001 附錄第 A.5 至 A.15 所列的十一個控制措施章節中,廣泛完整的列舉了 133 個控制目標及控制措施如下:

1). 安全策略 (Security Policy)

2). 資訊安全組織 (Organization of Information Security)

3). 資產管理 (Asset Management)

4). 人員資源安全 (Human Resources Security)

5). 實體及環境安全 (Physical and Environment Security)

6). 通訊與操作管理 (Communications and Operations Management)

7). 存取控制 (Access Control)

8). 資訊系統開發、發展與維護 (Information System Acquisition, Development and Maintenance)

9). 資訊安全事件管理 (Information Security Incident Management)

10). 永續經營管理 (Business Continuity Management)

11). 安全承諾 (Compliance)

為避免遺漏重要的控制措施,導入時應從 ISO/IEC 27001 附錄 A 控制措施為起點,逐一檢視該控制措施是否適用。此外,亦可選擇其他的控制措施,例如「行政院及所屬各機關資訊安全管理要點」亦可做為參考。選擇控制措施後,需獲得管理階層的授權才能實施與操作。

步驟五: 制訂適用性聲明

準備適用性聲明書,其中應說明選擇 ISO/IEC 27001 附錄 A 中所列控制目標及控制措施的理由及目前已實施的控制目標及控制措施,任何被排除的控制措施應具體說明排除的理由,並再次確認排除的理由,以避免被不慎遺漏。

其他重要的資訊系統管理文件還包含有資訊安全政策、資訊安全管理系統適用範圍、支援資訊安全管理系統的相關程序與控制措施、風險評鑑方法的說明書、風險評鑑報告、及風險處理計畫等。

步驟六: 災害演練及營運持續計畫

模擬各種該害發生情況,定期作災害演練,並訂定相關營運持續計畫,例如:網路骨幹服務持續計畫、電子郵件系統服務持續計畫或全球資訊網服務持續計畫等。

18.5 稽核控制

稽核是用來幫助系統管理者追查出可疑的行為，有下列三個目標：

1). 確保所有的運作均能按照既定的安全政策執行。

2). 確保所有資料的存取都要經過授權。

3). 確保所有資料的正確性。

稽核的最大好處是可以避免出現人性管理面上的漏洞。試想若一個合法的使用者違反規定而導致安全系統的漏洞，一般安全管控措施很難偵測出來，俗話說內賊難防就是這個道理。根據統計也支持這個論點，僅約 25 % 的資訊安全事件是技術方面的原因，而多達 75 % 都是由於內部人員控管出現問題。

一般稽核措施的作法是將任何網路事件或系統使用者的所作所為都紀錄下來。有很多電腦入侵或破壞事件無法立即發現或追查來源，主要原因是由於沒有紀錄檔或是將紀錄遺失，而紀錄是發現或追查入侵破壞事件的重要證據。一般紀錄包括連線紀錄、事件紀錄與系統紀錄等統稱為稽核紀錄 (Audit Record)，通常需要保存三個月以上。

藉由這些稽核資料的分析可以用來稽查非法行為，管理者或稽核程式可藉由收集及分析稽核紀錄，來即時偵測出可疑的活動，防止傷害的擴大。

稽核分析 (Audit Analysis) 與非法行為的偵測 (Illegitimacy Detection) 並不完全相同。稽核分析較著重於特定的安全事件，通常發生的頻率較高，稽核的規則是由管理者針對數個特定的項目而定。而非法行為的入侵偵測則是提供較有智慧的方法來分析稽核紀錄，以防止一些並不常見的攻擊，並能即時阻止入侵者大舉入侵。然而，稽核系統由於需紀錄任何進入此系統的帳戶資料及其工作情形，因此需儲存大量的資料。

另外，稽核庫的使用可紀錄使用者的歷史活動，建立使用者與事件之間的關聯，因此使用者無法否認自己先前做過的事。因此，當日後發生系統安全問題時，可利用稽核庫內的稽核紀錄來追蹤系統的安全漏洞或找出危害系統安全的使用者身分，並盡快做出補救措施及回

復策略。一個良好的稽核機制，必須要有維護稽核資料之措施，管理者亦需定期地測試及紀錄這些資料。

紀錄分析工具有助於管理員從大量的紀錄中存取真正有用的資料，提供了圖形化及表格介面，幫助管理員來判斷每個入侵事件或是否發生不當使用網路的情形。不過一般市面上所販售的防火牆並無這個功能，需要額外採購紀錄分析工具。

進階參考資料

對共同準則有興趣的讀者可再進一步研讀 ISO/IEC 15408-1 國際標準 *Information Technology-Security Techniques-Evaluation Criteria for IT Security* (Internal Organization for Standardization), 2009。至於 FIPS140-2 可以研讀 Federal Information Procrossing Standards, *Security Requirements for Cryptographic Modules,* 2002。對 ISO/IEC 27001 有興趣的讀者可再進一步研讀 ISO/IEC 27001 國際標準 *Information Technology - Security Techniques -Information Security Management Systems— Requirements*。(Internal Organization for Standardization), 2005。本章有關稽核控制的內容，可再進一步研讀 Roberta Bragg、Mark Rhodes-Ousley 和 Keith Strassberg 等人所著 *IT Auditing Using Controls to Protect Information Assets,* Second Edition（McGraw-Hill, 2011）。其他參考資料限於篇幅無法一一列出，請讀者自行到本書輔助教學網站 (http://ins.isrc.tw/) 瀏覽參考。

18.6 習題

1. 「橘皮書」將可信賴計算機系統分為幾個安全等級？請簡述之。

2. BS7799 的作用為何？

3. 請列舉數種避免風險及轉移風險的作法。

4. 請簡述建置資訊安全管理系統的步驟。

5. 請敘述如何達到系統的稽核控制。

6. 稽核分析與非法行為偵測技術有何不同？請舉例說明之。

7. CCITSE 提出哪七種評估保證等級？

8. 共同準則內容劃分為哪三部分？請簡述之。

9. 不同使用者所關注的共同準則為何？

10. 稽核的目標為何？

11. 稽核分析與非法行為的偵測差別為何？

12. 稽核系統缺點為何？

13. 若要建置一套符合組織期望的資訊安全管理系統（Information Security Management System, ISMS）以強化組織資訊安全的能力，請列出建置 ISMS 的步驟，並加以說明。

18.7 專題

1. 請利用資訊技術安全評估共同準則 (CCITSE) 來評估自己所屬組織或單位所使用的系統。

2. 請擬訂一個計畫來協助自己所屬單位通過 ISO27001 認證。

3. 請以你的系所為例，完成一份風險評鑑報告。

附錄 A　ASCII 表

	0	1	2	3	4	5	6	7	8	9
0	nul	soh	stx	etx	eot	enq	ack	bel	bs	ht
1	nl	vt	ff	cr	so	si	dle	dc1	dc2	dc3
2	dc4	nak	syn	etb	can	em	sub	esc	fs	gs
3	rs	us	sp	!	"	#	$	%	&	'
4	(	)	*	+	,	-	.	/	0	1
5	2	3	4	5	6	7	8	9	:	;
6	<	=	>	?	@	A	B	C	D	E
7	F	G	H	I	J	K	L	M	N	O
8	P	Q	R	S	T	U	V	W	X	Y
9	Z	[	\	]	^	_	`	a	b	c
10	d	e	f	g	h	i	j	k	l	m
11	n	o	p	q	r	s	t	u	v	w
12	x	y	z	{	|	}	~	del		

註：此表左列的數字為 ASCII 編碼 (0-127) 中的左邊數字，上方的數字為 ASCII 編碼的最右邊數字。例如，字元 "S" 的 ASCII 編碼為 "83"；字元 "{" 的編碼為 "123"。

索引

IP 安全通訊協定, 272
O2O, 402
SSL 交握協定, 266, 268, 271
入侵防禦, 308
入侵偵測, 283, 303–308, 310–311
小波轉換, 225, 227, 233, 235–236, 239
三重 DES 密碼系統, 117, 140
上下文相關存取控制, 488–489
已知明文攻擊, 139, 168, 170, 317
不可追蹤性, 405, 409
中央參考監控器, 91
內容干擾系統, 244–245
內容相關存取控制, 488
分割攻擊, 342
分割重組攻擊, 295–296
分散式帳本, 437
尤拉定理, 149, 151
比特幣, 446, 469
主動攻擊, 4, 284, 286, 340
可用性, 6, 18, 484, 487, 527
可信賴系統評估準則, 506, 509
可信賴電腦系統評估準則, 508, 511
付款閘道, 413–415
正面行為模式, 306
生物特性驗證, 45, 47, 50

交談金鑰, 159–164, 170, 354
任意性存取控制, 14, 18, 83, 90, 487
任意性安全政策, 84, 91, 104, 486, 503
共同準則, 506, 511
回復系統, 8
回覆氾濫攻擊, 295–296
多字母替代法, 113–114
多重性問題, 497–498, 504
多媒體加密技術, 231, 243–244
多媒體安全, 221–223, 250
多圖替代法, 113–114
多層性存取控制, 14, 83
字典攻擊法, 51, 60
存取串列法, 96–97, 104
存取法則, 85–86, 90, 489–491
存取控制, 40, 72
存取控制政策, 82
存取控制策略, 103
存取控制模組, 95
存取碼, 319
存取權限種類, 83
安全承諾, 531
安全保證需求, 516
安全電子交易協定, 412
安全管理, 513, 516

索引

安全稽核, 15, 516
名稱相關存取控制, 488
合成法, 484–485
死亡偵測攻擊, 294, 296, 310
行騙法, 51
串列法, 95
串流加密, 317, 322
作業系統安全, 9, 31, 71–72, 82, 486
作業系統安全政策, 82
完整性演算法, 317
完整備份, 33, 36
貝爾及拉帕杜拉安全模式, 89–91
身分識別, 44
身分鑑別機制, 210–211, 266
車載通訊, 349, 365
防火牆, 11, 283, 296–301, 303, 310, 533
防禦主機, 301–302
拒絕服務攻擊, 334
物聯網, 371, 393
狀態檢視防火牆, 297–299, 301, 310
盲簽章, 405, 407, 409, 431
近似查詢法, 483–484, 504
近場通訊, 327–328, 421
金融科技, 437
金鑰交換法, 163
金鑰協議法, 161–163
門檻機密分享機制, 249
阻斷服務, 294, 296, 478
冒充攻擊, 340
非法行為偵測, 534
非常駐型病毒, 75

非對稱性密碼系統, 112
信用卡, 405
保證元件, 516–518
保證屬別, 517
威脅分析, 11, 18
封包過濾, 296–298, 301–302, 310
屏蔽式子網路架構, 301–303
指紋, 13, 44, 47–48, 530
查詢統計量威脅, 481, 483
政策憑證管理中心, 215
星星安全法則, 90
流量分析, 286
活體驗證, 47
相互鑑別, 367
紀錄檔偵測, 305–306
計算安全, 110–111, 140, 158, 167
負面行為模式, 305
重送攻擊, 51, 61–63, 210, 269, 274–275, 340, 343
限制查詢法, 483–484
風險分析, 11, 18
弱點分析, 10, 18
時間相關存取控制, 489
特洛依木馬, 75–76, 104
特徵入侵偵測, 306
祕密金鑰密碼系統, 108, 112, 134–135, 140
祕密通道, 14–15
脆弱性評鑑, 517
迷袋式, 147
訊息鑑別, 174, 189–196
偽裝, 69, 232–237, 246–250, 483
動態封包檢視防火牆, 298
匿名性, 407, 409, 425, 430, 451

區塊加密器, 120
區塊鏈, 436, 469
參考完整性, 496–499, 504
基地台子系統, 349
基地台控制器, 349–350
基地傳輸站, 349
常駐型病毒, 74–75
強制性安全模式, 84
強韌性, 238, 241, 337
密封標單, 425, 428–430
密碼分析, 110, 184
推論控制, 481
授權串列法, 96
猜測攻擊法, 51
異地備援, 35, 41
異常行為入侵偵測, 305, 310
統計攻擊法, 115–116
組態管理, 516
通行密碼技術, 13, 49–50, 54–55
通行密碼驗證, 45, 48, 50, 510
通訊安全, 14, 272, 474
被動攻擊, 4, 284, 286, 340
規則分析偵測, 306
最大分享安全政策, 82
最小特權, 92–93
最不重要位元, 224
凱薩密碼系統, 113–114
單介面防禦主機架構, 301–302
單向函數, 57–59, 61, 68, 175, 177, 191, 194
單向雜湊函數, 48, 174–177, 183, 188–196, 449
單金鑰密碼系統, 112
換位法, 113, 116, 141

智能合約, 452–453
智慧卡, 45–46, 49, 159
智慧型運輸系統, 364
智慧型電表基礎建設, 395
智慧型電網, 395
智慧型電錶, 395
無條件安全, 110–111, 140, 159, 167
無線射頻身分鑑別, 327
無線射頻辨識技術, 45
無線感測網路, 336–340, 343–345
視覺密碼學, 223, 246, 250
評估保證等級, 511–513, 534
評估準則, 47, 506, 508–511, 514, 518–519
量子密碼學, 158
超文件傳輸協定, 255
雲端運算, 384
黑函攻擊, 343
亂數法, 61–63
亂數產生器, 63, 81–82, 240–241, 325
傳輸層安全, 271–272
新一代加密標準, 120
新一代密碼系統, 119
暗門, 76–77, 104
溢位, 81, 126, 294
群組法, 95
資料加密標準, 117
資料完整性, 6, 273, 275, 363
資料庫安全, 9, 474, 476, 478, 481, 483, 486, 503
資料庫推論, 478–479
資料庫聚合, 479–480

資訊安全事件管理, 531
資訊安全管理, 20–21, 23, 39–40, 506–507, 520, 522
資訊安全管理系統, 5, 519–521
資訊隱碼攻擊, 476, 501–504
資訊隱藏技術, 231, 233, 235–239, 250
資產管理, 526, 531
隔月備份, 32
電子支票, 400–401, 405, 409–412
電子文件交換, 217, 400
電子信用卡, 405
電子商務安全, 9, 400
電子錢包, 421
電腦犯罪, 4
電腦病毒, 4, 11, 14, 23, 35, 39, 73–74, 76, 78–80, 84, 104, 530
電腦蟲, 76
零驗證, 316
對策分析, 11, 18
對稱性密碼系統, 112
截斷, 284, 286
網路通訊協定安全, 254
網路端入侵偵測系統, 308, 311
需要才給之存取權限, 82
影像驗證技術, 244
數位版權管理系統, 243–244, 251
數位信封, 159–161, 170, 403
數位浮水印技術, 223, 237–240, 243–244, 250
數位憑證, 200–202, 204–212, 216, 218–219, 266, 269–270, 413, 415–416
數位簽章演算法, 217

暴力攻擊, 7, 51, 184
暴衝攻擊, 344
歐幾里德演算法, 151–152
稽核分析, 532, 534
稽核紀錄, 8, 532
請求氾濫攻擊, 295–296, 310
整合服務數位網路, 353
橘皮書, 508, 533
橢圓曲線密碼系統, 158
橋接器, 11, 316
機密分享, 246–249
機密等級, 15, 86, 495–496, 498, 500, 511
機器人網路, 291
篩子路由器, 297
選擇式備份, 33
選擇密文攻擊, 139, 168, 170
錯誤行為入侵偵測, 305–306, 311
隨機取樣法, 484–486
隨機誤差法, 484, 486
壓縮方法, 266, 269
應用階層閘道, 297, 299–301, 310
隱像術, 223, 231–232, 250
簡易安全法則, 90, 495
簡易郵件傳輸傳輸協定, 255
簡單替代法, 113–114, 116
藏鏡人, 277, 279
薩拉米香腸, 77
藍芽, 314, 318–322, 345
離散餘弦轉換, 225–227, 230, 233–234, 239–240
雙介面防禦主機架構, 301–302
雙金鑰密碼系統, 112, 145
雙重簽章, 403, 413, 415–416, 431

證件驗證, 45, 50
屬性憑證, 217
鑑別性, 7, 146, 198, 200, 261–262, 344, 354
邏輯炸彈, 76
鹽巴, 60
殭屍網路, 286, 289, 291